物联网技术应用与开发"十三五"规划丛书

基于STM32嵌入式接口与传感器应用开发

廖建尚 郑建红 杜恒 / 编著

電子工業出版社
Publishing House of Electronics Industry
北京•BEIJING

内容简介

本书主要介绍在嵌入式系统和物联网系统开发中常用的 STM32 微处理器的接口技术、常见传感器的应用，由浅入深地对 STM32 接口技术和传感器的应用进行讲解。全书采用任务式开发的学习方法，精选了 28 个贴近社会和生活的案例，每个案例均有完整的开发过程，分别是生动的开发场景、明确的开发目标、深入浅出的原理学习、详细的系统设计过程、详细的软/硬件设计和功能实现过程，最后进行开发验证和总结拓展，将理论学习和开发实践结合起来。每个案例均附有完整的开发代码和配套 PPT 课件，读者可在源代码的基础上快速地进行二次开发。

本书既可作为高等院校相关专业的教材或教学参考书，也可供相关领域的工程技术人员查阅。对于嵌入式系统和物联网系统开发爱好者而言，本书也是一本贴近应用的技术读物。

本书提供详尽的源代码以及配套 PPT 课件，读者可登录华信教育资源网（www.hxedu.com.cn）免费注册后下载。

图书在版编目（CIP）数据

基于 STM32 嵌入式接口与传感器应用开发 / 廖建尚，郑建红，杜恒编著. —北京：电子工业出版社，2018.8
（物联网技术应用与开发“十三五”规划丛书）
ISBN 978-7-121-34657-6

Ⅰ. ①基… Ⅱ. ①廖… ②郑… ③杜… Ⅲ. ①微控制器－接口②传感器 Ⅳ. ①TP332.3②TP212

中国版本图书馆 CIP 数据核字（2018）第 141666 号

责任编辑：田宏峰
印　　刷：北京虎彩文化传播有限公司
装　　订：北京虎彩文化传播有限公司
出版发行：电子工业出版社
　　　　　北京市海淀区万寿路 173 信箱　邮编 100036
开　　本：787×1 092　1/16　印张：29　字数：739 千字
版　　次：2018 年 8 月第 1 版
印　　次：2025 年 1 月第 19 次印刷
定　　价：99.00 元

凡所购买电子工业出版社图书有缺损问题，请向购买书店调换。若书店售缺，请与本社发行部联系，联系及邮购电话：（010）88254888，88258888。

质量投诉请发邮件至 zlts@phei.com.cn，盗版侵权举报请发邮件至 dbqq@phei.com.cn。

本书咨询联系方式：tianhf@phei.com.cn。

前　　言

近年来，物联网、移动互联网、大数据和云计算的迅猛发展，慢慢改变了社会的生产方式，大大提高了生产效率。工业和信息化部《物联网发展规划（2016—2020年）》总结了“十二五”规划中物联网发展所取得的成就，并提出了“十三五”面临的形势，明确了物联网的发展思路和目标，提出了物联网发展的6大任务，分别是强化产业生态布局、完善技术创新体系、推动物联网规模应用、构建完善标准体系、完善公共服务体系、提升安全保障能力；提出了4大关键技术，分别是传感器技术、体系架构共性技术、操作系统，以及物联网与移动互联网、大数据融合关键技术；提出了6大重点领域应用示范工程，分别是智能制造、智慧农业、智能家居、智能交通和车联网、智慧医疗和健康养老，以及智慧节能环保；指出要健全多层次多类型的物联网人才培养和服务体系，支持高校、科研院所加强跨学科交叉整合，加强物联网学科建设，培养物联网复合型专业人才。该发展规划为物联网发展指出了一条鲜明的道路，同时也可以看出，我国在推动物联网应用方面的坚定决心，相信物联网规模会越来越大。

本书基于STM32微处理器详细阐述嵌入式系统和物联网系统的底层开发技术，采用了案例式和任务式驱动的开发方法，旨在大力推动物联网人才的培养。

嵌入式系统和物联网系统涉及的技术很多，底层和感知层的开发需要掌握微处理器接口技术、相应传感器的应用开发技术。本书将详细分析基于STM32和各种传感器的驱动方法，理论知识点清晰，实践案例丰富。

全书采用任务式开发的学习方法，精选28个贴近社会和生活的案例，由浅入深地介绍STM32的接口技术和传感器应用开发技术，每个案例均有完整的开发过程，分别是生动的开发场景、明确的开发目标、深入浅出的原理学习、详细的系统设计过程、详细的软/硬件设计和功能实现过程，最后进行开发验证和总结拓展。每个案例均附有完整的开发代码，读者可在源代码的基础上快速地进行二次开发，能方便地将其转化为各种比赛和创新创业的案例，不仅为高等院校相关专业师生提供教学案例，也可以为工程技术人员和科研人员提供较好的参考资料。

第1部分引导读者初步了解嵌入式系统的发展概况，学习ARM微处理器的基本原理、功能，并进一步学习STM32的原理、功能及片上资源，学习STM32开发平台的构成以及开发环境的搭建，初步探索IAR for ARM的开发环境和在线调试，掌握STM32开发环境的搭建和调试。

第2部分介绍本书开发项目所依托的STM32的各种接口技术，分别有GPIO、外部中断、定时器、ADC、看门狗、串口、LCD、I2C总线和SPI总线，共有9个任务，分别是任务4到任务12，从而实现了9个项目的设计，包括：设备指示灯的设计与实现、竞赛抢答器的设计与实现、电子时钟的设计与实现、汽车电压指示器的设计与实现、环境监测点自复位的设计与实现、视频监控中三维控制键盘的设计与实现、农业大棚环境信息采集系统的设计与实现、高速动态数据存取的设计与实现，以及车载显示器的设计与实现。通过9个任务的开发来掌握STM32的接口原理、功能和开发技术，从而具备基本的开发能力。

第 3 部分介绍各种传感器技术，包括光照度传感器、气压海拔传感器、空气质量传感器、三轴加速度传感器、距离传感器、人体红外传感器、燃气传感器、振动传感器、霍尔传感器、光电传感器、火焰传感器、触摸传感器、继电器、轴流风机、步进电机和 RGB 灯，深入学习传感器的基本原理、功能和结构。结合这些传感器和 STM32 开发平台，完成任务 14 到任务 29 共 16 个项目的设计，包括：温室大棚光照度测量系统的设计与实现、探空气球测海拔的设计与实现、建筑工地扬尘监测系统的设计与实现、VR 设备动作捕捉系统的设计与实现、扫地机器人避障系统的设计与实现、红外自动感应门的设计与实现、燃气监测仪的设计与实现、振动检测仪的设计与实现、电机转速检测系统的设计与实现、智能家居光栅防盗系统的设计与实现、智能建筑消防预警系统的设计与实现、洗衣机触控面板控制系统的设计与实现、微电脑时控开关的设计与实现、工业通风设备的设计与实现、工业机床控制系统的设计与实现，以及声光报警器的设计与实现。通过 16 个项目的设计与开发，使读者熟悉传感器的基本原理，并掌握用 STM32 驱动各种传感器的方法，为综合项目开发打下坚实的基础。

第 4 部分开发的是综合项目，分别是任务 30 到任务 32 共 3 个项目的设计，任务 30 综合应用 STM32、按键、光照度传感器、蜂鸣器、RGB 灯、LCD 和 LED 完成图书馆照明调节系统软/硬件设计；任务 31 综合应用 STM32、燃气传感器、火焰传感器、继电器、按键、蜂鸣器、LCD 和 LED 完成集成燃气灶控制系统的软/硬件设计；任务 32 综合应用 STM32、按键、步进电机、继电器、RGB 灯、LCD 和 LED 完成智能洗衣机控制系统的软/硬件设计。其中，每个综合项目都遵循科学的系统开发方法，用项目需求分析、项目实施和项目验证来组织系统开发。

本书特色如下：

（1）任务式开发。抛去传统的学习方法，选取生动的案例将理论与实践结合起来，通过理论学习和开发实践，使读者快速入门，由浅入深地掌握 STM32 微处理器接口技术和传感器应用开发技术。

（2）理论知识和案例实践相结合。将嵌入式系统的开发技术、STM32 微处理器接口技术、传感器应用和生活中的实际案例结合起来，边学习理论知识边开发，快速掌握嵌入式系统和物联网开发技术。

（3）提供综合性项目开发方法。综合性项目为读者提供软/硬件系统的开发方法，有需求分析、项目架构、软/硬件设计等方法。

本书既可作为高等院校相关专业的教材、教学参考书或自学参考书，也可供相关领域的工程技术人员查阅。对于物联网系统和嵌入式系统的开发爱好者，本书也是一本深入浅出的读物。

本书在编写过程中，借鉴和参考了国内外专家、学者、技术人员的相关研究成果，我们尽可能按学术规范予以说明，但难免会有疏漏之处，在此谨向有关作者表示深深的敬意和谢意，如有疏漏，请及时通过出版社与作者联系。

本书得到了广东省自然科学基金项目（2018A030313195）、广东高校省级重大科研项目（2017GKTSCX021）、广东省科技计划项目（2017ZC0358）、广州市科技计划项目（201804010262）、广东交通职业技术学院校级重点科研项目（2017-1-001）和广东省高等职业教育品牌专业建设项目（2016GZPP044）的资助。感谢中智讯（武汉）科技有限公司在本书编写过程中提供的帮助，特别感谢电子工业出版社的编辑在本书出版过程中给予的大力支持。

由于本书涉及的知识面广，时间仓促，限于笔者的水平和经验，疏漏之处在所难免，恳请专家和读者批评指正。

作　者

2018年7月

目　　录

第1部分　嵌入式系统基本原理和开发知识

第 2 部分 STM32 嵌入式接口开发技术

第3部分 基于STM32和常用传感器开发

第 4 部分　综合应用项目开发

第1部分

嵌入式系统基本原理和开发知识

本部分引导读者初步认识嵌入式系统的发展概况，学习 ARM 微处理器的基本原理和功能，并进一步学习 STM32 的原理、功能及片上资源，学习 STM32 开发平台的构成及开发环境的搭建，初步探索 IAR for ARM 的开发环境和在线调试，掌握 STM32 开发环境的搭建和调试。

任务 1

认识嵌入式系统

本任务重点学习微处理器的基本原理，了解微处理器的发展和应用领域。

1.1 学习场景：嵌入式系统有哪些应用

目前嵌入式系统已经渗透到生活的多个领域，例如，导弹的导航装置、飞机上的各种仪表的控制、计算机的网络通信与数据传输、工业自动化过程的实时控制和数据处理、广泛使用各种智能 IC 卡、汽车的安全系统、录像机、全自动洗衣机，以及程控玩具、电子宠物等，还有自动控制领域的机器人、智能仪表、医疗器械等，这些都离不开嵌入式系统的应用。

1.2 学习目标

（1）知识要点：嵌入式系统的定义；微处理器的分类；嵌入式系统的发展和应用。

（2）任务目标：能列举 5 种以上在物联网系统中使用的微处理器；能简单阐述嵌入式系统和物联网系统的发展关系。

1.3 原理学习：嵌入式系统的发展与应用

1.3.1 嵌入式系统概述

随着计算机技术的飞速发展和嵌入式微处理器的出现，计算机应用出现了历史性的变化，并逐渐形成了两大分支：通用计算机系统和嵌入式计算机系统（简称嵌入式系统）。

嵌入式系统一词源于 20 世纪 70、80 年代，早期还曾被称为嵌入式计算机系统或隐藏式计算机系统。随着半导体技术及微电子技术的快速进步，嵌入式系统得以风靡式的发展，其性能不断提高，以致出现一种观点，即嵌入式系统通常是基于 32 位微处理器设计的，往往带有操作系统，是瞄准高端领域和应用的。随着嵌入式系统应用的普及，这种高端应用系统和之前广泛应用的单片机系统之间有着本质的联系，使嵌入式系统与单片机毫无疑问地联系在了一起。

1. 嵌入式系统的定义

关于嵌入式系统的定义有很多，较通俗的定义是指嵌入对象体系中的专用计算机系统。

国际电气和电子工程师协会（IEEE）对嵌入式系统的定义是：嵌入式系统是控制、监视或者辅助设备、机器和工厂运行的装置。该定义是从应用的角度出发的，强调嵌入式系统是一种完成特定功能的装置，该装置能够在没有人工干预的情况下独立地进行实时监测和控制。这种定义体现了嵌入式系统与通用计算机系统的不同的应用目的。

我国对嵌入式系统定义为：嵌入式系统是以应用为中心，以计算机技术为基础，并且软/硬件可裁剪，适用于应用系统对功能、可靠性、成本、体积、功耗有严格要求的专用计算机系统。

2. 嵌入式系统的特点

嵌入式系统是先进的计算机技术、半导体技术和电子技术与各个行业的具体应用相结合的产物，这决定了它是技术密集、资金密集、知识高度分散、不断创新的集成系统。同时，嵌入式系统又是针对特定的应用需求而设计的专用计算机系统，这也决定了它必然有自己的特点。

不同嵌入式系统的具体特点会有所差异，总体来说，嵌入式系统一般具有如下特点：

（1）软/硬件资源有限。过去只在 PC 中出现的电路板和软件现在也被安装到复杂的嵌入式系统之中，这一说法现在只能算“部分”正确。

（2）功能单一、集成度高、可靠性高、功耗低。

（3）一般具有较长的生命周期。嵌入式系统通常与所嵌入的宿主系统（专用设备）具有相同的使用寿命。

（4）软件程序存储（固化）在存储芯片上，开发者通常无法改变，常被称为固件（Fireware）。

（5）嵌入式系统本身无自主开发能力，进行二次开发需专用设备和开发环境（交叉编译）。

（6）嵌入式系统是计算机技术、半导体技术、电子技术和各行业的具体应用相结合的产物。

（7）嵌入式系统并非总是独立的设备，很多嵌入式系统并不是以独立形式存在的，而是作为某个更大型计算机系统的辅助系统。

（8）嵌入式系统通常都与真实物理环境相连，并且是激励系统。激励系统可看成一直处在某一状态，等待着输入信号，对于每一个输入信号，它们完成一些计算并产生输出及新的状态。

（9）大部分嵌入式系统都同时包含数字部分与模拟部分的混合系统。

另外，随着嵌入式微处理器性能的不断提高，高端嵌入式系统的应用方面出现了新的特点：

（1）与通用计算机系统的界限越来越模糊。随着嵌入式微处理器性能的不断提高，一些嵌入式系统的功能也变得多而全。例如，智能手机、平板电脑和笔记本电脑在形式上越来越接近。

（2）网络功能已成为必然需求。早期的嵌入式系统一般以单机的形式存在，随着网络的发展，尤其是物联网、边缘计算等的出现，现在的嵌入式系统的网络功能已经不再是特别的需求，几乎成了一种必备的功能。

3. 嵌入式系统的组成

嵌入式系统一般由硬件系统和软件系统两大部分组成。其中，硬件系统包括嵌入式微处理器、外设和必要的外围电路；软件系统包括嵌入式操作系统和应用软件。常见嵌入式系统的组成如图 1.1 所示。

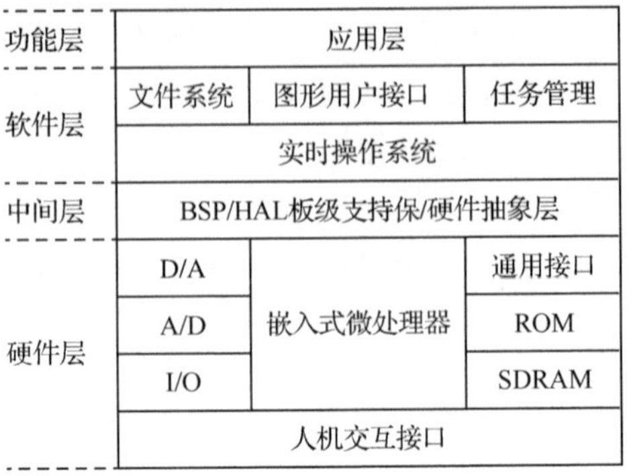

功能层	应用层		
软件层	文件系统	图形用户接口	任务管理
	实时操作系统		
中间层	BSP/HAL板级支持保/硬件抽象层		
硬件层	D/A	嵌入式微处理器	通用接口
	A/D		ROM
	I/O		SDRAM
	人机交互接口		

图 1.1　常见的嵌入式系统的组成

1）硬件系统

（1）嵌入式微处理器。嵌入式微处理器是嵌入式系统硬件系统的核心，早期嵌入式系统的嵌入式微处理器由（甚至包含几个芯片的）微处理器来担任，而如今的嵌入式微处理器一般采用 IC（集成电路）芯片形式，可以是 ASIC（专用集成电路）或者 SoC 中的一个核。核是 VLSI（超大规模集成电路）上功能电路的一部分。嵌入式微处理器芯片有如下几种。

① 微处理器：世界上第一个微处理器芯片就是为嵌入式服务的。可以说，微处理器的出现，使嵌入式系统的设计发生了巨大的变化。微处理器是可以是单芯片微处理器，还可以有其他附加的单元（如高速缓存、浮点处理算术单元等）以加快指令处理速度。

② 微控制器：微控制器是集成有外设的微处理器，是具有微处理器、存储器和其他一些硬件单元的集成芯片。因其单芯片即组成了一个完整意义上的计算机系统，常被称为单片微型计算机，即单片机。最早的单片机芯片是 8031 微控制器，它和后来出现的 8051 单片机是传统单片机系统的主流。在高端的 MCU 系统中，ARM 芯片占有很大的比重。MCU 可以作为独立的嵌入式设备，也可以作为嵌入式系统的一部分，是现代嵌入式系统的主流，尤其适用于具有片上程序存储器和设备的实时控制。

③ 数字信号微处理器（DSP）：也称为 DSP 微处理器，可以简单地看成高速执行加减乘除算术运算的微芯片，因具有乘法累加器单元，特别适合进行数字信号处理运算（如数字滤波、谱分析等）。DSP 是在硬件中进行算术运算的，而不像通用微处理器那样在软件中实现，因而其信号处理速度比通用微处理器快 2～3 倍，甚至更多，主要用于嵌入式音频、视频及通信应用。

④ 片上系统：近来，嵌入式系统正在被设计到单个硅片上，称为片上系统（SoC）。这是一种 VLSI 芯片上的电子系统，在学术上被定义为：将微处理器、IP（知识产权）核、存储器（或片外存储控制器接口）集成在单一芯片上，通常是客户定制的或者面向特定用途的标准产品。

⑤ 多微处理器和多核微处理器：有些嵌入式应用，如实时视频或多媒体应用等，即使 DSP 也无法满足同时快速执行多项不同任务的要求，这时就需要两个甚至多个协调同步运行的微处理器。另外一种提高嵌入式系统性能的方式是提高微处理器的主频，而主频的提高是有限度的，而且过高的主频将导致功耗的上升，因此采用多个相对低频的微处理器配合工作是提升微处理器性能，同时降低功耗的有效方式。当系统中的多个微处理器均以 IP 核的形式存在同一个芯片中时，就成为多核微处理器。目前，多核微处理器已成功应用到多个领域，随着应用需求的不断提高，多核架构技术在未来一段时间内仍然是嵌入式系统的重要技术。

图 1.2 所示为多微处理器和多核系统布局。

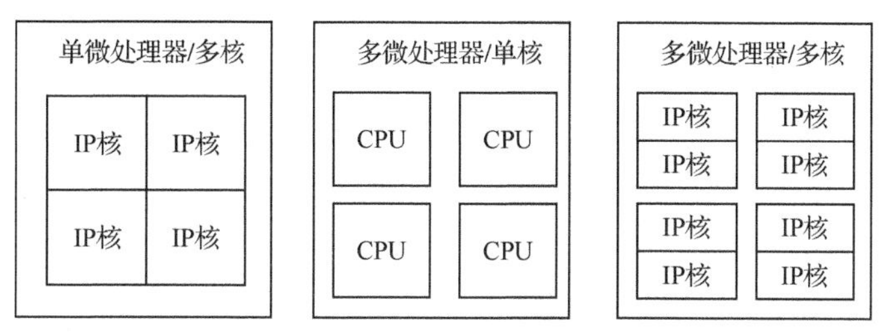

图 1.2　多微处理器与多核系统布局

（2）外设。外设包括存储器、I/O 接口及定时器等辅助设备。随着芯片集成度的提高，一些外设被集成到微处理器芯片上，称为片内外设；反之则称为片外外设。尽管 MCU 已经包含了大量的外设，但对于需要更多 I/O 端口和更大存储能力的大型系统来说，还必须连接额外的 I/O 端口和存储器。

2）软件系统

从复杂程度上看，嵌入式软件系统可以分成有操作系统和无操作系统两大类。对于高端嵌入式应用，多任务成为基本需求，操作系统作为协调各任务的关键是必不可少的。此外，嵌入式软件中除了要使用 C 语言等高级语言外，往往还会用到 C++、Java 等面向对象类的编程语言。

嵌入式软件系统由应用程序、API、嵌入式操作系统以及 BSP（板级支持包）组成，必须能解决一些在台式机或大型计算机软件中不存在的问题：因经常要同时完成若干任务，所以必须能及时响应外部事件，能在无人干预的条件下应对所有异常的情况。

1.3.2　嵌入式操作系统

嵌入式操作系统的分类如图 1.3 所示。

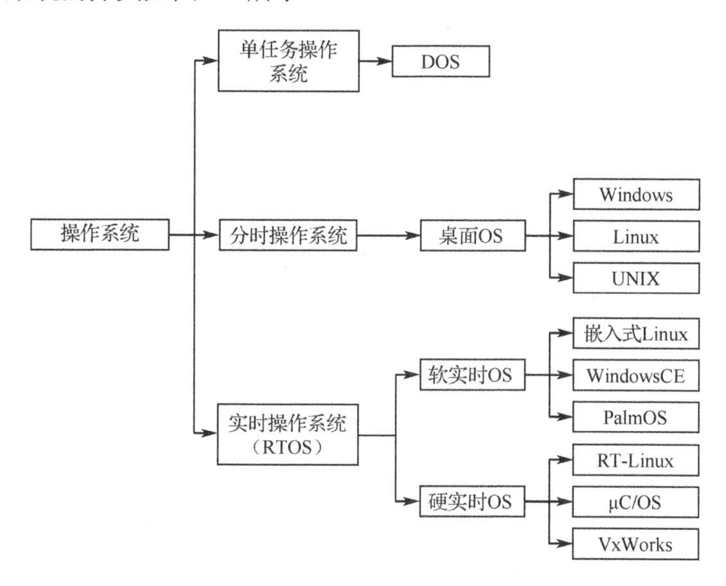

图 1.3　嵌入式操作系统的分类

1. 早期的嵌入式操作系统

早期的嵌入式系统大多采用 8 位或 16 位单片机作为系统核心控制器，所有硬件资源的管理工作都由程序员自己编写程序来完成，不需要采用专门的操作系统。由于技术的进步，嵌入式系统的规模越来越大、功能越来越强、软件越来越复杂，因此嵌入式操作系统在嵌入式系统中得到了广泛的应用，尤其是在功能复杂、系统庞大的应用中，嵌入式操作系统的作用显得越来越重要。

在嵌入式操作系统环境下，开发一个复杂的应用程序，通常可以按照软件工程的思想，将整个程序分解为多个任务模块，每个任务模块的调试、修改几乎不影响其他模块。利用嵌入式操作系统提供的多任务调试环境，可大大提高系统软件的开发效率，降低开发成本，缩短开发周期。在开发应用软件时，程序员不必直接面对嵌入式硬件设备，而是采用一些嵌入式软件开发环境，在操作系统的基础上编写程序的。

嵌入式操作系统本身是可以裁剪的，嵌入式系统的外设、相关应用也可以灵活配置，所开发的应用软件可以在不同的应用环境、不同的微处理器芯片之间移植，软件构件可复用，有利于系统的扩展和移植。相对于一般操作系统而言，嵌入式操作系统仅指操作系统的内核（或者微内核），其他的诸如窗口系统界面、通信协议等模块，可以另外选择。

2. 实时嵌入式操作系统

实时嵌入式操作系统是指当外界发生事件或产生数据时，能够接收并以足够快的速度予以处理，其处理结果又能在规定的时间内来控制生产过程或对处理系统做出快速响应，并控制所有实时任务协调、一致运行的操作系统。因而，提供及时响应和高可靠性是实时嵌入式操作系统的主要特点。实时嵌入式操作系统有硬实时和软实时之分，硬实时要求在确定的时间内必须完成操作，这是在操作系统设计时需要保证的；软实时则只要按照任务的优先级别，尽可能快地完成操作即可。

3. 嵌入式操作系统的发展现状

对于实时嵌入式操作系统来说，其最主要的特点就是满足对时间的限制和要求，能够在确定的时间内完成具体的任务。在工程项目中，往往选用实时嵌入式操作系统来统一管理软/硬件资源，使程序设计尽量变得简单，每个子模块的耦合性尽量降低。目前，人们使用得比较多的几个实时嵌入式操作系统有 Vxworks、Linux、PSOSystem、Nucleus 和 μC/OS-II 等。

Vxworks 是于 1983 年设计开发的一款实时嵌入式操作系统，这是一个高效的内核，具备很好的实时性能，开发环境的界面也比较友好。Vxworks 在对实时性要求极高的领域应用得比较多，如航天航空、军事通信等。

Linux 操作系统是实时嵌入式操作系统里面一个重要的分支，其最大的特点是开源并且遵循 GPL 协议，在近几年也成了研究的热点，其应用范围比较广阔。自从 Linux 在中国普及以来，其用户数量也越来越大。嵌入式 Linux 和普通 Linux 并无本质的差别。实时调度策略、硬件中断和异常执行部分的应用难度都相对较大。目前常见的实时嵌入式 Linux 操作系统有 RT-Linux、μCLinux、国产红旗 Linux 等。

μC/OS-II 具备了一个实时内核应具备的所有核心功能，编译后的代码只有几 KB，开发者

可以廉价地使用 μC/OS-II 开发商业产品或进行教学研究，也可以根据自己的硬件性能优化其源代码。

1.3.3　嵌入式系统的发展与应用

1．单片机与嵌入式

微处理器诞生后，在其基础上的现代计算机有了足够的数值计算能力以及对对象系统进行快捷的实时控制能力。但随后人们发现“数值计算”与“对象系统实时控制”是两个无法兼容的技术发展道路与应用环境，前者要求有一个具有高速海量数值计算能力的通用计算机系统，后者则要求有一个可以嵌入到对象体系中与对象体系紧耦合、实现对象系统实时控制的高可靠的嵌入式计算机系统。

（1）单片机的发展。在 PC 诞生前，很早就开始了在微处理器基础之上嵌入式应用的单片机道路探索，并取得成功；PC 诞生后，又开始了微型机的嵌入式应用探索，却遭遇失败。

单片机的独立发展道路始于 1974 年诞生的第 2 代微处理器 8088。最初，8080 代替电子逻辑电路器件用于各种应用电路和设备上，带有原始的嵌入式应用印记。其后出现了一批嵌入式应用的单片机，其中最典型的是 1976 年 Intel 公司推出的 MCS-48 系列单片机。1980 年，Intel 公司在 MCS-48 系列单片机的基础上推出的 MCS-51 系列单片机成为微处理器的经典体系结构。其后便开始了 20 多年单片机的独立发展道路。

（2）从单片机到嵌入式系统。1976 年诞生的 MCS-48 系列单片机，以及 1980 年在 MCS-48 系列单片机基础上完善而成的 MCS-51 系列单片机，是专门为嵌入式应用设计的，是具有全新体系结构的微处理器。由此开始了电子技术领域 20 多年的单片机独立发展道路。

20 世纪末，随着后 PC 时代的到来，大量计算机界人士进入单片机领域，并以计算机工程方法迅速提升了单片机的应用水平。计算机学科与微电子学科、电子技术学科的交叉融合，突出了单片机的嵌入式应用特征，将微处理器的应用从单片机时代发展到嵌入式系统时代。

2．微处理器的基本特点

从单片机与嵌入式系统的曲折发展历史中，可以看到一个集单片、嵌入、物联三个基本特点于一体的微处理器。在微处理器 30 多年的发展历程中，人们从不同角度来诠释微处理器的时代特征，于是便有了早期的单片机时代、如今的嵌入式系统时代，以及正在进入的物联网时代。无论哪个时代，单片、嵌入、物联都是微处理器的基本特点，具体表现为单芯片的应用形态、嵌入式的应用环境、物联的应用本质。

（1）单芯片的应用形态。单芯片的应用形态表明，微处理器的嵌入式应用必须走单芯片控制器的发展道路，微型机的嵌入式应用探索失败是一个最好的证明。走单片机道路不只是满足体积、价位的需求，更重要的是要以单芯片的应用形态创造出全新的微处理器体系结构。

（2）嵌入式的应用环境。单片机的微小体积与价位，最大限度地满足了空间环境要求与市场要求；固化的只读程序存储器、突出控制功能的指令系统与体系结构，满足了对象控制的可靠性要求。因此，单片机诞生后，迅速取代了经典电子系统，嵌入对象体系（如家用电器、智能仪器、工控单元等）中并实现对象体系的智能化控制。随着微处理器外围电路、接口技术的不断扩展，出现了一个个 IT 产品，如智能手机、平板电脑、PDA、MP3、MP4 等。

（3）物联的应用本质。微处理器为物联而生，物联是微处理器与生俱来的本质特性。早在微处理器诞生时期，在通用微处理器与嵌入式微处理器两大分支的历史性分工中，就赋予了嵌入式微处理器的物联使命。

3. 微处理器的三个应用时代

从 1976 年诞生 MCS-48 系列单片机（或微处理器）算起，微处理器已有 40 多年的历史了，在这 40 多年的历史进程中，微处理器经历了单片机时代与嵌入式系统时代，如今又将进入物联网时代。

单片机的诞生，为电子技术领域提供了一个微处理器形态的单一化智力内核，开始了传统电子系统的智能化改造，开始了微处理器的单片机时代。后 PC 时代到来，大量计算机界人士进入单片机领域，电子技术与计算机技术相结合，极大地提升了微处理器的嵌入式应用水平，将单片机时代发展到嵌入式系统时代。如今，借助微处理器的智慧物联，将互联网延伸到物理对象，使微处理器以嵌入式系统身份进入到大有作为的物联网时代。

4. 单片机到嵌入式系统发展

1974 年，第 2 代微处理器 8080 诞生后，在半导体产业领域中迅速掀起了一股单片机的应用热潮，出现了众多型号的单片机，为电子技术领域提供一个个智能化改造的智力内核。因此，单片机在其诞生后就立即进入了电子技术领域。由于半导体厂家的技术支持，低廉的硬件成本与开发装置，容易被掌握的汇编语言编程技术，很快便掀起了传统电子系统智能化改造的热潮。

正当单片机时代陷入困境时，计算机领域迎来了后 PC 时代。受日益高涨的微处理器市场吸引，大批计算机专业人士进入微处理器领域。计算机学科介入后，引入了计算机高级语言、操作系统、集成开发环境、计算机工程方法，大大地提高了微处理器的应用水平，嵌入式系统成为了多学科的综合应用领域。

5. 从嵌入式系统到物联网

微处理器经历了 20 多年单片机的缓慢发展期后，在嵌入式系统时代中有了突飞猛进的发展。与此同时，出现了大量的具有 TCP/IP 协议栈的内嵌式单元与方便外接的互联网接口技术。无论是嵌入式系统单机还是嵌入式系统，与互联网、GPS 的连接都成为常态，从而将互联网顺利地延伸到物理对象，并变革成为物联网。

物联网时代，唯有嵌入式系统可以承担起物联网繁重的物联任务。在物联网应用中，首要任务是在嵌入式系统物联基础上的物联网系统建设。大量的物联网系统开发任务与物联网中嵌入式系统复合人才的培养，都要求嵌入式系统迅速转向物联网，积极推动物联网、云计算技术与产业的发展。

6. 嵌入式系统的应用

自从 20 世纪 70 年代微处理器诞生后，将计算机技术、半导体技术和微电子技术等融合在一起的专用计算机系统，即嵌入式系统，已广泛地应用于家用电器、航空航天、工业、医疗、汽车、通信、信息技术等领域。各种各样的嵌入式系统和产品在应用数量上已远远超过通用计算机，从日常生活、生产到社会的各个角落，可以说嵌入式系统无处不在。下面仅列出了比较熟悉的、与人们生活紧密相关的几个应用领域。

（1）消费类电子产品应用。嵌入式系统在消费类电子产品应用领域的发展最为迅速，而且在这个领域中的嵌入式微处理器的需求量也是最大的。由嵌入式系统构成的消费类电子产品已经成为生活中必不可少的一部分，如智能冰箱、流媒体电视等信息家电产品，以及智能手机、PDA、数码相机、MP3、MP4 等。

（2）智能仪器仪表类应用。这类产品可能离日常生活有点距离，但是对于开发人员来说，却是实验室里的必备工具，如网络分析仪、数字示波器、热成像仪等。通常这些嵌入式设备中都有一个应用微处理器和一个运算微处理器，可以完成数据采集、分析、存储、打印、显示等功能。

（3）通信信息类产品应用。这些产品多数应用于通信机柜设备中，如路由器、交换机、家庭媒体网关等，在民用市场使用较多的莫过于路由器和交换机了。基于网络应用的嵌入式系统也非常多，目前市场发展较快的是远程监控系统等在监控领域中应用的系统。

（4）过程控制类应用。过程控制类应用主要是指在工业控制领域中的应用，包括对生产过程中各种动作流程的控制，如流水线检测、金属加工控制、汽车电子等。汽车工业在中国已取得了飞速的发展，汽车电子也在这个大发展的背景下迅速成长。现在，一辆汽车中往往包含有上百个嵌入式系统，它们通过总线相连，实现对汽车各部分的智能控制；车载多媒体系统、车载 GPS 导航系统等，也都是典型的嵌入式系统应用。

（5）航空航天类应用。不仅在低端的民用产品中，在像航空航天这样的高端应用的中同样需要大量的嵌入式系统，如火星探测器、火箭发射主控系统、卫星信号测控系统、飞机的控制系统、探月机器人等。我国的探月工程中“嫦娥三号”的探月工程车就是最好的证明。

（6）生物微电子类应用。在指纹识别、生物传感器数据采集等应用中也广泛采用了嵌入式系统。环境监测已经成为人类必须面对的问题，随着技术的发展，将来的空气中、河流中可以用大量的微生物传感器实时地监测环境状况，而且还可以把这些数据实时地传送到环境监测中心，以监测整个生活环境，避免发生更深层次的环境污染。这也许就是将来围绕在人们生存环境周围的一个无线环境监测传感器网络。

1.4　任务小结

通过本任务的学习和实践，读者可以了解嵌入式系统的组成、嵌入式操作系统的作用。通过对不同功能的嵌入式系统的认识，可以了解嵌入式微处理器的种类，不同种类嵌入式系统的使用环境和场景。

1.5　思考与拓展

（1）嵌入式微处理器有哪些种类？各有什么特点？

（2）常见的嵌入式操作系统有哪些？

（3）简述嵌入式系统的组成。

任务 2

ARM 嵌入式开发平台

本任务重点学习 ARM 嵌入式开发平台的基本原理、功能和结构，并进一步学习 STM32 微处理器的原理、功能及片上资源，学习 STM32 开发平台的构成以及开发环境的搭建。

2.1 学习场景：ARM 嵌入式开发平台有哪些应用

ARM 微处理器具有体积小、低功耗、低成本、高性能等优点，采用 32 位精简指令集（RISC）微处理器架构，被广泛应用于多个领域的嵌入式系统设计中，如消费类多媒体、教育类多媒体、嵌入控制、移动式应用以及 DSP 等。ARM 技术被授权于多个厂家，每个厂家都有各种特有的 ARM 产品和服务。经过近年来的发展，ARM 很快成为 RISC 标准的缔造者和引领者，并在嵌入式系统微处理器领域中稳坐“霸主”地位。

ARM 微处理器具有不同的产品系列，其使用方式也不同。Cortex-A 系列微处理器常用来作为全功能微处理器使用，可运行 Android、Linux 或 Windows 等操作系统，需要使用特殊的方法进行程序编译和烧录。Cortex-M 系列微处理器是作为具有特定功能的嵌入式微处理器而设计的，芯片既可运行裸机程序，也可运行小型的嵌入式操作系统，但本质上都是一次性程序下载，因此 Cortex-M 系列微处理器的程序需要在特定的集成开发环境上开发，开发环境调试完成后再通过仿真器将程序下载到微处理器中。ARM Cortex-M4 结构示意图如图 2.1 所示。

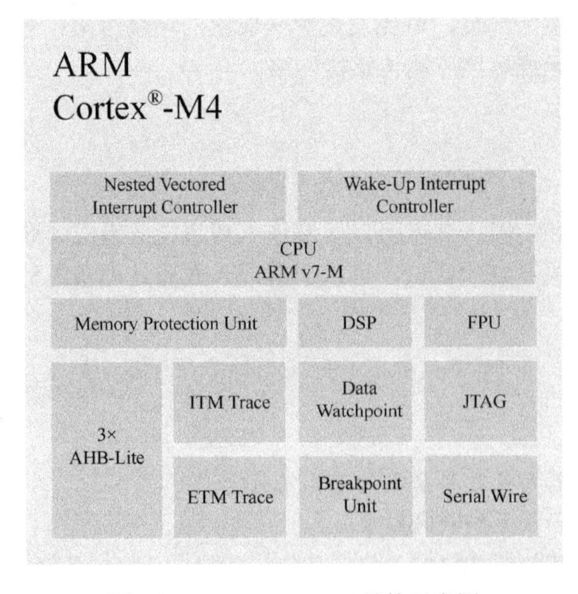

图 2.1　ARM Cortex-M4 结构示意图

2.2　开发目标

（1）知识要点：嵌入式 ARM 的组成与结构；STM32 微处理器和开发平台。
（2）任务目标：能够列举 5 种嵌入式 ARM 芯片；能够列举 STM32 微处理器的功能参数。

2.3　原理学习：ARM 微处理器

2.3.1　ARM 微处理器简介及其产品系列

1. ARM 微处理器简介

ARM 是 32 位精简指令集（RISC）微处理器，具有低成本、高性能、低功耗等优点，被广泛用于多个领域的嵌入式系统中。ARM 是对一类微处理器的称统，也是一个公司的名字。ARM 于 1983 年开始由 Acorn 电脑公司（Acorn Computers Ltd）设计，在 1985 年时开发出了 ARM1。在 20 世纪 80 年代晚期，Acorn 开始与苹果公司合作开发新版的 ARM 内核，并在 1990 成立 ARM（Advanced RISC Machines Ltd.）公司。在 1991 年发布了 ARM6，从 ARM7 开始 ARM 内核被普遍认可和广泛使用，以后陆续推出了 ARM9TDMI、ARM9E、ARM10E、XScale、ARM11、ARMv6T2、ARMv6KZ、ARMv6K、Cortex。ARM 公司的经营模式在于出售其半导体知识产权核心（IP Core），由合作公司生产各具特色的芯片。

目前，全世界几十家大的半导体公司都在使用 ARM 公司的授权，使得 ARM 技术获得更多第三方工具和软件的支持，有更好的软件开发和调试环境，从而加快了产品的开发。目前，ARM 微处理器广泛应用在消费电子产品、便携式设备、电脑外设、军用设施中，其中占有手机微处理器 95%的市场份额、上网本微处理器 30%的市场份额，平板电脑微处理器 70%的市场份额。

ARM 微处理器之所以能够在 32 位微处理器市场上占有较大的市场份额，主要是由于 ARM 微处理器具有功耗小、成本低、功能强，非常适合作为嵌入式微处理器使用。目前，ARM 微处理器几乎已经深入工业控制、无线通信、网络应用、消费类电子产品和安全产品等多个领域。ARM 产品链如图 2.2 所示。

2. ARM 微处理器产品系列

由于 ARM 公司成功的商业模式，使得 ARM 微处理器在嵌入式市场上取得了巨大的成功，ARM 微处理器系统已占据了 32 位 RISC 微处理器 75%以上的市场份额。ARM 微处理器体系结构的发展经历了 v1 到 V6 的变迁，在 v6 后，ARM 微处理器的体系结构采用了新的分类。ARM 公司于 2004 年开始推出基于 ARMv7 架构的 Cortex 系列内核，该内核又可细分为三大系列：A、M、R。目前嵌入式行业主流的 ARM 微处理器包括 Cortex、ARM7、ARM9、ARM11 等几个系列。ARM 微处理器系列如图 2.3 所示。

图 2.2　ARM 产品链

图 2.3　ARM 微处理器系列

（1）ARM7 系列。ARM7 系列微处理器内核采用冯·诺依曼体系结构，包括 ARM7 TDMI、ARM7 TDMI-S、ARM720T 及 ARM7EJ-S。其中，ARM7 TDMI 内核的应用较为广泛，它属于低端微处理器内核，内核支持 64 位结果的乘法，支持半字、有符号字节存取；支持 32 位寻址空间，即 4 GB 线性地址空间；包含了嵌入式 ICE 模块以支持嵌入式系统调试，硬件调试由 JTAG 测试访问端口访问，JTAG 控制逻辑被认为微处理器核的一部分；广泛的第三方支持，并与 ARM9 Thumb 系列、ARM10 Thumb 系列微处理器相兼容。典型产品是 Samsung 公司的 S3C44B0 系列。ARM7 系列微处理器主要用于对成本和功耗要求比较苛刻的消费类电子产品。

（2）ARM9 系列。ARM9 系列微处理器的内核采用哈佛体系结构，将数据总线与指令总线分开，从而提高了对指令和数据访问的并行性，提高了效率。ARM9 TDMI 将流水线的级数从 ARM7 TDMI 的 3 级增加到了 5 级，并采用哈佛体系结构，ARM9 TDMI 的性能在相同的工艺条件下为 ARM7 TDMI 的 2 倍。

ARM9 系列微处理器包含 ARM920T、ARM922T 和 ARM940T 等类型，可以在高性能和低功耗特性方面提供最佳的性能；采用 5 级流水线，指令执行效率更高；支持数据缓存和指令缓存，具有更高的指令和数据处理能力；支持 32 位 ARM 指令集和 16 位 Thumb 指令集；支持 32 位的高速 AMBA 总线接口；全性能的 MMU，支持 Windows CE、Linux、Palm OS 等多种主流嵌入式操作系统。

ARM920T 微处理器在 ARM9 TDMI 微处理器的基础上，增加了分离式的指令缓存和数据缓存（并带有相应的存储器管理单元 I-MMU 和 D-MMU）、写缓冲器以及 AMBA 接口等。

ARM9 系列微处理器主要应用于无线通信设备、仪器仪表、安全系统、机顶盒、高端打印机、数码相机和数码摄像机等场合，典型产品是 Samsung 公司的 S3C2410A。

（3）ARM11 系列微处理器。ARM11 微处理器在提高性能的同时允许在性能和功耗之间进行权衡，以满足某些特殊应用，通过动态调整时钟频率和供电电压，可以完全控制两者的平衡。ARM11 系列主要有 ARM1136J、ARM1156T2、ARM1176JZ 三个型号。

（4）ARM Cortex 系列。ARM Cortex 系列微处理器采用哈佛体系结构，使用的指令集是 ARMv7，是目前使用的 ARM 嵌入式微处理器中指令集版本最高的一个系列。采用了 Thumb-2 技术，该技术比纯 32 位代码少使用 31%的内存，减小了系统开销，同时能够提供比已有的基于 Thumb 技术的解决方案高 38%的性能。ARMv7 架构还采用了 NEON 技术，将 DSP 和媒体处理能力提高了近 4 倍，并支持改良的浮点运算，满足下一代 3D 图形、游戏应用以及传统嵌入式控制应用的需求。此外，ARMv7 还支持改良的运行环境，以满足 JIT（Just In Time）和 DAC（Dynamic Adaptive Compilation）技术的使用。另外，ARMv7 架构对于早期的 ARM 微处理器也提供了很好的兼容性。

ARM Cortex-A 是高端应用微处理器，可实现高达 2 GHz 的标准频率，用于支持下一代移动互联设备。这些微处理器具有单核和多核两类，主要应用在智能手机、智能本、上网本、电子书阅读器和数字电视等产品。

ARM Cortex-R 是实时微处理器，应用在具有严格的实时响应嵌入式系统，主要应用在家庭消费性电子产品、医疗行业、工业控制和汽车行业。

ARM Cortex-M 系列微处理器主要是针对微控制器领域开发的，是低成本和低功耗的微处理器，主要应用在智能测量、人机接口设备、汽车和工业控制系统、大型家用电器、消费性产品和医疗器械等方面。

2.3.2　ARM 微处理器的组成及结构

ARM 架构是构建每个 ARM 微处理器的基础。随着技术的不断发展，ARM 架构可满足不断增长的新功能、高性能需求以及新兴市场的需要。有关最新公布的版本信息请参见 ARM 公司官网。

1．精简指令集计算机

早期的计算机采用复杂指令集计算机（Complex Instruction Set Computer，CISC）体系，

如 Intel 公司的 x86 系列微处理器。在 CISC 指令集的各种指令中，大约有 20%的指令会被反复使用，占整个程序代码的 80%；而余下的大约 80%的指令却不经常使用，在程序设计中只占 20%。在 CISC 中有许多复杂的指令，通过增强指令系统的功能，虽然简化了软件，但却增加了硬件的复杂程度。

精简指令集计算机（Reduced Instruction Set Computer，RISC）体系结构优先选取使用频率最高的简单指令，避免复杂指令；将指令长度固定，减少指令格式和寻址方式种类，以控制逻辑为主，不用或少用微码控制等，RISC 已经成为当前计算机发展不可逆转的趋势。

2. 哈佛（Harvard）结构

在 ARM7 以前的微处理器采用的是冯•诺依曼结构，从 ARM9 以后的微处理器大多采用哈佛结构。哈佛结构的主要特点是将程序和数据存储在不同的存储空间中，即程序存储器和数据存储器是两个相互独立的存储器，每个存储器独立编址、独立访问。系统具有程序的数据总线与地址总线，以及数据的数据总线与地址总线，这种分离的程序总线和数据总线允许在一个机器周期内同时获取指令字（来自程序存储器）和操作数（来自数据存储器），从而提高了执行速度及数据的吞吐率；又由于程序存储器和数据存储器在两个独立的物理空间中，因此取址和执行能完全重叠，具有较高的执行效率。

3. 流水线技术

流水线技术应用于计算机系统结构的各个方面，其基本思想是将一个重复的时序分解成若干个子过程，而每个子过程都可以有效地在其专用功能段上与其他子过程同时执行。

指令流水线就是将一条指令分解成一连串执行的子过程，例如，把指令的执行过程细分为取指令、指令译码和执行三个过程。在微处理器中，流水线技术把一条指令的串行执行子过程变为若干条指令的子过程在微处理器中重叠执行。

4. ARM 微处理器的工作模式

ARM 微处理器支持 7 种工作模式，分别为：用户模式（USR）、快中断模式（FIQ）、中断模式（IRQ）、管理模式（SVR）、中止模式（ABT）、未定义模式（UND）和系统模式（SYS），这样的好处是可以更好地支持操作系统并提高工作效率。

2.3.3 STM32 系列微处理器

1. STM32 系列微处理器简介

STM32 系列微控制器是 ST 公司以 ARM 公司的 Cortex-M0、Cortex-M3、Cortex-M4 和 Cortex-M7 四种 RISC 内核开发的系列产品，芯片型号与内核的对应关系如表 2.1 所示。

表 2.1 STM32 芯片型号与内核的对应关系

内　核	型　号	特　点
Cortex-M0	STM32F0	低成本、入门级微处理器
Cortex-M0+	STM32L0	低功耗

续表

内 核	型 号	特 点
Cortex-M3	STM32F1	通用型微处理器
	STM32F2	大存储器、硬件加密
	STM32L1	低功耗
	STM32T	触摸键应用模块
	STM32M	具有遵循 IEEE 802.15.4 协议的无线通信模块
Cortex-M4	STM32F3	模拟通道、更灵活的数据通信矩阵
	STM32F4	168 MHz 时钟频率下，0 等待访问 Flash 存储器、动态功率调整技术
Cortex-M7	STM32F7	L1 一级缓存、200 MHz 时钟频率

STM32 系列微处理器在指令集方面是向后兼容的，对于相同封装的芯片，大部分引脚的功能也是基本相同的（少数电源与新增功能引脚有区别），用户可以在不修改印制电路板的条件下，根据需要更换不同资源（如 Flash、RAM），甚至可以更换不同内核的芯片来完善自己的设计工作。

2. STM32F407 系统架构

STM32F407/417 系列 MCU 面向需要在小至 10 mm×10 mm 的封装内实现高集成度、高性能、嵌入式存储器和外设，广泛应用在医疗、工业与消费类领域。STM32F407/417 系列 MCU 提供了工作频率为 168 MHz 的 Cortex-M4 内核（具有浮点单元）的性能。在 168 MHz 的时钟频率下，从 Flash 存储器执行时，STM32F407/417 系列 MCU 就能够提供 210 DMIPS/566 CoreMark 的性能，并且利用意法半导体的 ART 加速器实现了。等待访问 Flash 存储器，同时 DSP 指令和浮点单元扩大了产品的应用范围。STM32F407 系统架构如图 2.4 所示。

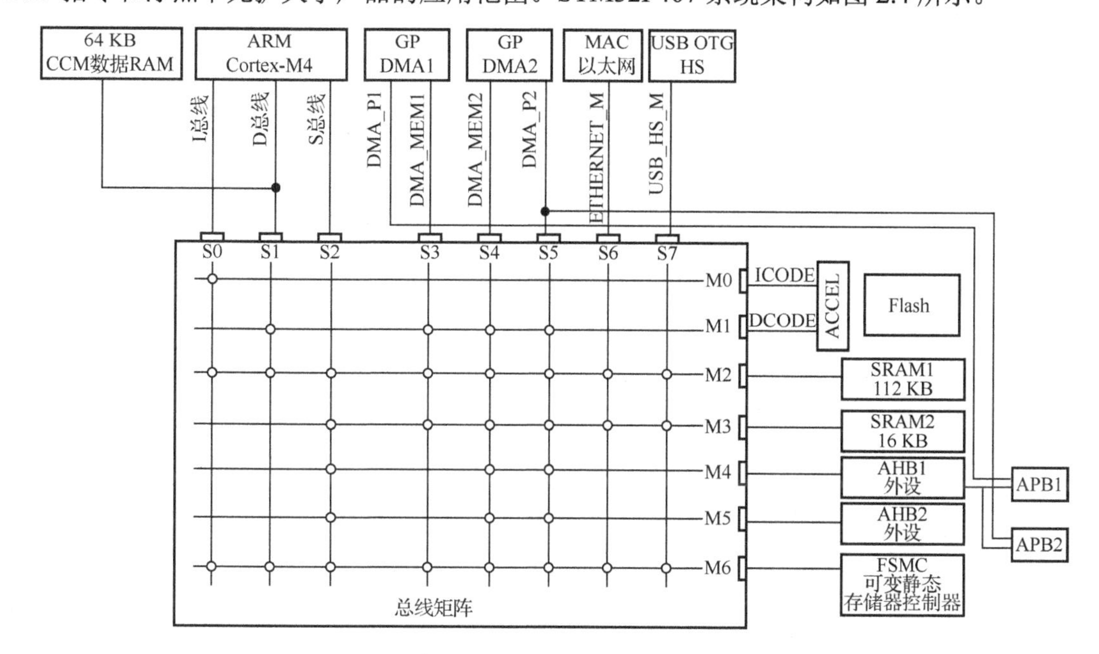

图 2.4 STM32F407 系统架构

主系统由 32 位多层 AHB 总线矩阵构成，总线矩阵用于主控总线之间的访问仲裁管理，仲裁采取循环调度算法。总线矩阵可实现以下部分的互连。

八条主控总线是：

- Cortex-M4 内核 I 总线（S0）、D 总线（S1）和 S 总线（S2）；
- DMA1 存储器总线（S3）和 DMA2 存储器总线（S4）；
- DMA2 外设总线（S5）；
- 以太网 DMA 总线（S6）；
- USB OTG HS DMA 总线（S7）。

七条被控总线是：

- 内部 Flash ICODE；
- 内部 Flash DCODE；
- 主要内部 SRAM1（112 KB）；
- 辅助内部 SRAM2（16 KB）或者辅助内部 SRAM3（64 KB），后者仅适用 STM32F42xx 和 STM32F43xx 系列器件；
- AHB1 外设和 AHB2 外设；
- FSMC（Flexible Static Memory Controller，可变静态存储器控制器）。

几条总线的解释如下：

（1）S0：I 总线。此总线用于将 Cortex-M4F 内核的指令总线连接到总线矩阵，内核可通过此总线获取指令。此总线访问的对象是存储代码的存储器（内部 Flash、SRAM 或通过 FSMC 连接的外部存储器）。

（2）S1：D 总线。此总线用于将 Cortex-M4F 数据总线和 64 KB 的 CCM 数据 RAM 连接到总线矩阵，内核通过此总线进行立即数加载和调试访问。此总线访问的对象是存储代码或数据的存储器（内部 Flash 或通过 FSMC 连接的外部存储器）。

（3）S2：S 总线。此总线用于将 Cortex-M4F 内核的系统总线连接到总线矩阵，用于访问位于外设或 SRAM 中的数据，也可通过此总线获取指令（效率低于 ICODE）。此总线访问的对象是 112 KB、64 KB 和 16 KB 的内部 SRAM，包括 APB 外设在内的 AHB1 外设、AHB2 外设，以及通过 FSMC 连接的外部存储器。

（4）S3、S4：DMA1/2 存储器总线。此总线用于将 DMA1/2 存储器总线主接口连接到总线矩阵，DMA 通过此总线来执行存储器数据的输入和输出。此总线访问的对象是数据存储器，如内部 SRAM（112 KB、64 KB、16 KB）以及通过 FSMC 连接的外部存储器。

（5）S5：DMA2 外设总线。此总线用于将 DMA2 外设主总线接口连接到总线矩阵，DMA 通过此总线访问 AHB 外设或执行存储器间的数据传输。此总线访问的对象是 AHB、APB 外设，以及数据存储器，如内部 SRAM 以及通过 FSMC 连接的外部存储器。

（6）S6：以太网 DMA 总线。此总线用于将以太网 DMA 主接口连接到总线矩阵，以太网 DMA 通过此总线向存储器存取数据。此总线访问的对象是数据存储器，如内部 SRAM（112 KB、64 KB 和 16 KB），以及通过 FSMC 连接的外部存储器。

（7）S7：USB OTG HS DMA 总线。此总线用于将 USB OTG HS DMA 主接口连接到总线矩阵，USB OTG HS DMA 通过此总线向存储器加载/存储数据。此总线访问的对象是数据存储器，如内部 SRAM（112 KB、64 KB 和 16 KB）以及通过 FSMC 连接的外部存储器。

（8）总线矩阵。线矩阵用于主控总线之间的访问仲裁管理，仲裁采用循环调度算法。

（9）AHB/APB 总线桥（APB）。借助两个 AHB/APB 总线桥 APB1 和 APB2，可在 AHB 总线与两个 APB 总线之间实现完全同步的连接，从而灵活地选择外设频率。

本书将基于意法半导体公司生产的 STM32 微处理器来讲述嵌入式接口技术开发。STM32F407VET6 采用 32 位 ARM Cortex-M4 内核且集成由自适应计算单元（FPU）的微处理器内核，拥有 0 等待访问的内置存储器数据读取和内存保护机制，该芯片工作频率为 168 MHz，指令处理能力为 1.25 DMIPS/MHz，具有 DSP 浮点运算单元。STM32F407VET6 微处理器如图 2.5 所示。

图 2.5　STM32F407VET6 微处理器

2.3.4　STM32 开发平台

本书采用的开发平台为 xLab 未来开发平台，提供两种类型的智能节点：经典型无线节点 ZXBeeLite-B 和增强型无线节点 ZXBeePlus-B，集成锂电池供电接口、调试接口、外设控制电路、RJ45 传感器接口等。本书所使用的节点类型为增强型无线节点 ZXBeePlus-B，详细说明如下。

ZXBeePlusB 增强型无线节点采用 ARM Cortex-M4 STM32F407 微处理器，具有 2.8 英寸真彩 LCD 液晶屏，板载 HTU21D 型高精度数字温湿度传感器，RGB 三色高亮 LED 指示灯，两路继电器，蜂鸣器，摄像头接口；板载信号指示灯（电源、电池、网络、数据），四路功能按键，四路 LED 灯；集成锂电池接口，集成电源管理芯片，支持电池的充电管理和电量测量；板载 USB 串口，Ti 仿真器接口，ARM 仿真器接口；集成以太网；集成四路 RJ45 工业接口；提供 ARM 芯片功能输出，硬件包含 I/O、DC 3.3 V、DC 5 V、UART、RS-485、两路继电器等功能；提供四路 3.3 V、5 V、12 V 电源输出。xLab 未来开发平台如图 2.6 所示。

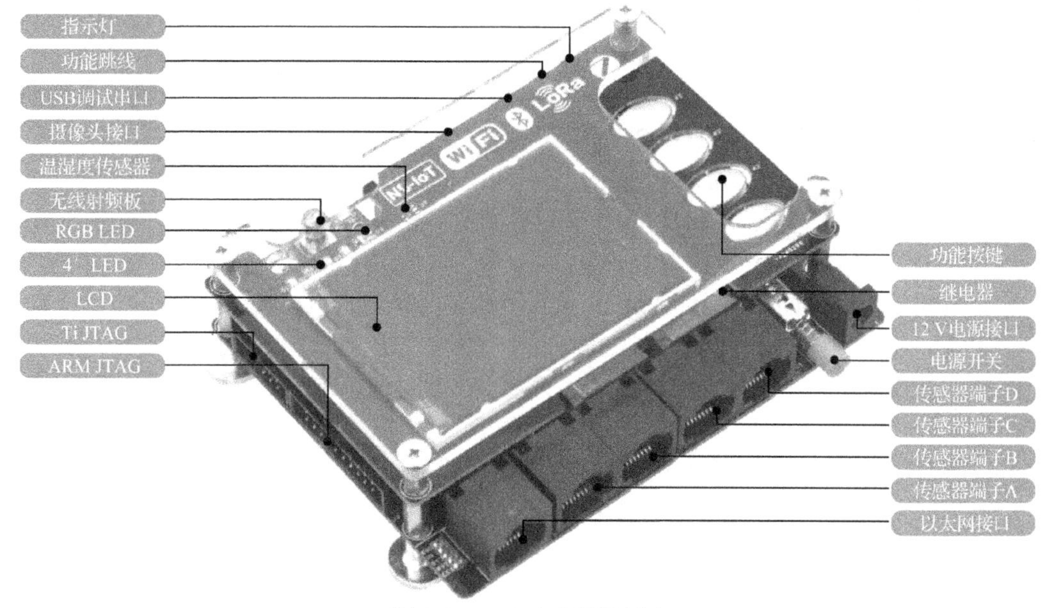

图 2.6　xLab 未来开发平台

xLab 未来开发平台按照传感器的类别设计了丰富的传感设备，涉及采集类、控制类、安防类、显示类、识别类、创意类等。

1. 采集类开发平台

采集类开发平台包括：温湿度传感器、光照度传感器、空气质量传感器、气压高度传感器（或气压海拔传感器）、三轴传感器、距离传感器、继电器、语音识别传感器等，如图 2.7 所示。

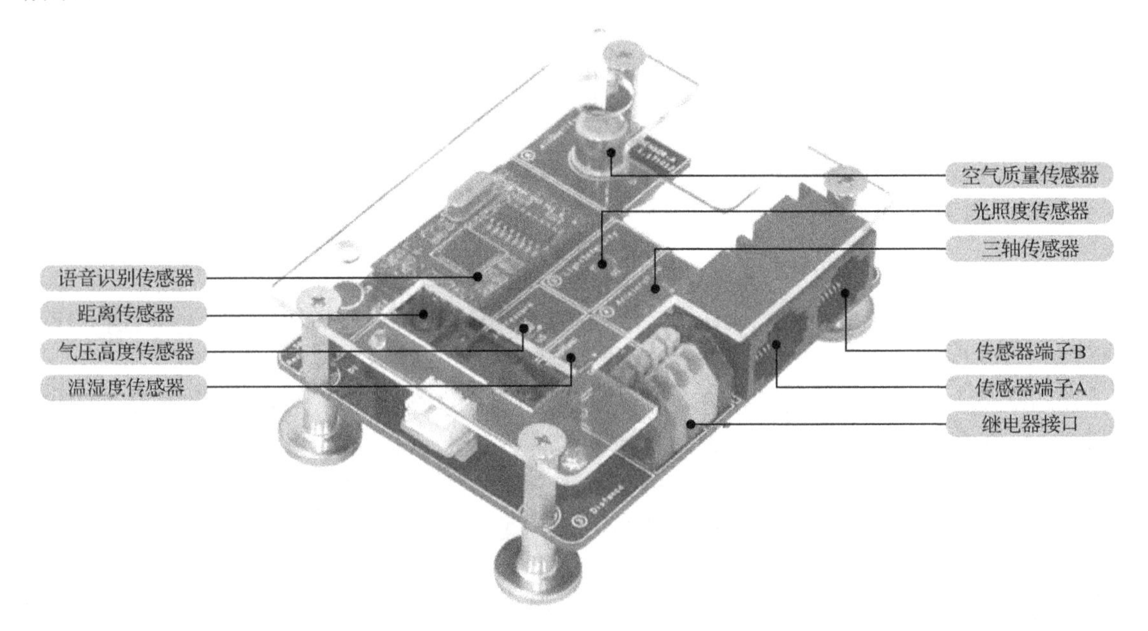

图 2.7　采集类开发平台

- 两路 RJ45 工业接口，包含 I/O、DC 3.3 V、DC 5 V、UART、RS-485、两路继电器输出等功能，提供两路 3.3 V、5 V、12 V 电源输出。
- 采用磁吸附设计，可通过磁力吸附并通过 RJ45 工业接口接入无线节点进行数据通信。
- 温湿度传感器的型号为 HTU21D，采用数字信号输出和 I2C 通信接口，测量范围为 -40～125℃，以及 5%RH～95%RH。
- 光照度传感器的型号为 BH1750，采用数字信号输出和 I2C 通信接口，对应的输入光范围为 1～65535 lx。
- 空气质量传感器的型号为 MP503，采用模拟信号输出，可以检测气体酒精、烟雾、异丁烷、甲醛，检测浓度为 10～1000 ppm（酒精）。
- 气压高度传感器的型号为 FBM320，采用数字信号输出和 I2C 通信接口，测量范围为 300～1100 hPa。
- 三轴传感器的型号为 LIS3DH，采用数字信号输出和 I2C 通信接口，量程可设置为±2*g*、±4*g*、±8*g*、±16*g*（*g* 为重力加速度），16 位数据输出。
- Sharp 红外距离传感器的型号为 GP2D12，采用模拟信号输出，测量范围为 10～80 cm，更新频率为 40 ms。

● 采用继电器控制，输出无线节点有两路继电器接口，支持 5 V 电源开关控制。
● 语音识别传感器的型号为 LD3320，支持非特定人识别，具有 50 条识别容量，返回形式丰富，采用串口通信。

2. 控制类开发平台

控制类开发平台包括：风扇、步进电机、蜂鸣器、LED 灯、RGB 灯、继电器等设备，如图 2.8 所示。

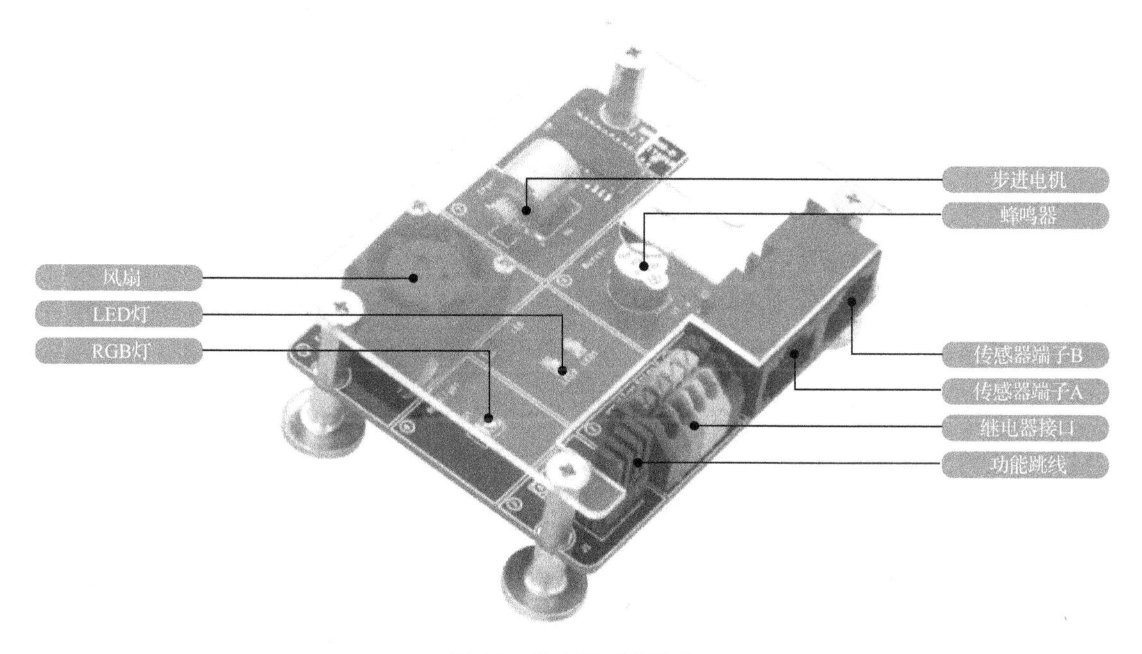

图 2.8　控制类开发平台

● 两路 RJ45 工业接口，包含 I/O、DC 3.3 V、DC 5 V、UART、RS-485、两路继电器输出等功能，提供两路 3.3 V、5 V、12 V 电源输出。
● 采用磁吸附设计，可通过磁力吸附并通过 RJ45 工业接口接入无线节点进行数据通信。
● 风扇为小型风扇，采用低电平驱动。
● 步进电机为小型 42 步进电机，驱动芯片为 A3967SLB，逻辑电源电压范围为 3.0～5.5 V。
● 使用小型蜂鸣器，采用低电平驱动。
● 两路高亮度 LED 灯，采用低电平驱动。
● RGB 灯采用低电平驱动，可组合出任何颜色。
● 采用继电器控制，输出无线节点有两路继电器接口，支持 5 V 电源开关控制。

3. 安防类开发平台

安防类开发平台包括：火焰传感器、光栅传感器、人体红外传感器、燃气传感器、触摸传感器、振动传感器、霍尔传感器、继电器、语音合成传感器等，如图 2.9 所示。

● 两路 RJ45 工业接口，包含 I/O、DC 3.3 V、DC 5 V、UART、RS-485、两路继电器输出等功能，提供两路 3.3 V、5 V、12 V 电源输出。

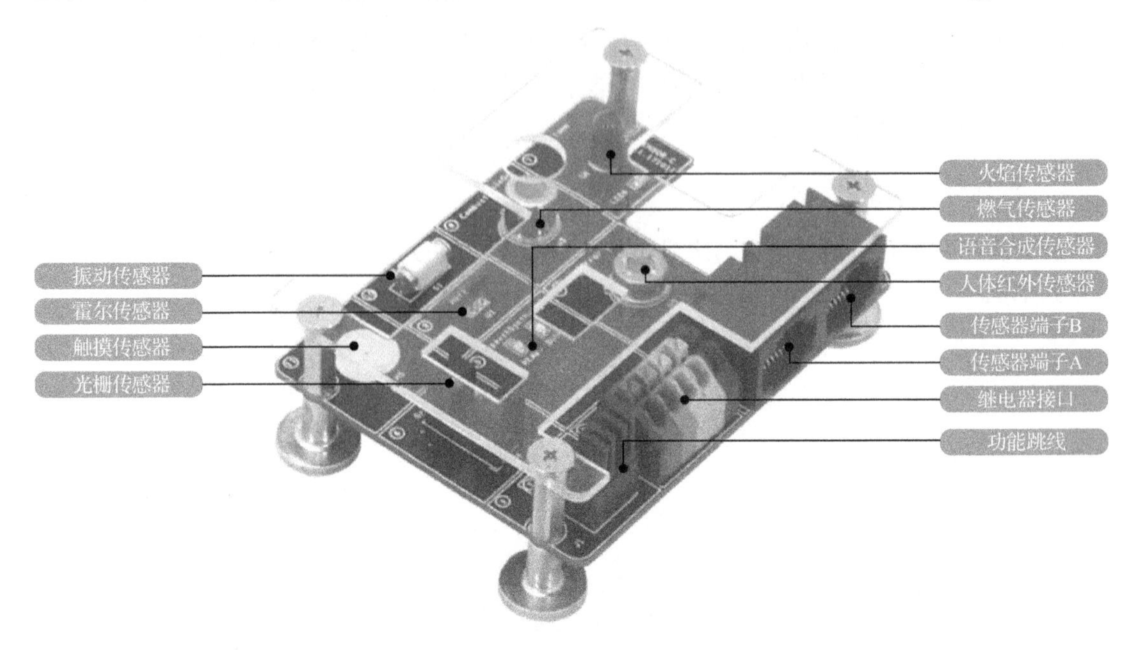

图 2.9 安防类开发平台

- 采用磁吸附设计，可通过磁力吸附并通过 RJ45 工业接口接入无线节点进行数据通信。
- 火焰传感器采用 5 mm 的探头，可检测火焰或波长为 760～1100 nm 的光源，探测温度为 60℃左右，采用数字开关量输出。
- 光栅传感器的槽形光耦的槽宽 10 mm，工作电压为 5 V，采用数字开关量信号输出。
- 人体红外传感器的型号为 AS312，电源电压为 3 V，感应距离为 12 m，采用数字开关量信号输出。
- 燃气传感器的型号为 MP-4，采用模拟信号输出，传感器加热电压为 5 V，供电电压为 5 V，可测量天然气、甲烷、瓦斯气、沼气等。
- 触摸传感器的型号为 SOT23-6，采用数字开关量信号输出，检测到触摸时，输出电平翻转。
- 振动传感器，低电平有效，采用数字开关量信号输出。
- 霍尔传感器的型号为 AH3144，电源电压为 5 V，采用数字开关量输出，工作频率宽（0～100 kHz）。
- 采用继电器控制，输出无线节点有两路继电器接口，支持 5 V 电源开关控制。
- 语音合成传感器的芯片型号为 SYN6288，采用串口通信，支持 GB2312、GBK、UNICODE 等编码，可设置音量、背景音乐等。

4. 显示类开发平台

显示类开发平台包括：LCD 屏、数码管、五向开关、传感器端子等，如图 2.10 所示。

- 两路 RJ45 工业接口，包含 I/O、DC 3.3 V、DC 5 V、UART、RS-485、两路继电器输出等功能，提供两路 3.3 V、5 V、12 V 电源输出；
- 采用磁吸附设计，可磁力吸附并通过 RJ45 工业接口接入无线节点进行数据通信；

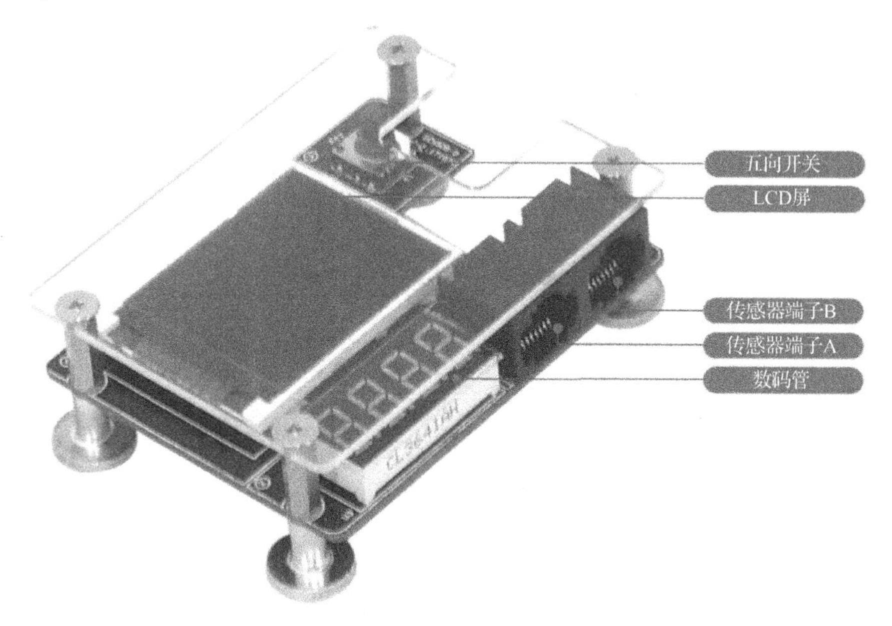

图 2.10　显示类开发平台

- 硬件分区设计，丝印框图清晰易懂，包含传感器编号，模块采用亚克力防护；
- LCD 传感器：驱动芯片型号为 ST7735，65K 色，分辨率为 128×160，SPI 通信接口，1.8 英寸；
- 数码管传感器：4 位共阴极数码管，驱动芯片型号为 ZLG7290，采用 I2C 通信接口；
- 五位开关：五向按键，驱动芯片型号为 ZLG7290，采用 I2C 通信接口。

2.4　任务小结

通过本任务的学习和实践，读者可以了解基于不同内核发展的 ARM 系列微处理器型号，通过对 ARM 的体系结构学习，了解 ARM 微处理器的工作原理。

2.5　思考与拓展

（1）ARM 微处理器有哪些系列？
（2）简述 ARM 微处理器的工作模式。
（3）简述 ARM 微处理器的存储器组织方式。
（4）STM32 系列微处理器常见型号与特性有哪些？

任务3

工程创建与调试

本任务重点学习 IAR for ARM 开发环境和在线调试，掌握 STM32 开发环境的搭建和调试。

3.1 开发场景：如何进行项目开发

要将 STM32 微处理器真正地使用起来，就必须编写程序并将程序烧录到芯片中。但芯片程序的编写与烧录涉及 IDE 开发环境的使用。STM32F407VET6 微处理器使用的是 IAR for ARM 开发环境，用户可在这个开发环境下创建 STM32F407VET6 微处理器工程，通过下载器可将程序下载到单片机中，使用 IAR for ARM 开发环境的程序调试工具实现 STM32F407VET6 微处理器程序的在线调试。通过在线调试得到逻辑功能正确的代码后就可以将其固化到单片机中长期运行了。STM32F407VET6 微处理器使用的 J-Link 仿真器如图 3.1 所示。

图 3.1　J-Link 仿真器

3.2 开发目标

（1）知识要点：IAR for ARM 开发环境的工程建立；IAR for ARM 开发环境的程序在线调试。

（2）技能要点：熟悉 STM32F407VET6 微处理器的工程创建；掌握 STM32F407VET6 微处理器的代码在线调试；掌握 IAR for ARM 开发环境中的开发工具。

（3）任务目标：通过使用 IAR for ARM 开发环境对 STM32 微处理器（STM32F407VET6）工程进行在线调试；通过使用 IAR for ARM 开发环境查看 STM32 微处理器寄存器参数。

3.3 原理学习：软件开发环境

3.3.1 IAR for ARM 开发环境

1. IAR for ARM 简介

IAR 是一家公司的名称，也是一种开发环境的名称，我们平时所说的 IAR 主要是指开发环境。IAR 公司的发展也是经历了一系列历史变化，从开始针对 8051 研制 C 编译器，逐渐发展至今，已经是一家庞大的、技术力量雄厚的公司。而 IAR 集成开发环境也是从单一的到现在针对不同的微处理器，拥有多种 IAR 版本的开发环境。

本任务主要讲述 IAR for ARM 开发环境，IAR 拥有多个版本，支持的芯片达上万种，针对不同内核微处理器，IAR 有不同的开发环境， IAR 开发环境工具版本如图 3.2 所示。

ARM
IAR Embedded Workbench for ARM
8051
IAR Embedded Workbench for 8051
MSP430
IAR Embedded Workbench for MSP430
AVR
IAR Embedded Workbench for AVR
AVR32
IAR Embedded Workbench for AVR32

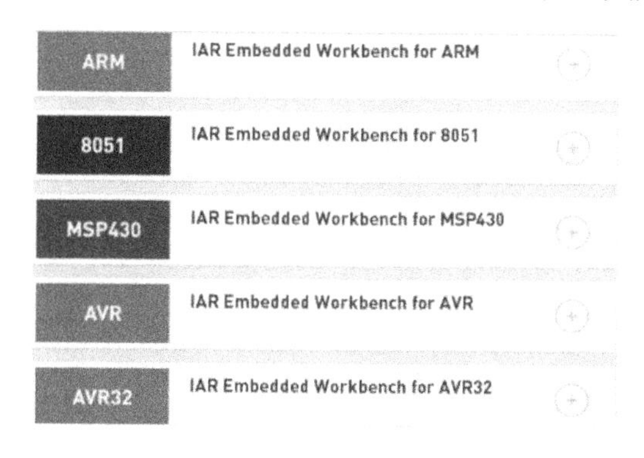

图 3.2　IAR 开发环境工具版本

IAR for ARM 其实是 IAR Embedded Workbench for ARM，即嵌入式工作平台，在有些地方也会看见 IAR EWARM，其实它们都是同一个开发环境工具软件，只是叫法不一样而已。与其他的 ARM 开发环境相比，IAR EWARM 具有入门容易、使用方便和代码紧凑等特点。

IAR EWARM 的主要组成包括：高度优化的 IAR ARM C/C++ Compiler；IAR ARM Assembler；一个通用的 IAR XLINK Linker；IAR XAR 和 XLIB 建库程序，以及 IAR DLIB C/C++ 运行库；功能强大的编辑器；项目管理器；命令行实用程序；IAR C-SPY 调试器（先进的高级语言调试器）。

IAR for ARM 支持的器件包含 Cortex-A、Cortex-R、Cortex-M 系列等多达几千种，具体可以到 IAR 官方网站查看。IAR 支持的芯片厂家如图 3.3 所示。

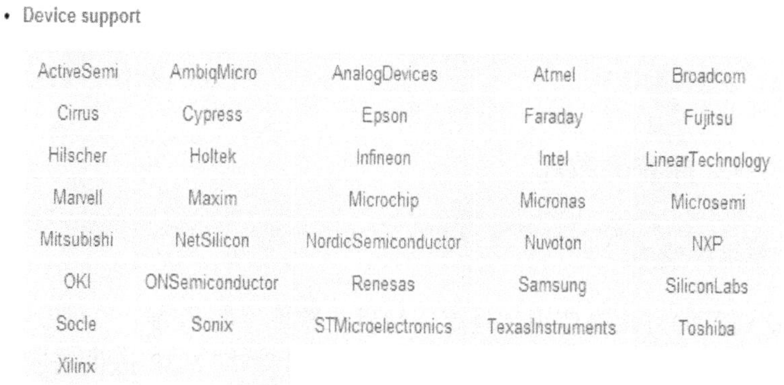

Device support
ActiveSemi
AmbiqMicro
AnalogDevices
Atmel
Broadcom
Cirrus
Cypress
Epson
Faraday
Fujitsu
Hilscher
Holtek
Infineon
Intel
LinearTechnology
Marvell
Maxim
Microchip
Micronas
Microsemi
Mitsubishi
NetSilicon
NordicSemiconductor
Nuvoton
NXP
OKI
ONSemiconductor
Renesas
Samsung
SiliconLabs
Socle
Sonix
STMicroelectronics
TexasInstruments
Toshiba
Xilinx

图 3.3　IAR 支持的芯片厂家

2. IAR for ARM 的安装

IAR for ARM 集成开发环境的安装比较简单，按照安装向导即可完成安装操作，具体如下。

（1）解压。双击安装包，进入准备安装（解压）界面，如图 3.4 所示。

（2）进入安装就绪界面，如图 3.5 所示，选择“Install IAR Embedded Workbench”。

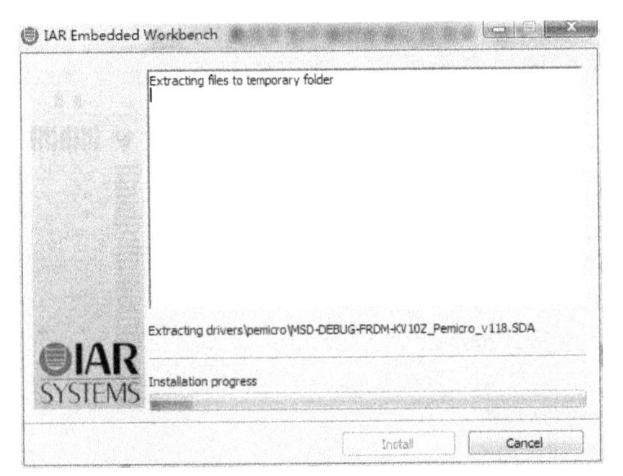

图 3.4　准备安装（解压）界面

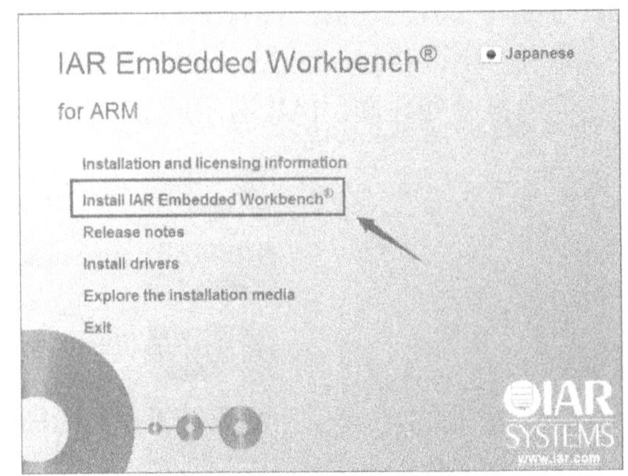

图 3.5　安装就绪界面

（3）进入安装向导界面，如图 3.6 所示，按照提示单击“Next”按钮进行后续安装。

（4）IAR for ARM 工具安装成功后，软件启动界面如图 3.7 所示。

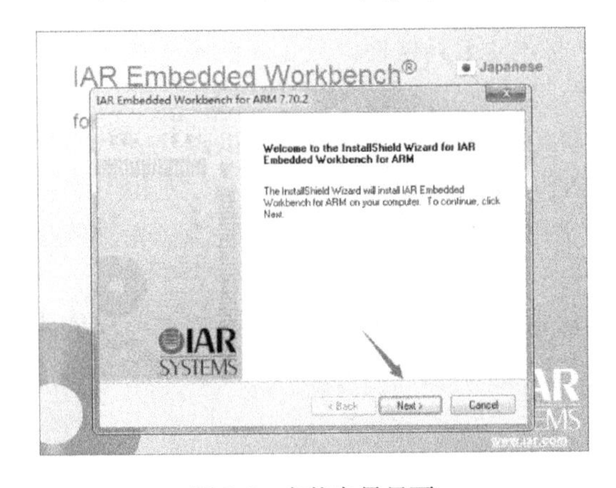

图 3.6　安装向导界面

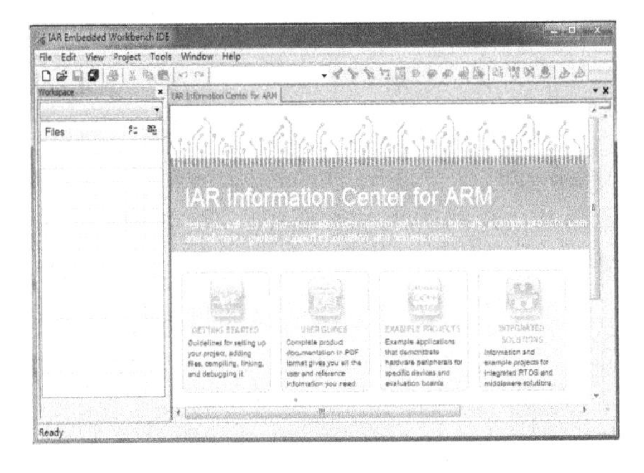

图 3.7　软件启动界面

3.3.2　STM32 标准函数库

1．STM32 标准外设库

学习 STM32 最好的方法是使用软件库，然后在软件库的基础上了解底层，学习寄存器。软件库是指“STM32 标准函数库”，它是由 ST 公司针对 STM32 提供的应用程序（函数）接口（Application Program Interface，API），开发者可调用这些 API 来配置 STM32 的寄存器，使开发人员得以无须关心最底层的寄存器操作，具有开发快速、易于阅读、维护成本低等优点。

用户在调用软件库的 API 时不需要了解库底层的寄存器操作，实际上，库是架设在寄存器与用户驱动层之间的代码，向下处理与寄存器直接相关的配置，向上为用户提供配置寄存器的接口。软件库开发方式与直接配置寄存器方式的区别如图 3.8 所示。

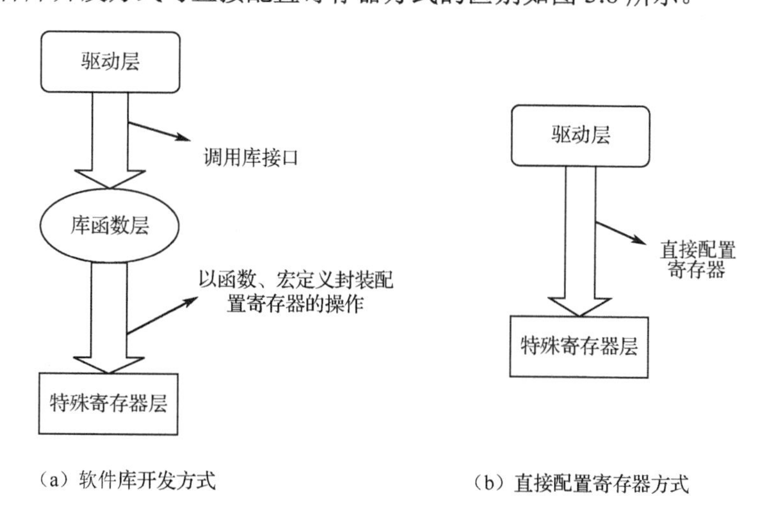

（a）软件库开发方式　　（b）直接配置寄存器方式

图 3.8　开发方式的区别

在 8 位机时代的程序开发中，一般采用直接配置芯片寄存器的方式来控制芯片的工作方式，如中断、定时器等。在配置时，常常要查阅寄存器表，查用到的配置位，为了配置某功能，将相关配置位置 1 或清 0，这些都是很琐碎的、机械的工作。因为 8 位机的软件相对来说比较简单，而且资源很有限，所以可以采用直接配置寄存器的方式来进行开发。

STM32 微处理器的外设资源丰富，带来的必然是寄存器的数量和复杂度的增加，而且为开发者提供了非常方便的开发库（软件库）。到目前为止，有标准外设库（STD）、HAL 库、LL 库三种，前两者都是常用的库， LL 库是 ST 公司最近才添加的。

标准外设库（Standard Peripherals Library，STD）是对 STM32 芯片的一个完整的封装，包括所有标准器件外设的驱动器，这是目前使用最多的软件库，几乎全部使用 C 语言实现。但是，标准外设库也是针对某一系列芯片而言的，没有可移植性。

相对于 HAL 库，标准外设库仍然接近于寄存器操作，主要任务是将一些基本的寄存器操作封装成了 C 函数。

ST 公司为各系列微处理器提供的标准外设库稍微有些区别。例如，STM32F1x 的标准外设库和 STM32F3x 的标准外设库在文件结构上就有些不同，此外，在内部的实现上也稍微有些区别，这个在具体使用（移植）时，需要特别注意。但是，不同系列之间的差别并不是很大，而且在设计上是相同的。

STM32 微处理器标准外设库下载方式为：登录 ST 官网，根据芯片型号下载对应的标准外设库（如芯片为 STM32F103ZE，则下载对应的 STM32F10x_StdPeriph_Lib），如图 3.9 所示。

2. CMSIS 标准

为了让不同的芯片公司生产的 Cortex 芯片能在软件上基本兼容，ARM 公司和芯片生产商共同提出了 CMSIS（Cortex Microcontroller Software Interface Standard），即 ARM Cortex 微处理器软件接口标准。基于 CMSIS 的应用程序基本结构如图 3.10 所示。

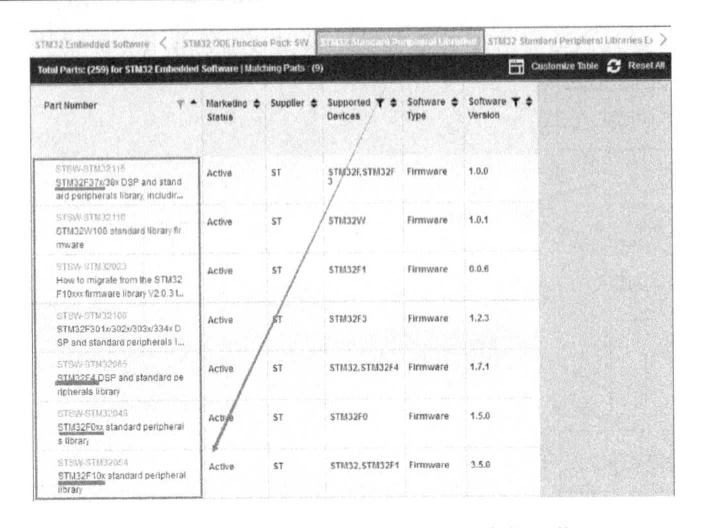

STM32 Embedded Software | STM32 ODE Function Pack SW | STM32 Standard Peripheral Libraries | STM32 Standard Peripheral Libraries E

Total Parts: (259) for STM32 Embedded Software | Matching Parts : (9)　Customize Table　Reset All

Part Number	Marketing Status	Supplier	Supported Devices	Software Type	Software Version
STSW-STM32115 STM32F37x/38x DSP and standard peripherals library, includir...	Active	ST	STM32F,STM32F3	Firmware	1.0.0
STSW-STM32110 STM32W100 standard library firmware	Active	ST	STM32W	Firmware	1.0.1
STSW-STM32023 How to migrate from the STM32F10xxx firmware library V2.0.3 t...	Active	ST	STM32F1	Firmware	0.0.6
STSW-STM32108 STM32F301x/302x/303x/334x DSP and standard peripherals l...	Active	ST	STM32F3	Firmware	1.2.3
STSW-STM32065 STM32F4 DSP and standard peripherals library	Active	ST	STM32, STM32F4	Firmware	1.7.1
STSW-STM32048 STM32F0xx standard peripherals library	Active	ST	STM32F0	Firmware	1.5.0
STSW-STM32054 STM32F10x standard peripheral library	Active	ST	STM32, STM32F1	Firmware	3.5.0

图 3.9　STM32 微处理器标准外设库的下载

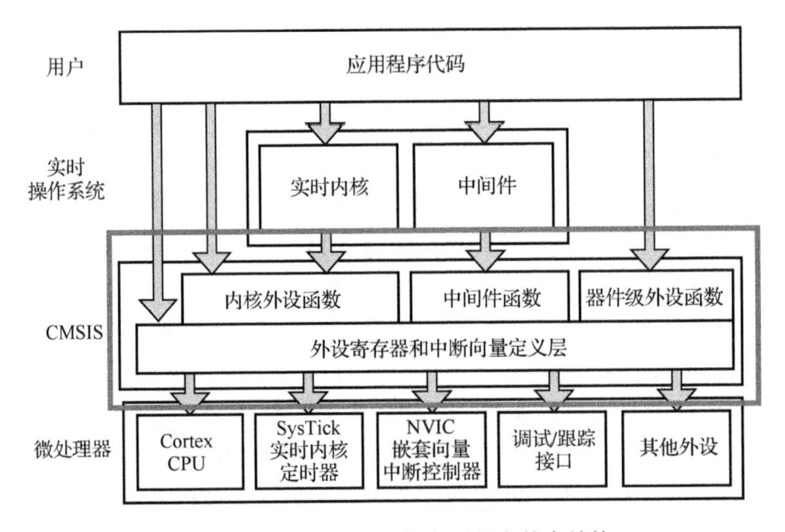

图 3.10　基于 CMSIS 的应用程序基本结构

CMSIS 包括 3 个基本功能模块。

- 内核外设函数：由 ARM 公司提供，定义微处理器内部寄存器地址及功能函数。
- 中间件函数：定义访问中间件的通用 API，由 ARM 提供，芯片厂商根据需要更新。
- 器件级外设函数：定义硬件寄存器的地址及外设的访问函数。

从图 3.10 可以看出，CMSIS 层在整个应用程序基本结构中处于中间层，向下负责与内核和各个外设直接打交道，向上为实时操作系统用户提供程序调用的函数接口。如果没有 CMSIS，芯片公司就会设计自己喜欢的风格的库函数，而 CMSIS 就是要强制规定，芯片生产公司的库函数必须按照 CMSIS 来设计。

3. 库目录与文件

ST 公司官方提供的 STM32F4 固件库包的结构如图 3.11 所示。

1）库目录

Libraries文件夹下面有CMSIS和STM32F4xx_StdPeriph_Driver两个目录，这两个目录包含固件库核心的所有子文件夹和文件。

CMSIS文件夹存放的是符合CMSIS的一些文件，包括STM32F4核内外设访问层代码、DSP软件库、RTOS API，以及STM32F4片上外设访问层代码等。新建工程时可从从这个文件夹中复制一些文件到工程。

STM32F4xx_StdPeriph_Driver存放的是STM32F4标准外设固件库源码文件和对应的头文件，inc目录存放的是stm32f4xx_ppp.h头文件，无须改动；src目录下面放的是stm32f4xx_ppp.c格式的固件库源文件。每一个.c文件（固件库源文件）和一个.h文件（头文件）相对应，这些文件也是外设固件库的关键文件，每个外设对应一组文件。

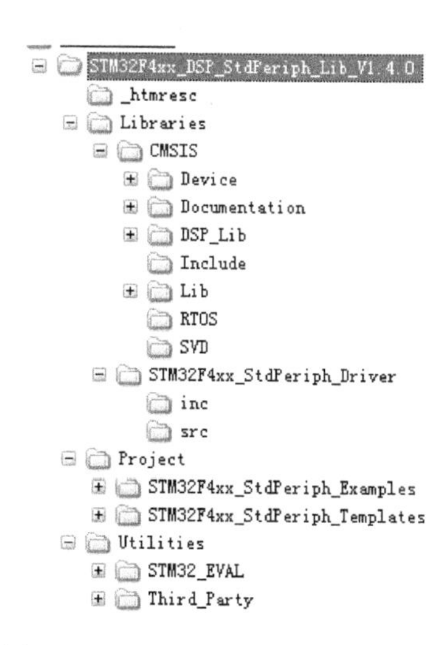

图3.11　STM32F4固件库包的结构

Libraries文件夹里面的文件在建立工程时都会使用到。

Project文件夹下面有两个文件夹：STM32F4xx_StdPeriph_Examples文件夹下面存放的是ST公司提供的固件实例源码，在以后的开发过程中，可参考修改这个由官方提供的实例来快速驱动自己的外设；STM32F4xx_StdPeriph_Templates文件夹下面存放的是工程模板。

Utilities文件夹存放的是官方评估板的一些对应源码。

根目录中还有一个STM32F4xx_dsp_StdPeriph_lib_um.chm文件，这是一个固件库的帮助文档。

2）关键文件

首先来看一个基于固件库的STM32F4工程需要哪些关键文件，文件之间有哪些关联关系。STM32F4固件库文件之间的关系如图3.12所示，其实这个可以从ST提供的英文版的STM32F4固件库说明里面找到。

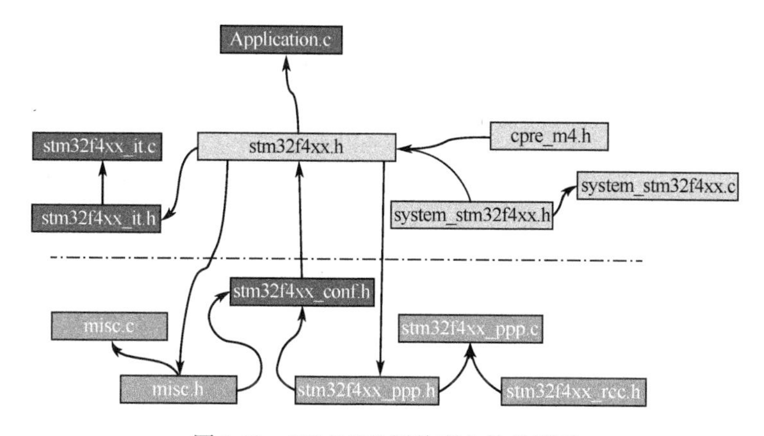

图3.12　STM32F4固件库文件关系图

core_cm4.h文件位于“\STM32F4xx_DSP_StdPeriph_Lib_V1.4.0\Libraries\CMSIS\Include”目录下，是CMSIS的核心文件，提供Cortex-M4内核接口。

stm32f4xx.h 和 system_stm32f4xx.h 文件存放在文件夹"\STM32F4xx_DSP_StdPeriph_Lib_V1.4.0\Libraries\CMSIS\Device\ST\STM32F4xx\Include"下面。

system_stm32f4xx.h 是片上外设接入层系统头文件，主要用于声明设置系统及总线时钟相关的函数。与其对应的源文件 system_stm32f4xx.c 在目录"\STM32F4xx_DSP_StdPeriph_Lib_V1.4.0\Project\STM32F4xx_StdPeriph_Templates"可以找到。这个文件里面有一个 SystemInit() 函数声明，在系统启动时会调用这个函数，用来设置整个系统和总线时钟。

stm32f4xx.h 是 STM32F4 片上外设访问层头文件。在进行 STM32F4 开发时，几乎时刻都要查看这个文件相关的定义。打开这个文件可以看到，里面非常多的结构体及宏定义，这个文件主要是系统寄存器定义声明以及包装内存操作，同时该文件还包含了一些时钟相关的定义，如 FPU 和 MPU 单元开启定义、中断相关定义等。

stm32f4xx_it.c、stm32f4xx_it.h 及 stm32f4xx_conf.h 等文件可在"\STM32F4xx_DSP_StdPeriph_Lib_V1.4.0\Project\STM32F4xx_StdPeriph_Templates"文件夹中找到，这几个文件在新建工程时也会用到。stm32f4xx_it.c 和 stm32f4xx_it.h 用来编写中断服务函数，中断服务函数也可以随意编写在工程里面的任意一个文件里面。stm32f4xx_conf.h 是外设驱动配置文件，打开该文件可以看到很多#include，在建立工程时可以注释掉一些不用的外设头文件。

misc.c、misc.h、stm32f4xx_ppp.c、stm32f4xx_ppp.h、stm32f4xx_rcc.c 和 stm32f4xx_rcc.h 文件存放在目录"Libraries\STM32F4xx_StdPeriph_Driver"下，这些文件是 STM32F4 标准的外设库文件，其中 misc.c 和 misc.h 用于定义中断优先级分组以及 Systick 定时器相关的函数；stm32f3xx_rcc.c 和 stm32f4xx_rcc.h 包含与 RCC 相关的一些操作函数，主要作用是一些时钟的配置和使能，在任何一个 STM32 工程中，RCC 相关的源文件和头文件是必须添加的。

stm32f4xx_ppp.c 和 stm32f4xx_ppp.h 文件是 STM32F4 标准外设固件库对应的源文件和头文件，包括一些常用外设 GPIO、ADC、USART 等。

Application.c 文件实际就是应用层代码，工程中直接取名为 main.c。

一个完整的 STM32F4 的工程光有上面这些文件还是不够的，还需要非常关键的启动文件。STM32F4 的启动文件存放在目录"\STM32F4xx_DSP_StdPeriph_Lib_V1.4.0\Libraries\CMSIS\Device\ST\STM32F4xx\Source\Templates\arm"下。不同型号的 STM32F4 对应的启动文件也不一样，如果使用 STM32F407 微处理器，则选择的启动文件为 startup_stm32f40_41xxx.s。

启动文件主要是进行堆栈之类的初始化，中断向量表和中断函数的定义。启动文件要引导进入 main 函数。Reset_Handler 中断函数是唯一实现了的中断处理函数，其他的中断函数基本都是死循环。在系统启动时会调用 Reset_handler，下面是调用 Reset_handler 的代码。

```
;Reset handler
Reset_Handler PROC
EXPORT Reset_Handler [WEAK]
IMPORT SystemInit
IMPORT __main
     LDR R0,    =SystemInit
     BLX R0
```

```
LDR R0,  =__main
BX R0
ENDP
```

这段代码的作用是在系统复位之后引导进入 main 函数，在进入 main 函数之前首先要调用 SystemInit 系统初始化函数。

4．库函数简介

库函数是 STM32 的库文件中编写好的函数接口，开发时可以调用这些库函数对 STM32 进行配置，达到控制目的。用户可以不知道库函数是如何实现的，但必须要知道函数的功能、可传入的参数及其意义，以及函数的返回值，所以学会查阅库帮助文档是很有必要的，库帮助文档如图 3.13 所示。

层层打开文档的目录“Modules\STM32F4xx_StdPeriph_Driver\”，可看到 STM32F4xx_StdPeriph_Driver 标签下有很多外设驱动文件的名字，如 MISC、ADC、BKP、CAN 等。

如果要查看 GPIO 的位设置函数 GPIO_SetBits，可以打开“Modules\STM32F4xx_StdPeriph_Driver\GPIO\Functions\GPIO_SetBits”，如图 3.14 所示。

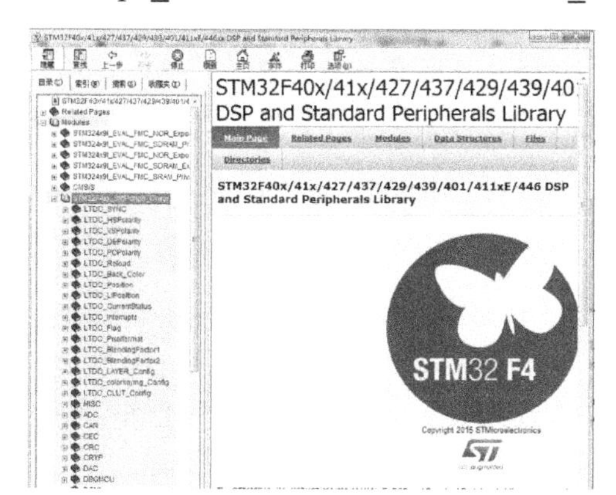

图 3.13　库帮助文档

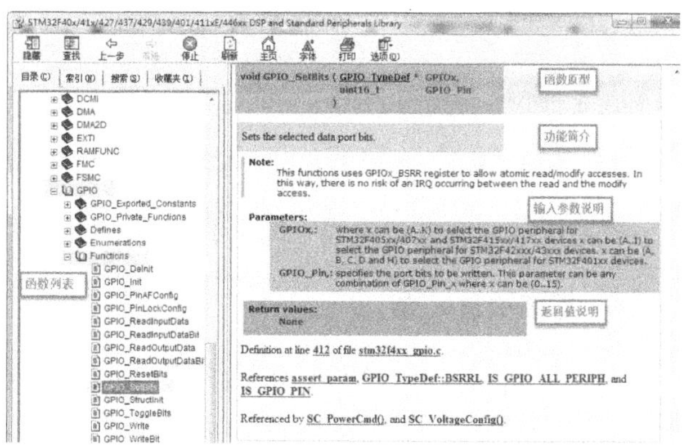

图 3.14　位设置函数 GPIO_SetBits

GPIO_SetBits 的函数原型为

```
void GPIO_SetBits(GPIO_TypeDef * GPIOx , uint16_t GPIO_Pin)
```

它的功能是：输入一个类型为 GPIO_TypeDef 的指针 GPIOx 参数，选定要控制的 GPIO 端口；输入 GPIO_Pin_*x* 宏，其中 *x* 指端口的引脚号，指定要控制的引脚。其中输入的参数 GPIOx 为 ST 标准库中定义的自定义数据类型。

STM32F407 有非常多的寄存器，配置起来会有些难度，为此 ST 公司提供了对 STM32 微处理器的寄存器进行操作的库函数。当需要配置寄存器或者读取寄存器时，只需要调用这些库函数就可以快速开发程序了。在调用库函数之前，需要将这些库函数添加到工程中。

5．创建工程文件

（1）新建一个文件夹 Template，在此文件夹下新建三个文件夹 Libraries、Project、Source，其中 Libraries 文件夹用于放置 ST 官方提供的 STM32F407 库文件，Project 用于放置 IAR for

ARM 集成开发环境产生的系统工程文件，Source 文件夹下用于放置用户自己编辑的用户代码文件，同时用户代码功能的细分可在该文件夹下完成，如图 3.15 所示。

（2）在 Libraries 文件中添加库文件，找到 STM32F407 库文件包 STM32F4xx_DSP_StdPeriph_Lib_V1.4.0，解压后打开如图 3.16 所示，其中_htmresc 文件夹中放置的是意法半导体图标，Libraries 文件夹中放置的是 STM32 的库文件，Project 文件夹中放置的是官方提供的代码例程，Utilities 文件夹中放置的是官方提供的系统工程样板，stm32f4xx_dsp_stdperiph_lib_um.chm 为库函数手册。

打开 Libraries 文件夹，将文件夹下的 CMSIS 和 STM32F4xx_StdPeriph_Driver 复制到刚才新建的“Template/Libraries”文件加下。

打开 Project 文件夹，将 STM32F4xx_StdPeriph_Templates 文件夹下的 stm32f4xx_conf.h、stm32f4xx_it.c、stm32f4xx_it.h 复制到刚才新建的“Template/Libraries”文件夹下，如图 3.7 所示。

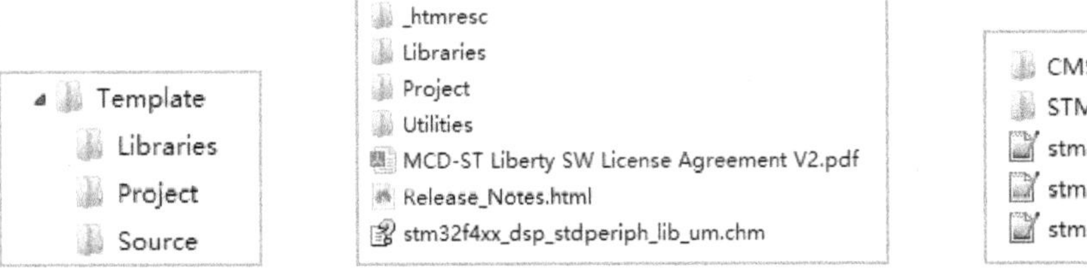

图 3.15　新建文件夹　　图 3.16　STM32F407 库文件包目录下的文件　　图 3.17　添加库文件到项目目录

经过上述步骤后就完成了基本的工程文件部署。

6. 创建项目工程

（1）打开 IAR for ARM，选择菜单“File→New→Workspace”即可新建一个工作空间，如图 3.18 所示。

（2）选择菜单“Project→Create New Project”，弹出“Create New Project”对话框，在“Tool chain”选项中选择“ARM”，单击“OK”按钮，如图 3.19 所示。

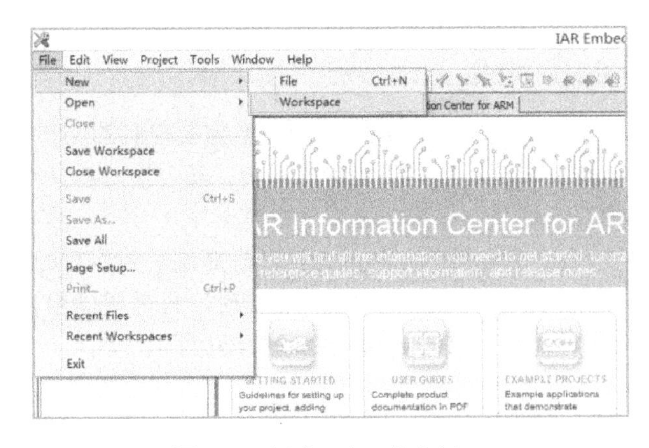

图 3.18　新建一个工作空间

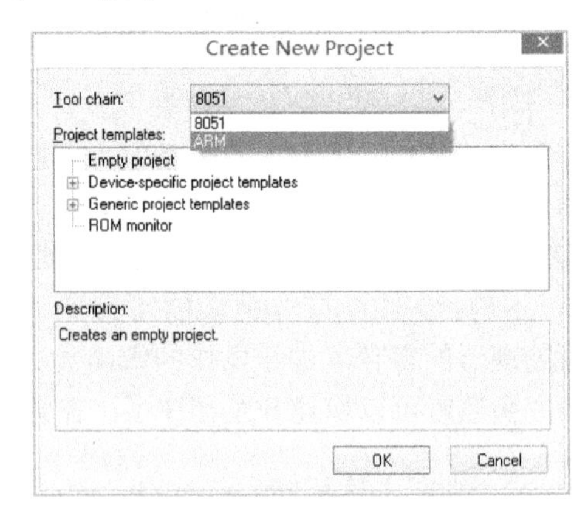

图 3.19　选择微处理器架构类型

（3）输入文件名为 template，保存到新建的“Template\Project”文件夹内。

（4）在工程中创建工程文件目录，单击鼠标右键选择“template→Debug”，在弹出的菜单中选择“Add→Add Group...”，在 STM32F4 工程中建立 Libraries、Source 两个文件夹，分别用于放置库文件和用户文件；在 Libraries 文件夹下分别建立 CMSIS、FWLIB、STARTUP 三个文件夹，用于放置库文件，如图 3.20 所示。

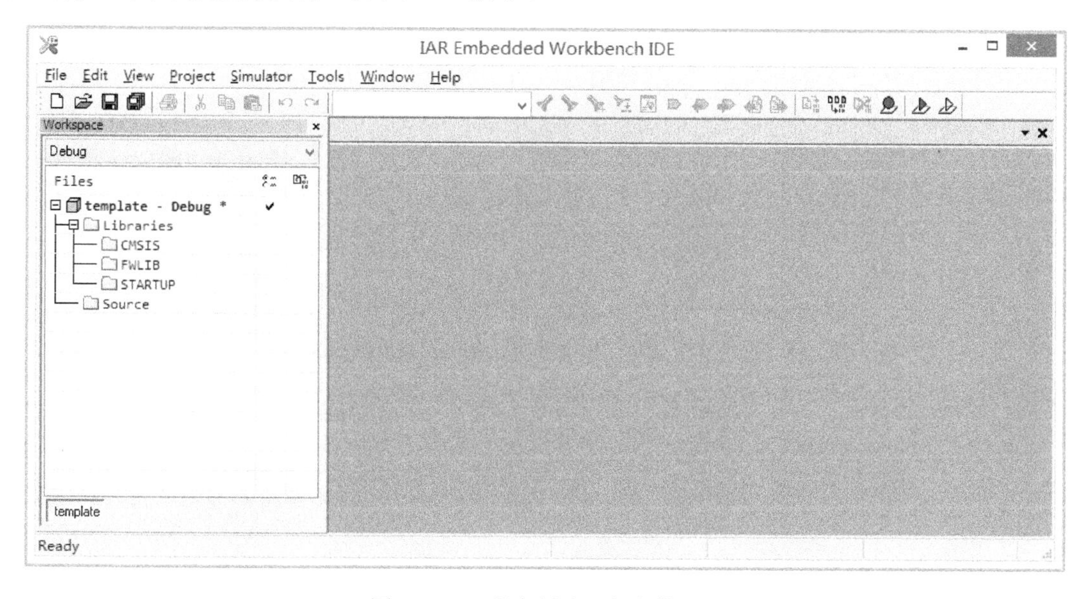

图 3.20　工程中创建工程文件目录

（5）添加官方库文件到工程目录中。右键单击“CMSIS”，在弹出的菜单中选择“Add→Add Files”，进入创建的 Template 文件夹，将“Template\Libraries\CMSIS\Device\ST\STM32F4xx\Source\Templates”下的 system_stm32f4xx.c 添加到工程目录 CMSIS 中；右键单击“FWILB”，在弹出的菜单中选择“Add→Add Files”，进入创建的 Template 文件夹，将“Template\Libraries\STM32F4xx_StdPeriph_Driver\src”下的所有.c 添加到工程目录 FWLIB 中；右键单击“STARTUP”，在弹出的菜单中选择“Add→Add Files”，将“Template\Libraries\CMSIS\Device\ST\STM32F4xx\Source\Templates\iar”下的 startup_ stm32f40xx.s 添加到工程目录 STARTUP 中，如图 3.21 所示。

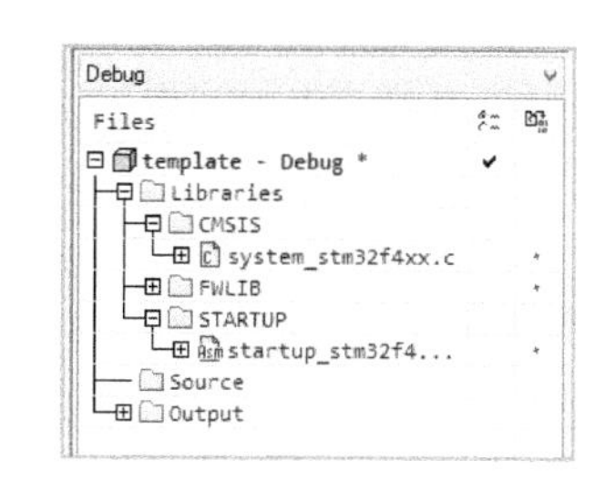

图 3.21　添加官方库文件到工程目录

将 FWLIB 文件夹中的 stm32f4xx_fmc.h 禁止。右键单击“stm32f4xx_fmc.h”，在弹出的菜单中选择“Option”，勾选左上角的“Exclude from build”，单击“OK”按钮即可完成禁止设置，如图 3.22 所示。

禁止完成后，该文件将变为灰色，如图 3.23 所示。

（6）添加主函数，单击开发环境左上角的“🗋”，选择菜单“File→Save As”，将文件保存到 Source 文件夹下，命名为 main.c，然后单击“Save”按钮，即可将“Template\Source”内的 main.c 添加到工程目录 Source 中，添加完成的后工程文件目录如图 3.24 所示。

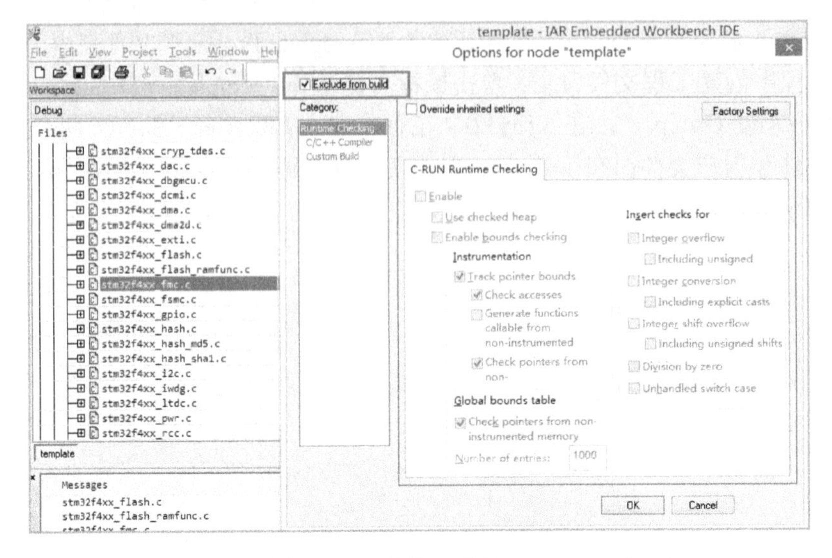

图 3.22　禁止 FWLIB 文件夹中的 stm32f4xx_fmc.h

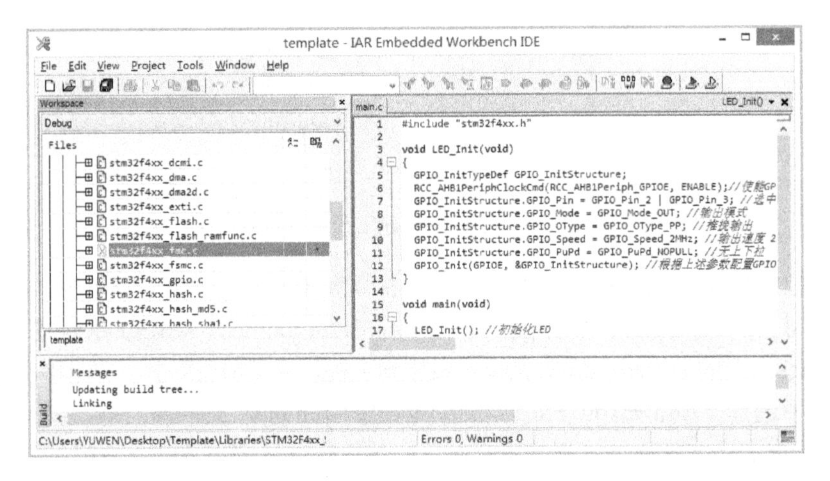

图 3.23　禁止设置完成效果

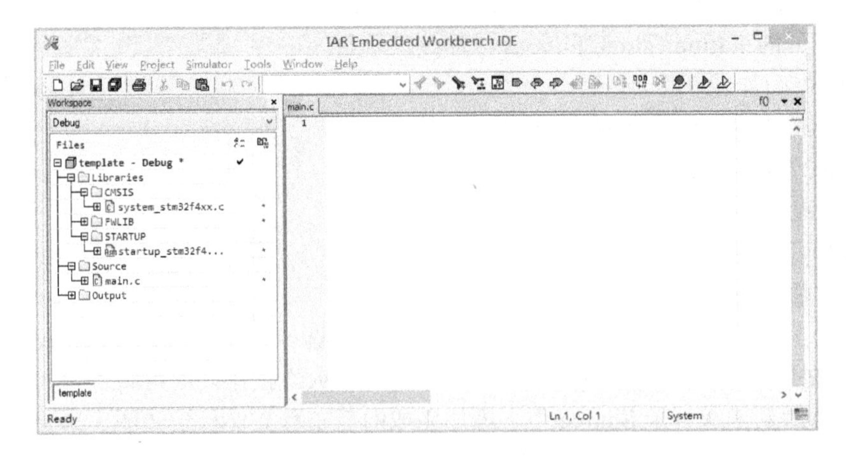

图 3.24　添加 main.c 后的工程文件目录

（7）在 main.c 文件中添加有效代码段，在 main.c 文件中输入下列内容。

```
#include "stm32f4xx.h"
void LED_Init(void)
{
    GPIO_InitTypeDef GPIO_InitStructure;
    RCC_AHB1PeriphClockCmd(RCC_AHB1Periph_GPIOE, ENABLE);        //使能 GPIOE 时钟
    GPIO_InitStructure.GPIO_Pin = GPIO_Pin_2 | GPIO_Pin_3;       //选中 2、3 引脚
    GPIO_InitStructure.GPIO_Mode = GPIO_Mode_OUT;                //输出模式
    GPIO_InitStructure.GPIO_OType = GPIO_OType_PP;               //推挽输出
    GPIO_InitStructure.GPIO_Speed = GPIO_Speed_2MHz;             //输出速度
    GPIO_InitStructure.GPIO_PuPd = GPIO_PuPd_NOPULL;             //无上/下拉
    GPIO_Init(GPIOE, &GPIO_InitStructure);     //根据上述参数配置 GPIOE2、GPIOE3
}
void main(void)
{
    LED_Init();                                //初始化 LED
    GPIO_ResetBits(GPIOE, GPIO_Pin_2) ;        //配置 GPIOE2 为低电平
    GPIO_ResetBits(GPIOE, GPIO_Pin_3) ;        //配置 GPIOE3 为低电平
    while(1);                                  //主循环
}
```

至此完成工程项目创建。

7．配置工程参数

（1）选择芯片型号。选择工程（选择菜单“Template→Debug”），单击鼠标右键后在弹出的菜单中选择“Options”，在“Target”标签下的“Device”处选择“ST STM32F407VE”，如图 3.25 所示。

（2）设置 printf 输出格式。将“Library Options”标签下的“Printf formatter”和“Scanf formatter”均配置为“Large”，如图 3.26 所示。

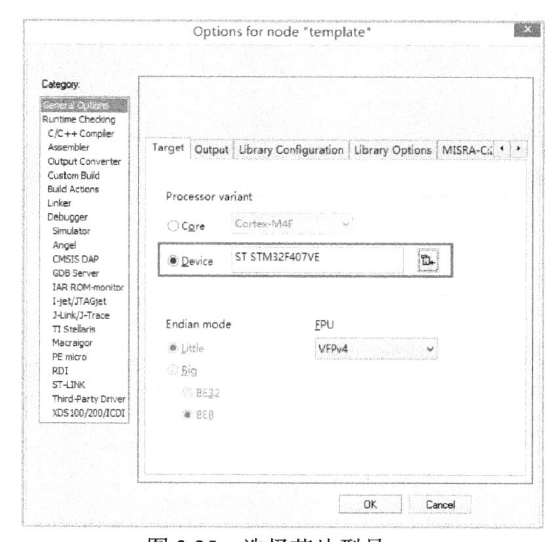

图 3.25　选择芯片型号

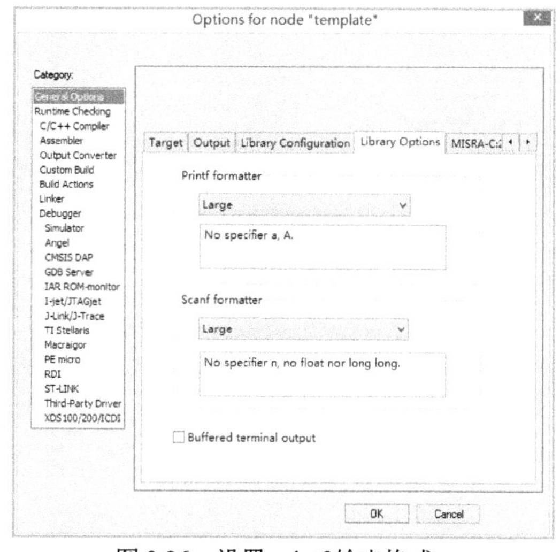

图 3.26　设置 printf 输出格式

（3）配置头文件位置。配置头文件的位置为“C/C++ Complier→Preprocessor”，如图 3.27 所示。

选择好地址后通过箭头选择文件目录为相对目录，如图 3.28 所示。

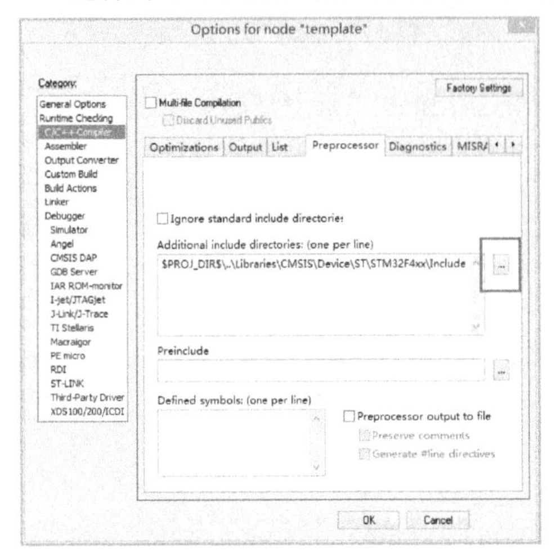

图 3.27 配置头文件位置

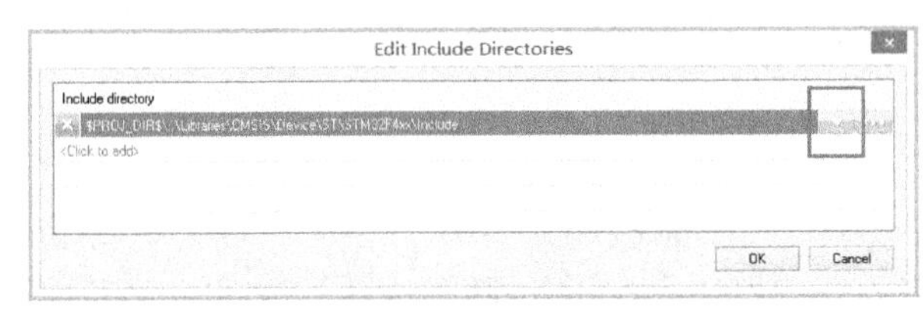

图 3.28 选择头文件目录

位置如下：

- Template\Source；
- Template\Libraries；
- Template\Libraries\STM32F4xx_StdPeriph_Driver\inc；
- Template\Libraries\CMSIS\Device\ST\STM32F4xx\Include；
- Template\Libraries\CMSIS\Include。

配置完成后的头文件目录如图 3.29 所示。

（4）配置项目宏。在“C/C++ Complier→Preprocessor”下的“Defined symbols”中添加库函数外设驱动宏定义“USE_STDPERIPH_DRIVER”和芯片内核宏定义“STM32F40XX”，如图 3.30 所示。

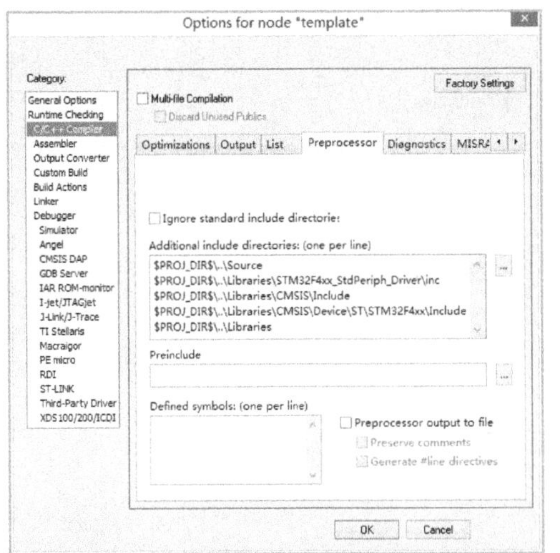

图 3.29 配置完成后的头文件目录

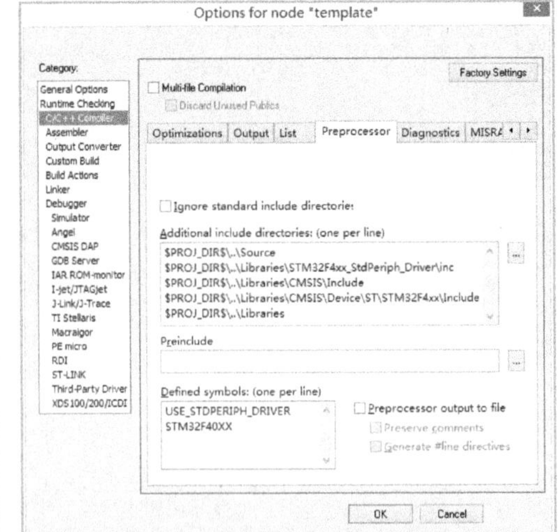

图 3.30 配置项目宏

（5）配置项目输出文件。在“Output Converter→Output”中配置输出为.Hex 文件，如图 3.31 所示。

（6）配置系统链接文件。在“Linker→Config”中勾选“Override default”项，如图 3.32 所示。

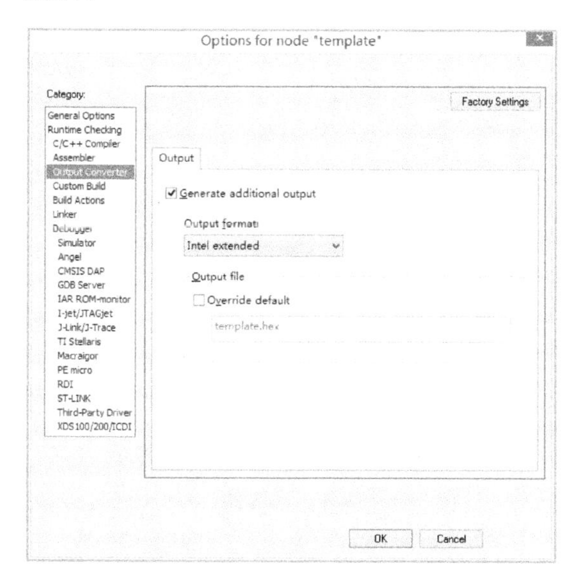

图 3.31　配置项目输出文件

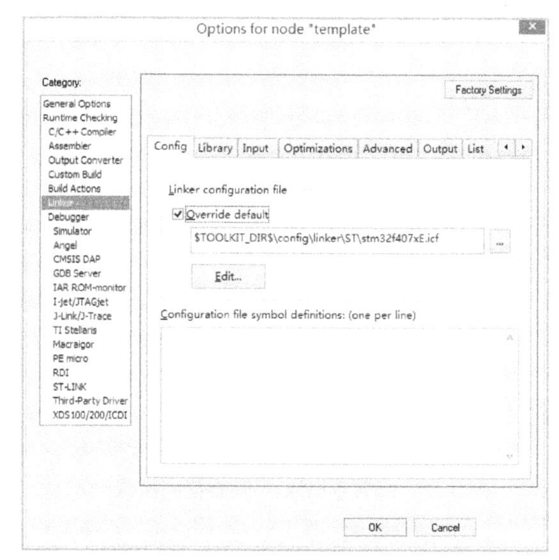

图 3.32　配置系统链接文件

（7）配置系统调试工具。在“Debugger→Steup”中配置“Driver”为“J-Link/J-Trace”工具，如图 3.33 所示。

配置程序下载过程中的相关操作：在“Debugger→Download”中勾选“Verify download”和“Use flash loader(s)”，如图 3.34 所示。

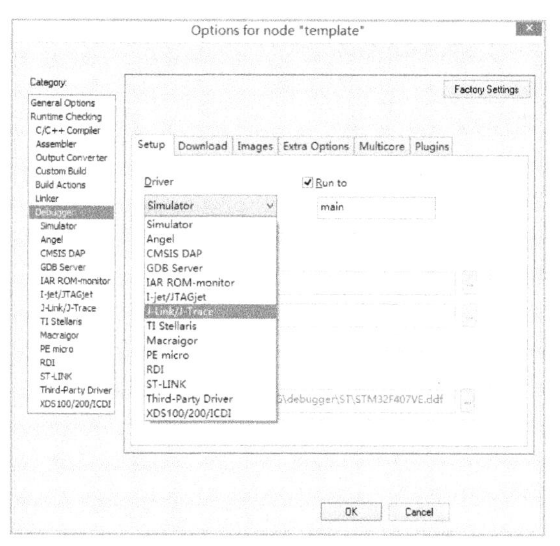

图 3.33　配置系统调试工具

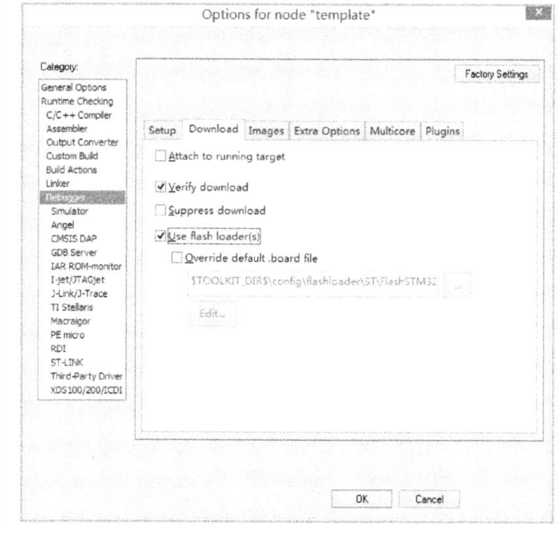

图 3.34　配置程序下载选项

（8）配置 J-Link 下载器使用模式。在“J-Link/J-Trace”中将“Connection”中的“Interface”

选项配置为“SWD”，单击“OK”按钮即可完成配置，如图 3.35 所示。

（9）配置验证。单击“ ”图标编译工程文件并将工作空间保存到“Template/Project”文件夹中，命名为 template，保存完成后 IAR 将编译工程，编译成功后“Build”窗口中将显示无错误、无警告，如图 3.36 所示。

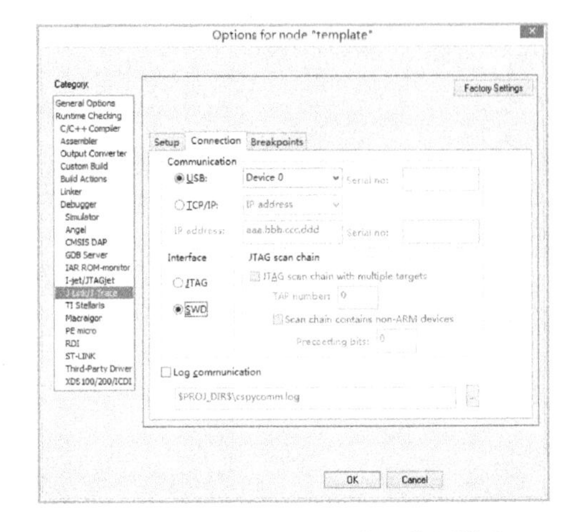

图 3.35　配置 J-Link 下载器使用模式

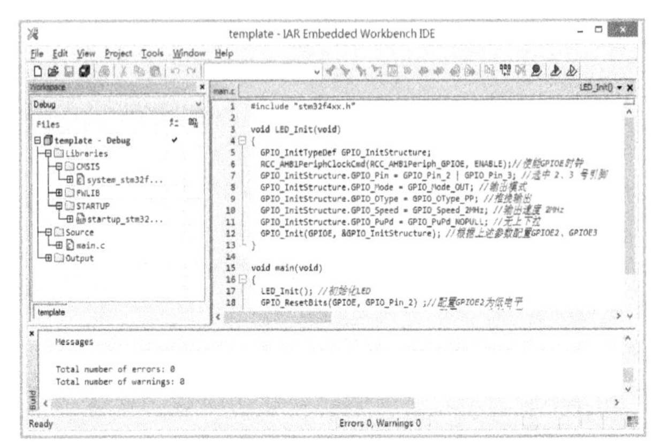

图 3.36　编译工程文件

将程序下载到开发平台中可以看到 LED3 和 LED4 点亮。

3.3.3　IAR ARM 开发环境的使用

1．主窗口界面

IAR 默认的主窗口界面如图 3.37 所示。

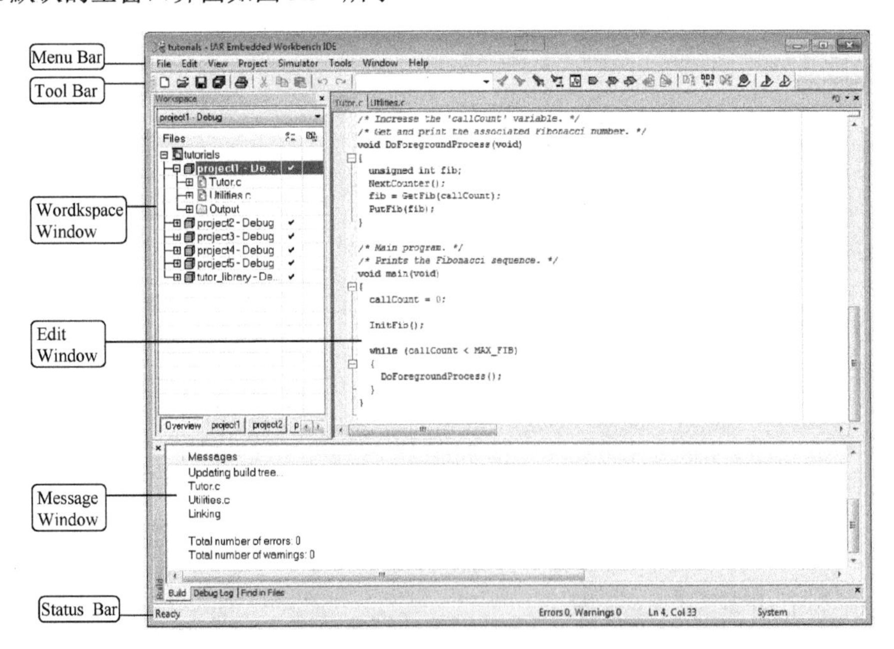

图 3.37　IAR 默认主窗口界面

（1）Menu Bar（菜单栏）：该工具栏是 IAR 比较重要的一个部分，里面包含 IAR 的所有操作及内容，注意，在编辑模式和调试模式下存在一些不同。

（2）Tool Bar（工具栏）：该工具栏是一些常见的快捷按钮，本书后面会讲述。

（3）Workspace Window（工作空间窗口）：一个工作空间可以包含多个工程，该窗口主要显示工作空间下工程项目的内容。

（4）Edit Window（编辑窗口）：代码编辑区域。

（5）Message Window（信息窗口）：该窗口包括编译信息、调试信息、查找信息等窗口。

（6）Status Bar（状态栏）：主要包含错误警告、光标行列等状态信息。

2. 工具栏

工具栏其实就是在主菜单下面的快捷按钮，这些快捷按钮之所以放在工具栏里面，是因为它们的使用频率较高。例如，编译按钮在编程时使用的频率相当高。这些快捷按钮大部分也都有对应的快捷键。

工具栏共有两个：主（Main）工具栏和调试（Debug）工具栏。在编辑（默认）状态下只显示主工具栏，在进入调试模式后才会显示调试工具栏。

工具栏可以通过菜单“View→Toolbars”进行设置，如图 3.38 所示。

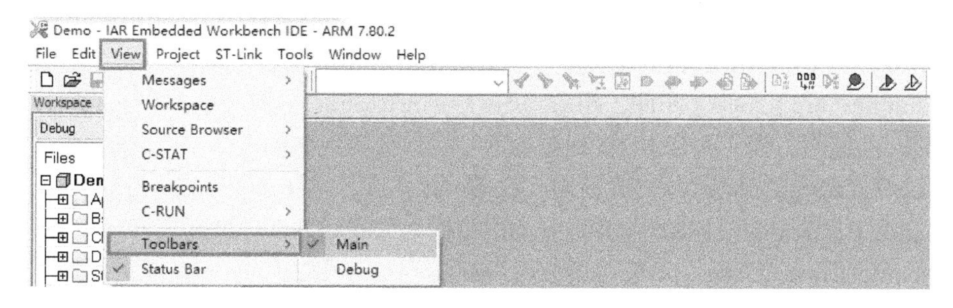

图 3.38　设置工具栏

（1）主工具栏。在编辑（默认）状态下，只有主工具栏，这个工具栏里面内容也是在编辑状态下常用的快捷按钮，如图 3.39 所示。

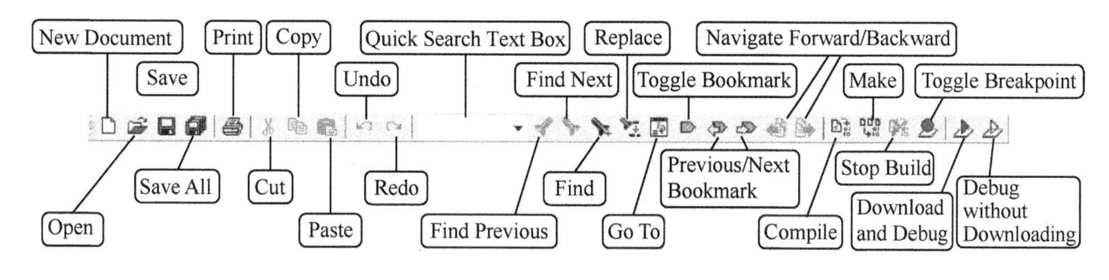

图 3.39　IAR 主工具栏

这些快捷按钮的功能分别为：

- New Document：新建文件，快捷键为 Ctrl+N。
- Open：打开文件，快捷键为 Ctrl+O。
- Save：保存文件，快捷键为 Ctrl+S。

- Save All：保存所有文件。
- Print：打印文件，快捷键为 Ctrl+P。
- Cut：剪切，快捷键为 Ctrl+X。
- Copy：复制，快捷键为 Ctrl+C。
- Paste：粘贴，快捷键为 Ctrl+V。
- Undo：撤销编辑，快捷键为 Ctrl+Z。
- Redo：恢复编辑，快捷键为 Ctrl+Y。
- Quick Search Text Box：快速搜索文本框。
- Find Previous：向前查找，快捷键为 Shift+F3。
- Find Next：向后查找，快捷键为 F3。
- Find：查找（增强），快捷键为 Ctrl+F。
- Replace：替换，快捷键为 Ctrl+H。
- Go To：前往行列，快捷键为 Ctrl+G。
- Toggle Bookmark：标记/取消书签，快捷键为 Ctrl+F2。
- Previous Bookmark：跳转到上一个书签，快捷键为 Shift+F2。
- Next Bookmark：跳转到下一个书签，快捷键为 F2。
- Navigate Backward：跳转到上一步，快捷键为 Alt+左箭头。
- Navigate Forward：跳转到下一步，快捷键为 Alt+右箭头。
- Compile：编译当前（文件、组），快捷键为 Ctrl+F7。
- Make：编译工程（构建），快捷键为 F7。
- Stop Build：停止编译，快捷键为 Ctrl+Break。
- Toggle Breakpoint：编辑/取消断点，快捷键为 Ctrl+F9。
- Download and Debug：下载并调试，快捷键为 Ctrl+D。
- Debug without Downloading：调试（不下载）。

（2）调试工具栏。调试工具栏上的快捷按钮在程序调试时候才有效，在编辑状态下，这些快捷按钮是无效的。调试工具栏如图 3.40 所示。

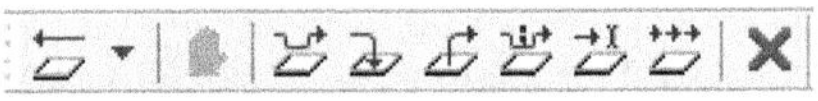

图 3.40　调试工具栏

这些快捷按钮的功能分别为：

- Reset：复位。
- Break：停止运行。
- Step Over：逐行运行，快捷键为 F10。
- Step Into：跳入运行，快捷键为 F11。
- Step Out：跳出运行，快捷键为 F11。
- Next Statement：运行到下一语句。
- Run to Cursor：运行到光标行。
- Go：全速运行，快捷键为 F5。
- Stop Debugging：停止调试，快捷键为 Ctrl+Shift+D。

逐行运行也称为逐步运行，跳入运行也称为单步运行，运行到下一语句和逐行运行类似。

3.3.4　IAR ARM 程序的开发及在线调试

工程配置完成后，就可以编译下载并调试程序了，下面依次介绍程序的下载、调试等功能。编译工程的方法为：选择菜单“Project→Rebuild All”，或者直接单击工具栏中的“Make”按钮。

1．STM32 代码的单步调试

单步调试按钮为“”，在调试页面下单击此按钮可实现代码的单步调试，如图 3.41 所示。

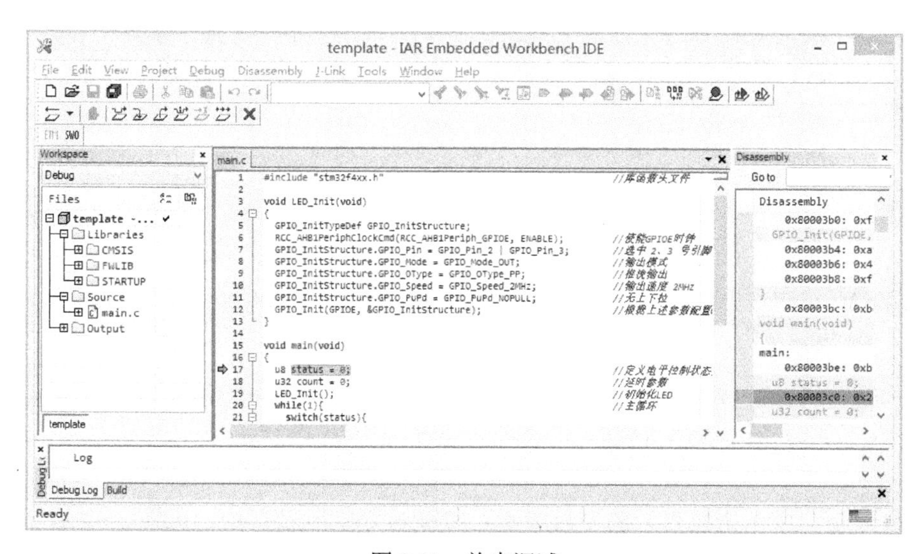

图 3.41　单步调试

2．STM32 代码的断点调试

断点调试是指在有效代码段前通过单击左键添加断点，当程序运行到断点处时程序会停止，并可以查看断点附近的参数数值，如图 3.42 所示。

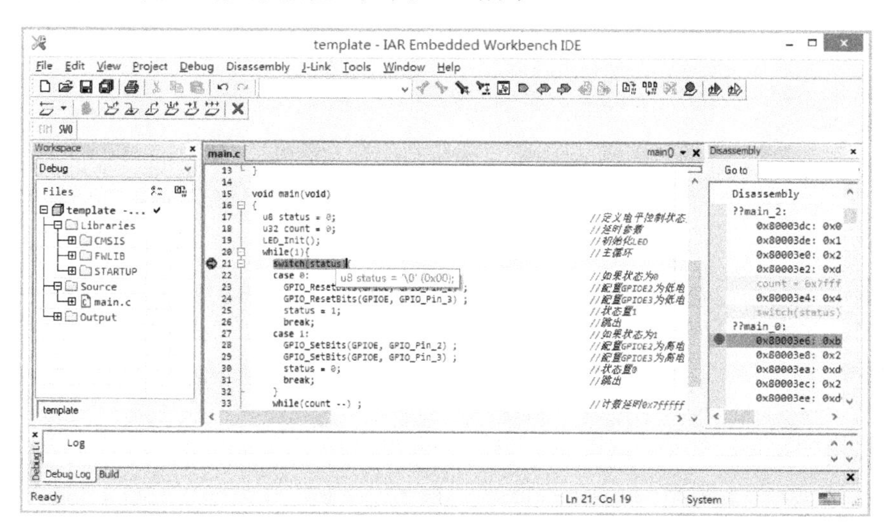

图 3.42　断点调试

3. 在 Watch 窗口查看 STM32 代码变量

通过将变量添加到 Watch 窗口并配合断点可以实现对相关数据的观察。在菜单栏中选择“View→Watch”即可打开 Watch 窗口，如图 3.43 所示。

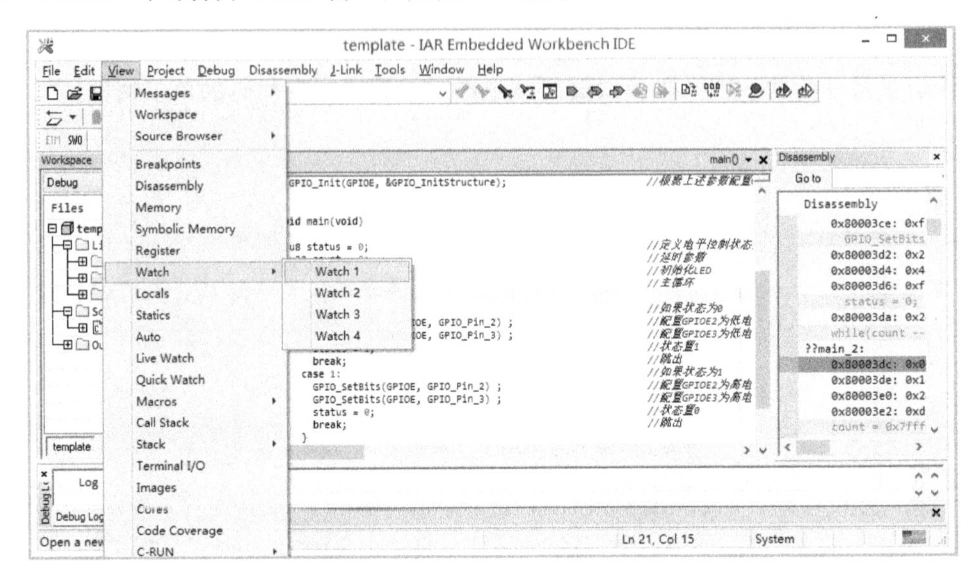

图 3.43　打开 Watch 窗口

在 Watch 窗口中单击要查看的变量名就可将变量添加到窗口中，如图 3.44 所示。

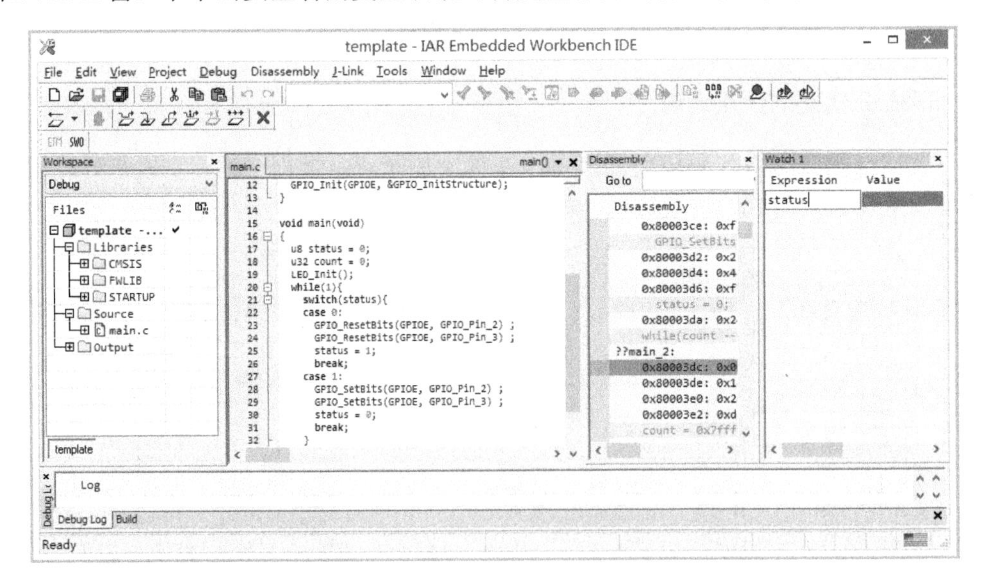

图 3.44　将变量添加到 Watch 窗口

在要查看的变量名附近添加断点就可以实现对变量的监控，本例设置了 4 个断点，如图 3.45 所示。

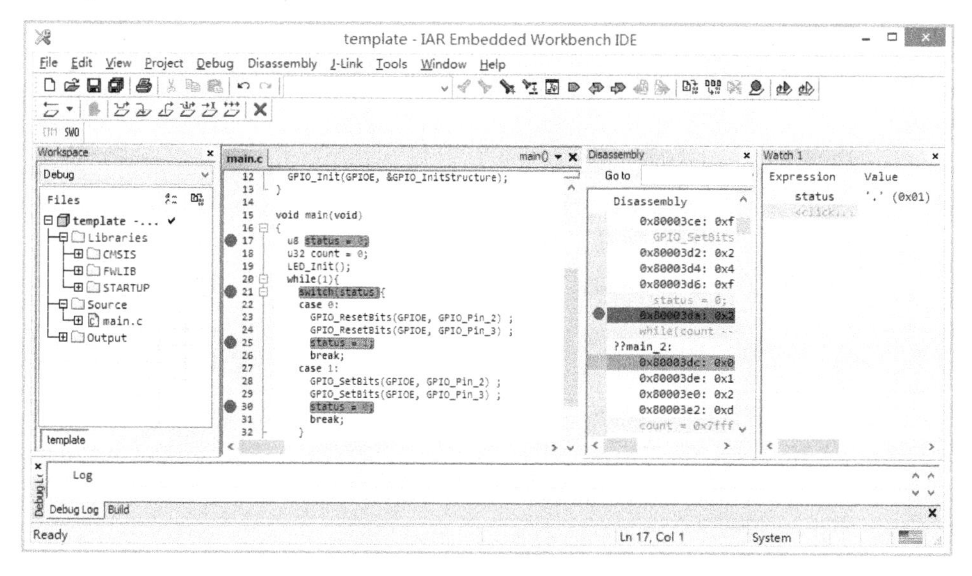

图 3.45　设置断点查看变量

断点 1 处的参数值如图 3.46 所示。

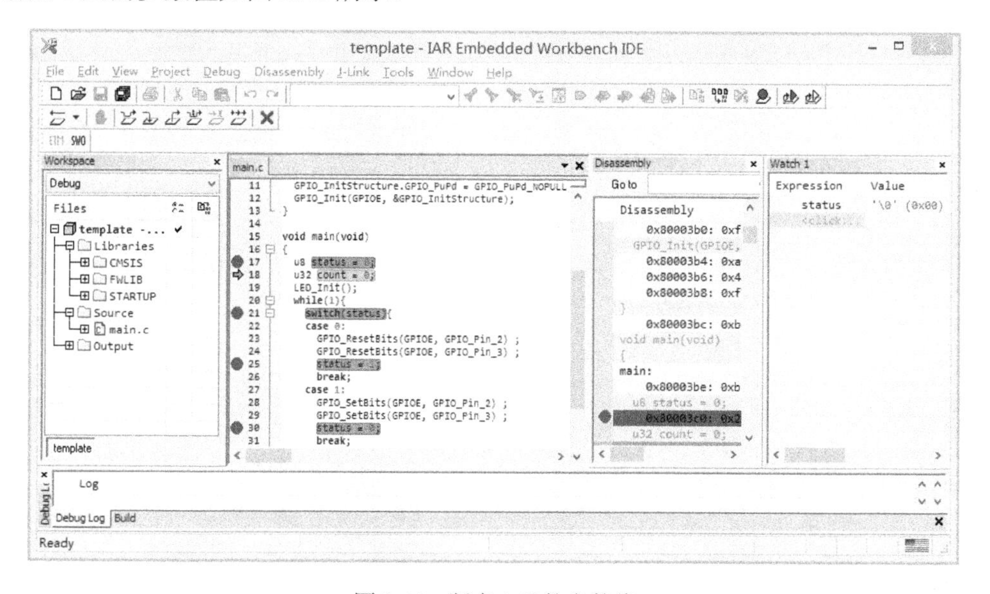

图 3.46　断点 1 处的参数值

断点 2 的参数值如图 3.47 所示。

4．在 Register 窗口查看 STM32 寄存器值

在程序调试过程中，在菜单栏选择“View→Register”即可打开寄存器（Register）窗口，在默认情况下，寄存器窗口显示的是基础寄存器的值，选择寄存器下拉框选项可以看到不同设备的寄存器，如图 3.48 所示。

通过寄存器窗口的下拉框可选择芯片的外设寄存器，如图 3.49 所示。

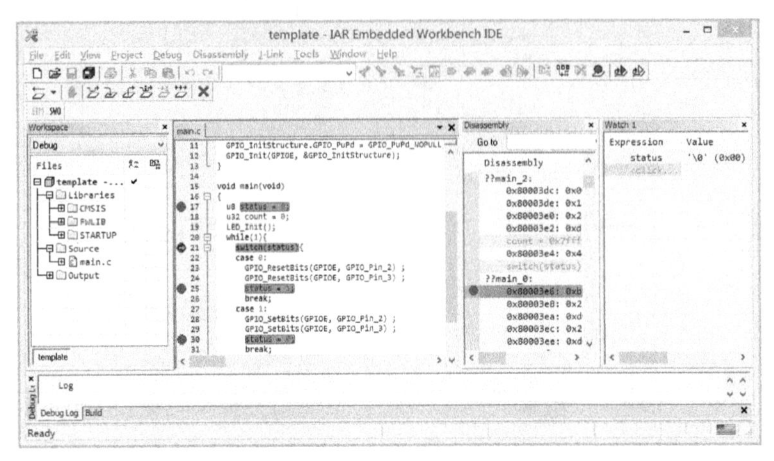

图 3.47　断点 2 处的参数值

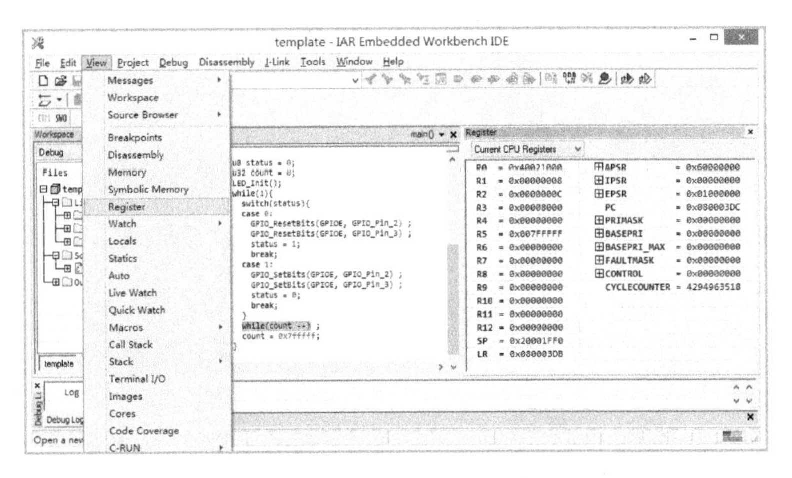

图 3.48　寄存器窗口

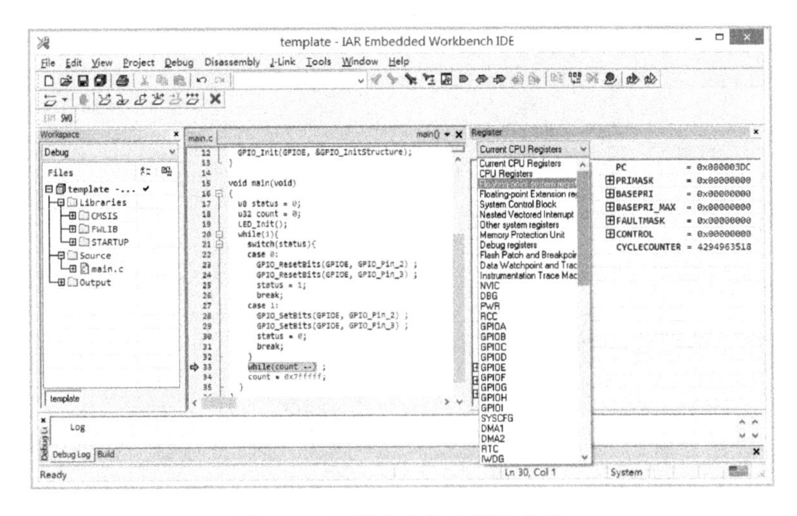

图 3.49　选择芯片的外设寄存器

此次程序主要是配置 GPIOE 的相关寄存器，所以选择 GPIOE 的寄存器选项。在 GPIOE 寄存器进行操作的代码段设置断点，即可实现对 GPIOE 相关寄存器数值的观察，如图 3.50 所示。

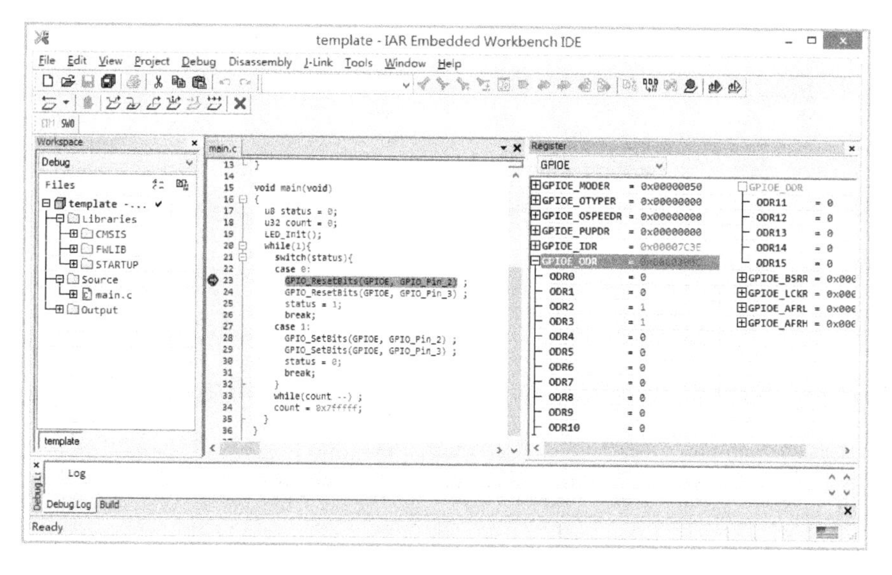

图 3.50　GPIOE 寄存器

5. IAR 程序的下载

下面介绍如何利用 J-Flash ARM 仿真软件将 hex 文件下载到开发设备中。

（1）正确连接 J-Link 仿真器到 PC 和开发设备，打开开发设备电源（上电）。

（2）运行 J-Flash ARM 仿真软件，运行界面如图 3.51 所示。

（3）选择菜单“Options→Project settings”可进入工程设置（Project settings）界面，如图 3.52 所示。

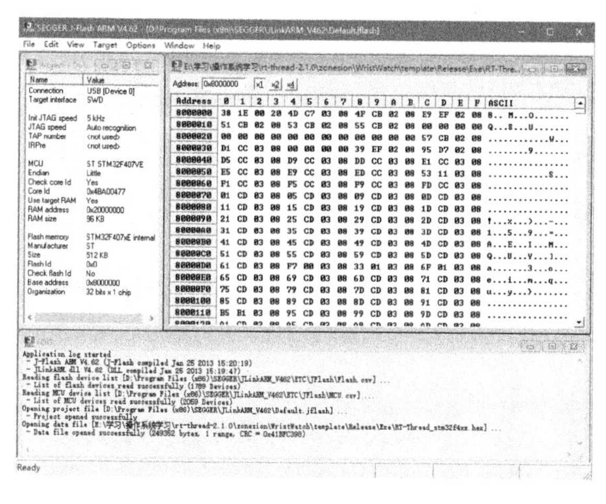

图 3.51　仿真软件显示界面

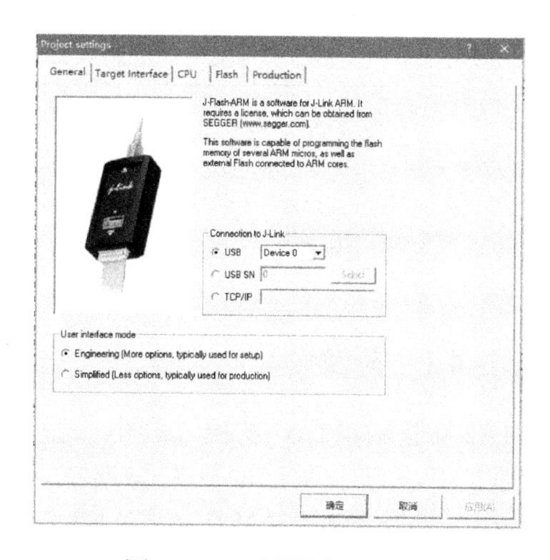

图 3.52　工程设置界面

单击“CPU”标签，选择正确的 CPU 型号如图 3.53 所示。

（4）选择菜单“File→Open data file...”，选择编译生成的 hex 文件，如图 3.54 所示。

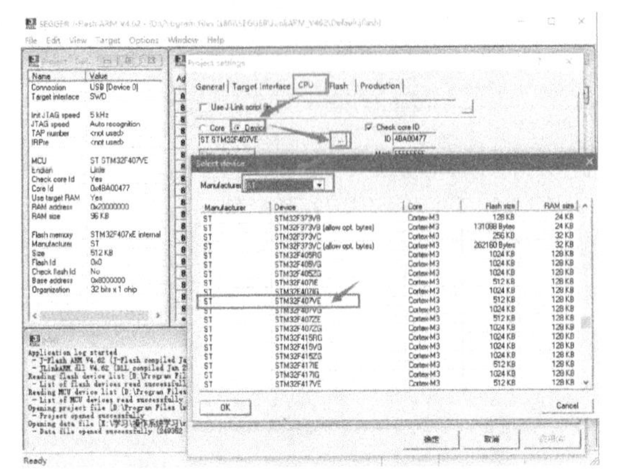

图 3.53　选择正确的 CPU 型号

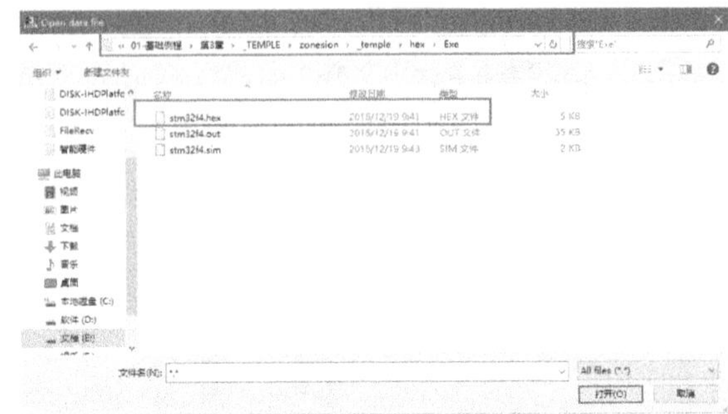

图 3.54　选择编译生成的 hex 文件

（5）选择好需要的 hex 文件之后，选择菜单“Target→Program”就可以开始下载程序了，如图 3.55 所示，下载完成后就会出现如图 3.56 所示的提示信息。

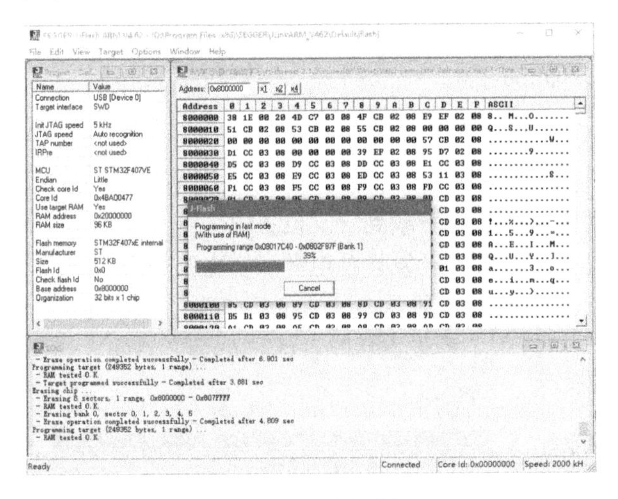

图 3.55　下载程序过程

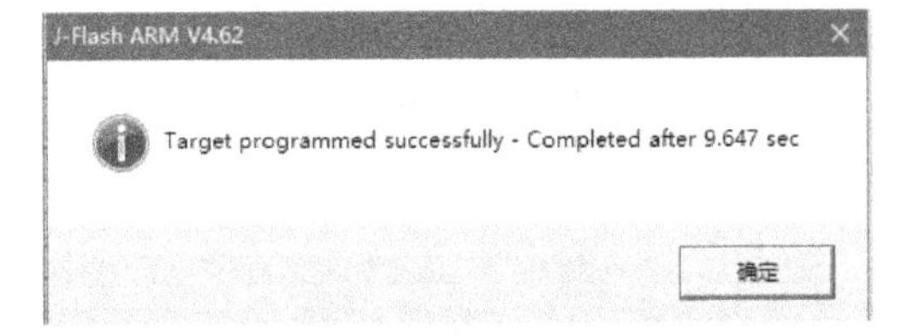

图 3.56　程序下载完成后的提示信息

3.4　任务实践

3.4.1　开发设计

在物联网项目开发的过程中，微处理器的开发和编程是不可忽略的重要环节。微处理器的开发涉及程序的开发与调试，程序的开发与调试又需要集成开发环境的支持。STM32F407 使用的开发环境是 IAR for ARM，要使用 IAR for ARM 开发，首先需要安装 IAR for ARM，本任务的目的就是完成 IAR for ARM 的安装，并实现 STM32F407 的工程创建与在线调试。

3.4.2 功能实现

IAR for ARM 的安装，STM32F407 微处理器在 IAR for ARM 上的工程建立与代码调试的实现参考本任务的原理学习点。

3.5 任务小结

通过本任务的学习和实践，读者可以掌握在 IAR for ARM 中建立 STM32 微处理器工程，通过使用 IAR for ARM 可以实现对 STM32 微处理器代码的在线调试，学会使用 IAR for ARM 的调试工具，可以更为深入地了解 STM32 微处理器代码的运行原理以及 STM32 微处理器程序在运行时微处理器内部寄存器数值的变化。

3.6 思考与拓展

（1）使用 IAR for ARM 建立 STM32 微处理器工程时需要配置哪些参数？
（2）IAR for ARM 调试窗口的各个按键都有什么功能？
（3）如何将 STM32 微处理器代码中的变量加载到 Watch 窗口中？
（4）如何打开 IAR for ARM 寄存器的 Watch 窗口？

第 2 部分

STM32 嵌入式接口开发技术

本部分介绍本书开发项目所依托的 STM32 的各种接口技术，分别有 GPIO、外部中断、定时器、ADC、看门狗、串口、LCD、I2C 总线和 SPI 总线，总共有 9 个任务，分别是任务 4 到任务 12，从而实现了 9 个项目的设计，包括：设备指示灯的设计与实现、竞赛抢答器的设计与实现、电子时钟的设计与实现、汽车电压指示器的设计与实现、环境监测点自复位的设计与实现、视频监控中三维控制键盘的设计与实现、农业大棚环境信息采集系统的设计与实现、高速动态数据存取的设计与实现，以及车载显示器的设计与实现。

通过 9 个任务的开发来掌握 STM32 的接口原理、功能和开发技术，从而具备基本的开发能力。

任务 4 设备指示灯的设计与实现

本任务重点学习 STM32 微处理器的通用输入/输出接口（GPIO），以及 GPIO 的位操作，掌握 GPIO 的基本原理、功能，以及采用 C 语言实现驱动的方法，通过驱动 STM32 微处理器的 GPIO，从而实现对设备指示灯的控制。

4.1 开发场景：如何控制设备指示灯

当家用电器、仪表仪器等设备具备多种功能时，会用信号指示灯表示当前系统的功能与状态，如图 4.1 所示的路由器，具有电源、网络接收器、通信等指示灯，通过这些指示灯用户可以方便直观地设置与管理系统。这些指示灯的效果是如何实现的呢？本任务将围绕这个场景展开对嵌入式 GPIO 的学习与开发。

图 4.1　路由器

4.2 开发目标

（1）知识要点：GPIO 基本概念、电路驱动和工作模式；STM32 微处理器的 GPIO 寄存器；GPIO 的库函数。

（2）技能要点：掌握基于 STM32 微处理器的 GPIO 基本驱动方法；实现基于 STM32 微处理器的指示灯驱动开发；掌握 GPIO 函数库并驱动 STM32 微处理器的 GPIO。

（3）任务目标：使用 STM32 微处理器模拟设备指示灯控制，通过程序使用 STM32 微处理器的 GPIO 实现对连接在引脚上按键和指示灯进行状态读取和实时控制，STM32 微处理器获取按键的电平状态，当状态改变时控制指示灯的亮灭，从而反映设备的工作状态。

4.3 原理学习：STM32 的 GPIO 功能与应用

4.3.1 STM32 的 GPIO

GPIO（General Purpose Input Output），即微处理器通用输入/输出接口。微处理器通过向 GPIO 控制寄存器写入数据可以控制 GPIO 的输入/输出模式，实现对某些设备的控制或信号采集的功能。另外，也可以将 GPIO 进行组合配置，实现较为复杂的总线控制接口和串行通信接口。

STM32 微处理器的 GPIO 被分成很多组，每组有 16 个引脚，如型号为 STM32F407IGT6 的芯片有 GPIOA、GPIOB、GPIOC 至 GPIOI 共 9 组 GPIO，该芯片共 176 个引脚，其中 GPIO 就占了一大部分，所有的 GPIO 引脚都有基本的输入/输出功能。

最基本的输出功能是由 STM32 控制引脚输出高、低电平，实现开关控制，如把 GPIO 引脚连接到 LED，就可以控制 LED 的亮灭，引脚连接到继电器或三极管，就可以通过继电器或三极管控制外部大功率电路的通断。

最基本的输入功能是检测外部输入电平，如把 GPIO 引脚连接到按键，可通过电平高低区分按键是否被按下。

1. 基本结构分析

图 4.2 所示为 GPIO 硬件结构框图，通过该图可以从整体上了解 GPIO 外设及其应用模式。该图从最右端看起，最右端就是代表 STM32 芯片引出的 GPIO 引脚，其余部件位于芯片内部。

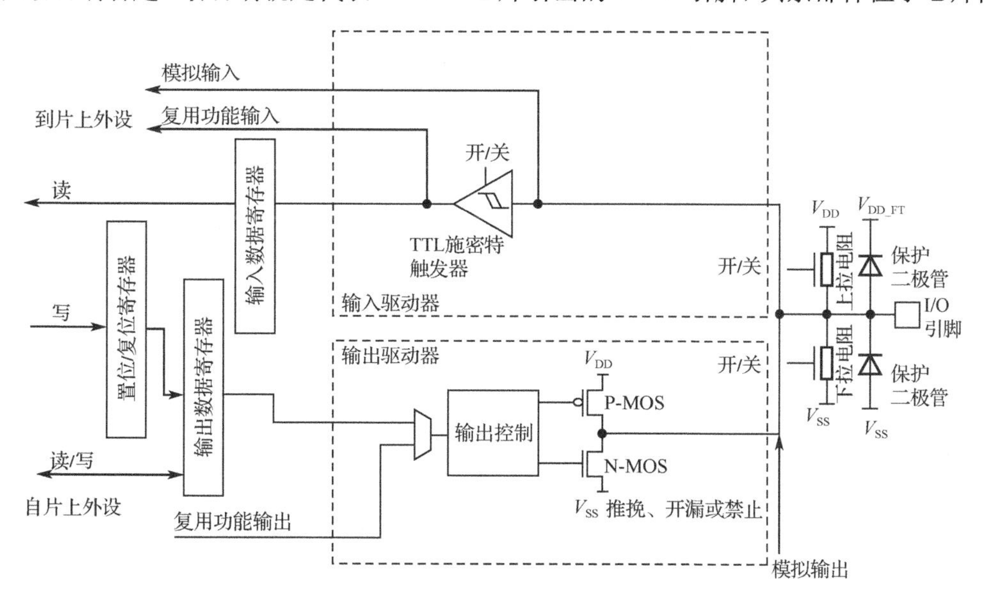

图 4.2　GPIO 硬件结构框图

下面对 GPIO 端口的结构部件进行说明。

（1）保护二极管及上/下拉电阻。引脚的两个保护二极管可以防止引脚外部过高或过低的电压输入，当引脚电压高于 V_{DD_FT} 时，上方的二极管导通，当引脚电压低于 V_{SS} 时，下方的二极管导通，防止不正常电压引入芯片导致芯片烧毁。尽管有这样的保护，并不意味着 STM32 微处理器的引脚能直接外接大功率驱动器件，如直接驱动电机，强制驱动会导致电机不转，也可能导致芯片烧坏，必须要加大功率及隔离电路驱动。

上/下拉电阻，从它的结构可以看出，通过上/下拉电阻对应的开关配置，可以控制引脚默认状态的电压，开启上拉电阻时引脚电压为高电平，开启下拉电阻时引脚电压为低电平，这样可以消除引脚不确定状态的影响。如引脚外部没有外接器件，或者外部的器件不干扰该引脚电压时，STM32 微处理器的引脚都处于默认状态。

也可以设置“既不上拉也不下拉模式”，通常把这种状态称为浮空模式，配置成浮空模式

时，直接用电压表测量其引脚电压为 1 点几伏，这是个不确定值，所以一般来说都会选择给引脚设置上拉模式或下拉模式使它有默认状态。

STM32 的内部上拉是“弱上拉”，即通过内部上拉输出的电流是很弱的，如果要求大电流还需要外部上拉。通过上拉/下拉寄存器（GPIO*x*_PUPDR）可控制引脚的上/下拉模式及浮空模式。

（2）P-MOS 管和 N-MOS 管。GPIO 引脚线路经过上/下拉电阻结构后，向上流向输入模式结构，向下流向输出模式结构。先看输出模式部分，线路经过一个由 P-MOS 管和 N-MOS 管组成的单元电路，这个结构使 GPIO 具有推挽输出和开漏输出两种模式。所谓推挽输出模式，是根据这两个 MOS 管的工作方式来命名的。在该结构中输入高电平时，上方的 P-MOS 导通，下方的 N-MOS 截止，对外输出高电平；而在该结构中输入低电平时，N-MOS 管导通，P-MOS 管截止，对外输出低电平。当引脚高低电平切换时，两个管子轮流导通，一个负责灌电流，一个负责拉电流，使其负载能力和开关速度都比普通的方式有很大的提高。推挽输出的低电平为 0 V，高电平为 3.3 V，推挽输出模式的等效电路如图 4.3（a）所示。

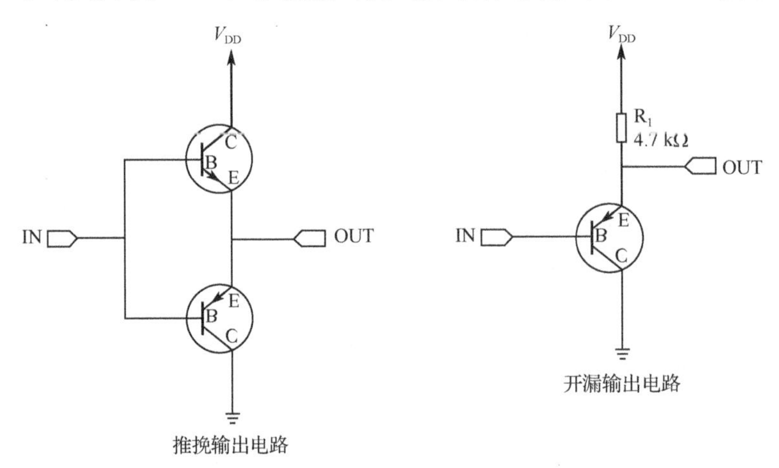

图 4.3　等效电路

而在开漏输出模式时，上方的 P-MOS 管完全不工作。若控制输出为 0，低电平，则 P-MOS 管截止，N-MOS 管导通，使输出接地；若控制输出为 1（它无法直接输出高电平）时，则 P-MOS 管和 N-MOS 管都截止，所以引脚既不输出高电平，也不输出低电平，为高阻态。正常使用时必须接上拉电阻，如图 4.3（b）所示的等效电路，它具有“线与”特性，也就是说，当有很多个开漏模式引脚连接到一起时，只有当所有引脚都输出高阻态，才由上拉电阻提供高电平，此高电平的电压为外部上拉电阻所接的电源电压。若其中一个引脚为低电平，那线路就相当于短路接地，使得整条线路都为低电平（0 V）。

推挽输出模式一般应用在输出电平为 0 V 和 3.3 V 而且需要高速切换开关状态的场合。在 STM32 的应用中，除在必须用开漏模式的场合，在硬件配置时通常使用推挽输出模式。开漏输出一般应用在 I2C、SMBUS 通信等需要“线与”功能的总线电路中。除此之外，还用在电平不匹配的场合，如需要输出 5 V 的高电平，就可以在外部接一个上拉电阻，上拉电源为 5 V，并且把 GPIO 设置为开漏模式，当输出高阻态时，由上拉电阻和电源向外输出 5 V 的电平。通过输出类型寄存器（GPIO*x*_OTYPER）可以控制 GPIO 端口是推挽模式还是开漏模式。

（3）输出数据寄存器。前面提到的双 MOS 管结构电路的输入信号是由 GPIO 的输出数据寄存器（GPIO*x*_ODR）提供的，因此通过修改输出数据寄存器的值就可以修改 GPIO 引脚的输出电平。而置位/复位寄存器（GPIO*x*_BSRR）可以通过修改输出数据寄存器的值来影响电路的输出。

（4）复用功能输出。复用功能输出中的复用是指 STM32 微处理器的其他片上外设对 GPIO 引脚进行控制，此时 GPIO 引脚作为该外设功能的一部分，算是第二种用途。从其他外设引出来的复用功能输出信号与 GPIO 本身的输出数据寄存器都连接到双 MOS 管结构的输入中，通过图 4.2 中的梯形结构作为开关切换选择。

例如，使用 USART 串口通信时，当需要用到某个 GPIO 引脚作为通信发送引脚时，就可以把该 GPIO 引脚配置成 USART 串口复用功能，由串口外设控制该引脚来发送数据。

（5）输入数据寄存器。如图 4.2 上半部分所示，它是 GPIO 引脚经过上/下拉电阻引入的，连接到 TTL 施密特触发器，信号经过触发器后，将模拟信号转化为 0、1 的数字信号，然后存储在输入数据寄存器（GPIO*x*_IDR）中，通过读取该寄存器可以了解 GPIO 引脚的电平状态。

（6）复用功能输入。与复用功能输出模式类似，在复用功能输入模式时，GPIO 引脚的信号传输到 STM32 其他片上外设，由该外设读取引脚状态。同样，如使用 USART 串口通信时，需要用到某个 GPIO 引脚作为通信接收引脚，就可以把该 GPIO 引脚配置成 USART 串口复用功能，使 USART 可以通过该通信引脚接收远端数据。

（7）模拟输入/输出。当 GPIO 引脚用于 ADC 采集电压的输入通道时，作为模拟输入功能，此时信号是不经过 TTL 施密特触发器的，因为经过 TTL 施密特触发器后信号只有 0、1 两种状态，所以 ADC 外设要采集到原始的模拟信号，信号源输入必须在 TTL 施密特触发器之前。类似地，当 GPIO 引脚用于 DAC 作为模拟电压输出通道时，此时作为模拟输出功能，DAC 的模拟信号输出将不经过双 MOS 管结构，如图 4.2 的右下角所示，模拟信号直接输出到引脚。

同时，当 GPIO 用于模拟功能时（包括输入/输出），引脚的上/下拉电阻是不起作用的，这时即使在寄存器配置上拉/下拉模式，也不会影响模拟信号的输入/输出。

2. GPIO 特性

每个通用 GPIO 端口都包括 4 个 32 位配置寄存器（GPIO*x*_MODER、GPIO*x*_OTYPER、GPIO*x*_OSPEEDR 和 GPIO*x*_PUPDR）、2 个 32 位数据寄存器（GPIO*x*_IDR 和 GPIO*x*_ODR）、1 个 32 位置位/复位寄存器（GPIO*x*_BSRR）、1 个 32 位锁定寄存器（GPIO*x*_LCKR），以及 2 个 32 位复用功能选择寄存器（GPIO*x*_AFRH 和 GPIO*x*_AFRL）。

GPIO 的主要特性有：受控 I/O 多达 16 个；输出状态为推挽或开漏+上拉/下拉；从输出数据寄存器（GPIO*x*_ODR）或外设（复用功能输出）输出数据；可为每个 I/O 选择不同的速度；输入状态为浮空、上拉/下拉、模拟；将数据输入到输入数据寄存器（GPIO*x*_IDR）或外设（复用功能输入）；置位/复位寄存器（GPIO*x*_BSRR）对 GPIO*x*_ODR 具有按位写权限；锁定机制（GPIO*x*_LCKR）可冻结 I/O 配置；模拟功能；复用功能输入/输出选择寄存器（1 个 I/O 最多可具有 16 个复用功能）；快速翻转，每次翻转最快只需要 2 个时钟周期；引脚复用非常灵活，允许将 I/O 引脚作为 GPIO 或多种外设功能中的一种。

根据每个I/O端口的特性，可通过软件将GPIO端口的各个端口位分别配置为多种工作模式，如输入浮空、输入上拉、输入下拉、模拟功能、具有上拉或下拉功能的开漏输出、具有上拉或下拉功能的推挽输出、具有上拉或下拉功能的复用功能推挽、具有上拉或下拉功能的复用功能开漏。

每个I/O端口位均可自由编程，但I/O端口寄存器必须按32位字、半字或字节进行访问。GPIO*x*_BSRR旨在实现对GPIO*x*_ODR进行原子读取/修改访问，这样可确保即使在读取和修改访问时发生中断请求也不会有问题。

3. GPIO工作模式

（1）输入模式（上拉、下拉、浮空）。在输入模式时，TTL施密特触发器是打开的，输出被禁止。数据寄存器每隔1个AHB1时钟周期更新一次，可通过输入数据寄存器GPIO*x*_IDR读取I/O状态，其中AHB1的时钟按默认配置为180 MHz。用于输入模式时，可设置为上拉、下拉或浮空模式。

（2）输出模式（推挽/开漏、上拉/下拉）。在输出模式中，输出使能推挽模式时，双MOS管均工作，输出数据寄存器GPIO*x*_ODR可控制I/O输出高低电平。开漏模式时，只有N-MOS管工作，输出数据寄存器可控制I/O输出高阻态或低电平。输出速度可配置为2 MHz、25 MHz、50 MHz、100 MHz等，此处的输出速度即I/O支持的高低电平状态最高切换频率，支持的频率越高，功耗越大，若对功耗要求不严格，可将输出速度设置成最大值。

此时TTL施密特触发器是打开的，即输入可用，通过输入数据寄存器GPIO*x*_IDR可读取I/O的实际状态。用于输出模式时，可使用上拉、下拉模式或浮空（悬空）模式，但由于输出模式的引脚电平会受到GPIO*x*_ODR的影响，而GPIO*x*_ODR对应引脚为0，即引脚初始化后默认输出低电平，所以在这种情况下，上拉只起到小幅提高输出电流能力，但不会影响引脚的默认状态。

（3）复用功能（推挽/开漏、上拉/下拉）。在复用功能模式中，输出使能，输出速度可配置，可工作在开漏及推挽模式，但是输出信号源于其他外设，输出数据寄存器（GPIO*x*_ODR）无效；输入可用，通过输入数据寄存器（GPIO*x*_IDR）可获取I/O实际状态，但一般直接用外设的寄存器来获取该数据信号。

用于复用功能时，可使用上拉、下拉模式或浮空模式。同输出模式一样，在这种情况下，初始化后引脚默认输出低电平，上拉只起到小幅提高输出电流能力，但不会影响引脚的默认状态。

（4）模拟输入/输出。在模拟输入/输出模式中，双MOS管被截止，TTL施密特触发器停用，上/下拉模式也被禁止，其他外设通过模拟通道进行输入/输出。

通过对GPIO寄存器写入不同的参数，就可以改变GPIO的应用模式，再强调一下，要了解具体寄存器时一定要查阅《STM32F4xx参考手册》中对应外设的寄存器说明。在GPIO外设中，通过模式寄存器（GPIO*x*_MODER）可配置GPIO的输入、输出、复用、模拟模式，通过输出类型寄存器（GPIO*x*_OTYPER）可配置推挽/开漏模式，通过输出速度寄存器（GPIO*x*_OSPEEDR）可选择2、25、50、100 MHz输出速度，通过上拉/下拉寄存器（GPIO*x*_PUPDR）可配置上拉、下拉、浮空模式。

4.3.2　STM32 的 GPIO 寄存器

STM32F4 的每组 GPIO 端口包括 4 个 32 位配置寄存器（MODER、GPIOx_OTYPER、GPIOx_OSPEEDR 和 GPIOx_PUPDR）、2 个 32 位数据寄存器（GPIOx_IDR 和 GPIOx_ODR）、1 个 32 位置位/复位寄存器（GPIOx_BSRR）、1 个 32 位锁定寄存器（GPIOx_LCKR），以及 2 个 32 位复用功能选择寄存器（GPIOx_AFRH 和 GPIOx_AFRL）等。

STM32F4 的每组 GPIO 有 10 个 32 位寄存器，其中常用的有 4 个配置寄存器、2 个数据寄存器、2 个复用功能选择寄存器，共 8 个，若在使用时，每次都直接操作寄存器配置 GPIO，代码会比较多，因此在实际应用中要重点掌握使用库函数来配置 GPIO 的方法。

1．模式寄存器（GPIOx_MODER）

该寄存器是 GPIO 端口模式控制寄存器，用于控制 GPIOx（STM32F4 最多有 9 组 GPIO，分别用大写字母表示，即 x=A、B、C、D、E、F、G、H、I，下同）的工作模式，该寄存器各位描述如表 4.1 所示。

表 4.1　GPIOx_MODER

31	30	29	28	27	26	25	24	23	22	21	20	19	18	17	16
MODER15[1:0]		MODER14[1:0]		MODER13[1:0]		MODER12[1:0]		MODER11[1:0]		MODER10[1:0]		MODER9[1:0]		MODER8[1:0]	
RW	RW	RW	RW	RW	RW	RW	RW	RW	RW	RW	RW	RW	RW	RW	RW
15	14	13	12	11	10	9	8	7	6	5	4	3	2	1	0
MODER7[1:0]		MODER6[1:0]		MODER5[1:0]		MODER4[1:0]		MODER3[1:0]		MODER2[1:0]		MODER1[1:0]		MODER0[1:0]	
RW	RW	RW	RW	RW	RW	RW	RW	RW	RW	RW	RW	RW	RW	RW	RW

注：位 2y:2y+1 为 MODERy[1:0]，端口 x 配置位（y=0～15），这些位由软件写入来配置 I/O 方向模式，00 表示输入（复位状态），01 表示通用输出模式，10 表示备用功能模式，11 表示模拟模式。

该寄存器各位在复位后，一般都是 0（个别不是 0，例如 JTAG 占用的几个 I/O 端口），也就是默认条件下一般是输入状态的。每组 GPIO 下有 16 个 I/O 端口，该寄存器共 32 位，每两位控制 1 个 I/O，不同设置所对应的模式如表 4.1 所示。

2．输出类型寄存器（GPIOx_OTYPER）

该寄存器用于控制 GPIOx 的输出类型，各位描述如表 4.2 所示。

表 4.2　GPIOx_OTYPER

31	30	29	28	27	26	25	24	23	22	21	20	19	18	17	16
Reserved															
15	14	13	12	11	10	9	8	7	6	5	4	3	2	1	0
OT15	OT14	OT13	OT12	OT11	OT10	OT9	OT8	OT7	OT6	OT5	OT4	OT3	OT2	OT1	OT0
RW	RW	RW	RW	RW	RW	RW	RW	RW	RW	RW	RW	RW	RW	RW	RW

注：位 31:16 为保留位，必须保持在复位值。位 15:0 为 OTy，端口 x 配置位（y=0～15），这些位由软件写入来配置 I/O 端口的输出类型，0 表示输出推挽（复位状态），1 表示输出开漏。

该寄存器仅用于输出模式，在输入模式（MODER[1:0]=00 或 11 时）下不起作用。该寄存器低 16 位有效，每位控制一个 I/O 端口，复位后，该寄存器的值均为 0。

3．速度寄存器（GPIOx_OSPEEDR）

该寄存器用于控制 GPIOx 的输出速度，各位描述如表 4.3 所示。

表 4.3　GPIOx_OSPEEDR

31	30	29	28	27	26	25	24	23	22	21	20	19	18	17	16
OSPEEDR15[1:0]		OSPEEDR14[1:0]		OSPEEDR13[1:0]		OSPEEDR12[1:0]		OSPEEDR11[1:0]		OSPEEDR10[1:0]		OSPEEDR9[1:0]		OSPEEDR8[1:0]	
RW	RW	RW	RW	RW	RW	RW	RW	RW	RW	RW	RW	RW	RW	RW	RW
15	14	13	12	11	10	9	8	7	6	5	4	3	2	1	0
OSPEEDR7[1:0]		OSPEEDR6[1:0]		OSPEEDR[1:0]		OSPEEDR4[1:0]		OSPEEDR3[1:0]		OSPEEDR2[1:0]		OSPEEDR1[1:0]		OSPEEDR0[1:0]	
RW	RW	RW	RW	RW	RW	RW	RW	RW	RW	RW	RW	RW	RW	RW	RW

注：位 2y:2y+1 为 OSPEEDRy[1:0]，端口 x 配置位（y=0～15），这些位由软件写入来配置 I / O 输出速度，00 表示低速，01 表示中速，10 表示高速，11 表示超高速。

该寄存器也仅用于输出模式，在输入模式（MODER[1:0]=00 或 11 时）下不起作用。该寄存器每两位控制一个 I/O 端口，复位后，该寄存器值一般为 0。

4．上拉/下拉寄存器（GPIOx_PUPDR）

该寄存器用于控制 GPIOx 的上拉/下拉，各位描述如表 4.4 所示。

表 4.4　GPIOx_PUPDR

31	30	29	28	27	26	25	24	23	22	21	20	19	18	17	16
PUPDR15[1:0]		PUPDR14[1:0]		PUPDR13[1:0]		PUPDR12[1:0]		PUPDR11[1:0]		PUPDR10[1:0]		PUPDR9[1:0]		PUPDR8[1:0]	
RW	RW	RW	RW	RW	RW	RW	RW	RW	RW	RW	RW	RW	RW	RW	RW
15	14	13	12	11	10	9	8	7	6	5	4	3	2	1	0
PUPDR7[1:0]		PUPDR6[1:0]		PUPDR [1:0]		PUPDR4[1:0]		PUPDR3[1:0]		PUPDR2[1:0]		PUPDR1[1:0]		PUPDR0[1:0]	
RW	RW	RW	RW	RW	RW	RW	RW	RW	RW	RW	RW	RW	RW	RW	RW

注：位 2y:2y+1 为 PUPDRy[1:0]，端口 x 配置位（y=0～15），这些位由软件写入来配置 I/O 端口上拉或下拉，00 表示没有上拉下拉，01 表示上拉，10 表示下拉，11 表示保留。

该寄存器每两位控制一个 I/O 端口，用于设置上拉/下拉，STM32F1 系列微处理器是通过 GPIOx_ODR 寄存器控制上拉/下拉的，而 STM32F4 系列微处理器则由单独的寄存器 GPIOx_PUPDR 控制上拉/下拉，使用起来更加灵活。复位后，该寄存器值一般为 0。

前面分析了 34 个常用的寄存器，配置寄存器用来配置 GPIO 的相关模式和状态，GPIO

相关的函数和定义分布在固件库文件 stm32f4xx_gpio.c 和头文件 stm32f4xx_gpio.h 中。在固件库开发中，操作 4 个配置寄存器初始化 GPIO 是通过 GPIO 初始化函数来完成的。

```
void GPIO_Init(GPIO_TypeDef* GPIOx,GPIO_InitTypeDef* GPIO_InitStruct);
```

函数有两个参数，第一个参数用来指定需要初始化的 GPIO 组，取值范围为 GPIOA～GPIOK；第二个参数为初始化参数结构体指针，结构体类型为 GPIO_InitTypeDef，其结构体的定义为：

```
typedefstruct
{
    uint32_t GPIO_Pin;
    GPIOMode_TypeDef GPIO_Mode;
    GPIOSpeed_TypeDef GPIO_Speed;
    GPIOOType_TypeDef GPIO_OType;
    GPIOPuPd_TypeDef GPIO_PuPd;
}GPIO_InitTypeDef;
```

初始化 GPIO 的常用格式是：

```
GPIO_InitTypeDef GPIO_InitStructure;
GPIO_InitStructure.GPIO_Pin=GPIO_Pin_9;                     //GPIOF9
GPIO_InitStructure.GPIO_Mode=GPIO_Mode_OUT;                 //普通输出模式
GPIO_InitStructure.GPIO_Speed=GPIO_Speed_100 MHz;           //100 MHz
GPIO_InitStructure.GPIO_OType=GPIO_OType_PP;                //推挽输出
GPIO_InitStructure.GPIO_PuPd=GPIO_PuPd_UP;                  //上拉模式
GPIO_Init(GPIOF,&GPIO_InitStructure);                       //初始化 GPIO
```

上面代码的意思是设置 GPIOF 的第 9 个端口为推挽输出模式，同时速度为 100 MHz，上拉模式。

从上面初始化代码可以看出，结构体 GPIO_InitStructure 的第一个成员变量 GPIO_Pin 用来设置要初始化的是哪个或者哪些 I/O 端口；第二个成员变量 GPIO_Mode 用来设置对应 I/O 端口的输入/输出模式，这个值实际就是前面讲解的 GPIO*x*_MODER 的值。在库开发环境中是通过一个枚举类型定义的，程序配置时只需要选择对应的值即可。

```
typedef enum
{
    GPIO_Mode_IN=0x00,/*!<GPIOInputMode*/
    GPIO_Mode_OUT=0x01,/*!<GPIOOutputMode*/
    GPIO_Mode_AF=0x02,/*!<GPIOAlternatefunctionMode*/
    GPIO_Mode_AN=0x03/*!<GPIOAnalogMode*/
}GPIOMode_TypeDef;
```

GPIO_Mode_IN 用来设置复位状态为通用输入模式，GPIO_Mode_OUT 是通用输出模式，GPIO_Mode_AF 是复用功能模式，GPIO_Mode_AN 是模拟输入模式。

第三个成员变量 GPIO_Speed 用于设置 I/O 端口的输出速度，有 4 个可选值。实际上就是

配置对应的 GPIOx_OSPEEDR 的值，可通过枚举类型定义。

```
typedef enum
{
    GPIO_Low_Speed=0x00,/*!<Lowspeed*/
    GPIO_Medium_Speed=0x01,/*!<Mediumspeed*/
    GPIO_Fast_Speed=0x02,/*!<Fastspeed*/
    GPIO_High_Speed=0x03/*!<Highspeed*/
}GPIOSpeed_TypeDef;
/*Addlegacydefinition*/
#define GPIO_Speed_2 MHz    GPIO_Low_Speed
#define GPIO_Speed_25 MHz  GPIO_Medium_Speed
#define GPIO_Speed_50 MHz  GPIO_Fast_Speed
#define GPIO_Speed_100 MHz GPIO_High_Speed
```

这里需要说明的是，在实际配置时，配置的是 GPIOSpeed_TypeDef 枚举类型中 GPIO_High_Speed 枚举类型值，也可以是 GPIO_Speed_100 MHz 这样的值。实际上 GPIO_Speed_100 MHz 是通过 define 宏定义标识符定义出来的，它和 GPIO_High_Speed 是等同的。

第四个成员变量 GPIO_OType 用于设置 I/O 端口的输出类型，实际上就是配置 GPIOx_OTYPER 的值，枚举类型定义为：

```
typedef enum
{
    GPIO_OType_PP=0x00,
    GPIO_OType_OD=0x01
}GPIOOType_TypeDef;
```

若需要设置为输出推挽模式，则选择 GPIO_OType_PP；若需要设置为输出开漏模式，则选择 GPIO_OType_OD。

第五个成员变量 GPIO_PuPd 用来设置 I/O 端口的上拉/下拉模式，实际上就是设置 GPIOx_PUPDR 的值，可通过一个枚举类型给出。

```
typedef enum
{
    GPIO_PuPd_NOPULL=0x00,
    GPIO_PuPd_UP=0x01,
    GPIO_PuPd_DOWN=0x02
}GPIOPuPd_TypeDef;
```

这三个值的意思很好理解，GPIO_PuPd_NOPULL 为不使用上拉/下拉模式，GPIO_PuPd_UP 为上拉模式，GPIO_PuPd_DOWN 为下拉模式，根据需要设置相应的值即可。

5. 输入数据寄存器（GPIOx_IDR）

该寄存器用于读取 GPIOx 的输入，各位描述如表 4.5 所示。

表 4.5　GPIOx_IDR

31	30	29	28	27	26	25	24	23	22	21	20	19	18	17	16
Reserved															
15	14	13	12	11	10	9	8	7	6	5	4	3	2	1	0
IDR15	IDR14	IDR13	IDR12	IDR11	IDR10	IDR9	IDR8	IDR7	IDR6	IDR5	IDR4	IDR3	IDR2	IDR1	IDR0
R	R	R	R	R	R	R	R	R	R	R	R	R	R	R	R

注：位 31:16 为保留位，必须保持在复位值。位 15:0 为 IDR*y*：端口输入数据（0～15），这些位是只读的，只能以字模式访问，它们包含相应 I/O 端口的输入值。

该寄存器用于读取某个 I/O 端口的电平，若对应的位为 0（IDR*y*=0），则说明该 I/O 端口输入的是低电平，若为 1（IDR*y*=1），则表示输入的是高电平。库函数中相关函数为：

```
uint8_t GPIO_ReadInputDataBit(GPIO_TypeDef* GPIOx,uint16_t GPIO_Pin);
uint16_t GPIO_ReadInputData(GPIO_TypeDef* GPIOx);
```

第 1 个函数是用来读取一组 GPIO 的一个或者几个 I/O 端口输入电平，第 2 函数用来一次读取一组 GPIO 所有 I/O 端口的输入电平。例如，要读取 GPIOF.5 的输入电平，方法为：

```
GPIO_ReadInputDataBit(GPIOF,GPIO_Pin_5);
```

6. 输出数据寄存器（GPIOx_ODR）

该寄存器是 GPIO 输入/输出电平控制相关的寄存器，用于控制 GPIO*x* 的输出，各位描述如表 4.6 所示。

表 4.6　GPIOx_ODR

31	30	29	28	27	26	25	24	23	22	21	20	19	18	17	16
Reserved															
15	14	13	12	11	10	9	8	7	6	5	4	3	2	1	0
ODR15	ODR14	ODR13	ODR12	ODR11	ODR10	ODR9	ODR8	ODR7	ODR6	ODR5	ODR4	ODR3	ODR2	ODR1	ODR0
RW	RW	RW	RW	RW	RW	RW	RW	RW	RW	RW	RW	RW	RW	RW	RW

注：位 31:16 为保留位，必须保持在复位值。位 15:0 为 ODR*y*，端口输出数据（*y*=0～15），这些位可以通过软件读取和写入。对于原子位置位/复位，可以通过写入 GPIO*x*_BSRR 来单独设置和复位 ODR*x* 位（*x*=A～K）。

该寄存器用于设置某个 I/O 端口输出低电平（ODR*y*=0）还是高电平（ODR*y*=1），该寄存器也仅在输出模式下有效，在输入模式（GPIO*x*_MODER[1:0]=00/11 时）下不起作用。

在固件库中设置 GPIO*x*_ODR 的值来控制 I/O 端口的输出状态是通过函数 GPIO_Write 来实现的。

```
voidGPIO_Write(GPIO_TypeDef* GPIOx,uint16_t PortVal);
```

该函数一般用来一次性地往一个 GPIO 写入多个端口设值，使用实例如下：

```
GPIO_Write(GPIOA,0x0000);
```

大部分情况下，设置 I/O 端口通常不使用这个函数，后面会讲解常用的设置 I/O 端口电平的函数。同时读 GPIO*x*_ODR 还可以读出 I/O 端口的输出状态，库函数为：

```
uint16_t GPIO_ReadOutputData(GPIO_TypeDef* GPIOx);
uint8_t GPIO_ReadOutputDataBit(GPIO_TypeDef* GPIOx,uint16_t GPIO_Pin);
```

这两个函数功能类似，第 1 个函数用来一次读取一组 GPIO 的所有 I/O 端口输出状态，第 2 个函数用来一次读取一组 GPIO 中一个或者几个 I/O 端口的输出状态。

7. 置位/复位寄存器（GPIO*x*_BSRR）

该寄存器是用来置位或者复位 I/O 端口，该寄存器和 GPIO*x*_ODR 具有类似的作用，都可以用来设置 GPIO 的输出位是 1 还是 0。寄存器描述如表 4.7 所示。

表 4.7　GPIO*x*_BSRR 寄存器

31	30	29	28	27	26	25	24	23	22	21	20	19	18	17	16
BR15	BR14	BR13	BR12	BR11	BR10	BR9	BR8	BR7	BR6	BR5	BR4	BR3	BR2	BR1	BR0
W	W	W	W	W	W	W	W	W	W	W	W	W	W	W	W
15	14	13	12	11	10	9	8	7	6	5	4	3	2	1	0
BS15	BS14	BS13	BS12	BS11	BS10	BS9	BS8	BS7	BS6	BS5	BS4	BS3	BS2	BS1	BS0
W	W	W	W	W	W	W	W	W	W	W	W	W	W	W	W

注：位 31:16 为 BR*y*，端口 *x* 复位位 *y*（*y*=0～15），这些位是只写的，可以以字、半字或字节模式访问，读这些位的返回值为 0x0000，0 表示对相应的 ODR*x* 位不作任何处理，1 表示重置相应的 ODR*x* 位。注意：如果 BS*x* 和 BR*x* 都置位，则 BS*x* 有优先权。位 15:0 为 BS*y*，端口 *x* 复位位 *y*（*y*=0～15），这些位是只写的，可以以字、半字或字节模式访问，读这些位的返回值为 0x0000，0 表示对相应的 ODR*x* 位不作任何处理，1 表示设置相应的 ODR*x* 位。

对于低 16 位（0～15），往相应的位写 1，那么对应的 I/O 端口会输出高电平，往相应的位写 0，对 I/O 端口没有任何影响。高 16 位（16～31）作用刚好相反，对相应的位写 1 会输出低电平，写 0 没有任何影响。

如果要设置某个 I/O 端口电平，只需要将相关位设置为 1 即可。而对于 GPIO*x*_ODR，如果要设置某个 I/O 端口电平，首先需要读取 GPIO*x*_ODR 的值，然后对整个 GPIO*x*_ODR 重新赋值来达到设置某个或者某些 I/O 端口的目的。而对于 GPIO*x*_BSRR，就不需要先读，可以直接设置。

GPIO*x*_BSRR 的使用方法如下：

```
GPIOA→BSRR=1<<1;              //设置 GPIOA.1 为高电平
GPIOA→BSRR=1<<（16+1）        //设置 GPIOA.1 为低电平
```

通过库函数操作 GPIO*x*_BSRR 来设置 I/O 端口电平的函数为：

```
void GPIO_SetBits(GPIO_TypeDef* GPIOx,uint16_t GPIO_Pin);
void GPIO_ResetBits(GPIO_TypeDef* GPIOx,uint16_t GPIO_Pin);
```

8. GPIO 操作函数

（1）设置操作函数：

```
GPIO_SetBits（GPIO_TypeDef* GPIOx, uint16_t GPIO_Pin)
```

功能说明：设置一组 GPIO 中的一个或者多个 I/O 端口为高电平。参数说明：GPIOx 为 I/O 端口，如 GPIOA、GPIOB 等，GPIO_Pin 为 I/O 引脚，如 GPIO_Pin_8、GPIO_Pin_9 等。例如，要设置 GPIOB.5 输出高电平，方法为：

```
GPIO_SetBits(GPIOB,GPIO_Pin_5);            //GPIOB.5 输出高
```

（2）复位操作函数：

```
GPIO_ResetBits（GPIO_TypeDef* GPIOx, uint16_t GPIO_Pin);
```

功能说明：设置一组 GPIO 中一个或者多个 I/O 端口为低电平。参数说明：GPIOx 为 I/O 端口，如 GPIOA、GPIOB 等，GPIO_Pin 为 I/O 引脚，如 GPIO_Pin_8、GPIO_Pin_9 等。设置 GPIOB.5 输出低电平，方法为：

```
GPIO_ResetBits(GPIOB,GPIO_Pin_5);//GPIOB.5 输出低
```

（3）读操作函数：

```
GPIO_WriteBit（GPIO_TypeDef* GPIOx, uint16_t GPIO_Pin, BitAction BitVal);
```

功能说明：将某个 I/O 端口的电平写为高或者低。参数说明：GPIOx 为 I/O 端口，如 GPIOA、GPIOB 等，GPIO_Pin 为 I/O 引脚，如 GPIO_Pin_8、GPIO_Pin_9 等，BitVal 值为 0 或者 1，即低电平或者高电平。

9. I/O 操作总结

I/O 操作步骤很简单，其操作步骤为：

- 使能 I/O 口时钟：调用函数 RCC_AHB1PeriphClockCmd()。
- 初始化 I/O 参数：调用函数 GPIO_Init()。
- 操作 I/O：操作 I/O 的方法就是上面讲解的方法。

4.3.3 常见 GPIO 的位操作

GPIO 一般是通过位操作完成寄存器设置的，常用的位操作运算符有按位与“&”、按位或“|”、按位取反“~”、按位异或“^”，以及左移运算符“<<”和右移运算符“>>”。

（1）按位或运算符“|”。参加运算的两个运算量的位至少有一个是 1 时，结果为 1，否则为 0，按位或运算常用来对一个数据的某些特定的位置 1，例如，“P1DIR |= 0X02”，0X02 为十六进制数，转换成二进制数为 0000 0010，若 P1DIR 原来的值为 0011 0000，或运算后 P1DIR 的值为 0011 0010。根据上面给出的取值可知，按位或运算后 P1_1 的方向改为输出，其他 I/O 口方向保持不变。

（2）按位与运算符“&”。参加运算的两个运算量相应的位都是 1 时，则结果为 1，否则为 0，按位与运算常用于清除一个数中的某些特定位。

（3）按位异或运算符“^”。参加运算的两个运算量相应的位相同，即均为 0 或者均为 1 时，结果值中该位为 0，否则为 1。按位异或运算常用于将一个数中某些特定位翻转。

（4）按位取反“~”。用于对一个二进制数按位取反，即 0 变 1，1 变 0。

（5）左移运算符“<<”。左移运算用于将一个数的各个二进制位全部左移若干位，移到左端的高位被舍弃，右边的低位补 0。

（6）右移运算符“>>”。用于对一个二进制数位全部右移若干位，移到右端的低位被舍弃。

例如，“P1DIR &= ~0X02”，&表示按位与运算，~运算符表示取反，0X02 为 0000 0010，~0X02 为 1111 1101。若 P1DIR 原来的值为 0011 0010，进行与运算后 P1DIR 的值为 0011 0000。

4.4 任务实践：设备指示灯控制的软/硬件设计

4.4.1 开发设计

1．硬件设计

本任务的硬件架构设计图如图 4.4 所示。

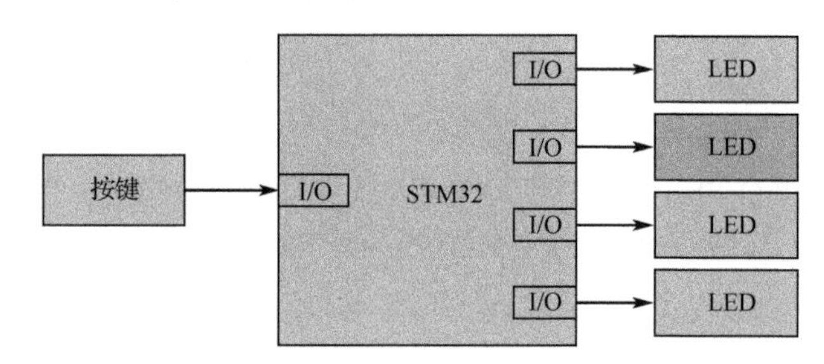

图 4.4 硬件架构设计图

要通过 STM32F407 微处理器实现对按键动作的检测和设备指示灯的控制，首先要了解设备指示灯的控制原理和按键动作的捕获原理，将捕获按键动作和设备指示灯控制结合起来就可以实现两者的联动控制。

设备指示灯的控制方式为对电平输出的主动控制，即高电平输出和低电平输出，具体的输出方式要参考设备指示灯的相关接口电路。LED 设备指示灯 D1、D2、D3 和 D4 接口电路如图 4.5 所示。

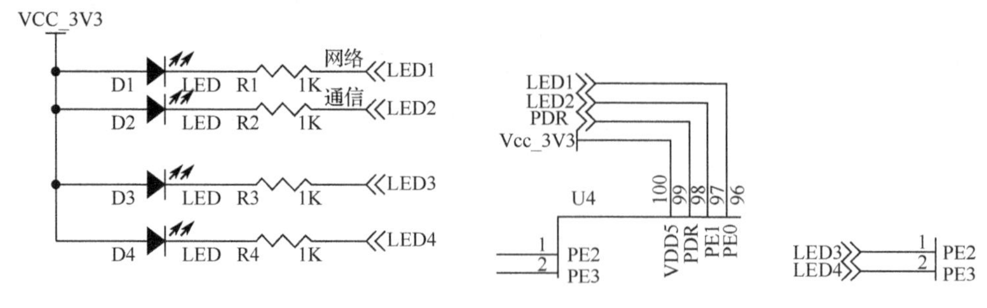

图 4.5 LED 设备指示灯（信号灯）接口电路图

开发平台的D1～D4四个LED分别连接到STM32的微处理器的PE0～PE3引脚，图中四个LED一端接在3.3 V的电源上，电阻的另一端连接在STM32F407上，LED采用正向导通连接的方式，当控制引脚为高电平（3.3 V）时LED两端电压相同，无法形成压降，因此LED不导通，处于熄灭状态；反之当控制引脚为低电平时，LED两端形成压降，则D1～D4被点亮。

按键的状态检测方式主要使用STM32F407通用I/O的引脚电平读取功能，相关引脚为高电平时引脚读取的值为1，反之则为0。而按键是否按下、按下前后的电平状态则需要按照实际的按键的接口电路来确认，按键接口电路如图4.6所示。

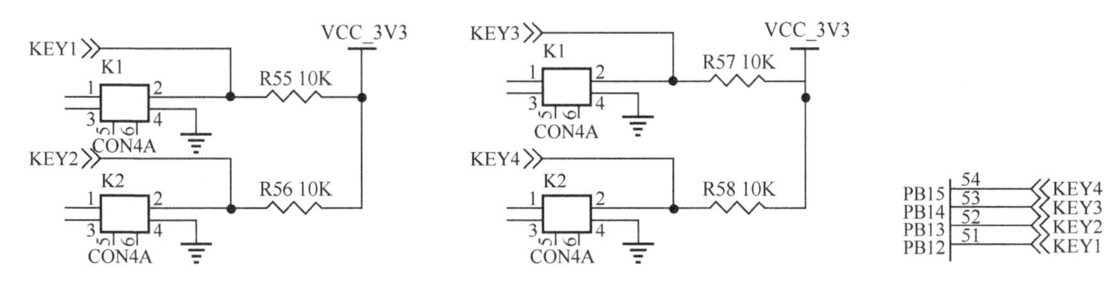

图4.6　按键接口电路

开发平台的4个按键KEY1～KEY4分别连接到STM32的PB12～PB15引脚。图中按键KEY1的引脚一端接GND，另一端接电阻和STM32F407的GPIO引脚，电阻的另一端连接3.3 V电源。当按键没有按下时KEY1的引脚2和引脚4断开，由于STM32F407引脚在输入模式时为高阻态，所以P1_2引脚采集的电平为高电平。当KEY1按键按下后，KEY1的2引脚和4引脚导通，此时P1_2引脚导通接地，所以此时引脚检测电平为低电平。

通常按键所用的开关都是机械弹性开关，当机械触点断开、闭合时，由于机械触点的弹性作用，一个按键开关在闭合时不会马上稳定地接通，在断开时也不会一下子彻底断开，而是在闭合和断开的瞬间伴随了一连串的抖动，按键抖动电信号波形如图4.7所示。

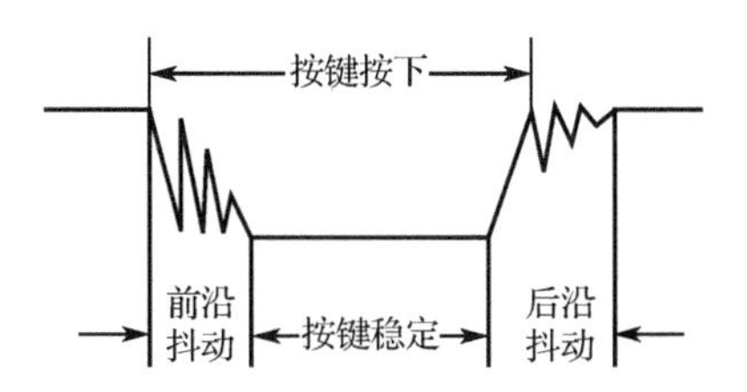

图4.7　按键抖动电信号波形

按键稳定闭合时间长短是由操作人员决定的，通常都会在100 ms以上，如果刻意快速按的话能达到40～50 ms，很难再低了。抖动时间是由按键的机械特性决定的，一般都会在10 ms以内，为了确保程序对按键的一次闭合或者一次断开只响应一次，必须进行按键的消抖处理。当检测到按键状态变化时，不是立即去响应动作，而是先等待闭合或断开稳定后再进行处理。按键消抖可分为硬件消抖和软件消抖。

本任务主要采用软件实现消抖：当检测到按键状态变化后，先等待一段延时时间，让抖动消失后再检测一次按键状态，如果与刚才检测到的状态相同，则可以确认按键已经稳定了。

2. 软件设计

首先需要将 STM32F407 的 GPIO 配置为输入或输出模式，需要将 GPIO 初始化结构体中的 GPIO_Mode 参数配置为输入或输出即可。

程序设计中在按键输入检测时需要使用延时消抖和松手检测方法，通过延时消抖屏蔽开关动作时的电平抖动，防止误操作；使用松手检测作为对 LED 控制的触发条件。

软件设计流程图如图 4.8 所示。

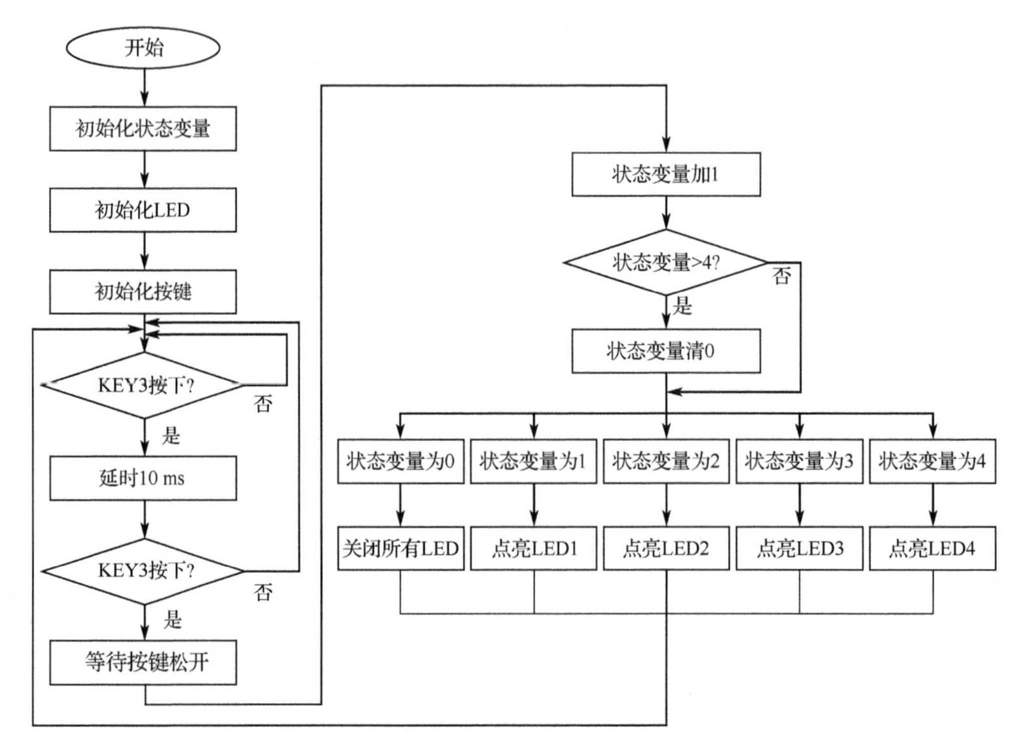

图 4.8　软件设计流程图

4.4.2　功能实现

1. 主函数模块

主函数中首先初始化 LED 和按键，然后进入主循环，在主循环中通过检测 LED 的标志位状态实现对 LED 的控制，主函数内容如下。

```
void main(void)
{
    char led_status = 0;                              //声明一个表示 LED 状态的变量
    led_init();                                       //初始化 LED 控制引脚
    key_init();                                       //初始化按键检测引脚
    while(1){                                         //循环体
        if(get_key_status() == K3_PREESED){           //检测 KEY3 被按下
```

```
            delay_count(500);                               //延时消抖
            if(get_key_status() == K3_PREESED){             //确认 KEY3 被按下
                while(get_key_status() == K3_PREESED);      //等待按键松开
                led_status++;                               //LED 状态变量加 1
                if (led_status>4)                           //LED 状态变量最大为 4
                led_status=0;                               //LED 状态变量清 0
            }
        }
        switch(led_status){
            case 0:
            turn_off(D1);                                   //关闭 LED1
            turn_off(D2);                                   //关闭 LED2
            turn_off(D3);                                   //关闭 LED3
            turn_off(D4);                                   //关闭 LED4
            break;
            case 1:turn_on(D1);break;                       //点亮 LED1
            case 2:turn_on(D2);break;                       //点亮 LED2
            case 3:turn_on(D3);break;                       //点亮 LED3
            case 4:turn_on(D4);break;                       //点亮 LED4
            default:led_status=0;                           //LED 状态变量清 0
        }
    }
}
```

2. LED 的 GPIO 初始化模块

```
void led_init(void)
{
    GPIO_InitTypeDef   GPIO_InitStructure;
    //使能 GPIO 时钟
    RCC_AHB1PeriphClockCmd(RCC_AHB1Periph_GPIOE |   RCC_AHB1Periph_GPIOB , ENABLE);
    //选中引脚
    GPIO_InitStructure.GPIO_Pin = GPIO_Pin_0 | GPIO_Pin_1 | GPIO_Pin_2 | GPIO_Pin_3;
    GPIO_InitStructure.GPIO_Mode = GPIO_Mode_OUT;           //输出模式
    GPIO_InitStructure.GPIO_OType = GPIO_OType_PP;          //推挽输出
    GPIO_InitStructure.GPIO_Speed = GPIO_Speed_2MHz;        //输出引脚工作频率为 2 MHz
    GPIO_InitStructure.GPIO_PuPd = GPIO_PuPd_NOPULL;        //无上下拉
    //根据上述参数配置 GPIOE0、GPIOE1、GPIOE2、GPIOE3
    GPIO_Init(GPIOE, &GPIO_InitStructure);
    GPIO_SetBits(GPIOE, GPIO_Pin_0 | GPIO_Pin_1 | GPIO_Pin_2 | GPIO_Pin_3);
    //选中 0、1、2 引脚
    GPIO_InitStructure.GPIO_Pin = GPIO_Pin_0 | GPIO_Pin_1 | GPIO_Pin_2 ;
    GPIO_Init(GPIOB, &GPIO_InitStructure);//根据上述参数配置 GPIOB0、GPIOB1、GPIOB2
    //GPIOB0、GPIOB1、GPIOB2 引脚置 1
    GPIO_SetBits(GPIOB, GPIO_Pin_0 | GPIO_Pin_1 | GPIO_Pin_2);
}
```

3. LED 的开控制模块

```
void turn_on(unsigned char led){
    if(led & D1)                                //判断 LED 选择
    GPIO_ResetBits(GPIOE, GPIO_Pin_0);          //PE0 置引脚低电平，打开 LED1
    if(led & D2)
    GPIO_ResetBits(GPIOE, GPIO_Pin_1);          //PE1 置引脚低电平，打开 LED2
    if(led & D3)
    GPIO_ResetBits(GPIOE, GPIO_Pin_2);          //PE2 置引脚低电平，打开 LED3
    if(led & D4)
    GPIO_ResetBits(GPIOE, GPIO_Pin_3);          //PE3 置引脚低电平，打开 LED4
    if(led & LEDR)
    GPIO_ResetBits(GPIOB, GPIO_Pin_0);          //PB0 置引脚低电平，打开 RGB 灯的红灯
    if(led & LEDG)
    GPIO_ResetBits(GPIOB, GPIO_Pin_1);          //PB1 置引脚低电平，打开 RGB 灯的绿灯
    if(led & LEDB)
    GPIO_ResetBits(GPIOB, GPIO_Pin_2);          //PB2 置引脚低电平，打开 RGB 灯的蓝灯
}
```

4. LED 的关控制模块

```
void turn_off(unsigned char led){
    if(led & D1)                                //判断 LED 选择
    GPIO_SetBits(GPIOE, GPIO_Pin_0);            //PE0 置引脚高电平，关闭 LED1
    if(led & D2)
    GPIO_SetBits(GPIOE, GPIO_Pin_1);            //PE1 置引脚高电平，关闭 LED2
    if(led & D3)
    GPIO_SetBits(GPIOE, GPIO_Pin_2);            //PE2 置引脚高电平，关闭 LED3
    if(led & D4)
    GPIO_SetBits(GPIOE, GPIO_Pin_3);            //PE3 置引脚高电平，关闭 LED4
    if(led & LEDR)
    GPIO_SetBits(GPIOB, GPIO_Pin_0);            //PB0 置引脚高电平，关闭 RGB 灯的红灯
    if(led & LEDG)
    GPIO_SetBits(GPIOB, GPIO_Pin_1);            //PB1 置引脚高电平，关闭 RGB 灯的绿灯
    if(led & LEDB)
    GPIO_SetBits(GPIOB, GPIO_Pin_2);            //PB2 置引脚高电平，关闭 RGB 灯的蓝灯
}
```

5. 按键状态捕获模块

```
/*********************************************************************************
* 功能：按键引脚状态
* 返回：key_status
*********************************************************************************/
char get_key_status(void)
{
    char key_status = 0;
```

```
    if(GPIO_ReadInputDataBit(K1_PORT,K1_PIN) == 0)          //判断 PB12 引脚电平状态
    key_status |= K1_PREESED;                               //低电平 key_status bit0 位置 1
    if(GPIO_ReadInputDataBit(K2_PORT,K2_PIN) == 0)          //判断 PB13 引脚电平状态
    key_status |= K2_PREESED;                               //低电平 key_status bit1 位置 1
    if(GPIO_ReadInputDataBit(K3_PORT,K3_PIN) == 0)          //判断 PB14 引脚电平状态
    key_status |= K3_PREESED;                               //低电平 key_status bit2 位置 1
    if(GPIO_ReadInputDataBit(K4_PORT,K4_PIN) == 0)          //判断 PB15 引脚电平状态
    key_status |= K4_PREESED;                               //低电平 key_status bit3 位置 1
    return key_status;
}
```

4.5　任务验证

使用 IAR 集成开发环境打开设备指示灯设计工程，通过编译后，使用 J-Link 调试下载器将程序下载到 STM32 开发平台并执行程序。程序开始运行时，开发平台上的 4 个 LED 全部是熄灭状态，连续按下 KEY3 按键时，LED1～LED4 灯依次点亮，再次按下 KEY3 时全部熄灭，循环往复。

4.6　任务小结

通过本任务的学习和实践，读者可了解 GPIO 的功能特性，并将 GPIO 配置为输入/输出模式、推挽浮空模式或上拉/下拉模式，设置引脚速度等。通过使用 CMSIS 提供的接口函数可以轻松实现对 GPIO 的配置。

GPIO 是微处理器最常用的基本接口，本任务先学习了 GPIO 的概念、工作模式，然后进一步学习了 STM32 的 GPIO 的基本功能和控制，以及 GPIO 的常见操作，最后完成该任务的硬件设计和软件设计，通过 STM32 的 GPIO 接口实现了对设备指示灯的控制。

4.7　思考与拓展

（1）STM32 的 GPIO 有哪些属性？

（2）在 STM32 的 GPIO 的初始化时钟时使用的是哪条时钟总线？

（3）STM32 的 GPIO 可配置为几种速度？

（4）STM32 的 GPIO 方向寄存器和功能选择寄存器有什么功能？应如何配置？

（5）如何驱动 STM32 微处理器的 GPIO？

（6）手机接收到短消息时信号灯就会像人呼吸一样闪烁，信号灯逐渐变亮，达到最亮后又逐渐熄灭，通过这样一种有反差的闪烁效果既能体现科技时尚感又能达到很好的消息提醒效果。以手机呼吸信号灯为目标，基于 STM32 实现 LED 闪烁的呼吸灯效果？

任务 5

竞赛抢答器的设计与实现

本任务重点学习 STM32 微处理器的中断原理，掌握外部中断的基本原理、功能和驱动方法，通过 STM32 的中断功能实现抢答器的设计。

5.1 开发场景：如何实现抢答器

在竞争激烈的抢答现场，选手的反应速度越快，在比赛环节中就更能赢得优势。但是当两位选手几乎同时按下抢答器的按钮时，裁判系统应如何判断呢？这就需要裁判系统具有极高的实时外部事件处理能力，对于抢答器中的裁判系统而言，如何做到对按钮突然按下的动作实时响应呢？这需要使用到裁判系统的外部中断功能，本项目将围绕这个场景展开对嵌入式外部中断的学习与开发。抢答器系统如图 5.1 所示。

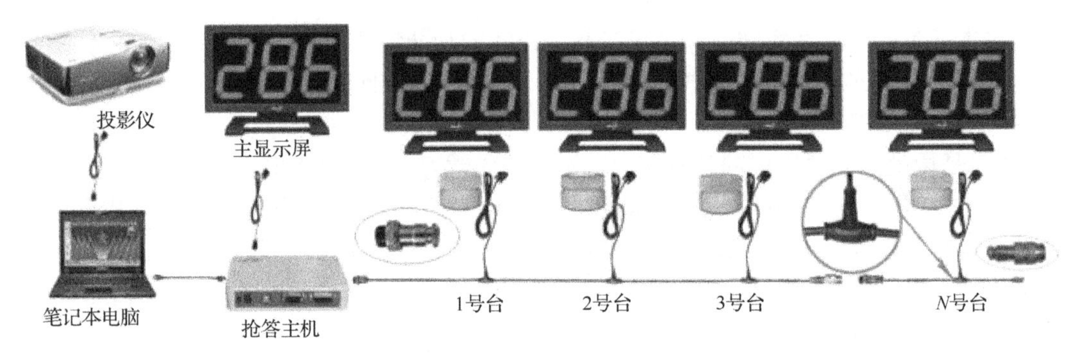

图 5.1　抢答器系统

5.2 开发目标

（1）知识要点：中断的定义和基本概念；STM32 外部中断机制；中断优先级的功能与定义；STM32 外部中断库函数。

（2）技能要点：理解中断的定义和基本概念；掌握 STM32 外部中断机制；中断优先级的功能与定义；STM32 外部中断库函数。

（3）任务目标：使用 STM32 模拟抢答器功能，通过编程使用 STM32 的外部中断，实现对连接在 STM32 引脚上按键动作进行捕获，由 STM32 上指示灯的变化实现对按键动作的反馈。

5.3　原理学习：STM32 微处理器的中断

5.3.1　中断基本概念与定义

1. 中断概念

中断是指微处理器在执行某段程序的过程中，由于某种原因，暂时中止原程序的执行，转去执行相应的处理程序，执行完后再回来继续执行原程序的过程。

例如，你正在专心看书，突然电话铃响，去接电话，接完电话后再回来继续看书。电话铃响后接听电话的过程称为中断。正在看书相当于计算机执行程序，电话铃响相当于事件发生（中断请求及响应），接电话相当于中断处理，回来继续看书是中断返回（继续执行程序）。因此，中断是指微处理器在执行某段程序的过程中，由于某种原因，暂时中止原程序的执行，转去执行相应的处理程序，中断服务程序执行完后，再回来继续执行被中断的原程序的过程，如图 5.2 所示。

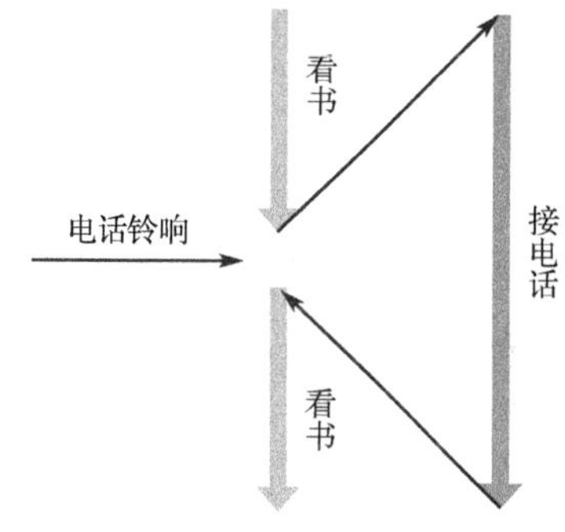

图 5.2　中断过程示意图

2. 中断的响应过程

中断事件处理指微处理器在程序运行中处理出现的紧急事件的整个过程。在程序运行过程中，如果系统外部、系统内部或者程序本身出现紧急事件，微处理器立即中止现行程序的运行，自动转入相应的处理程序（中断服务程序），待处理完后，再返回原来的程序运行，这个过程称为程序中断。

中断响应过程如图 5.3 所示，按照事件发生的顺序，中断响应过程包括：

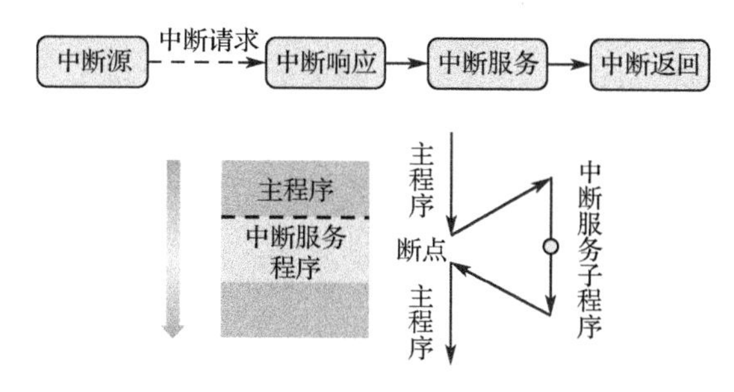

图 5.3　中断响应过程

（1）中断源发出中断请求。

（2）判断微处理器是否允许中断，以及该中断源是否被屏蔽。

（3）优先权排队。

（4）微处理器执行完当前指令或当前指令无法执行完，则立即停止当前程序，保护断点地址和微处理器当前状态，转入相应的中断服务程序。

（5）执行中断服务程序。

（6）恢复被保护的状态，执行中断返回指令回到被中断的程序或转入其他程序。

3．中断的作用

在电子应用领域，很多时候需要实时处理各种事件，微处理器进行控制应用时，要处理的数据不仅仅来自程序本身，也要对外部事件做出快速响应，如某个按键被按下，逻辑电路某个脉冲出现等。为了对外部事件做出快速的响应，微处理引入了中断，作用如下。

（1）微处理器与外设并行工作，解决了微处理器速度快、外设速度慢的矛盾。

（2）实时处理。控制系统往往有许多数据需要采集或输出，实时控制中有的数据难以估计何时需要交换。

（3）故障处理。计算机系统的故障往往会随机发生，如电源断电、运算溢出、存储器出错等，采用中断技术时，系统故障一旦出现就能及时得到处理。

（4）实现人机交互。人和微处理器交互一般采用键盘和按键，可以采用中断的方式实现，采用中断方式时微处理器执行效率高，而且可以保证人机交互的实时性，故中断方式在人机交互中得到广泛应用。

4．中断优先级

微处理器应用中，大部分情况下都需要处理多个来自不同中断源的中断申请，需要根据中断请求的紧急度或者系统设置确定的中断请求次序依次做出响应，所以微处理器会在系统中设置确定不同中断请求的优先级别，也就是中断优先级。

微处理器在接收到中断请求后，在对中断请求响应并执行中断处理指令时，需要知道被执行的中断处理指令的具体位置，也就是查询中断处理执行的地址，即中断矢量。系统中所有的中断矢量构成系统的中断矢量表，在中断矢量表中，所有中断类型依次排序，中断矢量表中的每一种中断矢量号代码都连接着相应操作命令。这些对应的操作命令都放置在系统内的存储单元，中断矢量表内就包含这些操作命令的读取地址。在中断请求得到响应时，可以通过查询中断矢量表而知道对应的中断处理指令并执行操作。例如，C51 微处理器有 5 个中断，分别是外部中断 0 中断（IE0）、定时器/计数器 0 中断（TF0）、外部中断 1 中断（IE1）、定时器/计数器 1 中断（TF1）和串行接口中断（TI/RI），如图 5.4 所示。

在某一时刻有几个中断源同时发出中断请求时，微处理器只响应其中优先权最高的中断源。当微处理器正在运行某个中断服务程序期间出现另一个中断源的请求时，如果后者的优先权低于前者，微处理器不予理睬，反之，微处理器应立即响应后者，进入所谓的嵌套中断。中断优先权的排序由其性质、重要性以及处理的方便性决定，由硬件的优先权仲裁逻辑或软件的顺序询问程序来实现。中断嵌套如图 5.5 所示。

5．外部中断

在没有干预的情况下，微处理器的程序在封闭状态下自主运行，如果在某一时刻需要响应一个外部事件（如键盘或者鼠标），这时就会用到外部中断。具体来讲，外部中断就是在微处理器的一个引脚上，由于外部因素导致了一个电平的变化（例如由高变低），而通过捕获这个变化，微处理器内部自主运行的程序就会被暂时打断，转而去执行相应的中断处理程序，执行完后再回到原来中断的地方继续执行原来的程序。这个引脚上的电平变化，就申请了一个外部中断事件，而这个能申请外部中断的引脚就是外部中断的触发引脚。

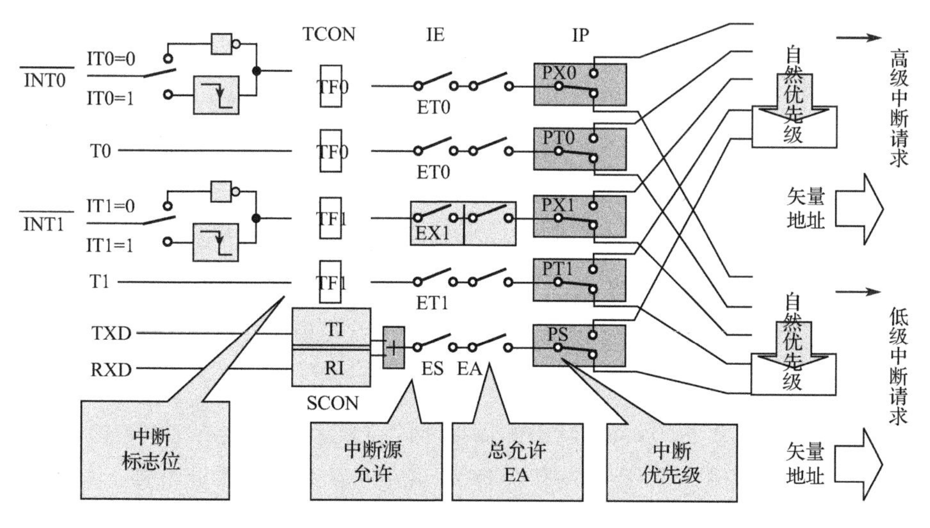

图 5.4　C51 微处理器的 5 个中断

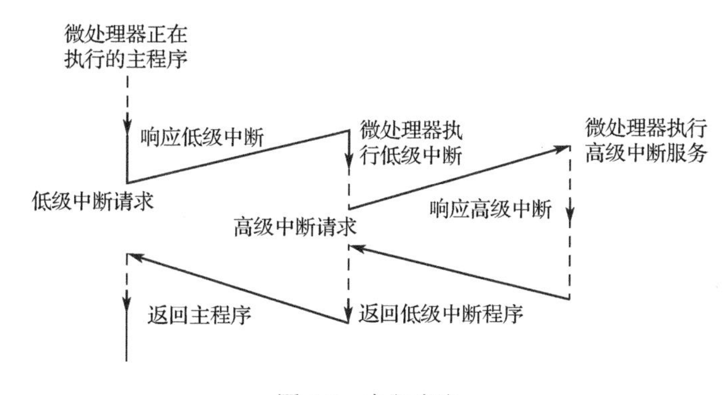

图 5.5　中断嵌套

外部中断是微处理器实时处理外部事件的一种内部机制。当某种外部事件发生时，微处理器的中断系统将迫使微处理器暂停正在执行的程序，转而去进行中断事件的处理；中断处理完毕后再返回被中断的程序处，继续执行下去。

6．外部中断触发条件

外部中断触发是指程序在运行时，外界通过某种方式触发外部中断。外部中断的触发方式是由程序定义的，根据微处理器外电平的变化特性，可将外部中断触发方式分为三种：上升沿触发方式、下降沿触发方式和跳变沿触发方式。由于上升沿触发方式与下降沿触发方式都属于电平一次变化触发，因此这两种触发方式可归结为电平触发方式。

（1）电平触发方式。在数字电路中，电平从低电平变为高电平的那一瞬间称为上升沿；相反从高电平变为低电平的那一瞬间称为下降沿。而这种电平变化同样可以用微处理器来检测，当配置了外部中断的引脚接收到相应配置的电压后会触发外部中断，从而去执行中断服务函数。上升沿、下降沿电平变化如图 5.6 所示。

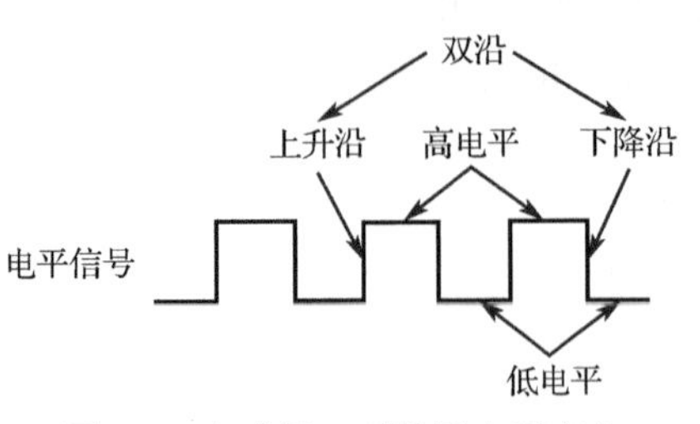

图5.6 上升沿、下降沿电平变化

（2）跳变沿触发方式。外部中断若定义为跳变沿触发方式，外部中断申请触发器可以锁存外部中断输入线上的负跳变，即使微处理器暂时不能响应，中断申请标志也不会丢失。在这种方式中，如果连续两次采样，一个机器周期采样到外部中断输入为高，下一个机器周期采样为低，则置1中断申请触发器，直到微处理器响应此中断时才清0。外部中断的跳变沿触发方式适合以负脉冲形式输入的外部中断请求。

5.3.2 STM32中断应用概述

1. STM32中断向量

STM32F4xx具有多达86个可屏蔽中断通道（不包括Cortex-M4F的16根中断线），具有16个可编程优先级（使用了4位中断优先级）、低延迟的异常和中断处理、电源管理控制以及系统控制寄存器等优点，嵌套向量中断控制器（NVIC）和微处理器内核接口紧密配合，可以实现低延迟的中断处理以及高效地处理晚到的中断。

STM32F4xx在内核上搭载了一个异常响应系统，支持为数众多的系统异常和外部中断，其中系统异常有10个，外部中断有91个。除个别异常的优先级被固定外，其他异常的优先级都是可编程的。具体的系统异常和外部中断可在标准库文件stm32f4xx.h中查到，在IRQn_Type这个结构体里面包含SMT32F4系列全部的异常声明。中断向量表如表5.1所示。

表5.1 中断向量表

位置	优先级	优先级类型	名 称	说 明	地 址
	—	—	—	保留	0x00000000
	-3	固定	Reset	复位	0x00000004
	-2	固定	NMI	不可屏蔽中断，时钟安全系统	0x00000008
	-1	固定	HardFault	所有类型的错误	0x0000000C
	0	固定	MemManage	MPU不匹配	0x00000010
	1	可设置	BusFault	预取指失败，存储器访问失败	0x00000014
	2	可设置	UsageFault	未定义的指令或非法状态	0x00000018
	—	—	—	保留	0x0000001C～ 0x0000002B
	3	可设置	SVCall	通过SWI指令调用的系统服务	0x0000002C
	4	可设置	Debug Monitor	调试监控器	0x00000030
	—	—		保留	0x00000034
	5	可设置	PendSV	可挂起的系统服务	0x00000038
	6	可设置	Systick	系统嘀嗒定时器	0x0000003C
0	7	可设置	WWDG	窗口看门狗中断	0x00000040

续表

位置	优先级	优先级类型	名　称	说　明	地　址
1	8	可设置	PVD	连接到 EXTI 线的可编程电压检测（PVD）中断	0x00000044
2	9	可设置	TAMP_STAMP	连接到 EXTI 线的入侵和时间戳中断	0x00000048
3	10	可设置	RTC_WKUP	连接到 EXTI 线的 RTC 唤醒中断	0x0000004C
4	11	可设置	Flash	Flash 全局中断	0x00000050
5	12	可设置	RCC	RCC 全局中断	0x00000054
6	13	可设置	EXTI0	EXTI 线 0 中断	0x00000058
7	14	可设置	EXTI1	EXTI 线 1 中断	0x0000005C
8	15	可设置	EXTI2	EXTI 线 2 中断	0x00000060
9	16	可设置	EXTI3	EXTI 线 3 中断	0x00000064
10	17	可设置	EXTI4	EXTI 线 4 中断	0x00000068
11	18	可设置	DMA1_Stream0	DMA1 流 0 全局中断	0x0000006C
12	19	可设置	DMA1_Stream1	DMA1 流 1 全局中断	0x00000070
13	20	可设置	DMA1_Stream2	DMA1 流 2 全局中断	0x00000074
14	21	可设置	DMA1_Stream3	DMA1 流 3 全局中断	0x00000078
15	22	可设置	DMA1_Stream4	DMA1 流 4 全局中断	0x0000007C
16	23	可设置	DMA1_Stream5	DMA1 流 5 全局中断	0x00000080
17	24	可设置	DMA1_Stream6	DMA1 流 6 全局中断	0x00000084
18	25	可设置	ADC	ADC1、ADC2 和 ADC3 全局中断	0x00000088
19	26	可设置	CAN1_TX	CAN1 TX 中断	0x0000008C
20	27	可设置	CAN1_RX0	CAN1 RX0 中断	0x00000090
21	28	可设置	CAN1_RX1	CAN1 RX1 中断	0x00000094
22	29	可设置	CAN1_SCE	CAN1 SCE 中断	0x00000098
23	30	可设置	EXTI9_5	EXTI 线[9:5]中断	0x0000009C
24	31	可设置	TIM1_BRK_TIM9	TIM1 刹车中断和 TIM9 全局中断	0x000000A0
25	32	可设置	TIM1_UP_TIM10	TIM1 更新中断和 TIM10 全局中断	0x000000A4
26	33	可设置	TIM1_TRG_COM_TIM11	TIM1 触发和换相中断与 TIM11 全局中断	0x000000A8
27	34	可设置	TIM1_CC	TIM1 捕获比较中断	0x000000AC
28	35	可设置	TIM2	TIM2 全局中断	0x000000B0
29	36	可设置	TIM3	TIM3 全局中断	0x000000B4
30	37	可设置	TIM4	TIM4 全局中断	0x000000B8
31	38	可设置	I2C1_EV	I2C1 事件中断	0x000000BC
32	39	可设置	I2C1_ER	I2C1 错误中断	0x000000C0
33	40	可设置	I2C2_EV	I2C2 事件中断	0x000000C4
34	41	可设置	I2C2_ER	I2C2 错误中断	0x000000C8
35	42	可设置	SPI1	SPI1 全局中断	0x000000CC

续表

位置	优先级	优先级类型	名　称	说　明	地　址
36	43	可设置	SPI2	SPI2 全局中断	0x000000D0
37	44	可设置	USART1	USART1 全局中断	0x000000D4
38	45	可设置	USART2	USART2 全局中断	0x000000D8
39	46	可设置	USART3	USART3 全局中断	0x000000DC
40	47	可设置	EXTI15_10	EXTI 线[15:10]中断	0x000000E0
41	48	可设置	RTC_Alarm	连接到 EXTI 线的 RTC 闹钟（A 和 B）中断	0x000000E4
42	49	可设置	OTG_FS WKUP	连接到 EXTI 线的 USB On the Go FS，唤醒中断	0x000000E8
43	50	可设置	TIM8_BRK_TIM12	TIM8 刹车中断和 TIM12 全局中断	0x000000EC
44	51	可设置	TIM8_UP_TIM13	TIM8 更新中断和 TIM13 全局中断	0x000000F0
45	52	可设置	TIM8_TRG_COM_TIM14	TIM8 触发和换相中断与 TIM14 全局中断	0x000000F4
46	53	可设置	TIM8_CC	TIM8 捕获比较中断	0x000000F8
47	54	可设置	DMA1_Stream7	DMA1 流 7 全局中断	0x000000FC
48	55	可设置	FSMC	FSMC 全局中断	0x00000100
49	56	可设置	SDIO	SDIO 全局中断	0x00000104
50	57	可设置	TIM5	TIM5 全局中断	0x00000108
51	58	可设置	SPI3	SPI3 全局中断	0x0000010C
52	59	可设置	UART4	UART4 全局中断	0x00000110
53	60	可设置	UART5	UART5 全局中断	0x00000114
54	61	可设置	TIM6_DAC	TIM6 全局中断，DAC1 和 DAC2 下溢错误中断	0x00000118
55	62	可设置	TIM7	TIM7 全局中断	0x0000011C
56	63	可设置	DMA2_Stream0	DMA2 流 0 全局中断	0x00000120
57	64	可设置	DMA2_Stream1	DMA2 流 1 全局中断	0x00000124
58	65	可设置	DMA2_Stream2	DMA2 流 2 全局中断	0x00000128
59	66	可设置	DMA2_Stream3	DMA2 流 3 全局中断	0x0000012C
60	67	可设置	DMA2_Stream4	DMA2 流 4 全局中断	0x00000130
61	68	可设置	ETH	以太网全局中断	0x00000134
62	69	可设置	ETH_WKUP	连接到 EXTI 线的以太网唤醒中断	0x00000138
63	70	可设置	CAN2_TX	CAN2TX 中断	0x0000013C
64	71	可设置	CAN2_RX0	CAN2RX0 中断	0x00000140
65	72	可设置	CAN2_RX1	CAN2RX1 中断	0x00000144
66	73	可设置	CAN2_SCE	CAN2SCE 中断	0x00000148
67	74	可设置	OTG_FS	USB On the Go FS 全局中断	0x0000014C
68	75	可设置	DMA2_Stream5	DMA2 流 5 全局中断	0x00000150
69	76	可设置	DMA2_Stream6	DMA2 流 6 全局中断	0x00000154
70	77	可设置	DMA2_Stream7	DMA2 流 7 全局中断	0x00000158

续表

位置	优先级	优先级类型	名　称	说　明	地　址
71	78	可设置	USART6	USART6 全局中断	0x0000015C
72	79	可设置	I2C3_EV	I2C3 事件中断	0x00000160
73	80	可设置	I2C3_ER	I2C3 错误中断	0x00000164
74	81	可设置	OTG_HS_EP1_OUT	USB On the Go HS 端点 1 输出全局中断	0x00000168
75	82	可设置	OTG_HS_EP1_IN	USB On the Go HS 端点 1 输入全局中断	0x0000016C
76	83	可设置	OTG_HS_WKUP	连接到 EXTI 的 USB On the Go HS，唤醒中断	0x00000170
77	84	可设置	OTG_HS	USB On the Go HS 全局中断	0x00000174
78	85	可设置	DCMI	DCMI 全局中断	0x00000178
79	86	可设置	CRYP	CRYP 加密全局中断	0x0000017C
80	87	可设置	HASH_RNG	哈希和随机数发生器全局中断	0x00000180
81	88	可设置	FPU	FPU 全局中断	0x00000184
82	89	可设置	UART7	UART7 全局中断	0x00000188
83	90	可设置	UART8	UART8 全局中断	0x0000018C
84	91	可设置	SPI4	SPI4 全局中断	0x00000190
85	92	可设置	SPI5	SPI5 全局中断	0x00000194
86	93	可设置	SPI6	SPI6 全局中断	0x00000198

2. NVIC 介绍

NVIC 是嵌套向量中断控制器，用于控制整个芯片与中断相关的功能，它跟内核紧密耦合，是内核的一个外设。但是各个芯片厂商在设计芯片时会对 Cortex-M4 内核的 NVIC 进行裁剪，把不需要的部分去掉，所以 STM32 的 NVIC 是 Cortex-M4 的 NVIC 的一个子集。在配置中断时一般只使用 ISER、ICER 和 IP 这三个寄存器，ISER 用来使能中断，ICER 用来禁止中断，IP 用来设置中断优先级。

固件库文件 core_cm4.h 还提供了 NVIC 的一些函数，这些函数遵循 CMSIS，只要是基于 Cortex-M4 内核的微处理器都可以使用。NVIC 中断库函数如表 5.2 所示。

表 5.2　NVIC 中断库函数

NVIC 中断库函数	描　述
void NVIC_EnableIRQ(IRQn_Type IRQn)	使能中断
void NVIC_DissableIRQ(IRQn_Type IRQn)	失能中断
void NVIC_SetPendingIRQ(IRQn_Type IRQn)	设置中断挂起位
void NVIC_ClearPendingIRQ(IRQn_Type IRQn)	清除中断挂起位
uint32_t NVIC_GetPendingIRQ(IRQn_Type IRQn)	获取挂起中断编号
void NVIC_SetPriority(IRQn_Type IRQn,uint32_t priority)	设置中断优先级
uint32_t NVIC_GetpriorityIRQ(IRQn_Type IRQn)	获取中断优先级
void NVIC_SystemReset(void)	系统复位

3. 优先级的定义

在 NVIC 中有一个专门的寄存器——中断优先级寄存器 NVIC_IPR*x*，用来配置外部中断的优先级，IPR 宽度为 8 位，原则上每个外部中断可配置的优先级为 0～255，数值越小，优先级越高。但是绝大多数 Cortex-M4 芯片都会精简设计，导致实际上支持的优先级数减少，在 STM32F4xx 中，只使用高 4 位。中断优先级寄存器如表 5.3 所示。

表 5.3 中断优先级寄存器

位 数	7	6	5	4	3	2	1	0
功能	用于表示优先级				未使用，读回为 0			

用于表示优先级的高 4 位又被分组成抢占优先级和子优先级。若有多个中断同时响应，抢占优先级高的中断会抢占优先级低的优先得到执行；若抢占优先级相同，则比较子优先级；若抢占优先级和子优先级都相同，就比较它们的硬件中断编号，编号越小，优先级越高。

4. 中断编程

在配置中断时一般有 3 个编程步骤。

（1）使能外设某个中断，具体由每个外设的相关中断使能位控制。例如，串口有发送完成中断、接收完成中断，这两个中断都由串口控制寄存器的相关中断使能位控制。

（2）初始化 NVIC_InitTypeDef 结构体，配置中断优先级分组，设置抢占优先级和子优先级，使能中断请求。

（3）编写中断服务函数。在启动文件 startup_stm32f40xx.s 中预先为每个中断编写一个中断服务函数，只是这些中断函数都是空的，目的只是初始化中断向量表。实际的中断服务函数都需要重新编写，中断服务函数统一存放在 stm32f4xx_it.c 这个库文件中。

中断服务函数的函数名必须和启动文件里面预先设置的一样，若写错，则系统在中断向量表中就找不到中断服务函数的入口，直接跳转到启动文件里面预先写好的空函数，并且在里面无限循环，导致无法实现中断。

5.3.3 STM32 的外部中断机制

1. EXIT

外部中断/事件控制器（EXTI）管理了 23 个中断/事件线，每个中断/事件线都对应着一个边沿检测器，可以实现输入信号的上升沿检测和下降沿检测。EXTI 可以对每个中断/事件线进行单独配置，可以单独配置为中断或者事件，以及触发事件的属性。EXTI 功能框图如图 5.7 所示。

EXTI 的功能框图包含了 EXTI 最核心内容，掌握功能框图对 EXTI 就有一个整体的把握，在图 5.7 中可以看到很多在信号线上有一个斜杠并标注“23”字样，这个表示在控制器内部类似的信号线路有 23 个，这与 EXTI 总共有 23 个中断/事件线是吻合的。只要明白其中一个的原理即可，其他 22 个线路原理大同小异。

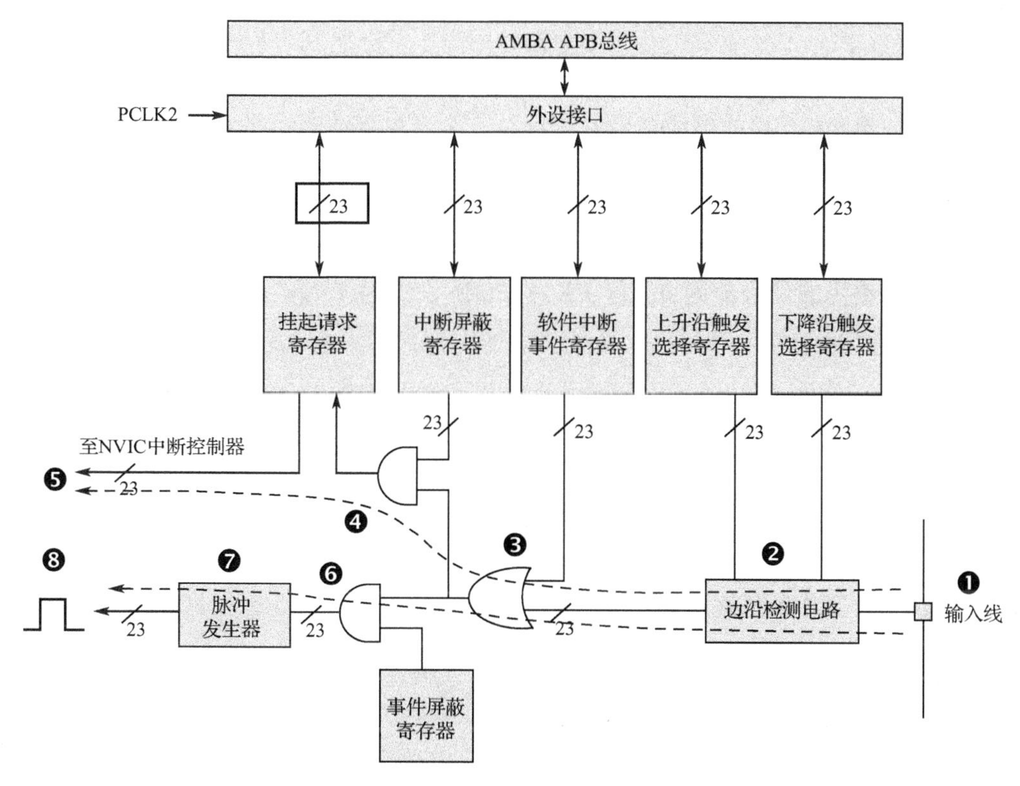

图 5.7　EXTI 功能框图

EXTI 可分为两大部分功能，一个是产生中断，另一个是产生事件，这两个功能在硬件上有所不同。首先来看图 5.7 中由❶到❺的虚线指示的流程，它是一个产生中断的线路，最终信号流入 NVIC。

（1）编号❶是输入线，EXTI 控制器有 23 个中断/事件输入线，这些输入线可以通过寄存器设置为任意一个 GPIO，也可以是一些外设的事件。

（2）编号❷是一个边沿检测电路，它会根据上升沿触发选择寄存器（EXTI_RTSR）和下降沿触发选择寄存器（EXTI_FTSR）对应位的设置来控制信号触发。边沿检测电路以输入线作为信号输入端，若检测到有边沿跳变就输出有效信号 1 给编号❸电路，否则输出无效信号 0。EXTI_RTSR 和 EXTI_FTSR 可以控制触发器需要检测哪些类型的电平跳变过程，可以是只有上升沿触发、只有下降沿触发或者上升沿和下降沿都触发。

（3）编号❸电路是一个或门电路，它一个输入来自编号❷电路，另外一输入来自软件中断事件寄存器（EXTI_SWIER）。EXTI_SWIER 允许通过程序控制来启动中断/事件线，这在某些地方非常有用。或门的作用就是有 1 就为 1，所以这两个输入随便一个是有效信号 1 就可以输出 1 给编号❹和编号❻电路。

（4）编号❹电路是一个与门电路，它一个输入是编号❸电路，另外一个输入来自中断屏蔽寄存器（EXTI_IMR）。与门电路要求输入都为 1 才输出 1，导致的结果若 EXTI_IMR 设置为 0 时，则不管编号❸电路的输出信号是 1 还是 0，最终编号❹电路输出的信号都为 0；若 EXTI_IMR 设置为 1 时，最终编号❹电路输出的信号才由编号❸电路的输出信号决定，这样可以简单地控制 EXTI_IMR 来达到是否产生中断的目的。编号❹电路输出的信号会被保存到挂

起寄存器（EXTI_PR）内，若确定编号❹电路输出为 1 就会把 EXTI_PR 对应位置 1。

（5）编号❺将 EXTI_PR 的内容输出到 NVIC，从而实现系统中断事件控制。

由编号❶～❸和❻～❽的虚线指示的流程是一个产生事件的线路，最终输出一个脉冲信号。产生事件的线路在编号❸电路之后与中断线路有所不同，之前电路都是共用的。

（6）编号❻电路是一个与门，它一个输入是编号❸电路，另外一个输入来自事件屏蔽寄存器（EXTI_EMR）。若 EXTI_EMR 设置为 0 时，那不管编号❸电路的输出信号是 1 还是 0，最终编号❻电路输出的信号都为 0；若 EXTI_EMR 设置为 1 时，最终编号❻电路输出的信号才由编号❸电路的输出信号决定，这样可以简单地控制 EXTI_EMR 来达到是否产生事件的目的。

（7）编号❼电路是一个脉冲发生器电路，当它的输入端（即编号❻电路的输出端）是一个有效信号 1 时就会产生一个脉冲；若输入端是无效信号就不会输出脉冲。

（8）编号❽是一个脉冲信号，就是产生事件的线路的最终产物，这个脉冲信号可以供其他外设电路使用，如定时器 TIM、模/数转换器等。

2．STM32 外部中断的库函数

STM32F4 的每个 IO 都可以作为外部中断的中断输入口，这点也是 STM32F4 的强大之处。STM32F407 的中断控制器支持 22 个外部中断/事件请求，每个中断/事件设有状态位，每个中断/事件都有独立的触发和屏蔽设置位。

STM32F407 的 22 个外部中断如下。

EXTI 线 0～15：对应外部 I/O 端口的输入中断。

EXTI 线 16：连接到 PVD 输出。

EXTI 线 17：连接到 RTC 闹钟事件。

EXTI 线 18：连接到 USBOTGFS（USB On the Go FS）唤醒事件。

EXTI 线 19：连接到以太网唤醒事件。

EXTI 线 20：连接到 USBOTGHS（USB On the Go HS，在 FS 中配置）唤醒事件。

EXTI 线 21：连接到 RTC 入侵和时间戳事件。

EXTI 线 22：连接到 RTC 唤醒事件。

从上面可以看出，STM32F4 I/O 端口使用的中断线只有 16 个，但是 STM32F4 的 I/O 端口却远远不止 16 个，那么 STM32F4 是怎么把 16 个中断线和 I/O 端口一一对应起来的呢？STM32 的 GPIO 引脚 GPIO*x*.0～GPIO*x*.15（*x*=A、B、C、D、E、F、G、H、I）分别对应中断线 0～15，这样每个中断线对应最多 9 个 I/O 端口。以线 0 为例，它对应 GPIOA.0、GPIOB.0、GPIOC.0、GPIOD.0、GPIOE.0、GPIOF.0、GPIOG.0、GPIOH.0、GPIOI.0，而中断线每次只能连接到一个 I/O 端口上，这样就需要通过配置来决定对应的中断线配置到哪个 GPIO 上。GPIO 与中断线的映射关系如图 5.8 所示。

接下来讲解使用库函数配置外部中断的步骤。

（1）使能 I/O 端口时钟，初始化 I/O 端口为输入模式。首先，要使用 I/O 端口作为中断输入，所以要使能相应的 I/O 端口时钟，以及初始化相应的 I/O 端口为输入模式，具体的方法和任务 4 一样。

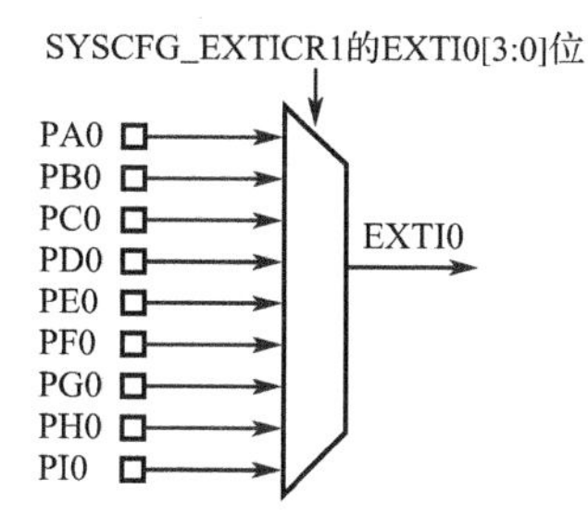

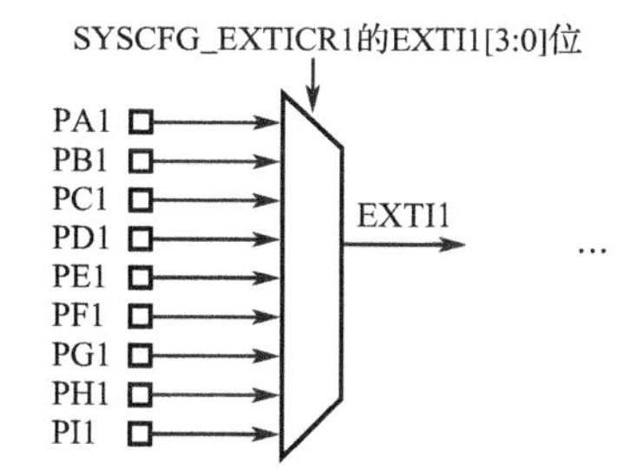

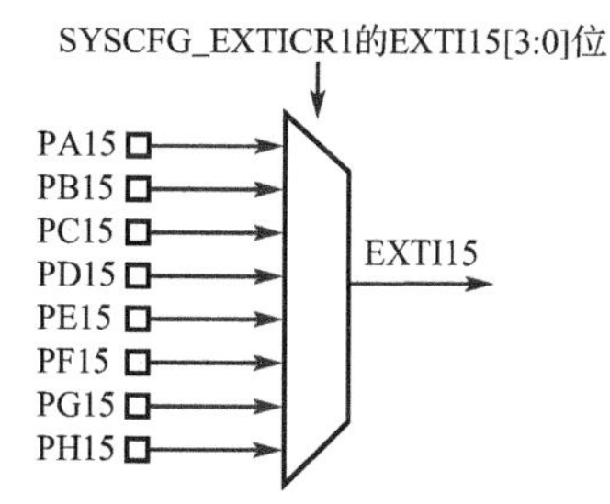

图 5.8　GPIO 和中断线的映射关系

（2）开启 SYSCFG 时钟，设置 GPIO 与中断线的映射关系。要配置 GPIO 与中断线的映射关系，首先需要使能 SYSCFG 时钟。

```
RCC_APB2PeriphClockCmd(RCC_APB2Periph_SYSCFG,ENABLE);            //使能 SYSCFG 时钟
```

这里一定要注意，只要使用到外部中断，就必须使能 SYSCFG 时钟。在库函数中，配置 GPIO 与中断线的映射关系是通过函数 SYSCFG_EXTILineConfig()来实现的。

```
void SYSCFG_EXTILineConfig(uint8_t EXTI_PortSourceGPIOx, uint8_t EXTI_PinSourcex);
```

该函数将 GPIO 端口与中断线映射起来，使用范例如下。

```
SYSCFG_EXTILineConfig(EXTI_PortSourceGPIOA,EXTI_PinSource0);
```

将中断线 0 与 GPIOA 映射起来，GPIOA.0 与 EXTI1 中断线连接起来。设置好 GPIO 和中断线的映射关系之后，那么来自 GPIO 的中断是通过什么方式触发的呢？接下来要在程序中设置该中断线上的中断初始化参数。

（3）初始化中断线上的中断，如设置触发条件等。中断线上的中断初始化是通过函数 EXTI_Init()实现的，其定义是：

```
void EXTI_Init(EXTI_InitTypeDef* EXTI_InitStruct);
```

下面通过范例来说明该函数的使用方法。

```
EXTI_InitTypeDef EXTI_InitStructure;
EXTI_InitStructure.EXTI_Line=EXTI_Line4;
EXTI_InitStructure.EXTI_Mode=EXTI_Mode_Interrupt;
EXTI_InitStructure.EXTI_Trigger=EXTI_Trigger_Falling;
EXTI_InitStructure.EXTI_LineCmd=ENABLE;
EXTI_Init(&EXTI_InitStructure);                        //初始化外设 EXTI 寄存器
```

上面的例子设置中断线 4 上的中断为下降沿触发。STM32 的外设的初始化都是通过结构体来完成的，这里不再讲解结构体初始化的过程。结构体 EXTI_InitTypeDef 的成员变量（即参数）的定义如下。

```
typedef struct
{
    uint32_t EXTI_Line;
    EXTIMode_TypeDef EXTI_Mode;
    EXTITrigger_TypeDef EXTI_Trigger;
```

```
    FunctionalState EXTI_LineCmd;
}EXTI_InitTypeDef;
```

从定义可以看出，有 4 个成员变量需要设置。

① 第一个成员变量是中断线的标号（EXTI_Line），对于外部中断，取值范围为 EXTI_Line0～EXTI_Line15。线上的中断参数；

② 第二个成员变量是中断模式（EXTI_Mode），可选值为 EXTI_Mode_Interrupt 和 EXTI_Mode_Event。

③ 第三个成员变量是触发方式（EXTI_Trigger），可以是下降沿触发（EXTI_Trigger_Falling）、上升沿触发（EXTI_Trigger_Rising）或者任意电平（上升沿和下降沿）触发（EXTI_Trigger_Rising_Falling）。

④ 第四个成员变量为中断线使能（EXTI_LineCmd）。

（4）配置 NVIC 并使能中断。既然是外部中断，就必须设置 NVIC 中断优先级。这个在前面已经讲解过，这里接着上面的范例设置中断线 2 的中断优先级。

```
NVIC_InitTypeDef   NVIC_InitStructure;
NVIC_InitStructure.NVIC_IRQChannel = EXTI2_IRQn;                    //使能按键外部中断通道
NVIC_InitStructure.NVIC_IRQChannelPreemptionPriority = 0x02;  //抢占优先级 2
NVIC_InitStructure.NVIC_IRQChannelSubPriority = 0x02;              //响应优先级 2
NVIC_InitStructure.NVIC_IRQChannelCmd = ENABLE;                    //使能外部中断通道
NVIC_Init(&NVIC_InitStructure);                                              //中断优先级分组初始化
```

（5）编写中断服务函数。配置完中断优先级之后，接着要做的就是编写中断服务函数。中断服务函数的名字是在开发环境中事先定义好的。STM32F4 的 I/O 端口外部中断函数只有 7 个，分别为 EXPORT EXTI0_IRQHandler、EXPORT EXTI1_IRQHandler、EXPORT EXTI2_IRQHandler、EXPORT EXTI3_IRQHandler、EXPORT EXTI4_IRQHandler、EXPORT EXTI9_5_IRQHandler、EXPORT EXTI15_10_IRQHandler。

中断线 0～4 中每条中断线都对应一个中断函数，中断线 5～9 共用中断函数 EXTI9_5_IRQHandler，中断线 10～15 共用中断函数 EXTI15_10_IRQHandler。在编写中断服务函数时会经常使用两个函数，第一个函数是判断某个中断线上的中断是否发生（标志位是否置位）：

```
ITStatus EXTI_GetITStatus(uint32_t EXTI_Line);
```

该函数一般使用在中断服务函数的开头判断是否发生中断。

第二个函数是清除某条中断线上的中断标志位：

```
void EXTI_ClearITPendingBit(uint32_t EXTI_Line);
```

这个函数一般应用在中断服务函数结束之前，用于清除中断标志位。

常用的中断服务函数格式为：

```
void EXTI3_IRQHandler(void)
{
    if(EXTI_GetITStatus(EXTI_Line3)!=RESET)              //判断某条中断线上是否发生了中断
    {…中断逻辑…
```

```
        EXTI_ClearITPendingBit(EXTI_Line3);               //清除中断线上的中断标志位
    }
}
```

固件库还提供了两个函数用来判断外部中断状态（EXTI_GetFlagStatus）以及清除外部状态标志位（EXTI_ClearFlag），它们的作用和前面两个函数的作用类似，只是在 EXTI_GetITStatus 函数会先判断这种中断是否使能，使能后再去判断中断标志位，而 EXTI_GetFlagStatus 直接用来判断状态标志位。

STM32 的 I/O 端口外部中断的步骤一般为：

（1）使能 I/O 端口时钟，初始化 I/O 端口为输入。

（2）使能 SYSCFG 时钟，设置 GPIO 与中断线的映射关系。

（3）初始化中断线上中断、设置触发条件等。

（4）配置 NVIC 并使能中断。

（5）编写中断服务函数。

5.4　任务实践：抢答器的软/硬件设计

5.4.1　开发设计

1．硬件设计

本任务的硬件架构设计如图 5.9 所示。

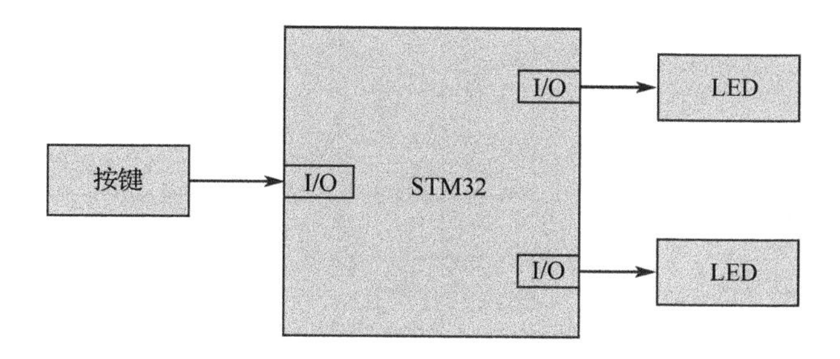

图 5.9　硬件架构设计图

按键接口电路如图 5.10 所示，按键 KEY3 和 KEY4 的引脚一端接 GND，另一端接电阻，以及 STM32 微处理器的 PB14 和 PB15 引脚，电阻的另一端连接 3.3 V 电源。

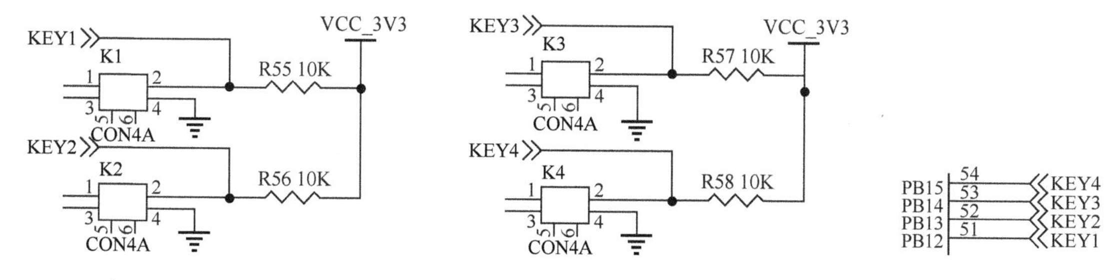

图 5.10　按键接口电路

开发平台上的 4 个按键 KEY1、KEY2、KEY3、KEY4 分别连接到 STM32 的 PB12、PB13、PB14 和 PB15 引脚。按键的状态检测方式主要使用 STM32 微处理器 GPIO 的引脚电平读取功能，相关引脚为高电平时引脚读取的值为 1，反之则为 0。而按键是否按下、按下前后的电平状态则需要按照实际的按键接口电路来确认。当按键没有按下时 KEY3 和 KEY4 的 1 引脚和 2 引脚断开，由于 STM32 引脚在输入模式时为高阻态，所以 PB14 引脚和 PB15 引脚采集的电平为高电平；按键按下后 KEY3 和 KEY4 的 1 引脚和 2 引脚导通，此时 PB14 引脚和 PB15 引脚导通接地，所以此时引脚检测电平为低电平。

要实现对键盘按键的检测中断需要使用 STM32 微处理器的中断功能。按键没有按下时引脚检测电压为高，当按键按下后电压变为低，因此可以选择外部中断的触发方式为下降沿触发方式。

2. 软件设计

软件设计流程图如图 5.11 所示。

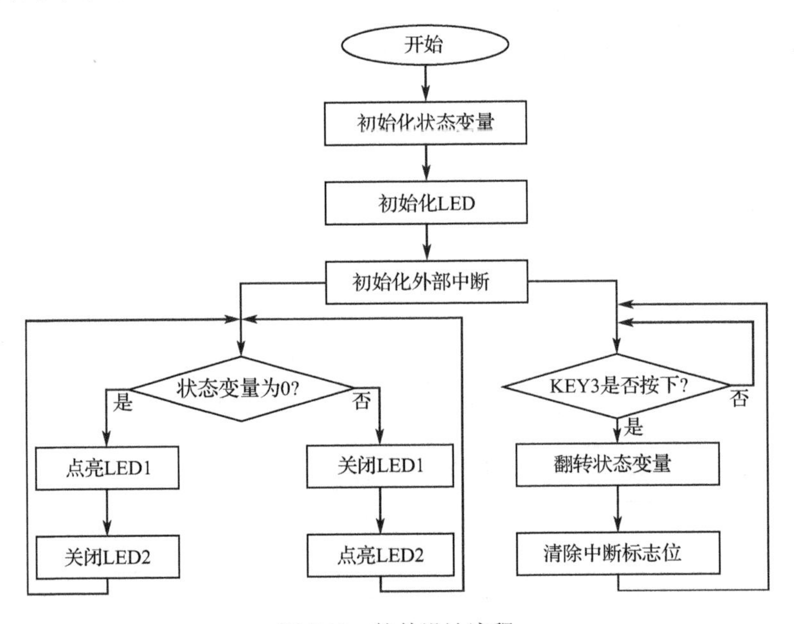

图 5.11　软件设计流程

5.4.2　功能实现

1. 主函数模块

在主函数中首先初始化各个相关的硬件外设，初始化完成后在主循环中判断标志位状态，通过标志位状态对 LED 进行控制，主函数程序代码如下。

```
char led_status = 0;                         //声明一个表示 LED 状态的变量
void main(void)
{
    led_init();                              //初始化 LED 控制引脚
```

```
        exti_init();                                    //初始化按键检测引脚
        while(1){                                       //循环体
            if(led_status == 0){                        //判断 LED 是否为状态 0
                turn_on(D1);                            //点亮 LED1
                turn_off(D2);                           //关闭 LED2
            }
            else{                                       //LED 状态 1
                turn_off(D1);                           //关闭 LED1
                turn_on(D2);                            //点亮 LED2
            }
        }
}
```

2．外部中断初始化模块

外部中断初始化模块首先初始化结构体，然后复用外部中断功能，最后配置外部中断检测特性并配置优先级。外部中断初始化模块的代码如下。

```
/*********************************************************************************
* 功能：外部中断初始化
*********************************************************************************/
extern char led_status;
void exti_init(void)
{
    key_init();                                 //按键引脚初始化
    NVIC_InitTypeDef    NVIC_InitStructure;
    EXTI_InitTypeDef    EXTI_InitStructure;

    RCC_APB2PeriphClockCmd(RCC_APB2Periph_SYSCFG, ENABLE);     //使能 SYSCFG 时钟
    SYSCFG_EXTILineConfig(EXTI_PortSourceGPIOB, EXTI_PinSource14); //PB14 连接到中断线 14
    SYSCFG_EXTILineConfig(EXTI_PortSourceGPIOB, EXTI_PinSource15); //PB15 连接到中断线 15

    EXTI_InitStructure.EXTI_Line = EXTI_Line14 | EXTI_Line15;          //Line14、Line15
    EXTI_InitStructure.EXTI_Mode = EXTI_Mode_Interrupt;                //中断事件
    EXTI_InitStructure.EXTI_Trigger = EXTI_Trigger_Falling;            //下降沿触发
    EXTI_InitStructure.EXTI_LineCmd = ENABLE;                          //使能 Line14、Line15
    EXTI_Init(&EXTI_InitStructure);                                    //按上述参数配置

    NVIC_InitStructure.NVIC_IRQChannel = EXTI15_10_IRQn;               //外部中断 15～10
    NVIC_InitStructure.NVIC_IRQChannelPreemptionPriority = 0;          //抢占优先级 0
    NVIC_InitStructure.NVIC_IRQChannelSubPriority = 1;                 //子优先级 1
    NVIC_InitStructure.NVIC_IRQChannelCmd = ENABLE;                    //使能外部中断通道
    NVIC_Init(&NVIC_InitStructure);                                    //按上述配置初始化
}
```

3．外部中断服务函数模块

在中断服务函数中改变 LED 的控制标志位，为了识别外部中断的具体中断线，需要对中

断触发位进行判断。外部中断的中断服务函数如下。

```
/*********************************************************************************
* 功能：外部中断 15～10 的中断服务函数
*********************************************************************************/
void EXTI15_10_IRQHandler(void)
{
    if(get_key_status() == K3_PREESED){                    //检测 KEY3 被按下
        delay_count(500);                                  //延时消抖
        if(get_key_status() == K3_PREESED){                //确认 KEY3 被按下
            while(get_key_status() == K3_PREESED);         //等待按键松开
            led_status = !led_status;                      //翻转 LED 状态标志
        }
    }
    if(EXTI_GetITStatus(EXTI_Line14)!=RESET)
    EXTI_ClearITPendingBit(EXTI_Line14);                   //清除 Line14 上的中断标志位
    if(EXTI_GetITStatus(EXTI_Line15)!=RESET)
    EXTI_ClearITPendingBit(EXTI_Line15);                   //清除 Line15 上的中断标志位
}
```

4．按键状态获取模块

```
/*********************************************************************************
* 功能：按键引脚状态
* 返回：key_status
*********************************************************************************/
char get_key_status(void)
{
    char key_status = 0;
    if(GPIO_ReadInputDataBit(K1_PORT,K1_PIN) == 0)         //判断 PB12 引脚电平状态
    key_status |= K1_PREESED;                              //低电平 key_status bit0 位置 1
    if(GPIO_ReadInputDataBit(K2_PORT,K2_PIN) == 0)         //判断 PB13 引脚电平状态
    key_status |= K2_PREESED;                              //低电平 key_status bit1 位置 1
    if(GPIO_ReadInputDataBit(K3_PORT,K3_PIN) == 0)         //判断 PB14 引脚电平状态
    key_status |= K3_PREESED;                              //低电平 key_status bit2 位置 1
    if(GPIO_ReadInputDataBit(K4_PORT,K4_PIN) == 0)         //判断 PB15 引脚电平状态
    key_status |= K4_PREESED;                              //低电平 key_status bit3 位置 1
    return key_status;
}
```

5.5 任务验证

使用 IAR 集成开发环境打开竞赛抢答器设计工程，通过编译后，使用 J-Link 将程序下载到 STM32 开发平台中，并执行程序。

程序执行后按下按键 KEY3，此时 LED1 和 LED2 的状态会发生反转，再次按下 KEY3 时，LED1 和 LED2 的状态将再次反转，如此循环。

5.6 任务小结

通过本任务的学习与开发，读者可以学习 STM32 外部中断的基本原理，并通过按键触发外部中断的开发过程来学习 STM32 的外部中断功能，采用 STM32 外部中断响应连接在 STM32 上的按键动作，从而实现抢答器。

5.7 思考与拓展

（1）简述中断的概念、作用及响应过程。

（2）如何配置 STM32 的外部中断？

（3）如何编写 STM32 的外部中断服务函数？

（4）按键在使用过程中除了按下与弹起两种状态外，还拥有两种按下的状态，这两种按下的状态分别是长按和短按。很多家庭的灯饰有一个按键多种功能的设计，即长按按键控制灯饰的开关，短按按键控制灯饰的颜色。以家居灯饰设计为目标，设计开关功能，长按按键控制 RGB 灯的亮灭，短按按键控制 RGB 灯的颜色。

任务6

电子时钟的设计与实现

本任务重点学习 STM32 的定时器，掌握 STM32 的定时器的基本原理、功能和驱动方法，通过驱动 STM32 的定时器来实现电子时钟。

6.1 开发场景：如何实现电子时钟

图 6.1 电子时钟

一只放在床头的电子时钟，在设定闹钟后每天都可以准时响铃，将电子时钟的时间与标准时间进行比较时发现时间相差无几。为什么电子时钟的时间能够如此准确呢？而且电子时钟的时间在校准后可以在较长的一段时间内保持准确。这其中的原因就是电子时钟中的微处理器使用了较为标准的时基，通过使用微处理器内部的定时器能够提供准确的秒信号，从而确保时间在长时间内保持准确。本任务将围绕这个场景展开对微处理器定时器的学习与开发。电子时钟如图 6.1 所示。

6.2 开发目标

（1）知识要点：定时器的工作原理；STM32 的基本定时器、通用定时器和高级控制定时器的工作原理和特点；定时器的函数库。

（2）技能要点：理解定时器的工作原理；掌握 STM32 的基本定时器、通用定时器和高级控制定时器的工作原理和特点；掌握定时器函数库的使用。

（3）任务目标：使用 STM32 实现电子时钟功能，通过编程使用 STM32 的定时器每秒产生一次脉冲信号（秒脉冲信号），使用 I/O 接口（端口）连接的信号灯的闪烁来表示定时器秒脉冲的发生。

6.3 原理学习：STM32 定时/计数器

6.3.1 定时/计数器的基本原理

定时/计数器是一种能够对时钟信号或外部输入信号进行计数的器件，当计数值达到设定要求时便向微处理器发送中断请求，从而实现定时或计数的功能。

定时/计数器的基本功能是实现定时和计数，且在整个工作过程中不需要微处理器进行过多参与，它将微处理器从相关任务中解放出来，提高了微处理器的使用效率。

1．微处理器中的定时/计数器功能

定时/计数器包含 3 个功能，分别是定时器功能、计数器功能和 PWM 输出功能，分析如下。

（1）定时器功能。对规定时间间隔的输入信号的进行计数，当计数值达到指定值时，说明定时时间已到，这是定时/计数器的常用功能，可用来实现延时或定时控制，其输入信号一般使用微处理器内部的时钟信号。

（2）计数器功能。对任意时间间隔的输入信号进行计数，一般用来对外界事件进行计数，其输入信号一般来自微处理器外部开关型传感器，可用于生产线产品计数、信号数量统计和转速测量等方面。

（3）脉冲宽度调制（Pulse Width Modulation，PWM）输出功能。对规定时间间隔的输入信号进行计数，根据设定的周期和占空比从 I/O 接口输出控制信号，一般用来控制 LED 的亮度或电机转速。

2．定时/计数器基本工作原理

无论使用定时/计数器的哪种功能，其最基本的工作原理都是计数。定时/计数器的核心是一个计数器，可以进行加 1（或减 1）计数，每出现一个计数信号，计数器就自动加 1（或自动减 1），当计数值从 0 变成最大值（或从最大值变成 0）时，定时/计数器便向微处理器发送中断请求。计数信号的来源可选择周期性的内部时钟信号（如定时功能）或非周期性的外界输入信号（如计数功能）。

6.3.2 STM32 定时器

1．高级控制定时器

高级控制定时器（TIM1 和 TIM8）包含 1 个 16 位自动重载计数器，该计数器由可编程预分频器驱动。此类定时器可用于多种用途，包括测量输入信号的脉冲宽度（输入捕获），或者生成输出波形（输出比较、PWM 输出和带死区插入的互补 PWM 输出）。使用定时器预分频器和 RCC 时钟控制器预分频器，可将脉冲宽度和波形周期从几微秒调整到几毫秒。高级控制定时器（TIM1 和 TIM8）和通用（TIM*x*）定时器彼此完全独立，不共享任何资源，但它们可以实现同步。

TIM1 和 TIM8 定时器具有以下特性：

（1）16 位递增、递减、递增/递减自动重载计数器。

（2）16 位可编程预分频器，用于对计数器时钟频率进行分频（即运行时修改），分频系数为 1～65536。

（3）多达 4 个独立通道，可用于输入捕获、输出比较、PWM 输出（边沿对齐和中心对齐模式）、单脉冲模式输出和可编程死区的互补输出。

高级控制定时器（TIM1 和 TIM8）和通用定时器在基本定时器的基础上引入了外部引脚，可以实现输入捕获和输出比较功能。与通用定时器相比，高级控制定时器增加了可编程死区互补输出、重复计数器、带刹车（断路）功能，这些功能都是针对工业电机控制方面的。本书对这几个功能不做详细的介绍，仅介绍常用的输入捕获和输出比较功能。

高级控制定时器功能框图如图 6.2 所示，理解功能框图，对高级控制定时器就可以有一个整体的把握，在编程时思路就非常清晰。

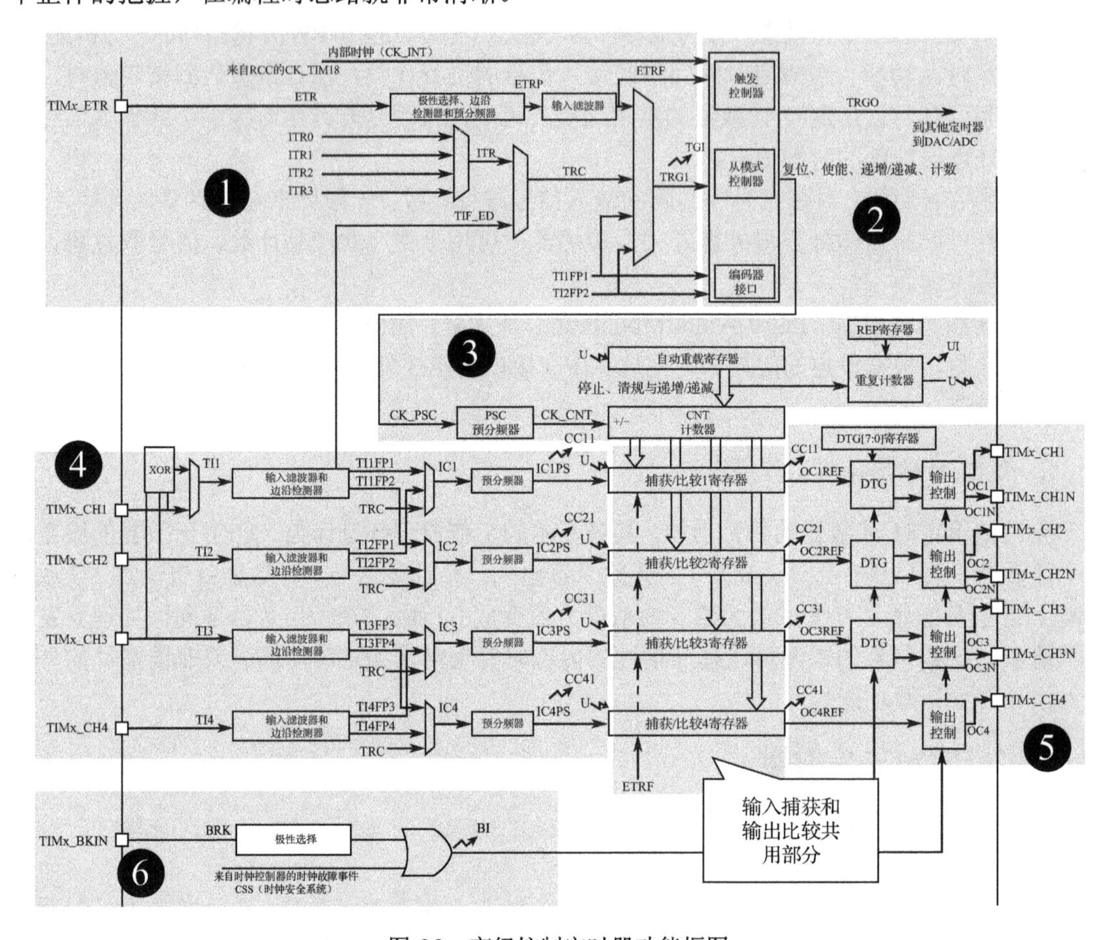

图 6.2　高级控制定时器功能框图

（1）时钟源。高级控制定时器有 4 个时钟源可选：

- 内部时钟源 CK_INT。
- 外部时钟模式 1：外部输入引脚 TI*x*（*x*=1～4）。
- 外部时钟模式 2：外部触发输入 ETR。
- 内部触发输入。

（2）控制器。高级控制定时器的控制器部分包括触发控制器、从模式控制器和编码器接口。触发控制器用来为片内外设提供触发信号，例如为其他定时器提供时钟，以及触发 DAC、ADC 开始转换。

编码器接口是专门针对编码器计数而设计的。从模式控制器可以控制计数器复位、启动、递增/递减、计数。

（3）时基单元。高级控制定时器时基单元包括 4 个寄存器，分别是计数器寄存器（TIM*x*_CNT）、预分频器寄存器（TIM*x*_PSC）、自动重载寄存器（TIM*x*_ARR）和重复计数器寄存器（TIM*x*_RCR）。其中，TIM*x*_RCR 是高级定时器独有的，通用定时器和基本定时器没有。前面三个寄存器都是 16 位有效的，TIMx_RCR 寄存器是 8 位有效的。

（4）输入捕获。输入捕获可以对输入的信号的上升沿、下降沿或者双边沿进行捕获，常用的有测量输入信号的脉宽，以及测量 PWM 输入信号的频率和占空比这两种。

输入捕获的基本原理是，当捕获到信号的跳变沿时，把 TIMx_CNT 中的值锁存到捕获寄存器（TIMx_CCR）中，把前后两次捕获到的 TIMx_CCR 的值相减，就可以算出脉宽或者频率；若捕获到的脉宽的时间超过捕获定时器的周期，就会发生溢出，这就需要程序做额外的处理。

（5）输出比较。输出比较是指通过定时器的外部引脚输出控制信号，包括冻结、将通道 x（x=1,2,3,4）设置为匹配时输出有效电平、将通道 x 设置为匹配时输出无效电平、翻转、强制变为无效电平、强制变为有效电平、PWM1 和 PWM2 八种模式，具体使用哪种模式由寄存器 TIMx_CCMRx 的位 OCxM[2:0]配置，其中 PWM1/2 模式是输出比较中的特例，使用得也最多。

（6）断路功能。断路功能就是电机控制的刹车功能，使能断路功能时，根据相关控制位状态修改输出信号电平。在任何情况下，OCx 和 OCxN 输出都不能同时为有效电平，这关系到电机控制常用的 H 桥电路结构。

断路源可以是时钟故障事件，可以由内部复位时钟控制器中的时钟安全系统（CSS）生成，也可以是外部断路输入 IO，两者是或运算关系。

系统复位启动后默认为关闭断路功能，将断路和死区寄存器（TIMx_BDTR）的 BKE 位置 1，使能断路功能。可通过 TIMx_BDTR 的 BKP 位设置断路输入引脚的有效电平，设置为 1 时高电平有效，否则低电平有效。发送断路时，将产生以下效果：

- TIMx_BDTR 寄存器中主输出模式使能（MOE）位被清 0，输出处于无效、空闲或复位状态；
- 根据相关控制位状态控制输出通道引脚电平，当使能通道互补输出时，会根据情况自动控制输出通道电平；
- 将 TIMx_SR 中的 BIF 位置 1，即可产生中断和 DMA 传输请求。

若 TIMx_BDTR 中的自动输出使能（AOE）位置 1，则 MOE 位会在发生下一个更新事件时自动置 1。

2. 基本定时器

基本定时器比高级控制定时器和通用定时器的功能少，结构也比较简单，主要功能有两个：一是基本定时功能，二是专门用于驱动数/模转换器（DAC）。基本定时器 TIM6 和 TIM7 的功能完全一样，但所用资源彼此都完全独立，可以同时使用。基本定时器功能框图如图 6.3 所示。

TIM6 和 TIM7 是 16 位向上递增的定时器，当在自动重载寄存器（TIMx_ARR）添加一个计数值并使能定时器后，计数寄存器（TIMx_CNT）就会从 0 开始递增，当 TIMx_CNT 的数值与 TIMx_ARR 的值相同时就会生成事件并把 TIMx_CNT 的值清 0，完成一次循环过程。若没有停止定时器就循环执行上述过程。

图 6.3 中，指向右下角的图标表示一个事件，指向右上角的图标表示中断和 DMA 输出。图中的自动重载寄存器有计数寄存器，它左边有一个带有“U”字母的事件图标，表示在更新事件发生时就把自动重载寄存器内容复制到计数寄存器内；自动重载寄存器右边的事件图标、中断和 DMA 输出图标表示在 TIMx_ARR 的值与 TIMx_CNT 的值相等时生成事件、中断和 DMA 输出。

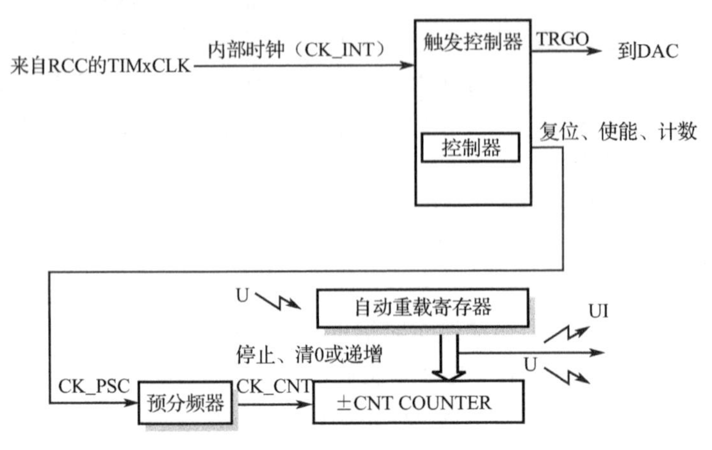

图 6.3　基本定时器功能框图

基本定时器结构包括时钟源、控制器和计数器。

（1）时钟源。定时器要实现计数必须有个时钟源，基本定时器的时钟只能来自内部时钟，高级控制定时器和通用定时器还可以选择外部时钟或直接来自其他定时器。可以通过 RCC 专用时钟配置寄存器（RCC_DCKCFGR）的 TIMPRE 位来设置定时器的时钟频率，一般设置该位为默认值 0，使得图 6.3 中可选的最大定时器时钟为 90 MHz，即基本定时器的内部时钟（CK_INT）的频率为 90 MHz。

基本定时器只能使用内部时钟，当控制寄存器 1（TIM*x*_CR1）的 CEN 位置 1 时，启动基本定时器，并且预分频器的时钟来源是 CK_INT。

（2）控制器。定时器的控制器用于控制定时器的复位、使能、计数等功能，基本定时器还可专门用于触发 DAC 转换。

（3）计数器。基本定时器的计数过程主要涉及 3 个寄存器内容，分别是计数器寄存器（TIM*x*_CNT）、预分频器寄存器（TIM*x*_PSC）、自动重载寄存器（TIM*x*_ARR），这 3 个寄存器都具有 16 位有效数字，即其设置值可为 0～65535。

首先来看图 6.3 中的预分频器，它有一个输入时钟 CK_PSC 和一个输出时钟 CK_CNT，CK_PSC 来源于控制器部分，基本定时器只能选择内部时钟，所以 CK_PSC 实际等于 CK_INT，即 90 MHz。在不同的应用场所，经常需要不同的定时频率，通过设置预分频器的值可以非常方便地得到不同的 CK_CNT，实际计算为：$f_{CK\_CNT}=f_{CK\_PSC}/(PSC[15:0]+1)$。

图 6.4 所示为将预分频器 PSC 的值从 1 改为 4 时计数器时钟变化过程。原来是 1 分频，CK_PSC 的频率和 CK_CNT 相同。向 TIM*x*_PSC 写入新值时，并不会马上更新 CK_CNT 的输出频率，而是等到更新事件发生时，把 TIM*x*_PSC 的值更新到影子寄存器中，使其真正产生效果。更新为 4 分频后，在 CK_PSC 连续出现 4 个脉冲后 CK_CNT 才产生一个脉冲。

在定时器使能(CEN 置 1)时，计数器根据 CK_CNT 频率向上计数，即每产生一个 CK_CNT 脉冲，TIM*x*_CNT 的值就加 1。当 TIM*x*_CNT 的值与 TIM*x*_ARR 的设定值相等时就自动生成更新事件并将 TIM*x*_CNT 自动清 0，然后自动重新开始计数，重复以上过程。

由此可见，只要设置 TIM*x*_PSC 和 TIM*x*_ARR 这两个寄存器的值就可以控制更新事件的生成时间，而一般的应用程序就是在更新事件生成的回调函数中运行的。在 TIM*x*_CNT 递增至与 TIM*x*_ARR 的值相等时，称为定时器上溢。

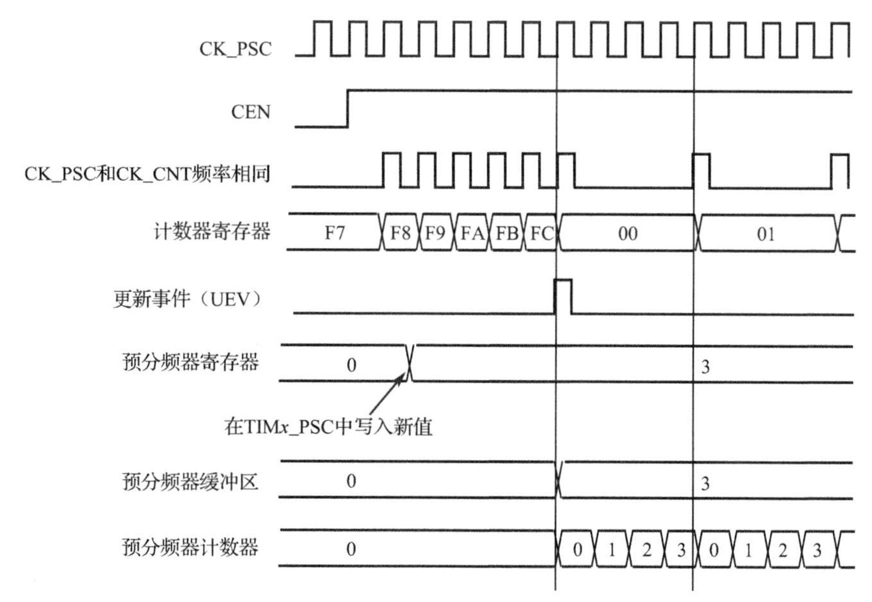

图 6.4 将 PSC 的值从 1 改为 4 时计数器时钟变化过程

自动重载寄存器（TIM*x*_ARR）用来存放于计数器值和比较的数值，若两个数值相等就生成事件，将相关事件标志位置位，生成 DMA 和中断输出。TIM*x*_ARR 有影子寄存器，可以通过 TIM*x*_CR1 的 ARPE 位来控制影子寄存器功能，若 ARPE=1，影子寄存器有效，只有在更新事件发生时才把 TIM*x*_ARR 的值赋给影子寄存器；若 ARPE=0，修改 TIM*x*_ARR 的值马上有效。

（4）定时器周期计算。定时事件生成时间主要由 TIM*x*_PSC 和 TIM*x*_ARR 这两个寄存器值决定，这也就是定时器的周期。例如，需要一个周期为 1 s 定时器，这两个寄存器值该如何设置呢？假设先设置 TIM*x*_ARR 的值为 9999，当 TIM*x*_CNT 从 0 开始计数，到达 9999 时生成事件，总共计数 10000 次，那么若此时时钟周期为 100 μs，即可得到 1 s 的定时周期。

例如，设置 TIM*x*_PSC 的值使得 CK_CNT 输出为 100 μs 周期（10000 Hz）的时钟，预分频器的输入时钟 CK_PSC 为 90 MHz，设置预分频器值为 9000−1 时即可实现 1 s 的定时周期。

3．通用定时器

STM32F4 的通用定时器包含 1 个 16 位或 32 位自动重载计数器，该计数器由可编程预分频器驱动。STM32F4 的通用定时器可以用于测量输入信号的脉冲长度（输入捕获）或者产生输出波形（输出比较和 PWM）等场合。使用定时器的可编程预分频器和时钟控制器预分频器（RCC），脉冲长度和波形周期可以在几个微秒到几个毫秒间进行调整。STM32F4 的每个通用定时器都是完全独立的，没有互相共享的任何资源。TIM*x* 控制寄存器 1 的详细信息如表 6.1 所示。限于篇幅，其他寄存器请查看相关芯片资料。STM32 的通用 TIM*x*（TIM2～TIM5 和 TIM9～TIM14）定时器功能包括：

（1）16 位/32 位（仅 TIM2 和 TIM5）的支持向上、向下、向上/向下计数方式的自动重载计数器（TIM*x*_CNT），注意：TIM9～TIM14 只支持向上（递增）计数方式。

（2）16 位可编程（可以实时修改）预分频器（TIM*x*_PSC），计数器时钟频率的分频系数

为 1～65535 之间的任意数值。

（3）4 个独立通道（TIM*x*_CH1～4，TIM9～TIM14 最多 2 个通道），这些通道可以作为输入捕获、输出比较、PWM 输出（边沿对齐或中心对齐模式）。注意，TIM9～TIM14 不支持中心对齐模式以及单脉冲模式输出。

（4）可使用外界信号（TIM*x*_ETR）控制定时器和定时器的互连（可以用一个定时器控制另外一个定时器）的同步电路。

（5）如下事件发生时可产生中断和 DMA（TIM9～TIM14 不支持 DMA）：

- 更新：计数器向上溢出/向下溢出，计数器初始化；
- 触发事件；
- 输入捕获；
- 输出比较；
- 支持针对定位的增量（正交）编码器和霍尔传感器电路（TIM9～TIM14 不支持）；
- 触发输入可作为外部时钟或者按周期的电流管理（TIM9～TIM14 不支持）。

表 6.1　TIM*x* 控制寄存器 1（TIM*x*_CR1）

15	14	13	12	11	10	9	8	7	6	5	4	3	2	1	0
Reserved						CKD[1:0]		ARPE	CMS		DIR	OPM	URS	UDIS	CEN
						RW	RW	RW	RW	RW	RW	RW	RW	RW	RW

位 15:10，保留（Reserved），必须保持复位值。

位 9:8，CKD，时钟分频（Clock Division），此位域指示定时器时钟（CK_INT）频率与数字滤波器所使用的采样时钟之间的分频比。00 表示 $t_{DTS} = t_{CK\_INT}$，01 表示 $t_{DTS} = 2 \times t_{CK\_INT}$，10 表示 $t_{DTS} = 4 \times t_{CK\_INT}$，11 保留。

位 7，ARPE，自动重载预装载使能（Auto-Reload Preload Enable）。0 表示 TIM*x*_ARR 不进行缓冲，1 表示 TIM*x*_ARR 进行缓冲。

位 6:5，CMS，中心对齐模式选择（Center-Aligned Mode Selection）。00 表示边沿对齐模式，计数器根据方向位（DIR）递增计数或递减计数；01 表示中心对齐模式 1，计数器交替进行递增计数和递减计数，仅当计数器递减计数时，配置为输出的通道（TIM*x*_CCMR*x* 寄存器中的 C*x*S=00）的输出比较中断标志才置 1；10 表示中心对齐模式 2，计数器交替进行递增计数和递减计数，仅当计数器递增计数时，配置为输出的通道（TIM*x*_CCMR*x* 寄存器中的 C*x*S=00）的输出比较中断标志才置 1；11 表示中心对齐模式 3，计数器交替进行递增计数和递减计数，当计数器递增计数或递减计数时，配置为输出的通道（TIM*x*_CCMR*x* 寄存器中的 C*x*S=00）的输出比较中断标志都会置 1。

注意：只要计数器处于使能状态（CEN=1），就不能从边沿对齐模式切换为中心对齐模式。

位 4，DIR，方向（Direction），0 表示计数器递增（即向上）计数，1 表示计数器递减（即向下）计数。

注意：当定时器配置为中心对齐模式或编码器模式时，该位为只读状态。

位 3，OPM，单脉冲模式（One-Pulse Mode），0 表示计数器在发生更新事件时不会停止计数，1 表示计数器在发生下一个更新事件时停止计数（将 CEN 位清 0）。

位 2，URS，更新请求源（Update Request Source），此位由软件置 1 和清 0，用以选择更新事件源。0 表示在使能时，以下事件会生成更新中断或 DMA 请求：计数器上溢/下溢、将 UG 位置 1，以及通过从模式控制器生成的更新事件；1 表示在使能时，只有计数器上溢/下溢时会生成更新中断或 DMA 请求。

位 1，UDIS，更新禁止（Update Disable），此位由软件置 1 和清 0，用以使能/禁止更新事件的生成。0 表示使能 UEV 生成，更新事件（UEV）可通过计数器上溢/下溢、将 UG 位置 1，以及通过从模式控制器来生成，然后缓冲的寄存器将加载预装载值。1 表示禁止 UEV 生成，不会生成更新事件，各影子寄存器的值（如 ARR、PSC 和 CCR*x*）保持不变，但如果将 UG 位置 1，或者从从模式控制器接收到硬件复位，则会重新初始化计数器和预分频器。

位 0，CEN，计数器使能（Counter Enable），0 表示禁止计数器，1 表示使能计数器。

注意：只有事先通过软件将 CEN 位置 1，才可以使用外部时钟、门控模式和编码器模式；而触发模式可通过硬件自动将 CEN 位置 1。

4. STM32 定时器的库函数

本任务使用的 TIM3 定时器的库函数主要集中在固件库文件 stm32f4xx_tim.h 和 stm32f4xx_tim.c 文件中。TIM3 定时器配置步骤如下：

（1）TIM3 定时器使能。TIM3 定时器挂载在 APB1 总线下，所以通过 APB1 总线下的时钟使能函数可使能 TIM3 定时器，调用的函数是：

```
RCC_APB1PeriphClockCmd(RCC_APB1Periph_TIM3,ENABLE);     //使能 TIM3 定时器
```

（2）初始化定时器参数。设置自动重装值、分频系数、计数方式等，定时器参数的初始化是通过初始化函数 TIM_TimeBaseInit 实现的。

```
void TIM_TimeBaseInit(TIM_TypeDef* TIMx,TIM_TimeBaseInitTypeDef* TIM_TimeBaseInitStruct);
```

第一个参数是确定是哪个定时器，第二个参数是定时器初始化参数结构体指针，结构体类型为 TIM_TimeBaseInitTypeDef，下面是这个结构体的定义。

```
typedef struct
{
    uint16_t TIM_Prescaler;
    uint16_t TIM_CounterMode;
    uint16_t TIM_Period;
    uint16_t TIM_ClockDivision;
    uint8_t TIM_RepetitionCounter;
} TIM_TimeBaseInitTypeDef;
```

这个结构体一共有 5 个成员变量，对于通用定时器只有前面 4 个成员变量有用，最后一个成员变量 TIM_RepetitionCounter 是高级控制定时器才会用到的。

第一个成员变量 TIM_Prescaler 用来设置分频系数。

第二个成员变量 TIM_CounterMode 用来设置计数方式，可以设置为向上计数、向下计数方式和中心对齐计数模式，比较常用的是向上计数模式（TIM_CounterMode_Up）和向下计数模式（TIM_CounterMode_Down）。

第三个成员变量用来设置自动重载计数周期值。

第四个成员变量用来设置时钟分频因子。

TIM3 定时器初始化示例如下：

```
TIM_TimeBaseInitTypeDef TIM_TimeBaseStructure;
TIM_TimeBaseStructure.TIM_Period=5000;
TIM_TimeBaseStructure.TIM_Prescaler=7199;
TIM_TimeBaseStructure.TIM_ClockDivision=TIM_CKD_DIV1;
TIM_TimeBaseStructure.TIM_CounterMode=TIM_CounterMode_Up;
TIM_TimeBaseInit(TIM3,&TIM_TimeBaseStructure);
```

（3）设置 TIM3_DIER 使能更新中断。设置寄存器的相应位便可使能更新中断，在库函数里面定时器中断使能是通过 TIM_ITConfig 函数来实现的。

```
void TIM_ITConfig(TIM_TypeDef* TIMx, uint16_t TIM_IT, FunctionalState NewState);
```

第一个参数用于选择定时器，取值为 TIM1～TIM17。

第二个参数用来指明使能的定时器中断的类型，定时器中断的类型有很多种，包括更新中断（TIM_IT_Update）、触发中断（TIM_IT_Trigger），以及输入捕获中断等。

第三个参数表示禁止还是使能更新中断。

例如，要使能 TIM3 定时器的更新中断，格式为：

```
TIM_ITConfig(TIM3,TIM_IT_Update,ENABLE);
```

（4）TIM3 定时器中断优先级设置。在定时器中断使能之后，因为要产生中断，必不可少地要通过 NVIC 相关寄存器来设置中断优先级。

（5）使能 TIM3 定时器。配置完后要开启定时器，可通过 TIM3_CR1 的 CEN 位来设置，是通过 TIM_Cmd 函数来实现的。

```
void TIM_Cmd(TIM_TypeDef* TIMx,FunctionalState NewState);
```

这个函数非常简单，例如，要使能 TIM3 定时器，方法为：

```
TIM_Cmd(TIM3,ENABLE);                    //使能 TIM3 外设
```

（6）编写中断服务函数。中断服务函数用来处理定时器产生的中断，在中断产生后，通过状态寄存器的值来判断产生的中断属于什么类型，然后执行相关的操作。这里使用的是更新（溢出）中断（在状态寄存器 TIM*x*_SR 的最低位），在处理完中断之后应该向 TIM*x*_SR 的最低位写 0 来清除该中断标志。在固件库函数中，通过读取中断状态寄存器的值来判断中断类型的函数是：

```
ITStatus TIM_GetITStatus(TIM_TypeDef* TIMx,uint16_t);
```

该函数的作用是，判断 TIM*x* 定时器的中断 TIM_IT 是否发生了更新中断。例如，程序中要判断 TIM3 定时器是否发生更新（溢出）了中断，方法为：

```
if(TIM_GetITStatus(TIM3,TIM_IT_Update)!=RESET){}
```

在固件库中清除中断标志位的函数是：

```
void TIM_ClearITPendingBit(TIM_TypeDef* TIMx,uint16_t TIM_IT);
```

该函数的作用是，清除 TIM*x* 定时器的中断 TIM_IT 标志位。使用起来非常简单，例如，在 TIM3 定时器的更新中断发生后要清除中断标志位，方法如下：

```
TIM_ClearITPendingBit(TIM3,TIM_IT_Update);
```

固件库提供了用来判断定时器状态以及清除定时器状态标志位的函数，即 TIM_GetFlagStatus 和 TIM_ClearFlag，它们的作用和前面两个函数的作用类似，只是 TIM_GetITStatus 函数先判断中断是否使能，使能后才去判断中断标志位，而 TIM_GetFlagStatus 直接用来判断状态标志位。

（7）定时计算公式。定时计算公式为：

$$T=\frac{(\text{Period}+1)\times(\text{Prescaer}+1)}{f}$$

式中，Period 为自动重装值；Prescaler 为时钟预分频数；f 为定时器工作频率，单位为 MHz。

6.4 任务实践：电子时钟的软/硬件设计

6.4.1 开发设计

1. 硬件设计

本任务的硬件架构设计如图 6.5 所示。

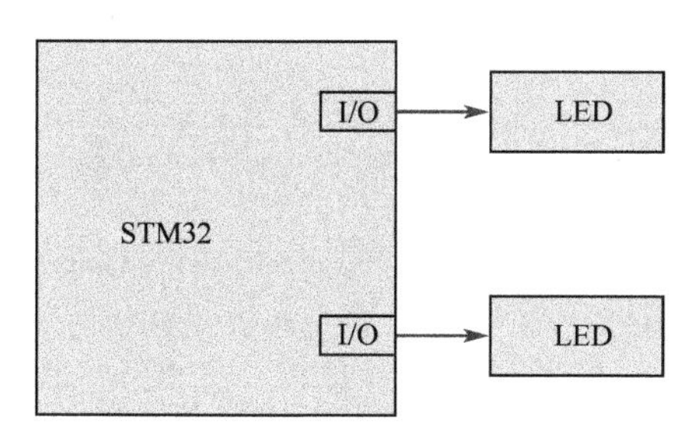

图 6.5　硬件架构设计图

2. 软件设计

本任务的思路是首先要理解秒脉冲是如何产生的，要产生秒脉冲信号，需要用到 STM32 的定时器。STM32 共三种定时器，分别是基本定时器、通用定时器和高级控制定时器。如果要实现每秒脉冲的输出，使用基本定时器就可以实现。在定时器的使用过程中面临的问题是如何产生精确的时钟信号。时钟信号配置完成后需要将每个时间节点利用起来，需要用到定时器的外部中断服务功能，在定时器的中断服务函数中实现对时间的记录，并通过记录时间的标志位对 LED 进行控制即可。

软件设计流程如图 6.6 所示。

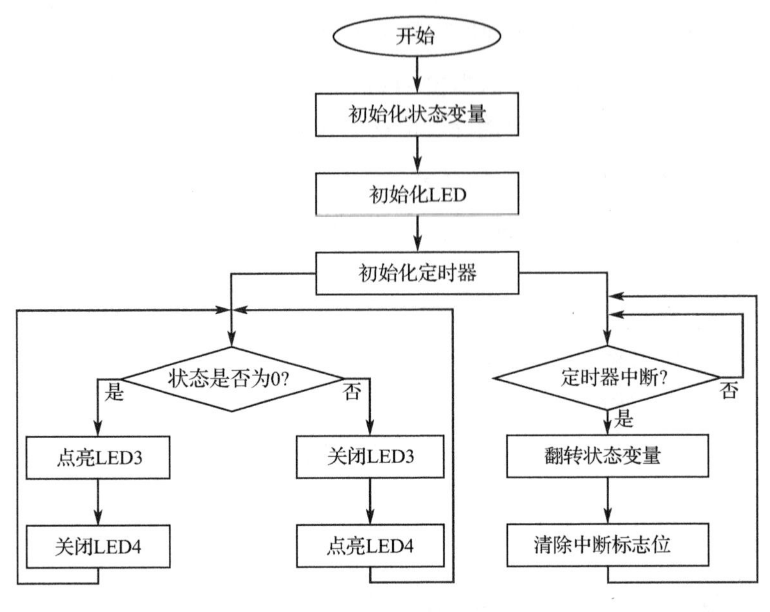

图 6.6　软件设计流程

6.4.2　功能实现

1. 主函数模块

主函数中首先初始化定时器等相关外设，在主循环中通过判断中断标志位实现对 LED 的控制，主函数程序代码如下。

```
char led_status = 0;                          //声明一个表示 LED 状态的变量
/*********************************************************************************
* 功能：主函数源代码
*********************************************************************************/
void main(void)
{
    led_init();                               //初始化 LED 控制引脚
    timer3_init(5000-1, 16800-1);             //初始化定时器 3，设置溢出时间为 1000 ms
    while(1){                                 //循环体
        if(led_status == 0){                  //LED 处于状态 0
            turn_on(D3);                      //LED3 点亮
            turn_off(D4);                     //LED4 关闭
        }else{                                //LED 处于状态 1
            turn_off(D3);                     //LED3 关闭
            turn_on(D4);                      //LED4 点亮
        }
    }
}
```

2. 定时器初始化模块

定时器初始化函数首先初始化定时器时钟，配置中断优先级和定时器相关参数，然后使能定时器中断。定时器初始化函数如下。

```
extern char led_status;
/******************************************************************************************
* 功能：初始化 TIM3
* 参数：period—自动重装值；prescaler—时钟预分频数
* 注释：定时器溢出时间计算方法:
        Tout=((period+1)*(prescaler+1))/Ft μs
*       AHB Prescaler = 1；AHB 的时钟频率 HCLK=SYSCLK/1 = 168 MHz
*       TIM3 挂载在 APB1 上，APB1 Prescaler = 4，APB1 的时钟频率 PCLK1 = HCLK/4 = 42;
        Ft=2*PCLK1= 84 MHz
*       Ft 为定时器工作频率，单位为 MHz,
******************************************************************************************/
void timer3_init(unsigned int period, unsigned short prescaler)//TIM_Period 为 16 位的数
{
    TIM_TimeBaseInitTypeDef  TIM_TimeBaseStructure;            //定时器配置
    NVIC_InitTypeDef  NVIC_InitStructure;                      //中断配置

    RCC_APB1PeriphClockCmd(RCC_APB1Periph_TIM3, ENABLE);
    NVIC_InitStructure.NVIC_IRQChannel = TIM3_IRQn;                       //TIM3 中断通道
    NVIC_InitStructure.NVIC_IRQChannelPreemptionPriority = 0;             //抢占优先级 0
    NVIC_InitStructure.NVIC_IRQChannelSubPriority = 1;                    //子优先级 1
    NVIC_InitStructure.NVIC_IRQChannelCmd = ENABLE;                       //使能中断

    NVIC_Init(&NVIC_InitStructure);                  //按照上述配置初始化中断

    TIM_TimeBaseStructure.TIM_Period = period;                            //计数器重装值
    TIM_TimeBaseStructure.TIM_Prescaler = prescaler;                      //预分频值
    TIM_TimeBaseStructure.TIM_ClockDivision = TIM_CKD_DIV1;               //时钟分割
    TIM_TimeBaseStructure.TIM_CounterMode = TIM_CounterMode_Up;           //向上计数模式
    TIM_TimeBaseInit(TIM3, &TIM_TimeBaseStructure);                       //按上述配置初始化 TIM3

    TIM_ITConfig(TIM3,TIM_IT_Update,ENABLE);                              //允许定时器 3 更新中断
    TIM_Cmd(TIM3, ENABLE);                                                //使能 TIM3
}
```

3. 定时器中断服务模块

LED 的状态变化是在定时器的中断服务函数中实现的，在定时器初始化过程中已经配置了定时器中断的触发标志，在中断服务函数中检测中断触发标志后执行相关程序。定时器中断服务函数如下。

```
/******************************************************************************************
* 功能：TIM3 中断服务函数
```

```
*******************************************************************************/
void TIM3_IRQHandler(void)
{
    if (TIM_GetITStatus(TIM3, TIM_IT_Update ) != RESET) {          //如果中断标志位被设置
        TIM_ClearITPendingBit(TIM3, TIM_IT_Update);                //清除中断标志位
        led_status = ~led_status;                                  //LED 状态标志位翻转
    }
}
```

6.5 任务验证

使用 IAR 开发环境打开电子时钟设计工程，通过编译后，使用 J-Link 将程序下载到 STM32 开发平台中，并执行程序。

程序执行后开发平台上的 LED3 和 LED4 同时开始闪烁，闪烁的时间间隔为 1 s。随着时间的推移，LED3 和 LED4 的闪烁动作逐渐拉开，无法保持同步闪烁。

6.6 任务小结

通过本任务的学习与开发，读者可以理解 STM32 定时器的工作原理和功能特点，掌握定时器的工作模式、相关寄存器的配置，以及定时器的中断初始化和中断服务函数，理解秒脉冲产生的工作原理，实现电子时钟的设计。

6.7 思考与拓展

（1）如何通过 STM32 通用定时器实现延时 1 s？

（2）STM32 的定时器的向上计数与向下计数有何区别？

（3）STM32 有几个定时器？分别有哪些寄存器？

（4）如何对 STM32 定时器进行中断初始化操作？

（5）STM32 除拥有基本定时器、通用定时器、高级控制定时器外，还有一个专门为操作系统提供的系统定时器 SysTick，这个定时器具有很高的精度和低延时性，在操作系统中得到了广泛的运用。请读者通过自主学习配置 SysTick 定时器，实现每秒切换一次 RGB 灯颜色的功能。

任务 7

汽车电压指示器的设计与实现

本任务重点学习 A/D 转换原理以及 STM32 的 ADC，掌握 STM32 的 ADC 的基本原理、功能和驱动方法，通过 STM32 的 ADC 来实现汽车电压指示器的设计与实现。

7.1 开发场景：如何实现汽车电压指示器

汽车电瓶的电压与汽车能否启动息息相关，通过随着汽车电子设备的普及，越来越多的汽车电子设备需要实时充电，车载电瓶供电也变得日渐频繁。汽车电瓶电压较低时可能无法顺利启动汽车，因此对汽车电瓶电压的实时了解变得较为重要。汽车的电瓶电压为模拟量，嵌入式微处理器要如何采集模拟信号呢？这就需要用到 A/D 转换器，汽车电压指示器通过 A/D 转换器将电瓶电压转化为数字化电压。本任务将围绕这个场景展开对 A/D 转换器的学习与开发。汽车电压指示器如图 7.1 所示。

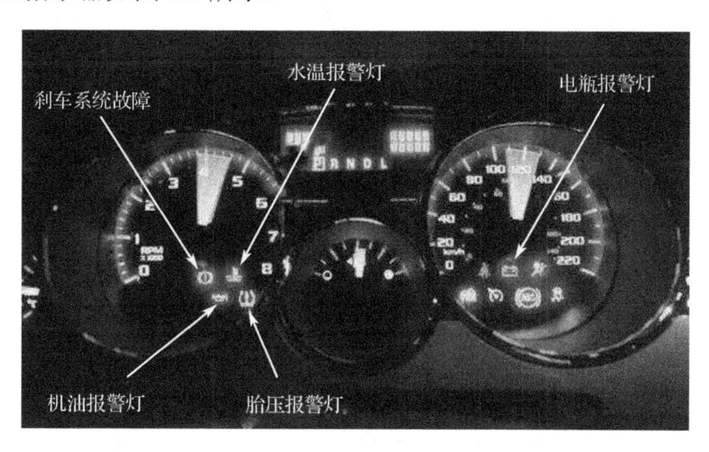

图 7.1　汽车电压指示器

7.2 开发目标

（1）知识要点：ADC 的工作原理及相关功能指标；STM32 的 ADC 的使用；STM32 的 ADC 函数库。

（2）技能要点：熟悉 ADC 的工作原理及相关功能指标；理解 STM32 的 ADC 的使用；掌握 STM32 的 ADC 函数库。

（3）任务目标：使用 STM32 模拟汽车电压表测电压，通过编程使用 STM32 的 ADC 实

现对 STM32 微处理器底板的电源电压检测，通过 IAR for ARM 开发环境的调试窗口查看 ADC 的电压转换值，并将电压采集值转换为电压物理量。

7.3 原理学习：STM32 ADC

7.3.1 A/D 转换

1. A/D 转换概念

模/数转换器（Analog-to-Digital Converter，ADC）也称为 A/D 转换器，是一种能够将连续变化的模拟信号转换为离散的数字信号的器件。

数字信号输出可能会使用不同的编码结构，通常会使用二进制编码来表示，3 位电压转换原理表如图 7.2 所示。

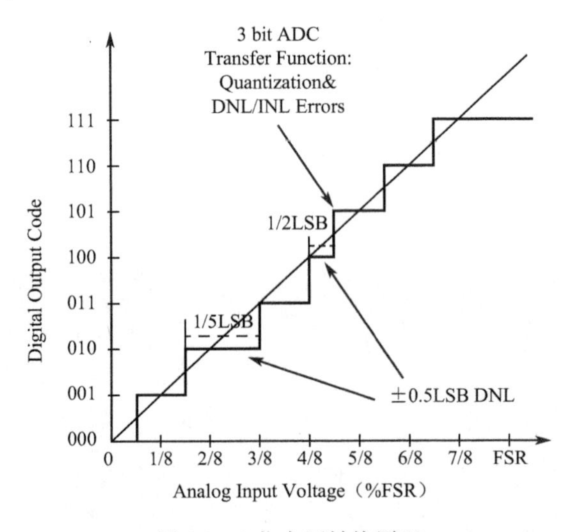

图 7.2　3 位电压转换原理

2. A/D 转换器的信号采样率

模拟信号在时域上是连续的，通过 A/D 转换器可以将它转换为时间上离散的一系列数字信号。这要求定义有一个参数来表示对模拟信号采样速率，这个采样速率称为转换器的采样率（Sampling Rate）或采样频率（Sampling Frequency）。

由于实际使用的 A/D 转换器不能进行完全实时的转换，所以在对输入信号进行转换的过程中必须通过一些外加方法使之保持恒定。常用的有采样-保持电路，该电路使用一个电容来存储输入的模拟信号的电压，并通过开关或门电路来闭合、断开这个电容和输入信号的连接。许多 A/D 转换集成电路在内部就已经包含了这样的采样-保持电路。

3. A/D 转换器的分辨率

A/D 转换器的分辨率是指使输出数字量变化一个最小量时模拟信号的变化量，常用二进

制的位数表示。例如，8 位的 A/D 转换器，可以描述 255 个刻度的精度（2 的 8 次方），当它测量一个 5 V 左右的电压时，它的分辨率就是 5 V 除以 256，变化一个刻度时，模拟信号的变化量是 0.02 V。

$$分辨率=\frac{V}{2^n}$$

式中，n 为 A/D 转换器的位数，n 越大，分辨率越高。分辨率一般用 A/D 转换器的位数 n 来表示。

4. A/D 转换器的转换精度

转换精度是指实际的 A/D 转换器和理想的 A/D 转换器的转换误差，绝对精度一般以分辨率为单位给出，相对精度则是绝对精度与满量程的比值。

5. A/D 转换器的量化误差

A/D 转换器把模拟量转化为数字量后，是用数字量近似表示模拟量的，这个过程称为量化，量化误差是由于 ADC 的位数有限而引起的误差。

要准确地表示模拟量，ADC 的位数需要很大甚至无穷大。一个分辨率有限的 ADC 的阶梯转换特性曲线与具有无限分辨率的 ADC 转化特性曲线（直线）之间的最大偏差就是量化误差。两种 A/D 转换方式如图 7.3 所示。

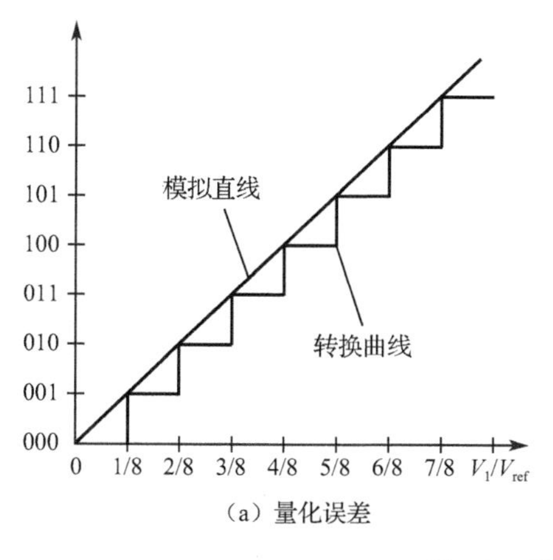

（a）量化误差

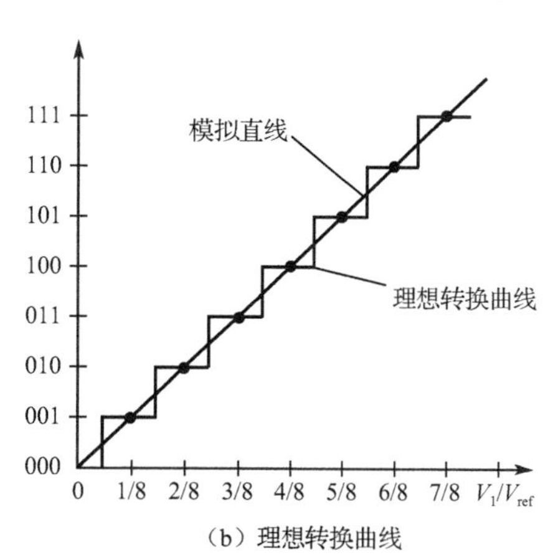

（b）理想转换曲线

图 7.3　两种 A/D 转换方式

7.3.2　STM32 的 A/D 转换器

1.　A/D 转换器

STM32F4 有 3 个 ADC，ADC 可以独立使用，也可以使用双重/多重模式（提高采样率）。STM32F4 的 ADC 是 12 位逐次逼近型的 A/D 转换器，有 19 个通道，可测量 16 个外部源、2 个内部源和 V_{BAT} 通道的信号。这些通道的 A/D 转换可以采用单次、连续、扫描或间断等模式。ADC 的结果可采用左对齐或右对齐的方式存储在 16 位数据寄存器中。模拟看门狗特性允许应用程序检测输入电压是否超出用户定义的阈值上限或下限。单个 ADC 功能框图如图 7.4 所示。

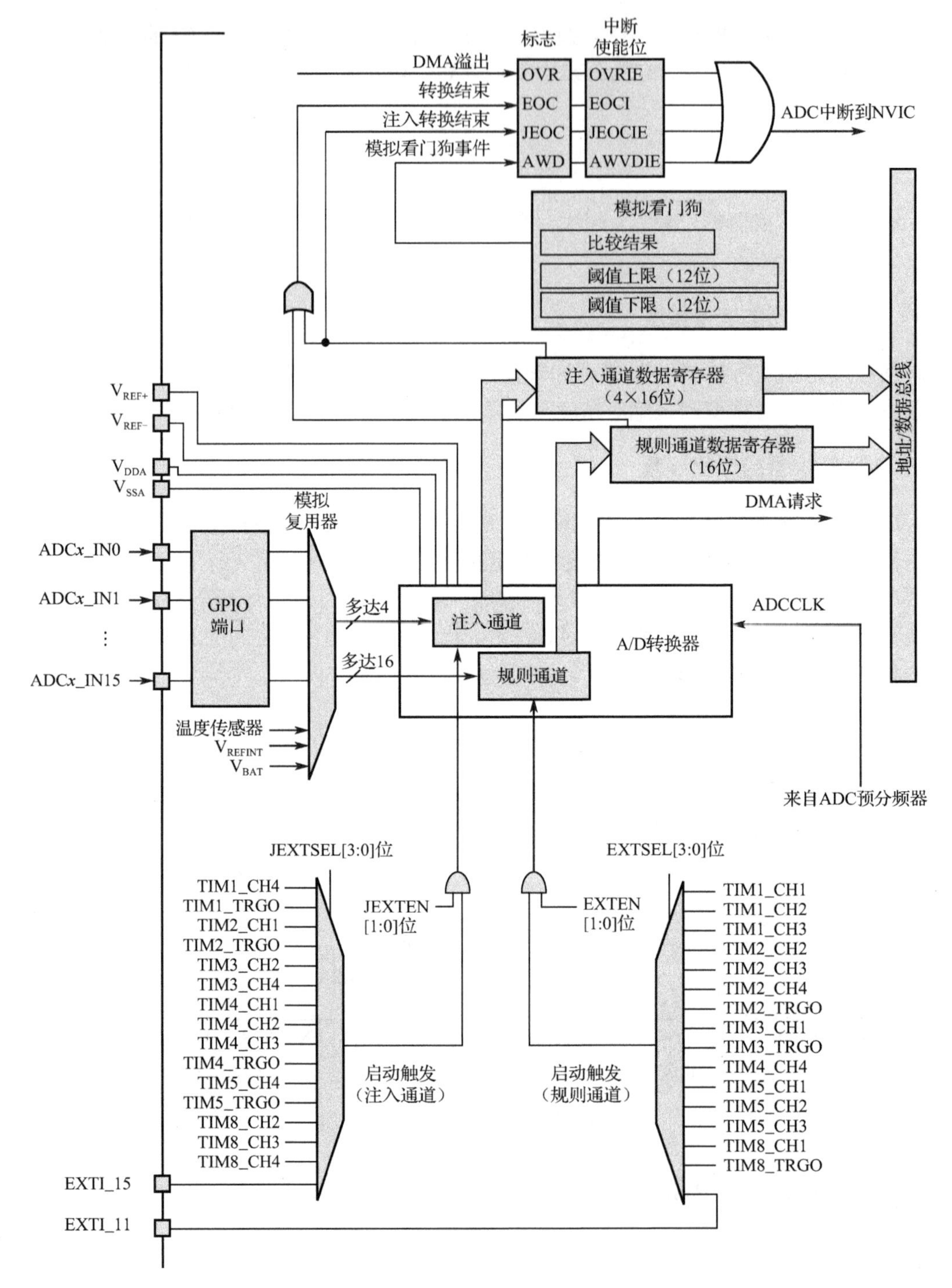

图 7.4　单个 ADC 功能框图

掌握 ADC 的功能框图就可以对 ADC 有一个整体的把握。下面按照从左到右的方式讲解框图，跟 ADC 采集数据、转换数据、传输数据的方向大概一致。

（1）电压输入范围。ADC 输入范围为：$V_{REF-} \leqslant V_{IN} \leqslant V_{REF+}$。由 V_{REF-}、V_{REF+}、V_{DDA}、V_{SSA} 这四个引脚决定。

在设计原理图时一般把 V_{SSA} 和 V_{REF-} 接地，把 V_{REF+} 和 V_{DDA} 接 3.3 V，得到 ADC 的输入电压范围为 0～3.3 V。若想让输入的电压范围变宽，或者可以测试负电压或者更高的正电压，可以在外部增加一个电压调理电路，把需要转换的电压提高或者降低到 0～3.3 V 即可。

（2）输入通道。STM32 的 ADC 有多达 19 个通道，其中外部的 16 个通道是框图中的 ADC*x*_IN0、ADC*x*_IN1、…、ADC*x*_IN15。这 16 个通道对应着不同的 GPIO 端口，其中 ADC1～3 还有内部通道：ADC1 的通道 ADC1_IN16 连接到内部的 V_{SS}，通道 ADC1_IN17 连接到内部参考电压 V_{REFINT}，通道 ADC1_IN18 连接到芯片内部的温度传感器或者备用电源 V_{BAT}。ADC2 和 ADC3 的通道 16、17、18 全部连接到内部的 V_{SS}。

外部的 16 个通道在进行 A/D 转换时又可分为规则通道和注入通道，其中规则通道最多有 16 路，注入通道最多有 4 路。这两个通道的区别如下。

规则通道：平时一般使用的就是这个通道。

注入通道：注入，可以理解为插入、插队的意思，是一种“不安分”的通道，它是指在规则通道转换时强行插入要转换的通道。若在规则通道转换过程中有注入通道插队，那么就要先转换完注入通道，等注入通道转换完成后再回到规则通道的转换流程，这跟中断机制很像。

（3）转换顺序。规则序列寄存器有 3 个，分别为 SQR3、SQR2、SQR1。SQR3 控制着规则序列中的第 1 个到第 6 个转换，对应的位为 SQ1[4:0]～SQ6[4:0]，若通道 16 想进行第 1 个转换，那么在 SQ1[4:0]中写入 16 即可。SQR2 控制着规则序列中的第 7 到第 12 个转换，对应的位为 SQ7[4:0]～SQ12[4:0]，若通道 1 想进行第 8 个转换，则在 SQ8[4:0]中写入 1 即可。SQR1 控制着规则序列中的第 13 到第 16 个转换，对应位为 SQ13[4:0]～SQ16[4:0]，若通道 6 想进行第 10 个转换，则在 SQ10[4:0]中写入 6 即可。具体使用多少个通道，由 SQR1 的位 L[3:0]决定，最多 16 个通道。

注入序列寄存器（JSQR）只有一个，最多支持 4 个通道，具体多少个由 JSQR 的 JL[1:0]决定。若 JL 的值小于 4，则 JSQR 跟 SQR 决定转换顺序的设置不一样，第 1 次转换的不是 JSQ1[4:0]，而是 JCQR*x*[4:0]，*x*=4−JL，跟 SQR 刚好相反。若 JL=00（1 个转换），那么转换顺序是从 JSQ4[4:0]开始，而不是从 JSQ1[4:0]开始的，这个要注意，编程时不要搞错。当 JL 等于 4 时，跟 SQR 的转换顺序一样。

（4）触发源。通道与转换顺序配置完成后，即可开始配置 A/D 转换。A/D 转换可以由 ADC 控制寄存器 2（ADC_CR2）的 ADON 位来控制，写 1 时开始转换，写 0 时停止转换，这个是最简单也是最好理解的开启 A/D 转换的控制方式。

除了这种控制方式，ADC 还支持外部事件触发转换，包括内部定时器触发和外部 I/O 触发。触发源有很多，具体选择哪一种触发源，由 ADC 控制寄存器 2（ADC_CR2）的 EXTSEL[2:0]位和 JEXTSEL[2:0]位来控制。EXTSEL[2:0]位用于选择规则通道的触发源，JEXTSEL[2:0]位用于选择注入通道的触发源。选定好触发源之后，由 ADC 控制寄存器 2（ADC_CR2）的 EXTTRIG 和 JEXTTRIG 这两个位来激活触发源。

除了使能外部触发事件，还可以通过设置 ADC 控制寄存器 2（ADC_CR2）的 EXTEN[1:0]位和 JEXTEN[1:0]位来控制触发极性，可以有 4 种状态，分别是禁止触发检测、上升沿检测、下降沿检测，以及上升沿和下降沿均检测。

（5）转换时间。ADC 的输入时钟（ADC_CLK）由 PCLK2 经过分频产生，最大值是 36 MHz，典型值为 30 MHz，分频因子由 ADC 通用控制寄存器（ADC_CCR）的 ADCPRE[1:0]位设置，

可设置的分频系数有 2、4、6 和 8，注意这里没有 1 分频。对于 STM32F407，一般设置 PCLK2=HCLK/2=90 MHz，所以程序一般使用 4 分频或者 6 分频。

ADC 需要若干个 ADC_CLK 周期完成对输入的电压进行采样，采样的周期数可通过 ADC 采样时间寄存器 ADC_SMPR1 和 ADC_SMPR2 中的 SMP[2:0]位设置，ADC_SMPR2 控制的是通道 0～9，ADC_SMPR1 控制的是通道 10～17，每个通道可以分别采用不同的时间采样。其中采样周期最小是 3 个，若要达到最快的采样速率，那么应该设置采样周期为 3 个周期，这里说的周期是 1/ADC_CLK。

ADC 的总转换时间跟 ADC 的输入时钟和采样时间有关，公式为

$$T_{\text{conv}} = \text{采样时间}+12\text{个周期}$$

当 ADC_CLK=30 MHz，即 PCLK2 为 60 MHz，ADC 时钟为 2 分频，采样时间设置为 3 个周期，那么总的转换时间 T_{conv} =3+12=15 个周期=0.5 μs。一般设置 PCLK2=90 MHz，经过 ADC 预分频器能分频到的最大时钟只能是 22.5 MHz，采样周期设置为 3 个周期，最短的转换时间为 0.6667 μs，这个是最常用的。

（6）数据寄存器。一切准备就绪后，ADC 转换后的数据根据转换组的不同，规则通道的数据放在 ADC_DR 寄存器，注入通道的数据放在 ADC_JDR*x*。若使用双重模式或者多重模式，则规则通道的数据是存放在通用规则通道数据寄存器（ADC_CDR）内的。

ADC 规则通道数据寄存器（ADC_DR）只有 1 个，是一个 32 位的寄存器，只有低 16 位有效并且只可用于独立模式存放转换完成后的数据。因为 ADC 的最大精度是 12 位，ADC_DR 是 16 位有效，这样允许 ADC 存放数据时候选择左对齐或者右对齐，具体是以哪一种方式存放，由 ADC_CR2 的 ALIGN 位设置。假如设置 ADC 精度为 12 位，若设置数据为左对齐，那么 A/D 转换完成后的数据存放在 ADC_DR 寄存器的[15:4]位内；若为右对齐，则存放在 ADC_DR 寄存器的[11:0]位内。

规则通道可以有 16 个，但规则通道数据寄存器只有 1 个，若使用多通道转换，那么转换的数据将全部都挤在 ADC_CDR 中，前一个时间点转换的通道数据，就会被下一个时间点的另外一个通道转换的数据覆盖掉，所以当通道转换完成后就应该把数据取走，或者开启 DMA 模式，把数据传输到内存里面，不然就会造成数据的覆盖。最常用的做法就是开启 DMA 传输。

若没有使用 DMA 传输，一般都需要使用 ADC 状态寄存器（ADC_SR）来获取当前 ADC 转换的进度状态，进而进行程序控制。

ADC 注入通道最多有 4 个通道，刚好注入通道数据寄存器（ADC_JDR*x*）也有 4 个，每个通道对应着自己的寄存器，不会像规则通道数据寄存器那样产生数据覆盖的问题。ADC_JDR*x* 是 32 位的寄存器，低 16 位有效，高 16 位保留，数据同样分为左对齐和右对齐，具体是以哪一种方式存放，由 ADC_CR2 的 ALIGN 位设置。

规则通道数据寄存器（ADC_DR）仅适用于独立模式，通用规则通道数据寄存器（ADC_CDR）适用于双重模式和多重模式。独立模式仅仅使用三个 ADC 的一个，双重模式同时使用 ADC1 和 ADC2，而多重模式同时使用三个 ADC。在双重模式或者多重模式下，一般需要配合 DMA 数据传输使用。

（7）中断。数据转换结束后可以产生中断，中断分为四种：规则通道转换结束中断、注入通道转换结束中断、模拟看门狗中断和溢出中断。其中转换结束中断很好理解，跟平时接触的中断一样，有相应的中断标志位和中断使能位，还可以根据中断类型写相应的中断服务程序。

当被 ADC 转换的模拟电压低于阈值下限或者高于阈值上限时，就会产生模拟看门狗中断，前提是开启模拟看门狗中断，其中阈值下限和阈值上限分别由 ADC_LTR 和 ADC_HTR 设置。例如设置阈值上限是 2.5 V，那么当模拟电压超过 2.5 V 时，就会产生模拟看门狗中断，反之也一样。

若发生 DMA 传输数据丢失，会置位 ADC 状态寄存器（ADC_SR）的 OVR 位，若同时使能溢出中断，那么在转换结束后就会产生一个溢出中断。

在规则通道和注入通道转换结束后，除了产生中断，还可以产生 DMA 请求，把转换好的数据直接存储在内存里面。对于独立模式的多通道 A/D 转换，使用 DMA 传输非常有必要，且程序更为简化。对于双重模式或多重模式的 A/D 转换，使用 DMA 传输几乎可以说是必要的。有关 DMA 请求请参考《STM32F4xx 中文参考手册》DMA 控制器章节。一般在使用 ADC 时都会开启 DMA 传输。

（8）电压转换。模拟电压经过 A/D 转换后的结果是一个相对精度的数字值，若通过串口以十六进制打印出来，可读性比较差，有时候也需要把数字电压转换成模拟电压，跟实际的模拟电压（用万用表测）对比，观察转换是否准确。

一般在设计原理图时会把 ADC 的输入电压范围设定为 0～3.3 V，若设置 ADC 是 12 位的，那么 12 位满量程对应的就是 3.3 V，12 位满量程对应的数字值是 2^{12}，数值 0 对应的是 0 V。若转换后的数值为 X，X 对应的模拟电压为 Y，其关系为

$$2^{12}/3.3=X/Y, \qquad Y=(3.3X)/2^{12}$$

（9）转换时序。ADC 在开始精确转换之前需要一段稳定时间 t_{STAB}，ADC 开始转换并经过 15 个时钟周期后，EOC 标志置 1，转换结果存放在 16 位 ADC 数据寄存器中。A/D 转换时序图如图 7.5 所示。

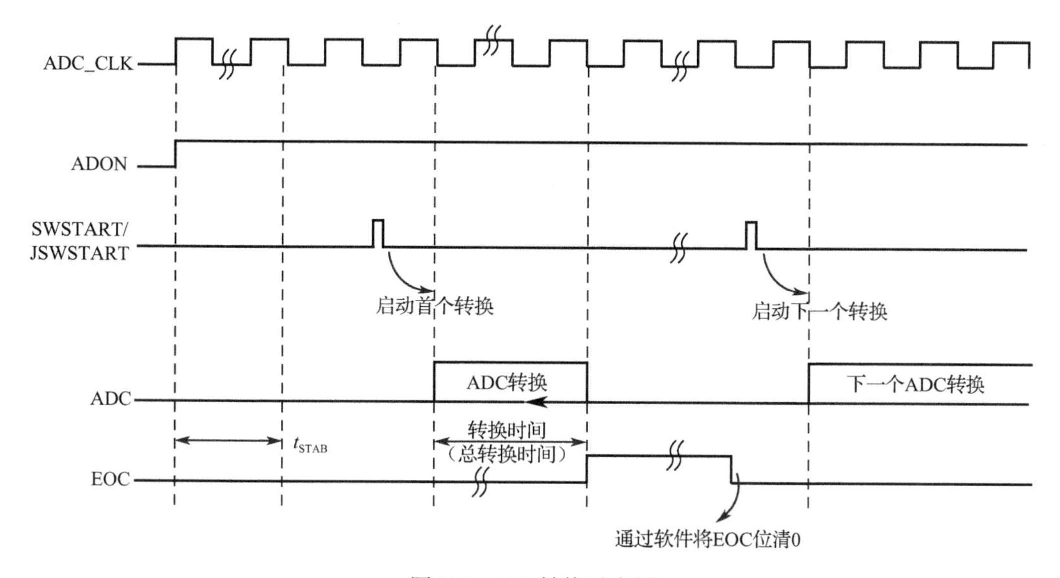

图 7.5　A/D 转换时序图

（10）多种模式。有两个或更多 ADC 的器件中，可使用双重模式（具有 2 个 ADC）和多重（具有 3 个 ADC）模式。在多重模式下，通过主器件 ADC1 到从器件 ADC2 和 ADC3 的交替触发或同时触发来启动转换，具体取决于 ADC_CCR 中的 MULTI[4:0]位所选的模式。

注意：在多重模式下配置外部事件触发转换时，必须设置为仅主器件触发而禁止从器件

触发，以防止出现意外触发而启动不需要的转换。可实现四种模式：注入同步模式、规则同步模式、交替模式、交替触发模式；也可按注入同步模式+规则同步模式、规则同步模式+交替触发模式方式组合使用这四种模式。

在多重模式下，可在 ADC_CDR 中读取转换的数据，也可在 ADC_CSR 中读取状态位。多重模式下的 A/D 转换如图 7.6 所示。

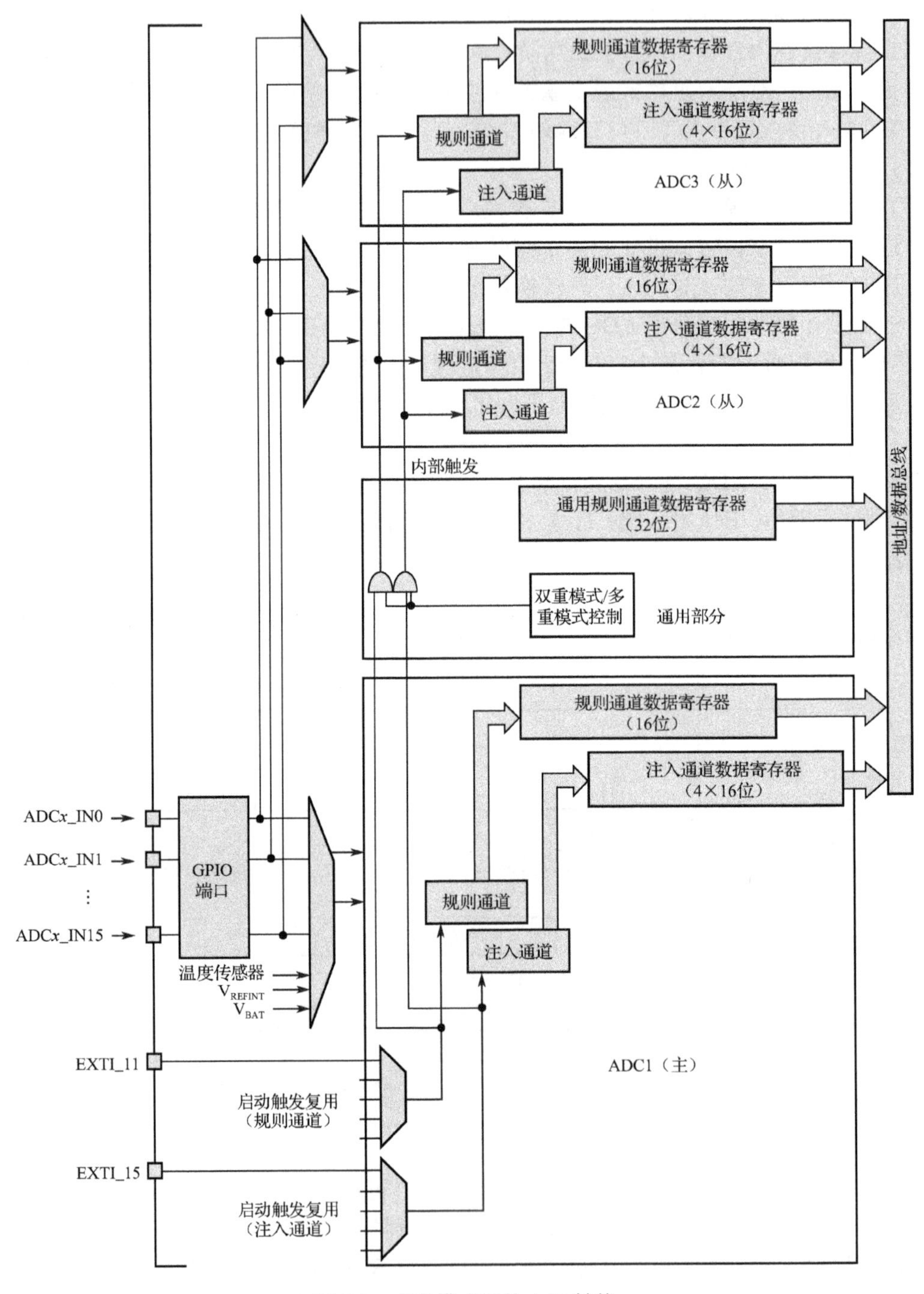

图 7.6　多重模式下的 A/D 转换

2. ADC 操作相关函数

本任务使用库函数来设置 ADC1 的通道 5 来进行 A/D 转换，使用到的库函数在 stm32f4xx_adc.c 文件和 stm32f4xx_adc.h 文件中，设置步骤如下。

（1）开启 PA 口时钟和 ADC1 时钟置。设置 PA5 为模拟输入，STM32F407 的 ADC1 通道 5 在 PA5 上，所以先要使能 GPIOA 的时钟，然后设置 PA5 为模拟输入，同时要把 PA5 复用为 ADC，使能 ADC1 时钟。

当 I/O 端口复用为 ADC 时，要设置模式为模拟输入，而不是复用功能，也不需要调用 GPIO_PinAFConfig 函数来设置引脚映射关系。

使能 GPIOA 时钟和 ADC1 时钟都很简单，具体方法为：

```
RCC_AHB1PeriphClockCmd(RCC_AHB1Periph_GPIOA,ENABLE);     //使能 GPIOA 时钟
RCC_APB2PeriphClockCmd(RCC_APB2Periph_ADC1,ENABLE);      //使能 ADC1 时钟
```

初始化 GPIOA5 为模拟输入，关键代码为：

```
GPIO_InitStructure.GPIO_Mode=GPIO_Mode_AN;               //模拟输入
```

ADC 的通道与引脚的对应关系在 STM32F4 的数据手册可以查到，端口使用 ADC1 的通道 5。

ADC1～ADC3 的引脚与通道的对应关系如表 7.1 所示。

表 7.1 ADC1～ADC3 的引脚与通道的对应关系

通道号	ADC1	ADC2	ADC3
通道 0	PA0	PA0	PA0
通道 1	PA1	PA1	PA1
通道 2	PA2	PA2	PA2
通道 3	PA3	PA3	PA3
通道 4	PA4	PA4	PF6
通道 5	PA5	PA5	PF7
通道 6	PA6	PA6	PF8
通道 7	PA7	PA7	PF9
通道 8	PB0	PB0	PF10
通道 9	PB1	PB1	PF3
通道 10	PC0	PC0	PC0
通道 11	PC1	PC1	PC1
通道 12	PC2	PC2	PC2
通道 13	PC3	PC3	PC3
通道 14	PC4	PC4	PF4
通道 15	PC5	PC5	PF5

（2）设置 ADC 的通用控制寄存器（ADC_CCR）。配置 ADC 输入时钟分频，工作模式设

为独立模式等，在库函数中，初始化ADC_CCR是通过调用ADC_CommonInit来实现的。

```
void ADC_CommonInit(ADC_CommonInitTypeDef* ADC_CommonInitStruct);
```

这里不再处理初始化结构体成员变量，而是直接给出实例。初始化实例为：

```
ADC_CommonInitStructure.ADC_Mode=ADC_Mode_Independent;        //独立模式
ADC_CommonInitStructure.ADC_TwoSamplingDelay=ADC_TwoSamplingDelay_5Cycles;
ADC_CommonInitStructure.ADC_DMAAccessMode=ADC_DMAAccessMode_Disabled;
ADC_CommonInitStructure.ADC_Prescaler=ADC_Prescaler_Div4;
ADC_CommonInit(&ADC_CommonInitStructure);                     //初始化
```

第一个成员变量ADC_Mode用来设置独立模式或多重模式，这里配置为独立模式。

第二个成员变量ADC_TwoSamplingDelay用来设置两个采样阶段之间的延时周期数，取值范围为ADC_TwoSamplingDelay_5Cycles～ADC_TwoSamplingDelay_20Cycles。

第三个成员变量ADC_DMAAccessMode用来设置禁止DMA模式或者使能DMA模式。

第四个成员变量ADC_Prescaler用来设置ADC预分频器。这个参数非常重要，设置分频系数为4分频，即ADC_Prescaler_Div4，保证ADC1的时钟频率不超过36 MHz。

（3）初始化ADC1参数。设置ADC1的转换分辨率、转换方式、对齐方式，以及规则序列等相关信息，在设置完通用控制参数之后，即可开始ADC1的相关参数配置，设置单次转换模式、触发方式选择、数据对齐方式等都在这一步实现。具体调用的函数为：

```
void ADC_Init(ADC_TypeDef* ADCx,ADC_InitTypeDef* ADC_InitStruct);
```

初始化实例为：

```
ADC_InitStructure.ADC_Resolution=ADC_Resolution_12b;             //12位模式
ADC_InitStructure.ADC_ScanConvMode=DISABLE;                      //非扫描模式
ADC_InitStructure.ADC_ContinuousConvMode=DISABLE;                //关闭连续转换
ADC_InitStructure.ADC_ExternalTrigConvEdge=ADC_ExternalTrigConvEdge_None;
//禁止触发检测，使用软件触发
ADC_InitStructure.ADC_DataAlign=ADC_DataAlign_Right;             //右对齐
ADC_InitStructure.ADC_NbrOfConversion=1;                         //1个转换在规则序列中
ADC_Init(ADC1,&ADC_InitStructure);                               //ADC初始化
```

第一个成员变量ADC_Resolution用来设置ADC的转换分辨率，取值范围为ADC_Resolution_6b、ADC_Resolution_8b、ADC_Resolution_10b和ADC_Resolution_12b。

第二个成员变量ADC_ScanConvMode用来设置是否打开扫描模式，这里设置为单次转换，所以不打开扫描模式，取值为DISABLE。

第三个成员变量ADC_ContinuousConvMode用来设置是采用单次转换模式还是连续转换模式，这里设置为单次模式，所以关闭连续转换模式，取值为DISABLE。

第三个成员变量ADC_ExternalTrigConvEdge用来设置外部通道的触发使能和检测方式。这里禁止触发检测，使用软件触发；还可以设置为上升沿触发检测、下降沿触发检测，以及上升沿和下降沿都触发检测。

第四个成员变量ADC_DataAlign用来设置数据对齐方式，取值为右对齐（ADC_DataAlign_Right）和左对齐（ADC_DataAlign_Left）。

第五个成员变量 ADC_NbrOfConversion 用来设置规则序列的长度，这里是单次转换，所以取值为 1。

实际上还有个成员变量 ADC_ExternalTrigConv，它是用来为规则通道选择外部事件的，因为前面配置的是软件触发模式，所以这里可以不用配置；若选择其他触发模式，这里需要配置。

（4）开启 A/D 转换。在设置完以上信息后，即可开启 A/D 转换器（通过 ADC_CR2 控制）。

```
ADC_Cmd(ADC1,ENABLE);                                    //开启 A/D 转换器
```

（5）读取 ADC 值。在上面的步骤完成后，接下来要做的就是设置规则序列 1 里面的通道，然后启动 A/D 转换。在转换结束后即可读取转换结果值。

这里设置规则序列中的通道以及采样周期的函数是：

```
void ADC_RegularChannelConfig(ADC_TypeDef* ADCx, uint8_t ADC_Channel,uint8_t Rank,
                               uint8_t ADC_SampleTime);
```

这里是规则序列中的第 1 个通道，同时采样周期为 480，所以设置为：

```
ADC_RegularChannelConfig(ADC1,ADC_Channel_5,1,ADC_SampleTime_480Cycles);
```

软件开启 A/D 转换的方法是：

```
ADC_SoftwareStartConvCmd(ADC1);                         //使能指定的 ADC1 的软件转换启动功能
```

开启 A/D 转换之后，就可以获取转换 A/D 转换结果数据，方法是：

```
ADC_GetConversionValue(ADC1);
```

同时在 A/D 转换中，还要根据状态寄存器的标志位来获取 A/D 转换的各个状态信息。获取 A/D 转换的状态信息的函数是：

```
FlagStatus ADC_GetFlagStatus(ADC_TypeDef* ADCx, uint8_t ADC_FLAG);
```

例如，要判断 ADC1 的转换是否结束，方法是：

```
while(!ADC_GetFlagStatus(ADC1,ADC_FLAG_EOC));           //等待转换结束
```

参考电压设置的是 3.3 V。通过以上几个步骤的设置，就能正常地使用 STM32F4 的 ADC1 来执行 A/D 转换。开发要点如下：

（1）初始化 ADC 引脚为模拟输入模式；

（2）使能 ADC 时钟；

（3）配置通用 ADC 为独立模式，采样设置为 4 分频；

（4）设置目标 ADC 为 12 位分辨率，通道 1 采用连续转换模式，不需要外部触发；

（5）设置 A/D 转换通道顺序及采样时间；

（6）使能 A/D 转换完成中断，在中断服务函数内读取转换完成后的数据；

（7）启动 A/D 转换；

（8）使能软件触发 A/D 转换。

A/D 转换结果数据使用中断方式读取，这里没有使用 DMA 进行数据传输。

7.4 任务实践：汽车电压指示器的软/硬件设计

7.4.1 开发设计

1. 硬件设计

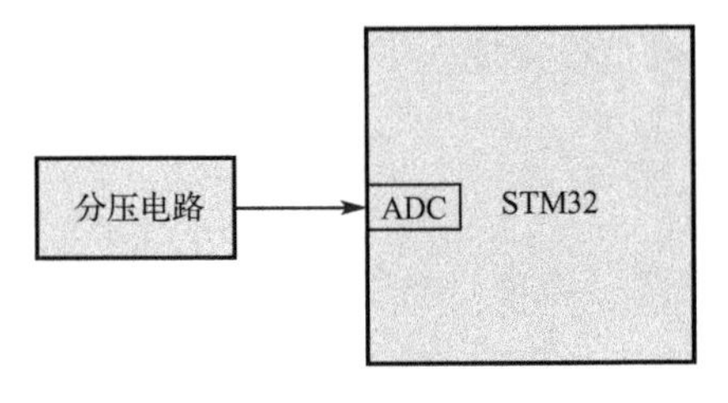

图 7.7 硬件架构设计

本任务的硬件架构设计如图 7.7 所示。

要实现将模拟的电压信号转换为 STM32 可识别的数字量信号，就必须要使用 STM32 的 A/D 转换器，本任务中 STM32 采集的电压为电池电压，由于电池标准电压为 12 V，远高于 STM32 的 3.3 V 工作电压，因此电池电压需要通过相应的硬件电路进行处理，将电池电压等比例地减小到 STM32 可接收的工作电压。电池电压分压电路表如图 7.8 所示。

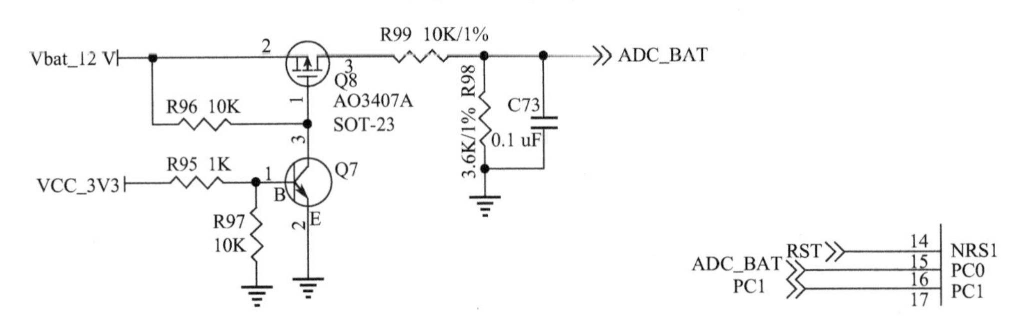

图 7.8 电池电压分压电路

图 7.8 中，R99 左侧可以整体理解为一个 12 V 的电源，分压电路主要是依靠 R99 及 R98 完成的，R99 和 R98 两个电阻阻值比为 10:3.6。由于 ADC 的输入端引脚为高阻态状态，可将输入端 V_{bat} 直接看成万用表表笔。当 12 V 电源接入时，根据欧姆定律可知，通过分压电路，V_{bat} 的电压将降为 3.17 V，从而满足 STM32 的正常工作电压。

图 7.8 主要是测量开发平台外接电池的电源电压，原理图较为简单，当开发平台上电后，三极管 Q7 导通，当外接电池时 Q8 随之导通，此时通过 R99 和 R98 对 12 V 进行分压，得到约三分之一的电池电压，所以 ADC_BAT 电压在合理的范围内，通过 PC0 引脚将电压引入 STM32 微处理器，用 ADC 获取电压的数字量。

2. 软件设计

本任务主要对模拟信号进行采集，有两个要点：一是如何采集模拟的电压信号；二是如何将采集到的数字电压信号换算为实际的物理参数。其中，采集模拟的电压信号需要使用到 STM32 的 ADC，在使用 ADC 的过程中需要对被测对象进行评估。

本任务设计的目的是能够持续地采集到电压信号，但是采集的信号并不要求实时性，所以对时间的要求不高；其次是对精度的要求，ADC 有多个精度可选，本任务对精度没有太高要求，任意选择即可。

在配置完成上述这些属性后，就需要考虑采集到的数字量到物理量的转换，此时需要参考硬件电路和 ADC 的相关配置，结合实际情况进行计算即可。

程序中首先初始化 LED 和 ADC，初始化完成后对模拟的电压信号进行采集，采集完成后进行 A/D 转换，接着延时一段时间后再次对模拟的电压信号进行 A/D 转换。ADC 的采集值以及物理量的转换值可以在调试窗口中查看。

软件设计流程如图 7.9 所示。

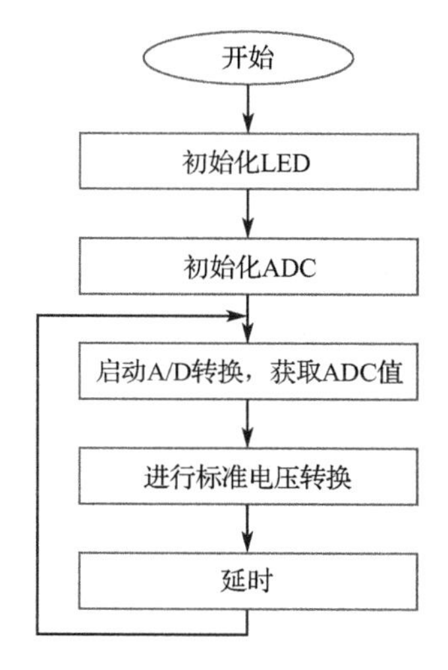

图 7.9　软件设计流程

7.4.2　功能实现

1．主函数模块

在主函数模块中首先初始化 LED 和 ADC，初始化完成后在主循环中不断通过手动模式进行 A/D 转换，获取到转化数据后将 A/D 转换信息转换为检测点电压值（即进行标准电压转换）。主函数模块的代码如下。

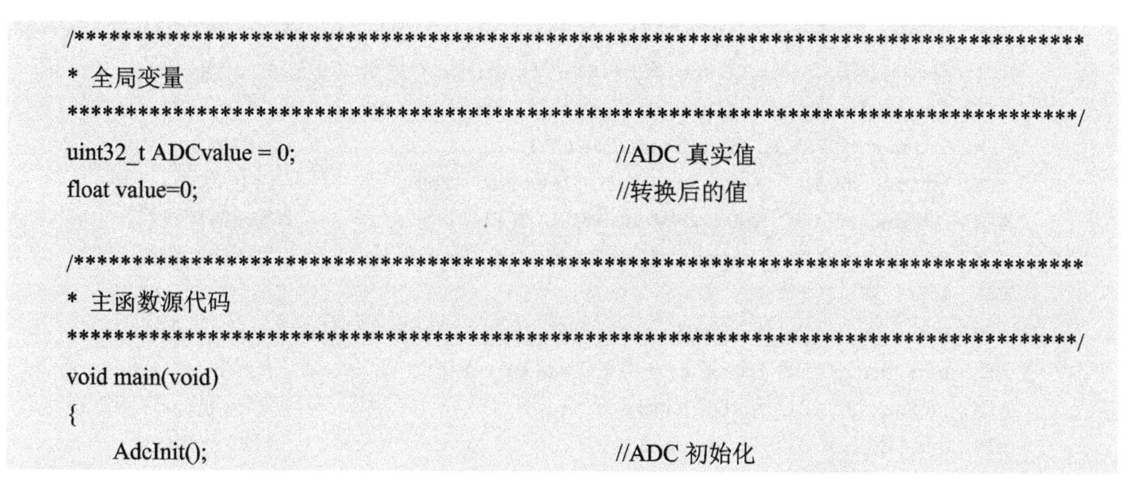

```
/*********************************************************************************************
* 全局变量
*********************************************************************************************/
uint32_t ADCvalue = 0;                                    //ADC 真实值
float value=0;                                            //转换后的值

/*********************************************************************************************
* 主函数源代码
*********************************************************************************************/
void main(void)
{
    AdcInit();                                            //ADC 初始化
```

```
    while(1){
        ADCvalue=AdcGet(1);                         //获取 ADC 值
        value =(ADCvalue*(12.0f/4095));             //标准电压转换
        delay_count(100);                           //延时
    }
}
```

2. ADC 初始化模块

在 ADC 的初始化中，首先初始化相关结构体，开启外设时钟，然后配置 GPIO 为模拟输入模式，最后配置 ADC 时钟参数和 A/D 转换参数。ADC 初始化模块的代码如下。

```
/*********************************************************************************
* 功能：ADC 初始化
*********************************************************************************/
void   AdcInit(void)
{
    GPIO_InitTypeDef   GPIO_InitStructure;
    ADC_CommonInitTypeDef ADC_CommonInitStructure;
    ADC_InitTypeDef ADC_InitStructure;
    RCC_AHB1PeriphClockCmd(RCC_AHB1Periph_GPIOC, ENABLE);       //使能 GPIOC 时钟
    RCC_APB2PeriphClockCmd(RCC_APB2Periph_ADC1, ENABLE);        //使能 ADC1 时钟
    //先初始化 ADC1 通道 0 I/O 口
    GPIO_InitStructure.GPIO_Pin = GPIO_Pin_0;                   //PC0  通道 0
    GPIO_InitStructure.GPIO_Mode = GPIO_Mode_AN;                //模拟输入
    GPIO_InitStructure.GPIO_PuPd = GPIO_PuPd_NOPULL ;           //不带上/下拉
    GPIO_Init(GPIOC, &GPIO_InitStructure);                      //初始化
    RCC_APB2PeriphResetCmd(RCC_APB2Periph_ADC1,ENABLE);         //ADC1 复位
    RCC_APB2PeriphResetCmd(RCC_APB2Periph_ADC1,DISABLE);        //复位结束
    ADC_CommonInitStructure.ADC_Mode = ADC_Mode_Independent;    //独立模式
    //两个采样阶段之间延迟 5 个时钟
    ADC_CommonInitStructure.ADC_TwoSamplingDelay = ADC_TwoSamplingDelay_5Cycles;
    ADC_CommonInitStructure.ADC_DMAAccessMode = ADC_DMAAccessMode_Disabled; //DMA 失能
    //预分频为 4 分频，ADCCLK=PCLK2/4=84/4=21 MHz,ADC 时钟不要超过 36 MHz
    ADC_CommonInitStructure.ADC_Prescaler = ADC_Prescaler_Div4;
    ADC_CommonInit(&ADC_CommonInitStructure);                   //初始化
    ADC_InitStructure.ADC_Resolution = ADC_Resolution_12b;      //12 位模式
    ADC_InitStructure.ADC_ScanConvMode = DISABLE;               //非扫描模式
    ADC_InitStructure.ADC_ContinuousConvMode = DISABLE;         //关闭连续转换
    //禁止触发检测，使用软件触发
    ADC_InitStructure.ADC_ExternalTrigConvEdge = ADC_ExternalTrigConvEdge_None;
    ADC_InitStructure.ADC_DataAlign = ADC_DataAlign_Right;      //右对齐
    ADC_InitStructure.ADC_NbrOfConversion = 1;                  //只转换规则序列 1
    ADC_Init(ADC1, &ADC_InitStructure);                         //ADC 初始化
```

```
    ADC_Cmd(ADC1, ENABLE);                                          //使能 ADC1
}
```

3．ADC 数据采集模块

在 ADC 数据采集模块中首先配置 ADC 的采集配置信息，然后采用软件触发模式开启 A/D 转换，在 A/D 转换完成后将获取的 A/D 转换值输出，ADC 数据采集模块的代码如下。

```
/*********************************************************************************
* 功能：A/D 转换函数
* 参数：ch—通道号
* 返回：ADC1 转换结果
*********************************************************************************/
u16 AdcGet(u8 ch)
{
    if (ch == 1) ch = ADC_Channel_10;
    else if (ch == 2) ch = ADC_Channel_11;
    else if (ch == 3) ch = ADC_Channel_14;
    else if (ch == 4) ch = ADC_Channel_15;
    else return 0;
    //设置指定 ADC 的规则通道、一个序列、采样时间
    //ADC1，480 个周期（提高采样时间可以提高精确度）
    ADC_RegularChannelConfig(ADC1, ch, 1, ADC_SampleTime_480Cycles );
    ADC_SoftwareStartConv(ADC1);                           //采用软件触发模式开启 ADC1 转换

    while(!ADC_GetFlagStatus(ADC1, ADC_FLAG_EOC ));//等待转换结束
    return ADC_GetConversionValue(ADC1);                   //返回最近一次 ADC1 规则通道的转换结果
}
```

7.5 任务验证

使用 IAR 开发环境打开汽车电压指示器设计工程，通过编译后，使用 J-Link 将程序下载到 STM32 开发平台中，暂不执行程序。

通过 IAR 开发环境在实现代码工程中打开 main.c 文件，在 main.c 文件的 main()函数中找到 ADCvalue 和 value 参数，将 ADCvalue 和 value 加入 Watch 窗口（即图 7.10 中的“Watch 1”窗口），随后在 ADCvalue 和 value 参数发生变化的位置添加断点。设置完成后全速执行程序，一段时间后程序会在断点处停止，此时可以通过“Watch 1”窗口查看到 ADCvalue 和 value 中存储的 ADC 转换值和换算后的电压值。多次执行程序可以在“Watch 1”窗口中查看到数值变化。验证效果如图 7.10 所示。

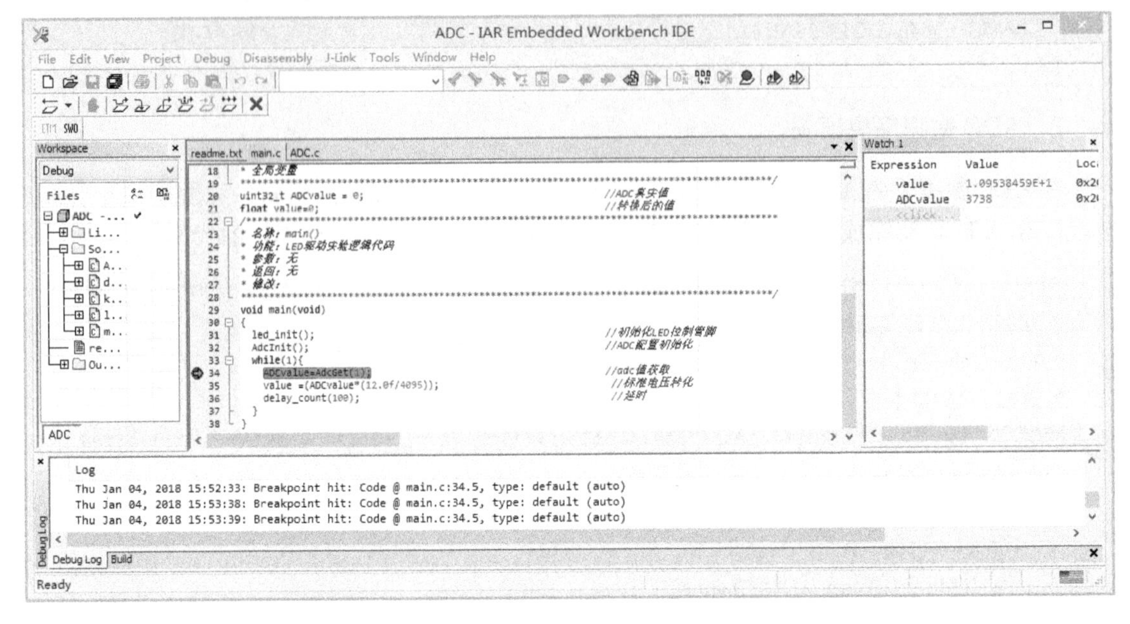

图 7.10 验证效果

7.6 任务小结

通过本任务的学习和开发，读者可以理解微处理器 A/D 转换原理，掌握 STM32 微处理器的 A/D 转换功能和特点，理解实际应用过程中的电压测量原理，学会配置 STM32 微处理器的 ADC，并使用 STM32 的 ADC 实现对电源电压的采集，从而实现汽车电压指示器的设计。

7.7 思考与拓展

（1）STM32F407 有多少个 ADC？

（2）STM32F407 的 A/D 转换精度是如何计算的？

（3）如何配置 STM32 的 ADC 寄存器？

（4）如何使用 STM32 驱动 ADC？

（5）模拟量通过 A/D 转换所获得的数字量除了与硬件本身造成的精度有关，还与 ADC 的分辨率有关，分辨率越高 A/D 转换精度越高，分辨率越低则 A/D 转换精度就越低。以测试不同分辨率下 ADC 的转换为目标，实现不同分辨率下的同一模拟信号的转换，并将数字量转换为物理量以比较数据采集的差异。

任务 8

环境监测点自复位的设计与实现

本任务重点学习 STM32 的看门狗，掌握 STM32 的看门狗的基本原理和功能，通过驱动 STM32 的看门狗实现环境监测点自复位设计。

8.1 开发场景：如何实现自复位设计

随着国家对生态环境保护的重视度加强，环境治理变得更加重要，在环境治理的过程中对水、土壤、空气等的数据检测变得越来越频繁。为了更加详细地获取这些数据，又将越来越多的传感器投入环境监测系统中。但是环境监测系统通常都放置在偏远或人迹罕至的地区，维护起来十分不便。这些环境监测系统往往会因为环境或软件等原因使操作系统卡死或程序跑飞，解决这些问题的方法仅重启一下设备就可以恢复，单靠人工去解决这些问题并不现实。通常采用的方法是使用微处理器的看门狗功能，即程序跑飞后可使程序自动复位。水文监测点如图 8.1 所示。

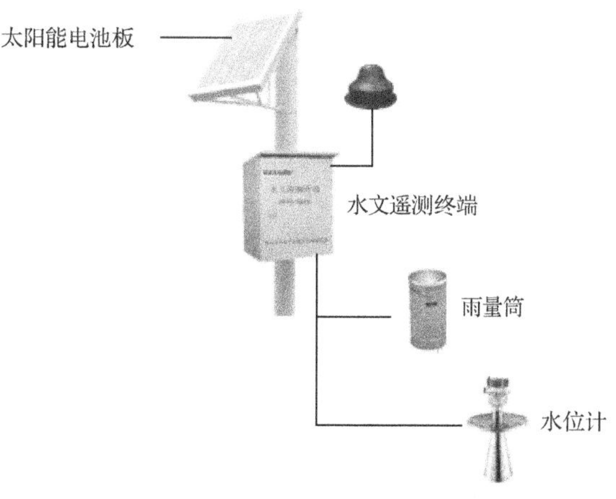

图 8.1 水文监测点

本项目将围绕这个场景展开对看门狗外设的学习与开发。

8.2 开发目标

（1）知识要点：看门狗的基本原理；独立看门狗的功能和作用；窗口看门狗的功能和作用；看门狗函数库。

（2）技能要点：理解看门狗的基本原理；熟悉独立看门狗的功能和作用；熟悉窗口看门狗的功能和作用；掌握使用函数库驱动看门狗的方法。

（3）任务目标：某环境监测设备生产企业，要设计一款无人值守、性能稳定的户外水质监测设备，要求设备具备自供电、监测数据定时发送、运行状态实时更新等功能，其自复位功能要求使用 STM32 的看门狗实现。

8.3 原理学习：STM32 看门狗

8.3.1 看门狗基本原理

看门狗定时器（Watch Dog Timer，WDT），简称看门狗，可以通过软件或硬件方式在一定的周期内监控微处理器的运行状况，如果在规定的时间内没有收到来自微处理器的触发信号，则说明软件操作不正常（陷入死循环或掉入陷阱等），这时就会立即产生一个复位脉冲来复位微处理器，保证系统在受到干扰时仍然能够维持正常的工作状态。

看门狗是微处理器的一个组成部分，它实际上是一个计数/定时器，一般给看门狗一个数字，程序开始运行后看门狗开始倒计数。如果程序运行正常，过一段时间微处理器会发出指令让看门狗复位，重新开始计数。如果看门狗减到 0 或者加到设定值，就认为程序没有正常工作，强制整个系统复位。看门狗的工作流程如图 8.2 所示。

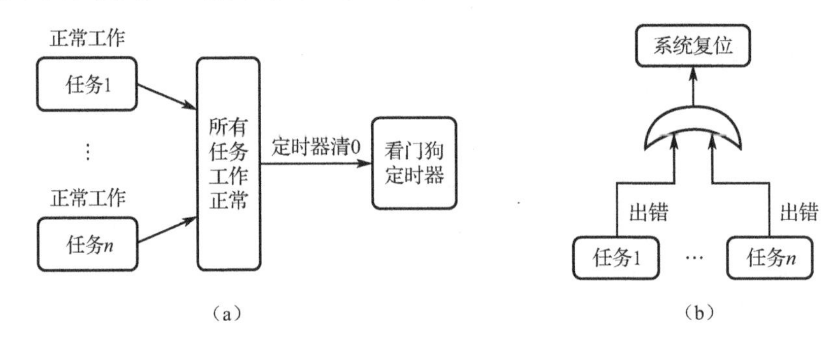

图 8.2 看门狗的工作流程

看门狗一般有一个输入（也称为喂狗端）和一个输出（到 MCU 的 RST 端）。在 MCU 正常工作时，每隔一段时间便输出一个信号到喂狗端，将看门狗清 0。如果超过规定的时间不喂狗（一般在程序跑飞时），就会给出一个复位信号到 MCU，使 MCU 复位，以此防止 MCU 死机。看门狗的作用就是防止程序发生死循环或者程序跑飞。

看门狗的工作原理如图 8.3 所示。

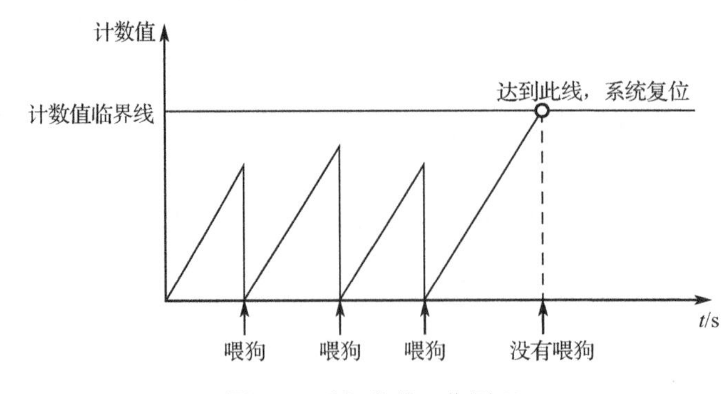

图 8.3 看门狗的工作原理

8.3.2　STM32 看门狗

1. 独立看门狗（IWDG）

STM32 有两个看门狗，一个是独立看门狗，另一个是窗口看门狗。独立看门狗是一个 12 位的递减计数器，当计数器的值从某个值减小到 0 时，系统就会产生一个复位信号，即 IWDG_RESET。若在计数减小到 0 之前刷新计数器的值，那么就不会产生复位信号，这种刷新操作就是喂狗。看门狗功能由 V_{DD} 电压供电，在停止模式和待机模式下仍能工作。独立看门狗功能框图如图 8.4 所示。

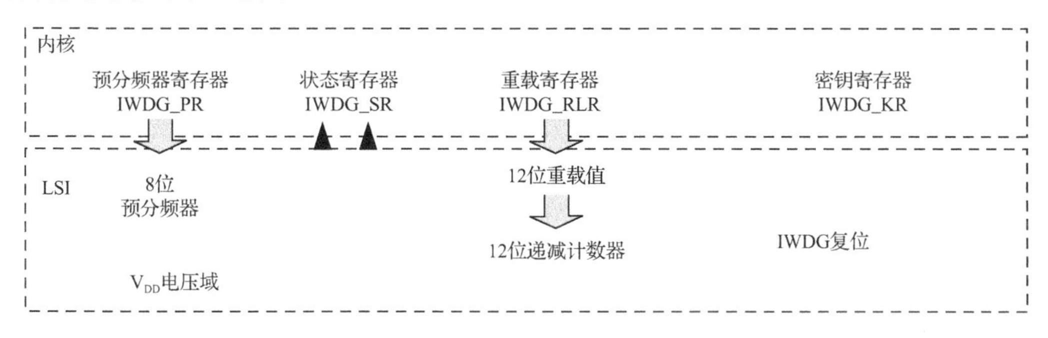

图 8.4　独立看门狗功能框图

独立看门狗使用了独立于 STM32 主系统之外的时钟振荡器，使用主电源供电，可以在主系统时钟发生故障时继续有效，能够完全独立工作。独立看门狗实际上是一个 12 位递减计数器，独立看门狗的驱动时钟经过 LSI 振荡器分频得到，LSI 的振荡频率在 30～60 kHz 之间，独立看门狗最大溢出时间为 26 s，当发生溢出时会强制 STM32 复位。寄存器中的值减至 0x000 时会产生一个复位信号。为防止看门狗产生复位，将关键字 0xAAAA 写到 IWDG_KR 寄存器中，IWDG_RLR 的值就会被重载到计数器，从而避免产生看门狗复位。

系统运行以后，启动看门狗的计数器，看门狗就开始自动计数；MCU 正常工作时，每隔一段时间使输出一个信号到喂狗端，将 WDT 清 0；一旦微处理器进入死循环状态时，在规定的时间内没有执行“喂狗”程序，看门狗计数器就会溢出，引起看门狗中断，输出一个复位信号到 MCU，使得系统复位。所以在使用看门狗时，要注意适时喂狗。

（1）独立看门狗时钟。独立看门狗的时钟由独立的 RC 振荡器 LSI 提供，即使主系统时钟发生故障它仍然有效。LSI 的频率一般在 30～60 kHz 之间，根据温度和工作场合会有一定的漂移，一般取 40 kHz，所以独立看门狗的定时时间并非非常精确，只适用于对时间精度要求比较低的场合。

（2）计数器时钟。递减计数器的时钟由 LSI 经过一个 8 位的预分频器得到，可以通过预分频器寄存器 IWDG_PR 来设置分频因子，分频因子可以是 4、8、16、32、64、128、256，计数器时钟 CK_CNT 为 $40/(4\times2^{PRV})$，经过一个计数器时钟计数器就减 1。

（3）计数器。独立看门狗的计数器是一个 12 位的递减计数器，最大值为 0xFFF，当计数器减小到 0 时，就会产生一个复位信号 IWDG_RESET，让程序重新启动运行，若在计数器减小到 0 之前刷新计数器的值，就不会产生复位信号。刷新计数器值的这个动作俗称喂狗。

（4）重载寄存器（IWDG_RLR）。重载寄存器是一个 12 位的寄存器，里面保存着要刷新

到计数器的值，这个值的大小决定着独立看门狗的溢出时间。超时时间（单位为 s）为：

$$T_{out}=(4\times2^{PRV})/40\times RLV$$

式中，PRV 是预分频器寄存器的值，RLV 是重载寄存器的值。

（5）密钥寄存器（IWDG_KR）。IWDG_KR 是独立看门狗的一个控制寄存器，主要有三种控制方式，往这个寄存器写入下面三个不同的值会有不同的效果。密钥寄存器取值枚举如表 8.1 所示。

表 8.1 密钥寄存器取值枚举

键　值	作　用
0xAAAA	把 IWDG_RLR 的值重载到 CNT
0x5555	IWDG_PR 和 IWDG_RLR 这两个寄存器设置为可写
0xCCCC	启动 IWDG

通过往密钥寄存器写 0xCCC 来启动独立看门狗是属于软件启动的方式，一旦启动独立看门狗，就无法关掉，只有复位才能关掉。

（6）状态寄存器（IWDG_SR）。状态寄存器只有位 0（PVU）和位 1（RVU）有效，这两位只能由硬件操作，软件无法操作。

RVU：独立看门狗计数器重载值更新，硬件置 1 表示重载值的更新正在进行中，更新完毕之后由硬件清 0。

PVU：独立看门狗预分频值更新，硬件置 1 表示预分频值的更新正在进行中，当更新完成后，由硬件清 0。

只有当 RVU/PVU 等于 0 时才可以更新重载寄存器/预分频寄存器。

独立看门狗一般用来检测和解决由程序引起的故障，例如，一个程序正常运行的时间是 30 ms，在运行完这个段程序之后紧接着进行喂狗，设置独立看门狗的定时溢出时间为 40 ms，比需要监控的程序 40 ms 多一点，若超过 50 ms 还没有喂狗，表示程序跑飞，那么就会产生系统复位，让程序重新运行。

2. 窗口看门狗（WWDG）

独立看门狗（IWDG）独立于系统之外，因为有独立时钟，所以可以理解成不受系统影响的系统故障探测器，主要用于监视硬件错误。窗口看门狗（WWDG）是系统内部的故障探测器，其时钟与系统相同，如果系统时钟不运行，那么窗口看门狗也将失去作用，主要用于监视软件错误。

窗口看门狗通常用来检测由外部干扰或者不可预见的逻辑条件造成的应用程序背离正常的运行而产生的软件故障。除非递减计数器的值在 T6 位变成 0 前被刷新，窗口看门狗在达到预置的时间时就会产生一个 MCU 复位信号。在递减计数器达到窗口寄存器数值之前，如果 7 位的递减计数器的数值（在控制寄存器中）被刷新，那么也将产生一个 MCU 复位信号。这表明递减计数器需要在一个有限的时间窗口中被刷新。窗口看门狗的主要特性如下：

（1）可编程的自由运行递减计数器。

（2）条件复位：当递减计数器的值小于 0x40 时，若看门狗被启动，则产生复位；当递减计数器在窗口外被重新装载时，若看门狗被启动，也将产生复位。

（3）如果启动了看门狗并且允许中断，当递减计数器等于 0x40 时产生早期唤醒中断（EWI），它可以被用于重载计数器以避免窗口看门狗复位。

如果看门狗被启动（WWDG_CR 中的 WDGA 位被置 1），并且当 7 位递减计数器 0x40 变为 0x3F 时，则产生一个复位信号。如果软件在计数器值大于窗口寄存器中的数值时重载计算器，将产生一个复位。应用程序在正常运行过程中必须定期地写入 WWDG_CR，以防止 MCU 复位。只有当计数器值小于窗口寄存器的值时，才能进行写操作。存储在控制寄存器（WWDG_CR）中的数值必须在 0xFF 和 0xC0 之间。

独立看门狗和窗口看门狗的区别如图 8.5 所示。

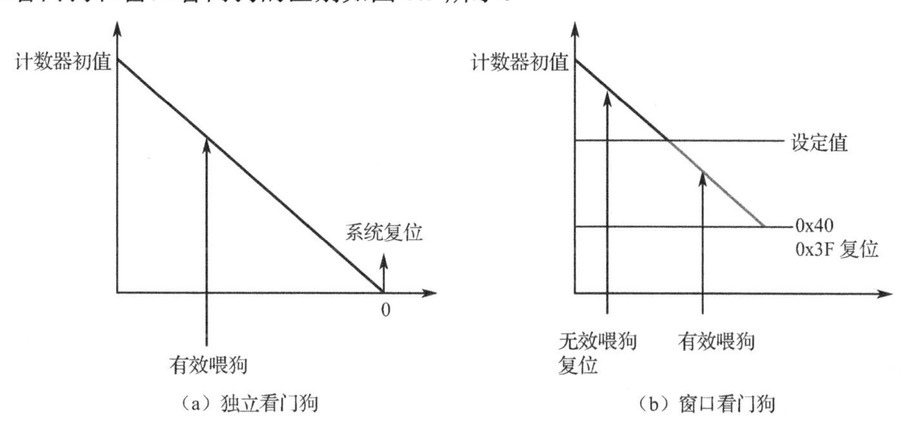

图 8.5　独立看门狗和窗口看门狗的区别

窗口看门狗和独立看门狗一样，也是一个递减计数器，不断地往下递减计数，当减小到一个固定值（0x40）时还不喂狗，产生复位信号，这个值称为窗口下限，它是固定的值，不能改变。这是和独立看门狗相似的地方，不同的地方是窗口看门狗的计数器的值在减小到某一个数之前喂狗也会产生复位，这个值称为窗口上限，窗口上限由用户独立设置。

窗口看门狗计数器的值必须在窗口上限和窗口下限之间才可以喂狗，这就是窗口看门狗中“窗口”两个字的含义。

WWDG 功能框图如图 8.6 所示。

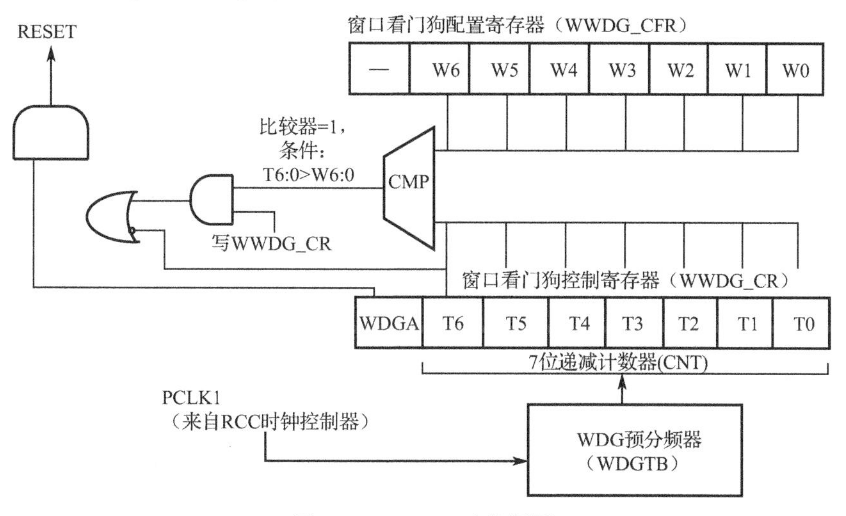

图 8.6　WWDG 功能框图

（1）窗口看门狗时钟。窗口看门狗时钟来自 PCLK1，其最大值是 45 MHz，由 RCC 时钟控制器开启。

（2）计数器时钟。计数器时钟由 CK 计时器时钟经过预分频器分频得到，分频系数由配置寄存器 WWDG_CFR 的 WDGTB[1:0]位配置，可以是 0、1、2、3，其中 CK 计时器时钟 =PCLK1/4096，所以计数器的时钟 CNT_CK=PCLK1/[4096×(2^{WDGTB})]，这就可以算出计数器减小一个数的时间，即 t=1/CNT_CK=t_{PCLK1}×4096×(2^{WDGTB})。

（3）计数器。窗口看门狗的计数器是一个递减计数器，共 7 位，其值保存在控制寄存器 WWDG_CR 的 6:0 位，即 T[6:0]，当 7 个位全部为 1 时是 0x7F，这是最大值，当递减到 T6 位变成 0 时，即从 0x40 变为 0x3F 时，会产生看门狗复位。0x3F 是看门狗能够递减到的最小值，所以计数器的值只能是 0x40～0x3F，实际上用来计数的是 T[5:0]。当递减计数器递减到 0x40 时，还不会马上产生复位，若使能提前唤醒中断，即将 WWDG[EWI]位置 1，则会产生提前唤醒中断，若产生这个中断，就说明程序出问题了，在中断服务函数里面就需要做最重要的工作，例如保存重要数据或者报警等，这个中断也称为它死前中断。

（4）窗口值。窗口看门狗必须在窗口值的范围内才可以喂狗，其中窗口下限是固定的 0x40，窗口上限可以改变（由配置寄存器 CFR 的 W[6:0]位设置），其值必须大于 0x40，若小于或者等于 0x40 就是失去窗口的价值，而且也不能大于计数器的值，所以必须小于 0x7F。那窗口值具体要设置成多大呢？这需要根据监控的程序的运行时间来决定，若要监控的程序段 A 的运行时间为 T_a，当执行完这段程序之后就要进行喂狗，若在窗口时间内没有喂狗，那程序就肯定是出问题了。

一般计数器的值 T_R 设置成最大值 0x7F，窗口值为 W_R，计数器减一个数的时间为 T，那么时间(T_R−W_R)×T 应该稍微大于 T_a，这样就能做到刚执行完程序段 A 之后喂狗，起到监控的作用，也就可以算出 W_R 的值是多少了。

（5）计算窗口看门狗超时时间。窗口看门狗工作时序图如图 8.7 所示。

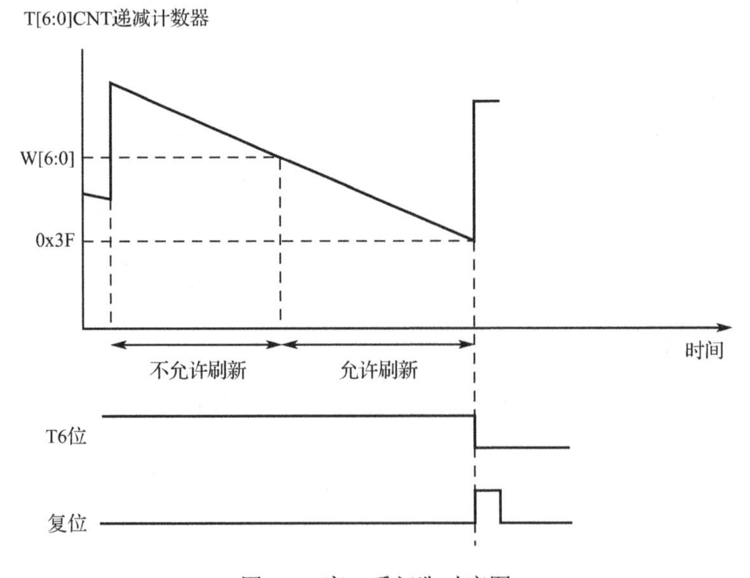

图 8.7　窗口看门狗时序图

超时值计算公式为：

$$t_{WWDG} = t_{PLCK1} \times 4096 \times 2^{WDGTB} \times (T[5:0] + 1)$$

式中，t_{WWDG} 为 WWDG 超时；t_{PLCK1} 为 APB1 时钟周期，单位为 ms；WDGTB 为 WWDG_CFR 的第 8:7 位的值；T[5:0]是 WWDG_CR 的 5:0 位的值。

如表 8.2 所示，当 t_{PCLK1}=30 MHz 时，WDGTB 取不同的值时有最小和最大的超时时间，窗口看门狗一般用于监控由外部干扰或不可预见的逻辑条件造成的应用程序背离正常运行的软件故障。例如，一个程序段正常的运行时间是 50 ms，在运行完这个段程序段之后紧应接着进行喂狗，若在规定的时间窗口内还没有喂狗，则说明被监控的程序出故障了，系统就会产生复位。

表 8.2　t_{PLCK1}=30 MHz 时的超时值

预分频器	WDGTB	最小超时（μs）[5:0] = 0x00	最大超时（ms）T[5:0] = 0x3F
1	0	136.53	8.74
2	1	273.07	17.48
4	2	546.13	34.95
8	3	1092.27	69.91

8.3.3　STM32 看门狗库函数的使用

1．IWDG 相关库函数

根据 STM32 的数据手册可知，独立看门狗（IWDG）的主要配置过程如下。

```
/*独立看门狗初始化，设置时间间隔*/
void iwdg_init(void)
{
    //使能写 IWDG_PR 和 IWDG_RLR 寄存器
    IWDG_WriteAccessCmd(IWDG_WriteAccess_Enable);
    //设置分频系数
    IWDG_SetPrescaler(IWDG_Prescaler_32);
    //设定重载值 0x4DC，大约 1 s 需要重载一次
    IWDG_SetReload(0x4DC);
    //重载 IWDG
    IWDG_ReloadCounter();
    //使能 IWDG（LSI 时钟自动被硬件使能）
    IWDG_Enable();
}
```

上述过程实现了独立看门狗的初始化，其中最关键的是设置了分频系数和重载值，这两个参数和低速时钟频率决定了隔多长时间需要喂狗。喂狗时间的计算公式为：

$$T_{out}=40\ \text{kHz} / （分频系数\times重载值）$$

STM32 的独立看门狗由内部专门的 40 kHz 低速时钟驱动，独立看门狗相关的库函数在文件 stm32f4xx_iwdg.c 和对应的头文件 stm32f4xx_iwdg.h 中。

通过库函数来配置独立看门狗的步骤如下。

（1）取消寄存器写保护（向 IWDG_KR 写入 0x5555）。通过这个步骤可以取消 IWDG_PR 和 IWDG_RLR 的写保护，使后面可以操作这两个寄存器以便设置 IWDG_PR 和 IWDG_RLR 的值。在库函数中的实现函数是：

```
IWDG_WriteAccessCmd(IWDG_WriteAccess_Enable);
```

这个函数非常简单，顾名思义就是开启/取消写保护，也就是使能/失能（禁止）写权限。

（2）设置独立看门狗的分频系数和重载值。设置独立看门狗的分频系数的函数是：

```
void IWDG_SetPrescaler(uint8_t IWDG_Prescaler);                //设置 IWDG 预分频系数
```

设置独立看门狗的重载值的函数是：

```
void IWDG_SetReload(uint16_t Reload);                          //设置 IWDG 重载值
```

设置好独立看门狗的分频系数 prer 和重载值就可以知道独立看门狗的喂狗时间（也就是独立看门狗溢出时间），该时间的计算方式为：

$$T_{out} = [(4\times2^{prer})\times rlr]/40$$

式中，T_{out} 为独立看门狗溢出时间（单位为 ms）；prer 为独立看门狗时钟分频系数（保存在 IWDG_PR 中），范围为 0～7；rlr 为独立看门狗的重载值（保存在 IWDG_RLR 中）。例如，设定 prer 值为 4，rlr 值为 625，那么就可以得到 T_{out}=64×625/40=1000 ms，这样，独立看门狗的溢出时间就是 1 s。只要在 1 s 之内，有一次写入 0xAAAA 到 IWDG_KR，就不会导致独立看门狗复位（当然写入多次也是可以的）。这里需要提醒读者的是，独立看门狗的时钟并不是准确的 40 kHz，所以在喂狗时，最好不要太晚了，否则，有可能发生看门狗复位。

（3）重载计数值喂狗（向 IWDG_KR 写入 0xAAAA）。在库函数中，重载计数值的函数是：

```
IWDG_ReloadCounter();     //按照 IWDG_RLR 的值重载 IWDG 计数器
```

通过该函数可使 STM32 重新加载 IWDG_RLR 的值到独立看门狗计数器，即实现独立看门狗的喂狗操作。

（4）启动独立看门狗（向 IWDG_KR 写入 0xCCCC）。在库函数中，启动独立看门狗的函数是：

```
IWDG_Enable();     //使能 IWDG
```

通过上面的函数可以启动 STM32F4 的独立看门狗。注意一旦启动独立看门狗，就不能再被关闭！想要关闭，只能重启，并且重启之后不能打开独立看门狗，否则问题依旧，若不用独立看门狗，就不要去打开它。

通过上面 4 个步骤就可以启动 STM32F4 的独立看门狗了，使能了独立看门狗，在程序里面就必须在规定的时间内喂狗，否则将导致程序复位。

2．WWDG 相关库函数

窗口看门狗（WWDG）库函数相关源码和定义分布在文件 stm32f4xx_wwdg.c 和头文件 stm32f4xx_wwdg.h 中。步骤如下。

（1）使能 WWDG 时钟。WWDG 不同于 IWDG，IWDG 有自己独立的时钟，不存在使能

问题；而 WWDG 使用的是 PCLK1 的时钟，需要先使能时钟。方法是：

```
RCC_APB1PeriphClockCmd(RCC_APB1Periph_WWDG,ENABLE);          //使能 WWDG 时钟
```

（2）设置窗口值和分频系数。设置窗口值的函数是：

```
voidWWDG_SetWindowValue(uint8_tWindowValue);
```

设置分频系数的函数是：

```
void WWDG_SetPrescaler(uint32_t WWDG_Prescaler);
```

这个函数同样只有一个入口参数，就是分频系数。

（3）开启 WWDG 中断并分组。开启 WWDG 中断的函数为：

```
WWDG_EnableIT();                    //开启窗口看门狗中断
```

接下来就要进行中断优先级配置，这里就不重复了，调用 NVIC_Init()函数即可。

（4）设置计数器初始值并使能看门狗。这一步在库函数里面是通过调用下面的函数来实现的。

```
void WWDG_Enable(uint8_t Counter);
```

该函数既设置了计数器初始值，同时也使能了窗口看门狗。库函数还提供了一个独立的设置计数器值的函数，即：

```
void WWDG_SetCounter(uint8_t Counter);
```

（5）编写中断服务程序（函数）。在最后，还是要编写窗口看门狗的中断服务程序，通过该程序来喂狗，喂狗要快，否则当窗口看门狗计数器值减小到 0x3F 时就会引起软复位。在中断服务程序中也要将状态寄存器（WWDG_SR）中的 EWIF 位清空。

完成以上 5 个步骤之后，就可以使用 STM32F4 的窗口看门狗了。

8.4　任务实践：环境监测点自复位的软/硬件设计

8.4.1　开发设计

1．硬件设计

本任务的硬件架构设计如图 8.8 所示。

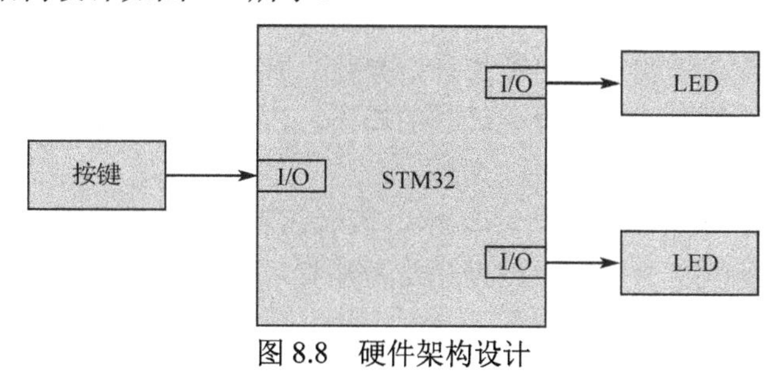

图 8.8　硬件架构设计

LED1 和 LED2 的接口电路如图 8.9 所示。

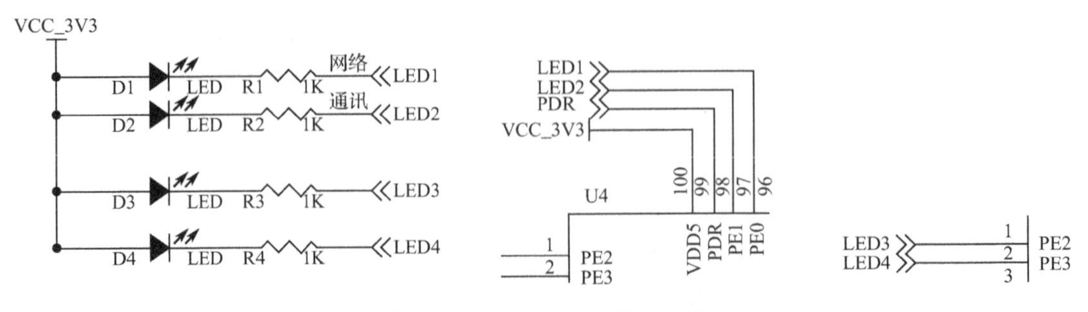

图 8.9　LED1 与 LED2 接口电路

LED1、LED2、LED3、LED4 分别连接到 STM32F407 微处理器的 PE0、PE1、PE2 和 PE3 引脚。图中 D1、D2、D3 和 D4 四个 LED 一端接在 3.3 V 的电源上，另一端通过电阻连接在 STM32F407 上，LED 采用的是正向连接导通的方式，当控制引脚为高电平（3.3 V）时 LED 灯两端电压相同，无法形成压降，因此 LED 不导通，处于熄灭状态；反之当控制引脚为低电平时，LED 两端形成压降，则 D1、D2、D3 和 D4 四个 LED 点亮。

按键 KEY1、KEY2、KEY3、KEY4 分别连接到 STM32F407 微处理器的 PB12、PB13、PB14 和 PB15 引脚。按键的状态检测方式主要使用 STM32F407 通用 I/O 的引脚电平读取功能，相关引脚为高电平时引脚读取的值为 1，反之则为 0。而按键是否按下、按下前后的电平状态则需要按照实际的按键的接口电路来确认。按键接口电路如图 8.10 所示。

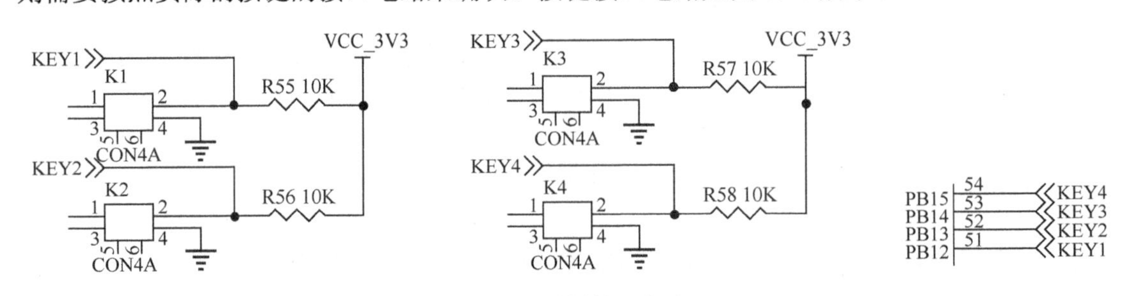

图 8.10　按键接口电路

2. 软件设计

本任务设计思路的关键是对看门狗原理的理解、对喂狗操作的触发方式以及喂狗时间的把握。独立看门狗的工作原理是：当独立看门狗开始执行时，如果在独立看门狗定时器的计数时间之内进行喂狗操作则系统会正常运行，如果在独立看门狗定时器结束前没有喂狗，那么独立看门狗将会触发系统的复位中断使系统复位。独立看门狗的喂狗操作可以通过按键来实现，由于对按键的处理程序中有消抖延时的操作，所以需要对独立看门狗定时器的时长进行合理的设置。软件设计流程如图 8.11 所示。

在软件设计中，首先初始化 LED 和按键，接着在延时后配置独立看门狗和打开 LED3，各项内容配置完成后程序通过按键检测程序是否喂狗，如果没有在设定时间内喂狗则程序复位，反之系统正常执行。

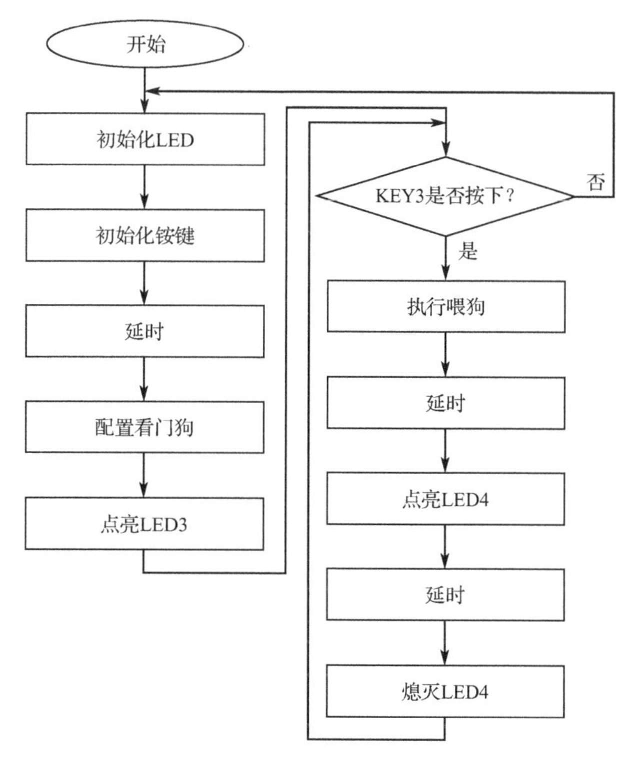

图 8.11 软件设计流程

8.4.2 功能实现

1. 主函数模块

在主函数中，首先初始化 LED、按键、独立看门狗等，接着配置 LED 初始化状态，通过 LED 的闪烁状态判断程序的重启和运行。主函数内容如下。

```
void main(void)
{
    led_init();                                 //初始化 LED 控制引脚
    key_init();                                 //初始化按键检测引脚
    delay_count(50000);                         //延时
    wdg_init(3,1000);                           //分频系数为 64，重载值为 500，溢出时间为 1 s

    turn_on(D3);                                //点亮 D3（即 LED3）
    while(1){                                   //循环体
        if(get_key_status()==K3_PREESED){       //判断 KEY3 按键是否被按下
            wdg_feed();                         //喂狗程序
        }
        delay_count(500);                       //延时
        turn_on(D4);                            //点亮 D4（即 LED4）
        delay_count(500);                       //延时
        turn_off(D4);                           //熄灭 D4
```

```
    }
}
```

2．独立看门狗初始化模块

独立看门狗的初始化相对比较简单，使能独立看门狗后对分频系数、重载值进行配置即可，配置完成后重置计数器使能独立看门狗，独立看门狗外设就算配置完成了。独立看门狗的初始化程序如下。

```
/*********************************************************************************************
* 功能：独立看门狗初始化
* 参数：prer—预分频值；rlr—计数器重载值
*********************************************************************************************/
void wdg_init(char prer,int rlr)
{
    IWDG_WriteAccessCmd(IWDG_WriteAccess_Enable);  //使能 IWDG_PR、IWDG_RLR 的写操作
    IWDG_SetPrescaler(prer);                       //设置分频系数
    IWDG_SetReload(rlr);                           //设置重载值
    IWDG_ReloadCounter();                          //计数器重载
    IWDG_Enable();                                 //使能独立看门狗
}
```

3．喂狗模块

喂狗的功能是重载独立看门狗计数器，喂狗程序如下。

```
/*********************************************************************************************
* 功能：喂狗程序
*********************************************************************************************/
void wdg_feed(void)
{
    IWDG_ReloadCounter();                          //计数器重载
}
```

4．按键状态获取模块

```
/*********************************************************************************************
* 功能：按键引脚状态
* 返回：key_status
*********************************************************************************************/
char get_key_status(void)
{
    char key_status = 0;
    if(GPIO_ReadInputDataBit(K1_PORT,K1_PIN) == 0)      //判断 PB12 引脚电平状态
    key_status |= K1_PREESED;                           //低电平 key_status bit0 位置 1
    if(GPIO_ReadInputDataBit(K2_PORT,K2_PIN) == 0)      //判断 PB13 引脚电平状态
    key_status |= K2_PREESED;                           //低电平 key_status bit1 位置 1
    if(GPIO_ReadInputDataBit(K3_PORT,K3_PIN) == 0)      //判断 PB14 引脚电平状态
    key_status |= K3_PREESED;                           //低电平 key_status bit2 位置 1
```

```
    if(GPIO_ReadInputDataBit(K4_PORT,K4_PIN) == 0)          //判断 PB15 引脚电平状态
    key_status |= K4_PREESED;                               //低电平 key_status bit3 位置 1
    return key_status;
}
```

其中 LED 驱动函数模块及延时函数模块请参考随书资源的项目开发工程源代码。

8.5　任务验证

使用 IAR 集成开发环境打环境监测点自复位设计工程，通过编译后，使用 J-Link 将程序下载到 STM32 开发平台中，并执行程序。

程序运行后，按住按键 KEY3 不放进行喂狗时，D3（即 LED3）常亮，D4（即 LED4）不停闪烁；不按住按键 KEY3 时，片刻之后程序重新启动。

8.6　任务小结

通过本任务的学习和实践，读者可以理解在实际使用环境中监测点是如何自动复位重启的，学习 STM32 微处理器的看门狗，通过使用看门狗实现对 STM32 微处理器的复位重启操作，按键作为程序运行的条件，指示灯用于反映程序运行的状态，从而达到监测点设备宕机重启的设计效果。

8.7　思考与拓展

（1）独立看门狗与窗口看门狗有哪些不同？

（2）独立看门狗的功能是什么？

（3）如何实现 STM32 看门狗的喂狗？

（4）如何驱动 STM32 的看门狗？

（5）思考看门狗还具有哪些应用场景。

（6）STM32F407 有两个看门狗，一个是独立看门狗，另一个是窗口看门狗。对于独立看门狗而言，其任务是防止程序跑飞或卡死，而窗口看门狗则主要用于监控操作系统中某些重要任务的正常执行，当重要任务无法正常执行时，则需要重新启动系统。请读者尝试利用窗口看门狗，实现一个按键控制喂狗延时，另一个按键提前喂狗的操作功能。

任务 9

视频监控中三维控制键盘的设计与实现

本任务重点学习 STM32 的串口，掌握其基本原理和通信协议，通过串口通信实现视频监控中三维控制键盘的设计。

9.1 开发场景：如何实现视频监控中三维控制键盘

随着城市的进一步发展，为了提高城市的安全性，视频监控越来越普及，视频监控中三维控制键盘通常使用串口进行通信，从而实现视频监控中的三维控制键盘的设计。

本项目将围绕这个场景展开对 STM32 串口的学习与开发。视频监控中的三维控制键盘如图 9.1 所示。

图 9.1 视频监控中的三维控制键盘

9.2 开发目标

（1）知识要点：串口的功能及类别；STM32 串口的功能和应用；串口函数库。

（2）技能要点：熟悉串口的功能及类别；掌握 STM32 串口的功能和应用；会使用串口函数库驱动 STM32 串口。

（3）任务目标：使用 STM32 模拟设备与中央控制台之间的数据交互。通过编程使用 STM32 的串口，将配置好的串口通过串口线与 PC 连接，通过 PC 上的串口工具向 STM32 发送数据。STM32 接收到数据后回显，当 STM32 通过串口接收到了特定的字符时向 PC 打印接收到的所有数据，以此实现 STM32 与 PC 的交互。

9.3 原理学习：STM32 串口

9.3.1 串口

1．串口基本概念

串口是计算机上的一种通用通信设备，大多数计算机包含 2 个基于 RS-232 的串口，串口通信协议同时也是仪器仪表设备通用的通信协议，也可以用于获取远程采集设备的数据。IEEE 488 在定义并行通信状态时，规定设备线总长不得超过 20 m；而对于串口通信而言，可达 1200 m。

通用异步收发器（Universal Asynchronous Receiver Transmitter，UART）是广泛使用的串口通信协议，UART 允许在串行链路上进行全双工的通信。基本的 UART 通信只需要发送和接收两条信号线就可以完成数据的相互通信，采用全双工形式，TXD 是 UART 发送端，RXD 是 UART 接收端。

2. 串口通信协议

串口通信也称为串行通信，其特点是：数据是按位顺序一位一位地进行发送或接收的，最少只需一根传输线即可完成；成本低但传输速度慢。串行通信的距离可以从几米到几千米；根据信息的传输方向，串行通信可以进一步分为单工、半双工和全双工三种工作方式。串行通信的分类及工作方式如图 9.2 所示。

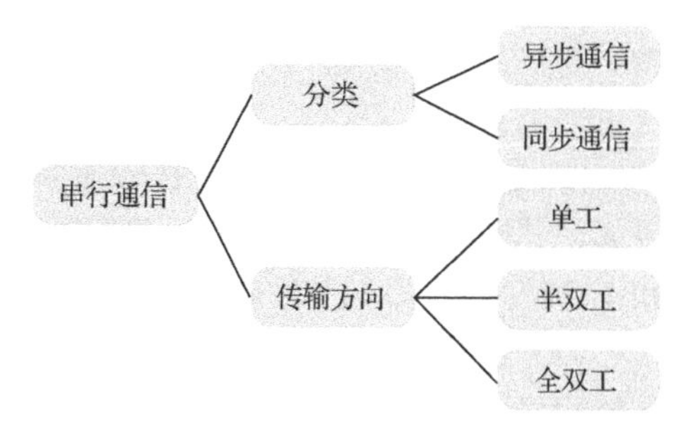

图 9.2　串行通信的分类及工作方式

串口在数据传输过程中采用串行式逐位传输方式。计算机上的 9 针 COM 端口就是串行通信接口，按通信方式的不同，串行通信可以划分为同步通信和异步通信。异步通信数据通常是以字符（或字节）组成的数据帧为单位传输的。数据帧由发送端一帧一帧地发送，通过传输线被接收端一帧一帧地接收。发送端和接收端可以由各自的时钟来控制数据的发送和接收，这两个时钟源彼此独立，互不同步。在异步通信中，单一数据帧内的每个位之间的时间间隔是一定的，而相邻数据帧之间的时间间隔是不一定。

串行通信常用的参数有波特率、数据位、停止位和奇偶校验。以下四种位组成了异步串行通信的一个数据帧：起始位、数据位、校验位、停止位，异步通信的数据帧格式如图 9.3 所示，其最大传输波特率是 115200 bps。

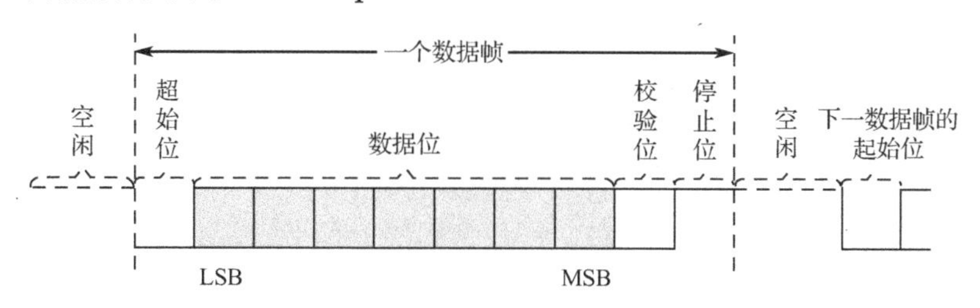

图 9.3　异步通信的数据帧格式

起始位：位于数据帧开头，只占 1 位，始终为逻辑 0，即低电平。

数据位：根据情况可取 5 位、6 位、7 位或 8 位，低位在前高位在后。若所传输数据为 ASCII 字符，则取 7 位。

校验位：仅占 1 位，用于表征串行通信中采用的是奇校验还是偶校验。

停止位：位于数据帧末尾，为逻辑 1，即高电平，通常可取 1 位、1.5 位或 2 位。

（1）比特率与波特率。在数字信道中，比特率是指数字信号的传输速率，它用单位时间内传输的二进制代码的有效位数来表示，其单位为每秒比特数（bps）、每秒千比特数（kbps）或每秒兆比特数（Mbps）。

波特率指每秒传输信号的数量，单位为波特（Baud）。在异步通信中，波特率是最重要的指标，用于表征数据的传输速率。波特率越高，数据传输速率越快。

波特率与比特率的关系为：比特率=波特率×单个调制状态对应的二进制位数。

$$I=S\log_2 N$$

式中，I 为传信率（即比特率），S 为波特率；N 为每个符号负载的信息量，以比特为单位。波特率与比特率区别如下：

① 波特率与比特率是有区别的。每秒传输二进制数的位数定义为比特率，单位是 bps。由于在单片机串行通信中传输的信号就是二进制信号，因此波特率与比特率数值上相等，单位也采用 bps。

② 波特率与字符的实际传输速率不同。字符的实际传输速率指每秒所传输字符的帧数。例如，假如数据的传输速率是 120 字符/秒，而每个字符包含 10 位（1 个起始位、8 个数据位和 1 个停止位），则其波特率为 10 bit×120 字符/s＝1200 bps。

（2）数据位。数据位是衡量通信中实际数据位的参数，当计算机发送一个信息包时，实际的数据往往不会是 8 位的，例如，如果数据使用标准 ASCII 码，那么每个数据包使用 7 位数据。

（3）停止位。停止位用于表示单个信息包的最后一位，由于数据是在传输线上定时的，并且每一个设备有其自己的时钟，在通信中两台设备间往往不同步，因此停止位不仅仅表示传输的结束，也为计算机校正时钟同步提供了机会。

（4）校验位。奇偶校验是串行通信中一种简单的检错方式，当然没有奇偶校验也是可以的。对于偶校验和奇校验的情况，串口会设置校验位（数据位后面的一位），用一个值确保传输的数据有偶数个或者奇数个逻辑高位。例如，如果数据是 01111，那么对于偶校验，校验位为 0，保证逻辑高的位数是偶数个；如果是奇校验，校验位为 1，这样就有奇数个逻辑高位（即逻辑 1）。

3. 串口的标准

根据电气标准及协议，串口可分为 RS-232、RS-422、RS-485 等标准，但这三种标准只对接口的电气特性做出规定，不涉及接插件、电缆或协议。

（1）RS-232。RS-232 称为标准串口，是最常用的一种串口，它是在 1970 年由美国电子工业协会（EIA）联合贝尔实验室、调制解调器厂家及计算机终端生产厂家共同制定的用于串行通信的标准。传统的 RS-232C 接口标准有 22 根线，采用标准 25 芯 D 形插头座（DB25），后来使用简化为 9 芯 D 形插座（DB9）。

RS-232 采取不平衡传输方式，即所谓的单端通信。由于其发送电平与接收电平的差仅为 2～3 V，其共模抑制能力差，再加上双绞线上的分布电容，其传输距离最大约为 15 m，最高速率为 20 kbps。RS-232 是为点对点通信而设计的，适合本地设备之间的通信。RS-232 接口定义如图 9.4 所示。

（2）RS-485。RS-485 是从 RS-422 的基础上发展而来的，所以 RS-485 许多电气规定与 RS-422 相同，例如都采用平衡传输方式、都需要在传输线上接终端电阻等。RS-485 可以采用二线制与四线制，二线制可实现真正的多点双向通信，而采用四线制时，与 RS-422 一样只能实现一对多的通信，即只能有一个主设备，其余为从设备，但比 RS-422 有改进，无论四线制还是二线制，总线上最多可接 32 个设备。

RS-485 与 RS-422 的不同之处在于其共模输出电压是不同的，RS-485 是-7～12 V，而 RS-422 为-7～7 V；RS-485 接收器最小输入阻抗为 12 kΩ，RS-422 是 4 kΩ。由于 RS-485 满足所有 RS-422 的规范，所以 RS-485 的驱动器可以在 RS-422 的系统中应用。

RS-485 与 RS-422 一样，其最大传输距离约为 1219 m，最大传输速率为 10 Mbps。平衡双绞线的长度与传输速率成反比，在 100 kbps 以下时，才可能使用规定的最长电缆。只有在很短的距离时才能获得最高速率传输，一般长 100 m 的双绞线最大传输速率为 1 Mbps。RS-485 接口定义如图 9.5 所示。

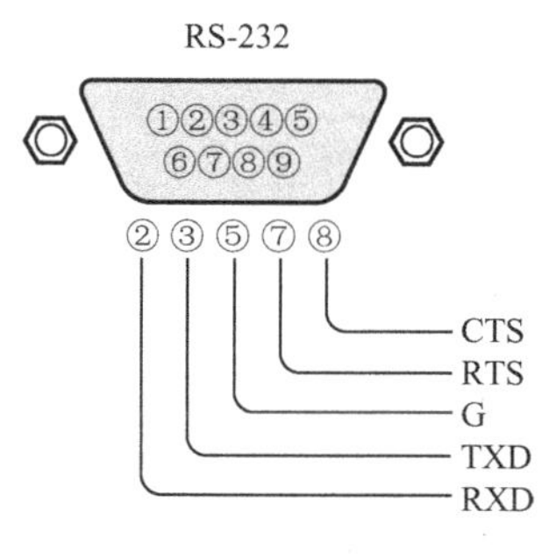

图 9.4 RS-232 接口定义

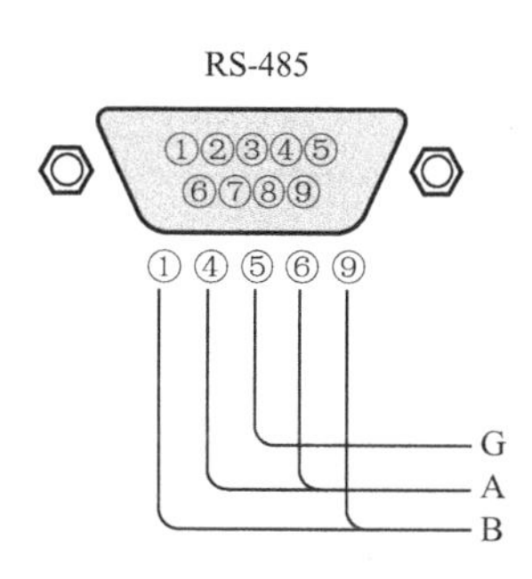

图 9.5 RS-485 接口定义

9.3.2 STM32 的 USART

STM32 的 USART 功能框图如图 9.6 所示，包含了 USART 最核心内容。

1. 功能引脚

TX：发送数据输出引脚。

RX：接收数据输入引脚。

SW_RX：数据接收引脚，只用于单线和智能卡模式，属于内部引脚。

nRTS：请求以发送（Request To Send），n 表示低电平有效。若使能 RTS 流控制，当 USART 接收器准备接收新数据时就会将 nRTS 变成低电平；当接收寄存器已满时，nRTS 将被设置为高电平。该引脚只适用于硬件流控制。

nCTS：清除以发送（Clear To Send），n 表示低电平有效。若使能 CTS 流控制，USART 发送器在发送下一帧数据之前会检测 nCTS 引脚，若为低电平，表示可以发送数据，若为高电平则在发送完当前数据帧之后停止发送。该引脚只适用于硬件流控制。

SCLK：发送器时钟输出引脚，该引脚仅适用于同步模式。

STM32F4xx 芯片的 USART 引脚如表 9.1 所示。

STM32F4xx 系统控制器有 4 个 USART 和 4 个 UART，其中 USART1 和 USART6 的时钟来源于 APB2 总线时钟，其最大频率为 90 MHz，其他 6 个的时钟来源于 APB1 总线时钟，其最大频率为 45 MHz。

UART 只是异步传输功能，所以没有 SCLK、nCTS 和 nRTS 功能引脚。

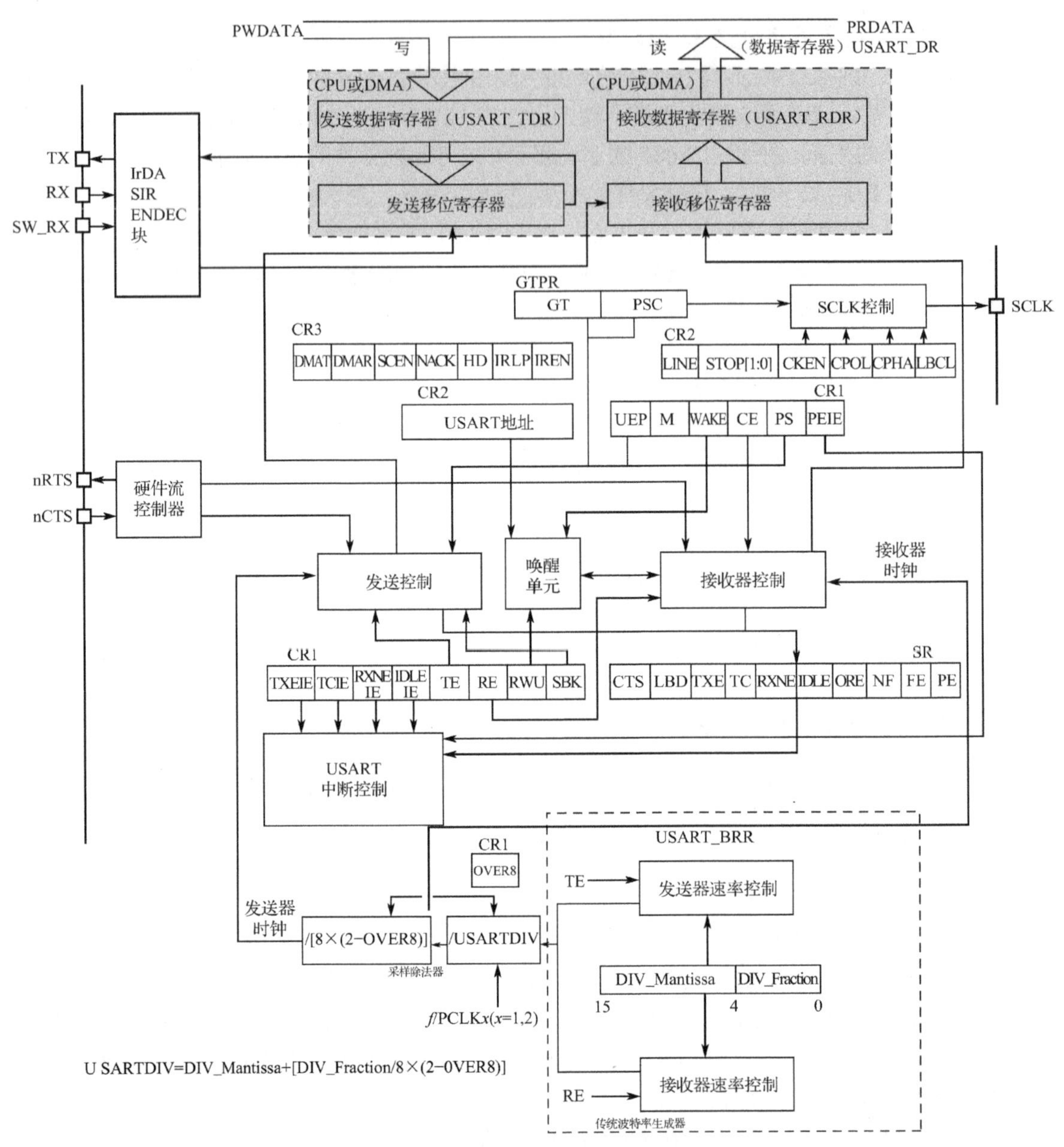

图 9.6 STM32 的 USART 功能框图

观察表 9.1 可发现，很多 USART 的功能引脚有多个引脚可选，这非常方便硬件设计，只要在程序编程时通过软件绑定引脚即可。

表 9.1 STM32F4xx 芯片的 USART 引脚

引脚名称	APB2（最高 90 MHz）		APB1（最高 45 MHz）					
	USART1	USART6	USART2	USART3	USART4	USART5	USART7	USART8
TX	PA9/PB6	PC6/PG14	PA2/PD5	PB10/PD8/PC10	PA0/PC10	PC12	PF7/PE8	PE1
RX	PA10/PB7	PC7/PG9	PA3/PD6	PB11/PD9/PC11	PA1/PC11	PD2	PF6/PE7	PE0

续表

引脚名称	APB2（最高 90 MHz）		APB1（最高 45 MHz）					
	USART1	USART6	USART2	USART3	USART4	USART5	USART7	USART8
SCLK	PA8	PG7/PC8	PA4/PD7	PB12/PD10/PC12				
nCTS	PA11	PG13/PG15	PA0/PD3	PB13/PD11				
nRTS	PA12	PG8/PG12	PA1/PD4	PB14/PD12				

2．数据寄存器

USART 数据寄存器（USART_DR）只有低 9 位有效，并且第 9 位数据是否有效要取决于 USART 控制寄存器 1（USART_CR1）中 M 位的设置，当 M 位为 0 时表示 8 位数据字长，当 M 位为 1 表示 9 位数据字长，一般使用 8 位数据字长。

USART_DR 包含了已发送的数据或者接收到的数据。USART_DR 实际是包含了两个寄存器，一个是专门用于发送的可写 USART_TDR，另一个是专门用于接收的可读 USART_RDR。当进行发送操作时，往 USART_DR 写入数据会自动存储在 USART_TDR 内；当进行读取操作时，向 USART_DR 读取数据会自动提取 USART_RDR 中的数据。

USART_TDR 和 USART_RDR 介于系统总线和移位寄存器之间，串行通信是一位一位地传输数据的，发送时把 USART_TDR 中的数据转移到发送移位寄存器，然后把发送移位寄存器数据按位发送出去；接收时先把接收到的数据按位的顺序保存在接收移位寄存器内然后转移到 USART_RDR 中。

USART 支持 DMA 传输，可以实现高速数据传输。

3．发送控制

发送器可发送 8 位或 9 位的数据字，具体取决于 USART_CR1[M]的状态。发送使能位（USART_CR1[TE]）置 1 时，发送移位寄存器中的数据在 TX 引脚输出，相应的时钟脉冲在 SCLK 引脚输出。USART 有专门控制发送的发送器、控制接收的接收器，还有唤醒单元、中断控制等。

一个字符帧（也称为数据帧）发送需要三个部分：起始位+数据位+停止位。起始位是一个位周期的低电平，位周期就是每一位占用的时间；数据位就是要发送的 8 位或 9 位数据，数据是从最低位开始传输的；停止位是一定时间周期的高电平。

停止位时间长短可以通过 USART 控制寄存器 2（USART_CR2）的 STOP[1:0]位控制，可选 0.5 位、1 位、1.5 位和 2 位，默认使用 1 位，2 位适用于正常 USART 模式、单线模式和调制解调器模式，0.5 位和 1.5 位适用于智能卡模式。

当选择 8 位字长，使用 1 位停止位时，发送数据帧的时序图如图 9.7 所示。

当发送使能位置 1 后，发送器开始会先发送一个空闲帧（一个数据帧长度的高电平），接下来就可以往 USART_DR 中写入要发送的数据。在写入最后一个数据后，需要等待 USART 状态寄存器（USART_SR）的 TC 位置 1，以表示数据传输完成，若 USART_CR1 的 TCIE 位置 1，将产生中断。

在发送数据时，编程有几个比较重要的发送标志位，如表 9.2 所示。

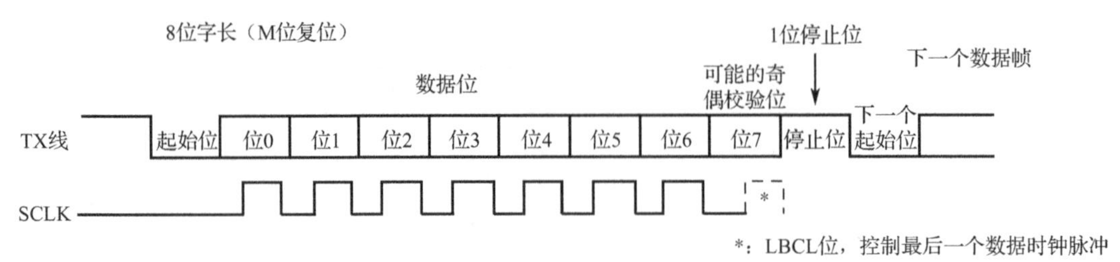

图 9.7　发送数据帧的时序图

表 9.2　发送标志位

名　称	描　述	名　称	描　述
TE	发送使能	TXE	发送寄存器为空，发送单个字节时使用
TC	发送完成，发送多个字节时使用	TXIE	发送完成中断使能

若将 USART_CR1 的 RE 位置 1，则使能 USART 接收，使得接收器在 RX 线开始搜索起始位。在确定到起始位后就根据 RX 线电平状态把数据存放在接收移位寄存器中。

接收完成后就把接收移位寄存器数据移到 USART_RDR 中，并把 USART_SR 的 RXNE 位置 1，若 USART_CR2 的 RXNEIE 同时置 1，则可以产生中断。

在发送 USART 发送期间，首先通过 TX 引脚移出数据的最低有效位，该模式下，USART_DR 的寄存器（USART_TDR）位于内部总线和发送移位寄存器之间。

每个数据帧前面都有一个起始位，其逻辑电平在一个位周期内为低电平。数据帧由可配置数量的停止位终止。发送与接收过程如图 9.8 所示。

发送步骤如下：

（1）通过向 USART_CR1 的 UE 位写 1 来使能 USART。

（2）对 USART_CR1 的 M 位进行编程以定义字长。

（3）对 USART_CR2 的停止位数量进行编程配置。

（4）如果要进行多缓冲区通信，请将 USART_CR3 的 DMAT 位置 1，以使能 DMA。按照多缓冲区通信中的说明配置 DMA 的寄存器。

（5）使用 USART_BRR 选择所需的波特率。

（6）将 USART_CR1 的 TE 位置 1，以便在首次发送时发送一个空闲帧。

4．接收控制

USART 可接收 8 位或 9 位的数据字，具体取决于 USART_CR1 中的 M 位。起始位检测 16 倍或 8 倍过采样时，起始位检测序列是相同的。

在 USART 中，识别出特定序列的采样时会检测起始位，该序列为“1110x0x0x0000”。

在 USART 接收期间，首先通过 RX 引脚移入数据的最低有效位，该模式下，USART_DR 中的寄存器（USART_RDR）位于内部总线和接收移位寄存器之间。步骤如下：

（1）通过向 USART_CR1 的 UE 位写 1 使能 USART。

（2）对 USART_CR1 的 M 位进行编程以定义字长。

（3）对 USART_CR2 中的停止位数量进行编程。

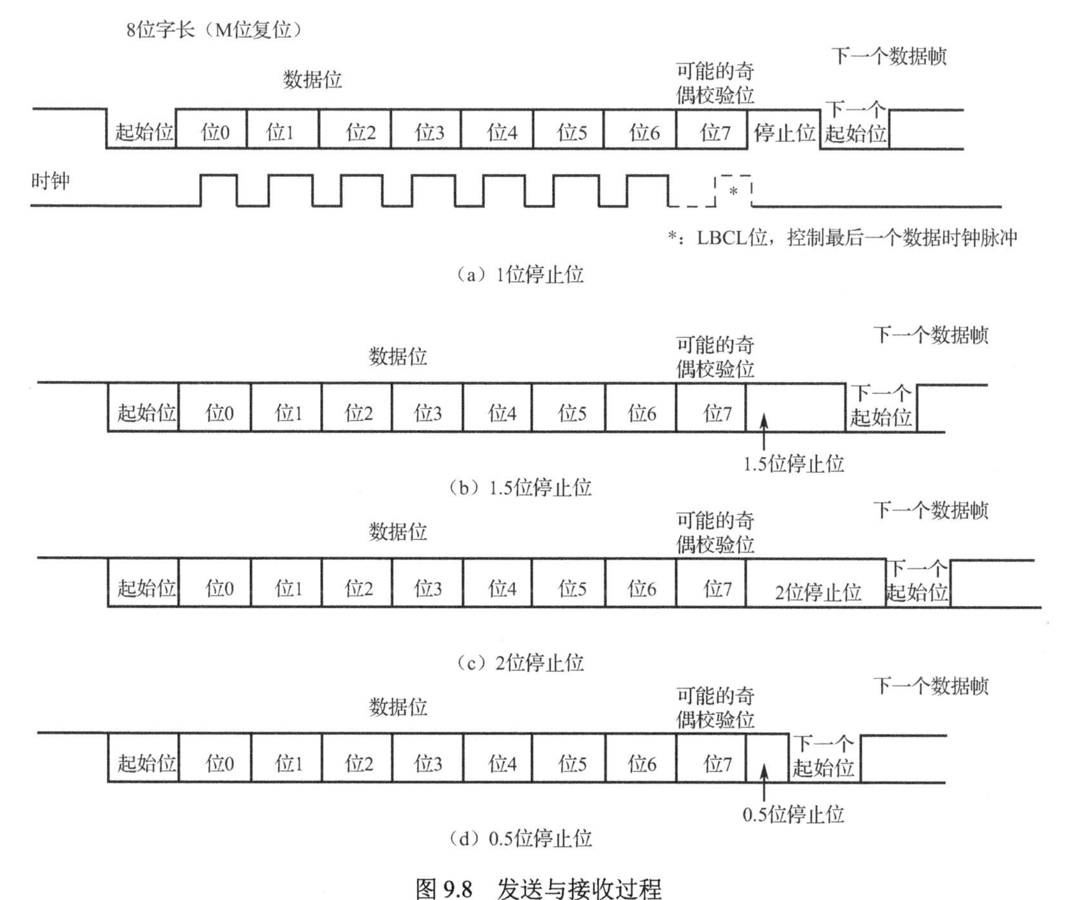

图 9.8　发送与接收过程

（4）如果将进行多缓冲区通信，请将 USART_CR3 的 DMAR 位置 1，以使能 DMA。按照多缓冲区通信中的说明配置 DMA 的寄存器。

（5）使用波特率寄存器（USART_BRR）选择所需的波特率。

（6）将 USART_CR1 的 RE 位置 1，这一操作将使能接收器开始搜索起始位。

接收到字符时，RXNE 位置 1，表明移位寄存器的内容已传输到 USART_RDR。也就是说，已接收到并可读取数据及其相应的错误标志。如果 RXNEIE 位置 1，则会生成中断。如果接收期间已检测到帧错误、噪声错误或上溢错误，则错误标志位置 1。在多缓冲区模式下，每接收到一个字节后 RXNE 位均置 1，然后通过 DMA 对数据寄存器执行读操作清 0；在单缓冲区模式下，通过软件对 USART_DR 执行读操作将 RXNE 位清 0。RXNE 标志也可以通过向该位写入 0 来清 0，RXNE 位必须在接收下一个字符前清 0，以避免发生上溢错误。

注意：在接收数据时，不应将 RE 位复位。如果在接收期间禁止了 RE 位，则会中止当前字节的接收。

在接收数据时，编程时有几个比较重要的接收标志位，如表 9.3 所示。

为了得到一个信号的真实情况，需要用一个比这个信号频率高的采样信号去检测，称为过采样，这个采样信号的频率大小决定最后得到源信号的准确度，一般频率越高得到的准确度越高，但得到频率越高的采样信号越困难，运算量和功耗等也会增加，所以一般选择采样信号即可。

表 9.3　接收标志位

名　称	描　述
RE	接收使能
RXNE	读数据寄存器非空
RXBEIE	发送完成中断使能

接收器可配置不同的过采样方法，以便从噪声中提取有效的数据。USART_CR1 的 OVER8 位用来选择不同的采样方法，若 OVER8 位设置为 1 则采用 8 倍过采样，即用 8 个采样信号采样一位数据；若 OVER8 位设置为 0 则采用 16 倍过采样，即用 16 个采样信号采样一位数据。

USART 的起始位检测需要用到特定序列，若在 RX 线识别到该特定序列就认为检测到了起始位。起始位检测对使用 16 倍或 8 倍过采样的序列都是一样的，该特定序列为“1110x0x0x0000”，其中，x 表示电平，1 或 0 皆可。8 倍过采样速度更快，最高速度可达 $f_{PCLK}/8$，f_{PCLK} 为 USART 时钟。8 倍过采样过程如图 9.9 所示，使用第 4、5、6 次脉冲的值决定该位的电平状态。

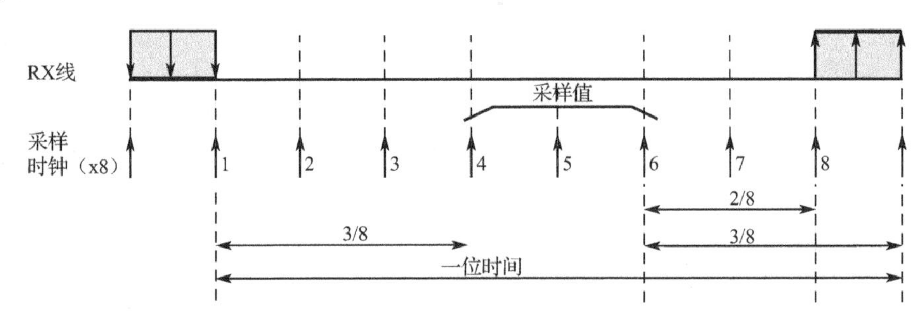

图 9.9　8 倍过采样过程

16 倍过采样速度虽然没有 8 倍过采样那么高，但得到的数据更加准准，其最大速度为 $f_{PCLK}/16$。16 倍过采样过程如图 9.10 所示，使用第 8、9、10 次脉冲的值决定该位的电平状态。

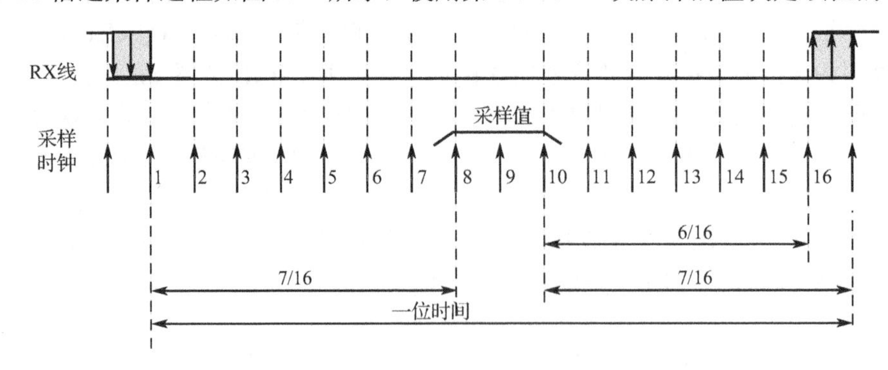

图 9.10　16 倍过采样过程

5. 小数波特率生成

波特率指数据信号对载波的调制速率，它用单位时间内载波调制状态改变的次数来表示，单位为波特每秒。比特率指单位时间内传输的比特数，单位为 bps。对于 USART，波特率与比特率相等，因为可以不区分这两个概念。波特率越大，传输速率越快。

USART 的发送器和接收器使用相同的波特率，计算公式如下：

$$波特率=\frac{f_{CK}}{8\times(2-OVER8)\times USARTDIV}$$

式中，f_{CK}为 USART 时钟；OVER8 为 USART_CR1 的 OVER8 位对应的值，USARTDIV 是一个存放在波特率寄存器（USART_BRR）的一个无符号定点数。其中 DIV_Mantissa[11:0]位定义 USARTDIV 的整数部分；DIV_Fraction[3:0]位定义 USARTDIV 的小数部分，该位只有在 OVER8 位为 0 时有效，否则必须清 0。

波特率的常用值有 2400、9600、19200、115200。下面通过实例讲解如何通过设定寄存器值来得到波特率的值。

USART1 和 USART6 使用 APB2 总线时钟，最大频率可达 90 MHz，其他的 USART 的最大频率为 45 MHz。以 USART1 为例，即f_{CK}=90 MHz，当使用 16 倍过采样时，即 OVER8=0，为得到 115200 bps 的波特率，可知：

$$115200=\frac{90000000}{8\times2\times USARTDIV}$$

解得 USARTDIV=48.825125，可算得 DIV_Fraction=0xD，DIV_Mantissa=0x30，即应该设置 USART_BRR 的值为 0x30D。

6．校验控制

STM32 的 USART 支持奇偶校验。当使用校验位时，串口传输的长度将是 8 位的数据位加上 1 位的校验位，共 9 位，此时 USART_CR1 的 M 位需要设置为 1，即 9 数据位。将 USART_CR1 的 PCE 位置 1 就可以启动奇偶校验控制，奇偶校验由硬件自动完成。启动了奇偶校验控制之后，在发送数据帧时会自动添加校验位，接收数据时自动验证校验位。接收数据时若出现奇偶校验位验证失败，会将 USART_SR 的 PE 位置 1，从而产生奇偶校验中断。

（1）偶校验。对奇偶校验位进行计算，使帧和奇偶校验位中“1”的数量为偶数（帧由 7 个或 8 个 LSB 位组成，具体取决于 M 等于 0 还是 1）。例如，数据=00110101，4 个位为 1，如果选择偶校验（USART_CR1 的 PS 位为 0），则校验位是 0。

（2）奇校验。对奇偶校验位进行计算，使帧和奇偶校验位中“1”的数量为奇数（帧由 7 个或 8 个 LSB 位组成，具体取决于 M 等于 0 还是 1）。例如，数据=00110101，4 个位为 1，如果选择奇校验（USART_CR1 的 PS 位为 1），则校验位是 1。

使能了奇偶校验控制后，每个数据帧的格式将变成：起始位+数据位+校验位+停止位。

（3）接收时进行奇偶校验检查。如果奇偶校验检查失败，则将 USART_SR 的 PE 标志位置 1；如果 USART_CR1 PEIE 位置 1，则会生成中断。PE 标志位由软件序列清 0（从状态寄存器中读取，然后对 USART_DR 执行读或写访问）。

注意：如果被地址标记唤醒，会使用数据的 MSB 位而非奇偶校验位来识别地址。此外，接收器不会对地址数据进行奇偶校验检查（奇偶校验出错时，PE 不置 1）。

（4）发送时奇偶校验。如果 USART_CR1 的 PCE 位置 1，则在 USART_DR 中所写入数据的 MSB 位会进行传输，但是会由奇偶校验位进行更改，如果选择偶校验（PS=0），则“1”

的数量为偶数；如果选择奇校验（PS=1），则“1”的数量为奇数。

7. 中断控制

USART 有多个中断请求事件，具体如表 9.4 所示。

表 9.4　USART 中断请求事件

序　号	中 断 事 件	中 断 标 志	启用控制位
1	传输数据寄存器为空	TXE	TXEIE
2	CTS 标志	CTS	CTSIE
3	传输完成	TC	TCIE
4	收到的数据准备好被读取	RXNE	RXNEIE
5	检测到溢出错误	ORE	
6	检测到空闲线路	IDLE	IDLEIE
7	奇偶错误	PE	PEIE
8	中断标记	LBD	LBDIE
9	噪声标志、溢出错误或多缓冲区通信中的帧错误	NF、ORE 或 FE	EIE

USART 中断请求事件被连接到相同的中断向量，如图 9.11 所示。

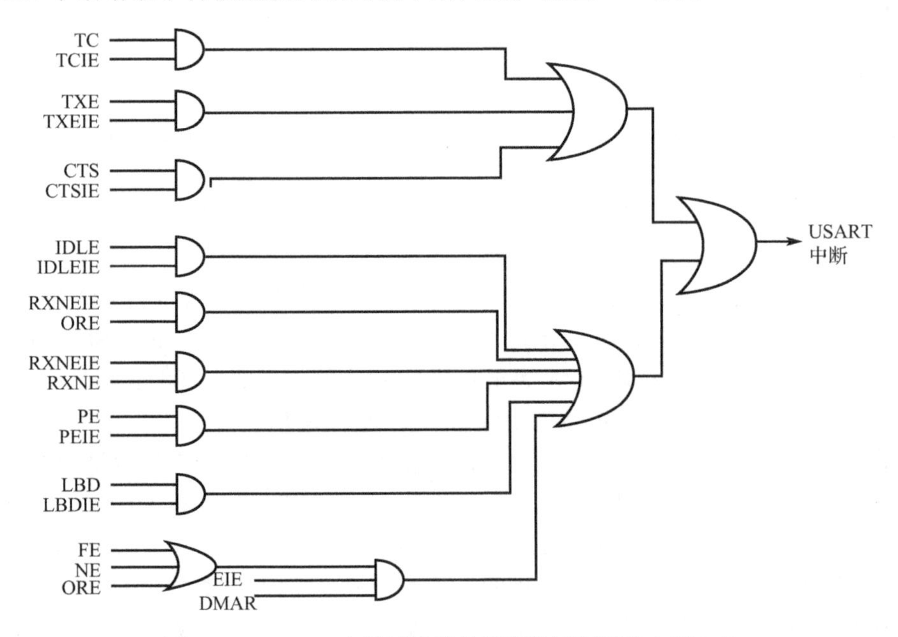

图 9.11　USART 中断请求事件被连接到相同的中断向量

发送期间的中断请求事件有发送完成、清除已发送或发送数据寄存器为空中断；接收期间的中断请求事件有空闲线路检测、上溢错误、接收数据寄存器不为空、奇偶校验错误、LIN 断路检测、噪声标志（仅限多缓冲区通信）和帧错误（仅限多缓冲区通信）。

9.3.3　STM32 串口库函数

标准库函数对每个外设都建立了一个初始化结构体，如 USART_InitTypeDef，结构体成员用于设置外设工作参数，并由外设初始化配置函数（如 USART_Init()）调用，这些参数将会设置外设相应的寄存器，达到配置外设工作环境的目的。

配合使用初始化结构体和初始化库函数是标准库精髓所在，理解了初始化结构体中的每个成员变量的含义后就可以对该外设进行设置了。初始化结构体定义在 stm32f4xx_usart.h 文件中，初始化库函数定义在 stm32f4xx_usart.c 文件中。USART 初始化结构体为：

```
typedef struct {
    uint32_t USART_BaudRate;                    //波特率
    uint16_t USART_WordLength;                  //字长
    uint16_t USART_StopBits;                    //停止位
    uint16_t USART_Parity;                      //校验位
    uint16_t USART_Mode;                        //USART 工作模式
    uint16_t USART_HardwareFlowControl;         //硬件流控制
} USART_InitTypeDef;
```

（1）USART_BaudRate：用于设置波特率，一般设置为 2400、9600、19200、115200。标准库函数会根据设定值计算得到 USARTDIV 值，并设置 USART_BRR。

（2）USART_WordLength：用于设置数据帧字长，可选 8 位或 9 位，它设定 USART_CR1 的 M 位的值。若没有使能奇偶校验控制，一般使用 8 数据位；若使能奇偶校验，则一般设置为 9 数据位。

（3）USART_StopBits：用于设置停止位，可选 0.5 位、1 位、1.5 位和 2 位停止位，它设定 USART_CR2 的 STOP[1:0]位的值，一般选择 1 位停止位。

（4）USART_Parity：用于设置奇偶校验控制，可选 USART_Parity_No（无校验）、USART_Parity_Even（偶校验）以及 USART_Parity_Odd（奇校验），它设定 USART_CR1 的 PCE 位和 PS 位的值。

（5）USART_Mode：用于设置 USART 工作模式，有 USART_Mode_Rx 和 USART_Mode_Tx，允许使用逻辑或运算选择两个，它设定 USART_CR1 的 RE 位和 TE 位。

（6）USART_HardwareFlowControl：用于设置硬件流控制，只有在硬件流控制模式才有效，可选使能 RTS、使能 CTS、同时使能 RTS 和 CTS、不使能硬件流。

当使用同步模式时需要配置 SCLK 引脚输出脉冲的属性，标准库是通过使用一个时钟初始化结构体 USART_ClockInitTypeDef 来设置的，因此该结构体内容也只有在同步模式才需要设置。

USART 时钟初始化结构体为：

```
typedef struct {
    uint16_t USART_Clock;                 //时钟使能控制
    uint16_t USART_CPOL;                  //时钟极性
    uint16_t USART_CPHA;                  //时钟相位
    uint16_t USART_LastBit;               //末位时钟脉冲
} USART_ClockInitTypeDef;
```

（1）USART_Clock：用于同步模式下 SCLK 引脚上时钟输出使能控制，可选禁止时钟输出（USART_Clock_Disable）或开启时钟输出（USART_Clock_Enable）；若使用同步模式发送，一般都需要开启时钟。它设定 USART_CR2 的 CLKEN 位的值。

（2）USART_CPOL：用于同步模式下 SCLK 引脚上输出时钟极性设置，设置在空闲时 SCLK 引脚为低电平（USART_CPOL_Low）或高电平（USART_CPOL_High）。它设定 USART_CR2 的 CPOL 位的值。

（3）USART_CPHA：用于同步模式下 SCLK 引脚上输出时钟相位设置，可设置在时钟第一个变化沿捕获数据（USART_CPHA_1Edge）或在时钟第二个变化沿捕获数据。它设定 USART_CR2 的 CPHA 位的值。USART_CPHA 与 USART_CPOL 配合使用可以获得多种模式时钟关系。

（4）USART_LastBit：用于选择在发送最后一个数据位时时钟脉冲是否在 SCLK 引脚输出，可以是不输出脉冲（USART_LastBit_Disable）、输出脉冲（USART_LastBit_Enable）。它设定 USART_CR2 的 LBCL 位的值。

9.4 任务实践：视频监控中三维控制键盘的软/硬件设计

9.4.1 开发设计

1．硬件设计

本任务的硬件架构设计如图 9.12 所示。

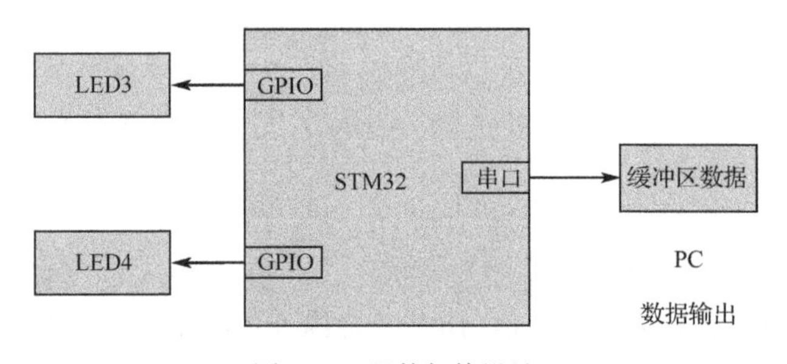

图 9.12　硬件架构设计

2．软件设计

本任务的软件设计思路从 PC 与开发平台之间的通信原理开始。PC 与开发平台之间是通过 USB 连接线连接的，USB 连接线连接到开发平台上后，电路通过 USB 转 TTL 电平的 CP2102 电平转换芯片与 STM32F407 的串口相连，因此 PC 与开发平台的通信实际是通过串口来实现的，要实现两者的通信就需要对两者的串口进行设置。在开发平台端需要对 STM32 的串口进行配置，配置时需要注意串口的相关配置，如串口模式、波特率、有效位、数据位、停止位、校验位等；而 PC 端则对相关的串口工具进行配置，配置时需要与开发平台的串口配置信息保持一致。

软件设计流程如图 9.13 所示。

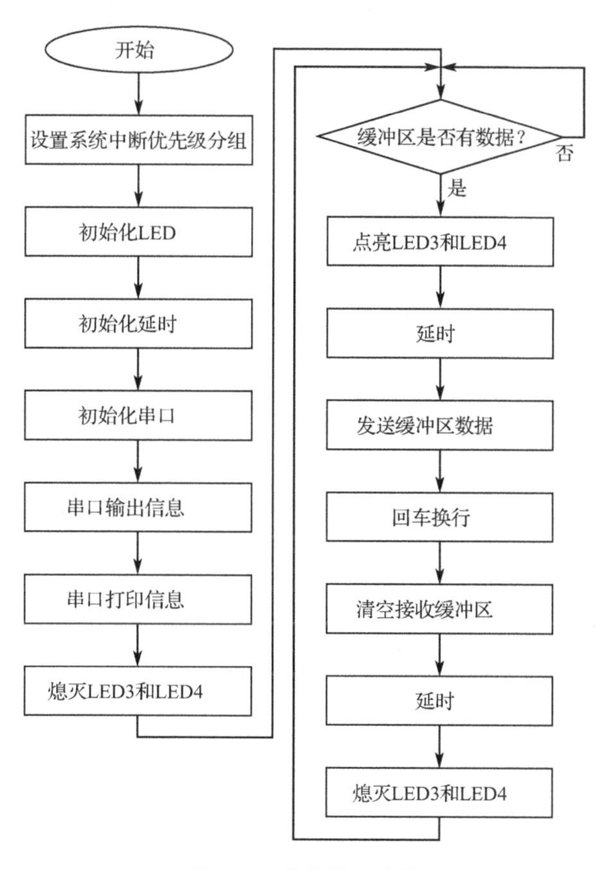

图 9.13　软件设计流程

9.4.2　功能实现

1. 主函数模块

在主函数中，首先设置系统中断优先级分组，然后初始化相应的硬件外设和延时。在主循环中，如果检测到串口接收的数据长度不为空，那么表示串口接收到数据，将数据发送到 PC 的同时闪烁 LED。主函数内容如下。

```
void main(void)
{
    NVIC_PriorityGroupConfig(NVIC_PriorityGroup_2);                //设置系统中断优先级分组 2
    led_init();                                                    //初始化 LED
    delay_count(168);                                              //初始化延时
    usart_init(115200);                                            //初始化串口
    printf("Hello IOT!\r\n\r\n");                                  //串口输出信息
    usart_send("Usart is ready!\r\n",strlen("Usart is ready!\r\n")); //串口打印出提示信息
    turn_off(0x0f);                                                //熄灭 LED
```

```
    for(;;){                                              //无限循环
        if(Usart_len){                                    //如果串口接收缓冲区有数据
            turn_on(D3);                                  //点亮 LED3
            turn_on(D4);                                  //点亮 LED4
            delay_count(20);                              //延时
            printf((char*)USART_RX_BUF);                  //将接收缓冲区的数据发送出去
            usart_send(USART_RX_BUF,Usart_len);           //将接收到的数据发送给 PC
            printf("\r\n");                               //回车换行
            clean_usart();                                //清空接收缓冲区
            delay_count(200);                             //延时
            turn_off(D3);                                 //熄灭 LED3
            turn_off(D4);                                 //熄灭 LED4
        }
    }
}
```

2．串口初始化模块

在串口初始化函数中，首先初始化结构体，配置相关的引脚为复用模式，然后初始串口的相关配置，配置完成后配置串口的中断触发事件，最后使能串口。串口初始化程序如下。

```
unsigned char Usart_len=0;                          //接收缓冲区当前数据长度
unsigned char USART_RX_BUF[USART_REC_MAX]; //接收缓冲，最大为 USART_REC_LEN 个字节
/*********************************************************************************
* 功能：将 USART1 映射到 printf 函数
*********************************************************************************/
int fputc(int ch, FILE *f)
{
    while((USART1→SR&0x40)==0);                     //循环发送，直到发送完毕
    USART1→DR = (unsigned char) ch;
    return ch;
}
/*********************************************************************************
* 功能：USART1 初始化
* 参数：Bound—波特率
*********************************************************************************/
void usart_init(unsigned int bound){
    //GPIO 端口设置
    GPIO_InitTypeDef GPIO_InitStructure;
    USART_InitTypeDef USART_InitStructure;
    NVIC_InitTypeDef NVIC_InitStructure;
    RCC_AHB1PeriphClockCmd(RCC_AHB1Periph_GPIOA,ENABLE);       //使能 GPIOA 时钟
    RCC_APB2PeriphClockCmd(RCC_APB2Periph_USART1,ENABLE);      //使能 USART1 时钟
```

```
    //串口 1 对应引脚复用映射
    GPIO_PinAFConfig(GPIOA,GPIO_PinSource9,GPIO_AF_USART1);         //GPIOA9 复用为 USART1
    GPIO_PinAFConfig(GPIOA,GPIO_PinSource10,GPIO_AF_USART1);        //GPIOA10 复用为 USART1
    //USART1 端口配置
    GPIO_InitStructure.GPIO_Pin = GPIO_Pin_9 | GPIO_Pin_10;          //GPIOA9 与 GPIOA10
    GPIO_InitStructure.GPIO_Mode = GPIO_Mode_AF;                     //复用功能
    GPIO_InitStructure.GPIO_Speed = GPIO_Speed_50MHz;                //频率为 50 MHz
    GPIO_InitStructure.GPIO_OType = GPIO_OType_PP;                   //推挽复用输出
    GPIO_InitStructure.GPIO_PuPd = GPIO_PuPd_UP;                     //上拉
    GPIO_Init(GPIOA,&GPIO_InitStructure);                            //初始化 PA9、PA10
    //USART1 初始化设置
    USART_InitStructure.USART_BaudRate = bound;                      //设置波特率
    USART_InitStructure.USART_WordLength = USART_WordLength_8b;      //8 位数据格式
    USART_InitStructure.USART_StopBits = USART_StopBits_1;           //1 位停止位
    USART_InitStructure.USART_Parity = USART_Parity_No;              //无奇偶校验位
    //无硬件数据流控制
    USART_InitStructure.USART_HardwareFlowControl = USART_HardwareFlowControl_None;
    //收发模式
    USART_InitStructure.USART_Mode = USART_Mode_Rx | USART_Mode_Tx;
    USART_Init(USART1, &USART_InitStructure);                        //根据上述配置初始化串口 1
    //Usart1 NVIC 配置
    NVIC_InitStructure.NVIC_IRQChannel = USART1_IRQn;                //串口 1 中断通道
    NVIC_InitStructure.NVIC_IRQChannelPreemptionPriority=0;          //抢占优先级 0
    NVIC_InitStructure.NVIC_IRQChannelSubPriority =1;                //子优先级 1
    NVIC_InitStructure.NVIC_IRQChannelCmd = ENABLE;                  //IRQ 通道使能
    NVIC_Init(&NVIC_InitStructure);                          //根据指定的参数初始化 NVIC
    USART_ITConfig(USART1, USART_IT_RXNE, ENABLE);                   //开启串口 1 接收中断
    USART_Cmd(USART1, ENABLE);                                       //使能串口 1
}
```

3. 串口中断服务程序模块

串口的中断服务程序用于检测串口的接收中断，当串口接收到数据后将会触发串口中断。在中断服务程序中将接收到的数据提取出来存放在缓冲数据中。串口中断服务程序如下。

```
/*********************************************************************************
* 功能：串口中断服务程序
*********************************************************************************/
void USART1_IRQHandler(void)
{
    if(USART_GetITStatus(USART1, USART_IT_RXNE) != RESET){           //如果收到数据(接收中断)
        USART_ClearFlag(USART1, USART_IT_RXNE);                      //清除接收中断标志位
        if(Usart_len < USART_REC_MAX)
        USART_RX_BUF[Usart_len++] = USART_ReceiveData(USART1);  //将数据放入接收缓冲区
```

```
        }
}
```

4. 串口数据发送模块

串口在接收到完整的数据后，通过使用串口数据发送函数将数据发送出去，串口数据发送函数如下。

```
/*********************************************************************************************
* 功能：串口 1 发送数据
* 参数：s—待发送的数据指针；len—待发送的数据长度
*********************************************************************************************/
void usart_send(unsigned char *s,unsigned char len)
{
        for(unsigned char i = 0;i < len;i++){
                USART_SendData(USART1, *(s+i));
                while(USART_GetFlagStatus(USART1, USART_FLAG_TXE ) == RESET);
        }
}
```

5. 串口数据清除模块

串口缓冲区通过使用串口数据清除函数清空，串口数据清除函数如下。

```
/*********************************************************************************************
* 功能：清除串口缓冲区
*********************************************************************************************/
void clean_usart(void)
{
        memset(USART_RX_BUF,0,Usart_len);
        Usart_len = 0;
}
```

其中 LED 驱动函数模块、按键驱动函数模块以及延时函数模块请参考随书资源的项目开发工程源代码。

9.5 任务验证

使用 IAR 集成开发环境打开视频监控中三维控制键盘控制与实现代码，通过编译后，使用 J-Link 将程序下载到 STM32 开发平台中，暂不执行程序。

使用串口线连接 STM32 开发平台与 PC，打开串口工具并配置波特率为 115200、8 位数据位、无奇偶校验位、1 位停止位，取消十六进制显示，设置完成后运行程序。

程序运行首先通过串口向 PC 打印“Hello IOT!”“Usart is ready!”字符串，随后进入循环体，将 PC 传过来的数据在通过串口打印到 PC 上。串口数据收发验证效果如图 9.14 所示。

图 9.14　串口数据收发验证效果

9.6　任务小结

通过本任务，读者可以理解 STM32 串口的工作原理和功能特点，通过对串口的学习，可掌握其参数和库函数，并掌握 STM32 串口的数据收发过程，通过使用 STM32 库函数实现与 PC 间进行通信，从而实现设备与主机间的数据交互模拟。

9.7　思考与拓展

（1）串口通信协议有什么特点？

（2）STM32 的串口需要配置哪些参数？

（3）请列举几个常见的串口实例。

（4）如何驱动 STM32 的串口？

（5）当两个设备之间建立起连接后，两者的功能性就大大增强，例如工控领域中央控制台通过串口向其他设备发送数据以配置生产参数。以生产线设备控制为目标，实现 PC 通过串口向 STM32 发送数据，STM32 接收到数据后控制 RGB 灯的颜色并反馈控制结果的远程控制效果。

任务 10

农业大棚环境信息采集系统的设计与实现

本任务重点学习 STM32 的 I2C 总线，掌握 STM32 的 I2C 总线的基本原理和通信协议，通过 I2C 总线来实现农业大棚环境信息采集系统的设计。

10.1 开发场景：如何采集温湿度信息

农业技术不断发展，现代农业大棚受到的自然环境的影响越来越小，收成越来越高，这其中的主要原因是现代农业大棚智能化了。现代农业大棚采用了一套集成了环境采集系统和大棚内部环境干预系统的综合环境维持系统，为了维持这套综合环境维持系统，在农业大棚内安装了一定数量的环境检测传感器，实现了对农业大棚内环境无死角的实时检测。这些传感器不光数量众多而且种类也众多，如何在尽量少使用嵌入式处理芯片的情况下获得更多的数据，最有效的方法就是采用总线连接。通过使用 I2C 总线可以一条总线连接多个 I2C 设备，从而达到高效采集数据的目的。.

图 10.1　农业大棚

本项目将围绕这个场景展开对 I2C 的学习与开发。农业大棚如图 10.1 所示。

10.2 开发目标

（1）知识要点：I2C 总线概念、工作原理；使用 STM32 的 I/O 模拟 I2C 总线；I2C 总线库函数。

（2）技能要点：理解 I2C 总线概念、工作原理；掌握使用 STM32 的 I/O 模拟 I2C 总线的方法；掌握库函数驱动 I2C 总线的方法。

（3）任务目标：自动化农业大棚生产企业要设计一套集成了环境采集系统和大棚内部环境干预系统的综合环境维持系统，要求使用 STM32 微处理器 I2C 接口采集温湿度传感器的数据，数据可通过显示屏实时显示出来。

10.3　原理学习：STM32 的 I2C 模块和温湿度传感器

10.3.1　I2C 总线

1. I2C 总线概述

串行总线在微处理器系统中的应用是目前微处理器技术发展的一种趋势。在目前比较流行的几种串行扩展总线中，I2C（Inter-Integrated Circuit）总线以其严格的规范和众多带 I2C 接口的外围器件而获得了广泛的应用。

I2C 总线是一种由 PHILIPS 公司开发的二线式串行总线，用于连接微处理器及其外围设备，由数据线 SDA 和时钟 SCL 构成的串行总线，可发送和接收数据。

在微处理器与被控IC之间、IC与IC之间进行双向传输时，高速I2C总线一般可达400 kbps以上。I2C 通信设备之间常用的连接方式如图 10.2 所示。

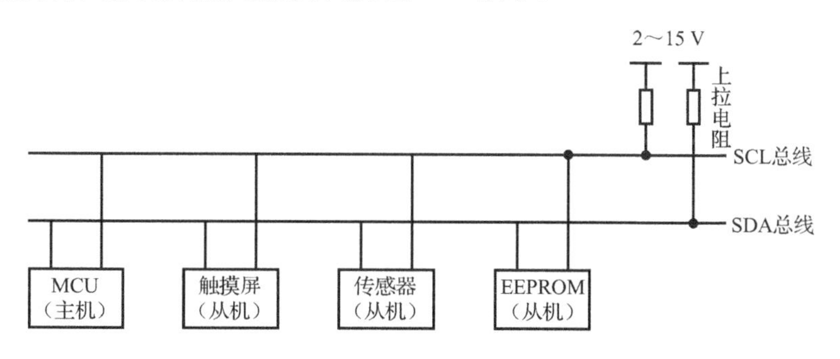

图 10.2　I2C 通信设备之间常用的连接方式

I2C 总线的特点如下：

（1）它是一个支持多设备的总线。总线上多个设备共用的信号线，在一条 I2C 总线中，可连接多个 I2C 通信设备，支持多个主机和多个从机。

（2）一条 I2C 总线只使用两条线路，一条是双向串行数据线（SDA），另一条是串行时钟线（SCL）。双向串行数据线用于传输数据，串行时钟线用于数据收发同步。

（3）每个连接到总线的设备都有一个独立的地址，主机可以利用这个地址进行不同设备之间的访问。

（4）总线通过上拉电阻接到电源。当 I2C 设备空闲时，会输出高阻态，而当所有设备都空闲，都输出高阻态时，由上拉电阻把总线拉高成高电平。

（5）多个主机同时使用总线时，为了防止数据冲突，会利用仲裁方式决定由哪个设备占用总线。

（6）具有三种传输模式，标准模式下传输速率为 100 kps，快速模式下为 400 kps，高速模式下可达 3.4 Mbps，但目前大多 I2C 设备尚不支持高速模式。

（7）连接到相同总线的 IC 数量受到总线的最大电容 400 pF 的限制。

同时，I2C 的协议定义了通信的开始信号、停止信号、数据有效性、响应等通信协议。

2. I2C 总线通信协议

I2C 总线的工作原理如下：

（1）主机首先发出开始信号，接着发送 1 字节的数据，其由高 7 位的地址码和最低 1 位的方向位组成，方向位表明主机与从机间数据的传输方向。

（2）系统中所有从机将自己的地址与主机发送到总线上的地址进行比较，如果从机地址与总线上的地址相同，该从机就与主机进行数据传输。

（3）进行数据传输，根据方向位，主机从从机接收数据或向从机发送数据。

（4）当数据传输完成后，主机发出一个停止信号，释放 I2C 总线。

（5）所有从机等待下一个开始信号的到来。

1）I2C 读写

I2C 主机写数据到从机的通信过程如图 10.3 所示，主机由从机中读数据的通信过程如图 10.4 所示。

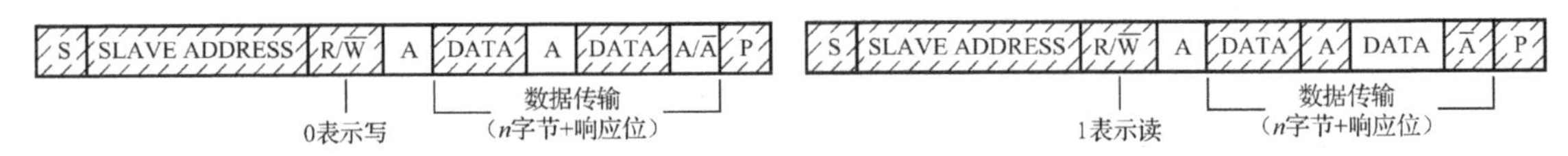

图 10.3　主机写数据到从机的通信过程

图 10.4　主机由从机中读数据的通信过程

其中 S 表示由主机的 I2C 接口产生的传输开始信号，这时连接到 I2C 总线上的所有从机都会接收到这个信号。产生开始信号后，所有从机就开始等待主机接下来广播的从机地址信号。在 I2C 总线上，每个从机的地址都是唯一的，当主机广播的地址与某个从机地址相同时，这个从机就被选中了，没被选中的从机将会忽略之后的数据信号。根据 I2C 协议，这个从机地址可以是 7 位或 10 位。在地址位之后，是传输方向的选择位（即方向位），该位为 0 时，表示后面的数据传输方向是由主机传输至从机，即主机向从机写数据；该位为 1 时，则相反，即主机由从机读数据。从机接收到匹配的地址后，主机或从机会返回一个应答（ACK）信号或非应答（NACK）信号，只有接收到应答信号后，主机才能继续发送或接收数据。

写数据过程：广播完地址、接收到应答信号后，主机开始向从机传输数据，数据包的大小为 8 位，主机每发送完一个字节数据，都要等待从机的应答信号，不断重复这个过程，可以向从机传输 N 个字节数据，N 的大小没有限制。当数据传输结束时，主机向从机发送一个停止信号（P），表示不再传输数据。

读数据过程：广播完地址、接收到应答信号后，从机开始向主机传输数据，数据包大小也为 8 位，从机每发送完一个数据，都会等待主机的应答信号，不断重复这个过程，可以返回 N 个字节数据，这个 N 也没有大小限制。当主机希望停止接收数据时，就向从机返回一个非应答信号（NACK），则从机自动停止传输数据。

2）信号分析

（1）开始信号和停止信号。开始信号：当 SCL 为高电平时，SDA 由高电平向低电平跳变，表示将要开始传输数据。停止信号：当当 SCL 是高电平时，SDA 线由低电平向高电平跳变，表示通信的停止。开始信号和停止信号一般由主机产生。I2C 总线的开始信号和停信号的时序如图 10.5 所示。

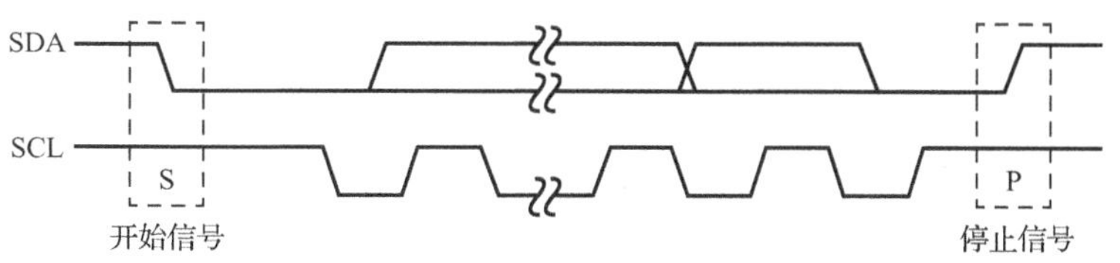

图 10.5　I2C 总线的开始信号和停止信号的时序

（2）数据有效性。I2C 总线使用 SDA 信号线来传输数据，使用 SCL 信号线进行数据同步，I2C 总线数据有效性如图 10.6 所示。SDA 数据线在 SCL 的每个时钟周期传输 1 位数据。传输时，当 SCL 为高电平时，SDA 表示的数据有效，即此时的 SDA 为高电平时表示数据 1，为低电平时表示数据 0。当 SCL 为低电平时，SDA 的数据无效，一般在这个时候 SDA 进行电平切换，为下一次传输数据做好准备。每次传输数据都以字节为单位，每次传输的字节数不受限制。

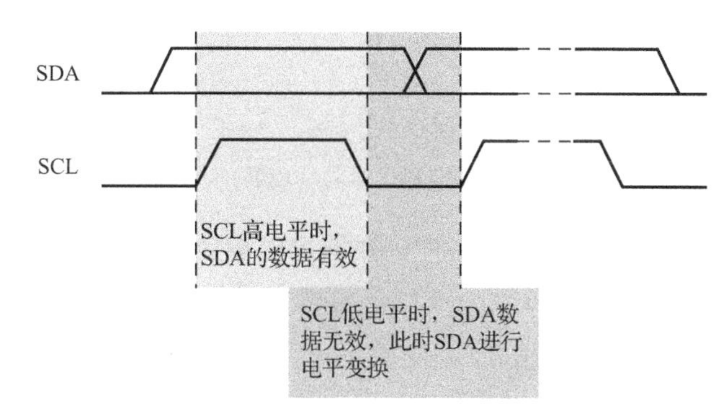

图 10.6　I2C 总线数据有效性

（3）地址及数据方向。I2C 总线上的每个设备都有自己的独立地址，主机发起通信时，通过 SDA 信号线发送设备地址（SLAVE_ADDRESS）来查找从机。I2C 总线协议规定设备地址可以是 7 位或 10 位，实际应用中 7 位的地址应用比较广泛。紧跟设备地址（即从机地址）的一个数据位用来表示数据传输方向，它是数据方向位（R/$\overline{W}$），第 8 位或第 11 位。数据方向位为 1 时表示主机由从机读数据，该位为 0 时表示主机向从机写数据。设备地址（7 位）及数据传输方向位如图 10.7 所示。

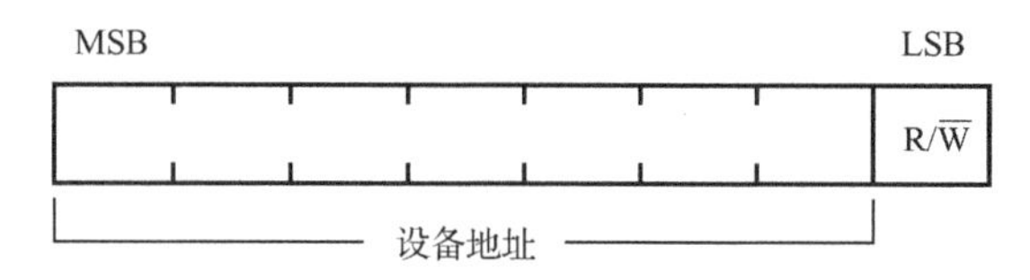

图 10.7　设备地址（7 位）及数据传输方向位

读数据时，主机会释放对 SDA 信号线的控制，由从机控制 SDA 信号线，主机接收信号，写数据方向时，SDA 由主机控制，从机接收信号。

（4）响应。I2C 的数据和地址传输都带有响应。从机在接收到 1 个字节数据后向主机发出一个低电平脉冲应答信号，表示已收到数据，主机根据从机的应答信号做出是否继续传输数据的操作（I2C 总线在每次传输时数据字节数不限制，但是每传输 1 个字节后都要有一个

应答信号）。

响应包括应答（ACK）和非应答（NACK）两种信号。作为数据接收端时，当设备（无论主机还是从机）接收到 I2C 总线传输的 1 个字节数据或地址后，若希望对方继续发送数据，则需要向对方发送应答信号，发送端才会继续发送下一个数据；若接收端希望结束数据传输，则向对方发送非应答信号，发送端接收到该信号后会产生一个停止信号，结束传输。应答信号和非应答信号如图 10.8 所示。

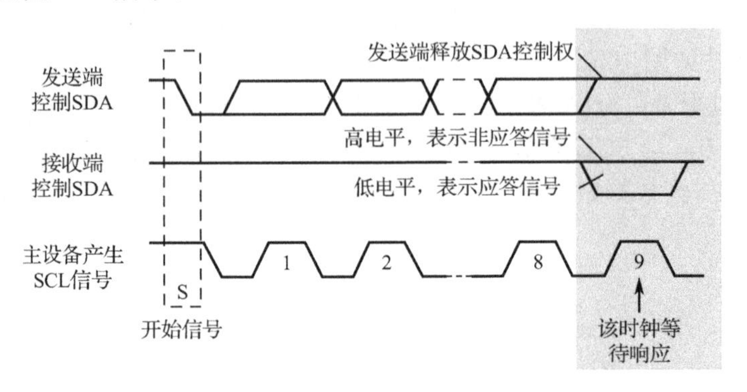

图 10.8　应答信号与非应答信号

传输时主机产生时钟，在第 9 个时钟时，数据发送端会释放 SDA 的控制权，由数据接收端控制 SDA，SDA 为高电平表示非应答信号，SDA 为低电平表示应答信号。

10.3.2　STM32 的 I2C 模块

1. STM32 的 I2C 模块架构

I2C 模块的接口在工作时可选用以下四种模式之一：从发送器、从接收器、主发送器和主接收器。在默认情况下，它以从模式工作。I2C 模块在产生开始信号后，接口会自动由从模式切换为主模式，并在出现仲裁丢失或生成停止位时从主模式切换为从模式，从而实现多种模式功能。

除了接收和发送数据，I2C 模块的接口还可以从串行格式转换为并行格式，反之亦然。中断由软件使能或禁止。该接口通过数据引脚（SDA）和时钟引脚（SCL）连接到 I2C 总线，它可以连接到标准（高达 100 kHz）或快速（高达 400 kHz）I2C 总线。

在主模式下，I2C 模块的接口会启动数据传输并生成时钟信号。串行数据传输始终是在出现开始位时开始的，在出现停止位时结束。开始位和停止位均在主模式下由软件生成。

在从模式下，I2C 模块的接口能够识别其自身地址（7 或 10 位）以及广播呼叫地址。广播呼叫地址检测可由软件使能或禁止。数据和地址均以 8 位传输，MSB 在前。开始位后紧随地址字节（7 位地址占据 1 个字节，10 位地址占据 2 个字节），地址始终在主模式下传输。在字节传输 8 个时钟周期后是第 9 个时钟脉冲，在此期间接收器必须向发送器发送一个应答信号。

I2C 模块的架构如图 10.9 所示。

STM32 的 I2C 模块可作为通信的主机或从机，支持 100 kbps 和 400 kbps 的传输速率，支持 7 位和 10 位设备地址，支持 DMA 数据传输并具有数据校验功能，支持 SMBus2.0 协议（SMBus 协议与 I2C 类似，主要应用于笔记本电脑的电池管理中）。

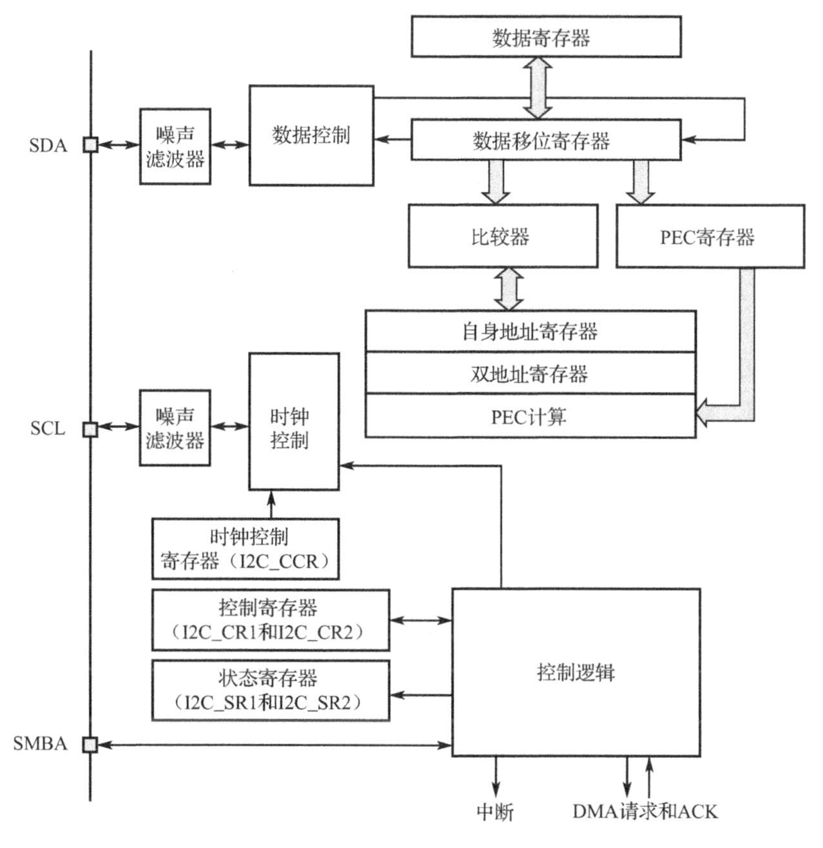

图 10.9　I2C 模块的架构

1）引脚

I2C 模块的所有硬件架构都是根据图 10.9 中左侧 SCL 引脚和 SDA 引脚展开的。STM32 芯片有多个 I2C 模块，它们的通信信号可引出到不同的 GPIO 引脚上。STM32F4xx 的 I2C 模块引脚如表 10.1 所示。

表 10.1　STM32F4xx 的 I2C 模块引脚

引　脚	I2C 模块		
	I2C1	I2C2	I2C3
SCL	PB6/PB10	PH4/PF1/PB10	PH7/PA8
SDA	PB7/PB9	PH5/PF0/PB11	PH8/PC9

2）时钟控制逻辑

SCL 引脚的时钟信号由 I2C 模块根据时钟控制寄存器（I2C_CCR）控制，控制的主要参数为时钟频率。配置 I2C_CCR 可修改传输速率，可选择 I2C 通信的标准模式或快速模式，这两种模式分别对应 100 kbps 和 400 kbps 的传输速率。

在快速模式下可选择 SCL 时钟的占空比，可选 T_{low}/T_{high}=2 或 T_{low}/T_{high}=16/9 模式。根据 I2C 总线协议可知，I2C 总线在 SCL 为高电平时对 SDA 信号进行采样，在 SCL 为低电平时 SDA 准备下一个数据，修改 SCL 的高/低电平的时间比会影响数据采样，但其实这两个模式

的比例差别并不大，若要求不是非常严格，则可以随便选。

I2C_CCR 寄存器中还有一个 12 位的配置因子 CCR[11:0]，它与 I2C 模块的输入时钟源共同作用产生 SCL 时钟，STM32 的 I2C 模块都挂载在 APB1 总线上，使用 APB1 的时钟源 PCLK1，SCL 信号线的输出时钟公式如下。

在标准模式下，T_{high}=CCR×T_{PCKL1}，T_{low}=CCR×T_{PCLK1}。在快速模式下，当 T_{low}/T_{high}=2 时，T_{high}=CCR×T_{PCKL1}，T_{low}=2×CCR×T_{PCKL1}；当 T_{low}/T_{high}=16/9 时，T_{high}=9×CCR×T_{PCKL1}，T_{low}=16×CCR×T_{PCKL1}。

例如，PCLK1 的频率为 45 MHz，想要配置 400 kbps 的速率，计算方式为：PCLK 时钟周期 T_{PCLK1}=1/45000000，目标 SCL 时钟周期 T_{SCL}=1/400000，SCL 时钟周期内的高电平时间 $T_{high}=T_{SCL}/3$，SCL 时钟周期内的低电平时间 $T_{low}=2×T_{SCL}/3$，计算 CCR 的值，CCR=T_{high}/T_{PCLK1}=37.5，计算结果为小数，而 CCR 寄存器是无法配置小数参数的，所以只能把 CCR 取值为 38，这样 I2C 模块的 SCL 实际频率无法达到 400 kHz（约为 394736 Hz）。要想实际的频率达到 400 kHz，需要修改 STM32 的系统时钟，把 PCLK1 时钟频率改成 10 的倍数才可以，但修改 PCKL 时钟会影响很多外设，所以一般不会修改它。SCL 的实际频率不达到 400 kHz，除了传输速率稍慢一点，不会对 I2C 模块的通信造成其他影响。

3）数据控制逻辑

I2C 模块 SDA 信号主要连接到数据移位寄存器上，数据移位寄存器的数据来源及目标是数据寄存器（I2C_DR）、自身地址寄存器（I2C_OAR）、PEC 寄存器以及 SDA 数据线。当向外发送数据时，数据移位寄存器以 I2C_DR 为数据源，把数据一位一位地通过 SDA 信号线发送出去；当从外部接收数据时，数据移位寄存器把 SDA 信号线采样到的数据一位一位地存储到 I2C_DR 中。若使能了数据校验，接收到的数据会经过 PCE 运算，运算结果存储在 PEC 寄存器中。当 STM32 的 I2C 工作在从机模式时，接收到设备地址时，数据移位寄存器会把接收到的地址与 STM32 的 I2C_OAR 的值进行比较，以便响应主机的寻址。STM32 的 I2C 自身设备地址可通过 I2C_OAR 修改，支持同时使用两个 I2C 设备地址，两个地址分别存储在 I2C_OAR1 和 I2C_OAR2 中。

4）整体控制逻辑

整体控制逻辑负责协调整个 I2C 模块，整体控制逻辑的工作模式根据控制寄存器（I2C_CR1/ I2C_CR2）配置的参数而改变。在 I2C 模块工作时，整体控制逻辑会根据工作状态修改状态寄存器（I2C_SR1 和 I2C_SR2），只要读取这些寄存器的相关位，就可以了解 I2C 模块的工作状态。除此之外，整体控制逻辑还根据要求负责控制产生 I2C 中断信号、DMA 请求及各种 I2C 的通信信号（开始、停止、响应等信号）。

2. STM32 的 I2C 通信流程

使用 I2C 模块通信时，在通信的不同阶段它会对状态寄存器（I2C_SR1 和 I2C_SR2）的不同位写入参数，通过读取这些寄存器位可以了解通信的状态。

1）主发送器

主发送器向外发送数据的过程如图 10.10 所示。

（1）在发送出地址并将 ADDR 清 0 后，主发送器会通过内部移位寄存器将 DR 寄存器中的字节发送到 SDA 线。主发送器会一直等待，直到首个数据字节被写入 I2C_DR 为止。

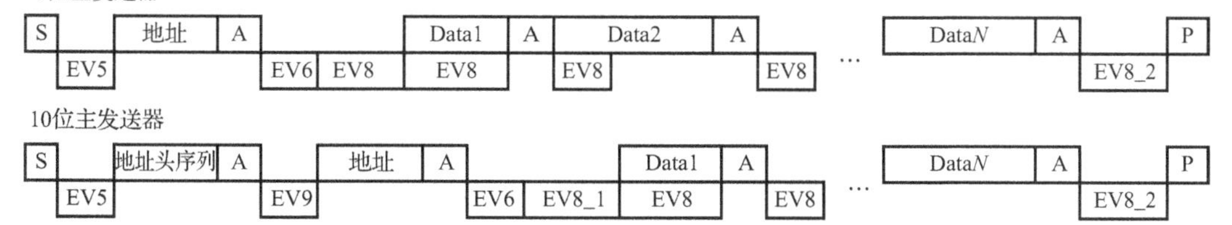

图注：S=开始信号，Sr=重新开始信号，P=停止信号，A=应答信号。
EVx=事件（如果ITEVFEN=1，则出现中断）。
EV5：当SB=1时，通过先读取I2C_SR1再将地址写入I2C_DR来清0。
EV6：当ADDR=1时，通过先读取I2C_SR1再读取I2C_SR2来清0。
EV8_1：当TxE=1时，数据移位寄存器为空，I2C_DR为空，在I2C_DR中写入Data1。
EV8：当TxE=1时，数据移位寄存器非空，I2C_DR为空，该位通过对I2C_DR执行写操作清0。
EV8_2：当TxE=1时、BTF=1时，程序停止请求。TxE和BTF由硬件通过停止信号清0。
EV9：当ADD10=1时，通过先读取I2C_SR1再写入I2C_DR来清0。

图 10.10　主发送器向外发送数据的过程

（2）接收到应答脉冲后，TxE 位会由硬件置 1 并在 ITEVFEN 和 ITBUFEN 位均置 1 时生成一个中断。

如果在上一次数据传输结束之前 TxE 位已置 1 但数据字节尚未写入 DR 寄存器，则 BTF 位会置 1，而接口会一直延长 SCL 低电平，等待 I2C_DR 寄存器被写入，以将 BTF 清 0。

（3）当最后一个字节写入 DR 寄存器后，软件会将 STOP 位置 1 以生成一个停止位，接口会自动返回从模式（MSL 位清 0）。当 TxE 或 BTF 中的任何一个置 1 时，应在 EV8_2 事件期间对停止位进行编程。

2）主接收器

主接收器从外部接收数据的过程如图 10.11 所示。

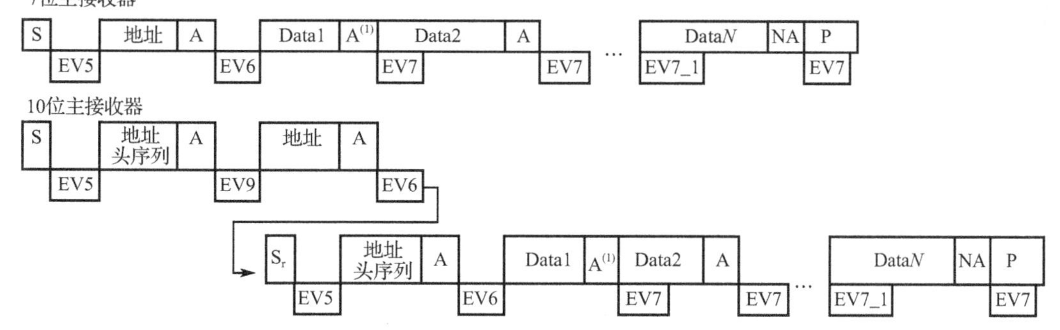

图注：S=开始信号，Sr=重新开始信号，P=停止信号，A=应答信号，NA=非应答信号。
EVx=事件（如果ITEVFEN=1，则出现中断）。
EV5：当SB=1时，通过先读取I2C_SR1再写入I2C_DR来清0。
EV6：当ADDR=1时，通过先读取I2C_SR1再读取I2C_SR2来清0。在10位主接收器模式下，执行此序列后应在SART=1的情况下写入I2C_CR2。如果接收1个字节，则必须在EV6事件期间（即在ADDR标志位清0之前）禁止应答。
EV7：当RxNE=1时，通过读取I2C_DR来清0。
EV7_1：当RxNE=1时，通过读取I2C_DR、设定ACK=0和停止请求来清0。
EV9：当ADD10=1时，通过先读取I2C_SR1再写入I2C_DR来清0。

图 10.11　主接收器从外部接收数据的过程

主接收器接收流程及事件说明如下。

完成地址传输并将 ADDR 位清 0 后，I2C 接口会进入主接收模式。在此模式下，I2C 模

块的接口会通过内部移位寄存器接收 SDA 信号线中的字节并将其保存到 I2C_DR。在每个字节传输结束后，接口都会依次完成下面的操作。

（1）发出应答脉冲（如果 ACK 位置 1）。

（2）RxNE 位置 1，并在 ITEVFEN 和 ITBUFEN 位均置 1 时生成一个中断。如果在上一次数据接收结束之前 RxNE 位已置 1 但 I2C_DR 中的数据尚未读取，则 BTF 位会由硬件置 1，而接口会一直延长 SCL 低电平，等待 I2C_DR 被写入，以将 BTF 清 0。

3）结束通信

主发送器会针对自从接收器接收的最后一个字节发送 NACK。在接收到 NACK 后，从接收器会释放对 SCL 和 SDA 线的控制。随后，主发送器可发送一个停止信号或重新开始信号。

（1）为了在最后一个接收数据字节后生成非应答信号，必须在读取倒数第二个数据字节后（倒数第二个 RxNE 事件之后）立即将 ACK 位清 0。

（2）要生成停止信号或重新开始信号，软件必须在读取倒数第二个数据字节后（倒数第二个 RxNE 事件之后）将 STOP/START 位置 1。

（3）在只接收单个字节的情况下，会在 EV6 期间（在 ADDR 标志位清 0 之前）禁止应答并在 EV6 之后生成停止信号。生成停止信号后，接口会自动返回从模式（M/SL 位清 0）。

10.3.3 STM32 的 I2C 库函数的使用

跟其他模块一样，STM32 标准库提供了 I2C 模块初始化结构体及初始化函数来配置 I2C 模块。初始化结构体及函数定义在库文件 stm32f4xx_I2C.h 及 stm32f4xx_I2C.c 中。初始化结构体如下：

```
typedef struct{
    uint32_t I2C_ClockSpeed;                 //设置 SCL 时钟频率，此值要低于 400000
    uint16_t I2C_Mode;                       //指定工作模式，可选 I2C 模式及 SMBus 模式
    uint16_t I2C_DutyCycle;                  //指定时钟占空比，可选 low/high 为 2 或 16:9
    uint16_t I2C_OwnAddress1;                //指定 I2C 自身的设备地址
    uint16_t I2C_Ack;                        //使能或禁止响应（一般都要使能）
    uint16_t I2C_AcknowledgedAddress;        //指定地址长度，可选 7 位或 10 位
}I2C_InitTypeDef;
```

（1）I2C_ClockSpeed：设置的是 I2C 模块的传输速率，在调用初始化函数时，函数会根据输入的数值经过运算后把时钟因子写入 I2C 的时钟控制寄存器（I2C_CCR），而写入的这个参数值不得高于 400 kHz。实际上由于 I2C_CCR 不能写入小数类型的时钟因子，使 SCL 的实际频率可能会低于该成员变量设置的参数值。

（2）I2C_Mode：用于选择 I2C 模块的使用方式，可选 I2C 模式（I2C_Mode_I2C）和 SMBus 主/从模式（I2C_Mode_SMBusHost、I2C_Mode_SMBusDevice）。I2C 模块不需要在此处区分主/从模式，直接设置为 I2C_Mode_I2C 即可。

（3）I2C_DutyCycle：设置的是 I2C 模块的 SCL 线时钟的占空比，有两个选择，分别为 2（I2C_DutyCycle_2）和 16:9（I2C_DutyCycle_16_9）。其实这两个模式的比例差别并不大，一般要求都不会如此严格。

（4）I2C_OwnAddress1：配置的是 STM32 的 I2C 模块自身的设备地址，每个连接到 I2C

总线上的设备都要有一个设备地址，作为主发送器也不例外。地址可设置为 7 位或 10 位（由成员变量 I2C_AcknowledgeAddress 决定），只要该地址在 I2C 总线上是唯一的即可。

STM32 的 I2C 模块可同时使用两个地址，即同时对两个地址做出响应，成员变量 I2C_OwnAddress1 配置的是默认的、I2C_OAR1 存储的地址，若需要设置第二个地址（保存在 I2C_OAR2 中），可调用 I2C_OwnAddress2Config 函数来配置，I2C_OAR2 不支持 10 位地址。

（5）I2C_Ack_Enable：用于 I2C 模块的应答设置，若设置为使能，则可以发送响应信号。该成员变量一般配置为使能应答（I2C_Ack_Enable），这是绝大多数遵循 I2C 总线标准的设备的通信要求，设置为禁止应答（I2C_Ack_Disable）往往会导致通信错误。

（6）I2C_AcknowledgeAddress：用于选择 I2C 模块的寻址模式是 7 位还是 10 位地址，这需要根据实际连接到 I2C 总线上设备的地址进行选择，该成员变量的配置会影响 I2C_OwnAddress1，只有设置成 10 位寻址模式时，I2C_OwnAddress1 才支持 10 位地址。配置完这些结构体成员值，调用库函数 I2C_Init 即可把结构体的配置写入相关的寄存器中。

10.3.4 温湿度传感器

1．温湿度传感器

温湿度传感器通过检测装置测量到温湿度信息后，按一定的规律将温湿度信息变换成电信号或其他所需的形式并输出。不管是物理量本身，还是在实际人们的生活中，温度和湿度都有着密切的关系，所以温湿度一体的传感器应运而生。温湿度传感器是指能检测温度量和湿度量并将它们变换成容易被测量处理的电信号的设备或装置。

2．HTU21D 型温湿度传感器

本任务采用 Humirel 公司 HTU21D 型温湿度传感器，它采用适于回流焊的双列扁平无引脚 DFN 封装，尺寸为 3 mm×3 mm，高度为 1.1 mm。传感器输出经过标定的数字信号，符合标准 I2C 总线格式。

HTU21D 型温湿度传感器可为应用提供一个准确可靠的温度和湿度测量数据，通过连接微处理器的接口和模块，实现温度和湿度数字输出。

每一个 HTU21D 型温湿度传感器都经过校准和测试，在产品表面印有产品批号，同时在芯片内存储了电子识别码（可以通过输入命令读出这些识别码）。此外，HTU21D 型温湿度传感器的分辨率可以通过输入命令进行改变，可以检测到电池低电量状态，并且输出校验和，有助于提高通信的可靠性。HTU21D 型温湿度传感器如图 10.12 所示，引脚定义如图 10.13 所示，引脚功能如表 10.2 所示。

1）电源引脚

HTU21D 型温湿度传感器的供电范围为 DC 1.8～3.6 V，推荐电压为 3.0 V。电源（VDD）和接地（VSS）之间需要连接一个 100 nF 的去耦电容，且电容的位置应尽可能靠近传感器。

2）串行时钟输入（SCK）

SCK 用于微处理器与 HTU21D 之间的通信同步，由于接口包含了完全静态逻辑，因而不存在最小 SCK 频率。

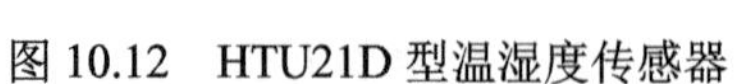

图 10.12　HTU21D 型温湿度传感器

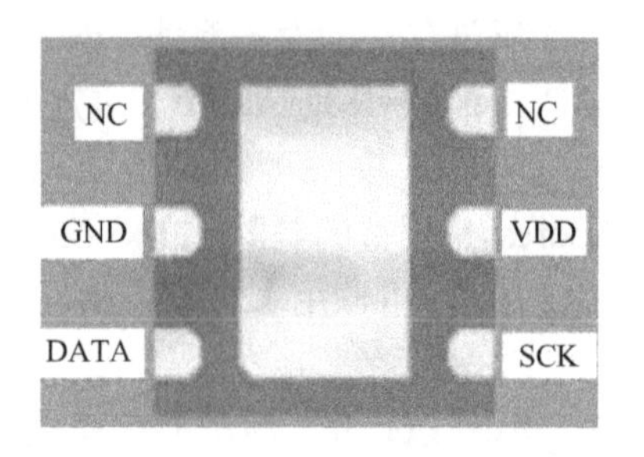

图 10.13　HTU21D 型温湿度传感器的引脚定义

表 10.2　HTU21D 温湿度传感器的引脚功能

序　号	功　能	描　述	序　号	功　能	描　述
1	DATA	串行数据端口（双向）	4	NC	不连接
2	GND	电源地	5	VDD	电源输入
3	NC	不连接	6	SCK	串行时钟（双向）

3）串行数据（DATA）

DATA 引脚为三态结构，用于读取传感器数据。当向传感器发送命令时，DATA 在 SCK 上升沿有效且在 SCK 高电平时必须保持稳定，DATA 在 SCK 下降沿之后改变；当从传感器读取数据时，DATA 在 SCK 变为低电平后有效，且维持到下一个 SCK 的下降沿。为避免信号冲突，微处理器应保持 DATA 在低电平，这需要一个外部的上拉电阻（如 10 kΩ）将信号提拉至高电平。上拉电阻通常已包含在微处理器的 I/O 电路中。

4）微处理器与传感器的通信协议

微处理器与传感器的通信时序如图 10.14 所示。

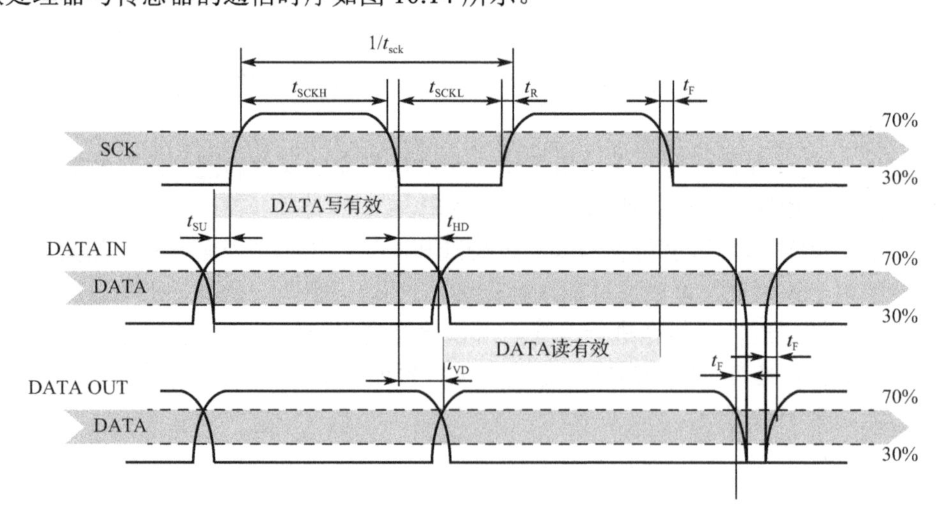

图 10.14　微处理器与传感器的通信时序

（1）启动传感器。将传感器上电，电压为所选择的 VDD 电源电压（范围为 1.8～3.6 V）。上电后，传感器最多需要 15 ms（此时 SCL 为高电平）即可达到空闲状态，即做好准备接收由主机（MCU）发送的命令。

（2）开始信号。开始传输，发送一位数据时，DATA 在 SCK 高电平期间跳变为低电平，如图 10.15 所示。

（3）停止信号。终止传输，停止发送数据时，DATA 在 SCK 高电平期间跳变为高电平，如图 10.16 所示。

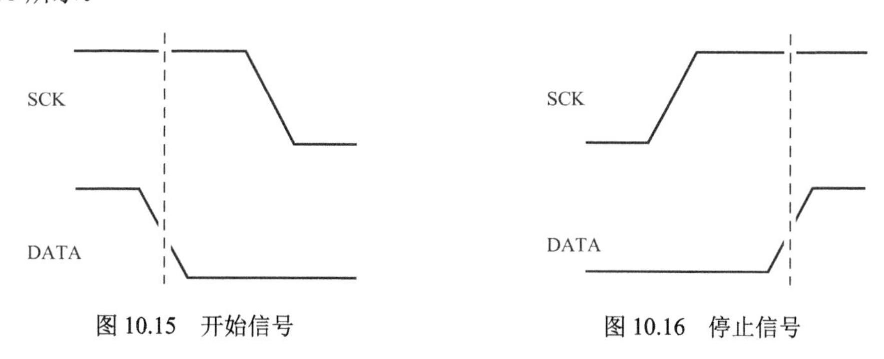

图 10.15　开始信号　　图 10.16　停止信号

基本命令集如表 10.3 所示。

表 10.3　基本命令集（RH 代表相对湿度、T 代表温度）

序　号	命　令	功　能	代　码
1	触发 T 测量	保持主机	1110 0011
2	触发 RH 测量	保持主机	1110 0101
3	触发 T 测量	非保持主机	1111 0011
4	触发 RH 测量	非保持主机	1111 0101
5	写寄存器	—	1110 0110
6	读寄存器	—	1110 0111
7	软复位	—	1111 1110

5）主机/非主机模式

MCU 与传感器之间的通信有两种不同的工作模式：主机模式或非主机模式。在第一种情况下，在测量的过程中，SCL 被封锁（由传感器进行控制）；在第二种情况下，当传感器在执行测量任务时，SCL 仍然保持开放状态，可进行其他通信。非主机模式允许传感器进行测量时在总线上处理其他 I2C 总线通信任务。在主机模式下测量时，HTU21D 型温湿度传感器将 SCL 拉低，强制主机进入等待状态。释放 SCL，表示传感器内部处理工作结束，进而可以继续数据传输。

主机模式如图 10.17 所示，灰色部分由 HTU21D 型温湿度传感器控制。如果要省略校验和（CRC）传输，可将第 45 位改为 NACK，后接一个停止信号（P）。

非主机模式如图 10.18 所示，MCU 需要对传感器状态进行查询。此过程通过发送一个开始信号启动传输，之后紧接着的是 I2C 首字节（1000 0001）。如果完成内部处理工作，MCU 查询到传感器发出的确认信号后，相关数据就可以通过 MCU 进行读取。如果没有完成内部处理工作，传感器无确认位（ACK）输出，此时必须重新发送开始信号以便启动传输。

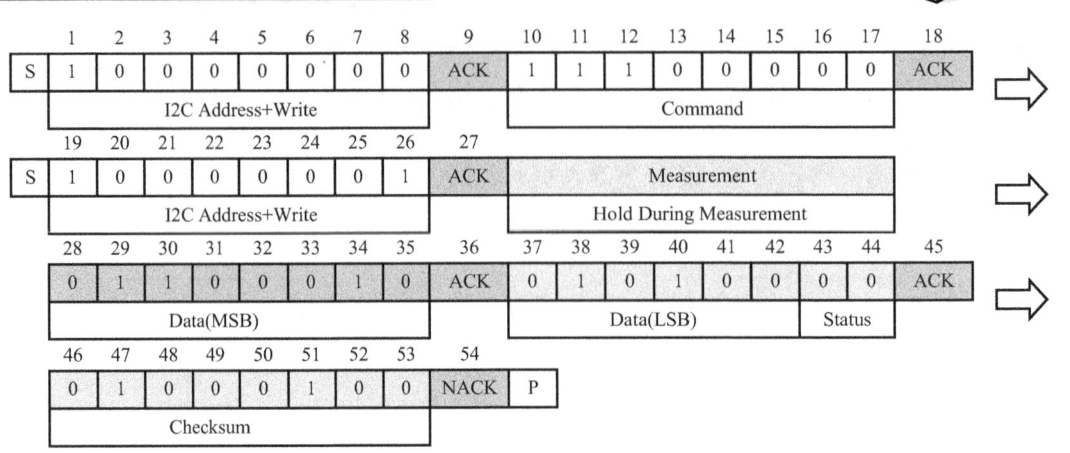

图 10.17　主机模式

无论采用哪种传输模式，由于测量的最大分辨率为 14 位，第二个字节 SDA 上的后两位 LSB（位 43 和位 44）用来传输相关的状态信息。两个 LSB 中的位 1 表明测量的类型（0 表示温度，1 表示湿度）。位 0 没有赋值。

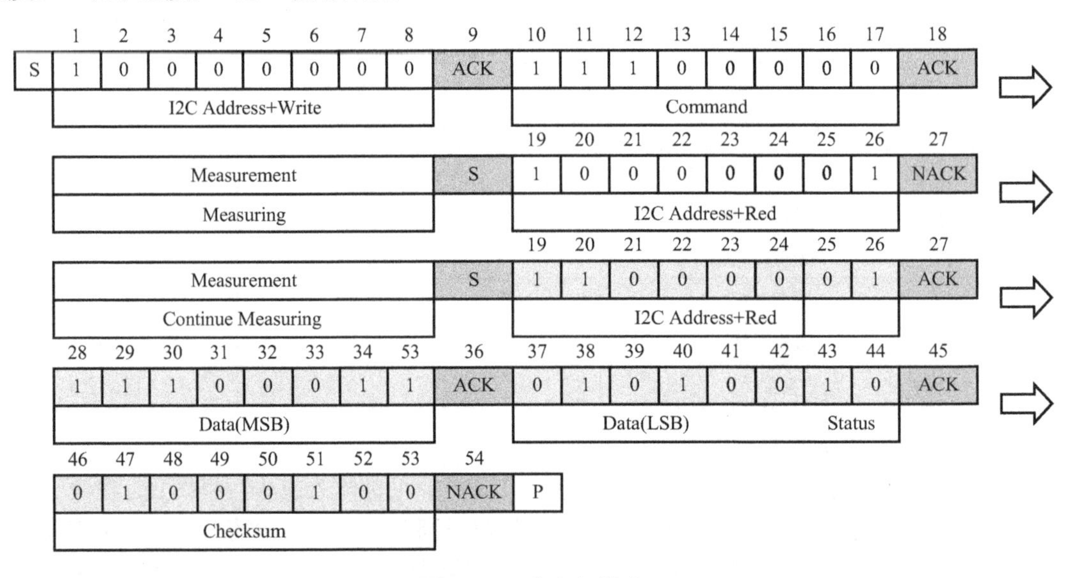

图 10.18　非主机模式

6）软复位

软复位用于在无须关闭和再次打开电源的情况下，重新启动传感器系统。在接收到这个命令之后，传感器系统开始重新初始化，并恢复成默认状态。软复位所需的时间不超过 15 ms。软复位如图 10.19 所示。

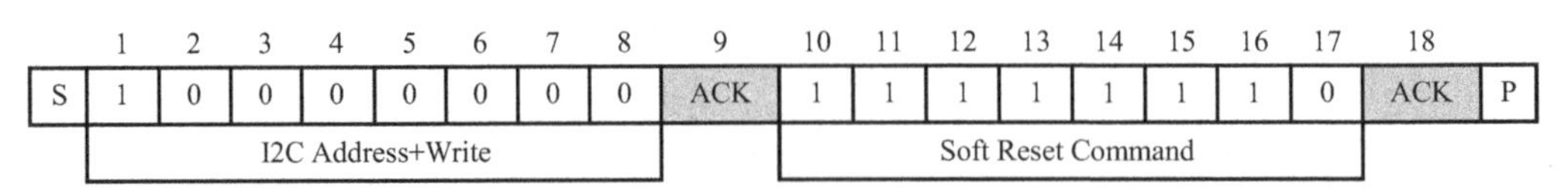

图 10.19　软复位

7）CRC 校验和的计算

当 HTU21D 型温湿度传感器通过 I2C 总线通信时，8 位的 CRC 校验和可用于检测传输的错误，CRC 校验和覆盖所有由 HTU21D 型温湿度传感器传输的数据。I2C 总线协议的 CRC 校验和属性如表 10.4 所示。

表 10.4 I2C 总线协议的 CRC 校验和属性

序　号	功　能	说　明
1	生成多项式	$X^8+X^5+X^4+1$
2	初始化	0x00
3	保护数据	读数据
4	最后操作	无

8）信号转换

HTU21D 型温湿度传感器内部设置的默认分辨率为相对湿度 12 位，温度 14 位。SDA 的输出数据被转换成 2 个字节的数据包，高字节 MSB 在前（左对齐）。每个字节后面都跟随 1 个应答位和 2 个状态位，即 LSB 的后两位在进行物理计算前必须置 0。例如，所传输的 16 位相对湿度数据为 0110 0011 0101 0000=25424（十进制）。

（1）相对湿度转换。不论基于哪种分辨率，相对湿度 RH 都可以根据 SDA 输出的相对湿度 S_{RH} 通过下面的公式获得（结果以%RH 表示）。

$$RH=-6+125\times S_{RH}/2^{16}$$

例如，16 位的相对湿度数据为 0x6350（即 25424），相对湿度的计算结果为 42.5%RH。

（2）温度转换。不论基于哪种分辨率，温度 T 都可以通过将温度输出 S_T 代入到下面的公式得到（结果以温度℃表示）。

$$T=-46.85+175.72\times S_T/2^{16}$$

10.4 任务实践：农业大棚环境信息采集系统的软/硬件设计

10.4.1 开发设计

1. 硬件设计

本项目设计采用 STM32 的通用 I/O 模拟 I2C 总线接口，将模拟总线与温湿度传感器相连接，通过 I2C 总线实现对温湿度传感器的数据获取，分别通过串口将温湿度传感器采集的数据打印在 PC 上，并通过 FSMC 输出到 LCD 上并显示出来。硬件架构设计如图 11.20 所示。

HTU21D 型温湿度传感器的接口电路如图 11.21 所示。

HTU21D 型温湿度传感器使用 I2C 总线进行通信，使用两根信号线，分别是 SCL 和 SDA，分别连接在 STM32 的 PB8 引脚和 PB9 引脚。

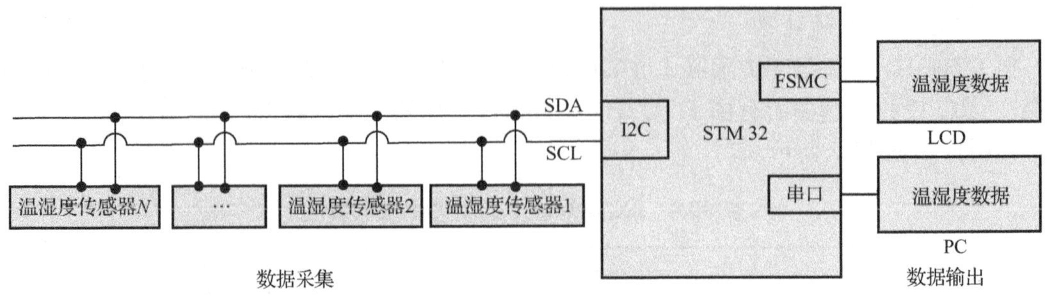

图 10.20　硬件架构设计

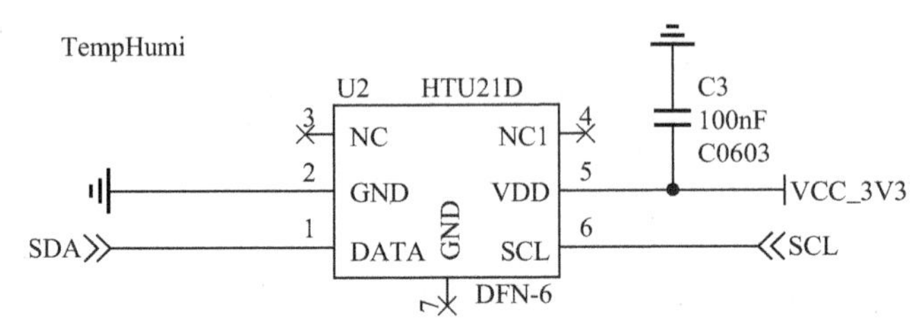

图 10.21　HTU21D 型温湿度传感器的接口电路

2. 软件设计

本任务的设计思路需要从 STM32 与 HTU21D 型温湿度传感器的通信原理入手，首先 STM32 与 HTU21D 型温湿度传感器通过 I2C 总线进行通信，所以需要对 I2C 总线进行相关配置，本任务使用的 I2C 总线是通过 GPIO 模拟的，因此需要对 I2C 总线的物理层和协议层有所了解。I2C 总线配置完成后就可以通过 HTU21D 型温湿度传感器采集相关信号。

软件设计流程如图 10.22 所示。

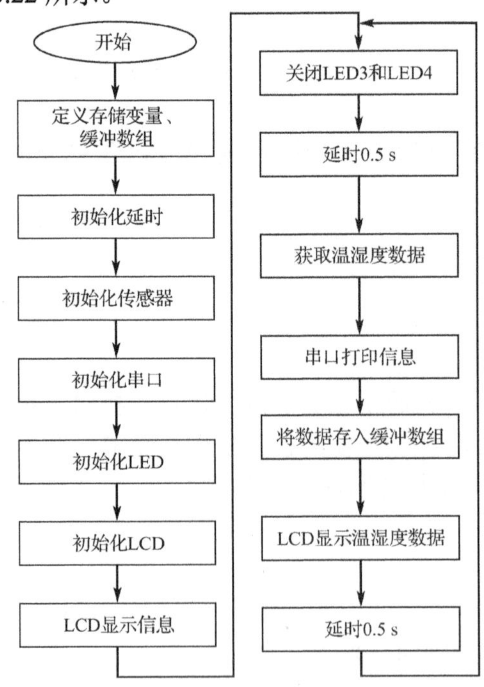

图 10.22　软件设计流程

10.4.2 功能实现

1. 主函数模块

在主函数模块中，首先初始化相关硬件外设，在主循环中每秒采集一次温湿度信息，然后将温湿度信息打印在 PC 上，同时闪烁 LED。主函数程序如下。

```
void main(void)
{
    char Original_Temp = 0;
    char Original_Humi = 0;
    char temp[4]={0};
    char humi[4]={0};
    delay_init(168);                              //初始化延时
    htu21d_init();                                //初始化传感器
    usart_init(115200);                           //初始化串口
    led_init();                                   //初始化 LED
    lcd_init(IIC1);                               //初始化 LCD
    LCDDrawFnt16(85, 132,85, 320, "原始温度：", 0x0000, 0xffff);              //LCD 屏显示温度
    LCDDrawFnt16(85, 162,85, 320, "原始湿度：", 0x0000, 0xffff);              //LCD 屏显示湿度
    for(;;)                                       //循环体
    {
        led_control(0);
        delay_ms(500);                            //延时 0.5 s
        Original_Temp=htu21d_read_temp();         //获取当前温度原始数据
        Original_Humi=htu21d_read_humi();         //获取当前湿度原始数据
        printf("原始温度:%d\r\n ",Original_Temp);    //串口打印温度原始数据
        printf("原始湿度:%d\r\n ",Original_Humi);    //串口打印原始湿度数据
        sprintf(temp,"%d\r\n",Original_Temp);//将原始温度数据转化为字符串并存储在 temp 中
        LCDDrawAsciiDot8x16(160, 132,temp, 0x0000, 0xffff);  //显示温度原始数据
        sprintf(humi,"%d\r\n",Original_Humi);  //将原始湿度数据转化为字符串并存储在 humi 中
        LCDDrawAsciiDot8x16(160, 162,humi, 0x0000, 0xffff);  //显示湿度原始数据
        led_control(D3 | D4);
        delay_ms(500);                                       //延时 0.5 s
    }
}
```

2. I2C 模块

I2C 总线模拟函数主要是 GPIO 的输入和输出进行配置后模拟 I2C 总线，从而实现 I2C 设备的通信交互。模拟 I2C 总线程序如下。

```
#define I2C_GPIO      GPIOA
#define I2C_CLK       RCC_AHB1Periph_GPIOA
#define PIN_SCL       GPIO_Pin_1
#define PIN_SDA       GPIO_Pin_0
#define SDA_R         GPIO_ReadInputDataBit(I2C_GPIO,PIN_SDA)
```

```
/*********************************************************************************************
* 功能：I2C 模块初始化函数
*********************************************************************************************/
void iic_init(void)
{
    GPIO_InitTypeDef    GPIO_InitStructure;
    RCC_AHB1PeriphClockCmd(I2C_CLK, ENABLE);
    GPIO_InitStructure.GPIO_Pin = PIN_SCL | PIN_SDA;
    GPIO_InitStructure.GPIO_Mode = GPIO_Mode_OUT;
    GPIO_InitStructure.GPIO_OType = GPIO_OType_PP;
    GPIO_InitStructure.GPIO_Speed = GPIO_Speed_2MHz;
    GPIO_InitStructure.GPIO_PuPd = GPIO_PuPd_UP;
    GPIO_Init(I2C_GPIO, &GPIO_InitStructure);
}
/*********************************************************************************************
* 功能：设置 SDA 为输出
*********************************************************************************************/
void sda_out(void)
{
    GPIO_InitTypeDef    GPIO_InitStructure;
    GPIO_InitStructure.GPIO_Pin = PIN_SDA;
    GPIO_InitStructure.GPIO_Mode = GPIO_Mode_OUT;
    GPIO_InitStructure.GPIO_OType = GPIO_OType_PP;
    GPIO_InitStructure.GPIO_Speed = GPIO_Speed_2MHz;
    GPIO_InitStructure.GPIO_PuPd = GPIO_PuPd_UP;
    GPIO_Init(I2C_GPIO, &GPIO_InitStructure);
}
/*********************************************************************************************
* 功能：设置 SDA 为输入
*********************************************************************************************/
void sda_in(void)
{
    GPIO_InitTypeDef    GPIO_InitStructure;
    GPIO_InitStructure.GPIO_Pin = PIN_SDA;
    GPIO_InitStructure.GPIO_Mode = GPIO_Mode_IN;
    GPIO_InitStructure.GPIO_OType = GPIO_OType_PP;
    GPIO_InitStructure.GPIO_Speed = GPIO_Speed_2MHz;
    GPIO_InitStructure.GPIO_PuPd = GPIO_PuPd_UP;
    GPIO_Init(I2C_GPIO, &GPIO_InitStructure);
}
/*********************************************************************************************
* 功能：I2C 开始信号
*********************************************************************************************/
void iic_start(void)
{
    sda_out();
    GPIO_SetBits(I2C_GPIO,PIN_SDA);                                    //拉高数据线
```

```
    GPIO_SetBits(I2C_GPIO,PIN_SCL);                       //拉高时钟线
    delay_us(5);                                          //延时
    GPIO_ResetBits(I2C_GPIO,PIN_SDA);                     //产生下降沿
    delay_us(5);                                          //延时
    GPIO_ResetBits(I2C_GPIO,PIN_SCL);                     //拉低时钟线
}
/*********************************************************************************************
* 功能：I2C 停止信号
*********************************************************************************************/
void iic_stop(void)
{
    sda_out();
    GPIO_ResetBits(I2C_GPIO,PIN_SDA);                     //拉低数据线
    GPIO_SetBits(I2C_GPIO,PIN_SCL);                       //拉高时钟线
    delay_us(5);                                          //延时 5 μs
    GPIO_SetBits(I2C_GPIO,PIN_SDA);                       //产生上升沿
    delay_us(5);                                          //延时 5 μs
}
/*********************************************************************************************
* 功能：I2C 发送应答
* 参数：ack — 应答信号
*********************************************************************************************/
void iic_send_ack(int ack)
{
    sda_out();
    if(ack)
        GPIO_SetBits(I2C_GPIO,PIN_SDA);                   //写应答信号
    else
        GPIO_ResetBits(I2C_GPIO,PIN_SCL);
    GPIO_SetBits(I2C_GPIO,PIN_SCL);                       //拉高时钟线
    delay_us(5);                                          //延时
    GPIO_ResetBits(I2C_GPIO,PIN_SCL);                     //拉低时钟线
    delay_us(5);                                          //延时
}
/*********************************************************************************************
* 功能：I2C 接收应答
*********************************************************************************************/
int iic_recv_ack(void)
{
    int CY = 0;
    sda_in();
    GPIO_SetBits(I2C_GPIO,PIN_SCL);                       //拉高时钟线
    delay_us(5);                                          //延时
    CY = SDA_R;                                           //读应答信号
    GPIO_ResetBits(I2C_GPIO,PIN_SDA);                     //拉低时钟线
    delay_us(5);                                          //延时
    return CY;
```

```
}
/******************************************************************************
* 功能：I2C 写一个字节数据，返回 ACK 或者 NACK，从高到低依次发送
* 参数：data — 要写的数据
******************************************************************************/
unsigned char iic_write_byte(unsigned char data)
{
    unsigned char i;
    sda_out();
    GPIO_ResetBits(I2C_GPIO,PIN_SCL);                          //拉低时钟线
    for(i = 0;i < 8;i++){
        if(data & 0x80){                                       //判断数据最高位是否为 1
            GPIO_SetBits(I2C_GPIO,PIN_SDA);
        }
        else
            GPIO_ResetBits(I2C_GPIO,PIN_SDA);
        delay_us(5);                                           //延时 5 μs
        //输出 SDA 稳定后，拉高 SCL 给出上升沿，从机检测到后进行数据采样
        GPIO_SetBits(I2C_GPIO,PIN_SCL);
        delay_us(5);                                           //延时 5 μs
        GPIO_ResetBits(I2C_GPIO,PIN_SCL);                      //拉低时钟线
        delay_us(5);                                           //延时 5 μs
        data <<= 1;                                            //数组左移一位
    }
    delay_us(5);                                               //延时 5 μs
    sda_in();
    GPIO_SetBits(I2C_GPIO,PIN_SDA);                            //拉高数据线
    GPIO_SetBits(I2C_GPIO,PIN_SCL);                            //拉高时钟线
    delay_us(5);                                               //延时 5 μs，等待从机应答
    if(SDA_R){                                                 //SDA 为高，收到 NACK
        return 1;
    }else{                                                     //SDA 为低，收到 ACK
        GPIO_ResetBits(I2C_GPIO,PIN_SCL);                      //释放总线
        delay_us(5);                                           //延时 5 μs，等待从机应答
        return 0;
    }
}
/******************************************************************************
* 功能：I2C 写一个字节数据，返回 ACK 或者 NACK，从高到低依次发送
* 参数：data — 要写的数据
******************************************************************************/
unsigned char iic_read_byte(unsigned char data)
{
    unsigned char i,data = 0;
    sda_in();
    GPIO_ResetBits(I2C_GPIO,PIN_SCL);
    GPIO_SetBits(I2C_GPIO,PIN_SDA);                    //释放总线
```

```
    for(i = 0;i < 8;i++){
        GPIO_SetBits(I2C_GPIO,PIN_SCL);                  //给出上升沿
        delay_us(30);                                    //延时等待信号稳定
        data <<= 1;
        if(SDA_R){                                       //采样获取数据
            data |= 0x01;
        }else{
            data &= 0xfe;
        }
        delay_us(10);
        GPIO_ResetBits(I2C_GPIO,PIN_SCL);                //下降沿，从机给出下一位值
        delay_us(20);
    }
    sda_out();
    if(ack)
        GPIO_SetBits(I2C_GPIO,PIN_SDA);                  //应答状态
    else
        GPIO_ResetBits(I2C_GPIO,PIN_SDA);
    delay_us(10);
    GPIO_SetBits(I2C_GPIO,PIN_SCL);
    delay_us(50);
    GPIO_ResetBits(I2C_GPIO,PIN_SCL);
    delay_us(50);
    return data;
}
```

3. 温度测量模块

```
/*********************************************************************************
* 功能：初始化 HTU21D 型温湿度传感器
*********************************************************************************/
void HTU21DGPIOInit(void)
{
    iic_init();
}
/*********************************************************************************
* 功能：I2C 写
* 参数：addr — 地址；*buf — 发送数据；len — 发送数据长度
* 返回：0 或-1
*********************************************************************************/
static int i2c_write(char addr, char *buf, int len)
{
    iic_start();
    if (iic_write_byte(addr<<1)){
        iic_stop();
        return -1;
    }
```

```
        for (int i=0; i<len; i++) {
            if (iic_write_byte(buf[i])) {
                iic_stop();
                return -1;
            }
        }
        iic_stop();
        return 0;
}
/*********************************************************************************
* 功能：I2C 读
* 参数：addr — 地址；*buf — 发送数据；len — 发送数据长度
* 返回：数据长度或-1
*********************************************************************************/
static int i2c_read(char addr, char *buf, int len)
{
        int i;
        iic_start();
        if (iic_write_byte((addr<<1)|1)) {
            iic_stop();
            return -1;
        }
        for (i=0; i<len-1; i++) {
            buf[i] = iic_read_byte(0);
        }
        buf[i] = iic_read_byte(0);
        iic_stop();
        return len;
}
#define HTU21D_ADDR 0x40
/*********************************************************************************
* 功能：重启 HTU21D 型温湿度传感器
*********************************************************************************/
void htu21d_reset(void)
{
        char cmd = 0xfe;
        i2c_write(HTU21D_ADDR, &cmd, 1);                                    //reset
}
/*********************************************************************************
* 功能：发送读取温度指令
*********************************************************************************/
void htu21d_mesure_t(void)
{
        char cmd = 0xf3;
        i2c_write(HTU21D_ADDR, &cmd, 1);
}
/*********************************************************************************
```

```
* 功能：发送读取湿度指令
*********************************************************************************/
void htu21d_mesure_h(void)
{
    char cmd = 0xf5;
    i2c_write(HTU21D_ADDR, &cmd, 1);
}
/*********************************************************************************
* 功能：初始化 HTU21D 型温湿度传感器
*********************************************************************************/
void htu21d_init(void)
{
    char cmd = 0xfe;
    HTU21DGPIOInit();
    i2c_write(HTU21D_ADDR, &cmd, 1);                                    //reset
    delay_ms(20);
}
/*********************************************************************************
* 功能：读取原始温度数据
* 返回：dat — 未处理的温度值
*********************************************************************************/
char htu21d_read_temp(void)
{
    char cmd = 0xf3;
    char dat;

    i2c_write(HTU21D_ADDR, &cmd, 1);
    delay_ms(50);
    i2c_read(HTU21D_ADDR, &dat, 1);
    return dat;
}
/*********************************************************************************
* 功能：读取原始湿度数据
* 返回：dat — 未处理的湿度值
*********************************************************************************/
char htu21d_read_humi(void)
{
    char cmd = 0xf5;
    char dat;

    i2c_write(HTU21D_ADDR, &cmd, 1);
    delay_ms(50);
    i2c_read(HTU21D_ADDR, &dat, 1);
    return dat;
}
/*********************************************************************************
* 功能：读取温度
```

```
* 返回：-1 或 t（处理后的温度值）
**************************************************************************************/
float htu21d_t(void)
{
    char cmd = 0xf3;
    char dat[4];
    i2c_write(HTU21D_ADDR, &cmd, 1);
    delay_ms(50);
    if (i2c_read(HTU21D_ADDR, dat, 2) == 2) {
        if ((dat[1]&0x02) == 0) {
            float t = -46.85f + 175.72f * ((dat[0]<<8 | dat[1])&0xfffc) / (1<<16);
            return t;
        }
    }
    return -1;
}
/**************************************************************************************
* 功能：读取湿度
* 返回：-1 或 h（处理后的湿度值）
**************************************************************************************/
float htu21d_h(void)
{
    char cmd = 0xf5;
    char dat[4];
    i2c_write(HTU21D_ADDR, &cmd, 1);
    delay_ms(50);
    if (i2c_read(HTU21D_ADDR, dat, 2) == 2) {
        if ((dat[1]&0x02) == 0x02) {
            float h = -6 + 125 * ((dat[0]<<8 | dat[1])&0xfffc) / (1<<16);
            return h;
        }
    }
    return -1;
}
```

其中 LCD 驱动函数模块、串口驱动函数模块、I2C 驱动函数模块以及延时函数模块请参考随书资源的项目开发工程源代码。

10.5 任务验证

使用 IAR 集成开发环境打开任务设计工程，通过编译后，使用 J-Link 将程序下载到 STM32 开发平台中，暂不执行程序。

使用串口线连接 STM32 开发平台与 PC，打开串口工具并配置波特率为 115200、8 位数据位、无奇偶校验位、1 位停止位，取消十六进制显示，设置完成后运行程序。

程序运行后，PC 串口工具的数据接收窗口会显示通过 I2C 读取 HTU21D 型温湿度传感器的原始数据。通过改变 HTU21D 型温湿度传感器的外界的温湿度可以看到 PC 串口工具上数据的变化，验证效果如图 10.23 所示。

图 10.23 验证效果

10.6 任务小结

通过本任务的学习和实践，读者可以学习 I2C 总线的工作原理和通信协议，并掌握通过 STM32 驱动 I2C 总线的方法，学习 HTU21D 型温湿度传感器的基本工作原理，结合 I2C 总线实现 STM32 驱动 HTU21D 型温湿度传感器。

10.7 思考与拓展

（1）简述 I2C 总线的工作原理和通信协议。

（2）温湿度传感器的工作原理是什么？如何驱动？

（3）如何用 I2C 总线和 STM32 实现温湿度数据的采集？

（4）本任务通过 I2C 总线获取温湿度传感器中的信息，然而温湿度传感器的输出数据并不可以直接使用。由于温度采用了两种单位（摄氏度和华氏度），且两种温度数据的计算方式有所不同，因此为了方便两种制式信息的转换，温湿度传感器只输出原始数据。为了获得真实可用的温湿度数据，可通过查阅温湿度传感器的芯片资料可获取摄氏温度和湿度的计算方式，并将有效的温湿度信息通过串口输出。

任务 11

高速动态数据存取的设计与实现

本任务重点学习 STM32 的 SPI 总线，掌握 STM32 的 SPI 总线的基本原理和通信协议，以及 Flash 存储器的工作原理，通过 SPI 总线通信实现高速动态数据存取的设计。

11.1 开发场景：如何实现高速动态数据的存取

电子设备日新月异，功能变得越来越强大，所要处理和存储的数据也越来越多，有些临时数据存储在 RAM 中，使用完成后可以释放掉，但有另一些数据则需要被长期记录、存储，如系统生成的工作日志、电子设备中存储的字库、安全系统中存储的动态密钥等。因此数据的动态存储、随时存取是众多电子设备的重要环节，往往使用 SPI 通信的高速 Flash 存储器。

本任务将围绕这个场景展开对 STM32 的 SPI 总线的学习与开发。Class10 高速 SD 卡如图 11.1 所示。

图 11.1　Class10 高速 SD 卡

11.2 开发目标

（1）知识要点：SPI 总线的概念和工作原理；Flash 存储器的功能和原理。

（2）技能要点：理解 SPI 总线的概念和工作原理；熟悉 Flash 存储器的功能和原理。

（3）任务目标：某考勤机生产企业要对原有产品进行升级，扩充设备存储容量，以实现更多功能以及存储更多的数据记录，要求使用 STM32 的 SPI 接口来扩展 Flash 存储器。

11.3 原理学习：SPI 总线协议和 Flash 存储器

11.3.1 SPI 总线协议

1. SPI 总线协议简介

SPI 总线协议是由摩托罗拉公司提出的通信协议，即串行外围设备接口（Serial Peripheral Interface），是一种高速全双工的通信总线，被广泛地应用在 ADC、LCD 等设备与 MCU 间要求通信速率较高的场合。

学习本任务时，可与任务 10 对比学习，体会两种通信总线的差异，以及 EEPROM 存储器与 Flash 存储器的区别。下面分别对 SPI 协议的物理层及协议层进行讲解。

1）SPI 物理层

SPI 通信设备之间的常用连接方式如图 11.2 所示。

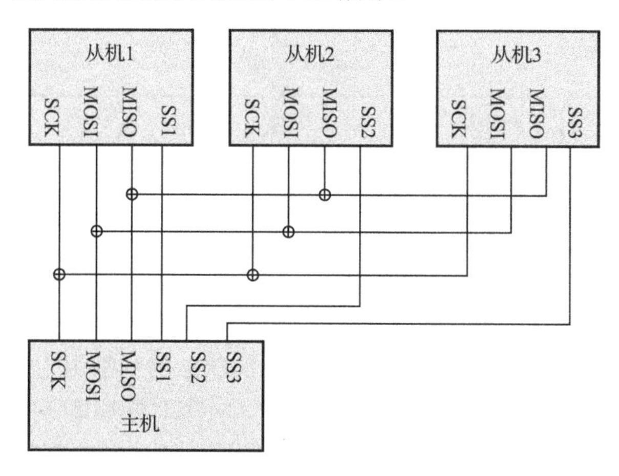

图 11.2　SPI 通信设备之间的常用连接方式

SPI 通信使用 3 条信号线及 1 条片选线，3 条信号线分别为 SCK、MOSI、MISO，片选线为 SS，它们的作用如下。

（1）SS（Slave Select）：从设备选择信号线，常称为片选线，也称为 NSS、CS。当有多个 SPI 从机与 SPI 主机相连时，设备的其他信号线 SCK、MOSI 及 MISO 同时并联到相同的 SPI 总线上，即无论有多少个从机，都只使用这 3 条信号线；而每个从机都有一条独立的 NSS，NSS 独占主机的一个引脚，即有多少个从机，就有多少条 NSS。I2C 总线协议通过设备地址来寻址、选中总线上的某个设备并与其进行通信；而 SPI 总线协议中没有设备地址，它使用 NSS 来寻址，当主机要选择从机时，把该从机的 NSS 设置为低电平，该从机即被选中，即片选有效，接着主机开始与被选中的从机进行通信。所以 SPI 通信以 NSS 置低电平为开始信号，以 NSS 被拉高作为结束信号。

（2）SCK（Serial Clock）：时钟信号线，用于通信数据同步，它由主机产生，决定通信的速率，不同的设备支持的最高时钟频率不一样，如 STM32 的 SPI 时钟频率最大为 $f_{PCLK}/2$，两个设备之间通信时，通信的速率受限于低速设备。

（3）MOSI（Master Output，Slave Input）：主机输出/从机输入信号线。主机的数据从这条信号线输出，从机从这条信号线读取主机发送的数据，即这条信号线上数据的方向为主机到从机。

（4）MISO（Master Input，Slave Output）：主机输入/从机输出信号线。主机从这条信号线读取数据，从机的数据由这条信号线发送到主机，即在这条信号线上数据的方向为从机到主机。

2）SPI 协议层

与 I2C 协议类似，SPI 协议定义通信的开始信号、停止信号、数据有效性、时钟同步等环节。

（1）SPI 基本通信过程。SPI 的通信时序如图 11.3 所示。

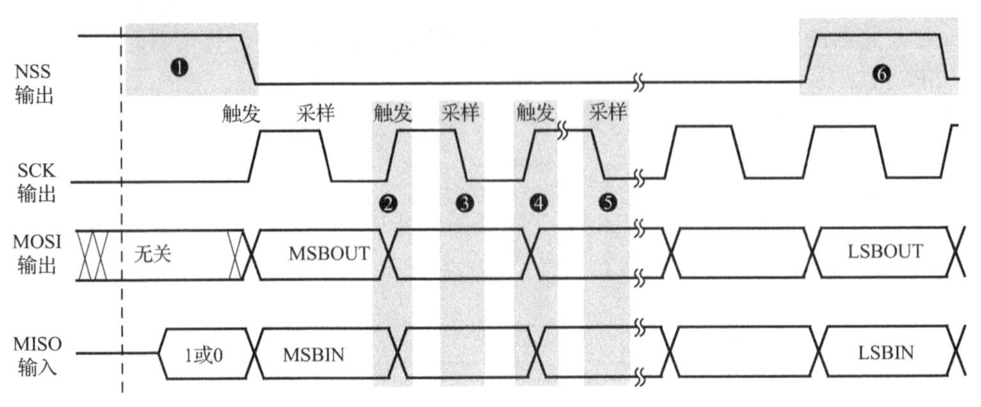

图 11.3 SPI 的通信时序

图 11.3 所示为主机的通信时序，NSS、SCK、MOSI 信号都由主机产生，而 MISO 的信号由从机产生，主机通过该信号线读取从机的数据。MOSI 与 MISO 的信号只在 NSS 为低电平时才有效，在 SCK 的每个时钟周期，MOSI 和 MISO 传输一位数据。

以上通信流程中包含的各个信号说明如下。

① 通信的开始信号和停止信号。在图中的标号❶处，NSS 信号由高变低，这是 SPI 通信的开始信号。NSS 是每个从机各自独占的信号线，当从机在自己的 NSS 线上检测到开始信号后，就知道自己被主机选中了，开始准备与主机通信。在图中的标号❻处，NSS 信号由低变高，这是 SPI 通信的停止信号，表示本次通信结束，从机的选中状态被取消。

② 数据有效性。SPI 使用 MOSI 及 MISO 信号线来传输数据，使用 SCK 信号线进行数据同步。MOSI 及 MISO 数据线在 SCK 的每个时钟周期传输一位数据，且数据输入和输出是同时进行的。在数据传输时，对 MSB 先行或 LSB 先行并没有做硬性规定，但要保证两个 SPI 通信设备之间使用同样的规定，一般都会采用图中的 MSB 先行模式。

观察图中的❷、❸、❹、❺标号处，MOSI 及 MISO 的数据在 SCK 的上升沿期间变换输入和输出，在 SCK 的下降沿时被采样，即在 SCK 的下降沿时刻，MOSI 及 MISO 的数据有效，高电平时表示数据 1，低电平时表示数据 0，在其他时刻数据无效，MOSI 及 MISO 为下一次传输数据做准备。

SPI 每次数据传输以 8 位或 16 位为单位，每次传输的单位数不受限制。

（2）CPOL、CPHA 及通信模式。图 11.3 所示的时序只是 SPI 中的一种通信模式，SPI 共有 4 种通信模式，它们的主要区别是总线空闲时 SCK 的时钟状态以及数据采样时刻。为方便说明，在此引入时钟极性 CPOL 和时钟相位 CPHA 的概念。

时钟极性 CPOL 是指 SPI 通信设备处于空闲状态时，SCK 的电平信号（即 SPI 通信开始前、NSS 线为高电平时 SCK 的状态）。CPOL=0 时，SCK 在空闲状态时为低电平；CPOL=1 时，则相反。

时钟相位 CPHA 是指数据的采样的时刻，当 CPHA=0 时，MOSI 或 MISO 的信号将会在 SCK 时奇数边沿被采样；当 CPHA=1 时，数据线在 SCK 的偶数边沿采样。CPHA=0 时的 SPI 通信如图 11.4 所示。

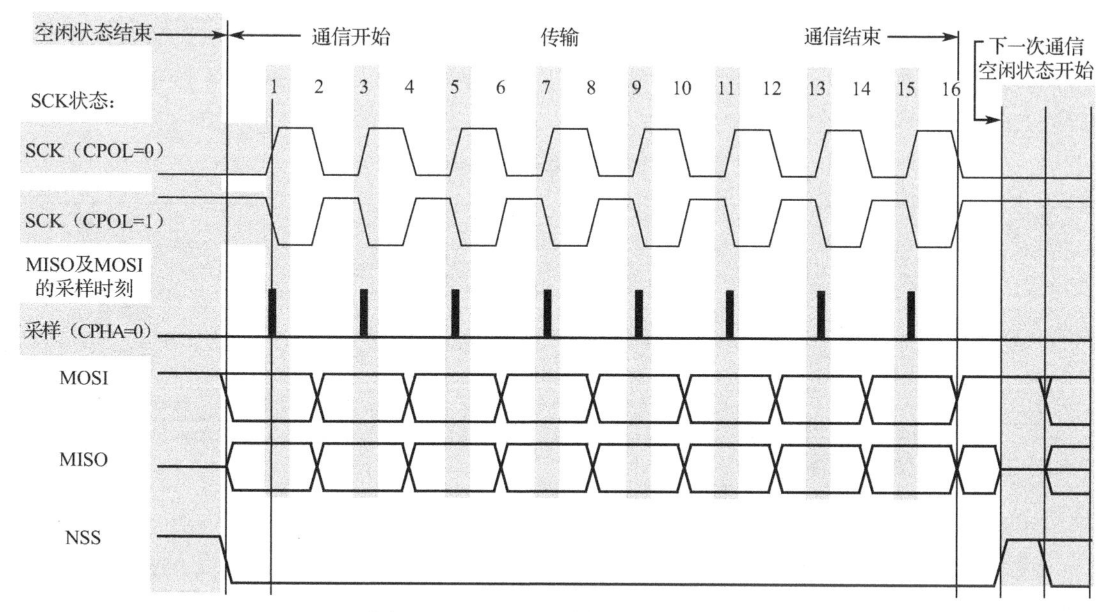

图 11.4　CPHA=0 时的 SPI 通信时序

下面分析图 11.4 的时序图，首先，根据 SCK 在空闲状态时的电平可分为两种情况：SCK 在空闲状态为低电平时，CPOL=0；空闲状态为高电平时，CPOL=1。无论 CPOL 是 0 还是 1，因为配置的时钟相位 CPHA=0，在图中可以看到，采样时刻都是在 SCK 的奇数边沿。注意，当 CPOL=0 时，时钟的奇数边沿是上升沿，而当 CPOL=1 时，时钟的奇数边沿是下降沿。MOSI 和 MISO 的有效信号在 SCK 的奇数边沿保持不变，数据信号将在 SCK 奇数边沿时被采样，在非采样时刻，MOSI 和 MISO 的有效信号才发生切换。

类似地，当 CPHA=1 时，不受 CPOL 的影响，数据信号在 SCK 的偶数边沿被采样。CPHA=1 时的 SPI 通信时序如图 11.5 所示。

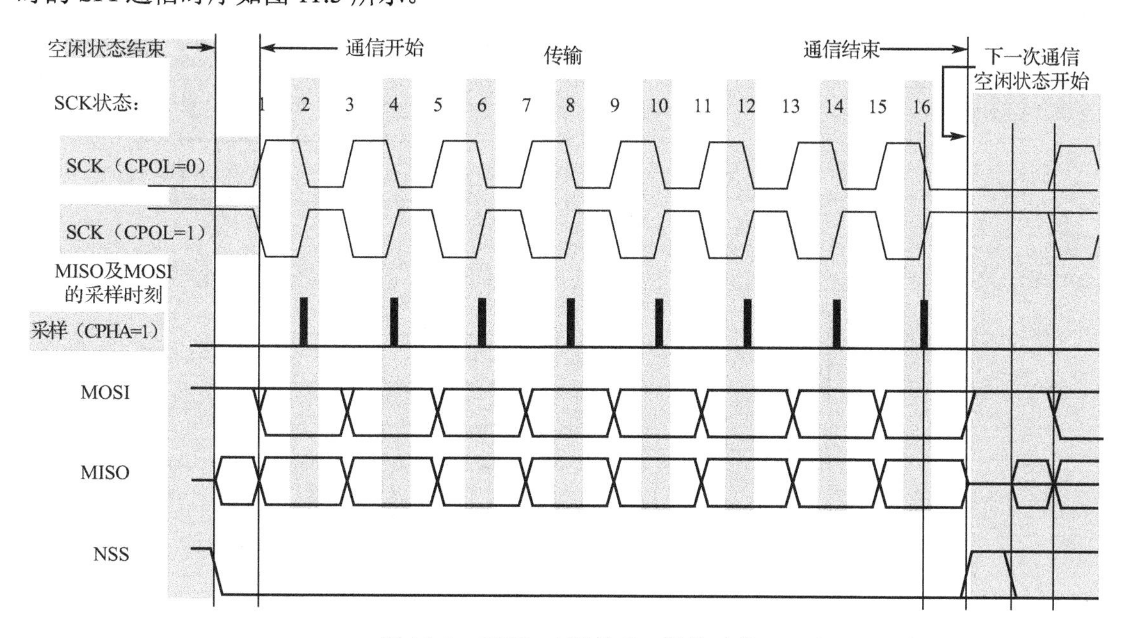

图 11.5　CPHA=1 时的 SPI 通信时序

根据CPOL和CPHA的不同状态，SPI可分成4种通信模式，主机与从机需要工作在相同的通信模式下才可以正常工作，实际中采用较多的是模式0与模式3。SPI的4种通信模式如表11.1所示。

表11.1　SPI的4种通信模式

SPI通信模式	CPOL	CPHA	空闲时SCK时钟	采样时刻
0	0	0	低电平	奇数边沿
1	0	1	低电平	偶数边沿
2	1	0	高电平	奇数边沿
3	1	1	高电平	偶数边沿

2. STM32微处理器SPI

1）STM32微处理器SPI（串行外设接口）的框架

SPI提供两个主要功能，支持SPI协议或I2S协议。在默认情况下，选择的是SPI功能，可通过软件将接口从SPI协议切换到I2S协议。

STM32的SPI可作为通信的主机及从机，支持最高的SCK时钟频率为$f_{pclk}/2$，完全支持SPI协议的4种通信模式，数据帧长度可设置为8位或16位，可设置数据MSB先行或LSB先行，它还支持双线全双工、双线单向以及单线模式，其中双线单向模式可以同时使用MOSI及MISO数据线在一个方向传输数据，可以使传输速率加倍。而单线模式则可以减少硬件接线，但传输速率会受到影响。本书只讲解双线全双工模式。SPI架构图如图11.6所示。

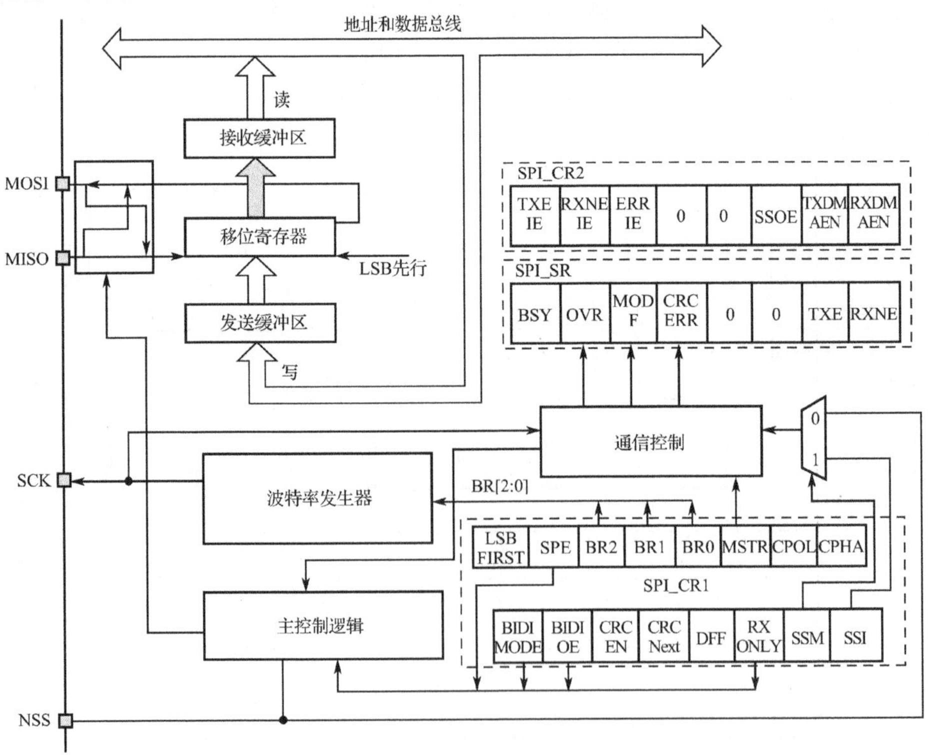

图11.6　SPI架构图

（1）通信引脚。SPI 通过 4 个引脚与外部器件连接。

MISO（主输入/从输出数据）：此引脚可用于在从模式下发送数据以及在主模式下接收数据。

MOSI（主输出/从输入数据）：此引脚可用于在主模式下发送数据以及在从模式下接收数据。

SCK：用于 SPI 主机的串行时钟输出以及 SPI 从机的串行时钟输入。

NSS（从机选择）：这是用于选择从机的引脚。此引脚用作“片选”，可让 SPI 主机与从机进行单独通信，从而并避免数据线上的竞争。从机的 NSS 输入可由主机上的标准 I/O 端口驱动。NSS 引脚在使能（SSOE 位）时还可用于输出，并可在 SPI 处于主模式时为低电平。通过这种方式，只要器件配置成 NSS 硬件管理模式，所有连接到该主机 NSS 引脚的其他器件 NSS 引脚都将变为低电平，从而作为从机。当配置为主模式，且 NSS 配置为输入（MSTR=1 且 SSOE=0）时，如果 NSS 拉至低电平，SPI 将进入主模式故障状态：MSTR 位自动清 0，并且器件配置为从模式。

单个主机和单个从机之间的互连如图 11.7 所示，MOSI 引脚连接在一起，MISO 引脚连接在一起。通过这种方式，主机和从机之间以串行方式传输数据（最高有效位在前）。

SPI 通信始终由主机发起，当主机通过 MOSI 引脚向从机发送数据时，从机同时通过 MISO 引脚做出响应。这是一个数据输出和数据输入都由同一时钟同步的全双工通信过程。

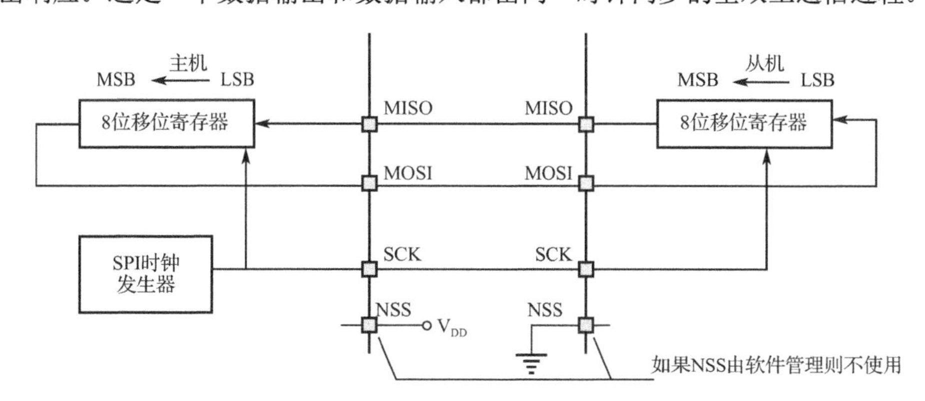

图 11.7　单个主机和单个从机之间的互连

STM32F4xx 的 SPI 引脚如表 11.2 所示，SPI1、SPI4、SPI5、SPI6 是 APB2 上的设备，最高通信速率为 45 Mbps，SPI2、SPI3 是 APB1 上的设备，最高通信速率为 22.5 Mbps，其他功能没有差异。

表 11.2　STM32F4xx 的 SPI 引脚

引脚	SPI 编号					
	SPI1	SPI2	SPI3	SPI4	SPI5	SPI6
MOSI	PA7/PB5	PB15/PC3/PI3	PB5/PC12/PD6	PE6/PE14	PF9/PF11	PG14
MISO	PA6/PB4	PB14/PC2/PI2	PB4/PC11	PE5/PE13	PF8/PH7	PG12
SCK	PA5/PB3	PB10/PB13/PD3	PB3/PC10	PE2/PE12	PF7/PH6	PG13
NSS	PA4/PA15	PB9/PB12/PI0	PA4/PA15	PE4/PE11	PF6/PH5	PG8

（2）时钟控制逻辑。SCK 的时钟信号由波特率发生器根据控制寄存器（SPI_CR1）中的

BR[2:0]位控制，该位是 f_{PCLK} 时钟的分频系数，f_{PCLK} 的分频结果是 SCK 引脚输出的时钟频率。BR[2:0]位对 f_{PCLK} 的分频如表 11.3 所示。

表 11.3　BR[2:0]位对 f_{PCLK} 的分频

BR[2:0]	分频结果（SCK 频率）	BR[2:0]	分频结果（SCK 频率）
000	$f_{PCLK}/2$	100	$f_{PCLK}/32$
001	$f_{PCLK}/4$	101	$f_{PCLK}/64$
010	$f_{PCLK}/8$	110	$f_{PCLK}/128$
011	$f_{PCLK}/16$	111	$f_{PCLK}/256$

其中的 f_{PCLK} 频率是指 SPI 所在的 APB 总线频率，APB1 为 f_{PCLK1}，APB2 为 f_{PCKL2}。通过配置 SPI_CR1 的 CPOL 位和 CPHA 位可以把 SPI 设置成前面分析的 4 种 SPI 通信模式。

（3）数据控制逻辑。SPI 的 MOSI 和 MISO 都连接到数据移位寄存器上，数据移位寄存器的内容来源于接收缓冲区、发送缓冲区以及 MISO、MOSI 线。当向外发送数据时，数据移位寄存器以发送缓冲区为数据源，把数据一位一位地通过数据线发送出去；当从外部接收数据时，数据移位寄存器把数据线采样到的数据一位一位地存储到接收缓冲区中。通过写 SPI 的数据寄存器（SPI_DR）把数据填充到发送缓冲区中，通过 SPI_DR 可以获取接收缓冲区中的内容。其中数据帧长度可以通过 SPI_CR1 的 DFF 位配置成 8 位及 16 位模式；配置 LSBFIRST 位可选择 MSB 先行还是 LSB 先行。

（4）通信控制。主控制逻辑负责协调整个 SPI 外设，其工作模式根据配置的控制寄存器（SPI_CR1/2）的参数而改变，基本的参数包括前面提到的 SPI 模式、波特率、LSB 先行、主/从模式、单向/双向模式等。在外设工作时，主控制逻辑会根据外设的工作状态修改状态寄存器（SPI_SR），只要读取状态寄存器相关的标志位，就可以了解 SPI 的工作状态。除此之外，主控制逻辑还可根据要求控制 SPI 中断信号、DMA 请求及控制 NSS 信号线。

2）STM32 的 SPI 通信过程

STM32 使用 SPI 外设通信时，在通信的不同阶段它会对 SPI_SR 的不同标志位写入相应的参数，通过读取这些标志位可以了解通信的状态。

（1）接收缓冲区和发送缓冲区。在接收过程中，先将接收到的数据存储到内部接收缓冲区中；而在发送过程中，先将数据存储到内部发送缓冲区中，然后发送数据。读访问 SPI_DR 将返回接收缓冲区中的数据，而对写访问 SPI_DR 会将写入的数据存储到发送缓冲区中。

（2）主模式和全双工模式。图 11.8 所示为主模式流程，即 STM32 作为 SPI 通信的主机时数据收发过程。

数据的发送与接收：将数据从发送缓冲区存储到移位寄存器时，TXE 标志（发送缓冲区为空）置 1，表示发送缓冲区已准备好加载接下来的数据。如果 SPI_CR2 寄存器中的 TXEIE 位置 1，可产生中断。通过对 SPI_DR 执行写操作可将 TXE 位清 0。软件必须确保在尝试写入发送缓冲区之前 TXE 标志已置 1，否则将覆盖之前写入发送缓冲区的数据。将数据从移位寄存器存储到接收缓冲区时，RXNE 标志（接收缓冲区非空）会在最后一个采样时钟边沿置 1，它表示已准备好从 SPI_DR 中读取数据。如果 SPI_CR2 中的 RXNEIE 位置 1，可产生中断。通过读取 SPI_DR 可将 RXNE 位清 0。对于某些配置，可以在最后一次数据传输期间使用 BSY 位来表示传输完成。

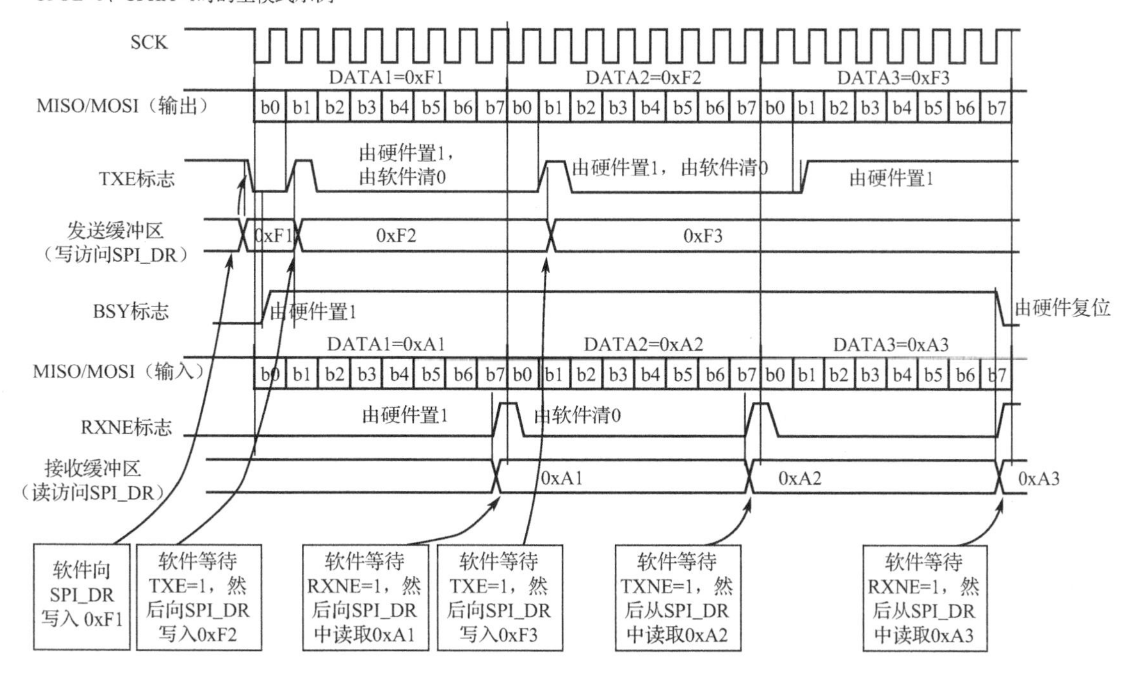

图 11.8　主模式流程

主模式或从模式下的全双工发送和接收过程（BIDIMODE=0 且 RXONLY=0）必须遵循以下步骤：

① 通过将 SPE 位置 1 来使能 SPI。

② 将第一个要发送的数据写入 SPI_DR（此操作会将 TXE 位清 0）。

③ 等待 TXE=1，然后写入要发送的第二个数据，然后等待 RXNE=1，读取 SPI_DR 可获取接收到的第一个数据（此操作会将 RXNE 位清 0）。对每个要发送/接收的数据重复此操作，直到第 n−1 个数据为止。

④ 等待 RXNE=1，然后读取最后接收到的数据。

⑤ 等待 TXE=1，然后等待 BSY=0，再关闭 SPI。

此外，还可以使用在RXNE位或TXE位所产生中断的对应中断服务程序来实现上述过程。

（3）只发送模式。只发送模式下的数据发送过程（BIDIMODE=0、RXONLY=0）如下：

① 通过将 SPE 位置 1 使能 SPI。

② 将第一个要发送的数据写入 SPI_DR（此操作会将 TXE 位清 0）。

③ 等待 TXE=1，然后写入下一个要发送的数据。对每个要发送的数据都重复此步骤。

④ 将最后一个数据写入 SPI_DR 后，等待 TXE=1，然后等待 BSY=0，表示最后的数据发送完成。

此外，还可以使用在 TXE 位所产生中断的对应中断服务程序来实现上述过程。在不连续通信期间，对 SPI_DR 执行写操作与 BSY 位置 1 之间有 2 个 APB 时钟周期的延迟，因此，在只发送模式下，写入最后的数据后，必须先等待 TXE 位置 1，然后等待 BSY 位清 0。在只发送模式下，发送 2 个数据项后，SPI_SR 中的 OVR 标志将置 1，因为不会读取接收的数据。只发送模式的流程如图 11.9 所示。

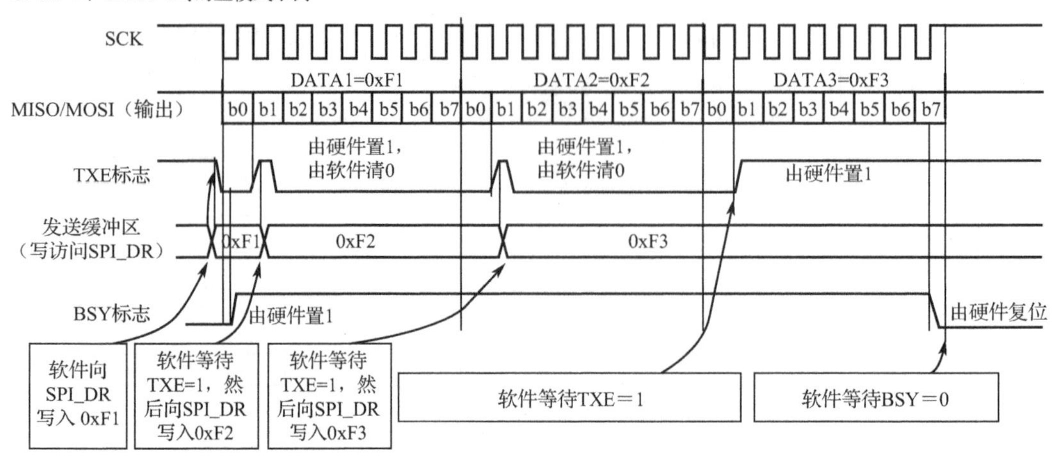

图 11.9　只发送模式的流程

3．STM32 微处理器 SPI 相关库函数

SPI 相关的库函数和定义在文件 stm32f4xx_spi.c 以及头文件 stm32f4xx_spi.h 中。STM32 的主模式配置步骤如下：

（1）配置相关引脚的复用功能，使能 SPI1。要用 SPI1，首先要使能 SPI1 的时钟，SPI1 的时钟通过 RCC_APB2ENR 的第 12 位来设置；其次要设置 SPI1 的相关引脚为复用（AF5）输出，这样才会连接到 SPI1 上。这里使用的是 PB3、PB4、PB5 这 3 个引脚（SCK、MISO、MOSI，NSS 使用软件管理方式），所以设置这三个为复用 I/O，复用功能为 AF5。

使能 SPI1 的时钟的方法为：

```
RCC_APB2PeriphClockCmd(RCC_APB2Periph_SPI1,ENABLE);          //使能 SPI1 的时钟
```

复用 PB3、PB4、PB5 为 SPI1 引脚的方法为：

```
GPIO_PinAFConfig(GPIOB,GPIO_PinSource3,GPIO_AF_SPI1);        //PB3 复用为 SPI1 引脚
GPIO_PinAFConfig(GPIOB,GPIO_PinSource4,GPIO_AF_SPI1);        //PB4 复用为 SPI1 引脚
GPIO_PinAFConfig(GPIOB,GPIO_PinSource5,GPIO_AF_SPI1);        //PB5 复用为 SPI1 引脚
```

同时要设置相应的引脚模式为复用功能模式，方法为：

```
GPIO_InitStructure.GPIO_Mode=GPIO_Mode_AF;                   //复用功能
```

（2）初始化 SPI1，设置 SPI1 的工作模式等。这一步全部是通过 SPI1_CR1 来完成的，设置 SPI1 为主机模式、数据为 8 位，然后通过 CPOL 位和 CPHA 位来设置 SCK 时钟极性及时钟相位，并设置 SPI1 的时钟频率（最大为 37.5 MHz），以及数据的格式（MSB 先行还是 LSB 先行）。在库函数中初始化 SPI 的函数为：

```
void SPI_Init(SPI_TypeDef*SPIx,SPI_InitTypeDef* SPI_InitStruct);
```

跟其他外设初始化一样，第一个参数是 SPI 的标号，这里使用的是 SPI1；第二个参数结构体类型 SPI_InitTypeDef，其定义为：

```
typedefstruct
{
    uint16_t SPI_Direction;
    uint16_t SPI_Mode;
    uint16_t SPI_DataSize;
    uint16_t SPI_CPOL;
    uint16_t SPI_CPHA;
    uint16_t SPI_NSS;
    uint16_t SPI_BaudRatePrescaler;
    uint16_t SPI_FirstBit;
    uint16_t SPI_CRCPolynomial;
}SPI_InitTypeDef;
```

这个结构体的成员变量比较多，下面简单讲解一下。

SPI_Direction：用来设置 SPI 的通信方式，可以选择为半双工、全双工、以及串行发和串行收等模式，这里选择全双工模式 SPI_Direction_2Lines_FullDuplex。

SPI_Mode：用来设置 SPI 的主机/从机从模式，这里设置为主机模式 SPI_Mode_Master，也可根据需要选择为从机模式 SPI_Mode_Slave。

SPI_DataSize：用来设置 8 位还是 16 位帧格式，这里是 8 位帧格式，选择 SPI_DataSize_8b。

SPI_CPOL：用来设置时钟极性，这里设置串行同步时钟的空闲状态为高电平，所以选择 SPI_CPOL_High。

SPI_CPHA：用来设置时钟相位，也就是选择在串行同步时钟的第几个跳变沿（上升沿或下降沿）数据被采样，可以设置为第一个或者第二个跳变沿采集，这里选择第二个跳变沿，所以选择 SPI_CPHA_2Edge。

SPI_NSS：用于设置 NSS 信号由硬件（NSS 引脚）还是软件控制，这里设置为通过软件控制，而不是硬件控制，所以选择 SPI_NSS_Soft。

SPI_BaudRatePrescaler（很关键）：用于设置 SPI 波特率分频系数，也就是决定 SPI 的时钟的参数，从 2 分频到 256 分频，共 8 个可选值，初始化时选择 256 分频（SPI_BaudRatePrescaler_256），传输速度为 84 MHz/256=328.125 kHz。

SPI_FirstBit，用于设置数据传输顺序是 MSB 先行还是 LSB 先行，这里选择 SPI_FirstBit_MSB。

SPI_CRCPolynomial：用来设置 CRC 校验多项式，提高通信可靠性，大于 1 即可。

设置好上面 9 个成员变量后，就可以初始化 SPI 外设了。初始化的范例格式为：

```
SPI_InitTypeDefSPI_InitStructure;
SPI_InitStructure.SPI_Direction=SPI_Direction_2Lines_FullDuplex;          //双线双向全双工
SPI_InitStructure.SPI_Mode=SPI_Mode_Master;                              //主机模式
SPI_InitStructure.SPI_DataSize=SPI_DataSize_8b;                    //SPI 发送/接收采用 8 位帧格式
SPI_InitStructure.SPI_CPOL=SPI_CPOL_High;                          //串行同步时钟的空闲状态为高电平
SPI_InitStructure.SPI_CPHA=SPI_CPHA_2Edge;                         //第二个跳变沿采样数据
SPI_InitStructure.SPI_NSS=SPI_NSS_Soft;                            //NSS 信号由软件控制
SPI_InitStructure.SPI_BaudRatePrescaler=SPI_BaudRatePrescaler_256;         //分频系数为 256
SPI_InitStructure.SPI_FirstBit=SPI_FirstBit_MSB;                   //数据传输为 MSB 先行
```

```
SPI_InitStructure.SPI_CRCPolynomial=7;                    //CRC 值计算的多项式
SPI_Init(SPI2,&SPI_InitStructure);                        //根据指定的参数初始化外设 SPI2
```

（3）使能 SPI1。可通过将 SPI1_CR1 的 SPE 位（第 6 位）置 1 来启动 SPI1，在启动之后，程序就可以开始通信了。通过库函数使能 SPI1 的方法为：

```
SPI_Cmd(SPI1,ENABLE);                    //使能 SPI1
```

（4）SPI 传输数据。通信接口当然需要有发送数据和接收数据的函数，固件库中提供的发送数据函数原型为：

```
void SPI_I2S_SendData(SPI_TypeDef* SPIx,uint16_t Data);
```

这个函数很好理解，往 SPIx 数据寄存器写入数据 Data 就可以实现数据发送。固件库中提供的接收数据函数原型为：

```
uint16_t SPI_I2S_ReceiveData(SPI_TypeDef* SPIx);
```

这个函数可以从 SPIx 数据寄存器读出接收到的数据。

（5）查看 SPI 传输状态。在 SPI 传输过程中，要经常判断数据传输是否完成、发送区是否为空等状态，这可通过函数 SPI_I2S_GetFlagStatus 来实现，这个函数很简单就不详细讲解了，判断数据发送是否完成的方法是：

```
SPI_I2S_GetFlagStatus(SPI1,SPI_I2S_FLAG_RXNE);
```

11.3.2 Flash 存储器

1．W25Q64 基本知识

W25Q64 系列 Flash 存储器与普通串行 Flash 存储器相比，其使用更灵活、性能更出色，非常适合用于存储声音、文本和数据。W25Q64 有 32768 可编程页，每页 256 字节。使用页编程指令就可以每次编程 256 字节，使用扇区（Sector）擦除指令可以每次擦除 256 字节，使用块（Block）擦除指令可以每次擦除 256 页，使用整片擦除指令可以擦除整个芯片。W25Q64 共有 2048 个可擦除扇区或 128 个可擦除块。W25Q64 引脚如图 11.10 所示。

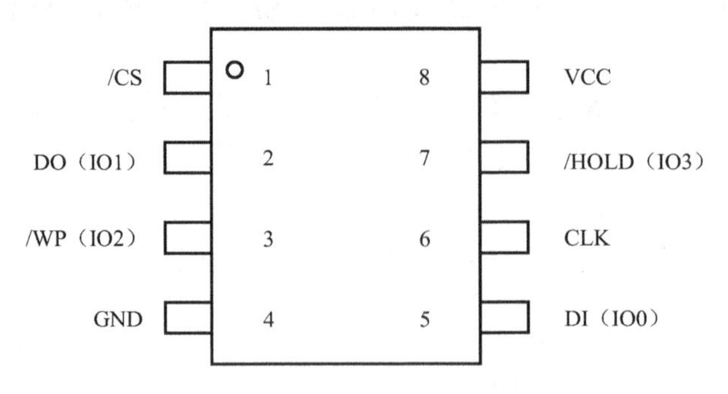

图 11.10　W25Q64 引脚

W25Q64 引脚功能如表 11.4 所示。

表 11.4 W25Q64 引脚功能

引 脚 号	引 脚 名 称	输入/输出类型（I/O）	功 能
1	/CS	I	芯片选择
2	DO	O	数据输出
3	/WP	I	写保护
4	GND		地
5	DI	I/O	数据输入/输出
6	CLK	I	串行时钟
7	/HOLD	I	保持
8	VCC		电源

W25Q16、W25Q32 和 W25Q64 支持标准的 SPI 接口，传输速率最大 75 MHz，采用四线制，即 4 个引脚。

- 串行时钟引脚（CLK）；
- 芯片选择引脚（CS）；
- 串行数据输出引脚（DO）；
- 串行数据输入/输出引脚（DIO）。

串行数据输入/输出引脚（DIO）：在普通情况下，该引脚是串行输入引脚（DI），当使用快读双输出指令时，该引脚就变成了输出引脚，在这种情况下，芯片就有 2 个 DO 引脚，所以称为双输出，与芯片相比，其通信速率相当于翻了一番，所以传输速度更快。

另外，芯片还具有保持引脚（/HOLD）、写保护引脚（/WP）、可编程写保护位（位于状态寄存器第 1 位）、顶部和底部块的控制等特征，使得控制芯片更具灵活性。

2. SPI 模式

W25Q16/32/64 支持通过四线制 SPI 总线方式访问，两种 SPI 通信方式（即模式 0 和模式 3 都支持。模式 0 和模式 3 的主要区别是：当主机的 SPI 接口处于空闲或者没有数据传输时，CLK 的电平是高电平还是低电平。对于模式 0，CLK 的电平为低电平；对于模式 3，CLK 的电平为高电平。在两种模式下芯片都是在 CLK 的上升沿采集输入数据，下降沿输出数据。

3. 双输出 SPI 方式

W25Q16/32/64 支持 SPI 双输出方式，但需要使用快读双输出指令（Fast Read Dual Output），这时，通信速率相当于标准 SPI 的 2 倍。这个命令非常适合在需要一上电就快速下载代码到内存中的情况（Code-Shadowing）或者需要缓存代码段到内存中运行的情况（Cache Code-Segments to RAM for Execution）。在使用快读双输出指令后，DI 引脚变为输出引脚。

4. 保持功能

芯片处于使能状态（CS=0）时，把 HOLD 引脚拉低可以使芯片暂停工作，适用于芯片和其他器件共享主机 SPI 接口的情况。例如，当主机接收到一个更高优先级的中断时就会抢占

主机的 SPI 接口，而这时芯片的页缓存区（Page Buffer）还有一部分没有写完，在这种情况下，保持功能可以保存好页缓存区的数据，等中断释放 SPI 口时，再继续完成刚才没有写完的工作。

使用保持功能，CS 引脚必须为低电平。在 HOLD 引脚出现下降沿以后，如果 CLK 引脚为低电平，将开启保持功能；如果 CLK 引脚为高电平，保持功能在 CLK 引脚的下一个下降沿开始。在 HOLD 引脚出现上升沿以后，如果 CLK 引脚为低电平，保持功能将结束；如果 CLK 引脚为高电平，在 CLK 引脚的下一个下降沿，保持功能将结束。

在保持功能起作用期间，DO 引脚处于高阻抗状态，DI 引脚和 DO 引脚上的信号将被忽略，而且在此期间，CS 引脚也必须保持低电平，如果在此期间 CS 引脚电平被拉高，芯片内部的逻辑将会被重置。

5. 状态寄存器

状态寄存器如表 11.5 所示。

表 11.5　状态寄存器

S7	S6	S5	S4	S3	S2	S1	S0
SRP	Reservd	TB	BP2	BP1	BP0	WEL	BUSY

通过读状态寄存器可以知道芯片存储器阵列是否可写，或者是否处于写保护状态；通过写状态寄存器可以配置芯片写保护特征。

（1）忙位（BUSY）。BUSY 位是只读位，位于状态寄存器中的 S0。当执行页编程、扇区擦除、块擦除、芯片擦除、写状态寄存器等指令时，该位将自动置 1。此时，除了读状态寄存器指令，其他指令都忽略；当页编程、扇区擦除、块擦除、芯片擦除和写状态寄存器等指令执行完毕之后，该位将自动清 0，表示芯片可以接收其他指令了。

（2）写保护位（WEL）。WEL 位是只读位，位于状态寄存器中的 S1。执行完写使能指令后，该位将置 1；当芯片处于写保护状态下，该位为 0。在下面两种情况下，会进入写保护状态：掉电后执行指令写禁能、页编程、扇区擦除、块擦除、芯片擦除，以及写状态寄存器。

（3）块保护位（BP2、BP1、BP0）。BP2、BP1、BP0 位是可读可写位，分别位于状态寄存器的 S4、S3、S2。可以用写状态寄存器指令置位这些块保护位。在默认状态下，这些位都为 0，即块处于未保护状态下。可以设置块为没有保护、部分保护或者全部保护等状态。当 SPR 位为 1 或/WP 引脚为低电平时，这些位不可以被更改。

（4）底部和顶部块的保护位（TB）。TB 位是可读可写位，位于状态寄存器的 S5。该位默认为 0，表明顶部和底部块处于未被保护状态下，可以用写状态寄存器指令置位该位。当 SPR 位为 1 或/WP 引脚为低电平时，这些位不可以被更改。

（5）保留位。位于状态寄存器的 S6，读取状态寄存器值时，该位为 0。

（6）状态寄存器保护位（SRP）。SRP 位是可读可写位，位于状态寄存器的 S7。该位结合/WP 引脚可以禁止写状态寄存器功能，该位默认值为 0。当 SRP =0 时，/WP 引脚不能控制状态寄存器的写禁止；当 SRP =1 且/WP =0 时，写状态寄存器指令失效；当 SRP =1 且/WP =1 时，可以执行写状态寄存器指令。

6. 常用操作指令

常用操作指令如表 11.6 所示。

表 11.6　操作指令

指令名称	字节 1	字节 2	字节 3	字节 4	字节 5	字节 6	下一个字节
写使能	06h						
写禁止	04h						
读状态寄存器	05h	（S7～S0）					
写状态寄存器	01h	S7～S0					
读数据	03h	A23～A16	A15～A8	A7～A0	（D7～D0）	下个字节	继续
快读	0Bh	A23～A16	A15～A8	A7～A0	伪字节	D7～D0	下个字节
快读双输出	3Bh	A23～A16	A15～A8	A7～A0	伪字节	I/O=（D6,D4,D2,D0） O=（D7,D5,D3,D1）	每 4 个时钟传输 1 字节
页编程	02h	A23～A16	A15～A8	A7～A0	（D7～D0）	下个字节	直到 256 个字节
块擦除（64 KB）	D8h	A23～A16	A15～A8	A7～A0			
扇区擦除（4 KB）	20h	A23～A16	A15～A8	A7～A0			
芯片擦除	C7h						
掉电	B9h						
释放掉电/器件 ID	ABh	伪字节	伪字节	伪字节	（ID7～ID0）		
制造/器件 ID	90h	伪字节	伪字节	00h	（M7～M0）	（ID7～ID0）	
JEDEC ID	9Fh	（M7～M0）	（ID15～ID8）	（ID7～ID0）			

（1）写使能指令（06h）（Write Enable）。写使能指令会使状态寄存器 WEL 位置位。在执行每个页编程、扇区擦除、块擦除、芯片擦除和写状态寄存器等指令之前，都要先置位 WEL。/CS 引脚先拉低为低电平后，写使能指令代码 06h 从 DI 引脚输入，在 CLK 上升沿采集，然后将/CS 引脚拉高为高电平。写使能指令时序如图 11.11 所示。

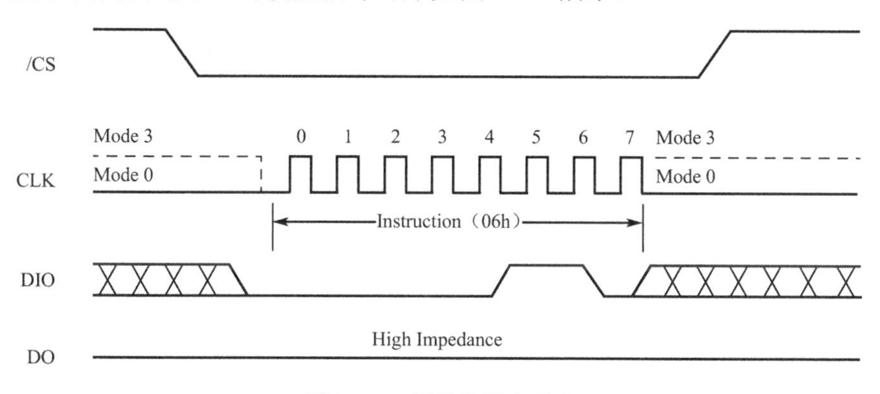

图 11.11　写使能指令时序

（2）写禁止指令（04h）（Write Disable）。写禁止指令将会使 WEL 位变为 0。/CS 引脚拉低为低电平后，再把 04h 从 DI 引脚输入到芯片，将/CS 引脚拉高为高电平后，就可完成这个指令。在执行完写状态寄存器、页编程、扇区擦除、块擦除、芯片擦除等指令之后，WEL 位就会自动变为 0。写禁止指令时序如图 11.12 所示。

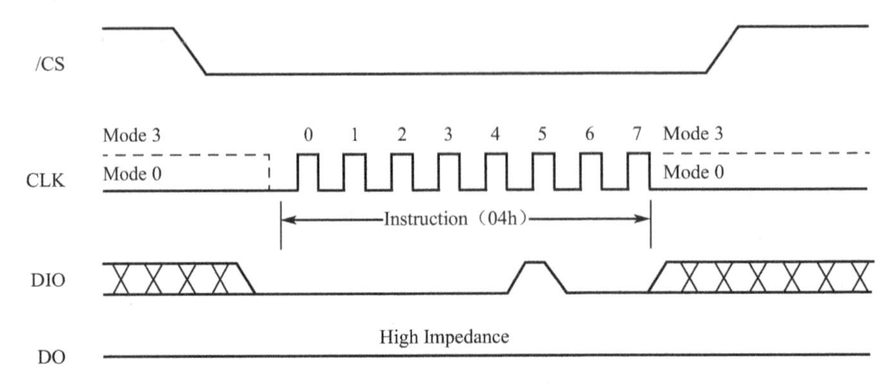

图 11.12　写禁止指令时序

（3）读状态寄存器指令（05h）（Read Status Register）。当/CS 引脚拉低为低电平后，开始把 05h 从 DI 引脚输入到芯片，在 CLK 的上升沿时数据被芯片采集，当芯片采集到的数据为 05h 时，芯片就会把状态寄存器的值从 DO 引脚输出，数据在 CLK 的下降沿输出，高位在前。

读状态寄存器指令在任何时候都可以用，甚至在编程、擦除和写状态寄存器的过程中也可以用，这样，就可以根据状态寄存器的 BUSY 位判断编程、擦除和写状态寄存器周期有没有结束，从而让知道芯片是否可以接收下一条指令了。如果/CS 引脚没有被拉高为高电平，状态寄存器的值将一直从 DO 引脚输出。/CS 引脚拉高为高电平后，读状态寄存器指令结束。读状态寄存器指令如图 11.13 所示。

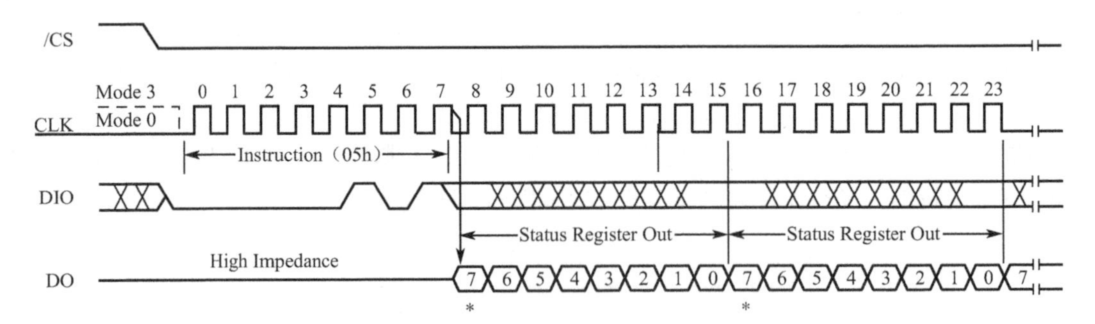

图 11.13　读状态寄存器指令时序

（4）写状态寄存器指令（01h）（Write Status Register）。在执行写状态寄存器指令之前，需要先执行写使能指令。先将/CS 引脚拉低为低电平后，然后把 01h 从 DI 引脚输入到芯片，接着把想要设置的状态寄存器值通过 DI 引脚输入到芯片，/CS 引脚拉高为高电平时，写状态寄存器指令结束。如果此时没有把/CS 引脚拉高为高电平或者拉得晚了，值将不会被写入，指令无效。只有状态寄存器中的 SRP、TB、BP2、BP1、BP0 位可以被写入，其他只读位的值不会变。在该指令执行的过程中，状态寄存器中的 BUSY 位为 1，这时可以用读状态寄存器指令读出状态寄存器的值并进行判断。当写寄存器指令执行完毕时，BUSY 位将自动变为 0，

WEL 位也自动变为 0。

通过对 TB、BP2、BP1、BP0 等位写 1，就可以实现将芯片的部分或全部存储区域设置为只读。通过对 SRP 位写 1，再把/WP 引脚拉低为低电平，就可以实现禁止写入状态寄存器的功能。写寄存器指令如图 11.14 所示。

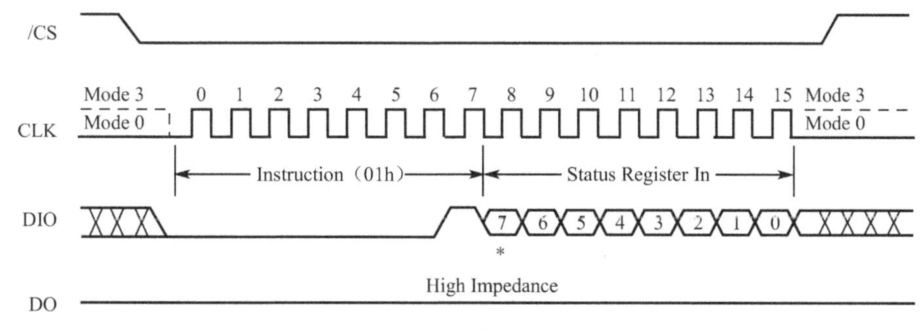

图 11.14　写状态寄存器时序

（5）读数据指令（03h）（Read Data）。读数据指令允许读出一个字节或一个以上的字节。先把/CS 引脚拉低为低电平，然后把 03h 通过 DI 引脚写入芯片，再送入 24 位的地址，这些数据将在 CLK 的上升沿被芯片采集。芯片接收完 24 位地址之后，就会把相应地址的数据在 CLK 引脚的下降沿从 DO 引脚发送出去，高位在前。当发送完这个地址的数据之后，地址将自动增加，然后通过 DO 引脚把下一个地址的数据发送出去，从而形成一个数据流。也就是说，只要时钟在工作，通过一条读指令，就可以把整个芯片存储区的数据读出来。把/CS 引脚拉高为高电平时，读数据指令将结束。当芯片在执行页编程、扇区擦除、块擦除、芯片擦除和读状态寄存器指令的周期内，读数据指令不起作用。读数据指令时序如图 11.15 和图 11.16 所示。

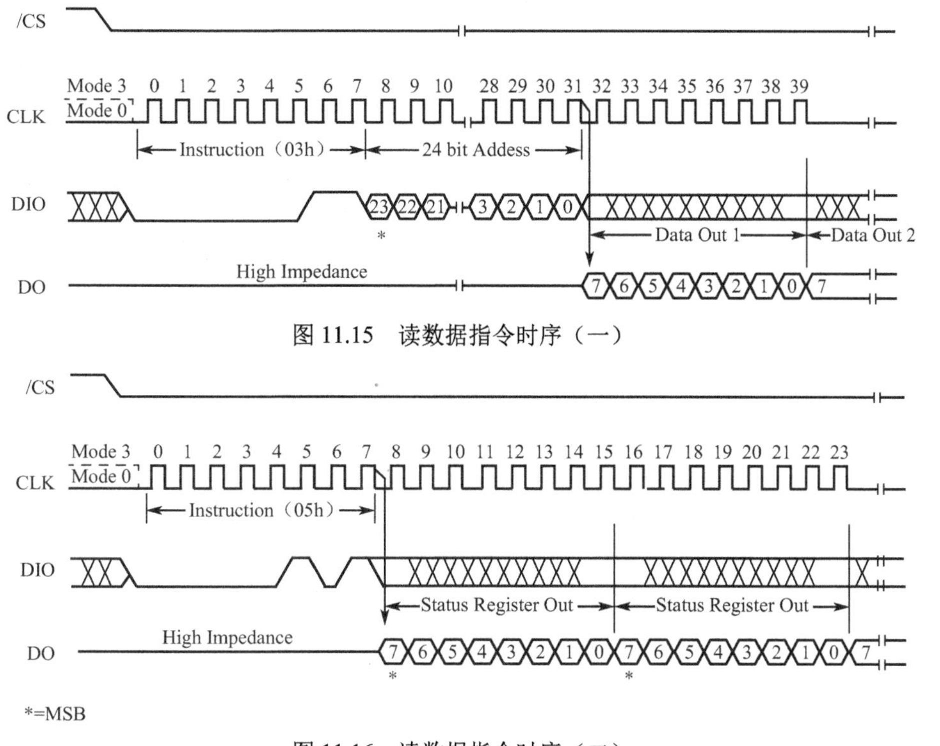

图 11.15　读数据指令时序（一）

图 11.16　读数据指令时序（二）

11.4 任务实践：高速动态数据存取的软/硬件设计

11.4.1 开发设计

1. 硬件设计

Flash 存储器使用 SPI 总线进行控制，SPI 总线有 4 条信号线，分别是片选信号线（CS）、主发从收信号线（MOSI）、主收从发信号线（MISO）和时钟线（SCK），分别连接在 STM32 的 PA15、PB5、PB4、PB3 引脚。Flash 芯片的接口电路如图 11.17 所示，STM32 的部分引脚如图 11.18 所示。注意：在图 11.17 和图 11.18 中，系统电路图中信号线符号前增加了“SPI_”前缀。

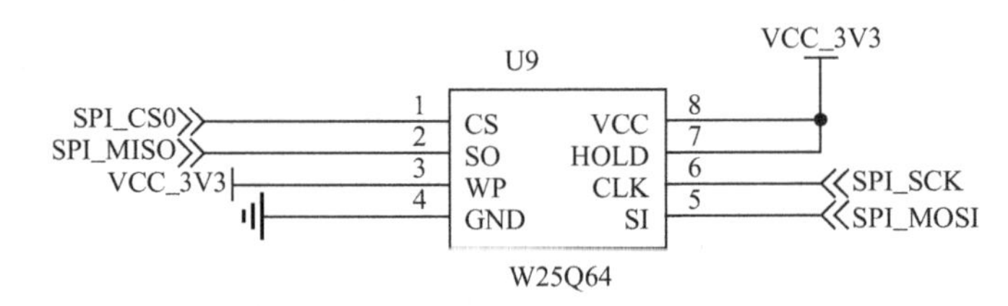

图 11.17　Flash 芯片的接口电路

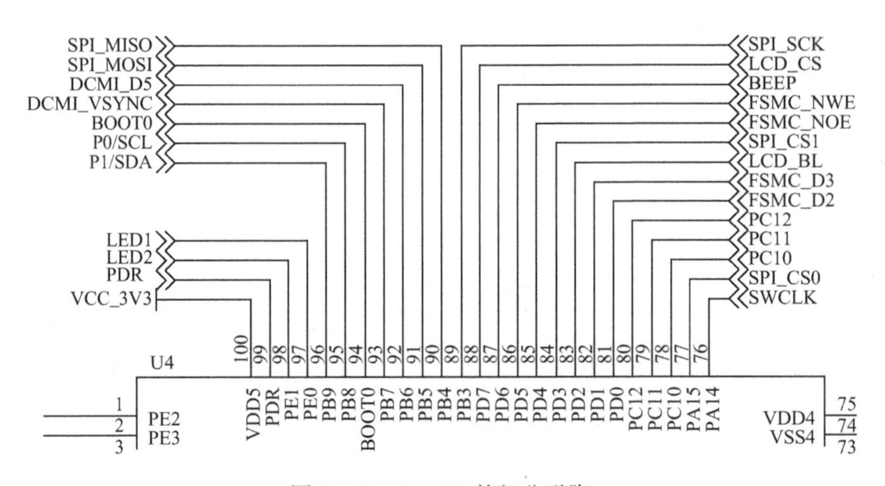

图 11.18　STM32 的部分引脚

2. 软件设计

本任务的设计思路从 STM32F407 与 Flash 存储器的交互原理入手，STM32F407 与 Flash 存储器的交互是通过 SPI 总线来进行的，所以需要用到 STM32F407 的 SPI 模块，在配置 SPI 模块时需要注意的是 SPI 的配置内容，如 SPI 模式、通信速率、自动或手动地控制从机设备等，配置完成后就可以与 Flash 存储器进行交互了，通常从机设备的 ID 号位于 0 地址，通过 SPI 总线访问 Flash 的 0 地址，将 ID 号读出即可。本任务重点学习 SPI 总线接口的使用。

软件设计流程如图 11.19 所示。

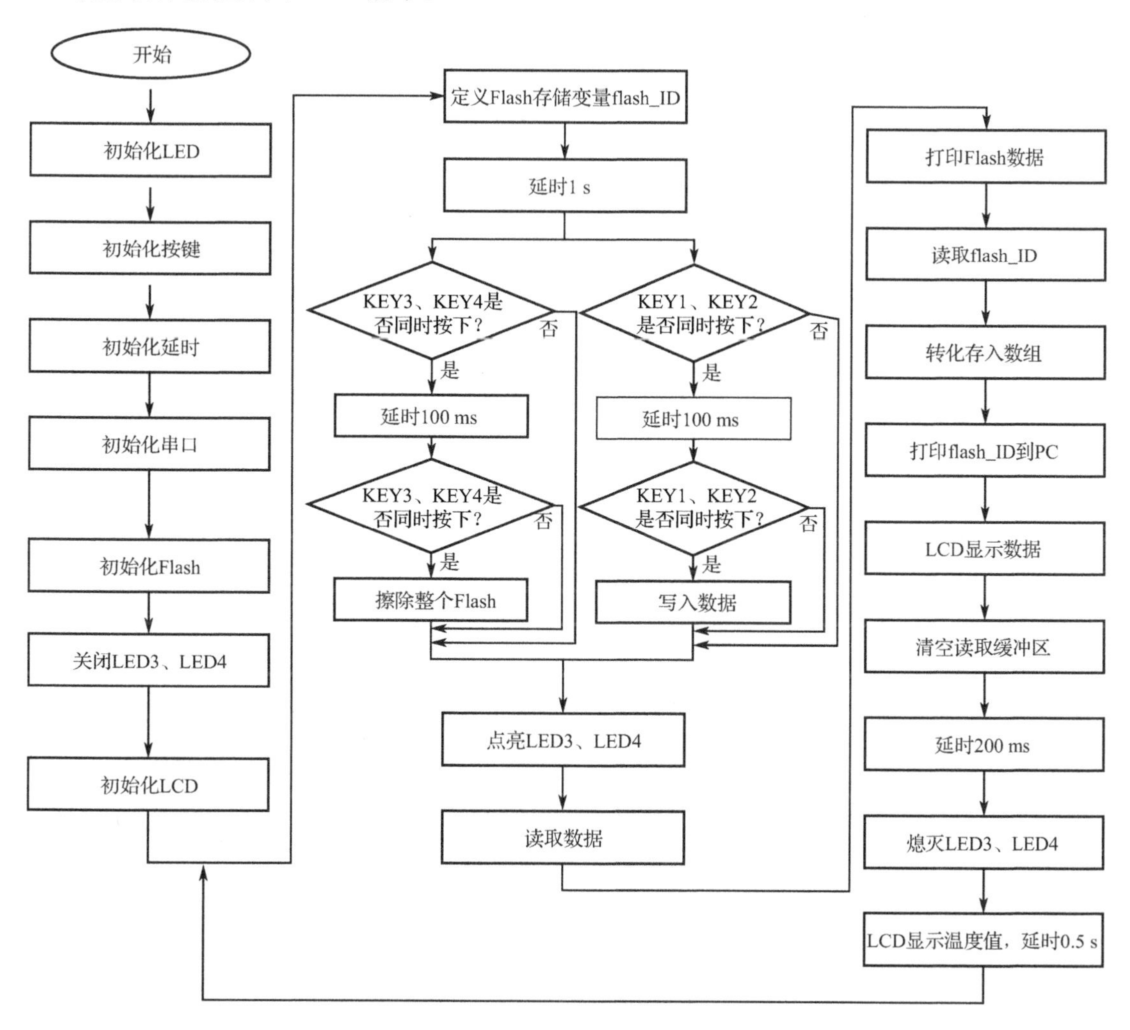

图 11.19　软件设计流程

11.4.2　功能实现

1. 主函数模块

在主函数模块中，首先初始化了相关的硬件外设，然后配置 LED 的初始状态，在主循环中程序读取写入到 Flash 中的数据然后将数据打印在 PC 上，同时闪烁 LED。若按键 KEY3 或 KEY4 按下，则写入到 Flash 中的数据将被擦除。程序的主函数如下：

```
unsigned int start_addr = 1;                                    //起始位置
unsigned char write[] = "Hello IOT!\r\n";                       //要写入的数据
unsigned char   read[10];                                       //读取数据缓冲区
/*********************************************************************************
* 功能：主函数，Flash 读写
```

```
***************************************************************************/
void main(void)
{
    led_init();                                            //初始化 LED
    key_init();                                            //初始化按键
    delay_init(168);                                       //初始化延时
    usart_init(115200);                                    //初始化 USART
    W25QXX_Init();                                         //初始化 Flash
    turn_off(D3);                                          //关闭 D3（即 LED3）
    turn_off(D4);                                          //关闭 D4（即 LED4）
    lcd_init(FLASH1);
    //将要写入的数据写入 100 地址，从扇区起始地址开始写入
    W25QXX_Write(write,start_addr,strlen((char const *)write));
    for(;;){
        u16 flash_ID=0;                                    //定义 Flash 存储变量
        char str[5]={0};
        delay_ms(1000);                                    //延时
        if(get_key_status() == (K3_PREESED|K4_PREESED)){  //检测 KEY3 和 KEY4 是否同时被按下
            delay_ms(100);                                 //延时消抖
            if(get_key_status()==(K3_PREESED|K4_PREESED)){ //如果 KEY3 和 KEY4 同时被按下
                LCDDrawAsciiDot8x16(86, 166,"flash erasing", 0x0000, 0xffff);
                W25QXX_Erase_Chip();                       //擦除整个 Flash
                LCD_Clear(85,166,319,211,0xffff);          //清除 LCD
                LCDDrawAsciiDot8x16(86, 166,"flash erased", 0x0000, 0xffff);
                delay_ms(1000);
            }
        }
        if(get_key_status() == (K1_PREESED|K2_PREESED)){  //检测 KEY1 和 KEY2 是否同时被按下
            delay_ms(100);                                 //延时消抖
            if(get_key_status()==(K1_PREESED|K2_PREESED)){ //如果 KEY1 和 KEY2 同时被按下
                LCDDrawAsciiDot8x16(86, 166,"flash writing", 0x0000, 0xffff);
                delay_ms(1000);
                W25QXX_Write(write,start_addr,strlen((char const *)write));   //写入数据
                LCD_Clear(85,166,319,211,0xffff);                              //清除 LCD
                LCDDrawAsciiDot8x16(86, 166,"flash wrote", 0x0000, 0xffff);
                delay_ms(1000);
            }
        }
        turn_on(D3);                                       //点亮 LED3
        turn_on(D4);                                       //点亮 LED4
        //从第 7 扇区起始地址开始读取数据，读取长度为写入数据的长度
        W25QXX_Read(read,start_addr,strlen((char const *)write));
        printf((char*)read);                               //打印 Flash 数据
        flash_ID=W25QXX_ReadID();                          //读取 flash_ID
        sprintf(str,"flash_ID:%d \r\n",flash_ID);          //将 flash_ID 转化为字符串并存储在 str 数组中
        printf((char*)str);                                //打印 flash_ID 到 PC
        //显示读到的数据
```

```
        LCD_Clear(85,132,319,211,0xffff);                          //清除 LCD
        LCDDrawAsciiDot8x16(86, 132,str, 0x0000, 0xffff);          //显示 flash_ID
        LCDDrawAsciiDot8x16(86, 149,read, 0x0000, 0xffff);         //显示 Flash 数据
        memset((char*)read,0,sizeof(write));                       //清空读取缓冲区
        delay_ms(200);                                             //稍加延时，得到 LED3、LED4 闪烁效果
        turn_off(D3);                                              //熄灭（关闭）LED3
        turn_off(D4);                                              //熄灭（关闭）LED4
    }
}
```

2. SPI 驱动模块

在 SPI 初始化过程中，首先配置了 SPI 模块和相关的 GPIO 的结构体，然后开启时钟，配置 GPIO 和 SPI 的相关配置。SPI 初始化程序如下。

```
/*****************************************************************************************
* 功能：初始化 SPI3，配置成主机模式
*****************************************************************************************/
void SPI3_Init(void)
{
    GPIO_InitTypeDef  GPIO_InitStructure;
    SPI_InitTypeDef  SPI_InitStructure;
    RCC_AHB1PeriphClockCmd(RCC_AHB1Periph_GPIOB, ENABLE);              //使能 GPIOB 时钟
    RCC_APB1PeriphClockCmd(RCC_APB1Periph_SPI3, ENABLE);               //使能 SPI3 时钟
    //GPIOB3/4/5 初始化设置
    GPIO_InitStructure.GPIO_Pin = GPIO_Pin_3|GPIO_Pin_4|GPIO_Pin_5;    //PB3～5复用功能输出
    GPIO_InitStructure.GPIO_Mode = GPIO_Mode_AF;                       //复用功能
    GPIO_InitStructure.GPIO_OType = GPIO_OType_PP;                     //推挽输出
    GPIO_InitStructure.GPIO_Speed = GPIO_Speed_100MHz;                 //100 MHz
    GPIO_InitStructure.GPIO_PuPd = GPIO_PuPd_UP;                       //上拉
    GPIO_Init(GPIOB, &GPIO_InitStructure);                             //初始化
    GPIO_PinAFConfig(GPIOB,GPIO_PinSource3,GPIO_AF_SPI3);              //PB3 复用为 SPI3
    GPIO_PinAFConfig(GPIOB,GPIO_PinSource4,GPIO_AF_SPI3);              //PB4 复用为 SPI3
    GPIO_PinAFConfig(GPIOB,GPIO_PinSource5,GPIO_AF_SPI3);              //PB5 复用为 SPI3
    //这里只针对 SPI 模块初始化
    RCC_APB1PeriphResetCmd(RCC_APB1Periph_SPI3,ENABLE);                //复位 SPI3
    RCC_APB1PeriphResetCmd(RCC_APB1Periph_SPI3,DISABLE);               //停止复位 SPI3
    //设置 SPI 单向或者双向的数据模式：SPI 设置为双线双向全双工
    SPI_InitStructure.SPI_Direction = SPI_Direction_2Lines_FullDuplex;
    SPI_InitStructure.SPI_Mode = SPI_Mode_Master;  //设置 SPI 工作模式：主 SPI
    SPI_InitStructure.SPI_DataSize = SPI_DataSize_8b;//设置 SPI 的数据大小：SPI 发送/接收 8 位帧结构
    SPI_InitStructure.SPI_CPOL = SPI_CPOL_High;   //串行同步时钟的空闲状态为高电平
    SPI_InitStructure.SPI_CPHA = SPI_CPHA_2Edge; //在时钟的第二个跳变沿（上升沿或下降沿）采样数据
    //设置是 NSS 由硬件（NSS 引脚）还是由软件（使用 SSI 位）控制，内部 NSS 信号由 SSI 位控制
    SPI_InitStructure.SPI_NSS = SPI_NSS_Soft;
    //定义波特率分频系数为 256
    SPI_InitStructure.SPI_BaudRatePrescaler = SPI_BaudRatePrescaler_256;
```

```
	//指定数据传输 MSB 先行还是 LSB 先行：数据传输 MSB 先行
	SPI_InitStructure.SPI_FirstBit = SPI_FirstBit_MSB;
	SPI_InitStructure.SPI_CRCPolynomial = 7;//计算 CRC 值的多项式
	SPI_Init(SPI3, &SPI_InitStructure);          //根据 SPI_InitStruct 中指定的参数初始化 SPI3 寄存器
	SPI_Cmd(SPI3, ENABLE);                       //使能 SPI3
	SPI3_ReadWriteByte(0xff);                    //启动传输
}
/*********************************************************************************
* 功能：SPI3 通信速率设置函数
* 参数：SPI_BaudRatePrescaler
* 注释：SPI 速度=fAPB2/分频系数
SPI_BaudRate_Prescaler：SPI_BaudRatePrescaler_2~SPI_BaudRatePrescaler_256，fAPB2 时钟一般为 84 MHz
*********************************************************************************/
void SPI3_SetSpeed(u8 SPI_BaudRatePrescaler)
{
	assert_param(IS_SPI_BAUDRATE_PRESCALER(SPI_BaudRatePrescaler)); //判断有效性
	SPI3→CR1&=0xFFC7;                                    //位 3～5 清 0，用来设置波特率
	SPI3→CR1|=SPI_BaudRatePrescaler;                     //设置 SPI3 速度
	SPI_Cmd(SPI3,ENABLE);                                //使能 SPI3
}
/*********************************************************************************
* 功能：SPI3 读写一个字节
* 参数：TxData—要写入的字节
* 返回：读取到的字节
*********************************************************************************/
u8 SPI3_ReadWriteByte(u8 TxData)
{
	while (SPI_I2S_GetFlagStatus(SPI3, SPI_I2S_FLAG_TXE) == RESET){}    //等待发送区空
	SPI_I2S_SendData(SPI3, TxData);                                     //通过 SPI3 发送一个字节数据
	while (SPI_I2S_GetFlagStatus(SPI3, SPI_I2S_FLAG_RXNE) == RESET){}   //等待接收完一个字节数据
	return SPI_I2S_ReceiveData(SPI3);                                   //返回 SPI3 最近接收的数据
}
```

3. Flash 存储器驱动模块

Flash 存储器驱动包括有 W25Q64 初始化函数、读取 W25QXX 的状态寄存器、写 W25QXX 状态寄存器、W25QXX 写使能、W25QXX 写禁止和读取芯片 ID 等接口函数、读取 SPI Flash 在指定地址开始读取指定长度的数据函数、在一页（0～65535）内写入少于 256 个字节的数据函数、擦除一个扇区函数、等待空闲函数、进入掉电模式和唤醒函数。

```
u16 W25QXX_TYPE=W25Q64;                                              //默认是 W25Q64
/*********************************************************************************
* 功能：初始化 Flash 存储器的 I/O 口
* 注释：1 个扇区为 4 KB，1 个块有 16 个扇区
*        W25Q64 容量为 8 MB，共有 64 个块（Block），2048 个扇区（Sector）
*********************************************************************************/
void W25QXX_Init(void)
```

```
{
    GPIO_InitTypeDef GPIO_InitStructure;
    RCC_AHB1PeriphClockCmd(RCC_AHB1Periph_GPIOA, ENABLE ); //使能 PORTA 时钟

    GPIO_InitStructure.GPIO_Pin = GPIO_Pin_15;                  //PA15 输出
    GPIO_InitStructure.GPIO_Mode = GPIO_Mode_OUT;               //输出功能
    GPIO_InitStructure.GPIO_OType = GPIO_OType_PP;              //推挽输出
    GPIO_InitStructure.GPIO_Speed = GPIO_Speed_100MHz;          //100 MHz
    GPIO_InitStructure.GPIO_PuPd = GPIO_PuPd_UP;                //上拉
    GPIO_Init(GPIOA, &GPIO_InitStructure);                      //初始化
    W25QXX_CS=1;                                                // Flash 不选中
    SPI3_Init();                                                //初始化 SPI
    SPI3_SetSpeed(SPI_BaudRatePrescaler_2);                     //设置为 18 MHz 时钟，高速模式
    W25QXX_TYPE=W25QXX_ReadID();                                //读取 Flash ID
}
/*********************************************************************************
* 功能：读取 W25QXX 的状态寄存器
* 返回：byte
* 注释：
*       BIT     7      6     5     4     3     2      1      0
*               SPR    RV    TB    BP2   BP1   BP0    WEL    BUSY
*       SPR：默认为 0，状态寄存器保护位，配合 WP 使用
*       TB、BP2、BP1、BP0：Flash 区域写保护设置
*       WEL：写使能锁定
*       BUSY：忙标记位（1 表示忙，0 表示空闲）
*       默认：0x004
*********************************************************************************/
u8 W25QXX_ReadSR(void)
{
    u8 byte=0;
    W25QXX_CS=0;                                                //使能器件
    SPI3_ReadWriteByte(W25X_ReadStatusReg);                     //发送读取状态寄存器指令
    byte=SPI3_ReadWriteByte(0xff);                              //读取 1 个字节
    W25QXX_CS=1;                                                //取消片选
    return byte;
}
/*********************************************************************************
* 功能：写 W25QXX 状态寄存器
* 注释：只有 SPR、TB、BP2、BP1、BP0（bit 7、5、4、3、2）可以写
*********************************************************************************/
void W25QXX_Write_SR(u8 sr)
{
    W25QXX_CS=0;                                                //使能器件
    SPI3_ReadWriteByte(W25X_WriteStatusReg);                    //发送写取状态寄存器指令
    SPI3_ReadWriteByte(sr);                                     //写入 1 个字节
    W25QXX_CS=1;                                                //取消片选
}
```

```
/****************************************************************************************
* 功能：W25QXX 写使能，将 WEL 置位
****************************************************************************************/
void W25QXX_Write_Enable(void)
{
    W25QXX_CS=0;                                          //使能器件
    SPI3_ReadWriteByte(W25X_WriteEnable);                 //发送写使能指令
    W25QXX_CS=1;                                          //取消片选
}
/****************************************************************************************
* 功能：W25QXX 写禁止，将 WEL 清 0
****************************************************************************************/
void W25QXX_Write_Disable(void)
{
    W25QXX_CS=0;                                          //使能器件
    SPI3_ReadWriteByte(W25X_WriteDisable);                //发送写禁止指令
    W25QXX_CS=1;                                          //取消片选
}
/****************************************************************************************
* 功能：读取 Flash ID
* 返回：Temp,
*       0xEF13 表示芯片型号为 W25Q80; 0xEF14 表示芯片型号为 W25Q16; 0xEF15 表示芯片型号为 W25Q32;
*       0xEF16 表示芯片型号为 W25Q64；0xEF17 表示芯片型号为 W25Q128
****************************************************************************************/
u16 W25QXX_ReadID(void)
{
    u16 Temp = 0;
    W25QXX_CS=0;
    SPI3_ReadWriteByte(0x90);                             //发送读取 ID 指令
    SPI3_ReadWriteByte(0x00);
    SPI3_ReadWriteByte(0x00);
    SPI3_ReadWriteByte(0x00);
    Temp|=SPI3_ReadWriteByte(0xFF)<<8;
    Temp|=SPI3_ReadWriteByte(0xFF);
    W25QXX_CS=1;
    return Temp;
}
/****************************************************************************************
* 功能：在 Flash 指定地址开始读取指定长度的数据
* 参数：pBuffer—数据存储区
        ReadAddr—开始读取的地址（24 bit）
*       NumByteToRead—要读取的字节数（最大为 65535）
****************************************************************************************/
void W25QXX_Read(u8* pBuffer,u32 ReadAddr,u16 NumByteToRead)
{
    u16 i;
    W25QXX_CS=0;                                          //使能器件
```

```
    SPI3_ReadWriteByte(W25X_ReadData);                        //发送读数据指令
    SPI3_ReadWriteByte((u8)((ReadAddr)>>16));                 //发送 24 bit 地址
    SPI3_ReadWriteByte((u8)((ReadAddr)>>8));
    SPI3_ReadWriteByte((u8)ReadAddr);
    for(i=0;i<NumByteToRead;i++)
    {
        pBuffer[i]=SPI3_ReadWriteByte(0xFF);                  //循环读数
    }
    W25QXX_CS=1;
}
/***************************************************************************************
* 功能：SPI 在一页（0～65535）内写入少于 256 B 的数据，在指定地址开始写入最大 256 B 的数据
* 参数：pBuffer — 数据存储区
*       NumByteToWrite — 要写入的字节数（最大为 256），该值不可超过该页的剩余字节数
*       NumByteToRead — 要读取的字节数（最大为 65535）
***************************************************************************************/
void W25QXX_Write_Page(u8* pBuffer,u32 WriteAddr,u16 NumByteToWrite)
{
    u16 i;
    W25QXX_Write_Enable();                                    //设置 WEL 位
    W25QXX_CS=0;                                              //使能器件
    SPI3_ReadWriteByte(W25X_PageProgram);                     //发送写页指令
    SPI3_ReadWriteByte((u8)((WriteAddr)>>16));                //发送 24 bit 地址
    SPI3_ReadWriteByte((u8)((WriteAddr)>>8));
    SPI3_ReadWriteByte((u8)WriteAddr);
    for(i=0;i<NumByteToWrite;i++)SPI3_ReadWriteByte(pBuffer[i]);   //循环写数
    W25QXX_CS=1;                                              //取消片选
    W25QXX_Wait_Busy();                                       //等待写入结束
}
/***************************************************************************************
* 功能：无检验写 Flash，必须确保所写的地址范围内的数据全部为 0XFF，否则在非 0xFF 处写入的数
据将失败
* 参数：pBuffer — 数据存储区
*       WriteAddr — 开始写入的地址（24 bit）
*       NumByteToRead — 要读取的字节数（最大为 65535）
***************************************************************************************/
void W25QXX_Write_NoCheck(u8* pBuffer,u32 WriteAddr,u16 NumByteToWrite)
{
    u16 pageremain;
    pageremain=256-WriteAddr%256;                                  //单页剩余的字节数
    if(NumByteToWrite<=pageremain)pageremain=NumByteToWrite;       //不大于 256 B
    while(1)
    {
        W25QXX_Write_Page(pBuffer,WriteAddr,pageremain);
        if(NumByteToWrite==pageremain)break;                       //写入结束
```

```
            else //NumByteToWrite>pageremain
            {
                pBuffer+=pageremain;
                WriteAddr+=pageremain;
                NumByteToWrite-=pageremain;                     //减去已经写入的字节数
                if(NumByteToWrite>256)
                    pageremain=256;                             //一次可以写入 256 B 数据
                else
                    pageremain=NumByteToWrite;                  //不够 256 B 了
            }
        }
}
/*****************************************************************************************
* 功能：写 Flash，在指定地址开始写入指定长度的数据，该函数带擦除操作
* 参数：pBuffer — 数据存储区
*        WriteAddr — 开始写入的地址（24 bit）
*        NumByteToRead — 要读取的字节数（最大为 65535）
*****************************************************************************************/
u32 num;
u8 W25QXX_BUFFER[4096];
void W25QXX_Write(u8* pBuffer,u32 WriteAddr,u32 NumByteToWrite)
{
    u32 secpos;
    u16 secoff;
    u32 secremain;
    u16 i;
    u8 * W25QXX_BUF;
    W25QXX_BUF=W25QXX_BUFFER;
    secpos=WriteAddr/4096;                                      //扇区地址
    secoff=WriteAddr%4096;                                      //在扇区内的偏移
    secremain=4096-secoff;                                      //扇区剩余空间大小
    if(NumByteToWrite<=secremain)secremain=NumByteToWrite;      //不大于 4096 B
    while(1) {
        W25QXX_Read(W25QXX_BUF,secpos*4096,4096);               //读出整个扇区的内容
        for(i=0;i<secremain;i++)                                //校验数据
        {
            if(W25QXX_BUF[secoff+i]!=0xFF)break;                //需要擦除
        }
        if(i<secremain)                                         //需要擦除
        {
            W25QXX_Erase_Sector(secpos);                        //擦除这个扇区
            for(i=0;i<secremain;i++)                            //复制
            {
                W25QXX_BUF[i+secoff]=pBuffer[i];
            }
```

```
            W25QXX_Write_NoCheck(W25QXX_BUF,secpos*4096,4096);        //写入整个扇区

        }else W25QXX_Write_NoCheck(pBuffer,WriteAddr,secremain);   //写已经擦除了的扇区剩余区间
        if(NumByteToWrite==secremain)break;                        //写入结束
        else                                                       //写入未结束
        {
            secpos++;                                              //扇区地址增 1
            secoff=0;                                              //偏移位置为 0
            pBuffer+=secremain;                                    //指针偏移
            WriteAddr+=secremain;                                  //写地址偏移
            NumByteToWrite-=secremain;                             //字节数递减
            num=282744-NumByteToWrite;
            if(NumByteToWrite>4096)secremain=4096;                 //下一个扇区还是写不完
            else secremain=NumByteToWrite;                         //下一个扇区可以写完了
        }
    };
}
/***********************************************************************************
* 功能：擦除整个芯片
***********************************************************************************/
void W25QXX_Erase_Chip(void)
{
    W25QXX_Write_Enable();                                 //设置 WEL 位
    W25QXX_Wait_Busy();
    W25QXX_CS=0;                                           //使能器件
    SPI3_ReadWriteByte(W25X_ChipErase);                    //发送片擦除指令
    W25QXX_CS=1;                                           //取消片选
    W25QXX_Wait_Busy();                                    //等待芯片擦除结束
}
/***********************************************************************************
* 功能：擦除一个扇区，擦除一个扇区的最少时间为 150 ms
* 参数：Dst_Addr—扇区地址（根据实际容量设置）
***********************************************************************************/
void W25QXX_Erase_Sector(u32 Dst_Addr)
{
    Dst_Addr*=4096;
    W25QXX_Write_Enable();                                     //设置 WEL 位
    W25QXX_Wait_Busy();
    W25QXX_CS=0;                                               //使能器件
    SPI3_ReadWriteByte(W25X_SectorErase);                      //发送扇区擦除指令
    SPI3_ReadWriteByte((u8)((Dst_Addr)>>16));                  //发送 24 bit 地址
    SPI3_ReadWriteByte((u8)((Dst_Addr)>>8));
    SPI3_ReadWriteByte((u8)Dst_Addr);
    W25QXX_CS=1;                                               //取消片选
    W25QXX_Wait_Busy();                                        //等待擦除完成
```

```
}
/*********************************************************************************************
* 功能：等待空闲
*********************************************************************************************/
void W25QXX_Wait_Busy(void)
{
    while((W25QXX_ReadSR()&0x01)==0x01);                    //等待 BUSY 位清 0
}
/*********************************************************************************************
* 功能：进入掉电模式
*********************************************************************************************/
void W25QXX_PowerDown(void)
{
    W25QXX_CS=0;                                            //使能器件
    SPI3_ReadWriteByte(W25X_PowerDown);                     //发送掉电指令
    W25QXX_CS=1;                                            //取消片选
    delay_us(3);                                            //等待 TPD
}
/*********************************************************************************************
* 名称：W25QXX_WAKEUP
* 功能：唤醒
*********************************************************************************************/
void W25QXX_WAKEUP(void)
{
    W25QXX_CS=0;                                    //使能器件
    SPI3_ReadWriteByte(W25X_ReleasePowerDown);      //发送 W25X_PowerDown 指令，即 0xAB
    W25QXX_CS=1;                                    //取消片选
    delay_us(3);                                    //等待 TRES1
}
```

其中按键驱动函数模块、LCD 驱动函数模块、串口驱动函数模块以及延时函数模块请参考随书资源的项目开发工程源代码。

11.5 任务验证

使用 IAR 集成开发环境打开高速动态数据存取设计工程，通过编译后，使用 J-Link 将程序下载到 STM32 开发平台中，暂不执行程序。

使用串口线连接 STM32 开发平台与 PC，打开串口工具并配置波特率为 115200、8 位数据位、无奇偶校验位、1 位停止位，取消十六进制显示，设置完成后运行程序。

程序执行后屏幕上显示实验名称、实验描述，以及读取到的 Flash 数据，通过串口将从 Flash 读取到的数据和 ID 号打印到 PC 上。同时按下按键 KEY3、KEY4 将擦除整个 Flash，擦除后将读取不到 Flash 数据；同时按下按键 KEY1、KEY2 将向 Flash 写入数据，LED3、LED4 闪烁。验证效果如图 11.20 所示。

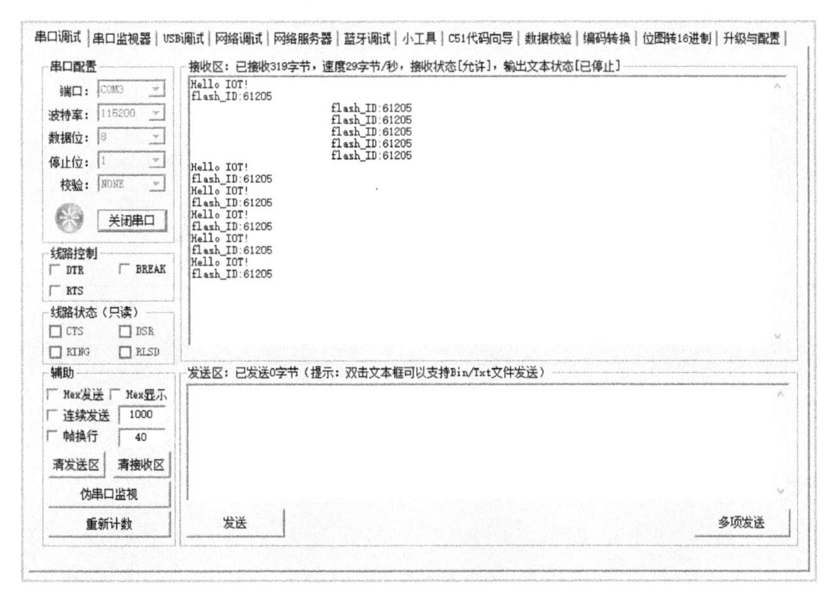

图 11.20　验证效果

11.6　任务小结

通过本任务的学习和实践，读者可以了解 SPI 总线协议的物理层和协议层，通过这两层可以对 SPI 总线有清晰的认识。STM32 集成了 SPI 模块，通过配置几个参数即可实现 SPI 的设置，通过 SPI 的状态跟踪函数可使 SPI 的稳定性进一步得到提高。使用 STM32 的 SPI 模块可以解决工程上多个 SPI 设备间的数据通信问题。

通过本任务的学习和实践，读者可以掌握通过 STM32 微处理器驱动 SPI 模块的方法，理解 Flash 存储器的基本工作原理，通过 SPI 总线来驱动 Flash。

11.7　思考与拓展

（1）SPI 总线由哪几根信号线组成？这些信号线的作用是什么？

（2）请列举几个使用 SPI 总线的设备。

（3）Flash 存储器基本工作原理是什么？

（4）很多时候数据都需要实现随存随取，就像 U 盘或硬盘一样。请读者尝试模拟移动硬盘，通过串口工具向 W25Q64 写入数据，并通过串口工具将数据读出。

任务 12 车载显示器的设计与实现

本任务重点学习 STM32 的 FSMC 模块的基本工作原理、通信协议，以及 LCD 的基本工作原理，通过 FSMC 模块实现车载显示器的设计。

12.1 开发场景：如何实现车载显示器

图 12.1 车载显示器

随着科技的进步和时代的发展，可视化设备在我们的生活中的应用越来越使用，如手机、电脑、电视、广告牌、车载显示器等，在丰富日常视听的同时，让人们能够更加直观和具体地了解某些信息。例如，车载显示器能够显示倒车时车辆后部的图像信息，或者将采集到的信息显示出来。车载显示器的屏幕是如何被驱动起来的呢？

本任务将围绕这个场景展开 STM32 的 FSMC 模块的学习与开发。车载显示器如图 12.1 所示。

12.2 开发目标

（1）知识要点：液晶显示器的工作原理；STM32 的 FSMC 模块的工作原理；FSMC 模块驱动液晶显示器的方法。

（2）技能要点：理解液晶显示器的工作原理；熟悉 STM32 的 FSMC 模块；掌握 FSMC 模块驱动液晶显示器的方法。

（3）任务目标：某汽车电子产品企业要设计一款倒车可视化系统设备，通过在车尾安装摄像头实现车后环境在车内显示屏上的显示，要求使用 STM32 的 FSMC 模块驱动液晶显示屏。

12.3 原理学习：STM32 的 FSMC 模块和 LCD 模块

12.3.1 显示器

显示器属于计算机的输出设备，它是一种将特定电子信息输出到屏幕上工具，常见的有 CRT 显示器、液晶显示器、LED 点阵显示器及 OLED 显示器。

1．液晶显示器

相对于 CRT 显示器（阴极射线管显示器），液晶显示器（Liquid Crystal Display，LCD）具有功耗低、体积小、承载的信息量大，以及不伤人眼的优点，因而成为了现在的主流显示设备，如电视机、电脑显示器、手机屏幕及各种嵌入式设备的显示器。

液晶是一种介于固体和液体之间的特殊物质，它是一种有机化合物，常态下呈液态，但是它的分子排列和固体晶体一样有规则，因此取名液晶。如果给液晶施加电场，则会改变它的分子排列，从而改变光线的传播方向，配合偏振光片，它就具有控制光线透过率的作用，再配合彩色滤光片并改变加给液晶电压大小，就能改变某一颜色的透光量。利用这种原理，可做出红、绿、蓝光输出强度可控的显示结构，把三种显示结构组成一个显示单位，通过控制红、绿、蓝光的强度，可以使该显示单位产生不同的色彩，这样的一个显示单位称为像素。液晶屏的显示结构如图 12.2 所示。

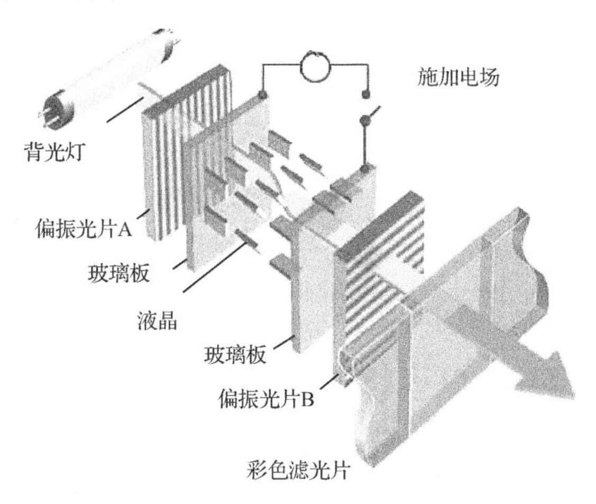

图 12.2　液晶屏的显示结构

2．LED 点阵显示器

彩色 LED 点阵显示器的单个像素点内包含红、绿、蓝三色 LED 灯，显示原理类似大型电子屏的 LED 灯，通过控制红、绿、蓝颜色的强度进行混色，可实现全彩颜色输出，多个像素点构成一个屏幕。由于每个像素点都是 LED 灯自发光的，所以在户外白天也显示得非常清晰。但由于 LED 灯体积较大，导致屏幕的像素密度低，所以它一般只适合用于户外的大型显示器。相对来说，单色 LED 点阵显示器应用得更广泛，如公交车上的信息展示牌等。

3．显示器的基本参数

显示器的基本参数如下：

（1）像素：像素是组成图像的最基本的单元要素，显示器的像素指它成像最小的点，即前面讲解液晶原理中提到的一个显示单元。

（2）分辨率：一些嵌入式设备的显示器常常以“行像素值×列像素值”来表示屏幕的分辨率，如 800×480 表示该显示器的每行有 800 个像素点，每列有 480 个像素点，也可理解为有

800列、480行。

（3）色彩深度：色彩深度指显示器的每个像素点能表示多少种颜色，一般用位（bit）来表示。例如，单色显示器的每个像素点能表示亮或灭两种状态（实际上能显示两种颜色），用1个数据位就可以表示像素点的所有状态，所以它的色彩深度为1 bit，其他常见的显示器色彩深度为16 bit、24 bit。

（4）显示器尺寸：显示器的大小一般以英寸表示，如5英寸、21英寸、24英寸等，这个长度是指屏幕对角线的长度，通过显示器的对角线长度及长宽比可确定显示器的实际长宽尺寸。

（5）点距：点距指两个相邻像素点之间的距离，它会影响画质的细腻度及观看距离，相同尺寸的屏幕，若分辨率越高，则点距越小，画质越细腻。现在有些手机屏幕的画质比电脑显示器的还细腻，这是手机屏幕点距小的原因；LED点阵显示屏的点距一般都比较大，所以适合远距离观看。

12.3.2 STM32的FSMC模块

1. FSMC模块简介

STM32F407或STM32F417系列芯片都带有FSMC模块。FSMC，即灵活的静态存储控制器，能够与同步或异步存储器、16位PC存储器卡连接，STM32F4的FSMC模块支持与SRAM、NAND Flash、NOR Flash和PSRAM等存储器的连接。FSMC模块的框图如图12.3所示。

从图12.3可以看出，STM32F4的FSMC模块将外部设备分为两类：NOR Flash/PSRAM存储器、NAND Flash/PC存储卡，它们共用地址总线和数据总线等信号，通过不同的CS来区分不同的设备，例如，本任务用到的TFT LCD使用FSMC_NE4作为片选信号，将TFT LCD当成SRAM来控制。

2. TFT LCD作为SRAM设备使用

为什么可以把TFT LCD当成SRAM设备使用呢？外部SRAM的控制信号一般有：地址总线（如A0～A18）、数据总线（如D0～D15）、写信号（WE）、读信号（OE）、片选信号（CS），如果SRAM支持字节控制，那么还有UB/LB信号。而TFT LCD的信号包括：RS、D0～D15、WR、RD、CS、RST和BL等，其中在实际操作LCD时需要用到的只有RS、D0～D15、WR、RD和CS，其操作时序和SRAM的控制完全类似，唯一不同就是TFT LCD有RS信号，但是没有地址总线。

TFT LCD通过RS信号来决定传输的数据是数据还是命令，本质上可以理解为一个地址信号，例如，把RS接在A0上，那么当FSMC控制器写地址0时，会使A0变为0，对TFT LCD来说，就是写命令；而当FSMC控制器写地址1时，A0将会变为1，对TFT LCD来说，就是写数据。这样就把数据和命令区分开了，它们其实就是对应SRAM操作的两个连续地址。当然RS也可以接在其他地址线上。

STM32F4的FSMC模块支持8、16、32位的数据宽度，本任务用到的TFT LCD是16位数据宽度，所以在设置时，选择16位就可以了。

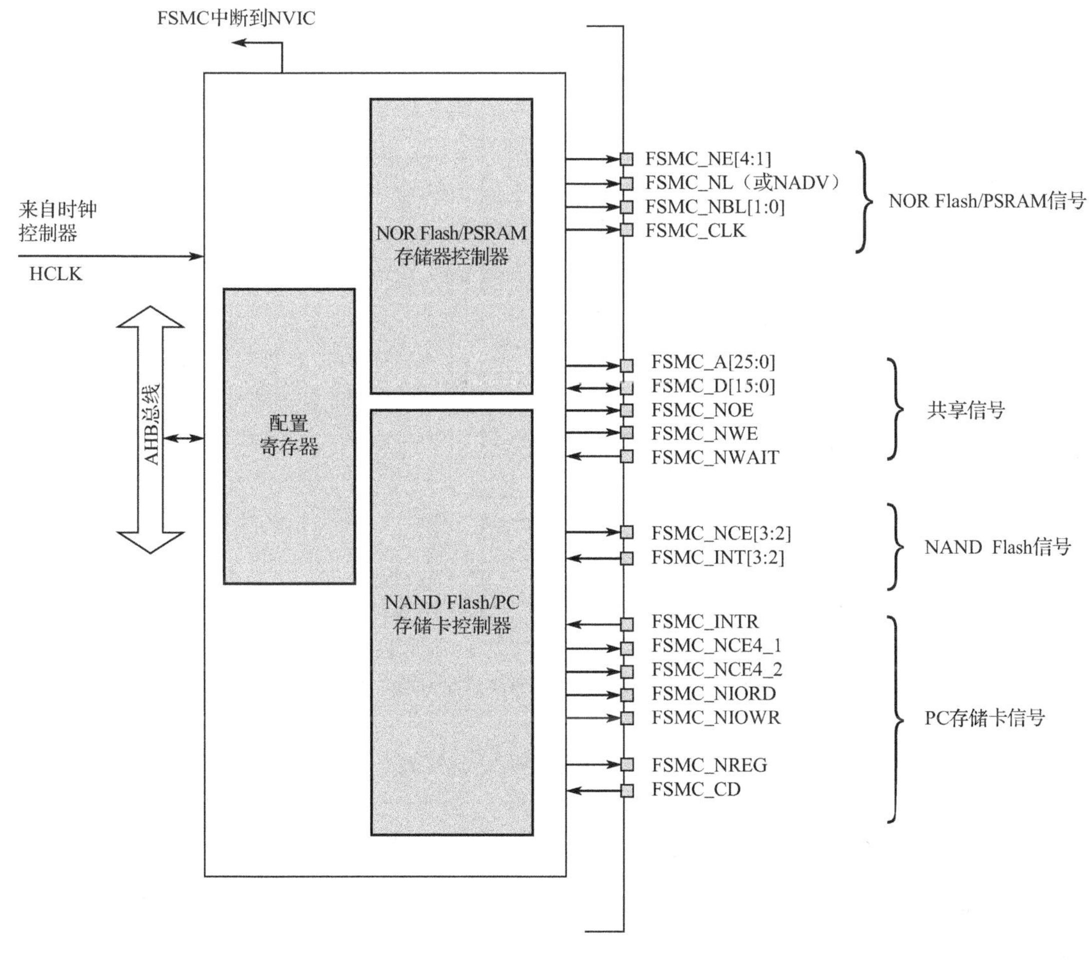

图 12.3　FSMC 模块的框图

3. FSMC 模块的外部设备地址映像

STM32F4 的 FSMC 模块将外部存储器划分为固定大小为 256 MB 的 4 个存储块，如图 12.4 所示。

从图 12.4 可以看出，FSMC 模块总共管理 1 GB 空间，拥有 4 个存储块（Bank），下述介绍仅讨论存储块 1 的相关配置，其他存储块的配置请参考芯片相关资料。

STM32F4 的 FSMC 模块的存储块 1（Bank1）被分为 4 个区，每个区管理 64 MB 的空间，每个区都有独立的寄存器对所连接的存储器进行配置。Bank1 的 256 MB 空间由 28 根地址线（HADDR[27:0]）寻址。

HADDR 是内部 AHB 地址总线，其中 HADDR[25:0]来自外部存储器地址 FSMC_A[25:0]，而 HADDR[26:27]对 4 个区进行寻址，Bank1 存储区选择表如表 12.1 所示。

要特别注意 HADDR[25:0]的对应关系，当 Bank1 接的是 16 位数据宽度的存储器时，HADDR[25:1]对应 FSMC_A[24:0]；当 Bank1 接的是 8 位数据宽度的存储器时，HADDR[25:0]对应 FSMC_A[25:0]。

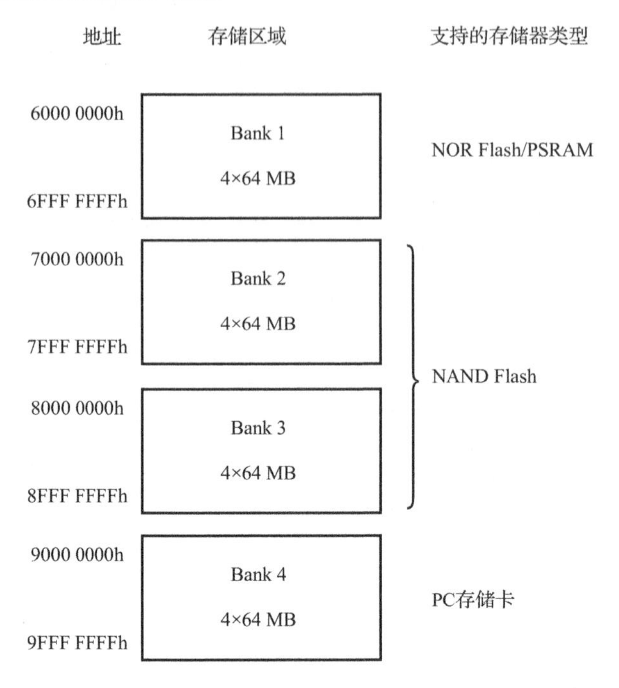

图 12.4 FSMC 存储块地址映像

表 12.1 Bank1 存储区选择表

Bank1 存储区	片选信号	地址范围	HADDR	
			[27:26]	[25:0]
第 1 区	FSMC_NE1	0X6000 0000～63FF FFFF	00	FSMC_A[25:0]
第 2 区	FSMC_NE2	0X6400 0000～67FF FFFF	01	
第 3 区	FSMC_NE3	0X6800 0000～6BFF FFFF	10	
第 4 区	FSMC_NE4	0X6C00 0000～6FFF FFFF	11	

不论 8 位或 16 位数据宽度的设备，FSMC_A[0]永远接在外部设备地址 A[0]。这里，TFT LCD 使用的是 16 位数据宽度，所以 HADDR[0]并没有用到，只有 HADDR[25:1]是有效的，因此 HADDR[25:1]对应 FSMC_A[24:0]，相当于右移一位。另外，HADDR[27:26]的设置是不需要干预的，例如，当选择使用 Bank1 的第 3 区，即使用 FSMC_NE3 来连接外部设备时，即对应 HADDR[27:26]=10，要做的就是配置对应第 3 区的寄存器组来适应外部设备即可。STM32F4 的 FSMC 模块的各 Bank 配置寄存器如表 12.2 所示。

表 12.2 FSMC 模块的各 Bank 配置寄存器

内部控制器	存 储 块	管理的地址范围	支持的设备类型	配置寄存器
NOR Flash 存储器控制器	Bank1	0X6000 0000 0X6FFF FFFF	SRAM/ROM、NOR Flash、PSRAM	FSMC_BCR1/2/3/4 FSMC_BTR1/2/3/4 FSMC_BWTR1/2/3/4

续表

内部控制器	存　储　块	管理的地址范围	支持的设备类型	配置寄存器
NAND Flash/PC 存储卡控制器	Bank2	0X7000 0000 0X7FFF FFF	NAND Flash	FSMC_PCR2/3/4 FSMC_SR2/3/4 FSMC_PMEM2/3/4 FSMC_PATT2/3/4 FSMC_PI04 FSMC_ECCR2/3
	Bank3	0X8000 0000 0X8FFF FFFF		
	Bank4	0X9000 0000 0X9FFF FFFF	PC 存储器	

对于 NOR Flash 存储器控制器，主要是通过 FSMC_BCRx、FSMC_BTRx 和 FSMC_BWTRx 寄存器来设置的（其中 x=1～4，对应 4 个区）。通过这 3 个寄存器可以设置 FSMC 模块访问外部存储器的时序参数，拓宽了可选用的外部存储器的速度范围。FSMC 模块的 NOR Flash 存储器控制器支持同步突发和异步突发两种访问方式。选用同步突发访问方式时，FSMC 模块将 HCLK（系统时钟）分频后，发送给外部存储器作为同步时钟信号 FSMC_CLK，此时需要的设置的时间参数有两个：

（1）HCLK 与 FSMC_CLK 的分频系数（CLKDIV，可以为 2～16）。

（2）同步突发访问中获得第 1 个数据所需要的等待延迟（DATLAT）。

对于异步突发访问方式，FSMC 模块主要设置 3 个时间参数：地址建立时间（ADDSET）、数据建立时间（DATAST）和地址保持时间（ADDHLD）。FSMC 模块综合 SRAM、ROM、PSRAM 和 NOR Flash 的信号特点，定义了 5 种不同的异步时序模式，选用不同的异步时序模式时，需要设置不同的时序参数。NOR Flash 存储器控制器支持的异步时序和同步时序模式如表 12.3 所示。

表 12.3　NOR Flash 存储器控制器支持的异步时序和同步时序模式

时 序 模 式		简 单 描 述	时 间 参 数
异步突发	模式	SRAM/CRAM 时序	DATAST、ADDSET
	扩展模式 A	SRAM/CRAM OE 选通型时序	DDATAST、ADDSET
	模式 2/扩展模式 B	NOR Flash 时序	DATAST、ADDSET
	扩展模式 C	NOR Flash OE 选通型时序	DATAST、ADDSET
	扩展模式 D	延长地址保持时间的异步时序	DATAST、ADDSET、ADDHLK
同步突发		根据同步时钟 FSMC_CK 读取多个顺序单元的数据	CLKDIV、DATLAT

在实际扩展时，根据选用存储器的特征确定时序模式，从而确定各时间参数与存储器读/写周期参数之间的计算关系；利用该计算关系和存储芯片数据手册中给定的参数，可计算出 FSMC 模块所需要的各时间参数，从而对时间参数寄存器进行合理的配置。

4．异步静态存储器（NOR Flash、PSRAM、SRAM）

（1）操作模式。

① 信号通过内部时钟 HCLK 进行同步，不会将此时钟发送到存储器。

② FSMC 模块先对数据进行采样，再禁止片选信号 NE，这样可以确保符合存储器数据

保持时序的要求。

③ 如果使能扩展模式（FSMC_BCRx 寄存器中的 EXTMOD 位置 1），则最多可提供 4 种扩展模式（A、B、C 和 D），可以混合使用扩展模式 A、B、C 和 D 来进行读取和写入操作。例如，可以在扩展模式 A 下执行读取操作，而在扩展模式 B 下执行写入操作。

如果禁用扩展模式（FSMC_BCRx 寄存器中的 EXTMOD 位清 0），则 FSMC 模块可以在模式 1 或模式 2 下运行，如下所述。

- 当选择 SRAM/PSRAM 存储器类型时，模式 1 为默认模式（FSMC_BCRx 寄存器中 MTYP=0x00 或 0x01）。
- 当选择 NOR Flash 存储器类型时，模式 2 为默认模式（FSMC_BCRx 寄存器中 MTYP=0x10）。

本任务使用扩展模式 A 来控制 TFT LCD，扩展模式 A 的读操作时序如图 12.5 所示。

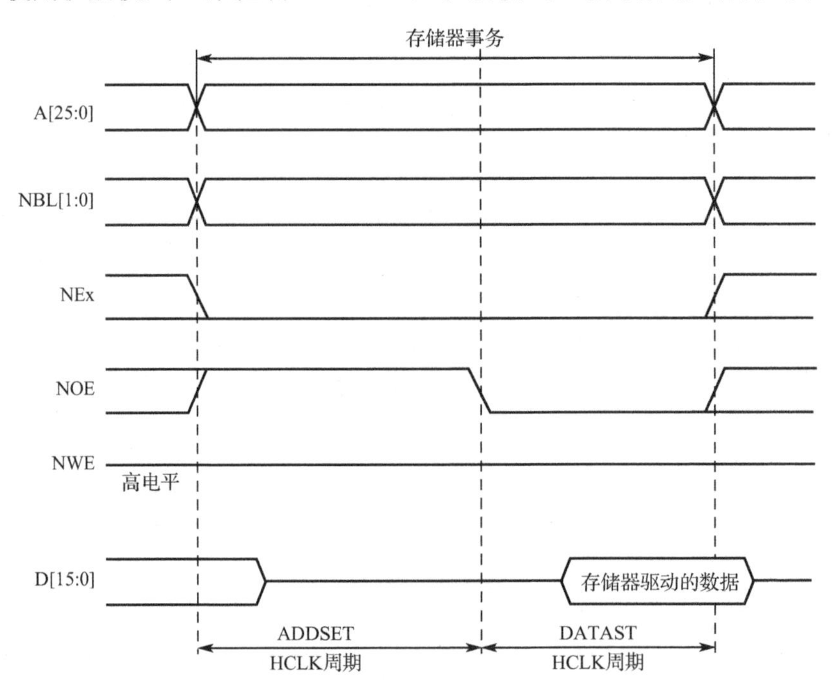

图 12.5 扩展模式 A 的读操作时序

扩展模式 A 支持独立的读/写操作采用不同的时序控制，这个对驱动 TFT LCD 来说非常有用，因为 TFT LCD 在读时，一般比较慢，而在写时则比较快，如果读/写用一样的时序，那么只能以读操作的时序为基准，从而导致写的速度变慢，或者在读时，重新配置 FSMC 模块的延时，在读操作完成时，再配置写操作的时序，这样虽然也不会降低写的速度，但是需要频繁地进行配置。如果有独立的读/写操作时序控制，那么既可以满足速度要求，又不需要频繁地进行配置。扩展模式 A 的写操作时序如图 12.6 所示。

图 12.6 中的 ADDSET 与 DATAST 是通过不同的寄存器来配置的，接下来将介绍 Bank1 的几个控制寄存器。

（2）SRAM/NOR Flash 存储器片选控制寄存器 FSMC_BCRx（x=1～4）的各位描述如表 12.4 所示。

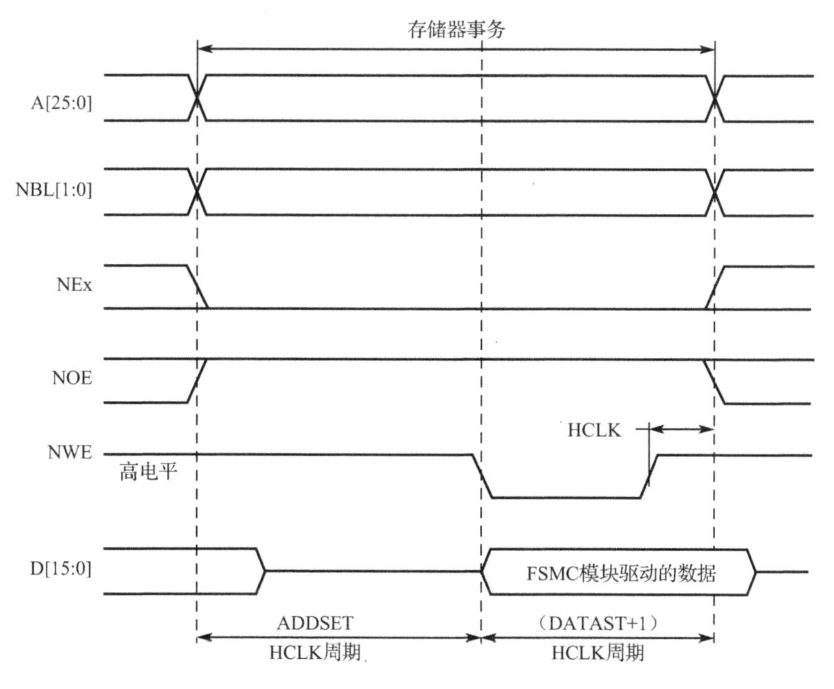

图 12.6　扩展模式 A 写操作时序

表 12.4　FSMC_BCR*x* 寄存器

位　号	位　名	要设置的值
31～20	保留	0x000
19	CBURSTRW	0x0（对异步突发模式没有影响）
18:16	保留	0x0
15	ASYNCWAIT	如果存储器支持该特性，则置为 1；否则保持为 0
14	EXTMOD	0x1
13	WAITEN	0x0（对异步突发模式没有影响）
12	WREN	0x1
11	WAITCFG	根据需要进行设置
10	WRAPMOD	0x0
9	WAITPOL	仅当位 15 为 1 时才有意义
8	BURSTEN	0x0
7	保留	0x1
6	FACCEN	无关
5～4	MWID	根据需要进行配置
3～2	MTYP	根据需要进行配置，0x2 除外（NOR Flash）
1	MUXEN	0x0
0	MBKEN	0x1

该寄存器在本任务中用到的设置有 EXTMOD、WREN、MWID、MTYP 和 MBKEN，下面将逐个介绍。

EXTMOD：扩展模式使能位，设置是否允许读/写操作采用不同的时序，本任务需要读/写操作采用不同的时序，故该位需要设置为 1。

WREN：写使能位，本任务需要向 TFT LCD 写数据，故该位必须设置为 1。

MWID[1:0]：存储器数据总线宽度，00 表示 8 位数据模式；01 表示 16 位数据模式；10 和 11 保留。TFT LCD 采用 16 位数据模式，所以设置 MWID[1:0]=01。

MTYP[1:0]：存储器类型，00 表示 SRAM、ROM；01 表示 PSRAM；10 表示 NOR Flash；11 保留。本任务把 TFT LCD 当成 SRAM 用，所以需要设置 MTYP[1:0]=00。

MBKEN：存储块使能位，这个容易理解，本任务需要用到该存储块控制 TFT LCD，当然要使能这个存储块了。

（3）SRAM/NOR Flash 存储器片选时序寄存器 FSMC_BTR*x*（*x*=1～4）的各位描述如表 12.5 所示。

表 12.5 FSMC_BTR*x* 寄存器

位 号	位 名	要设置的值
31:30	保留	0x0
29～28	ACCMOD	0x0
27～24	DATLAT	无关
23～20	CLKDIV	无关
19～16	BUSTURN	从 NEx 变为高电平到 NEx 变为低电平之间的时间（BUSTURN HCLK）
15～8	DATAST	第二个访问阶段的持续时间（写入访问为 DATAST+1 个 HCLK 周期，读取访问为 DATAST 个 HCLK 周期）
7～4	ADDHLD	无关
3～0	ADDSET	第一个访问阶段的持续时间（ADDSET 个 HCLK 周期），ADDSET 的最小值为 0

这个寄存器包含每个存储器块的控制信息，可以用于 SRAM、ROM 和 NOR Flash 存储器。如果 FSMC_BCR*x* 寄存器中设置了 EXTMOD 位，则有两个时序寄存器分别对应读操作（本寄存器）和写操作（FSMC_BWTR*x* 寄存器）。因为要求读/写操作采用不同的时序控制，所以 EXTMOD 是使能的，也就是本寄存器用于控制读操作的相关时序。本任务要用到的设置有 ACCMOD、DATAST 和 ADDSET 这三个设置。

ACCMOD[1:0]：扩展模式，00 表示扩展模式 A；01 表示扩展模式 B；10 表示扩展模式 C；11 表示扩展模式 D，本章用到扩展模式 A，故设置为 00。

DATAST[7:0]：数据保持时间。0 为保留设置，其他设置则表示保持时间为 DATAST 个 HCLK 时钟周期，最大为 255 个 HCLK 周期。对 ILI9341 来说，其实就是 RD 低电平持续时间，一般为 355 ns。而一个 HCLK 时钟周期为 6 ns 左右（1/168 MHz）。为了兼容其他设备，这里设置 DATAST 为 60，也就是 60 个 HCLK 周期，时间大约是 360 ns。

ADDSET[3:0]：地址建立时间。其建立时间为 ADDSET 个 HCLK 周期，最大为 15 个 HCLK 周期。对 ILI9341 来说，这里相当于 RD 高电平持续时间，为 90 ns，设置 ADDSET 为 15，即 15×6=90 ns。

（4）SRAM/NOR Flash 存储器写时序寄存器 FSMC_BWTR*x*（*x*=1～4）的各位描述如表 12.6 所示。

表 12.6　FSMC_BWTR*x* 寄存器

位　号	位　名	要设置的值
31:30	保留	0x0
29～28	ACCMOD	0x0
27～24	DATLAT	无关
23～20	CLKDIV	无关
19～16	BUSTURN	从 NEx 变为高电平到 NEx 变为低电平之间的时间（BUSTURN HCLK）
15～8	DATAST	第二个访问阶段的持续时间（写入访问为 DATAST+1 个 HCLK 周期）
7～4	ADDHLD	无关
3～0	ADDSET	第一个访问阶段的持续时间（ADDSET 个 HCLK 周期），ADDSET 的最小值为 0

该寄存器在本任务中作为写操作时序控制寄存器，需要用到的设置是 ACCMOD、DATAST 和 ADDSET。这三个设置的方法同 FSMC_BTR*x* 一样，只是这里对应的是写操作的时序，ACCMOD 设置同 FSMC_BTR*x* 一样，同样是选择模式 1，DATAST 和 ADDSET 则对应低电平和高电平持续时间，对 ILI9341 来说，这两个时间只需要 15 ns 就够了，比读操作快得多，所以这里设置 DATAST 为 3，即 3 个 HCLK 周期，时间约为 18 ns；ADDSET 设置为 3，即 3 个 HCLK 周期，时间约为 18 ns。

FSMC_BCR*x* 和 FSMC_BTR*x* 可组合成 BTCR[8]寄存器组，它们的对应关系为：BTCR[0]对应 FSMC_BCR1，BTCR[1]对应 FSMC_BTR1，BTCR[2]对应 FSMC_BCR2，BTCR[3]对应 FSMC_BTR2，BTCR[4]对应 FSMC_BCR3，BTCR[5]对应 FSMC_BTR3，BTCR[6]对应 FSMC_BCR4，BTCR[7]对应 FSMC_BTR4。

FSMC_BWTR*x* 和 BWTR[7]的对应关系为：BWTR[0]对应 FSMC_BWTR1，BWTR[1]保留，BWTR[2]对应 FSMC_BCR2，BWTR[3]保留，BWTR[4]对应 FSMC_BWTR3，BWTR[5]保留，BWTR[6]对应 FSMC_BWTR4。

12.3.3　STM32 的 FSMC 模块库函数

1．FSMC 模块初始化函数

初始化 FSMC 模块主要是初始化 FSMC_BCR*x*、FSMC_BTR*x* 和 FSMC_BWTR*x* 这三个寄存器，固件库提供了 3 个 FSMC 模块初始化函数，分别为：

```
FSMC_NORSRAMInit();
FSMC_NANDInit();
FSMC_PCCARDInit();
```

这三个函数分别用来初始化 4 种存储器，根据函数名就可以判断对应关系。用来初始化 NOR Flash 和 SRAM 使用同一个函数 FSMC_NORSRAMInit()，其定义为：

```
void FSMC_NORSRAMInit(FSMC_NORSRAMInitTypeDef* FSMC_NORSRAMInitStruct);
```

这个函数只有一个入口参数，即 FSMC_NORSRAMInitTypeDef 类型指针变量，这个结构体的成员变量非常多，因为 FSMC 模块相关的配置项非常多。

```
typedef struct
{
    uint32_t FSMC_Bank;
    uint32_t FSMC_DataAddressMux;
    uint32_t FSMC_MemoryType;
    uint32_t FSMC_MemoryDataWidth;
    uint32_t FSMC_BurstAccessMode;
    uint32_t FSMC_AsynchronousWait;
    uint32_t FSMC_WaitSignalPolarity;
    uint32_t FSMC_WrapMode;
    uint32_t FSMC_WaitSignalActive;
    uint32_t FSMC_WriteOperation;
    uint32_t FSMC_WaitSignal;
    uint32_t FSMC_ExtendedMode;
    uint32_t FSMC_WriteBurst;
    FSMC_NORSRAMTimingInitTypeDef* FSMC_ReadWriteTimingStruct;
    FSMC_NORSRAMTimingInitTypeDef* FSMC_WriteTimingStruct;
}FSMC_NORSRAMInitTypeDef;
```

这个结构体有 13 个基本类型（unit32_t）的成员变量，它们是用来配置片选控制寄存器 FSMC_BCR*x* 的。

还有两个 SMC_NORSRAMTimingInitTypeDef 类型的指针成员变量。FSMC 模块有读操作时序和写操作时序之分，所以两个成员变量用来设置读操作时序和写操作时序，分别用来配置寄存器 FSMC_BTR*x* 和 FSMC_BWTR*x*。扩展模式 A 下的相关配置参数如下：

（1）FSMC_Bank 用来设置使用到的存储块标号和区号，本任务使用存储块 1 区号 4，所以设置为 FSMC_Bank1_NORSRAM4。

（2）FSMC_MemoryType 用来设置存储器类型，本任务使用 SRAM，所以设置为 FSMC_MemoryType_SRAM。

（3）FSMC_MemoryDataWidth 用来设置数据宽度，可选 8 位还是 16 位，本任务采用 16 位数据宽度，所以设置为 FSMC_MemoryDataWidth_16b。

（4）FSMC_WriteOperation 用来设置写使能，本任务要向 TFT LCD 写数据，所以要写使能，设置为 FSMC_WriteOperation_Enable。

（5）FSMC_ExtendedMode 用于设置扩展模式使能，也就是是否允许读/写操作采用不同的时序，本任务采用不同的读/写操作时序，所以设置为 FSMC_ExtendedMode_Enable。

上面的这些参数是与扩展模式 A 相关的，下面介绍一下其他几个参数。

FSMC_DataAddressMux 用来设置地址/数据复用使能，若设置为使能，那么地址的低 16 位和数据将共用数据总线，仅对 NOR Flash 和 PSRAM 有效，所以设置为默认值不复用，即 FSMC_DataAddressMux_Disable。

FSMC_BurstAccessMode、FSMC_AsynchronousWait、FSMC_WaitSignalPolarity、FSMC_

WaitSignalActive、FSMC_WrapMode、FSMC_WaitSignal、FSMC_WriteBurst 和 FSMC_WaitSignal 在同步突发时才需要设置。

接下来设置读/写操作时序参数的两个成员变量 FSMC_ReadWriteTimingStruct 和 FSMC_WriteTimingStruct，它们都是 FSMC_NORSRAMTimingInitTypeDef 类型的指针成员变量，这两个成员变量在初始化时分别用来初始化片选控制寄存器 FSMC_BTR*x* 和写操作时序控制寄存器 FSMC_BWTR*x*。下面是 FSMC_NORSRAMTimingInitTypeDef 的定义。

```
typedefstruct
{
    uint32_t FSMC_AddressSetupTime;
    uint32_t FSMC_AddressHoldTime;
    uint32_t FSMC_DataSetupTime;
    uint32_t FSMC_BusTurnAroundDuration;
    uint32_t FSMC_CLKDivision;
    uint32_t FSMC_DataLatency;
    uint32_t FSMC_AccessMode;
}FSMC_NORSRAMTimingInitTypeDef;
```

这个结构体有 7 个成员变量，它们的含义在讲解 FSMC 模块的时序时已介绍过，主要是设置地址建立/保持时间、数据建立时间等。本任务的读/写操作时序不一样，对读/写速度的要求也不一样，所以 FSMC_DataSetupTime 设置了不同的值。

2．FSMC 模块使能函数

FSMC 模块对不同的存储器类型提供了不同的使能函数。

```
void FSMC_NORSRAMCmd(uint32_t FSMC_Bank,FunctionalState NewState);
void FSMC_NANDCmd(uint32_t FSMC_Bank,FunctionalState NewState);
void FSMC_PCCARDCmd(FunctionalState NewState);
```

12.3.4　ILI93xx 系列 TFT LCD

1．ILI93xx 系列 TFT LCD 的基本原理

开发平台上使用的屏幕为 ILI93xx 系列 TFT LCD，此系列内部都含有 ILI93xx 控制器，此处以典型的 ILI9341 控制器为例对 TFT LCD 控制器进行讲解，该控制器内部结构非常复杂，如图 12.7 所示。该芯片的核心部分是位于中间的 GRAM（Graphics RAM），它就是显存。GRAM 中每个存储单元都对应着液晶面板的一个像素点，它右侧的各种模块共同作用把 GRAM 存储单元的数据转化成液晶面板的控制信号，使像素点呈现特定的颜色，而像素点组合起来则构成一幅完整的图像。

图 12.7 的左上角为 ILI9341 控制器的主要控制信号线和配置引脚，根据其不同状态设置可以使芯片工作在不同的模式，如每个像素点的位数是 6 位、16 位还是 18 位。MCU 可通过 SPI 接口、8080 接口或 RGB 接口与 ILI9341 进行通信，从而访问它的控制寄存器（CR）、地址计数器（AC）以及 GRAM。

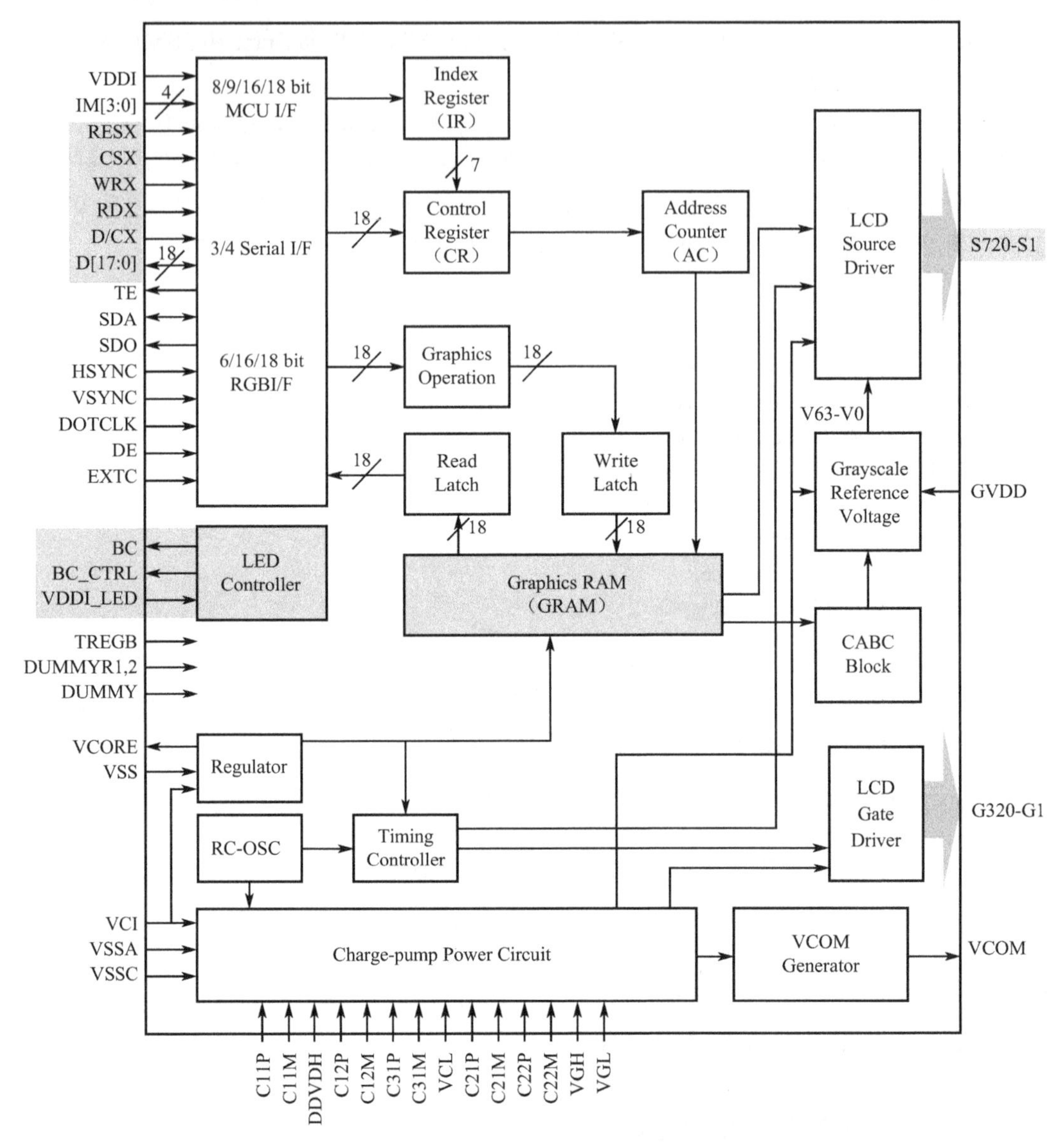

图 12.7　ILI9341 控制器内部结构

在 GRAM 的左侧还有一个 LED 控制器（LED Controller）。LCD 为非发光性的显示装置，它需要借助背光源才能达到显示功能，LED 控制器用来控制液晶屏中的 LED 背光源。

2．液晶屏信号线及 8080 时序

ILI9341 控制器根据自身的 IM[3:0]信号线电平决定它与 MCU 的通信方式，支持 SPI 和 8080 接口。ILI9341 控制器在出厂前就已经按固定配置好（内部已连接硬件电路），它被配置为通过 8080 接口通信，使用 16 根数据线的 RGB565 格式。内部硬件电路连接完，剩下的其他信号线被引出到 FPC 排线，最后该排线由 PCB 底板引出到排针，排针再与 STM32 芯片连接。ILI9341 芯片引出信号线如图 12.8 所示。

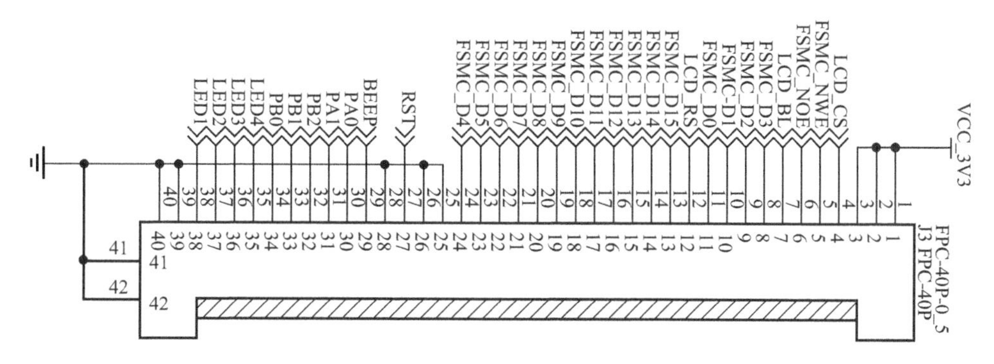

图 12.8　ILI9341 芯片引出信号线

ILI9341 芯片引出信号线说明如表 12.7 所示。

表 12.7　ILI9341 芯片引出信号线说明

信　号　线	ILI9341 对应信号线	说　　明
FSMC_D[15:0]	D[15:0]	数据信号线
LCD_CS	CSX	片选信号，低电平有效
FSMC_NWE	WRX	写数据信号，低电平有效
FSMC_NOE	RDX	读数据信号，低电平有效
LCD_BL	—	背光信号，低电平点亮
LCD_RS	D/CX	数据/命令信号，高电平时，D[15:0]表示数据（RGB 像素数据或命令数据）；低电平时 D[15:0]表示控制命令
RST	RESX	复位信号，低电平有效

这些信号线即 8080 接口，带 X 的表示低电平有效，STM32 通过该接口与 ILI9341 芯片通信，实现对 ILI9341 芯片的控制。通信的内容主要包括命令和显存数据，显存数据是各个像素点的 RGB565 内容；命令是指对 ILI9341 芯片的控制指令，MCU 可通过 8080 接口发送命令编码控制 ILI9341 芯片的工作方式，例如，复位指令、设置光标指令、睡眠模式指令等。8080 接口时序如图 12.9 所示。

由图 12.9 可知，写命令时序由片选信号 CSX 拉低开始，数据/命令选择信号线 D/CX 为低电平表示写入的是命令地址（可理解为命令编码，如软件复位命令 0x01），写信号 WRX 为低电平、读信号 RDX 为高电平时表示数据传输方向为写入，同时在数据线 D[17:0]（或 D[15:0]）输出命令地址。在第二个传输阶段传输的是命令的参数，所以 D/CX 要置为高电平，表示写入的是命令数据，命令数据是某些命令带有的参数，如复位命令编码为 0x01，它后面可以带一个参数，该参数表示在多少秒后复位。

3. FSMC 的 8080 端口模拟

在 STM32 的使用过程中，通常使用 STM32 的 FSMC 模块对 8080 接口的时序进行模拟，根据前文可知，FSMC 模块为不同的存储器设定了不同的总线控制时序，而用于模拟 8080 接口的时序是使用 FSMC 模块的扩展模式 B 来模拟的。FSMC 模块的 SRAM 时序与 8080 接口时序对比如图 12.10 所示。

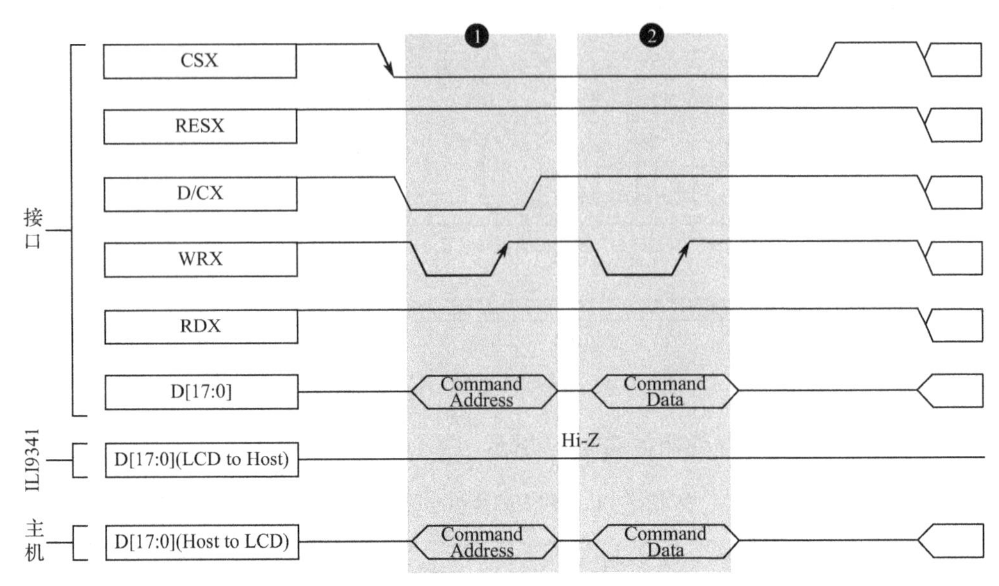

图 12.9　8080 接口时序

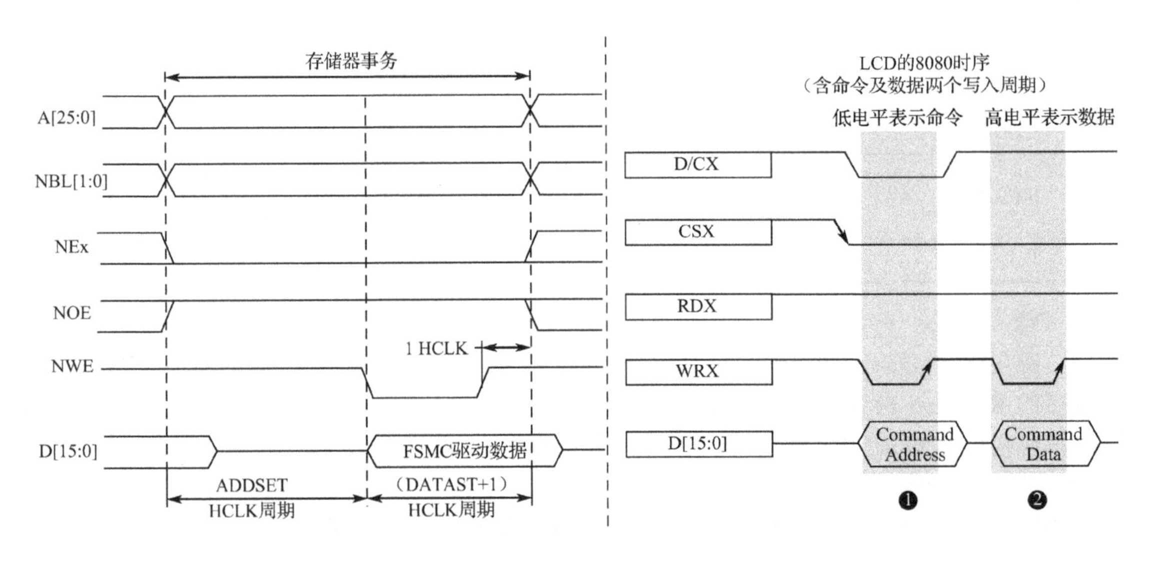

图 12.10　FSMC 模块的 SRAM 时序与 8080 接口时序对比

对比 FSMC 模块中的 SRAM 时序与 ILI9341 芯片使用的 8080 接口时序可发现，这两个时序是十分相似的（除了 FSMC 模块的地址线 A 和 8080 接口的 D/CX 线，可以说是完全一样的）。FSMC 模块信号线和 8080 接口信号线的对比如表 12.8 所示。

表 12.8　FSMC 模块信号线和 8080 接口信号线的对比

FSMC 模块信号线	功　能	8080 接口信号线	功　能
NEx	片选信号线	CSX	片选信号
NWR	写使能	WRX	写使能
NOE	读使能	RDX	读使能

续表

FSMC 模块信号线	功　能	8080 接口信号线	功　能
D[15:0]	数据线	D[15:0]	数据线
A[25:0]	地址线	D/CX	数据/命令选择

对于 FSMC 模块和 8080 接口，前四种信号线都是完全一样的，仅仅是 FSMC 模块的 A[25:0] 与 8080 接口的 D/CX 有区别。对于 D/CX，它为高电平时表示数据，为低电平时表示命令，如果 FSMC 模块的 A 地址线能根据不同的情况产生对应的电平，那么就完全可以使用 FSMC 模块来产生 8080 接口需要的时序了。

为了模拟出 8080 接口时序，可以把 FSMC 模块的 A0 地址线（也可以使用其他 A1、A2 等地址线）与 ILI9341 芯片 8080 接口的 D/CX 信号线连接，那么当 A0 为高电平时（即 D/CX 为高电平），D[15:0]的信号会被 ILI9341 理解为数据，若 A0 为低电平时（即 D/CX 为低电平），传输的信号则会被理解为命令。

由于 FSMC 模块会自动产生地址信号，当使用 FSMC 模块向 0x6xxxxxx1、0x6xxxxxx3、0x6xxxxxx5…这些奇数地址写入数据时，地址最低位的值均为 1，所以它会控制地址线 A0（D/CX）输出高电平，那么这时通过数据线传输的信号会被理解为数据；若向 0x6xxxxxx0、0x6xxxxxx2、0x6xxxxxx4…这些偶数地址写入数据时，地址最低位的值均为 0，所以它会控制地址线 A0（D/CX）输出低电平，因此这时通过数据线传输的信号会被理解为命令。控制命令如表 12.9 所示。

表 12.9　控制命令

地　址	地址的二进制数的低 4 位	A0（D/CX）的电平	控制 ILI9341 的含义
0x6xxxxxx1	0001	1（高电平）	D（数据）
0x6xxxxxx3	0011	1（高电平）	D（数据）
0x6xxxxxx5	0101	1（高电平）	D（数据）
0x6xxxxxx0	0000	0（低电平）	C（命令）
0x6xxxxxx2	0010	0（低电平）	C（命令）
0x6xxxxxx4	0100	0（低电平）	C（命令）

只要配置好 FSMC 模块，然后利用指针变量向不同的地址单元写入数据，就能够由 FSMC 模块模拟出的 8080 接口向 ILI9341 写入控制命令或数据了。

12.4　任务实践：车载显示器的软/硬件设计

12.4.1　开发设计

1. 硬件设计

本任务的硬件架构设计如图 12.11 所示。

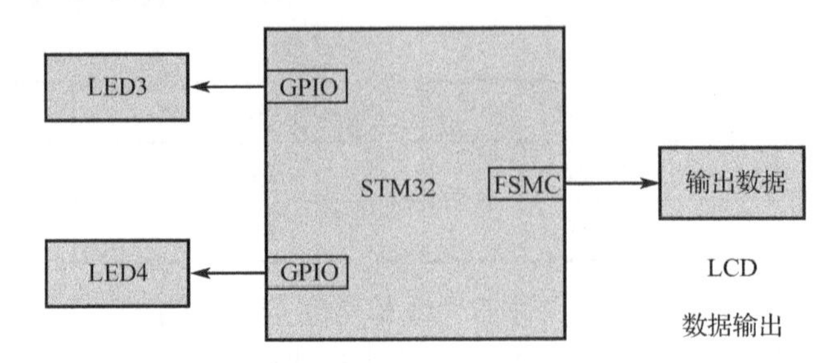

图 12.11　硬件架构设计

本任务的设计思路要从 TFT LCD 的驱动方式入手，TFT LCD 为了实现较快的刷新速度，需要在设计上使用的并行数据总线对其进行操作，如果 STM32F407 通过 GPIO 来模拟的话，同样可使实现 TFT LCD 的操作，然而软件模拟并不能有效地提升 TFT LCD 的控制速度，此时需要采用固有的硬件并行数据总线才能提升 TFT LCD 的刷新潜力，STM32 正好有并行数据总线外设 FSMC 模块，它支持 SARM 的闪存，其原理与 TFT LCD 的控制类似，所以可以使用 FSMC 模块对 TFT LCD 进行操作。

TFT LCD 使用了 8080 接口，8080 接口拥有 16 条数据线，一条片选信号线 CSX、一条数据/命令信号线 D/CX、一条读控制信号线 WRX、一条写控制信号线 RDX，另外还有辅助的背光控制信号线 BL 和 TFT LCD 复位信号线 RST。信号线与 STM32F407 引脚对应关系如表 12.10 所示。

表 12.10　信号线与 STM32 引脚对应关系

序　号	信号线属性	原理图网络标号	STM32F407 对应引脚
1	数据线比特位 0	FSMC_D0	PD15
2	数据线比特位 1	FSMC_D1	PD14
3	数据线比特位 2	FSMC_D2	PD0
4	数据线比特位 3	FSMC_D3	PD1
5	数据线比特位 4	FSMC_D4	PE7
6	数据线比特位 5	FSMC_D5	PE8
7	数据线比特位 6	FSMC_D6	PE9
8	数据线比特位 7	FSMC_D7	PE10
9	数据线比特位 8	FSMC_D8	PE11
10	数据线比特位 9	FSMC_D9	PE12
11	数据线比特位 10	FSMC_D10	PE13
12	数据线比特位 11	FSMC_D11	PE14
13	数据线比特位 12	FSMC_D12	PE15
14	数据线比特位 13	FSMC_D13	PD8
15	数据线比特位 14	FSMC_D14	PD9
16	数据线比特位 15	FSMC_D15	PD10
17	写控制信号线 RDX	FSMC_NWE	PD5

续表

序　　号	信号线属性	原理图网络标号	STM32F407 对应引脚
18	读控制信号线 WRX	FSMC_NOE	PD4
19	数据/命令信号线 D/CX	LCD_RS	PD12
20	片选信号线 CSX	LCD_CS	PD7
21	背光控制信号线 BL	LCD_BL	PD2
22	TFT LCD 复位信号线 RST	RST	NRST

2. 软件设计

软件设计流程如图 12.12 所示。

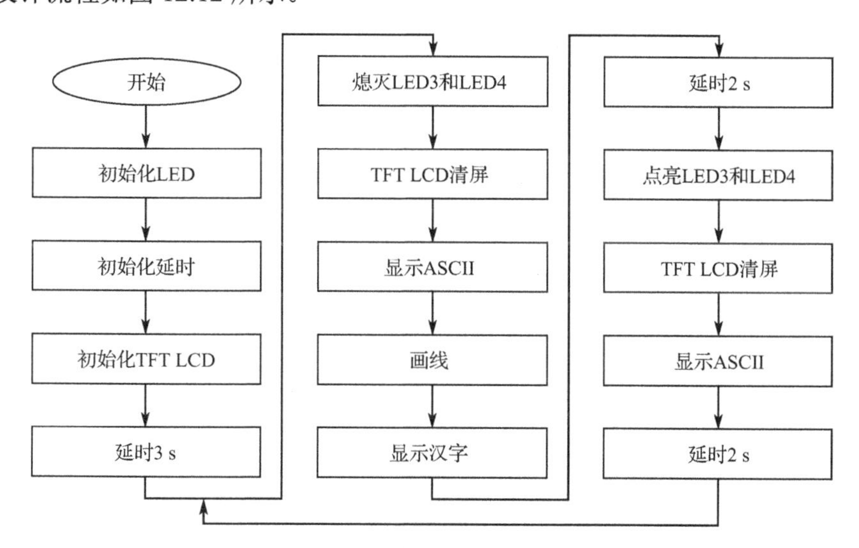

图 12.12　软件设计流程

12.4.2　功能实现

1. 主函数模块

在主函数中，首先初始化硬件外设及相关代码，初始化完成后延时 3 s。在循环体中控制 TFT LCD 的清屏，在清屏时 LED 灯的状态发生变化。主函数程序内容如下。

```
void main(void)
{
    led_init();                                         //初始化 LED
    delay_init(168);                                    //初始化延时
    lcd_init(LCD1);                                     //初始化 TFT LCD
    delay_ms(3000);                                     //延时 3 s
    for(;;){
        //第一屏
        turn_off(D3);                                   //关闭 D3（即 LED3）
```

```
        turn_off(D4);                                        //关闭 D4（即 LED4）
        LCDClear(0xffff);                                    //TFT LCD 清屏
        LCDDrawFnt24(100, 86, "Hello IOT!", 0x0000, -1);     //显示 ASCII
        LCDDrawLineH(0, 320, 115, 0x07e0);                   //画线
        LCDDrawFnt24(80, 120, "物联网开放平台!", 0x0000, -1);   //显示汉字
        //第二屏
        delay_ms(2000);
        turn_on(D3);                                         //点亮 D3（即 LED3）
        turn_on(D4);                                         //点亮 D4（即 LED4）
        LCDClear(0xffff);                                    //TFT LCD 清屏
        LCDDrawFnt24(80, 110, "STM32F407VET6", 0x0000, -1);  //显示 ASCII
        delay_ms(2000);
    }
}
```

2．FSMC 初始化模块

FSMC 初始化时，首先初始化 GPIO 的时钟和复用功能，然后对 FSMC 模块的基本参数和时序参数进行相关配置，配置完成后使能 FSMC 模块。FSMC 模块初始化代码如下。

```
/*********************************************************************************************
* 功能：FSMC 初始化模块
*********************************************************************************************/
void fsmc_init(void)
{
    GPIO_InitTypeDef GPIO_InitStructure;
    FSMC_NORSRAMInitTypeDef  FSMC_NORSRAMInitStructure;
    FSMC_NORSRAMTimingInitTypeDef  readWriteTiming;
    FSMC_NORSRAMTimingInitTypeDef  writeTiming;

    RCC_AHB3PeriphClockCmd(RCC_AHB3Periph_FSMC, ENABLE);            //使能 FSMC
    RCC_AHB1PeriphClockCmd(RCC_AHB1Periph_GPIOD|RCC_AHB1Periph_GPIOE, ENABLE);
    GPIO_InitStructure.GPIO_Pin = GPIO_Pin_4 | GPIO_Pin_5 | GPIO_Pin_14 | GPIO_Pin_15 |
                                  GPIO_Pin_0 | GPIO_Pin_1 | GPIO_Pin_8 | GPIO_Pin_9 |
                                  GPIO_Pin_10| GPIO_Pin_12 | GPIO_Pin_7;  //选中相应的引脚
    GPIO_InitStructure.GPIO_Mode = GPIO_Mode_AF;                     //复用模式
    GPIO_InitStructure.GPIO_Speed = GPIO_Speed_100 MHz;              //输出速度
    GPIO_InitStructure.GPIO_OType = GPIO_OType_PP;                   //推挽输出
    GPIO_InitStructure.GPIO_PuPd = GPIO_PuPd_NOPULL;                 //无上/下拉
    GPIO_Init(GPIOD, &GPIO_InitStructure);                           //按上述参数初始化（PD）

    GPIO_InitStructure.GPIO_Pin = GPIO_Pin_7 | GPIO_Pin_8 | GPIO_Pin_9 | GPIO_Pin_10 |
                                  GPIO_Pin_11 | GPIO_Pin_12 | GPIO_Pin_13 | GPIO_Pin_14|
                                  GPIO_Pin_15;                       //选中相应的引脚
    GPIO_Init(GPIOE, &GPIO_InitStructure);                           //按上述参数初始化（PE）
    //复用配置，将下列引脚复用为 FSMC
    GPIO_PinAFConfig(GPIOD,GPIO_PinSource12,GPIO_AF_FSMC);
```

```
GPIO_PinAFConfig(GPIOD,GPIO_PinSource7,GPIO_AF_FSMC);
GPIO_PinAFConfig(GPIOD,GPIO_PinSource4,GPIO_AF_FSMC);
GPIO_PinAFConfig(GPIOD,GPIO_PinSource5,GPIO_AF_FSMC);
GPIO_PinAFConfig(GPIOD,GPIO_PinSource14,GPIO_AF_FSMC);
GPIO_PinAFConfig(GPIOD,GPIO_PinSource15,GPIO_AF_FSMC);
GPIO_PinAFConfig(GPIOD,GPIO_PinSource0,GPIO_AF_FSMC);
GPIO_PinAFConfig(GPIOD,GPIO_PinSource1,GPIO_AF_FSMC);
GPIO_PinAFConfig(GPIOD,GPIO_PinSource8,GPIO_AF_FSMC);
GPIO_PinAFConfig(GPIOD,GPIO_PinSource9,GPIO_AF_FSMC);
GPIO_PinAFConfig(GPIOD,GPIO_PinSource10,GPIO_AF_FSMC);
GPIO_PinAFConfig(GPIOE,GPIO_PinSource7,GPIO_AF_FSMC);
GPIO_PinAFConfig(GPIOE,GPIO_PinSource8,GPIO_AF_FSMC);
GPIO_PinAFConfig(GPIOE,GPIO_PinSource9,GPIO_AF_FSMC);
GPIO_PinAFConfig(GPIOE,GPIO_PinSource10,GPIO_AF_FSMC);
GPIO_PinAFConfig(GPIOE,GPIO_PinSource11,GPIO_AF_FSMC);
GPIO_PinAFConfig(GPIOE,GPIO_PinSource12,GPIO_AF_FSMC);
GPIO_PinAFConfig(GPIOE,GPIO_PinSource13,GPIO_AF_FSMC);
GPIO_PinAFConfig(GPIOE,GPIO_PinSource14,GPIO_AF_FSMC);
GPIO_PinAFConfig(GPIOE,GPIO_PinSource15,GPIO_AF_FSMC);
//写配置
readWriteTiming.FSMC_AddressSetupTime = 0xF;      //地址建立时间为 16 个 HCLK，即 1/168 MHz=
6 ns×16=96 ns
readWriteTiming.FSMC_AddressHoldTime = 0;      //地址保持时间，扩展模式 A 未用到
readWriteTiming.FSMC_DataSetupTime = 60;      //数据保持时间为 60 个 HCLK，即 6×60=360 ns
readWriteTiming.FSMC_BusTurnAroundDuration = 0x00;
readWriteTiming.FSMC_CLKDivision = 0x00;
readWriteTiming.FSMC_DataLatency = 0x00;
readWriteTiming.FSMC_AccessMode = FSMC_AccessMode_A;//扩展模式 A
//读配置
writeTiming.FSMC_AddressSetupTime =15;            //地址建立时间为 9 个 HCLK，即 54 ns
writeTiming.FSMC_AddressHoldTime = 0;             //地址保持时间
writeTiming.FSMC_DataSetupTime = 15;              //数据保持时间为 9 个 HCLK，即 54 ns
writeTiming.FSMC_BusTurnAroundDuration = 0x00;
writeTiming.FSMC_CLKDivision = 0x00;
writeTiming.FSMC_DataLatency = 0x00;
writeTiming.FSMC_AccessMode = FSMC_AccessMode_A;      //扩展模式 A
//配置 FSMC
FSMC_NORSRAMInitStructure.FSMC_Bank = FSMC_Bank1_NORSRAM1;      //使用 NE1
FSMC_NORSRAMInitStructure.FSMC_DataAddressMux = FSMC_DataAddressMux_Disable; //不复用
数据地址
FSMC_NORSRAMInitStructure.FSMC_MemoryType=FSMC_MemoryType_SRAM;//FSMC_MemoryType_
SRAM;  //配置 SRAM
FSMC_NORSRAMInitStructure.FSMC_MemoryDataWidth = FSMC_MemoryDataWidth_16b;  //存储
器宽度为 16 位
FSMC_NORSRAMInitStructure.FSMC_BurstAccessMode =FSMC_BurstAccessMode_Disable;
FSMC_NORSRAMInitStructure.FSMC_WaitSignalPolarity = FSMC_WaitSignalPolarity_Low;
FSMC_NORSRAMInitStructure.FSMC_AsynchronousWait=FSMC_AsynchronousWait_Disable;
```

```
        FSMC_NORSRAMInitStructure.FSMC_WrapMode = FSMC_WrapMode_Disable;
        FSMC_NORSRAMInitStructure.FSMC_WaitSignalActive = FSMC_WaitSignalActive_BeforeWaitState;
        FSMC_NORSRAMInitStructure.FSMC_WriteOperation = FSMC_WriteOperation_Enable; //存储器写
使能
        FSMC_NORSRAMInitStructure.FSMC_WaitSignal = FSMC_WaitSignal_Disable;
        FSMC_NORSRAMInitStructure.FSMC_ExtendedMode = FSMC_ExtendedMode_Enable; //读/写操作
采用不同时序
        FSMC_NORSRAMInitStructure.FSMC_WriteBurst = FSMC_WriteBurst_Disable;
        FSMC_NORSRAMInitStructure.FSMC_ReadWriteTimingStruct = &readWriteTiming; //读操作时序
        FSMC_NORSRAMInitStructure.FSMC_WriteTimingStruct = &writeTiming;    //写操作时序
        FSMC_NORSRAMInit(&FSMC_NORSRAMInitStructure);                      //初始化 FSMC 配置
        FSMC_NORSRAMCmd(FSMC_Bank1_NORSRAM1, ENABLE);                      //使能 Bank1、SRAM1
    }
```

3. TFT LCD 初始化模块

在 TFT LCD 的初始化函数中，首先初始化 TFT LCD 的背光灯，然后初始化 FSMC 模块，通过 FSMC 模块配置 TFT LCD 的基本参数，配置完成后清屏后显示相关参数。TFT LCD 初始化代码如下。

```
/*********************************************************************************************
* 功能：TFT LCD 初始化并打印基本信息
* 参数：name—显示名称
*********************************************************************************************/
void lcd_init(unsigned char name)
{
    BLInit();                                          //初始化 TFT LCD 背光灯
    fsmc_init();                                       //初始化 FSMC
    ILI93xxInit();                                     //初始化 TFT LCD
    BLOnOff(1);                                        //开启背光灯
    LCDClear(0xffff);                                  //清屏
    LCD_Clear(0, 0, 319, 30,0x4596);
    LCDDrawFnt24(4,2,experiment_name[name-1],0xffff,0x4596);
    LCDDrawFnt16(4,32,4,320,"项目描述：",0x4596,-1);
    LCDDrawFnt16(4+32,52,4,320,experiment_description[name-1],0x0000,-1);
    LCDDrawFnt16(4,32+20*5,4,320,"项目现象：",0x4596,-1);
    LCD_Clear(0, 240-30, 319, 240,0x4596);
    LCDDrawFnt24(76, 213, "嵌入式接口技术", 0xffff, 0x4596);
}
```

4. TFT LCD 寄存器操作模块

TFT LCD 寄存器操作代码如下。

```
static char CMD_WR_RAM = 0x22;
unsigned int LCD_ID = 0x9325;
/*********************************************************************************************
* 功能：写寄存器函数
```

```
* 参数：regval—寄存器值
*******************************************************************************/
void LCD_WR_REG(vu16 regval)
{
    regval=regval;                              //使用-O2 优化时，必须插入的延时
    ILI93xx_REG=regval;                         //写入寄存器的序号
}
/*******************************************************************************
* 功能：写 TFT LCD 数据
* 参数：data—要写入的值
*******************************************************************************/
void LCD_WR_DATA(vu16 data)
{
    data=data;                                  //使用-O2 优化时，必须插入的延时
    ILI93xx_DAT=data;
}
/*******************************************************************************
* 功能：读 TFT LCD 数据
* 返回：读到的值
*******************************************************************************/
u16 LCD_RD_DATA(void)
{
    vu16 ram;                                   //防止被优化
    ram=ILI93xx_DAT;
    return ram;
}
/*******************************************************************************
* 功能：向 TFT LCD 指定寄存器写入数据
* 参数：r—寄存器地址；d—要写入的值
*******************************************************************************/
void ILI93xx_WriteReg(uint16_t r, uint16_t d)
{
    ILI93xx_REG = r;
    ILI93xx_DAT = d;
}
/*******************************************************************************
* 功能：读取寄存器的值
* 参数：r—寄存器地址
* 返回：读到的值
*******************************************************************************/
uint16_t ILI93xx_ReadReg(uint16_t r)
{
    uint16_t v;
    ILI93xx_REG = r;
    v = ILI93xx_DAT;
    return v;
}
```

```
/*********************************************************************************
* 功能：开启或关闭 TFT LCD 背光灯
* 参数：st—1 表示开启背光灯；0—关闭背光灯
*********************************************************************************/
void BLOnOff(int st)
{
#ifdef ZXBEE_PLUSE
    if (st) {
        GPIO_SetBits(GPIOD, GPIO_Pin_2);                        //开启背光灯
    } else {
        GPIO_ResetBits(GPIOD, GPIO_Pin_2);
    }
#else
    if (st) {
        GPIO_SetBits(GPIOB, GPIO_Pin_15);
    } else {
        GPIO_ResetBits(GPIOB, GPIO_Pin_15);
    }
#endif
}
/*********************************************************************************
* 功能：背光灯 I/O 口初始化
*********************************************************************************/
void BLInit(void)
{
    GPIO_InitTypeDef   GPIO_InitStructure;
    GPIO_InitStructure.GPIO_Mode   = GPIO_Mode_OUT;
    GPIO_InitStructure.GPIO_OType = GPIO_OType_PP;
    GPIO_InitStructure.GPIO_Speed = GPIO_Speed_50MHz;
    GPIO_InitStructure.GPIO_PuPd   = GPIO_PuPd_UP;
#ifdef ZXBEE_PLUSE
    RCC_AHB1PeriphClockCmd(RCC_AHB1Periph_GPIOD, ENABLE);
    GPIO_InitStructure.GPIO_Pin = GPIO_Pin_2;
    GPIO_Init(GPIOD, &GPIO_InitStructure);
#else
    RCC_AHB1PeriphClockCmd(RCC_AHB1Periph_GPIOB, ENABLE);
    GPIO_InitStructure.GPIO_Pin = GPIO_Pin_15;
    GPIO_Init(GPIOB, &GPIO_InitStructure);
#endif
}
*********************************************************************************
* 功能：复位 I/O 口初始化
*********************************************************************************/
void REST_Init(void)
{
    GPIO_InitTypeDef GPIO_InitStructure;
    GPIO_InitStructure.GPIO_Mode = GPIO_Mode_OUT;
```

```
    GPIO_InitStructure.GPIO_OType = GPIO_OType_PP;
    GPIO_InitStructure.GPIO_Speed = GPIO_Speed_50MHz;
    GPIO_InitStructure.GPIO_PuPd = GPIO_PuPd_UP;
    RCC_AHB1PeriphClockCmd(RCC_AHB1Periph_GPIOD, ENABLE);
    GPIO_InitStructure.GPIO_Pin = GPIO_Pin_13;
    GPIO_Init(GPIOD, &GPIO_InitStructure);
    GPIO_SetBits(GPIOD, GPIO_Pin_13);
    delay_ms(1);
    GPIO_ResetBits(GPIOD, GPIO_Pin_13);
    delay_ms(10);
    GPIO_SetBits(GPIOD, GPIO_Pin_13);
    delay_ms(120);
}
/*********************************************************************************************
* 功能：TFT LCD 初始化
*********************************************************************************************/
void ILI93xxInit(void)
{
    //REST_Init();
    BLOnOff(1);                                    //ILI 9341 要先开启背光灯才能读取寄存器值
    LCD_ID = ILI93xx_ReadReg(0);
    if (LCD_ID == 0) {
        LCD_WR_REG(0xd3);
        int a=LCD_RD_DATA();
        int b=LCD_RD_DATA();
        int c=LCD_RD_DATA();
        int d=LCD_RD_DATA();
        LCD_ID = (c << 8) | d;
    }
    …….
    /* 初始化源代码过长，由于篇幅原因，相关详细源代码请读者在随书资源中查看 */
}
/*********************************************************************************************
* 功能：设置窗口
* 参数：x—窗口起始横坐标；xe—窗口终点横坐标；y—窗口起始纵坐标；ye—窗口终点纵坐标
*********************************************************************************************/
void LCDSetWindow(int x, int xe, int y, int ye)
{
    if (LCD_ID == 0x9341) {
        LCD_WR_REG(0x2A);
        LCD_WR_DATA(x>>8);LCD_WR_DATA(x&0xFF);
        LCD_WR_DATA(xe>>8);LCD_WR_DATA(xe&0xFF);
        LCD_WR_REG(0x2B);
        LCD_WR_DATA(y>>8);LCD_WR_DATA(y&0xFF);
        LCD_WR_DATA(ye>>8);LCD_WR_DATA(ye&0xFF);
    } else{
#if SCREEN_ORIENTATION_LANDSCAPE
```

```
            ILI93xx_WriteReg(0x52, x);
            ILI93xx_WriteReg(0x53, xe);

            ILI93xx_WriteReg(0x50, y);
            ILI93xx_WriteReg(0x51, ye);
#else
            ILI93xx_WriteReg(0x52, y);
            ILI93xx_WriteReg(0x53, ye);

            ILI93xx_WriteReg(0x50, x);
            ILI93xx_WriteReg(0x51, xe);
#endif
    }
}
/*********************************************************************************************
* 功能：设置坐标
* 参数：x、y—坐标
*********************************************************************************************/
void LCDSetCursor(int x, int y)
{
    if (LCD_ID == 0x9341) {
        LCD_WR_REG(0x2A);
        LCD_WR_DATA(x>>8);LCD_WR_DATA(x&0xFF);
        LCD_WR_REG(0x2B);
        LCD_WR_DATA(y>>8);LCD_WR_DATA(y&0xFF);
    }
    if ((LCD_ID == 0x9325) || (LCD_ID == 0x9328)){
#if SCREEN_ORIENTATION_LANDSCAPE
            ILI93xx_WriteReg(0x21, x);
            ILI93xx_WriteReg(0x20, y);
#else
            ILI93xx_WriteReg(0x21, y);
            ILI93xx_WriteReg(0x20, x);
#endif
    }
}
/*********************************************************************************************
* 功能：写固定长度数据
* 参数：dat—数据；len—数据长度
*********************************************************************************************/
void LCDWriteData(uint16_t *dat, int len)
{
    ILI93xx_REG = CMD_WR_RAM;
    for (int i=0; i<len; i++) {
        ILI93xx_DAT = dat[i];
    }
}
```

```
/*********************************************************************************
* 功能：LCD 清屏
* 参数：color—清屏颜色
*********************************************************************************/
void LCDClear(uint16_t color)
{
    LCDSetCursor(0,0);
    ILI93xx_REG = CMD_WR_RAM;
    for (int i=0; i<320*240; i++) {
        ILI93xx_DAT = color;
    }
}
/*********************************************************************************
* 功能：画点
* 参数：x、y—坐标；color—点的颜色
*********************************************************************************/
void LCDDrawPixel(int x, int y, uint16_t color)
{
    LCDSetCursor(x, y);
    ILI93xx_REG = CMD_WR_RAM;
    ILI93xx_DAT = color;
}
/*********************************************************************************
* 功能：画横线
* 参数：x0—直线起始横坐标；x1—直线终点横坐标；y0—直线纵坐标
*********************************************************************************/
void LCDrawLineH(int x0, int x1, int y0, int color)
{
    LCDSetCursor(x0, y0);
    ILI93xx_REG = CMD_WR_RAM;
    for (int i=x0; i<x1; i++) {
        ILI93xx_DAT = color;
    }
}
/*********************************************************************************
* 功能：显示一个 ASCII（12×24）
* 参数：x、y—显示坐标；ch—显示字符；color—字符颜色；bc—背景色
*********************************************************************************/
void LCDDrawAsciiDot12x24_1(int x, int y, char ch, int color, int bc)
{
    char dot;
    if (ch<0x20 || ch > 0x7e) ch = 0x20;
    ch -= 0x20;
    for (int i=0; i<3; i++) {
        for (int j=0; j<12; j++) {
            dot = nAsciiDot12x24[ch*36+i*12+j];
            for (int k=0; k<8; k++) {
```

```
                    if (dot&1)LCDDrawPixel(x+j, y+(i*8)+k, color);
                    else if (bc > 0) LCDDrawPixel(x+j, y+(i*8)+k, bc&0xffff);
                    dot >>= 1;
                }
            }
        }
}
/*****************************************************************************************
* 功能：显示多个 ASCII（12×24）
* 参数：x、y—显示坐标；str—显示字符串；color—字符颜色；bc—背景色
*****************************************************************************************/
void LCDDrawAsciiDot12x24(int x, int y, char *str, int color, int bc)
{
    unsigned char ch = *str;
    while (ch != 0) {
        LCDDrawAsciiDot12x24_1(x, y, ch, color, bc);
        x += 12;
        ch = *++str;
    }
}
/*****************************************************************************************
* 功能：显示一个 ASCII（8×16）
* 参数：x、y—显示坐标；ch—显示字符；color—字符颜色；bc—背景色
*****************************************************************************************/
void LCDDrawAsciiDot8x16_1(int x, int y, char ch, int color, int bc)
{
    int i, j;
    char dot;
    if (ch<0x20 || ch > 0x7e) {
        ch = 0x20;
    }
    ch -= 0x20;
    for (i=0; i<16; i++) {
        dot = nAsciiDot8x16[ch*16+i];
        for (j=0; j<8; j++) {
            if (dot&0x80)LCDDrawPixel(x+j, y+i, color);
            else if (bc > 0)LCDDrawPixel(x+j, y+i, bc&0xffff);;
            dot <<= 1;
        }
    }
}
/*****************************************************************************************
* 功能：显示多个 ASCII（8×16）
* 参数：x、y—显示坐标；str—显示字符串；color—字符颜色；bc—背景色
*****************************************************************************************/
void LCDDrawAsciiDot8x16(int x, int y, char *str, int color, int bc)
{
```

```
    unsigned char ch = *str;
#define CWIDTH      8
    while (ch != 0) {
        LCDDrawAsciiDot8x16_1(x, y, ch, color, bc);
        x += CWIDTH;
        ch = *++str;
    }
}
extern unsigned char HZKBuf[282752];
/****************************************************************************************
* 功能：显示一个汉字（16×16）
* 参数：x、y—显示坐标；gb2—汉字字符串；color—字符颜色；bc—背景色
****************************************************************************************/
void LCDDrawGB_16_1(int x, int y, char *gb2, int color, int bc)
{
    char dot;
    unsigned int index = 0;
    index=(94*(gb2[0] - 0xa1)+(gb2[1] - 0xa1));
        for (int j=0; j<16; j++) {
            for (int k=0; k<2; k++) {
                dot = HZKBuf[index*32+j*2+k];
                for (int m=0; m<8; m++) {
                    if (dot & 1<<(7-m)) {
                        LCDDrawPixel(x+k*8+m, y+j, color);
                    } else    if (bc > 0) {
                        LCDDrawPixel(x+k*8+m, y+j, bc);
                    }
                }
            }
        }
}
/****************************************************************************************
* 功能：显示一个汉字（24×24）
* 参数：x、y—显示坐标；gb2—汉字字符串；color—字符颜色；bc—背景色
****************************************************************************************/
void LCDDrawGB_24_1(int x, int y, char *gb2, int color, int bc)
{
    char dot;
    for (int i=0; i<GB_24_SIZE; i++) {
        if (gb2[0] == GB_24[i].Index[0] && gb2[1] == GB_24[i].Index[1]) {
            for (int j=0; j<24; j++) {
                for (int k=0; k<3; k++) {
                    dot = GB_24[i].Msk[j*3+k];
                    for (int m=0; m<8; m++) {
                        if (dot & 1<<(7-m)) {
                            LCDDrawPixel(x+k*8+m, y+j, color);
                        } else    if (bc > 0){
```

```
                                    LCDDrawPixel(x+k*8+m, y+j, bc);
                                }
                            }
                        }
                    }
                    break;
            }
        }
    }
/*************************************************************************************
* 功能：显示多个汉字（16×16）
* 参数：x、y—显示坐标；xs—换行起始横坐标；xe—换行终止横坐标；str—汉字字符串；color—字符颜色；bc—背景色
*************************************************************************************/
void LCDDrawFnt16(int x, int y, int xs, int xe,char *str, int color, int bc)
{
    while (*str != '\0') {
        if (*str & 0x80) {
            if (str[1] != '\0') {
                LCDDrawGB_16_1(x, y, str, color, bc);
                str += 2;
                x+= 16;
                if(x > (xe-16)){
                    x = xs;
                    y = y + 20;
                }
            } else break;
        } else {
            LCDDrawAsciiDot8x16_1(x, y, *str, color, bc);
            str ++;
            x += 8;
            if(x > (xe-8)){
                x = xs;
                y = y + 20;
            }
        }
    }
}
/*************************************************************************************
* 功能：显示多个汉字（24×24）
* 参数：x、y—显示坐标；str—汉字字符串；color—字符颜色；bc—背景色
*************************************************************************************/
void LCDDrawFnt24(int x, int y, char *str, int color, int bc)
{
    while (*str != '\0') {
        if (*str & 0x80) {
            if (str[1] != '\0') {
```

```
                LCDDrawGB_24_1(x, y, str, color, bc);
                str += 2;
                x+= 24;
            } else break;
        } else {
            LCDDrawAsciiDot12x24_1(x, y, *str, color, bc);
            str ++;
            x += 12;
        }
    }
}
/*******************************************************************************************
* 功能：清指定大小的屏幕
* 参数：x1、y1—起始坐标值；x2、y2—终点坐标值；color—屏幕颜色
*******************************************************************************************/
void LCD_Clear(int x1,int y1,int x2,int y2,uint16_t color)
{
    LCDSetWindow(x1,x2,y1,y2);
    LCDSetCursor(x1, y1);
    ILI93xx_REG = CMD_WR_RAM;                       //显示命令
    for(int i=x1;i<=x2;i++)
    for(int j=y1;j<y2;j++){
        ILI93xx_DAT = color;
    }
#if SCREEN_ORIENTATION_LANDSCAPE
    LCDSetWindow(0, 320, 0, 240);                   //设置窗口为整个屏幕
#else
    LCDSetWindow(0, 240, 0, 320);
#endif
}
```

其中 LED 驱动函数模块、按键驱动函数模块、串口驱动函数模块以及延时函数模块请参考随书资源的项目开发工程源代码。

12.5　任务验证

使用 IAR 集成开发环境打开车载显示器设计工程，通过编译后，使用 J-Link 将程序下载到 STM32 开发平台中，并执行程序。

程序运行后屏幕上会显示任务开发相关信息，3 s 后 LCD 屏上轮询显示“Hello IOT!　物联网开放平台！”和“STM32F407VET6”，间隔时间为 2 s。LED3 和 LED4 以 0.5 Hz 的频率闪烁。

12.6 任务小结

通过本任务的学习和实践，读者可以学习 FSMC 模块的工作原理和通信协议，并掌握通过 STM32 驱动 FSMC 模块的方法，学习 ILI93xx 系列 TFT LCD 的基本工作原理，结合 FSMC 模块实现 STM32 对 TFT LCD 的驱动。

12.7 思考与拓展

（1）FSMC 模块支持哪些存储器的拓展？

（2）FSMC 模块有几个 Bank？每个 Bank 又是如何分配的？

（3）PC 是一个完整的系统，有显示设备、输入设备、存储设备、计算单元等。通常在 PC 上的 TXT 文档中编辑文件时由键盘输入信息，再通过计算单元将数据记录并显示在显示器上。请读者尝试模拟 PC 的文本操作，通过 PC 的串口向 STM32 发送信息，并将信息显示在开发平台的 TFT LCD 上。

第 3 部分

基于 STM32 和常用传感器开发

本部分介绍各种传感器技术，包括光照度传感器、气压海拔传感器、空气质量传感器、三轴加速度传感器、距离传感器、人体红外传感器、燃气传感器、振动传感器、霍尔传感器、光电传感器、火焰传感器、触摸传感器、继电器、轴流风机、步进电机和 RGB 灯，深入学习传感器的基本原理、功能和结构。

结合这些传感器和 STM32 开发平台，完成任务 14 到任务 29 总共 16 个项目的设计，包括：温室大棚光照度测量系统的设计与实现、探空气球测海拔的设计与实现、建筑工地扬尘监测系统的设计与实现、VR 设备动作捕捉系统的设计与实现、扫地机器人避障系统的设计与实现、红外自动感应门的设计与实现、燃气监测仪的设计与实现、振动检测仪的设计与实现、电机转速检测系统的设计与实现、智能家居光栅防盗系统的设计与实现、智能建筑消防预警系统的设计与实现、洗衣机触控面板控制系统的设计与实现、微电脑时控开关的设计与实现、工业通风设备的设计与实现、工业机床控制系统的设计与实现，以及声光报警器的设计与实现。

通过 16 个项目的设计与开发，使读者熟悉传感器的基本原理，并掌握用 STM32 驱动各种传感器的方法，为综合项目开发打下坚实的基础。

任务 13

传感器应用技术

本任务重点学习传感器的基本知识，如概念、分类和基本原理等，了解常用传感器的应用领域和发展趋势。

13.1 学习场景：日常生活传感器的应用有哪些

传感器作为信息采集的首要部件，其主要作用是信息收集、信息数据的交换和控制信息的采集。系统自动化技术水平越高，对传感器技术的依赖程度就越大。

在日常生活中，人们可以通过皮肤来感知周围的环境温度，通过环境温度可以提醒自己是否添加衣物；人们可以通过眼睛来获取周围环境的图像信息，通过分析这些图像信息可以为人的学习和正常活动提供正确的引导；人们可以通过耳朵来获取环境周围的声音信息，通过判断声音中携带的信息实现人与人交流的目的。在这些过程中大脑用来处理环境温度、图像、声音等信息，而传感器好比人的这些感觉器官，通过感知周围环境为微处理器提供信息。传感器在多个领域中得到了广泛应用，尤其在物联网领域更是不可或缺。传感器与物联网如图 13.1 所示。

图 13.1 传感器与物联网

13.2　开发目标

（1）知识要点：传感器的功能及作用；传感器的分类；常用传感器的应用领域和发展趋势。

（2）技能要点：了解传感器的功能及作用；熟悉传感器的分类及其方法；熟悉常用传感器的应用领域和发展趋势。

（3）任务目标：能够举例出五种以上的传感器并能够说明其工作原理。

13.3　原理学习：传感器应用和发展趋势

13.3.1　传感器简述

1. 传感器的作用

传感器指能够感受规定的被测量并按照一定的规律转换成可用输出信号的器件或装置。由传感器的定义可以得知，传感器的基本功能是信息采集和信息变换，所以传感器电路一般由敏感元件、转换元件和基本转换电路组成，有时还包括电源等其他的辅助电路。传感器电路的基本组成如图 13.2 所示。

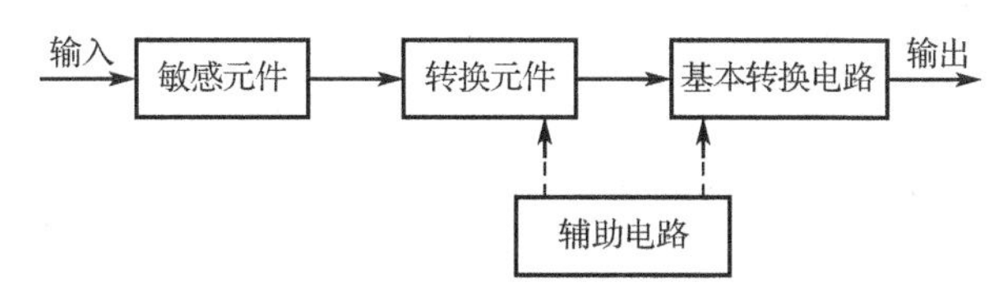

图 13.2　传感器电路的基本组成

人们在研究自然现象、规律，以及在生产活动的过程中，有时仅需要对某一事物的存在与否作定性了解，有时却需要进行大量的测量实验以确定对象的确切测量值，所以单靠人的感觉器官的功能是远远不够的，需要某些仪器设备的帮助，这种仪器设备就是传感器。传感器是人类“五官”的延伸，是信息采集系统的关键部件。

表征物质特性及运动形式的参数很多，根据物质的电特性，可分为电量和非电量两类。

电量：一般指物理学中的电学量，如电压、电流、电阻、电容及电感等。

非电量：指除电量外的其他参数，如压力、流量、尺寸、位移量、重量、力、速度、加速度、转速、温度、浓度及酸碱度等。

非电量需要转化成与其有一定关系的电量，再进行测量，实现这种转换技术的器件就是传感器。传感器是获取自然界或生产中的信息的关键器件，是现代信息系统和各种装备不可缺少的信息采集工具。采用传感器技术的非电量电测方法，是目前应用最广泛的测量技术。

现代技术的发展，创造了多种多样的工程传感器，工程传感器可以轻而易举地测量人体所无法感知的量，如紫外线、红外线、超声波、磁场等。从这个意义上讲，工程传感器超过

人的感知能力。有些量虽然人的感官和工程传感器都能检测，但工程传感器检测得更快、更精确。例如，虽然人眼和光传感器都能检测可见光，进行物体识别与测距，但是人眼的视觉残留约为 0.1 s，而光晶体管的响应时间可短到纳秒以下；人眼的角分辨率为 1 角分，而光栅测距的精确度可达 1 角秒；激光定位的精度在距离 3×10^4 km 的范围内可达 10 cm 以下。工程传感器可以把人所不能看到的物体通过数据处理变为视觉图像，CT 技术就是一个例子，它可以把人体的内部形貌用断层图像显示出来。

随着信息科学与微电子技术，特别是微型计算机与通信技术的迅猛发展，目前传感器的发展走上了与微处理器相结合的道路，智能传感器应运而生。

2. 传感器的分类

传感器的种类繁多，功能各异。不同的传感器可以测量同一被测量，同一原理的传感器又可以测量多种被测量。根据不同的分类方法，可以将传感器分成不同的类型，以下是一些比较常用的分类方法。

（1）根据传感器工作依据的基本效应，可以分为物理量传感器、化学量传感器和生物量传感器三个大类。物理量传感器包括速度、加速度、力、压力、位移、流量、温度、光、声、色等传感器；化学量传感器包括气体、湿度、离子等传感器；生物量传感器包括蛋白质、酶、组织等传感器。

（2）根据工作机理可以分为结构型、物性型和混合型传感器。结构型传感器是利用物理学的定律，依据传感器结构参数变化来实现信息转换的，如电容式传感器是利用电容极板间隙或面积的变化来得到电容变化的。物性型传感器是利用物质的某种或某些客观属性，依据敏感元件物理特性的变化来实现信息转换的，如压电式传感器可将压力转换成电荷的变化。混合型传感器是由结构型和物性型传感器组合而成的，如应变式力传感器由外力引起弹性膜片的应变，再由转换元件转换成电阻的变化。

（3）根据能量关系可分为能量控制型有源传感器和能量转换型无源传感器两大类。

（4）按输入物理量的性质，可以分为力学量、热量、磁、放射线、位移、速度、温度、湿度、离子、光、液体成分、气体成分等传感器。

（5）根据输出信号的形式，可分为模拟量传感器和数字量传感器。

（6）根据传感器使用的敏感材料可分为半导体传感器、光纤传感器、金属传感器、高分子材料传感器、复合材料传感器等。

传感器的分类方法还有很多，如根据某种高新技术命名，按照用途、功能分类等。

传感器的分类方法如表 13.1 所示。

表 13.1　传感器的分类方法

分类依据	类　别	说　明
按工作依据的基本效应	物理量传感器、化学量传感器、生物量传感器	以转换中的物理效应、化学效应和生物效应分类
按工作机理	结构型传感器	依据结构参数变化实现信息转换
	物性型传感器	依据敏感元件物理特性的变化实现信息转换
	混合型传感器	由结构型传感器和物性型传感器组合而成

续表

分类依据	类　别	说　明
按能量关系	能量转换型无源传感器	传感器输出量直接由被测量能量转换而得
	能量控制型有源传感器	传感器输出量能量由外源供给，但受被测输入量控制
按输入物理量的性质	位移、压力、温度、气体成分等传感器	以被测量物理量的性质分类
按输出信号的形式	模拟量传感器	输出信号为模拟信号
	数字量传感器	输出信号为数字信号

传感器按其工作原理，一般可分为物理量、化学量和生物量传感器三大类；按被测量（输入信号）分类，一般可以分为温度、压力、流量、物位、加速度、速度、位移、转速、力矩、湿度、黏度、浓度等传感器。按传感器的工作原理分类便于学习研究，把握其本质与共性；按被测量来分类，能很方便地表示传感器的功能，便于选用。

3．传感器特性

传感器所测量的物理量基本上有两种形式，一种是稳定的，即不随时间变化或随时间变化极其缓慢的信号，称为静态信号；另一种是不稳定的，即随时间变化而变化的信号，称为动态信号。由于输入物理量的形式不同，传感器所表现出来的输入-输出特性也不同，因此传感器有两种特性，即静态特性和动态特性。为了降低或者消除传感器在测量控制系统中的误差，传感器必须具有良好的静态特性和动态特性，才能使信号准确、无失真地进行转换。

（1）静态特性：是指对静态的输入信号，传感器的输出量与输入量之间所具有相互关系。因为这时输入量和输出量都和时间无关，所以它们之间的关系（即传感器的静态特性）可用一个不含时间变量的代数方程，或者以输入量作为横坐标上的值、输出量作为纵坐标上的值而画出的特性曲线来描述。表征传感器静态特性的主要参数有：线性度、灵敏度、分辨率和迟滞等。

（2）动态特性：是指在输入变化时，传感器输出的特性。在实际工作中，传感器的动态特性常用它对某些标准输入信号的响应来表示。这是因为传感器对标准输入信号的响应容易通过实验方法求得，并且它对标准输入信号的响应与它对任意输入信号的响应之间存在一定的关系，往往知道了前者就能推导出后者。最常用的标准输入信号有阶跃信号和正弦信号两种，所以传感器的动态特性也常用阶跃响应和频率响应来表示。

（3）线性度。通常情况下，传感器的实际静态特性输出是条曲线而非直线。在实际工作中，为使仪表具有均匀刻度的读数，常用一条拟合直线近似地表示实际的特性曲线，线性度（非线性误差）就是这个近似程度的一个性能指标。拟合直线的选取有多种方法，如将零输入和满量程输出点相连的理论直线作为拟合直线；或将特性曲线上各点偏差的平方和为最小的理论直线作为拟合直线，此拟合直线称为最小二乘法拟合直线。

13.3.2　传感器与物联网应用

工业和信息化部《物联网发展规划（2016—2020年）》（以下简称“发展规划”）在报告中总结了“十二五”期间我国在物联网关键技术研发、应用示范推广、产业协调发展和政策环境建设等方面取得的成果。

"发展规划"指出，我国物联网产业已拥有一定规模，设备制造、网络和应用服务具备较高水平，技术研发和标准制定取得突破，物联网与行业融合发展成效显著。但仍要看到我国物联网产业发展面临的瓶颈和深层次问题依然突出。一是产业生态竞争力不强，芯片、传感器、操作系统等核心基础能力依然薄弱，高端产品研发能力不强，原始创新能力与发达国家差距较大；二是产业链协同性不强，缺少整合产业链上下游资源、引领产业协调发展的龙头企业；三是标准体系仍不完善，一些重要标准研制进度较慢，跨行业应用标准制定难度较大；四是物联网与行业融合发展有待进一步深化，成熟的商业模式仍然缺乏，部分行业存在管理分散、推动力度不够的问题，发展新技术新业态面临跨行业体制机制障碍；五是网络与信息安全形势依然严峻，设施安全、数据安全、个人信息安全等问题亟待解决。

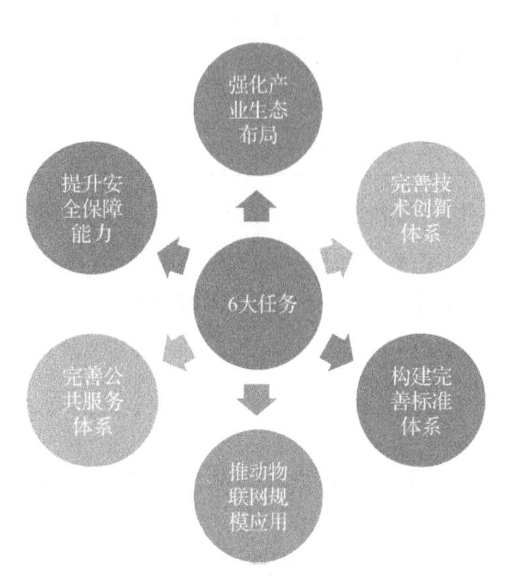

图13.3　我国物联网发展的6大任务

"发展规划"提出了我国物联网发展的6大任务，如图13.3所示。

其中有三个任务提到了传感器的发展，分别是强化产业生态布局、完善技术创新体系和构建完善标准体系。

1．强化产业生态布局

（1）加快构建具有核心竞争力的产业生态体系。以政府为引导、以企业为主体，集中力量，构建基础设施泛在安全、关键核心技术可控、产品服务先进、大中小企业梯次协同发展、物联网与移动互联网、云计算和大数据等新业态融合创新的生态体系，提升我国物联网产业的核心竞争力。推进物联网感知设施规划布局，加快升级通信网络基础设施，积极推进低功耗广域网技术的商用部署，支持5G技术研发和商用实验，促进5G与物联网垂直行业应用深度融合。建立安全可控的标识解析体系，构建泛在安全的物联网。突破操作系统、核心芯片、智能传感器、低功耗广域网、大数据等关键核心技术。在感知识别和网络通信设备制造、运营服务和信息处理等重要领域，发展先进产品和服务，打造一批优势品牌。鼓励企业开展商业模式探索，推广成熟的物联网商业模式，发展物联网、移动互联网、云计算和大数据等新业态融合创新。支持互联网、电信运营、芯片制造、设备制造等领域龙头企业以互联网平台化服务模式整合感知制造、应用服务等上下游产业链，形成完整解决方案并开展服务运营，推动相关技术、标准和产品加速迭代、解决方案不断成熟，成本不断下降，促进应用实现规模化发展。培育200家左右技术研发能力较强、产值超10亿元的骨干企业，大力扶持一批"专精特新"中小企业，构筑大中小企业协同发展产业生态体系，形成良性互动的发展格局。

（2）推动物联网创业创新。完善物联网创业创新体制机制，加强政策协同与模式创新结合，营造良好创业创新环境。总结复制推广优秀的物联网商业模式和解决方案，培育发展新业态新模式。加强创业创新服务平台建设，依托各类孵化器、创业创新基地、科技园区等建设物联网创客空间，提升物联网创业创新孵化、支撑服务能力。鼓励和支持有条件的大型企业发展第三方创业创新平台，建立基于开源软/硬件的开发社区，设立产业创投基金，通过开放平台、共享资源和投融资等方式，推动各类线上、线下资源的聚集、开放和共享，提供创业指导、团队建设、技术交流、项目融资等服务，带动产业上下游中小企业进行协同创新。引导社会资金支持创业创新，推动各类金融机构与物联网企业进行对接和合作，搭建产业新型融资平台，不断加大对创业创新企业的融资支持，促进创新成果产业化。鼓励开展物联网创客大赛，激发创新活力，拓宽创业渠道。引导各创业主体在设计、制造、检测、集成、服务等环节开展创意和创新实践，促进形成创新成果并加强推广，培养一批创新活力型企业快速发展。

2．完善技术创新体系

（1）加快协同创新体系建设。以企业为主体，加快构建政产学研用结合的创新体系。统筹衔接物联网技术研发、成果转化、产品制造、应用部署等环节的工作，充分调动各类创新资源，打造一批面向行业的创新中心、重点实验室等融合创新载体，加强研发布局和协同创新。继续支持各类物联网产业和技术联盟发展，引导联盟加强合作和资源共享，加强以技术转移和扩散为目的的知识产权管理处置，推进产需对接，有效整合产业链上下游协同创新。支持企业建设一批物联网研发机构和实验室，提升创新能力和水平。鼓励企业与高校、科技机构对接合作，畅通科研成果转化渠道。整合利用国际创新资源，支持和鼓励企业开展跨国兼并重组，与国外企业成立合资公司进行联合开发，引进高端人才，实现高水平高起点上的创新。

（2）突破关键核心技术。研究低功耗处理器技术和面向物联网应用的集成电路设计工艺，**开展面向重点领域的高性能、低成本、集成化、微型化、低功耗智能传感器技术和产品研发，提升智能传感器设计、制造、封装与集成、多传感器集成与数据融合及可靠性领域技术水平。**研究面向服务的物联网网络体系架构、通信技术及组网等智能传输技术，加快发展 NB-IoT 等低功耗广域网技术和网络虚拟化技术。研究物联网感知数据与知识表达、智能决策、跨平台和能力开放处理、开放式公共数据服务等智能信息处理技术，支持物联网操作系统、数据共享服务平台的研发和产业化，进一步完善基础功能组件、应用开发环境和外围模块。发展支持多应用、安全可控的标识管理体系。加强物联网与移动互联网、云计算、大数据等领域的集成创新，重点研发满足物联网服务需求的智能信息服务系统及其关键技术。强化各类知识产权的积累和布局。“发展规划”提出了 4 大关键技术突破工程，如图 13.4 所示。

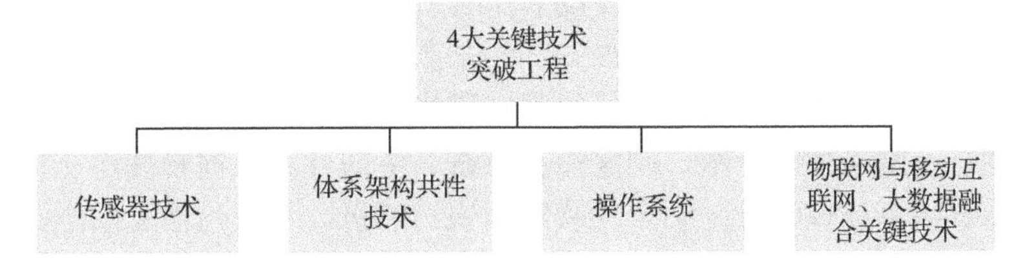

图 13.4 4 大关键技术突破工程

（1）**传感器技术。**

核心敏感元件：试验生物材料、石墨烯、特种功能陶瓷等敏感材料，抢占前沿敏感材料领域先发优势；强化硅基类传感器敏感机理、结构、封装工艺的研究，加快各类敏感元器件

的研发与产业化。

传感器集成化、微型化、低功耗：开展同类和不同类传感器、配套电路和敏感元件集成等技术及工艺研究；支持基于 MEMS 工艺、薄膜工艺技术形成不同类型的敏感芯片，开展各种不同结构形式的封装和封装工艺创新；支持具有外部能量自收集、掉电休眠自启动等能量贮存与功率控制的模块化器件研发。

重点应用领域：支持研发高性能惯性、压力、磁力、加速度、光线、图像、温湿度、距离等传感器产品和应用技术，积极攻关新型传感器产品。

（2）体系架构共性技术。持续跟踪研究物联网体系架构演进趋势，积极推进现有不同物联网网络架构之间的互连互通和标准化，重点支持可信任体系架构、体系架构在网络通信、数据共享等方面的互操作技术研究，加强资源抽象、资源访问、语义技术，以及物联网关键实体、接口协议、通用能力的组件技术研究。

（3）操作系统。

用户交互型操作系统：推进移动终端操作系统向物联网终端移植，重点支持面向智能家居、可穿戴设备等重点领域的物联网操作系统研发。

实时操作系统：重点支持面向工业控制、航空航天等重点领域的物联网操作系统研发，开展各类适应物联网特点的文件系统、网络协议栈等外围模块，以及各类开发接口和工具研发，支持企业推出开源操作系统并开放内核开发文档，鼓励用户对操作系统的二次开发。

（4）物联网与移动互联网、大数据融合关键技术。面向移动终端，重点支持适用于移动终端的人机交互、**微型智能传感器**、**MEMS 传感器集成**、超高频或微波 RFID、融合通信模组等技术研究。面向物联网融合应用，重点支持操作系统、数据共享服务平台等技术研究。突破数据采集交换关键技术，突破海量高频数据的压缩、索引、存储和多维查询关键技术，研发大数据流计算、实时内存计算等分布式基础软件平台。结合工业、智能交通、智慧城市等典型应用场景，突破物联网数据分析挖掘和可视化关键技术，形成专业化的应用软件产品和服务。

3. 构建完善标准体系

“发展规划”指出，需要构建完善的标准体系。

（1）完善标准化顶层设计。建立健全物联网标准体系，发布物联网标准化建设指南。进一步促进物联网国家标准、行业标准、团体标准的协调发展，以企业为主体开展标准制定，积极将创新成果纳入国际标准，加快建设技术标准试验验证环境，完善标准化信息服务。

（2）加强关键共性技术标准制定。加快制定**传感器**、仪器仪表、射频识别、多媒体采集、地理坐标定位等感知技术和设备标准。组织制定**无线传感器网络**、低功耗广域网、网络虚拟化和异构网络融合等网络技术标准。制定操作系统、中间件、数据管理与交换、数据分析与挖掘、服务支撑等信息处理标准。制定物联网标识与解析、网络与信息安全、参考模型与评估测试等基础共性标准。

（3）推动行业应用标准研制。大力开展车联网、健康服务、智能家居等产业急需应用标准的制定，持续推进工业、农业、公共安全、交通、环保等应用领域的标准化工作。加强组织协调，建立标准制定、实验验证和应用推广联合工作机制，加强信息交流和共享，推动标准化组织联合制定跨行业标准，鼓励发展团体标准。支持联盟和龙头企业牵头制定行业应用

标准。

“发展规划”列出了 6 大重点领域应用示范工程，如图 13.5 所示。

（1）智能制造。面向供给侧结构性改革和制造业转型升级发展需求，发展信息物理系统和工业互联网，推动生产制造与经营管理向智能化、精细化、网络化转变；通过 RFID 等技术对相关生产资料进行电子化标识，实现生产过程及供应链的智能化管理，利用传感器等技术加强生产状态信息的实时采集和数据分析，提升效率和质量，促进安全生产和节能减排；通过在产品中预置传感、定位、标识等能力，实现产品的远程维护，促进制造业服务化转型。

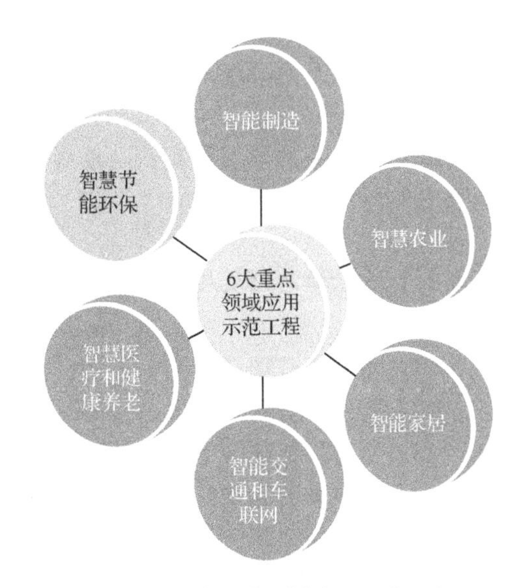

图 13.5　6 大重点领域应用示范工程

（2）智慧农业。面向农业生产智能化和农产品流通管理精细化需求，广泛开展农业物联网应用示范；实施基于物联网技术的设施农业和大田作物耕种精准化、园艺种植智能化、畜禽养殖高效化、农副产品质量安全追溯、粮食与经济作物储运监管、农资服务等应用示范工程，促进形成现代农业经营方式和组织形态，提升我国农业现代化水平。

（3）智能家居。面向公众对家居安全性、舒适性、功能多样性等需求，开展智能养老、远程医疗和健康管理、儿童看护、家庭安防、水/电/气智能计量、家庭空气净化、家电智能控制、家务机器人等应用，提升人民生活质量；通过示范对底层通信技术、设备互连及应用交互等方面进行规范，促进不同厂家产品的互通性，带动智能家居技术和产品整体突破。

（4）智能交通和车联网。推动交通管理和服务智能化应用，开展智能航运服务、城市智能交通、汽车电子标识、电动自行车智能管理、客运交通和智能公交系统等应用示范，提升指挥调度、交通控制和信息服务能力；开展车联网新技术应用示范，包括自动驾驶、安全节能、紧急救援、防碰撞、非法车辆查缉、打击涉车犯罪等应用。

（5）智慧医疗和健康养老。推动物联网、大数据等技术与现代医疗管理服务结合，开展物联网在药品流通和使用、病患看护、电子病历管理、远程诊断、远程医学教育、远程手术指导、电子健康档案等环节的应用示范；积极推广“社区医疗+三甲医院”的医疗模式；利用物联网技术，实现对医疗废物追溯，对问题药品进行快速跟踪和定位，降低监管成本；建立临床数据应用中心，开展基于物联网智能感知和大数据分析的精准医疗应用；开展智能可穿戴设备远程健康管理、老人看护等健康服务应用，推动健康大数据创新应用和服务发展。

（6）智慧节能环保。推动物联网在污染源监控和生态环境监测领域的应用，开展废物监管、综合性环保治理、水质监测、空气质量监测、污染源治污设施工况监控、入境废物原料监控、林业资源安全监控等应用；推动物联网在电力、油气等能源生产、传输、存储、消费等环节的应用，提升能源管理智能化和精细化水平；建立城市级建筑能耗监测和服务平台，对公共建筑和大型楼宇进行能耗监测，实现建筑用能的智能控制和精细管理；鼓励建立能源管理平台，针对大型产业园区开展合同能源管理服务。

13.4 任务小结

通过本任务的学习和实践，读者可以了解传感器的发展、种类和数据采集原理，以及传感器在物联网中的应用。

13.5 思考与拓展

（1）传感器有哪些种类?

（2）传感器有哪里应用?

（3）应用到物联网中传感器有哪些?

（4）自然界的物理量参数多种多样，远不止传感器板上的那些传感器可采集的物理量，同时每个传感器采集的物理量信息又受到传感器的限制，采集数据的精度也不尽相同。请读者列举至少 10 种可被传感器采集的物理量，并列举出能够采集这些物理量的不同精度的传感器。

任务14

温室大棚光照度测量系统的设计与实现

本任务重点学习I2C总线以及光照度传感器基本原理，掌握I2C的基本原理和通信协议，通过STM32的GPIO模拟I2C通信，驱动光照度传感器，从而实现温室大棚光照度测量系统。

14.1　开发场景：如何实现光照度的测量

温室大棚是一种可以改变作物生长环境、为作物生长创造最佳条件、避免四季变化和恶劣气候对其影响的场所，可在冬季或其他不适宜露天作物生长的季节栽培作物。温室以调节产期、促进生长发育、防治病虫害，以及提高质量、产量等为目的，温室设施的关键技术是环境控制，该技术的最终目标是提高控制与作业精度。

温室大棚中作物长势的好坏、质量和产量的高低与温室大棚中的光照度、温度、湿度、土壤湿度等因素密切相关，因此对温室大棚的光照度检测是非常重要的一环。大棚内的光照度条件是蔬菜进行光合作用的唯一能源，也是提高棚温、维持蔬菜生长的热源。棚内的光照度条件主要受天气和大棚结构设计的影响，由于建材的遮阴、吸收和反射，减弱了棚内光照度，所以棚内的光照度总是低于露天光照度。尤其是在冬季，本来光照度弱、日照时间短，再加上棚膜的吸收、反射，晚揭早盖草苫而造成日照时间的减少，棚内的光照度条件更差，对作物产量的影响很大。特别是对于喜光、喜温的果菜类蔬菜，冬季长势弱、产量低、病害严重的原因，除了棚温低，主要是棚内光照度弱、日照时间短所致，所以冬季棚内光照度差是大棚蔬菜生产的突出问题。

本项目将围绕这个场景展开对STM32和光照度传感器的学习与开发。光照度传感器如图14.1所示。

图14.1　光照度传感器

14.2　开发目标

（1）知识要点：光照度基本概念和工作原理；BH1750FVI-TR型光照度传感器（光敏传感器）。

（2）技能要点：了解光照度传感器的原理结构；掌握光照度传感器的使用；会使用STM32和I2C驱动光照度传感器。

（3）任务目标：某蔬菜产业基地新建一批温室大棚，需要设计一套光照度检测设备，能自动、连续读取并显示光照度传感器采集的光照度测量值，并通过串口传输到上位机设备。

14.3 原理学习：光敏传感器和 I2C

14.3.1 光敏传感器

1. 光照度

光照度是指光照的强弱，以单位面积上所接收可见光的能量来量度，单位为勒［克斯］（lx）。当光均匀照射的物体上时，在 1 m^2 面积上所得的光通量是 1 lm 时，它的光照度就是 1 lx。流明是光通量的单位，发光强度为 1 烛光的点光源，在单位立体角（1 球面度）内发出的光通量为 1 流明（1 lm）。烛光的概念最早是英国人发明的，当时英国人以一磅的白蜡制造出一尺长的蜡烛所燃放出来的光来定义烛光单位。

夏季在阳光直接照射下，光照度可达 60000～100000 lx，没有太阳的室外光照度为 1000～10000 lx，日落时的光照度为 300～400 lx，夏天明朗的室内光照度为 100～550 lx，室内日光灯的光照度为 30～50 lx，夜里在明亮的月光下光照度为 0.3～0.03 lx，阴暗的夜晚光照度为 0.003～0.0007 lx。

2. 光敏传感器

光敏传感器是最常见的光照度传感器之一，它是利用光敏元件将光信号转换为电信号的，它的敏感波长在可见光波长附近，包括红外线波长和紫外线波长。光敏传感器不只局限于对光的探测，它还可以作为探测元件组成其他传感器，对许多非电量进行检测，只要将这些非电量转换为光信号的变化即可。

光敏传感器就如同人的眼睛，能够对光线强度做出反应，能感应到光线的明暗变化，并输出微弱的电信号，然后通过简单的电子线路进行放大处理，在自动控制、家用电器中得到了广泛的应用。例如，电视机中的亮度自动调节，照相机中的自动曝光；又如，在路灯、航标等自动控制电路，卷带自停装置，以及防盗报警装置。

光敏传感器是最常见的传感器之一，它的种类繁多，主要有光电管、光电倍增管、光敏电阻、光敏三极管、太阳能电池、红外线传感器、紫外线传感器、光纤式光电传感器、色彩传感器、CCD 图像传感器和 CMOS 图像传感器等。国内主要厂商有 OTRON 品牌等。光敏传感器在自动控制和非电量电测技术中占有非常重要的地位。

图 14.2　电阻式光敏传感器

最简单的光敏传感器是光敏电阻，当光子冲击接合处就会产生电流。电阻式光敏传感器如图 14.2 所示。

光敏传感器主要应用于太阳能草坪灯、光控小夜灯、照相机、监控器、光控玩具、声光控开关、摄像头、防盗钱包、光控音乐盒、生日音乐蜡烛、音乐杯、人体感应灯、人体感应开关等电子产品的光自动控制。

3．光敏传感器的工作原理和应用

光敏传感器是采用光电元件作为检测元件的传感器，它首先把被测量的变化转换成光信号的变化，然后借助光电元件进一步将光信号转换成电信号。光电传感器一般由光源、光学通路和光电元件三部分组成。光电检测方法具有精度高、反应快、非接触等优点，而且可测参数多。光敏传感器是各种光电检测系统中实现光电转换的关键元件，它可以把光信号（红外、可见及紫外光辐射）转变成为电信号。

光敏传感器可用于检测直接引起光信号变化的非电量，如光照度、辐射测温、气体成分分析等；也可用来检测能转换成光信号变化的其他非电量，如零件直径、表面粗糙度、应变、位移、振动、速度、加速度以及物体的形状等。光敏传感器具有非接触、响应快、性能可靠等特点，在工业自动化装置和机器人中获得了广泛应用。

4．光敏传感器特性

光敏传感器特性是光敏传感器各种特性综合的结果，主要有光敏电阻特性、伏安特性、光电特性、光谱特性、温度特性等。

1）光敏电阻特性

光敏电阻是基于内光电效应工作的，根据所处环境光照度的不同，其电阻特性也不相同，总体而言可分为暗电阻和亮电阻两种。

（1）暗电阻：光敏电阻置于室温、全暗条件下测得的稳定电阻值称为暗电阻，此时流过电阻的电流称为暗电流。

（2）亮电阻：光敏电阻置于室温和一定光照条件下测得的稳定电阻值称为亮电阻，此时流过电阻的电流为亮电流。

2）伏安特性

光敏传感器的光敏电阻两端所加的电压和流过光敏电阻的电流间的关系称为伏安特性，如图 14.3 所示。从图中可知伏安特性近似直线，但在不同的电压下伏安特性有所不同，因此测量时需要限定电压，以确保测量值的参考电压相同。

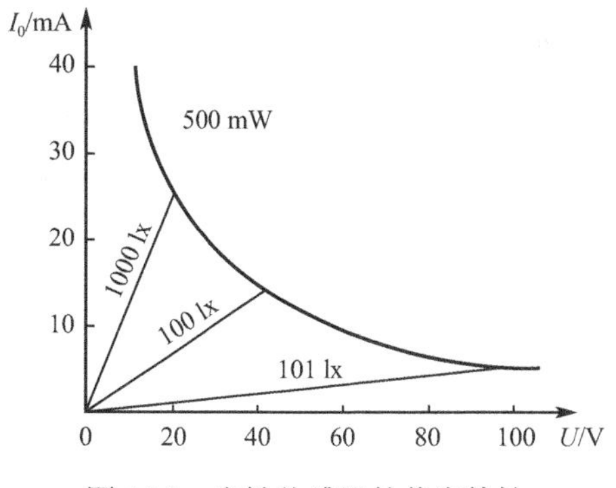

图 14.3　光敏传感器的伏安特性

3）光电特性

光敏电阻两端间电压固定不变时，光照度与亮电流之间的关系称为光电特性。光敏电阻的光电特性呈非线性，此时要获得精确的光照度，需要光电特性曲线的辅助。

4）光谱特性

当入射波长不同时，光敏电阻的灵敏度也不同，入射光波长与光敏电阻灵敏度之间的关系称为光谱特性。在选择光敏传感器时，可根据实际的应用场合选择不同材料制作的光敏传感器。

5）温度特性

光敏传感器受外界温度的影响也比较大，通常在温度上升时，光敏传感器的暗电阻增大，

同时灵敏度下降。为保证高热辐射下光敏传感器的精度，需要对光敏传感器进行降温处理。

14.3.2 BH1750FVI -TR 型光敏传感器

BH1750FVI-TR 型光敏传感器集成有一个数字处理芯片，可以将检测信息转换为光照强度物理量，微处理器可以通过 I2C 总线获取光照度信息。

图 14.4 BH1750FVI-TR 型光敏传感器

BH1750FVI-TR 型光敏传感器是一种用于二线式串行总线接口的数字型光照度传感器，可以根据收集的光线强度数据来调整液晶或者键盘背景灯的亮度，利用它的高分辨率可以探测较大范围的光照度变化，其测量范围为 1～65535 lx。BH1750FVI-TR 型光敏传感器如图 14.4 所示。

BH1750FVI-TR 型光敏传感器具有如下特点：

- 接近视觉灵敏度的光谱灵敏度特性（峰值灵敏度波长典型值为 560 nm）；
- 输入光范围为 1～65535 lx；
- 光源依赖性弱，可使用白炽灯、荧光灯、卤素灯、白光 LED、日光灯等；
- 测量的范围为 1.1～100000 lx/min。
- 受红外线影响很小。

BH1750FVI-TR 型光敏传感器的工作参数如表 14.1 所示。

表 14.1 BH1750FVI-TR 型光敏传感器的工作参数

参　数	符　号	额 定 值	单　位
电源电压	V_{max}	4.5	V
运行温度	T_{opr}	-40～85	℃
存储温度	T_{stg}	40～100	℃
反向电流	I_{max}	7	mA
功耗损耗	P_d	260	mW

BH1750FVI-TR 型光敏传感器的运行条件如表 14.2 所示。

表 14.2 BH1750FVI-TR 型光敏传感器的运行条件

参　数	符　号	最 小 值	时　间	最 大 值	单　位
VCC 电压	V_{CC}	2.4	3	3.6	V
I2C 参考电压	V_{DVI}	1.65	—	V_{CC}	V

BH1750FVI-TR 型光敏传感器有五个引脚，分别是电源（VCC）、地（GND）、设备地址引脚（DVI）、时钟引脚（SCL）、数据引脚（SDA）。DVI 接电源或接地决定了不同的设备地址（接电源时为 0x47，接地时为 0x46）。BH1750FVI-TR 型光敏传感器的结构框图如图 14.5 所示。

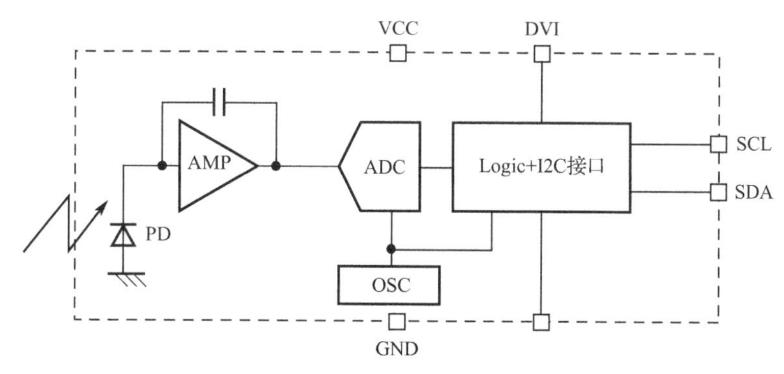

图 14.5　BH1750FVI-TR 型光敏传感器的结构框图

图中，PD 是接近人眼反应的光敏二极管；AMP 为集成运算放大器，用于将 PD 电流转换为 PD 电压；ADC 用于获取 16 位数字数据；Logic+I2C 接口是光照度计算和 I2C 总线接口，包括数据寄存器（用于保存光照度数据，初始值是 0000 0000 0000 0000）和测量时间寄存器（用于保存时间测量数据，初始值是 0100 0101）；OSC 是内部振荡器（时钟频率的典型值为 320 kHz），该时钟为内部逻辑时钟。BH1750FVI-TR 型光敏传感器共有 6 种测量模式，分别对应不同的分辨率和测量时间。

从结构框图可容易看出，外部光线被接近人眼反应的高精度光敏二极管 PD 探测到后，通过 AMP 将 PD 电流转换为 PD 电压，由 ADC 获取 16 位数字数据，然后由 Logic+I2C 接口进行数据处理与存储。OSC 提供内部逻辑时钟，通过相应的指令操作即可读取内部存储的光照度数据。数据传输使用标准的 I2C 总线，按照时序要求操作起来非常方便。BH1750FVI-TR 型光敏传感器的指令集如表 14.3 所示。

表 14.3　BH1750FVI-TR 型光敏传感器的指令集

指　令	功能代码	注　释
断电	0000_0000	无激活状态
通电	0000_0001	等待测量指令
重置	0000_0111	重置数字寄存器值，重置指令在断电模式下不起作用
连续 H 分辨率模式	0001_0000	在 1 lx 分辨率下开始测量，测量时间一般为 120 ms
连续 H 分辨率模式 2	0001_0001	在 0.5 lx 分辨率下开始测量，测量时间一般为 120 ms
连续 L 分辨率模式	0001_0011	在 4 lx 分辨率下开始测量，测量时间一般为 120 ms
一次 H 分辨率模式	0010_0000	在 1 lx 分辨率下开始测量，测量时间一般为 120 ms，测量后自动设置为断电模式
一次 H 分辨率模式 2	0010_0001	在 0.5 lx 分辨率下开始测量，测量时间一般为 120 ms，测量后自动设置为断电模式
一次 L 分辨率模式	0010_0011	在 4 lx 分辨率下开始测量，测量时间一般为 120 ms，测量后自动设置为断电模式
改变测量时间（高位）	01000_MT[7,6,5]	改变测量时间
改变测量时间（低位）	011_MT[4,3,2,1,0]	改变测量时间

在 H 分辨率模式下，足够长的测量时间（积分时间）能够抑制一些噪声（包括 50 Hz/60 Hz 光噪声）；同时，H 分辨率模式的分辨率为 1 lx，适用于黑暗场合下（少于 10 lx）。H 分辨率模式 2 同样适用于黑暗场合下的检测。

14.3.3 I2C 总线和光照传感器

I2C 总线使用一条串行数据线（SDA）、一条串行时钟线（SCL）来进行通信。STM32 每次与从设备通信都需要向从设备发送一个开始信号，通信结束之后再向从设备发送一个结束信号。STM32 驱动 BH1750FVI-TR 型光敏传感器时遵循 I2C 总线接口时序，首先，传感器上电后需要初始化，STM32 再向传感器发送一组启动时序，具体过程为：

（1）先将 SDA 和 SCL 分别置为高电平，延时约 5 μs 后将 SDA 置为低电平，再延时约 5 μs 后将 SCL 也置为低电平。

（2）STM32 向传感器发送通电指令（功能代码为 0x01），具体过程为：将 SDA 置为低电平，SCL 置为高电平，延时约 5 μs 后将 SDA 置为高电平，再延时约 5 μs。至此，传感器初始化结束，等待检测指令。

（3）当需要检测时，STM32 再向传感器发送一组启动时序，接着发送设备地址，当检测到传感器的应答信号后，便可发送测量指令了。待测量结束后，STM32 即可读取测量数据。测量结果是 16 位的，先传回的是高 8 位，然后是低 8 位。将测量结果转换成十进制数，再除以 1.2，即可得到光照度的值。

14.4 任务实践：光照度测量系统的软/硬件设计

14.4.1 开发设计

1. 硬件设计

本任务硬件部分主要由 STM32、光照度传感器组成，其中传感器和 STM32 通过 I2C 总线进行通信，硬件架构设计如图 14.6 所示。

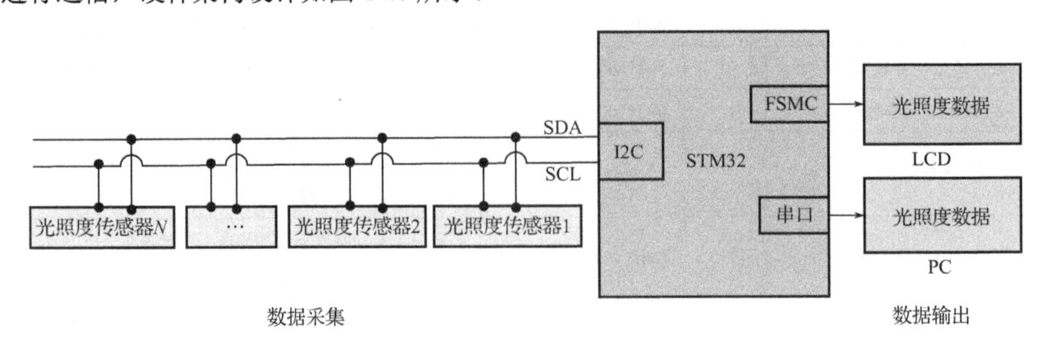

图 14.6 硬件架构设计

光照传感器的接口电路如图 14.7 所示。

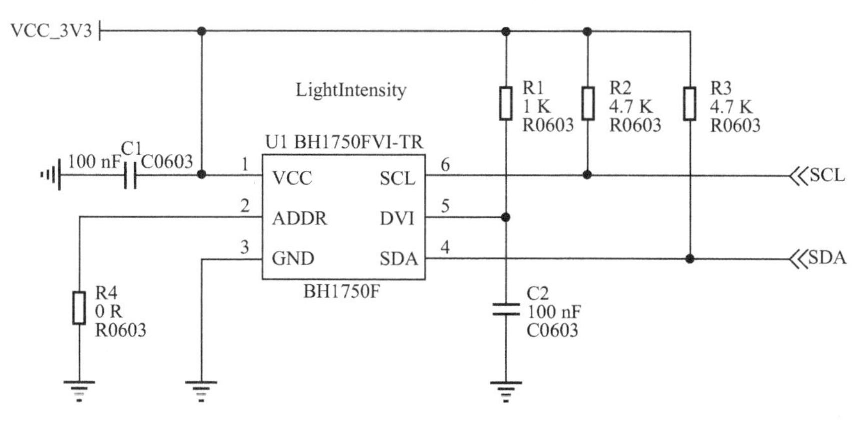

图 14.7　光照传感器的接口电路

光照度传感器使用 I2C 总线进行通信，因此使用引脚有两个，分别是 SCL 和 SDA，分别连接 STM32 微处理器的 PB8 和 PB9。

2．软件设计

软件设计流程如图 14.8 所示。

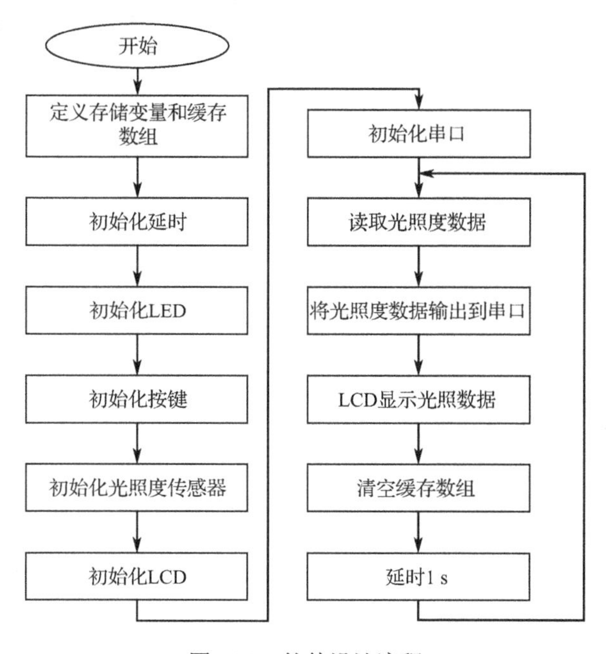

图 14.8　软件设计流程

14.4.2　功能实现

1．主函数模块

```
/*******************************************************************************************
* 名称：main()
```

```
****************************************************************************************/
void main(void)
{
    float light_data = 0;                                   //存储光照度数据变量
    char buff[64];                                          //缓存数组
    delay_init(168);                                        //初始化延时
    led_init();                                             //初始化 LED
    key_init();                                             //初始化按键
    bh1750_init();                                          //初始化光照度传感器
    lcd_init(LIGHTINTENSITY1);                              //初始化 LCD
    usart_init(115200);                                     //初始化串口
    while(1){                                               //循环体
        light_data = bh1750_get_data();                     //获取光照度数据
        printf("light_data:%.2f\r\n",light_data);           //将光照度数据通过串口打印出来
        LCD_Clear(4+32,32+20*7, 319, 32+20*8,0xffff);
        sprintf(buff,"光照：%.2fLxu\0",light_data);          //将光照度数据通过 LCD 显示出来
        LCDDrawFnt16(4+32,32+20*7,4,320,buff,0x0000,0xffff);
        memset(buff,0,64);                                  //清空缓存数组
        delay_ms(1000);                                     //延时 1 s
    }
}
```

2. 光照度传感器初始化模块

```
uchar buf[2];                                               //接收数据缓存区
float s;
/****************************************************************************************
* 名称：bh1750_send_byte()
* 功能：向无子地址器件发送字节数据函数，从启动总线到发送地址和数据，再到结束总线的全过程，
  从器件地址为 sla，使用前必须已结束总线
* 返回：如果返回 1 表示操作成功，否则操作有误
****************************************************************************************/
uchar bh1750_send_byte(uchar sla,uchar c)
{
    iic_start();                                            //启动总线
    if(iic_write_byte(sla) == 0){                           //发送器件地址
        if(iic_write_byte(c) == 0){                         //发送数据
        }
    }
    iic_stop();                                             //结束总线
    return(1);
}
/****************************************************************************************
* 名称：bh1750_read_nbyte()
* 功能：连续读出光照度传感器的内部数据
* 返回：应答或非应答信号
****************************************************************************************/
```

```
uchar bh1750_read_nbyte(uchar sla,uchar *s,uchar no)
{
    uchar i;
    iic_start();                                    //开始信号
    if(iic_write_byte(sla+1) == 0){                 //发送设备地址+读信号
        for (i=0; i<no-1; i++){                     //连续读取 6 个地址数据
            *s=iic_read_byte(0);
            s++;
        }
        *s=iic_read_byte(1);
    }
    iic_stop();                                     //结束信号
    return(1);
}
/*******************************************************************************************
* 功能：初始化光照度传感器
*******************************************************************************************/
void bh1750_init()
{
    iic_init();                                     //初始化 I2C
}
/*******************************************************************************************
* 功能：光照度传感器数据处理函数
* 返回：处理结果
*******************************************************************************************/
float bh1750_get_data(void)
{
    uchar *p=buf;
    bh1750_init();                                  //初始化光照度传感器
    bh1750_send_byte(0x46,0x01);                    //上电
    bh1750_send_byte(0x46,0x20);                    //H 分辨率模式
    delay_ms(180);                                  //延时 180 ms
    bh1750_read_nbyte(0x46,p,2);                    //连续读出数据
    unsigned short x = buf[0]<<8 | buf[1];
    return x/1.2;
}
```

3．光照度传感器数据获取模块

```
/*******************************************************************************************
* 功能：光照度传感器数据处理函数
* 返回：处理结果
*******************************************************************************************/
float bh1750_get_data(void)
{
    uchar *p=buf;
    bh1750_init();                                  //初始化光照度传感器
```

```
    bh1750_send_byte(0x46,0x01);                                    //上电
    bh1750_send_byte(0x46,0x20);                                    //H 分辨率模式
    delay_ms(180);                                                  //延时 180 ms
    bh1750_read_nbyte(0x46,p,2);                                    //连续读出数据
    unsigned short x = buf[0]<<8 | buf[1];
    return x/1.2;
}
```

4．I2C 驱动模块

```
#define I2C_GPIO      GPIOB
#define I2C_CLK       RCC_AHB1Periph_GPIOB
#define PIN_SCL       GPIO_Pin_8
#define PIN_SDA       GPIO_Pin_9
#define SDA_R         GPIO_ReadInputDataBit(I2C_GPIO,PIN_SDA)
/*********************************************************************************
* 功能：I2C 初始化函数
*********************************************************************************/
void iic_init(void)
{
    GPIO_InitTypeDef   GPIO_InitStructure;
    RCC_AHB1PeriphClockCmd(I2C_CLK, ENABLE);
    GPIO_InitStructure.GPIO_Pin = PIN_SCL | PIN_SDA;
    GPIO_InitStructure.GPIO_Mode = GPIO_Mode_OUT;
    GPIO_InitStructure.GPIO_OType = GPIO_OType_PP;
    GPIO_InitStructure.GPIO_Speed = GPIO_Speed_2MHz;
    GPIO_InitStructure.GPIO_PuPd = GPIO_PuPd_UP;
    GPIO_Init(I2C_GPIO, &GPIO_InitStructure);
}
/*********************************************************************************
* 功能：设置 SDA 为输出
*********************************************************************************/
void sda_out(void)
{
    GPIO_InitTypeDef   GPIO_InitStructure;
    GPIO_InitStructure.GPIO_Pin = PIN_SDA;
    GPIO_InitStructure.GPIO_Mode = GPIO_Mode_OUT;
    GPIO_InitStructure.GPIO_OType = GPIO_OType_PP;
    GPIO_InitStructure.GPIO_Speed = GPIO_Speed_2MHz;
    GPIO_InitStructure.GPIO_PuPd = GPIO_PuPd_UP;
    GPIO_Init(I2C_GPIO, &GPIO_InitStructure);
}
/*********************************************************************************
* 功能：设置 SDA 为输入
*********************************************************************************/
void sda_in(void)
{
```

```
    GPIO_InitTypeDef    GPIO_InitStructure;
    GPIO_InitStructure.GPIO_Pin = PIN_SDA;
    GPIO_InitStructure.GPIO_Mode = GPIO_Mode_IN;
    GPIO_InitStructure.GPIO_OType = GPIO_OType_PP;
    GPIO_InitStructure.GPIO_Speed = GPIO_Speed_2MHz;
    GPIO_InitStructure.GPIO_PuPd = GPIO_PuPd_UP;
    GPIO_Init(I2C_GPIO, &GPIO_InitStructure);
}
/*********************************************************************************************
* 功能：I2C 开始信号
*********************************************************************************************/
void iic_start(void)
{
    sda_out();
    GPIO_SetBits(I2C_GPIO,PIN_SDA);                                    //拉高数据线
    GPIO_SetBits(I2C_GPIO,PIN_SCL);                                    //拉高时钟线
    delay_us(5);                                                       //延时
    GPIO_ResetBits(I2C_GPIO,PIN_SDA);                                  //产生下降沿
    delay_us(5);                                                       //延时
    GPIO_ResetBits(I2C_GPIO,PIN_SCL);                                  //拉低时钟线
}
/*********************************************************************************************
* 功能：I2C 结束信号
*********************************************************************************************/
void iic_stop(void)
{
    sda_out();
    GPIO_ResetBits(I2C_GPIO,PIN_SDA);                                  //拉低数据线
    GPIO_SetBits(I2C_GPIO,PIN_SCL);                                    //拉高时钟线
    delay_us(5);                                                       //延时 5 μs
    GPIO_SetBits(I2C_GPIO,PIN_SDA);                                    //产生上升沿
    delay_us(5);                                                       //延时 5 μs
}
/*********************************************************************************************
* 功能：I2C 发送应答
* 参数：ack — 应答信号
*********************************************************************************************/
void iic_send_ack(int ack)
{
    sda_out();
    if(ack)
        GPIO_SetBits(I2C_GPIO,PIN_SDA);                                //写应答信号
    else
        GPIO_ResetBits(I2C_GPIO,PIN_SCL);
    GPIO_SetBits(I2C_GPIO,PIN_SCL);                                    //拉高时钟线
    delay_us(5);                                                       //延时
    GPIO_ResetBits(I2C_GPIO,PIN_SCL);                                  //拉低时钟线
```

```
    delay_us(5);                                        //延时
}
/*********************************************************************************************
* 功能：I2C 接收应答
*********************************************************************************************/
int iic_recv_ack(void)
{
    int CY = 0;
    sda_in();
    GPIO_SetBits(I2C_GPIO,PIN_SCL);                     //拉高时钟线
    delay_us(5);                                        //延时
    CY = SDA_R;                                         //读应答信号
    GPIO_ResetBits(I2C_GPIO,PIN_SDA);                   //拉低时钟线
    delay_us(5);                                        //延时
    return CY;
}
/*********************************************************************************************
* 功能：I2C 写一个字节数据，返回 ACK 或者 NACK，从高到低依次发送
* 参数：data — 要写的数据
*********************************************************************************************/
unsigned char iic_write_byte(unsigned char data)
{
    unsigned char i;
    sda_out();
    GPIO_ResetBits(I2C_GPIO,PIN_SCL);                   //拉低时钟线
    for(i = 0;i < 8;i++){
        if(data & 0x80){                                //判断数据最高位是否 1
            GPIO_SetBits(I2C_GPIO,PIN_SDA);
        } else
            GPIO_ResetBits(I2C_GPIO,PIN_SDA);
        delay_us(5);                                    //延时 5 μs
        GPIO_SetBits(I2C_GPIO,PIN_SCL); //输出 SDA 稳定后，从机检测到 SCL 上升沿后进行数据采样
        delay_us(5);                                    //延时 5 μs
        GPIO_ResetBits(I2C_GPIO,PIN_SCL);               //拉低时钟线
        delay_us(5);                                    //延时 5 μs
        data <<= 1;                                     //数组左移 1 位
    }
    delay_us(5);                                        //延时 2 μs
    sda_in();
    GPIO_SetBits(I2C_GPIO,PIN_SDA);                     //拉高数据线
    GPIO_SetBits(I2C_GPIO,PIN_SCL);                     //拉高时钟线
    delay_us(5);                                        //延时 2 μs，等待从机应答
    if(SDA_R){                                          //SDA 为高电平，收到 NACK
        return 1;
    }else{                                              //SDA 为低电平，收到 ACK
        GPIO_ResetBits(I2C_GPIO,PIN_SCL);               //释放总线
        delay_us(5);                                    //延时 2 μs，等待从机应答
```

```
            return 0;
        }
}
/*****************************************************************************************
* 功能：I2C 写一个字节数据，返回 ACK 或者 NACK，从高到低依次发送
* 参数：data — 要写的数据
*****************************************************************************************/
unsigned char iic_read_byte(unsigned char ack)
{
    unsigned char i,data = 0;
    sda_in();
    GPIO_ResetBits(I2C_GPIO,PIN_SCL);
    GPIO_SetBits(I2C_GPIO,PIN_SDA);                          //释放总线
    for(i = 0;i < 8;i++){
        GPIO_SetBits(I2C_GPIO,PIN_SCL);                      //给出上升沿
        delay_us(30);                                        //延时等待信号稳定
        data <<= 1;
        if(SDA_R){                                           //采样获取数据
            data |= 0x01;
        }else{
            data &= 0xfe;
        }
        delay_us(10);
        GPIO_ResetBits(I2C_GPIO,PIN_SCL);                    //下降沿，从机给出下一位值
        delay_us(20);
    }
    sda_out();
    if(ack)
        GPIO_SetBits(I2C_GPIO,PIN_SDA);                      //应答状态
    else
        GPIO_ResetBits(I2C_GPIO,PIN_SDA);
    delay_us(10);
    GPIO_SetBits(I2C_GPIO,PIN_SCL);
    delay_us(50);
    GPIO_ResetBits(I2C_GPIO,PIN_SCL);
    delay_us(50);
    return data;
}
/*****************************************************************************************
* 功能：延时
* 参数：t — 设置时间
*****************************************************************************************/
void delay(unsigned int t)                                   //延时函数
{
    unsigned char i;
    while(t--){
        for(i = 0;i < 200;i++);
```

```
        }
    }
```

其中 LED 驱动函数模块、按键驱动函数模块、LCD 驱动函数模块、串口驱动函数模块、I2C 驱动函数模块以及延时函数模块请参考随书资源的项目开发工程源代码。

14.5 任务验证

使用 IAR 集成开发环境打开温室大棚光照度测量系统设计工程，通过编译后，使用 J-Link 将程序下载到 STM32 开发平台中，暂不执行程序。

使用串口线连接 STM32 开发平台与 PC，打开串口工具并配置波特率为 115200、8 位数据位、无奇偶校验位、1 位停止位，取消十六进制显示，设置完成后运行程序。

程序运行后，每隔 1 s 通过 PC 串口工具的数据接收窗口就会显示一次光照度传感器采集到的光照度数据。改变光照度传感器周围的光照环境，通过 PC 串口工具可以查看到采集的光照度数据的变化。验证效果如图 14.9 所示。

图 14.9　验证效果

14.6 任务小结

通过本任务，读者可以学习光照度传感器基本原理和特性，并通过 STM32 微处理器的 I2C 总线来驱动光照度传感器。

14.7 思考与拓展

（1）简述光照度传感器的工作原理。

（2）光照度传感器在日常生活中还有哪些应用？

（3）如何使用 STM32 驱动光照度传感器？

（4）STM32 通过光照度传感器获取到光照度信息后，如果不加以利用并不能对温室大棚产生任何帮助，将获取到的光照度信息融入对温室大棚的环境调节才是光照度信息的价值所在。请读者尝试模拟农业大棚，设置光照度范围，大于某值时点亮 LED1，小于某值时点亮 LED2，同时在 PC 上显示光照度信息，并将两个 LED 灯状态和光照度信息进行比较。

任务 15

探空气球测海拔的设计与实现

本任务重点学习 I2C 总线和气压海拔传感器基本原理，掌握 I2C 的基本原理和通信协议，通过 STM32 的 GPIO 模拟 I2C 通信来驱动气压海拔传感器，从而实现探空气球测海拔的设计。

15.1 开发场景：如何实现气压海拔的测量

探空气球是人类研究平流层的重要工具之一，在气象学发展和天气预报工作中起到了重要的作用。探空气球具有投资少、成本低、见效快、相对载重量大、飞行时间长、携带仪器姿态稳定，观测数据资料精度高、用时短，施放不受地域和气候因素影响等优点。探空气球作为一个载体，携带探空仪器升空，在上升过程中探空仪器可测定不同海拔和经/纬度的温度、气压、空气湿度等数据并将其通过无线电信号发回地面，从而获得空中的气象信息。

图 15.1　探空气球

本任务所使用的气压海拔传感器为高集成度传感器，为了使传感器不受外界气流等非气压因素的影响，传感器集成了数据校对功能，可有效屏蔽温度对传感器数据采集的影响。本任务将围绕这个场景展开对 STM32 和气压海拔传感器的学习与开发。探空气球如图 15.1 所示。

15.2 开发目标

（1）知识要点：气压海拔传感器工作原理；FBM320 型气压海拔传感器的基本结构和原理。

（2）技能要点：理解气压海拔传感器的工作原理；会用 STM32 和 I2C 驱动气压海拔传感器。

（3）任务目标：气象研究所需要设计一款探空仪器，通过探空气球将其带到高空进行温度、大气压强、湿度、风速、风向等的测量，要求通过 STM32 对 FBM320 型气压海拔传感器的数据进行采集处理。

15.3 原理学习：气压海拔传感器的工作原理与测量方法

15.3.1 气压海拔传感器

气压海拔传感器主要的核心测量部件是气压传感器，用于测量气体的绝对压强。气压海拔传感器则是气压传感器的衍生产品，通过相应的物理关系可实现气压和海拔的换算。

气压海拔传感器是通过气压的变化来测量海拔的，因此在测量的过程中不会受障碍物的影响，测量高度范围广，移动方便，可进行绝对海拔高度测量和相对高度测量。通过气压及温度来计算海拔的误差是相对较大的，特别是在近地面测量时，受风、湿度、粉尘颗粒等影响，测量的精度会受到很大影响，在高空测量中精度有所改善。

气压海拔传感器可用于航模产品、楼层定位、GPS 测高、户外登山表、户外登山手机、狩猎相机、降落伞、气象设备等众多需要通过大气压强来测量海拔的场合。

15.3.2 气压海拔传感器的工作原理

地球存在重力，物体越靠近地心所受的引力越大，因此在相对于地球的垂直高度上物体所受引力与海拔有一定的线性关系。同样，在重力场中，大气压强与海拔之间也有一定的规律变化，即大气压强随着海拔的增加而减小。气压海拔传感器正是利用这一原理，通过气压传感器测量出大气压强，根据气压与海拔的关系，间接计算出海拔或高度的。

气压海拔传感器主要的传感元件是一个对压强敏感的薄膜，它连接了一个柔性电阻。当被测气体的压强降低或升高时，这个薄膜将变形，电阻的阻值将会改变，从而改变电阻两端的电压和电流。从传感元件取得相应的电信号后通过 A/D 转换器转换为数字量信息，然后以适当的形式把结果传输给微处理器。某些气压海拔传感器的主要部件为变容式硅膜盒，当该变容式硅膜盒在外界大气压强发生变化时将发生弹性变形，从而引起变容式硅膜盒平行板电容器电容量的变化。变容式气压海拔传感器相较于薄膜式气压海拔传感器更灵敏，精度更高，但价格也更贵。

15.3.3 气压海拔传感器的海拔计算方法

通过气压海拔传感器获取海拔信息的工作原理可知，气压海拔传感器并不能较为精确地获取海拔信息，需要根据相关的参数进行换算和误差修正，因此还需要了解气压与海拔换算的相关参数。下面以航空领域中的相关参数为例对高度的概念进行解释。

确定航空器在空间的垂直位置需要两个要素：测量基准面和自该基准面到航空器的垂直距离。我国民航飞行高度的测量通常以下面三种气压面作为测量基准面。

（1）标准大气压（QNE）：是指在标准大气条件下海平面的气压，其值为 101325 Pa（约为 760 mmHg）。

（2）修正海平面气压（QNH）：是指将观测到的场面气压，按照标准大气压条件修正到平均海平面的气压。

（3）场面气压（QFE）：是指航空器着陆区域最高点的气压。

通常大气压强（即气压）与海拔的关系受很多因素的影响，如大气温度、经/纬度、季节

等都会导致关系发生变化。因此国际上统一采用了一种假想的国际标准大气，国际标准大气满足理想气体方式，并以平均海平面作为零高度，国际标准大气的主要常数有：

平均海平面标准大气压为 $P_n = 101.325\times10^3$ Pa

平均海平面标准大气温度为 $T_n = 228.15$ K

平均海平面标准大气密度为 $\rho_n = 1.225$ kg/m^3

空气专用气体常数为 $R = 287.05287$ m^2/Ks^2

自由落体加速度为 $g_n = 9.80665$ m/s^2

大气温度垂直梯度 β 如表 15.1 所示，高度越高温度越低，不同高度层对应不同的温度梯度。

表 15.1 大气温度垂直梯度 β

标准气压高度 H/km	温度 T/km	温度梯度 β/（K/km）
−2.00	301.15	−6.50
0.00	288.15	−6.50
11.00	216.65	0.00
20.00	216.65	+1.00
32.00	228.65	+2.80
47.00	270.65	0.00
51.00	270.65	−2.80
71.00	214.65	−2.00
80.00	196.65	—

每一层温度均取为标准气压高度的线性函数，即

$$T_H = T_b + \beta(H - H_b)$$

式中，T_H 和 T_b 分别是相应层的标准气压高度和大气温度的下限值，β 为温度的垂直变化率（β=dT/dH）。

15.3.4 FBM320 型气压海拔传感器

FBM320 型气压海拔传感器是一种高分辨率数字气压传感器，包括了 MEMS 压阻式压力传感器和高效的信号调理数字电路，信号调理数字电路包括 24 位∑-Δ 模/数转换器、用于校准数据的 OTP 存储器单元以及串行接口电路单元。FBM320 型气压海拔传感器可以通过 I2C 和 SPI 两种总线接口与微处理器进行数据交换。FBM320 型气压海拔传感器如图 15.2 所示。

图 15.2 FBM320 型气压海拔传感器

气压校准和温度补偿是 FBM320 型气压海拔传感器的关键特性，它采集的气压数据存储在 OTP 存储器中，可用于校准，校准程序由外部微处理器自行设计实现。FBM320 型气压海拔传感器采用低功耗电源设计，可适用于手环、导航仪等便携式设备，还可以应用在航模、无人探测器等电池供电的场合。FBM320 型气压海拔传感器引脚分布如图 15.3 所示。

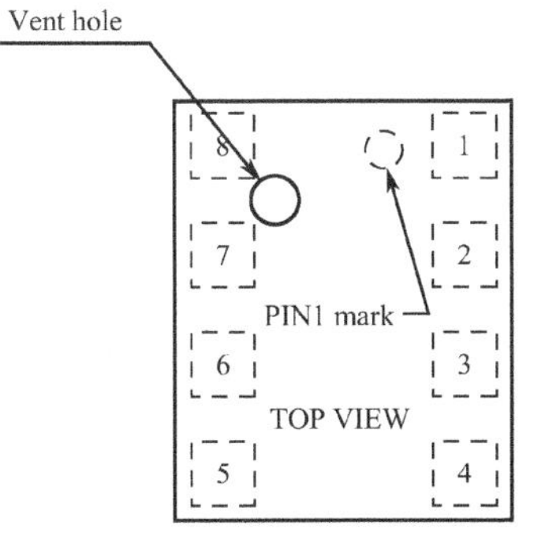

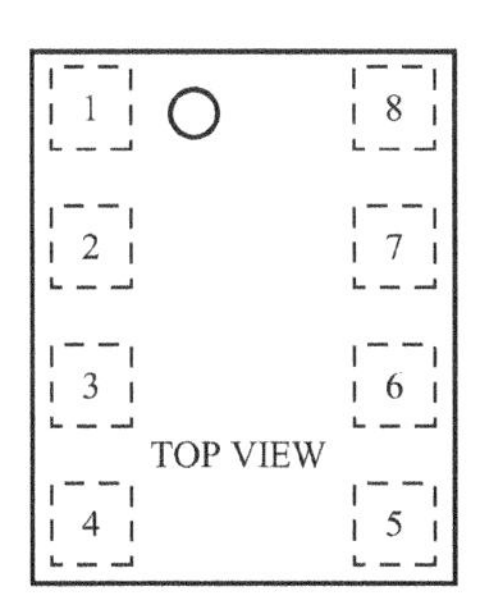

图 15.3 FBM320 型气压海拔传感器引脚分布

FBM320 型气压海拔传感器引脚含义如表 15.2 所示。

表 15.2 FBM320 型气压海拔传感器引脚含义

引 脚 号	引 脚 名 称	描 述
1	GND	接地
2	CSB	芯片选择
3	SDA	串行数据输入/输出，I2C 模式（SDA）
	SDI	串行数据输入，采用四线 SPI 模式（SDI）
	SDIO	串行数据输入/输出，采用三线 SPI 模式（SDIO）
4	SCL	串行时钟
5	SDO	以四线 SPI 模式输出串行数据
	ADDR	地址选择 I2C 模式
6	VDDIO	I/O 电路的电源
7	GND	接地
8	VDDIO	核心电路的电源

FBM320 型气压海拔传感器寄存器及数据格式如表 15.3 所示。

表 15.3 FBM320 型气压海拔传感器寄存器及数据格式

地 址	描 述	读/写	Bit7	Bit6	Bit5	Bit4	Bit3	Bit2	Bit1	Bit0	默认值
0xF8	DATA_LSB	读	输出数据<7:0>								0x00
0xF7	DATA_CSB	读	输出数据<15:8>								0x00
0xF6	DATA_MSB	读	输出数据<23:16>								0x00
0xF4	CONFIG_1	读/写	OSR<1:0>			Measurement_control<5:0>					0x0E 或 0x4E
0xF1	Cal_coeff	读	校准寄存器								N/A
0xE0	Soft_reset	写	软复位<7:0>								0x00
0xD0	Cal_coeff	读	校准寄存器								N/A
0xBB～0xAA	Cal_coeff	读	校准寄存器								N/A
0x6B	Part ID	读	PartID<7:0>								0x42
0x00	SPI _Ctrl	读/写	SDO_ active		LSB_ first				LSB_ first	SDO_ active	0x00

寄存器地址 0xF6～0xF8（Data_out）：24 位 ADC 输出数据。

寄存器地址 0xF4（OSR<1:0>）：00 表示 1024×，01 表示 2048×，10 表示 4096×，11 表示 8192×。Measurement_control <5:0>为 101110 时表示温度转换；为 110100 时表示压力转换。

寄存器地址 0xE0（软复位）：只写寄存器，如果设置为 0xB6，将执行上电复位序列，自动返回 0 表示软复位成功。

寄存器地址 0xF1、0xD0、0xBB:0xAA（校准寄存器）：用于传感器校准的共 20 B 的校准寄存器。

寄存器地址 0x6B（PartID）：8 位设备的 ID，默认值为 0x42。

寄存器地址 0x00（SDO_active）：1 表示四线 SPI 模式，0 表示三线 SPI 模式。LSB_first 为 1 时表示 SPI 接口的 LSB 优先，为 0 时表示 SPI 接口的 MSB 优先。

15.4 任务实践：探空气球测海拔的软/硬件设计

15.4.1 开发设计

1．硬件设计

本任务的硬件部分主要由 STM32、气压海拔传感器和 LCD 组成。STM32 将 FBM320 型气压海拔传感器采集的气压值通过转换得到海拔值，并通过串口传输到上位机设备。硬件架构设计如图 15.4 所示。

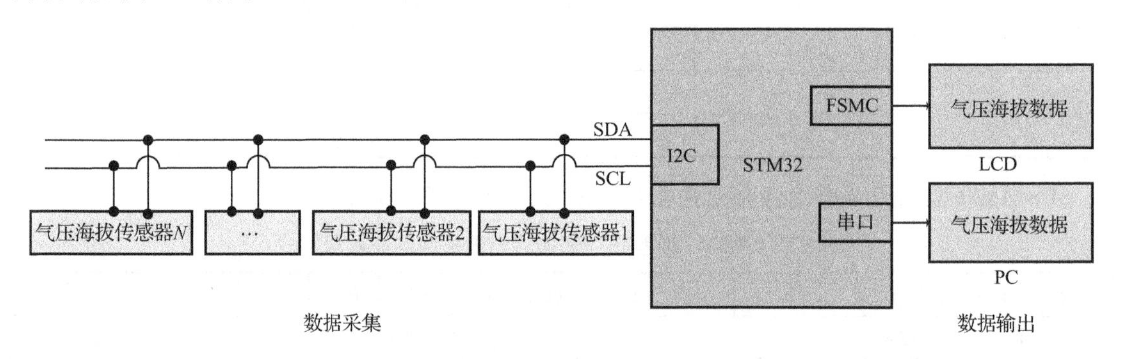

图 15.4　硬件架构设计

FBM320 型气压海拔传感器的接口电路如图 15.5 所示。

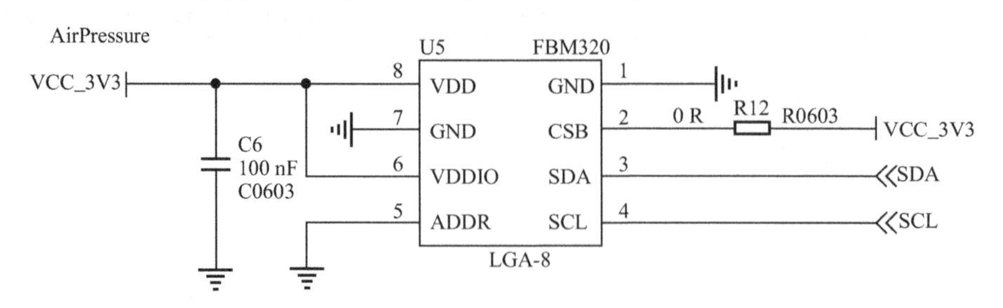

图 15.5　FBM320 型气压海拔传感器的接口电路

FBM320 型气压海拔传感器使用 I2C 总线进行通信，因此将 SCL 引脚和 SDA 引脚分别连接到 STM32 的 PB8 引脚和 PB9 引脚。

2. 软件设计

软件设计流程如图 15.6 所示。

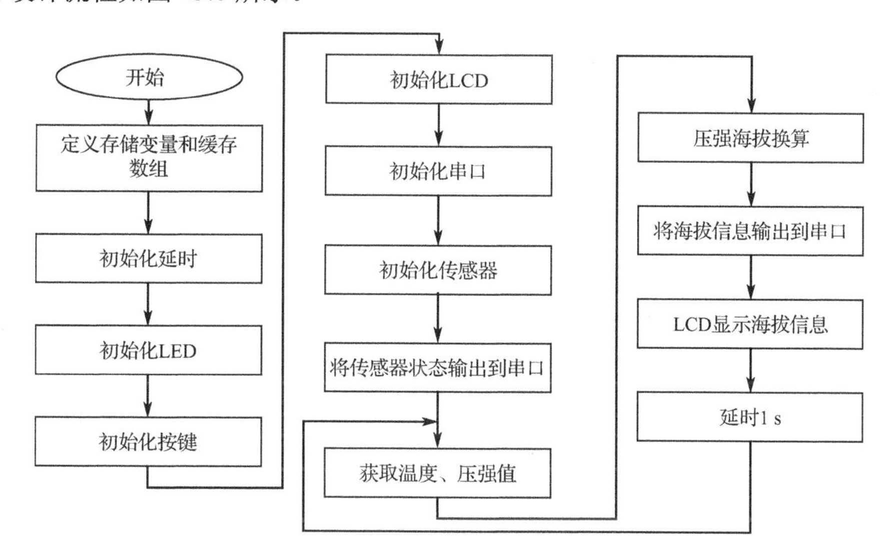

图 15.6　软件设计流程

15.4.2　功能实现

1. 主函数模块

```
void main(void)
{
    float temperature = 0;                              //定义存储温度数据的变量
    long pressure = 0;                                  //定义存储压强的变量
    float altitude = 0.0;                               //定义存储海拔信息的变量
    char buff[64];                                      //定义缓存数组
    lcd_init(AIRPRESSURE1);                             //初始化 LCD
    usart_init(115200);                                 //初始化串口
    if(fbm320_init() == 1)                              //查询 FBM320 型气压海拔传感器的状态
        printf("fbm320 ok!\r\n");
    while(1){                                           //循环体
        fbm320_data_get(&temperature,&pressure);        //获得温度、压强数据
        altitude =  (101325-pressure)*(100.0f/(101325 - 100131));//获得海拔信息
        //将温度数据通过串口打印出来
        printf("temperature:%.1f℃\r\n pressure:%0.1fhPa\r\n", temperature,pressure/100.0f);
        printf("    altitude:%0.1f m\r\n",altitude);     //将海拔数据（信息）通过串口打印出来
        LCD_Clear(4+30,30+20*6, 319, 30+20*9,0xffff);
        sprintf(buff,"温　度：%.1f℃\0",temperature);     //在 LCD 上显示温度
```

```
        LCDDrawFnt16(4+30,30+20*6,4,320,buff,0x0000,0xffff);
        memset(buff,0,64);
        sprintf(buff,"大气压：%.1fhPa\0",pressure/100.0f);          //在 LCD 上显示压强
        LCDDrawFnt16(4+30,30+20*7,4,320,buff,0x0000,0xffff);
        memset(buff,0,64);
        sprintf(buff,"海  拔：%.1f m\0",altitude);                //在 LCD 上显示海拔信息
        LCDDrawFnt16(4+30,30+20*8,4,320,buff,0x0000,0xffff);
        memset(buff,0,64);
        delay_ms(1000);                                          //延时 1 s
    }
}
```

2. 气压传感器初始化模块

```
long UP_S=0, UT_S=0, RP_S=0, RT_S=0, OffP_S=0;
long UP_I=0, UT_I=0, RP_I=0, RT_I=0, OffP_I=0;
float H_S=0, H_I=0;
float Rpress;
unsigned int C0_S, C1_S, C2_S, C3_S, C6_S, C8_S, C9_S, C10_S, C11_S, C12_S;
unsigned long C4_S, C5_S, C7_S;
unsigned int C0_I, C1_I, C2_I, C3_I, C6_I, C8_I, C9_I, C10_I, C11_I, C12_I;
unsigned long C4_I, C5_I, C7_I;
unsigned char Formula_Select=1;
/*********************************************************************************************
* 功能：读取气压海拔传感器的 ID
* 返回：1 表示成功，0 表示失败
*********************************************************************************************/
unsigned char fbm320_read_id(void)
{
    iic_start();
    if(iic_write_byte(FBM320_ADDR) == 0){
        if(iic_write_byte(FBM320_ID_ADDR) == 0){
            do{
                delay(30);
                iic_start();
            }
            while(iic_write_byte(FBM320_ADDR | 0x01) == 1);
            unsigned char id = iic_read_byte(1);
            if(FBM320_ID == id){
                iic_stop();
                return 1;
            }
        }
    }
    iic_stop();
    return 0;
}
```

```
/*********************************************************************************************
* 功能：读取气压海拔传感器的数据
* 参数：reg—读取地址
* 返回：0 表示失败，data1 表示大气压强的原始数据
*********************************************************************************************/
unsigned char fbm320_read_reg(unsigned char reg)
{
    iic_start();
    if(iic_write_byte(FBM320_ADDR) == 0){
        if(iic_write_byte(reg) == 0){
            do{
                delay(30);
                iic_start();
            }
            while(iic_write_byte(FBM320_ADDR | 0x01) == 1);
            unsigned char data1 = iic_read_byte(1);
            iic_stop();
            return data1;
        }
    }
    iic_stop();
    return 0;
}
/*********************************************************************************************
* 功能：向气压海拔传感器写数据
* 参数：reg—写地址；data—写数据
*********************************************************************************************/
void fbm320_write_reg(unsigned char reg,unsigned char data)
{
    iic_start();
    if(iic_write_byte(FBM320_ADDR) == 0){
        if(iic_write_byte(reg) == 0){
            iic_write_byte(data);
        }
    }
    iic_stop();
}
/*********************************************************************************************
* 功能：读取气压海拔传感器数据
* 返回：大气压强
*********************************************************************************************/
long fbm320_read_data(void)
{
    unsigned char data[3];
    iic_start();
    iic_write_byte(FBM320_ADDR);
    iic_write_byte(FBM320_DATAM);
```

```
    iic_start();
    iic_write_byte(FBM320_ADDR | 0x01);
    data[2] = iic_read_byte(0);
    data[1] = iic_read_byte(0);
    data[0] = iic_read_byte(1);
    iic_stop();
    return (((long)data[2] << 16) | ((long)data[1] << 8) | data[0]);
}
/*********************************************************************************************
* 功能：读取气压海拔传感器校准后的数据
* 返回：大气压强
*********************************************************************************************/
void Coefficient(void)
{
    unsigned char i;
    unsigned int R[10];
    unsigned int C0=0, C1=0, C2=0, C3=0, C6=0, C8=0, C9=0, C10=0, C11=0, C12=0;
    unsigned long C4=0, C5=0, C7=0;
    for(i=0; i<9; i++)
        R[i]=(unsigned int)((unsigned int)fbm320_read_reg(0xAA + (i*2))<<8) | fbm320_read_reg(0xAB + (i*2));
    R[9]=(unsigned int)((unsigned int)fbm320_read_reg(0xA4)<<8) | fbm320_read_reg(0xF1);
    if(((Formula_Select & 0xF0) == 0x10) || ((Formula_Select & 0x0F) == 0x01))
    {
        C0 = R[0] >> 4;
        C1 = ((R[1] & 0xFF00) >> 5) | (R[2] & 7);
        C2 = ((R[1] & 0xFF) << 1) | (R[4] & 1);
        C3 = R[2] >> 3;
        C4 = ((unsigned long)R[3] << 2) | (R[0] & 3);
        C5 = R[4] >> 1;
        C6 = R[5] >> 3;
        C7 = ((unsigned long)R[6] << 3) | (R[5] & 7);
        C8 = R[7] >> 3;
        C9 = R[8] >> 2;
        C10 = ((R[9] & 0xFF00) >> 6) | (R[8] & 3);
        C11 = R[9] & 0xFF;
        C12 = ((R[0] & 0x0C) << 1) | (R[7] & 7);
    } else {
        C0 = R[0] >> 4;
        C1 = ((R[1] & 0xFF00) >> 5) | (R[2] & 7);
        C2 = ((R[1] & 0xFF) << 1) | (R[4] & 1);
        C3 = R[2] >> 3;
        C4 = ((unsigned long)R[3] << 1) | (R[5] & 1);
        C5 = R[4] >> 1;
        C6 = R[5] >> 3;
        C7 = ((unsigned long)R[6] << 2) | ((R[0] >> 2) & 3);
```

```
        C8 = R[7] >> 3;
        C9 = R[8] >> 2;
        C10 = ((R[9] & 0xFF00) >> 6) | (R[8] & 3);
        C11 = R[9] & 0xFF;
        C12 = ((R[5] & 6) << 2) | (R[7] & 7);
    }
    C0_I = C0;   C1_I = C1;   C2_I = C2;
    C3_I = C3;   C4_I = C4;   C5_I = C5;
    C6_I = C6;   C7_I = C7;   C8_I = C8;
    C9_I = C9;   C10_I = C10;   C11_I = C11;
    C12_I - C12;
}
void Calculate(long UP, long UT)
{
    signed char C12=0;
    int C0=0, C2=0, C3=0, C6=0, C8=0, C9=0, C10=0, C11=0;
    long C1=0, C4=0, C5=0, C7=0;            //long C0=0, C2=0, C3=0, C6=0, C8=0, C9=0, C10=0, C11=0;
    long RP=0, RT=0;
    long DT, DT2, X01, X02, X03, X11, X12, X13, X21, X22, X23, X24, X25, X26, X31, X32, CF, PP1,
PP2, PP3, PP4;
    C0 = C0_I;   C1 = C1_I;   C2 = C2_I;
    C3 = C3_I;   C4 = C4_I;   C5 = C5_I;
    C6 = C6_I;   C7 = C7_I;   C8 = C8_I;
    C9 = C9_I;   C10 = C10_I;   C11 = C11_I;
    C12 = C12_I;
    //For FBM320-02
    if(((Formula_Select & 0xF0) == 0x10) || ((Formula_Select & 0x0F) == 0x01))
    {
        DT      =       ((UT - 8388608) >> 4) + (C0 << 4);
        X01     =       (C1 + 4459) * DT >> 1;
        X02     =       ((((C2 - 256) * DT) >> 14) * DT) >> 4;
        X03     =       (((((C3 * DT) >> 18) * DT) >> 18) * DT);
        RT      =       (((long)2500 << 15) - X01 - X02 - X03) >> 15;
        DT2     =       (X01 + X02 + X03) >> 12;
        X11     =       ((C5 - 4443) * DT2);
        X12     =       (((C6 * DT2) >> 16) * DT2) >> 2;
        X13     =       ((X11 + X12) >> 10) + ((C4 + 120586) << 4);
        X21     =       ((C8 + 7180) * DT2) >> 10;
        X22     =       (((C9 * DT2) >> 17) * DT2) >> 12;
        if(X22 >= X21)
            X23     =       X22 - X21;
        else
            X23     =       X21 - X22;
        X24     =       (X23 >> 11) * (C7 + 166426);
        X25     =       ((X23 & 0x7FF) * (C7 + 166426)) >> 11;
```

```
        if((X22 - X21) < 0)
            X26     =       ((0 - X24 - X25) >> 11) + C7 + 166426;
        else
            X26     =       ((X24 + X25) >> 11) + C7 + 166426;
        PP1         =       ((UP - 8388608) - X13) >> 3;
        PP2         =       (X26 >> 11) * PP1;
        PP3         =       ((X26 & 0x7FF) * PP1) >> 11;
        PP4         =       (PP2 + PP3) >> 10;
        CF          =       (2097152 + C12 * DT2) >> 3;
        X31         =       (((CF * C10) >> 17) * PP4) >> 2;
        X32         =       (((((CF * C11) >> 15) * PP4) >> 18) * PP4);
        RP          =       ((X31 + X32) >> 15) + PP4 + 99880;
    }else{    //For FBM320
        DT          =       ((UT - 8388608) >> 4) + (C0 << 4);
        X01         =       (C1 + 4418) * DT >> 1;
        X02         =       ((((C2 - 256) * DT) >> 14) * DT) >> 4;
        X03         =       (((((C3 * DT) >> 18) * DT) >> 18) * DT);
        RT = (((long)2500 << 15) - X01 - X02 - X03) >> 15;
        DT2         =       (X01 + X02 + X03) >>12;
        X11         =       (C5 * DT2);
        X12         =       (((C6 * DT2) >> 16) * DT2) >> 2;
        X13         =       ((X11 + X12) >> 10) + ((C4 + 211288) << 4);
        X21         =       ((C8 + 7209) * DT2) >> 10;
        X22         =       (((C9 * DT2) >> 17) * DT2) >> 12;
        if(X22 >= X21)
            X23     =       X22 - X21;
        else
            X23     =       X21 - X22;
        X24         =       (X23 >> 11) * (C7 + 285594);
        X25         =       ((X23 & 0x7FF) * (C7 + 285594)) >> 11;
        if((X22 - X21) < 0)
            X26     =       ((0 - X24 - X25) >> 11) + C7 + 285594;
        else
            X26     =       ((X24 + X25) >> 11) + C7 + 285594;
        PP1         =       ((UP - 8388608) - X13) >> 3;
        PP2         =       (X26 >> 11) * PP1;
        PP3         =       ((X26 & 0x7FF) * PP1) >> 11;
        PP4         =       (PP2 + PP3) >> 10;
        CF          =       (2097152 + C12 * DT2) >> 3;
        X31         =       (((CF * C10) >> 17) * PP4) >> 2;
        X32         =       (((((CF * C11) >> 15) * PP4) >> 18) * PP4);
        RP = ((X31 + X32) >> 15) + PP4 + 99880;
    }
    RP_I = RP;
    RT_I = RT;
```

```
}
/*********************************************************************************************
* 功能：初始化气压海拔传感器
*********************************************************************************************/
unsigned char fbm320_init(void)
{
    iic_init();
    if(fbm320_read_id() == 0)
        return 0;
    return 1;
}
/*********************************************************************************************
* 功能：获取气压海拔传感器的温度和压强数据
* 参数：temperature—温度数据；pressure—压强数据
*********************************************************************************************/
void fbm320_data_get(float *temperature,long *pressure)
{
    Coefficient();
    fbm320_write_reg(FBM320_CONFIG,TEMPERATURE);
    delay_ms(5);
    UT_I = fbm320_read_data();
    fbm320_write_reg(FBM320_CONFIG,OSR8192);
    delay_ms(10);
    UP_I = fbm320_read_data();
    Calculate( UP_I, UT_I);
    *temperature = RT_I * 0.01f;
    *pressure = RP_I;
}
```

其中 LED 驱动函数模块、按键驱动函数模块、LCD 驱动函数模块、串口驱动函数模块、I2C 驱动函数模块以及延时函数模块请参考随书资源的项目开发工程源代码。

15.5　任务验证

使用 IAR 集成开发环境打开探空气球测海拔设计工程，通过编译后，使用 J-Link 将程序下载到 STM32 开发平台中，暂不执行程序。

使用串口线连接 STM32 开发平台与 PC，打开串口工具并配置波特率为 115200、8 位数据位、无奇偶校验位、1 位停止位，取消十六进制显示，设置完成后运行程序。

程序运行后，如果传感器初始化正常，PC 串口工具的数据接收窗口会显示“airpressure ok!”，否则会显示“airpressure error!”。传感器初始化成功后 PC 串口工具会显示打印一次温度数据和大气压强数据，以及经计算得到的海拔数据，当改变气压海拔传感器周围的气压时，通过 PC 串口工具可以查看到采集的气压数据变化。验证效果如图 15.7 所示。

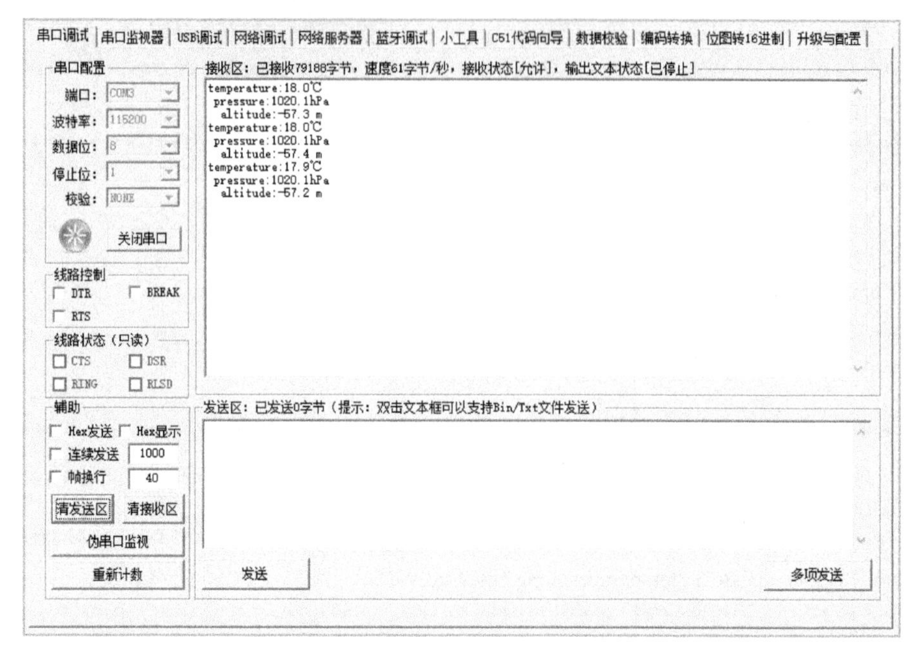

图 15.7　验证效果

15.6 任务小结

通用本任务的学习和开发，读者可以学习气压海拔传感器的基本原理和海拔计算方法，并通过 STM32 的 I2C 总线来驱动气压海拔传感器。

15.7 思考与拓展

（1）简述气压校准和温度补偿的注意事项。

（2）简述气压数据同海拔高度的转换关系。

（3）如何使用 STM32 驱动气压海拔传感器？

（4）气压海拔传感器可以通过采集气压参数并将气压参数转化为海拔信息，这是一种静态的使用方式。如果动态地使用气压海拔传感器，则可以衍生出更多的用途，比如一个运动的物体记录两侧海拔信息，则可以得到物体在垂直方向的高度变化；若将时间参数加入其中，则可以得到一段时间内物体的垂直方向平均运动速度；也可通过微分的方法获取物体的垂直方向加速度。请读者尝试模拟飞机测高仪，检测两次海拔值，通过高度差求垂直方向平均速度，并在 PC 上显示海拔、速度信息，以及海拔变化信息（向上为+、向下为-）。

任务 16

建筑工地扬尘监测系统的设计与实现

本任务重点学习半导体气体传感器和STM32的ADC的基本原理，掌握空气质量传感器的基本工作原理，通过STM32的ADC来驱动空气质量传感器，从而实现建筑工地扬尘监测系统的设计。

16.1 开发场景：如何测量空气质量

根据国家生态环境部的监测数据，目前一些大中城市的雾霾天气较为严重，尤其是在京津冀、长三角、珠三角最为严重。空气污染严重的深层次原因是我国工业化、城镇化过程中所积累环境问题的显现，高耗能、高排放、重污染、产能过剩、布局不合理、能源消耗过大，城市机动车保有量的快速增长，污染排放量的大幅增加，建筑工地遍地开花，污染控制力度不够。其中，因建筑施工产生的扬尘污染，已经成为影响城市空气质量的主要原因之一。城市建筑工地如图16.1所示。

图16.1　城市建筑工地

建筑工地扬尘污染是指在建筑施工过程中排放的颗粒物的污染，既包括施工工地内部各种施工环节造成的一次扬尘，也包括因施工运输车辆黏带泥土以及建筑材料逸散在工地外部道路上所造成的二次交通扬尘。长期以来，建设工地扬尘带来的空气质量监管方面，由于不能得到实时的监测数据，或者收到举报后无法得到与事实相对应的直接数据，一直是十分困扰政府监管部门的事情。

为了有效监控建筑工地扬尘污染，接受市民的监督和投诉，共建绿色环保建筑工地，有必要进行建筑工地扬尘污染自动监控系统的研发。本任务将围绕这个场景展开对 STM32 和空气质量传感器的学习与开发。

16.2 开发目标

（1）知识要点：半导体气体传感器的基本概念和原理；空气质量传感器的应用。

（2）技能要点：理解半导体气体传感器的基本概念原理；会用 STM32 的 ADC 驱动空气质量传感器。

（3）任务目标：某城市正在申请“文明城市”称号，需要时刻保持良好的城市环境，而城市道路上经常会产生扬尘，对周边环境造成污染。为配合洒水、喷雾车辆的降尘工作，需要使用空气质量传感器对城市道路周边空气颗粒物的含量进行检测，并将监测数据发送到上位机进行数据处理。

16.3 原理学习：半导体气体传感器和空气质量传感器

16.3.1 半导体气体传感器

目前实际中使用最多的是半导体气体传感器，可以分为电阻型半导体气体传感器和非电阻型半导体气体传感器。半导体气体传感器是利用气体在半导体敏感元件表面的氧化和还原反应导致半导体敏感元件电阻值、电阻率或电容发生变化而制成的，借此来测定气体的成分或浓度。

非电阻型半导体气体传感器是半导体气体传感器分支之一，它是利用肖特基二极管的伏安特性、硼二极管的电容-电压特性的变化或者场效应晶体管的闭值电压的变化等物性而制成的气敏元件。

电阻型半导体气体传感器是目前广泛应用的气体传感器之一。根据结构的不同，电阻型半导体气体传感器又可以分为烧结型器件、厚膜型器件（包括混合厚膜型器件）和薄膜型器件（包括多层薄膜型器件），其中烧结型器件和厚膜型器件属于体控制电阻型半导体气体传感器，而薄膜型器件属于表面控制电阻型半导体气体传感器。

半导体气体传感器的主要特性有：线性度、灵敏度、选择性、响应时间、初期稳定性、气敏响应和复原特性、时效性、互换性、环境依赖性等。其中，线性度、灵敏度、选择性、响应时间是半导体气体传感器的四个比较重要的性能指标，下面简要介绍这四个性能指标。

1．线性度

线性度是指半导体气体传感器的输出量与输入量之间的实际关系曲线偏离参考直线的程度。任何一种传感器的特性曲线都有一定的线性范围，线性范围越宽，表明该传感器的有效量程越大，在设计时应尽可能保证传感器工作在近似线性的区间，必要时也可以对特性曲线进行线性补偿。

2. 灵敏度

灵敏度是指传感器在静态工作条件下，输出变化量与相应的输入变化量之比。对于线性传感器而言，其灵敏度就是它的静态特性曲线的斜率，是一个常数。灵敏度的量纲等于输出量与输入量的量纲之比，当输入量与输出量的量纲相同时，灵敏度也称为放大倍数或增益。灵敏度反映了传感器对输入量变化的反应能力，灵敏度的高低由传感器的测量范围、抗干扰能力等来决定。一般情况下，灵敏度越高就越容易引入外界干扰和噪声，从而使传感器稳定性变差，测量范围变窄。影响半导体气体传感器的灵敏度的因素主要有被测气体在半导体敏感材料中的扩散系数，以及敏感元件自身的厚度和表面形状等。

3. 选择性

选择性是检验半导体气体传感器是否具有实用价值的一个重要尺度，它反映了半导体气体传感器对待测和共存气体相对灵敏度的大小。要从复杂的气体混合物中识别出某种气体，就要求半导体气体传感器具有很好的选择性。半导体气体传感器的敏感对象主要是还原性气体，如CO、H_2、CH_4、甲醇、乙醇等。由实验得知，半导体气体传感器对各种还原性气体的灵敏度十分接近，这就需要通过一些措施来提高半导体气体传感器有选择地检测其中某单一气体的能力。

4. 响应时间

达到初期稳定状态的半导体气体传感器在一定浓度的待测气体中阻值增大或减小的快慢就是半导体气体传感器的响应时间特性。半导体气体传感器的响应时间表示它对被测气体的响应速度，通常为从接触一定浓度的被测气体开始到其阻值达到该浓度下稳定值的时间。响应时间表示半导体气体传感器的阻值达到稳定状态的所需要的时间。

16.3.2 MP503型空气质量传感器

空气质量传感器属于半导体气体传感器的一类，MP503型空气质量传感器如图16.2所示，采用多层厚膜制造工艺，在微型 Al_2O_3 陶瓷基片上的两面分别形成加热器和金属氧化物半导体气敏层，用电极引线引出，经TO-5金属外壳封装而成。当环境空气中有被检测气体存在时，MP503型空气质量传感器的电导率发生变化，该气体的浓度越高，其电导率就越高，采用简单的电路即可将这种电导率的变化转换为与气体浓度对应的输出信号。该传感器特点有：对于酒精、烟雾灵敏度高；响应、恢复快；迷你型、低功耗；检测电路简单；稳定性好、寿命长。

MP503型空气质量传感器广泛应用于家庭环境及办公室有害气体检测、自动排风装置、空气清新机等领域。

MP503型空气质量传感器的内部结构如图16.3所示，1、2引脚为加热电极，3、4引脚为测量电极，在满足传感器电性能要求的前提下，加热电极和测量电极可共用同一个电源电路。请注意传感器上的突出标志，紧邻该标志的两只引脚为加热电极。

图 16.2　MP503 型空气质量传感器

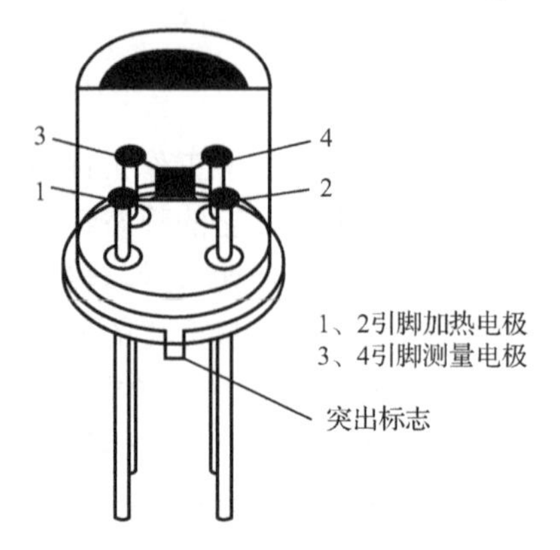

图 16.3　MP503 型空气质量传感器的内部结构

MP503 型空气质量传感器典型的灵敏度特性曲线如图 16.4 所示，图中 R_s 表示 MP503 型空气质量传感器在不同浓度气体中的电阻值，R_0 表示 MP503 型空气质量传感器在洁净空气中的电阻值。

MP503 型空气质量传感器典型的温度、湿度特性曲线如图 16.5 所示，R_s 表示在含 50 ppm 酒精、各种温/湿度下 MP503 型空气质量传感器的电阻值；R_{s0} 表示在含 50 ppm 酒精、20 ℃/65%RH 下 MP503 型空气质量传感器的电阻值。

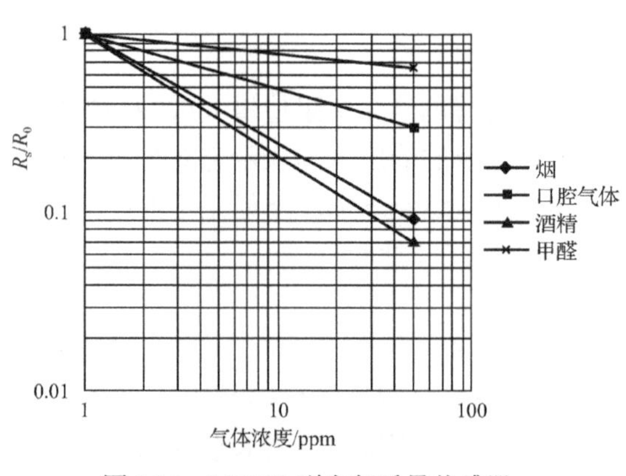

图 16.4　MP503 型空气质量传感器典型的灵敏度特性曲线

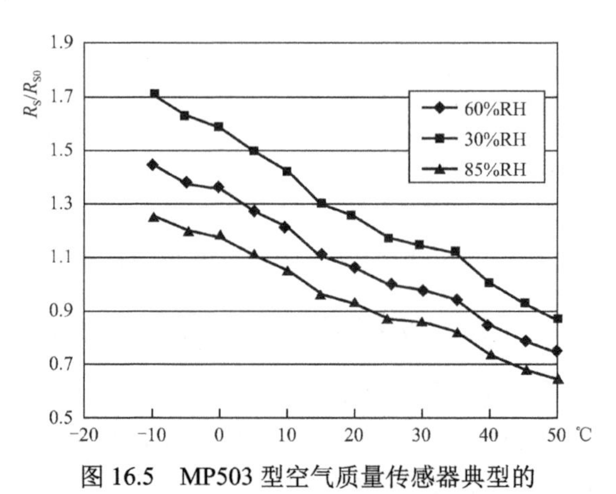

图 16.5　MP503 型空气质量传感器典型的温度、湿度特性曲线

16.4　任务实践：城市扬尘监测系统的软/硬件设计

16.4.1　开发设计

1．硬件设计

本任务通过 MP503 型空气质量传感器采集空气质量信息，将采集到的空气质量信息在 PC 上显示出来，并定时进行更新，本任务硬件部分主要由 STM32F407、MP503 型空气质量

传感器、LCD 与串口组成。硬件架构设计如图 16.6 所示。

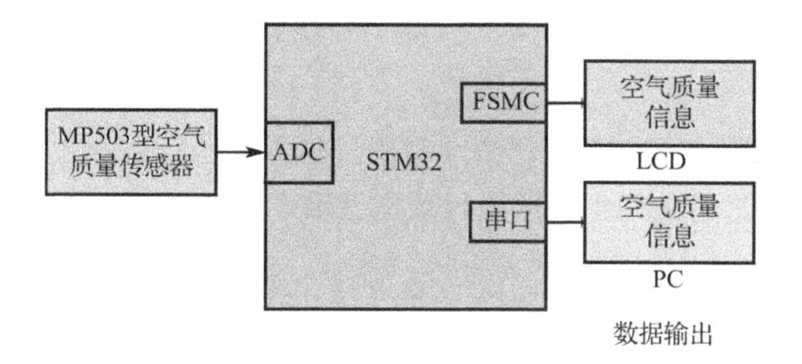

图 16.6　硬件架构设计

MP503 型空气质量传感器的接口电路如图 16.7 所示。

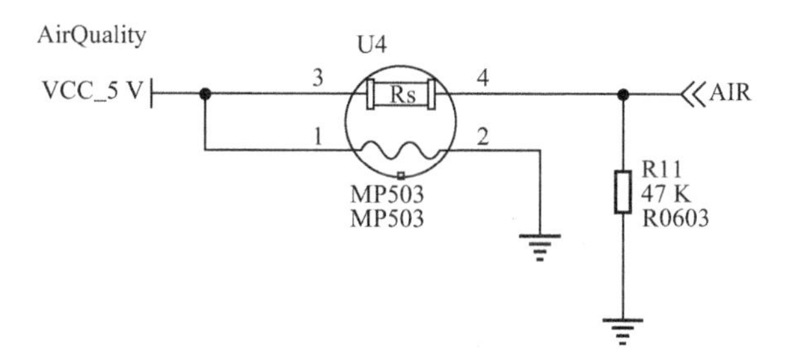

图 16.7　MP503 型空气质量传感器的接口电路

MP503 型空气质量传感器输出的是模拟电压，检测到的气体浓度越高，其输出的电压越大。

2. 软件设计

软件设计流程如图 16.8 所示。

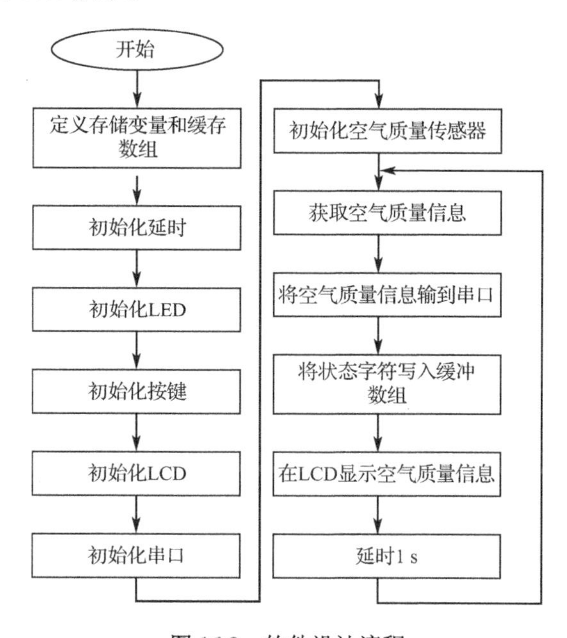

图 16.8　软件设计流程

16.4.2 功能实现

1. 主函数模块

在主函数中，首先定义存储变量和缓冲数组，然后初始化延时、LED、按键、LCD、串口和空气质量传感器，最后进入主循环执行数据读取和打印操作。主函数程序如下。

```
void main(void)
{
    unsigned int airgas = 0;                        //定义存储空气质量信息的变量
    char tx_buff[64];                               //定义缓存数组
    delay_init(168);                                //初始化延时
    led_init();                                     //初始化 LED
    key_init();                                     //初始化按键
    lcd_init(AIRGAS1);                              //初始化 LCD
    usart_init(115200);                             //初始化串口
    airgas_init();                                  //初始化空气质量传感器
    while(1){                                       //循环体
        airgas = get_airgas_data();                 //获取空气质量信息
        printf("airgas:%d\r\n",airgas);             //串口打印提示信息
        sprintf(tx_buff,"空气质量浓度：%d\r\n",airgas);   //添加空气质量信息字符串到串口缓存
        //LCD 显示提示信息
        LCDDrawFnt16(4+30,30+20*7,4,320,tx_buff,0x0000,0xffff);
        delay_ms(1000);                                  //延时 1 s
    }
}
```

2. 空气质量传感器初始化模块

初始化空气质量传感器模拟量信息采集引脚，程序如下。

```
/*********************************************************************************************
* 功能：初始化空气质量传感器
*********************************************************************************************/
void airgas_init(void)
{
    GPIO_InitTypeDef       GPIO_InitStructure;
    ADC_CommonInitTypeDef ADC_CommonInitStructure;
    ADC_InitTypeDef                ADC_InitStructure;
    RCC_AHB1PeriphClockCmd(RCC_AHB1Periph_GPIOC, ENABLE);          //使能 GPIOC 时钟
    RCC_APB2PeriphClockCmd(RCC_APB2Periph_ADC1, ENABLE);           //使能 ADC1 时钟
    //先初始化 ADC1 通道 11 IO 口
    GPIO_InitStructure.GPIO_Pin = GPIO_Pin_1;                      //PC1 通道 11
    GPIO_InitStructure.GPIO_Mode = GPIO_Mode_AN;                   //模拟输入
    GPIO_InitStructure.GPIO_PuPd = GPIO_PuPd_NOPULL ;              //不带上/下拉
    GPIO_Init(GPIOC, &GPIO_InitStructure);                         //初始化
    RCC_APB2PeriphResetCmd(RCC_APB2Periph_ADC1,ENABLE);            //ADC1 复位
```

```
    RCC_APB2PeriphResetCmd(RCC_APB2Periph_ADC1,DISABLE);                 //复位结束
    ADC_CommonInitStructure.ADC_Mode = ADC_Mode_Independent;             //独立模式
    //两个采样阶段之间的延迟 5 个时钟
    ADC_CommonInitStructure.ADC_TwoSamplingDelay = ADC_TwoSamplingDelay_5Cycles;
    ADC_CommonInitStructure.ADC_DMAAccessMode = ADC_DMAAccessMode_Disabled; //禁止 DMA
    //预分频 4 分频。ADCCLK=PCLK2/4=84/4=21MHz,ADC 时钟最好不要超过 36MHz
    ADC_CommonInitStructure.ADC_Prescaler = ADC_Prescaler_Div4;
    ADC_CommonInit(&ADC_CommonInitStructure);                            //初始化
    ADC_InitStructure.ADC_Resolution = ADC_Resolution_12b;               //12 位模式
    ADC_InitStructure.ADC_ScanConvMode = DISABLE;                        //非扫描模式
    ADC_InitStructure.ADC_ContinuousConvMode = DISABLE;                  //关闭连续转换
    //禁止触发检测，使用软件触发
    ADC_InitStructure.ADC_ExternalTrigConvEdge = ADC_ExternalTrigConvEdge_None;
    ADC_InitStructure.ADC_DataAlign = ADC_DataAlign_Right;               //右对齐
    ADC_InitStructure.ADC_NbrOfConversion = 1;  //1 个转换在规则序列中，也就是只转换规则序列 1
    ADC_Init(ADC1, &ADC_InitStructure);                    //初始化 ADC
    ADC_Cmd(ADC1, ENABLE);                                 //开启 A/D 转换器
}
```

3. 空气质量传感器数据采集模块

空气质量传感器数据采集的程序如下。

```
/*****************************************************************************************
* 功能：获取空气质量信息（即数据）
*****************************************************************************************/
unsigned int get_airgas_data(void)
{
    //设置指定 ADC 的规则通道，采样时间
    //ADC1，ADC 通道，480 个周期，提高采样时间可以提高精确度
    ADC_RegularChannelConfig(ADC1, ADC_Channel_11, 1, ADC_SampleTime_480Cycles );
    ADC_SoftwareStartConv(ADC1);                        //使能 ADC1 的软件转换启动功能
    while(!ADC_GetFlagStatus(ADC1, ADC_FLAG_EOC )); //等待转换结束
    return ADC_GetConversionValue(ADC1);                //返回最近一次 ADC1 规则通道的转换结果
}
```

其中按键驱动函数模块、LCD 驱动函数模块、串口驱动函数模块、I2C 驱动函数模块以及延时函数模块请参考随书资源的项目开发工程源代码。

16.5 任务验证

使用 IAR 集成开发环境打开建筑工地扬尘监测系统设计工程，通过编译后，使用 J-Link 将程序下载到 STM32 开发平台中，暂不执行程序。

使用串口线连接 STM32 开发平台与 PC，打开串口工具并配置波特率为 115200、8 位数据位、无奇偶校验位、1 位停止位，取消十六进制显示，设置完成后运行程序。

程序运行后，PC 的串口工具会每秒显示一次空气质量传感器采集到的空气质量数据，当改变空气质量传感器周围的空气质量时，通过 PC 串口工具可以查看空气质量数据的变化。验证效果如图 16.9 所示。

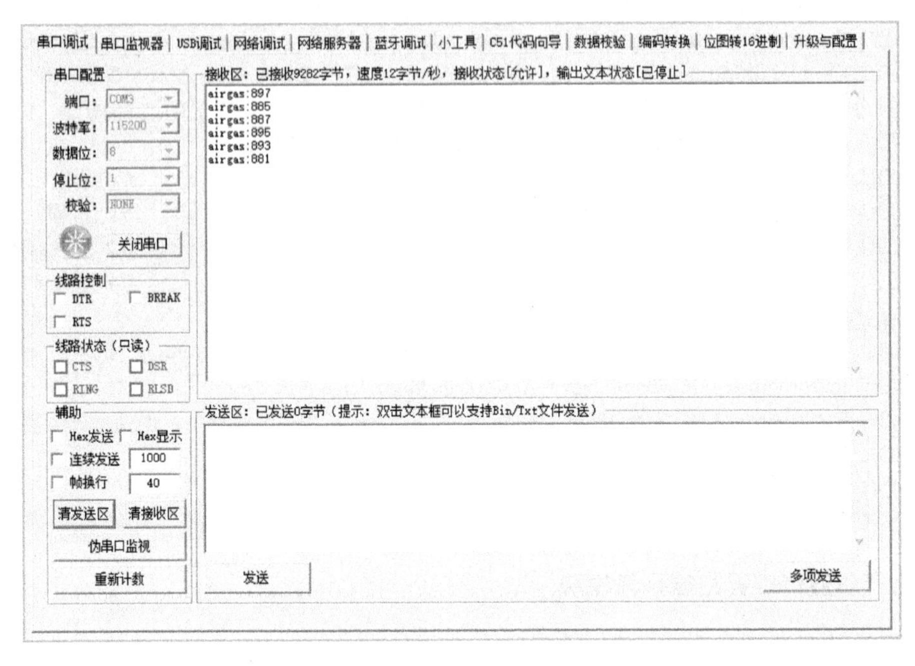

图 16.9　验证效果

16.6　任务小结

通过本任务的学习和开发，读者可学习半导体气体传感器和空气质量传感器基本原理，并掌握通过 STM32 的 ADC 来驱动空气质量传感器，实现建筑工地扬尘监测系统设计。

16.7　思考与拓展

（1）空气质量传感器的工作原理是什么？

（2）空气质量传感器的数据输出类型是什么？

（3）空气质量传感器在生活中有哪些应用？

（4）请读者尝试模拟环境监测站对空气质量进行预警，设置空气质量阈值，当空气质量小于阈值时，串口显示空气质量优良，每 3 s 显示一次采集到的数据；当空气质量参数大于或等于阈值时，串口显示空气质量较差，每秒显示一次采集到的信息，同时 LED 灯闪烁。

任务 17 VR 设备动作捕捉系统的设计与实现

本任务重点学习三轴加速度基本原理，掌握三轴加速度传感器的基本工作原理，通过 STM32 驱动三轴加速度传感器，从而实现 VR 设备动作捕捉系统的设计。

17.1 开发场景：如何实现动作捕捉

作为 21 世纪最激动人心的技术成果之一，体感技术随着虚拟现实（VR）的火热开始逐渐被业内外提及和熟知。在目前的消费级 VR 设备中，除 HTC Vive、Oculus Rift、PS VR 三大头显（头戴式显示设备）外，目前大部分的 VR 头显都不具备配套的体感交互（需要第三方设备）。正因为缺少了体感交互，使得这些设备无法形成完善的虚拟现实体验。

支持体感交互的 VR 设备能有效降低晕动症的发生，并大大提高沉浸感，其中最关键就是可以让用户的身体跟虚拟世界中的各种场景互动。体感交互技术又可以细分出各种类别及产品，例如，体感座椅、跑步机、体感衣服、空间定位技术、动作捕捉技术等。本任务将围绕这个场景展开对 STM32 和三轴加速度传感器的学习与开发。虚拟现实（VR）技术如图 17.1 所示。

图 17.1 虚拟现实（VR）技术

17.2 开发目标

（1）知识要点：三轴加速度传感器基本工作原理；三轴加速度传感器的功能和应用。

（2）技能要点：理解三轴加速度传感器的工作原理；熟悉三轴加速度传感器的应用领域；会使用 STM32 和 I2C 总线驱动三轴加速度传感器。

（3）任务目标：请使用三轴加速度传感器对加速度变化进行采集，并将采集到的信息发送至上位机上进行处理。

17.3 原理学习：三轴加速度传感器与测量

17.3.1 人体运动模型

通过人体运动模型和步态加速度信号提取人步行的特征参数是一种简便、可行的步态分析方法。行走运动包括3个分量，分别是前向、侧向以及垂直向，如图17.2所示。LIS3DH是一种三轴（*X*、*Y*、*Z*轴）的数字输出加速度器，可以与运动的3个方向相对应。人体行走模型如图17.3所示。脚蹬地离开地面是一步的开始，此时，由于地面的反作用力垂直向加速度开始增大，身体重心上移，当脚达到最高位置时，垂直向加速度达到最大，然后脚向下运动，垂直向加速度开始减小，直至脚着地，垂直向加速度减至最小值，接着下一次迈步发生。前向加速度由脚与地面的摩擦力产生，因此，双脚触地时增大，在脚离地时减小。

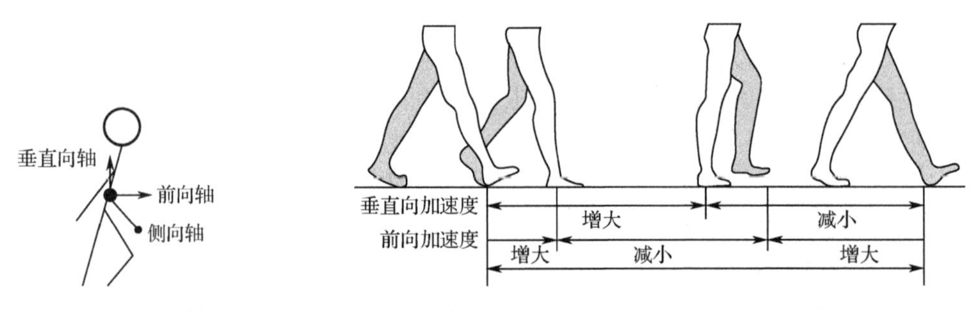

图17.2　人体行走模型

图17.3　人体行走模型分析

17.3.2 三轴加速度传感器

加速度传感器是一种能够测量加速力的电子设备。加速力就是在加速过程中作用在物体上的力，就好比地球引力（也就是重力）。加速力可以是个常量，也可以是变量。加速度计有两种：一种是角加速度计，是由陀螺仪（角速度传感器）改进而来的；另一种是线加速度计。加速度传感器可分为压阻式、电容式、力平衡式、光纤式、隧道式、压电式和谐振式等类型。目前的三轴加速度传感器大多采用压阻式、压电式和电容式，产生的加速度正比于电阻、电压和电容的变化，可通过相应的放大电路和滤波电路来采集这些变化。三轴加速度传感器和普通的加速度传感器基于同样的原理，所以通过一定的技术就可以让三个单轴变成一个三轴。

传感器能够接收外界传递的被测理，再通过感测器转换为电信号，最终转换为可用的信息，如加速度传感器、陀螺仪、压力传感器等，其主要感应方式是对一些微小的被测量的变化进行测量，如电阻值、电容值、应力、形变、位移等，再通过电信号来表示这些变化量。

目前加速度传感器有多种实现方式，主要可分为压电式、电容式及热感应式三种类型，这三种类型各有其优缺点。以电容式三轴加速度计的技术原理为例，它能够感测不同方向的加速度或振动等运动状况，其主要部件是利用硅的机械性质设计出的可移动机构，该机构中主要包括两组硅梳齿（Silicon Fingers），一组固定，另一组随运动物体移动；前者相当于固定的电极，后者相当于可移动电极。当可移动的硅梳齿产生了位移，就会随之产生与位移成比例的电容值变化。

当运动物体出现变速运动，即产生加速度时，其内部的电极位置会发生变化，这些变化反映到电容值的变化（ΔC）上，该电容差值的变化会传输给相关芯片并由其输出电压值，因此三轴加速度传感器必然包含一个单纯的机械性 MEMS 传感器和一个 ASIC 芯片，前者内部有成群移动的电子，主要测量 X、Y 及 Z 轴的区域，后者则将电容值的变化转换为电压输出。

17.3.3　三轴加速度传感器的应用

1．车身安全、控制及导航系统中的应用

在进入消费电子市场之前，三轴加速度传感器已被广泛应用于汽车电子领域，主要集中在车身操控、安全系统和导航等方面，典型的应用有汽车安全气囊（Airbag）、ABS 防抱死刹车系统、电子稳定系统（ESP）、电控悬挂系统等。汽车中的三轴加速度传感器应用如图 17.4 所示。

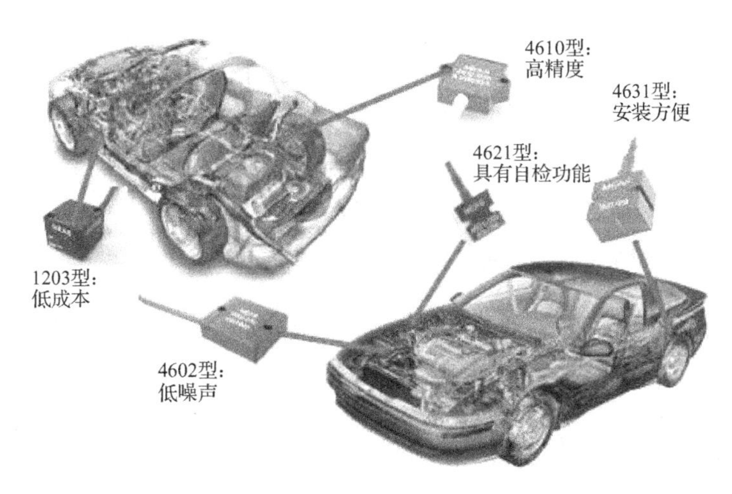

图 17.4　汽车中的三轴加速度传感器应用

目前车身安全越来越得到人们的重视，汽车中安全气囊的数量也越来越多，对传感器的要求也越来越严格。整个安全气囊控制系统包括车身外的冲击传感器，以及安置于车门、车顶和前后座等位置的加速度传感器、电子控制器和安全气囊等。

除了汽车安全这类重要应用，目前三轴加速度传感器在导航系统中也在扮演重要的角色。基于 MEMS 技术的三轴加速度传感器配合陀螺仪或电子罗盘等可创建方位推算系统，是对 GPS 系统的互补性应用。

2．硬盘抗冲击防护

由于海量数据对存储方面的需求，硬盘已广泛应用在笔记本电脑、手机、数码相机/摄像机等设备中。由于应用场合的原因，便携式设备经常会意外跌落或受到碰撞，从而对内部元器件造成巨大的冲击。硬盘中的三轴加速度传感器如图 17.5 所示。

图 17.5　硬盘中的三轴加速度传感器

为了使设备及其内部的数据免受损伤，越来越多的

用户对便携式设备的抗冲击能力提出了要求。虽然良好的缓冲设计可由设备外壳或 PCB 来化解大部分冲击力，但硬盘等高速旋转的器件在此类冲击下显得十分脆弱。如果在硬盘中内置三轴加速度传感器，当发生跌落时，系统会检测到加速度的突然变化，并执行相应的自我保护操作，就可避免其受损或发生硬盘磁头损坏、刮伤盘片等可能造成数据永久丢失的情况。

3．消费产品中的创新应用

三轴加速度传感器为传统消费电子设备及手持电子设备实现了革命性的创新空间，例如，可被安装在游戏机的手柄上，作为用户动作采集器来感知其手臂前后、左右和上下等方向的移动，并在游戏中转化为虚拟的场景动作，如挥拳、挥球拍、跳跃、甩鱼竿等，把过去单纯的手指运动变成真正的肢体和身体的运动，实现以往按键操作所不能实现的临场游戏感和参与感。手机中的三轴加速度传感器如图 17.6 所示。

图 17.6　手机中的三轴加速度传感器

此外，三轴加速度传感器还可用于电子计步器，为电子罗盘（3D Compass）提供补偿功能，也可用于数码相机的防抖。

17.3.4　LIS3DH 型三轴加速度传感器

LIS3DH 型三轴加速度传感器是 ST 半导体公司推出的一款具备低功耗、高性能、三轴数字输出特性的 MEMS 运动传感器，其功能结构如图 17.7 所示，可分为上下两部分，上部分左边是采用了差动电容原理的微加速度传感器系统，它能根据电容容量的变化差来反映传感器的加速度数据测量的变化；上部分的其余部分可以看成一个数字微处理器系统，它通过电荷放大器将传感器的电容容量的变化量转换为可以被检测的电量，这些模拟量信号经过 ADC2 的处理，最终被转换为可被数字微处理器系统识别的数字量信号，并且在一个具有温度补偿功能的三路 ADC1 的作用下，控制逻辑模块将 ADC1 和 ADC2 的值保存在传感器内置的输出数据寄存器中。这些输出数据通过传感器配备的 I2C 接口或 SPI 接口传送到底层硬件系统中的微处理器。本任务使用 I2C 接口来与底层硬件系统中的微处理器进行数据通信。

LIS3DH 型三轴加速度传感器是一种 MEMS 运动传感器，功耗极低、性能高，以数字形式输出三个轴上的加速度，主要具备如下特性：

（1）具有 X、Y 和 Z 轴灵敏性；

（2）宽范围供应电压，即 1.71～3.6 V；

（3）提供了四种动态的可选择范围，即±2g、±4g、±8g、±16g；

（4）内置温度补偿功能、自测试模块和 96 级 16 位 FIFO；

（5）配备了 I2C 接口和 SPI 接口，本任务使用 I2C 接口；

（6）具备多种检测和识别能力，如自由落体检测、运动检测、6D/4D 方向检测、单/双击识别等；

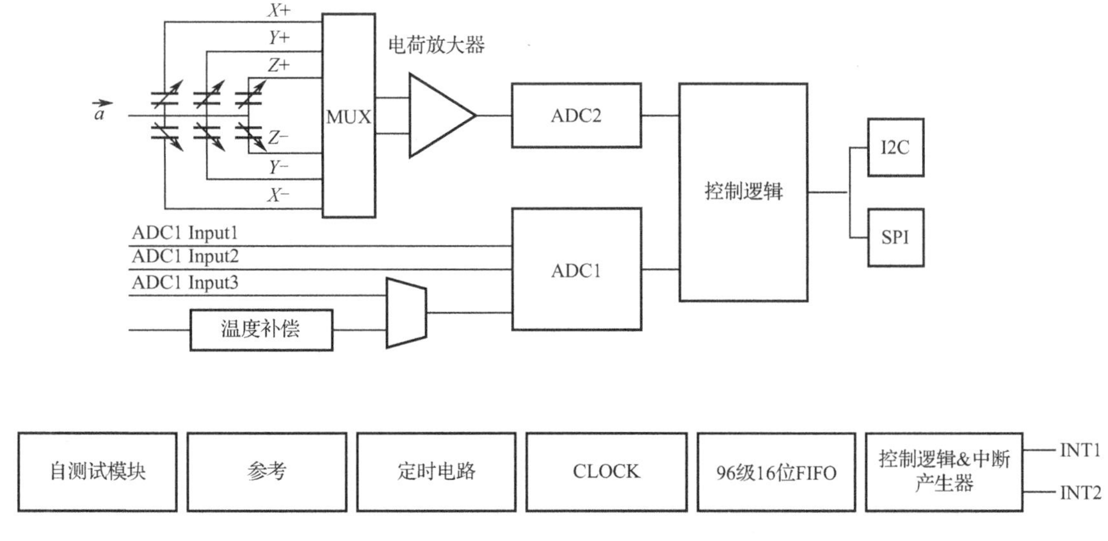

图 17.7　LIS3DH 型三轴加速度传感器的功能结构

（7）提供分别用于运动检测和自由落体检测的两个可编程中断产生器；

（8）两种可选的工作模式，即常规模式和低功耗模式，常规模式下具有更高的分辨率，低功耗模式下电流低至 2 μA；

（9）提供非常精确的 16 位输出数据。

LIS3DH 型三轴加速度传感器有两种工作方式，一种是其内置了多种算法来处理常见的应用场景（如静止检测、运动检测、屏幕翻转、失重、位置识别、单击和双击等），只需简单配置算法对应的寄存器即可开始检测，一旦检测到目标事件，LIS3DH 型三轴加速度传感器的外围引脚 INT1 会产生中断；另一种是通过 SPI 接口和 I2C 接口来读取底层加速度数据，并自行通过软件算法来做进一步复杂的处理，如计步等。LIS3DH 型三轴加速度传感器如图 17.8 所示。

1．LIS3DH 型三轴加速度传感器工作原理

LIS3DH 型三轴加速度传感器可以对自身器件的加速度进行检测，其自身的物理实现方式本书不做讨论，可以想象芯片的内部有一个真空区域，感应器件处于该区域，通过惯性力作用引起电压变化，并通过内部的 A/D 转换器给出量化数值。

LIS3DH 型三轴加速度传感器能检测 X、Y 和 Z 轴上的加速度，其工作原理如图 17.9 所示。在静止的状态下，传感器一定会在一个方向上有重力的作用，因此有一个轴的数据是 1g（约为 9.8 m/s^2）。在实际的应用中，并不使用和 9.8 相关的计算方法，而是以 1g 作为标准加速度单位（或者使用 g/1000）。既然使用了 A/D 转换器，那么就有量程和精度的概念，在量程方面，LIS3DH 型三轴加速度传感器支持±2g、±4g、±8g、±16g 四种。对于计步应用来说，2g 是足够的，除去重力加速度 1g，还能检测出 1g 的加速度。至于精度，则和传感器使用的寄存器位数有关了。LIS3DH 型三轴加速度传感器使用高低两个 8 位（共 16 位）的寄存器来存储一个轴的加速度。由于有正反两个方向的加速度，所以 16 位数是有符号的，实际数值是 15 位。以±2g 量程为例，精度为 $2g/2^{15}=2g/32768\approx0.000061g$。

图 17.8　LIS3DH 型三轴加速度传感器

图 17.9　LIS3DH 型三轴加速度传感器的工作原理

当 LIS3DH 型三轴加速度传感器处于图 16.9 所示的静止状态时，*Z* 轴正方向会检测出 1*g*，*X*、*Y* 轴为 0；如果调转位置（如手机屏幕翻转），那么总会有一个轴上检测出 1*g*，其他轴为 0（在实际的测值中，可能并不是 0，而是有微小的数值）。

2. LIS3DH 型三轴加速度传感器的坐标系

LIS3DH 型三轴加速度传感器的坐标系如图 17.10 所示，除了 *X*、*Y*、*Z* 轴代表三维坐标系外，还有一点就是 *X*、*Y*、*Z* 轴对应的寄存器分别按照芯片（以芯片的圆点来确定）的方向来测加速度值，不管芯片的位置如何，*X*、*Y*、*Z* 轴对应的三个寄存器的工作方式是：*Z* 轴寄存器保存的是芯片垂直方向的加速度，*Y* 轴寄存器保存的是芯片左右方向的加速度，*X* 轴寄存器保存的是芯片前后方向的加速度。例如，在静止状态下，*X* 轴寄存器保存的是芯片前后方向的加速度，如果芯片处于如图 16.9 所示的静止状态时，则 *X* 轴寄存器保存的是 *Z* 轴方向的加速度。

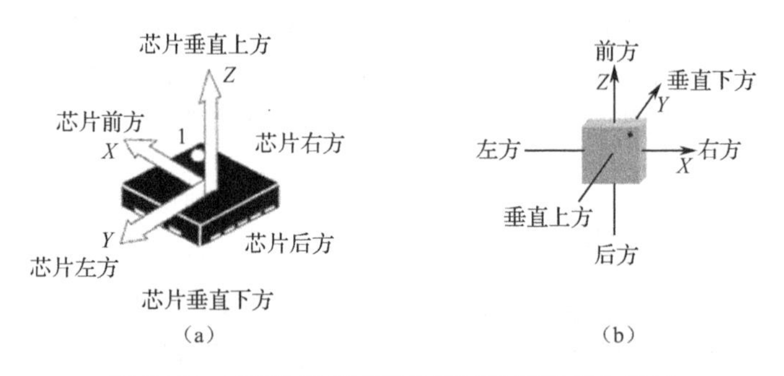

图 17.10　LIS3DH 型三轴加速度传感器的坐标系

3. LIS3DH 型三轴加速度传感器的应用

（1）运动检测。使用或逻辑电路工作方式，设置一个较小的运动阈值，只检测 *X*、*Y* 轴上的加速度是否超过该阈值（*Z* 轴这时有 1*g*，可不管这个轴）即可。只要 *X*、*Y* 任一轴上的加速度超过阈值一定时间，即可认为设备处于运动状态。

（2）失重检测。失重时 *Z* 轴上的加速度和重力加速度抵消，在短时间内会为 0，而且 *X*、*Y* 轴没有变化，因此在短时间内三者都为 0。这里使用与逻辑电路工作方式，设置一个较小的运动阈值，当三个轴上的加速度都小于该阈值一定时间时，即可认为失重。

（3）位置姿势识别。手机翻转等应用场景就是利用位置姿态识别这个功能来实现的。

17.3.5　计步算法

通过分析人行走时三轴加速度传感器输出信号的变化特征可知，在一个步伐周期里，加速度有一个增大过程和一个减小过程，在一个周期内会有出现一个加速度波峰和一个加速度波谷。当脚抬起来时，身体重心上移，加速度逐步变大，脚抬至最高处时，加速度出现波峰；当脚往下放时，加速度逐步减小，脚到达地面时，加速度出现波谷，这就是一个完整的步伐周期内加速度的变化规律。此外，步行之外的原因引起加速度变化时，也会被计数器误判是步伐，在行走时，速度快时一个步伐所用的时间短，速度慢时所用的时间长，但一个步伐所用时间都应在动态时间窗口，即0.2～2 s内，利用这个确定时间窗口就可以剔除无效振动对步伐判断造成的影响。基于以上分析，可以确定一个步伐周期中加速度变化规律应具备以下特点：

（1）极值检测：在一个步伐里周期内，加速度会出现一个极大值和一个极小值，有一个上升区间和下降区间。

（2）时间阈值：两个有效步伐的时间间隔应在0.2～2 s。

（3）幅度阈值：人在运动时，加速度的最大值与最小值是交替出现的，且其差的绝对值阈值不小于预设值1。

LIS3DH型三轴加速度传感器的内置硬件算法主要由2个参数和1个模式来确定，2个参数分别是阈值和持续时间。例如，在检测运动时，可以设定一个运动对应的阈值，并且要求检测到的数据在超过这个阈值后并持续一定的时间才可以认为芯片是运动的。内置算法是基于阈值和持续时间来检测运动的。

LIS3DH型三轴加速度传感器一共有两种能够同时工作的硬件算法电路，一种是专门针对单击、双击这种场景的，如鼠标应用；另一种是针对其他所有场景的，如静止运动检测、运动方向识别、位置识别等。本任务主要讲述后者，有四种工作模式，如表17.1所示。

表17.1　LIS3DH型三轴加速度传感器的四种工作模式

工作模式	AOI	6D	中断模式
1	0	0	中断事件的或逻辑组合
2	0	1	6方向运动识别
3	1	0	中断事件的与逻辑组合
4	1	1	6方向位置识别

第1种：或逻辑电路，即X、Y、Z任一轴数据超过阈值即可完成检测。

第3种：与逻辑电路，即X、Y、Z所有轴的数据均超过阈值才能完成检测。当然，也允许只检测任意两个轴或者一个轴，不检测的轴可以认为永远为真。

以上两种电路的阈值比较是绝对值比较，没有方向之分。不管在正方向还是负方向，只要绝对值超过阈值，那么X_H（Y_H、Z_H）为1，此时相应的X_L（Y_L、Z_L）为0；否则X_L（Y_L、Z_L）为1，相应的X_H（Y_H、Z_H）为0。X_H（Y_H、Z_H）、X_L（Y_L、Z_L）可以认为检测条件是否满足的指示位。

第2种和第4种是一个物体6方向的检测，即检测运动方向的变化，也就是从一个方向变化到另一个方向。位置检测芯片稳定时可假设为一种确定的方向，如平放朝上、平放朝下、

竖立时前后左右等。

其阈值比较电路如下，该阈值比较使用正/负数真实数据比较，正方向超过阈值，则 X_H（Y_H、Z_H）为 1，否则为 0；负方向超过阈值，则 X_L（Y_L、Z_L）为 1，否则为 0。X_H（Y_H、Z_H）、X_L（Y_L、Z_L）代表了 6 个方向。由于在静止稳定状态时，只有一个方向上有重力加速度，因此可以据此知道当前芯片的位置姿势。

17.3.6 获取传感器数据

1. 传感器的启动操作

传感器一旦上电，就会自动从内存中下载校准系数到内部的寄存器中，在完成导入程序 5 ms 后，传感器将自动进入电源关闭模式。要想打开传感器并从中获取加速度数据，必须先通过配置 CTRL_REG1 寄存器来选择一种工作模式。启动传感器的方法为：写 CTRL_REG1、写 CTRL_REG2、写 CTRL_REG3、写 CTRL_REG4、写 CTRL_REG5、写 CTRL_REG6、写参考值、写 INT1_THS、写 INT1_DUR、写 INT1_CFG、写 CTRL_REG5。

2. 获取加速度数据

（1）使用状态寄存器。在获得一组新数据时，传感器设备中的状态寄存器（STATUS_REG）要对这些数据进行审核。获取加速度数据的步骤如下：

① 读 STATUS_REG；

② 如果 STATUS_REG 为 0，则跳回步骤①；

③ 如果 STATUS_REG 为 1，则一些数据将被重写；

④ 读输出寄存器 OUTX_L、OUTX_H、OUTY_H、OUTY_H、OUTZ_L、OUTZ_H；

⑤ 数据处理。

审核过程在步骤③中完成，它用来确定传感器的数据读取速率和数据产生率是否匹配。如果数据读取速率较慢，则一些来不及被读取的数据会新被新产生的数据覆盖。

（2）使用数据准备信号（DRY）。传感器使用状态寄存器（STATUS_REG）中的 XYZDA 位来决定何时可以读取一组新数据。在传感器采样一组新数据且这些数据能够被读取时，DRY 将被置为 1。数据准备信号（DRY）的时序如图 17.11 所示。

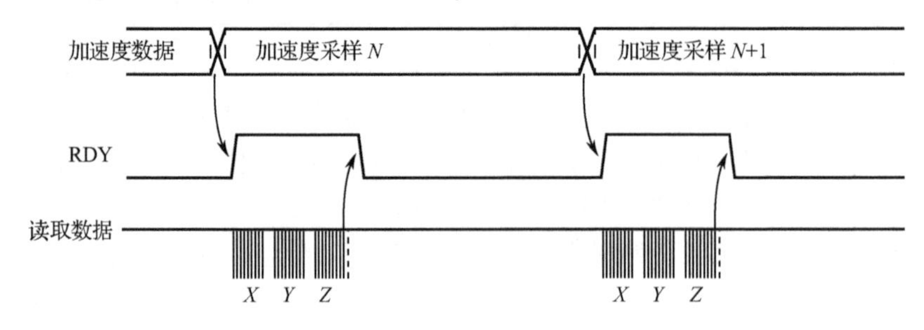

图 17.11 数据准备信号（DRY）的时序

3. 有关加速度数据

加速度数据被保存在OUTX_H和OUTX_L、OUTY_H和OUTY_L、OUTZ_H和OUTZ_L等数据输出寄存器中。例如，*X*（*Y*、*Z*）通道中的完整加速度数据以串联OUTX_H和OUTX_L（OUTY_H和OUTY_L，OUTZ_H和OUTZ_L）的形式被保存。

（1）大小端模式选择：LIS3DH型三轴加速度传感器可以交换加速度寄存器（如OUTX_H和OUTX_L）中高/低位的内容，这适合小端和大端数据模式。小端数据模式指数据的低位数据存储在内存的最低地址，高位数据字节存储在最高地址；大端数据模式是数据的高位字节存储在内存的最低地址，低位字节则存储在最高地址。

（2）LIS3DH型三轴加速度传感器的加速度数据为16位，加速度数据以二进制数的形式存放在OUT_ADC3_L（0Ch）和OUT_ADC3_H（0Dh）寄存器中，其中*X*轴加速度数据存放在OUT_X_L（28h）和OUT_X_L（29h）寄存器中，*Y*轴加速度数据存放在OUT_Y_L（2Ah）和OUT_Y_H（2Bh）寄存器中，*Z*轴加速度数据存放在OUT_Z_L（2Ch）和OUT_Z_H（2Dh）寄存器中，寄存器映射关系如表17.2和表17.3所示。

表17.2　寄存器映射关系（一）

名　字	类　型	寄存器地址		默　认	说　明
		十六进制	二进制		
保留（无法修改）		00 ～ 06			Reserved
STATUS_REG_AUX	R	07	000 0111		
OUT_ADC1_L	R	08	000 1000	output	
OUT_ADC1_H	R	09	000 1001	output	
OUT_ADC2_L	R	0A	000 1010	output	
OUT_ADC2_H	R	0B	000 1011	output	
OUT_ADC3_L	R	0C	000 1100	output	
OUT_ADC3_H	R	0D	000 1101	output	
INT_COUNTER_REG	R	0E	000 1110		
WHO_AM_I	R	0F	000 1111	00110011	Dummy register
Reserved（do not modify）		10 ～ 1E			Reserved
TEMP_CFG_REG	RW	1F	001 1111		
CTRL_REG1	RW	20	010 0000	00000111	
CTRL_REG2	RW	21	010 0001	00000000	
CTRL_REG3	RW	22	010 0010	00000000	
CTRL_REG4	RW	23	010 0011	00000000	
CTRL_REG5	RW	24	010 0100	00000000	

续表

名　字	类　型	寄存器地址		默　认	说　明
		十六进制	二进制		
CTRL_REG6	RW	25	010 0101	00000000	
REFERENCE	RW	26	010 0110	00000000	
STATUS_REG2	R	27	010 0111	00000000	
OUT_X_L	R	28	010 1000	output	
OUT_X_H	R	29	010 1001	output	
OUT_Y_L	R	2A	010 1010	output	
OUT_Y_H	R	2B	010 1011	output	
OUT_Z_L	R	2C	010 1100	output	
OUT_Z_H	R	2D	010 1101	output	
FIFO_CTRL_REG	RW	2E	010 1110	00000000	
FIFO_SRC_REG	R	2F	010 1111		
INT1_CFG	RW	30	011 0000	00000000	

表 17.3　寄存器映射关系（二）

名　字	类型	寄存器地址		默　认	说　明
		十六进制	二进制		
INT1_SOURCE	R	31	011 0001	00000000	
INT1_THS	RW	32	011 0010	00000000	
INT1_DURATION	RW	33	011 0011	00000000	
Reserved	RW	34～37		00000000	
CLICK_CFG	RW	38	011 1000	00000000	
CLICK_SRC	R	39	011 1001	00000000	
CLICK_THS	RW	3A	011 1010	00000000	
TIME_LIMIT	RW	3B	011 1011	00000000	
TIME_LATENCY	RW	3C	011 1100	00000000	
TIME_WINDOW	RW	3D	011 1101	00000000	

17.4　任务实践：VR 设备动作捕捉系统的软/硬件设计

17.4.1　开发设计

1．硬件设计

本任务通过 LIS3DH 型三轴加速度传感器采集 *X*、*Y*、*Z* 轴上的加速度信息，将采集到的信息显示在 PC 上，并定时进行更新。硬件部分主要由 STM32、LIS3DH 型三轴加速度传感器、LCD 与串口组成。硬件架构设计如图 17.12 所示。

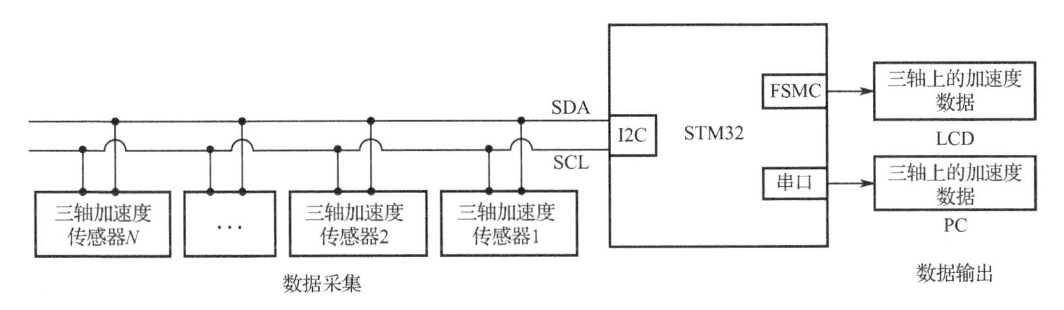

图 17.12　硬件架构设计

LIS3DH 型三轴加速度传感器的接口电路如图 17.13 所示。

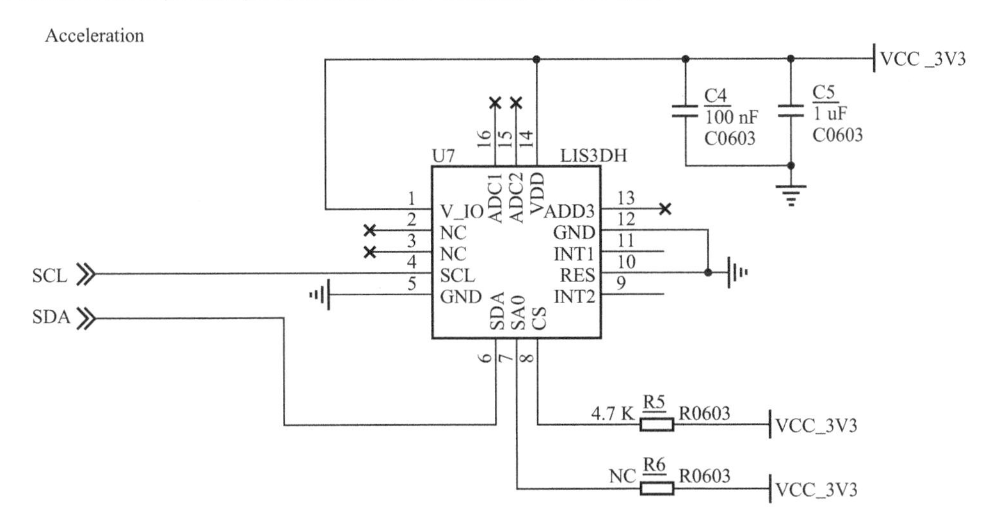

图 17.13　LIS3DH 型三轴加速度传感器的接口电路

LIS3DH 型三轴加速度传感器使用 I2C 总线进行通信，因此使用 SCL 和 SDA 引脚，分别连接 STM32 的 PB8 和 PB9 引脚。

2．软件设计

软件设计流程如图 17.14 所示。

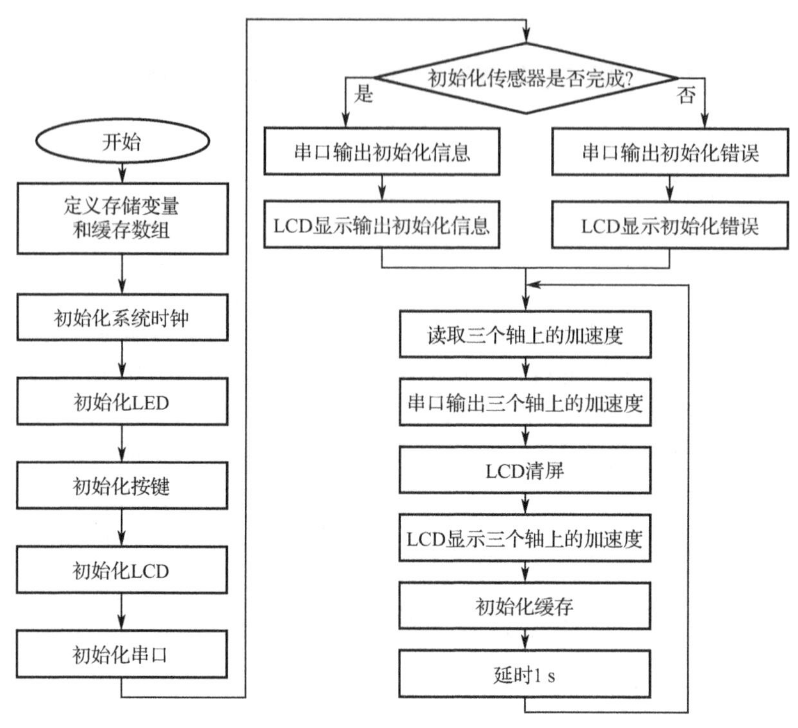

图 17.14　软件设计流程

17.4.2　功能实现

1. 主函数模块

在主函数中，首先定义了串口数据发送缓存数组与三轴加速度临时变量，接着初始化系统时钟、LED、按键、LCD 和串口。初始化完成后对传感器的硬件状态进行检测，判断传感器是否完成初始化，然后程序进入主函数，读取三个轴上的加速度并通过串口显示在 PC 上。主函数程序如下：

```
void main(void)
{
    float accx,accy,accz;                          //定义存储变量
    char buff[64];                                 //定义缓存数组
    delay_init(168);                               //初始化系统时钟
    lcd_init(ACCELERATION1);                       //初始化 LCD
    usart_init(115200);                            //初始化串口
    if(lis3dh_init() == 0){                        //初始化传感器
        printf("lis3dh ok!\r\n");                  //串口打印
        //LCD 显示提示信息
        LCDDrawFnt16(4+32,32+20*6,4,320,"lis3dh ok!",0x0000,0xffff);
    }else{
        printf("lis3dh error!\r\n");               //串口打印
        LCDDrawFnt16(4+32,32+20*6,4,320,"lis3dh error!",0x0000,0xffff);
    }
```

```
    while(1){                                                          //循环体
        lis3dh_read_data(&accx,&accy,&accz);
        printf("accx:%.1f N/Kg accy:%.1f N/Kg accz:%.1f N/Kg\r\n",accx,accy,accz);   //串口打印
        LCD_Clear(4+32,32+20*7, 319, 32+20*8,0xffff);                  //LCD 清屏
        sprintf(buff,"x 轴：%.1f N/Kg     y 轴：%.1f N/Kg     z 轴：%.1f N/Kg\0",accx,accy,accz);
        LCDDrawFnt16(4+32,32+20*7,4,320,buff,0x0000,0xffff);           //LCD 显示更新数据
        memset(buff,0,64);                                             //初始化缓存
        delay_ms(1000);                                                //延时 1 s
    }
}
```

2. LIS3DH 型三轴加速度传感器初始化模块

LIS3DH 型三轴加速度传感器的初始化较为复杂，要对传感进行一定的配置，如配置输出频率、加速度量程等。

```
*********************************************************************************************
* 功能：LIS3DH 型三轴加速度传感器初始化
*********************************************************************************************/
unsigned char lis3dh_init(void)
{
    iic_init();                                             //I2C 初始化
    delay(600);                                             //短延时
    if(LIS3DH_ID != lis3dh_read_reg(LIS3DH_IDADDR))         //读取设备 ID
        return 1;
    delay(600);                                             //短延时
    if(lis3dh_write_reg(LIS3DH_CTRL_REG1,0x97))             //1.25 kHz，x、y、z 输出使能
        return 1;
    delay(600);                                             //短延时
    if(lis3dh_write_reg(LIS3DH_CTRL_REG4,0x10))             //4g 量程
        return 1;
    return 0;
}
/*********************************************************************************************
* 功能：读取寄存器
* 参数：cmd—寄存器地址
* 返回：data—寄存器数据
*********************************************************************************************/
unsigned char lis3dh_read_reg(unsigned char cmd)
{
    unsigned char data = 0;                                 //定义数据
    iic_start();                                            //启动总线
    if(iic_write_byte(LIS3DHADDR & 0xfe) == 0){             //地址设置
        if(iic_write_byte(cmd) == 0){                       //命令输入
            do{
                delay(300);                                 //延时
                iic_start();                                //启动总线
            }
            while(iic_write_byte(LIS3DHADDR | 0x01) == 1);  //等待数据传输完成
```

```
                data = iic_read_byte(1);                                    //读取数据
                iic_stop();                                                 //停止总线传输
            }
        }
    return data;                                                            //返回数据
}
/*********************************************************************************************
* 功能：写寄存器
* 参数：cmd — 寄存器地址；data—写入寄存器的数据
* 返回：0 表示写入成功，1 表示写入失败
*********************************************************************************************/
unsigned char lis3dh_write_reg(unsigned char cmd,unsigned char data)
{
    iic_start();                                                            //启动总线
    if(iic_write_byte(LIS3DHADDR & 0xfe) == 0){                             //地址设置
        if(iic_write_byte(cmd) == 0){                                       //命令输入
            if(iic_write_byte(data) == 0){                                  //数据输入
                iic_stop();                                                 //停止总线传输
                return 0;                                                   //返回结果
            }
        }
    }
    iic_stop();
    return 1;                                                               //返回结果
}
```

3．LIS3DH 型三轴加速度传感器数据换算模块

LIS3DH 型三轴加速度传感器初始化完成后就可以对传感器的数据进行读取了，读取的值都是十六进制的，需要将其换算为加速度信息，数据换算程序如下。

```
/*********************************************************************************************
* 功能：换算加速度数据
* 参数：accx—X 轴加速度；accy—Y 轴加速度；accz—Z 轴加速度
*********************************************************************************************/
void lis3dh_read_data(float *accx,float *accy,float *accz)
{
    char accxl,accxh,accyl,accyh,acczl,acczh;
    accxl = lis3dh_read_reg(LIS3DH_OUT_X_L);
    accxh = lis3dh_read_reg(LIS3DH_OUT_X_H);
    if(accxh & 0x80){
        *accx = (float)(((int)accxh << 4 | (int)accxl >> 4)-4096)/2048*9.8*4;
    } else{
        *accx = (float)((int)accxh << 4 | (int)accxl >> 4)/2048*9.8*4;
    }
    accyl = lis3dh_read_reg(LIS3DH_OUT_Y_L);
    accyh = lis3dh_read_reg(LIS3DH_OUT_Y_H);
    if(accyh & 0x80){
        *accy = (float)(((int)accyh << 4 | (int)accyl >> 4)-4096)/2048*9.8*4;
```

```
        }else{
            *accy = (float)((int)accyh << 4 | (int)accyl >> 4)/2048*9.8*4;
        }
        acczl = lis3dh_read_reg(LIS3DH_OUT_Z_L);
        acczh = lis3dh_read_reg(LIS3DH_OUT_Z_H);
        if(acczh & 0x80){
            *accz = (float)(((int)acczh << 4 | (int)acczl >> 4)-4096)/2048*9.8*4;
        }
        else{
            *accz = (float)((int)acczh << 4 | (int)acczl >> 4)/2048*9.8*4;
        }
    }
```

其中按键驱动函数模块、LCD 驱动函数模块、串口驱动函数模块、I2C 驱动函数模块以及延时函数模块请参考随书资源的项目开发工程源代码。

17.5　任务验证

使用 IAR 集成开发环境打开 VR 设备动作捕捉系统设计工程，通过编译后，使用 J-Link 将程序下载到 STM32 开发平台中，暂不执行程序。

使用串口线连接 STM32 开发平台与 PC，打开串口工具并配置波特率为 115200、8 位数据位、无奇偶校验位、1 位停止位，取消十六进制显示，设置完成后运行程序。

程序运行后，通过 PC 串口工具的数据接收窗口可以看到三个轴上的加速度数据。当改变三轴加速度传感器空间状态时，通过 PC 串口工具可以看到三个轴上的加速度变化。验证效果如图 17.15 所示。

图 17.15　验证效果

17.6 任务小结

通过本任务的学习和开发，读者可以学习三轴加速度传感器的基本原理，通过 STM32 的 I2C 接口驱动三轴加速度传感器，实现 VR 设备动作捕捉系统的设计。

17.7 思考与拓展

（1）简述三轴加速度传感器工作原理。

（2）简述 LIS3DH 型三轴加速度传感器的内置硬件算法的应用场景。

（3）如何使用 STM32 驱动三轴加速度传感器？

（4）请读者尝试模拟相机云台设备在空间位置静止的情况下，对要保持设备水平的角度偏移量进行计算，参考平面及状态以三轴加速度传感器的初始状态为准，偏移参数为 X 轴偏移 30°，Y 轴偏移-15°，Z 轴偏移 17°。

任务 18

扫地机器人避障系统的设计与实现

本任务重点学习距离传感器和红外距离传感器的基本原理和功能，通过 STM32 的 ADC 驱动红外距离传感器，从而实现扫地机器人避障系统的设计。

18.1 开发场景：如何应用红外距离传感器测量距离

扫地机器人是当今服务机器人领域的一个热门研究方向。从理论和技术来讲，扫地机器人比较具体地体现了移动机器人的多项关键技术，具有较强的代表性；从市场前景角度来讲，扫地机器人适用于宾馆、酒店、图书馆、办公场所和大众家庭等，因此开发扫地机器人既具有科研上的挑战性，又具有广阔的市场前景。家用扫地机器人主要由微处理器、传感器、电机与动力传动机构、电源、吸尘器、电源开关、操作电位计、接近开关与超声波距离传感器等组成。扫地机器人能自动走遍所有可进入的房间，可以自动清扫吸尘，可在遥控和手控状态下清扫吸尘。

本任务将围绕这个场景展开对 STM32 和红外距离传感器的学习与开发。扫地机器人如图 18.1 所示。

图 18.1　扫地机器人

18.2 开发目标

（1）知识要点：距离传感器的分类、工作原理；红外距离传感器的基本工作原理。

（2）技能要点：了解距离传感器的分类和工作原理；掌握红外距离传感器的使用；会使用 STM32 的 ADC 驱动红外距离传感器。

（3）任务目标：某公司需要设计扫地机器人的避障系统，需要实现在移动时能够对周围的物体距离进行检测，并及时调整位置，避免发生碰撞的功能。请使用距离传感器对物体距

离进行检测，并将检测数据发送到上位机进行处理。

18.3 原理学习：距离传感器与测量

18.3.1 距离传感器

距离传感器，又称为位移传感器，主要用于检测其与某物体间的距离以完成预设的某种功能，目前已得到相当广泛的应用。

根据工作原理的不同，距离传感器可分为光学距离传感器、红外距离传感器、超声波距离传感器等多种类型。目前手机上使用的距离传感器大多是红外距离传感器，具有一个红外线发射管和一个红外线接收管，当发射管发出的红外线被接收管接收到时，表明距离较近；而当接收管接收不到发射管发射的红外线时，表明距离较远。

1. 超声波测距

超声波测距是根据超声波在遇到障碍物时能反射回来的特性来进行测距的。超声波发射器向某一方向发射超声波，在发射的同时开始计时，超声波可以利用空气为介质进行传播，当它遇到障碍物时，就会反射回来，当接收器接收到反射波时，计时器中断。反复这一过程，就可以测出超声波从发出到返回所需的时间，然后根据超声波的传播速度即可计算出距离。超声波测距作为一种重要的测距手段，具有成本低、结构简单、测量速度快等优点。但由于超声波受周围环境影响较大，所以一般测量距离比较短，测量精度比较低。而超声波在运动过程中测距，会出现多普勒效应，即当超声波与介质之间有相对运动时，接收器收到的超声波的频率会与声源所发出的超声波频率有所不同，相对运动速度越快，多普勒效应越明显。

2. 激光测距

激光测距是利用激光对目标距离进行准确测定的。激光测距时首先向目标发射出一束很细的激光，然后由光电元件接收目标反射回来的激光束，计时器测定激光束从发射到接收的时间后即可计算出距离。由于激光方向性好、亮度高、波长单一，所以测量距离比较远、测量精度比较高，同时激光测距也是激光技术应用最早、最成熟的一个领域。但是一般激光雷达价格比较高，尺寸、重量较大，不是所有机器人都可以使用的。激光测距是利用激光束从发射到遇到障碍物反射回来所需要的时间来计算距离的，由于光敏元件只能分辨有限的最小时间间隔，所以当测量距离较小时，误差就会比较大。

3. 红外测距

红外测距是利用调制的红外线进行精密测距的，利用的是红外线在传播过程中不扩散的原理。因为红外线可以穿透物体，并且有很小的折射率，所以较高精度的测距都会考虑应用红外线。红外线也以一定速度在空气中传播，测算出红外线发射器发出的红外线遇到障碍物反射后被接收器接收这一过程所需的时间，再乘以红外线在介质中的传播速度即可得出距离。红外测距具有结构简单、易于应用、数据处理方便、在测量范围内的精度比较高、抗干扰性强、几乎不受被测物体尺寸及位置的影响、价格便宜、安全稳定等优点。同时也具有测量距

离比较近，远距离测量时精度低、方向性差等缺点。

光电传感器是通过把光强度的变化转换成电信号的变化来实现控制的。反射式光电传感器包括很多类型，普遍使用的有红外发光二极管、一般发光二极管和激光二极管，红外发光二极管和一般发光二极管易受外部光源影响，激光二极管光源频率不分散，发射给传感器的信号频率宽度小，所以很难受外界影响，但是价格较高。光在反射时会受许多条件制约，如有反射面的外形、颜色、整洁度、其他光源照射等不确定条件。若直接用发射管、接收管进行实验可能会受到外界影响而得不到正确的信号，利用反射能量法进行距离的测量可以增加系统的准确性。

18.3.2　Sharp 红外距离传感器

Sharp 红外距离传感器使用简单，对于 1 m 以内的距离，测量精度高、性能优越，且数据测量值稳定，测量结果波动较小。其中，Sharp 红外距离传感器的电路结构如图 18.2 所示，包括信号处理电路、调节电路、晶振电路、输出电路和 LED 驱动电路。

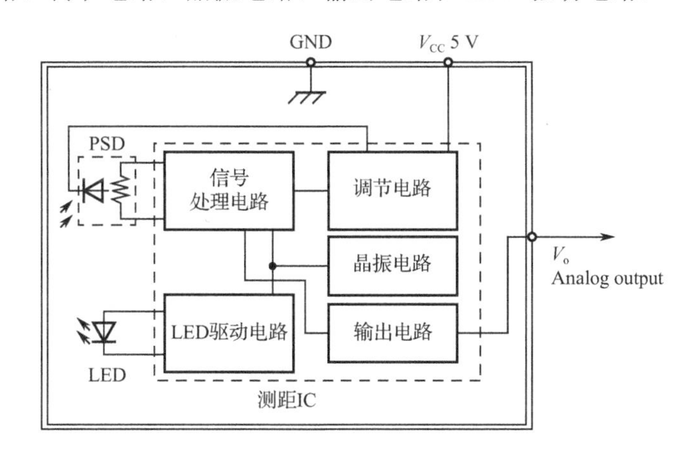

图 18.2　Sharp 红外距离传感器的电路结构

Sharp 红外距离传感器的时序如图 18.3 所示。

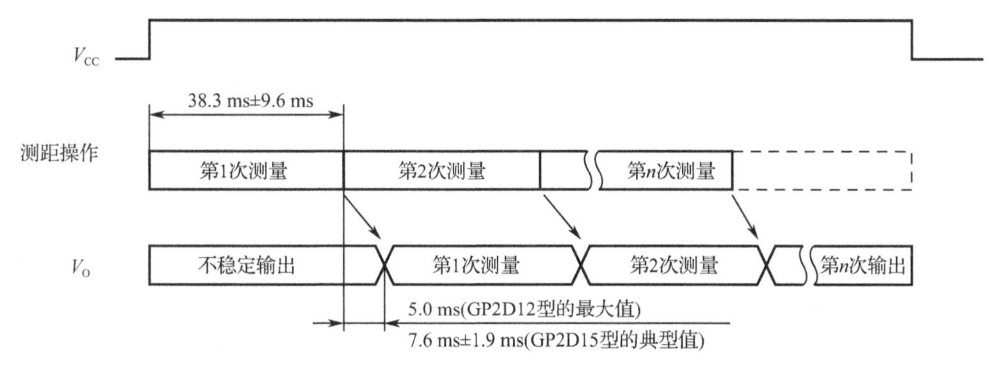

图 18.3　Sharp 红外距离传感器的时序

Sharp 红外距离传感器的输出如图 18.4 所示。

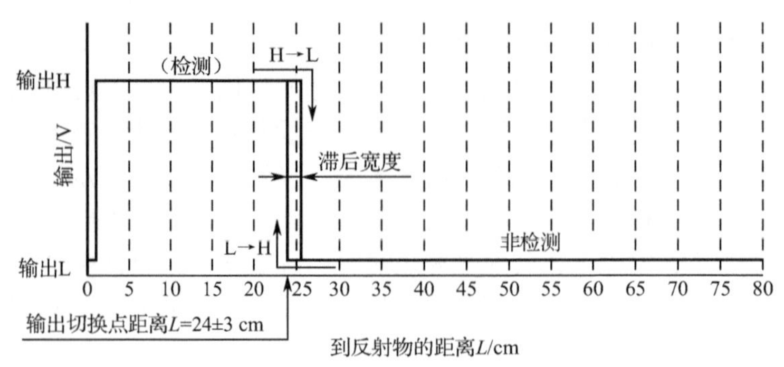

图 18.4　Sharp 红外距离传感器的输出

Sharp 的红外距离传感器基于三角测量的原理，红外线发射器按照一定的角度发射一束红外线，当遇到物体以后，红外线会被反射回来。反射回来的红外线被 CCD 检测器检测到以后，会获得一个偏移距 *L*，利用三角关系，在知道了发射角度α、偏移距 *L*、中心矩 *X*，以及滤镜的焦距 *f* 后，传感器到物体的距离 *D* 就可以通过几何关系计算出来了，如图 18.5 所示。

从图 18.5 可以看到，当 *D* 的距离足够近时，*L* 值会相当大，超过 CCD 检测器的检测范围，这时，虽然物体很近，但是传感器反而看不到了。当物体距离 *D* 很大时，*L* 值就会很小。CCD 检测器能否分辨出这个很小的 *L* 值成为关键，也就是说，CCD 检测器的分辨率决定能否获得足够精确的 *L* 值。要检测的物体越远，对 CCD 检测器的分辨率要求就越高。

Sharp 红外距离传感器如图 18.6 所示。

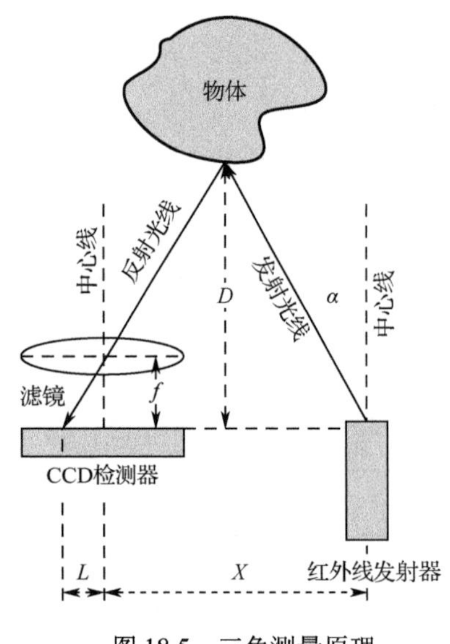

图 18.5　三角测量原理

图 18.6　Sharp 红外距离传感器

GP2D12 型 Sharp 红外距离传感器的特点如下：

（1）测量范围有限，最大值为 80 cm，并且从 60 cm 开始，距离增大时测量值的波动较大，与实际情况偏差增大。

（2）当障碍物（或目标）与传感器之间的距离小于 10 cm 时，测量值将与实际值出现明显偏差，在距离值从 10 cm 降至 0 的过程中，测量值将在 10～35 cm 之间递增。

（3）使用时会受到环境光的影响。例如，在室内使用时，可能会受到白炽灯光线的影响，产生一些非真实的距离值。

18.4 任务实践：扫地机器人避障系统的软/硬件设计

18.4.1 开发设计

1. 硬件设计

本任务通过 GP2D12 型 Sharp 红外距离传感器检测与阻挡物之间的距离，并将检测到的距离信息通过串口输出到上位机，每秒更新一次。硬件架构设计如图 18.7 所示。

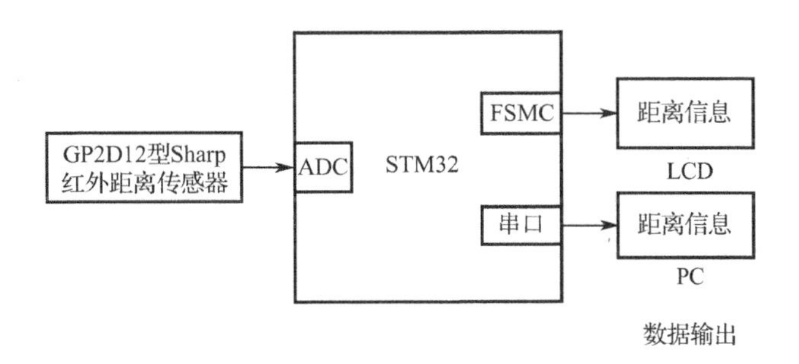

图 18.7　硬件架构设计

GP2D12 型 Sharp 红外距离传感器的接口电路如图 18.8 所示。

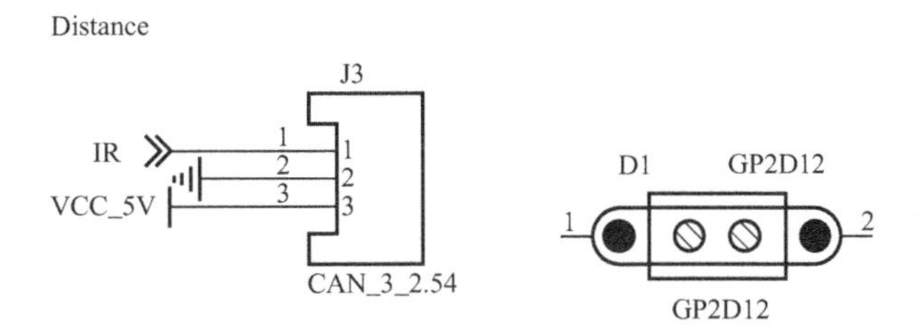

图 18.8　GP2D12 型 Sharp 红外距离传感器的接口电路

2. 软件设计

软件设计流程如图 18.9 所示。

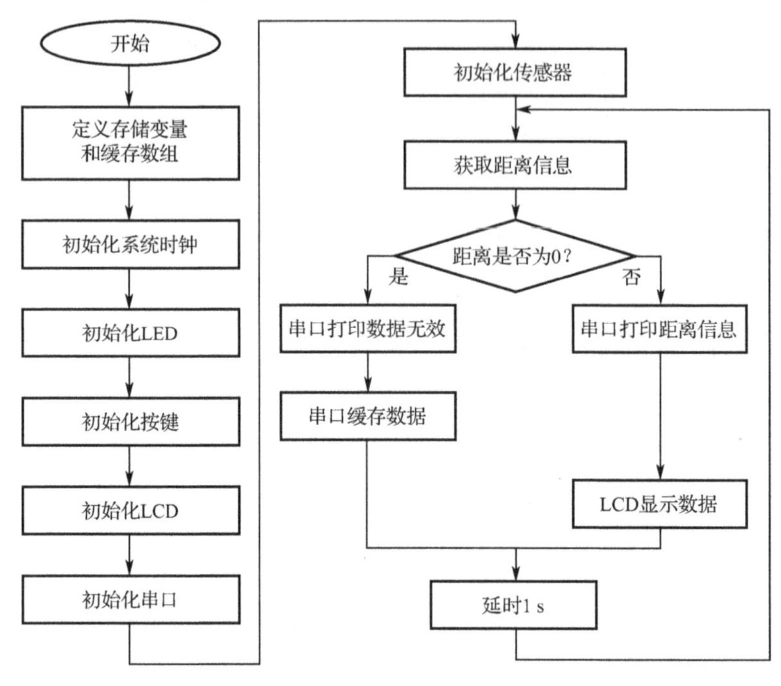

图 18.9　软件设计流程

18.4.2　功能实现

1．主函数模块

在主函数中，首先定义存储变量和缓存数组，接着初始化系统时钟、LED、按键、LCD、串口和传感器，初始化完成后程序进入主循环。在主循环中获取距离信息，并对距离信息进行判断，距离不为 0 时打印距离信息，距离为 0 时打印数据无效。主函数程序如下。

```
void main(void)
{
    float distance = 0.0f;                                  //定义存储变量
    char tx_buff[64];                                       //定义缓存数组
    delay_init(168);                                        //初始化延时
    lcd_init(STADIOMETRY1);                                 //初始化 LCD
    usart_init(115200);                                     //初始化串口
    stadiometry_init();                                     //初始化传感器
    while(1){                                               //循环体
        distance = get_stadiometry_data();                  //获取距离信息
        if(distance != 0){
            printf("distance:%.1fcm\r\n",distance);         //串口打印提示信息
            sprintf(tx_buff,"距离：%.1fcm\r\n",distance);    //添加距离数据字符串到串口缓存数组
            LCDDrawFnt16(4+30,30+20*7,4,320,tx_buff,0x0000,0xffff);     //LCD 显示更新后数据
        } else{
            printf("distance out of range!\r\n");                       //串口打印提示信息
            LCDDrawFnt16(4+30,30+20*7,4,320,"超出测量范围！ ",0x0000,0xffff);
```

```
        }
        delay_ms(1000);                                              //延时 1 s
    }
}
```

2．红外距离传感器初始化模块

```
/*******************************************************************************
* 功能：红外距离传感器初始化
*******************************************************************************/
void stadiometry_init(void)
{
    GPIO_InitTypeDef           GPIO_InitStructure;
    ADC_CommonInitTypeDef      ADC_CommonInitStructure;
    ADC_InitTypeDef            ADC_InitStructure;
    RCC_AHB1PeriphClockCmd(RCC_AHB1Periph_GPIOC, ENABLE);          //使能 GPIOC 时钟
    RCC_APB2PeriphClockCmd(RCC_APB2Periph_ADC1, ENABLE);           //使能 ADC1 时钟
    //先初始化 ADC1 通道 12 的 I/O 口
    GPIO_InitStructure.GPIO_Pin = GPIO_Pin_2;                       //PC2 通道 12
    GPIO_InitStructure.GPIO_Mode = GPIO_Mode_AN;                    //模拟输入
    GPIO_InitStructure.GPIO_PuPd = GPIO_PuPd_NOPULL ;               //不带上/下拉
    GPIO_Init(GPIOC, &GPIO_InitStructure);                          //初始化
    RCC_APB2PeriphResetCmd(RCC_APB2Periph_ADC1,ENABLE);            //ADC1 复位
    RCC_APB2PeriphResetCmd(RCC_APB2Periph_ADC1,DISABLE);           //复位结束
    ADC_CommonInitStructure.ADC_Mode = ADC_Mode_Independent;        //独立模式
    //两个采样之间延迟 5 个时钟
    ADC_CommonInitStructure.ADC_TwoSamplingDelay = ADC_TwoSamplingDelay_5Cycles;
    //禁止 DMA
    ADC_CommonInitStructure.ADC_DMAAccessMode = ADC_DMAAccessMode_Disabled;
    //分频系数为 4，ADCCLK=PCLK2/4=84/4=21 MHz，ADC 时钟最好不要超过 36 MHz
    ADC_CommonInitStructure.ADC_Prescaler = ADC_Prescaler_Div4;
    ADC_CommonInit(&ADC_CommonInitStructure);                       //初始化
    ADC_InitStructure.ADC_Resolution = ADC_Resolution_10b;          //10 位模式
    ADC_InitStructure.ADC_ScanConvMode = DISABLE;                   //非扫描模式
    ADC_InitStructure.ADC_ContinuousConvMode = DISABLE;             //关闭连续转换
    //禁止触发检测，使用软件触发
    ADC_InitStructure.ADC_ExternalTrigConvEdge = ADC_ExternalTrigConvEdge_None;
    ADC_InitStructure.ADC_DataAlign = ADC_DataAlign_Right;          //右对齐
    ADC_InitStructure.ADC_NbrOfConversion = 1;   //1 个转换在规则序列中，也就是只转换规则序列 1
    ADC_Init(ADC1, &ADC_InitStructure);          //ADC 初始化
    ADC_Cmd(ADC1, ENABLE);                       //开启 ADC
}
```

3．红外距离传感器数据获取模块

```
/*******************************************************************************
* 功能：获取红外距离传感器的数据
*******************************************************************************/
```

```
float get_stadiometry_data(void)
{
    unsigned int value = 0;
    //设置指定 ADC 的规则通道，1 个序列，采样时间
    //ADC1，ADC 通道 12,480 个周期，提高采样时间可以提高精确度
    ADC_RegularChannelConfig(ADC1, ADC_Channel_12, 1, ADC_SampleTime_480Cycles );
    ADC_SoftwareStartConv(ADC1);                                    //使能 ADC1 软件触发功能
    while(!ADC_GetFlagStatus(ADC1, ADC_FLAG_EOC ));                 //等待转换结束
    value = ADC_GetConversionValue(ADC1);
    if((value >= 85)&&(value <= 950))
        return (2547.8/((float)value*0.35-10.41)-0.42);             //获取距离
    else
        return 0;
}
```

其中 LED 驱动函数模块、按键驱动函数模块、LCD 驱动函数模块、串口驱动函数模块、I2C 驱动函数模块以及延时函数模块请参考随书资源的项目开发工程源代码。

18.5 任务验证

使用 IAR 集成开发环境打开扫地机器人避障系统设计工程，通过编译后，使用 J-Link 将程序下载到 STM32 开发平台中，暂不执行程序。

使用串口线连接 STM32 开发平台与 PC，打开串口工具并配置波特率为 115200、8 位数据位、无奇偶校验位、1 位停止位，取消十六进制显示，设置完成后运行程序。

程序运行后，通过 PC 串口工具的数据接收窗口查看到红外距离传感器检测到的数据。当红外距离传感器前方的阻挡物的位置发生变化时，通过 PC 串口工具可以看到红外距离传感器检测到的数据变化。验证效果如图 18.10 所示。

图 18.10　验证效果

18.6　任务小结

通过本任务的学习和开发，读者可学习距离传感器和红外距离传感器基本原理，并通过 STM32 的 ADC 来驱动红外距离传感器，从而实现扫地机器人避障系统的设计。

18.7　思考与拓展

（1）简述红外距离传感器的测量原理。

（2）红外距离传感器在生活中有哪些用途？

（3）如何使用 STM32 驱动红外距离传感器？

（4）请读者尝试模拟车载倒车雷达，通过 LED 指示距离，当距离越近时 LED 闪烁得越快，同时在 PC 上显示距离信息，每秒显示一次。

任务 19 红外自动感应门的设计与实现

本任务重点学习人体红外传感器的基本原理和功能，并通过 STM32 驱动 AS312 型热释电人体红外传感器，从而实现红外自动感应门的设计。

19.1 开发场景：如何实现红外自动感应门

当有移动物体靠近门时，门可自动开启，我们称这种门为自动感应门，现已广泛应用于办公楼、厂房、超市、机场等场所。自动感应门配置的感应探头能发射出红外线信号或者微波信号，当信号被靠近的物体反射时，就会实现自动开启。

本任务所使用的红外线是不可见光，具有很强的隐蔽性和保密性，因此在防盗、警戒等安保装置中得到了广泛的应用。本任务将围绕这个场景展开对 STM32 和人体红外传感器的学习与开发。红外自动感应门如图 19.1 所示。

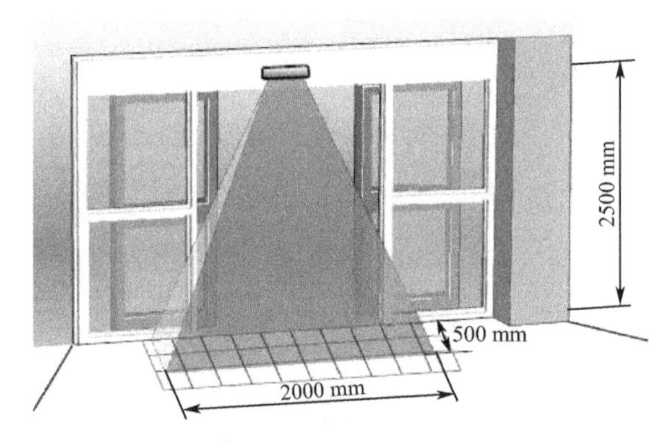

图 19.1 红外自动感应门

19.2 开发目标

（1）知识要点：人体红外传感器的功能、基本工作原理；AS312 型热释电人体红外传感器的工作原理。

（2）技能要点：了解人体红外传感器的原理结构；掌握人体红外传感器的应用；会用 STM32 的 GPIO 驱动人体红外传感器。

（3）任务目标：某自动门窗生产企业要设计一款自动感应门，要求使用 SMT32 采集 AS312 型热释电人体红外传感器的信号，当感应探测器探测到有人进入时，实现门的自动开启。

19.3　原理学习：人体红外传感器与测量

19.3.1　人体红外传感器

黑体热辐射的三个基本定律是研究红外线辐射的基本准则，揭示了红外线辐射与温度之间的关系，量化了其中的相关性。第一个定律是普朗克辐射定律，它揭示了红外线辐射中辐射能量的光谱分布情况；第二个定律是维恩位移定律，它揭示了红外线辐射中辐射光谱能量密度和波长的关系，如图 19.2 所示；第三个定律是斯蒂芬-玻尔兹曼定律，它揭示了红外线辐射中辐射的功率与温度的关系。

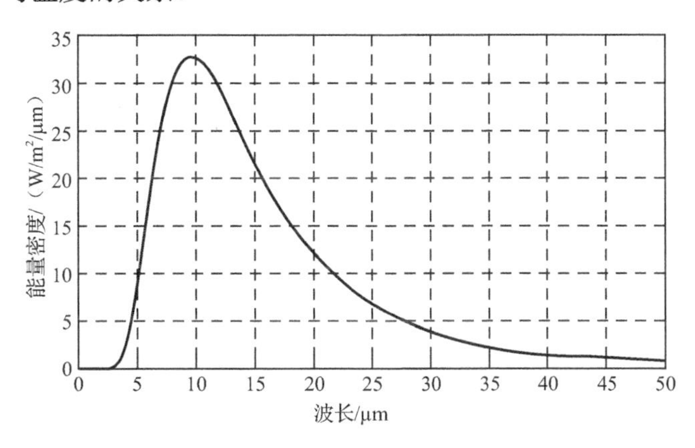

图 19.2　红外线辐射中辐射光谱能量密度和波长的关系

红外传感器是利用红外线的物理性质来进行测量的传感器。红外线又称为红外光，它具有反射、折射、散射、干涉、吸收等性质。任何物质，只要它本身具有一定的温度（高于绝对零度），都能辐射红外线。红外传感器在测量时不与被测物体直接接触，因而不存在摩擦，并且有灵敏度高、反应快等优点。

任何高于绝对零度的物体都将产生红外线，不同的物体释放的能量波长是不一样的，而且红外线波长与温度的高低有关。

在被动红外传感器（PIR）中有两个关键性的元件，一个是热释电红外传感器，它能将波长为 8～12 μm 的红外线信号转变为电信号，并对自然界中的白光信号具有抑制作用，因此在被动红外传感器的警戒区内，当无人体移动时热释电人体红外传感器感应到的只是背景温度，当人体进入警戒区时，通过菲涅尔透镜，热释电人体红外传感器感应到的是人体温度与背景温度的差异。因此，热释电人体红外传感器的重要作用之一就是感应移动物体与背景的温度差异。

另一个元件就是菲涅尔透镜。菲涅尔透镜有两种形式，即折射式和反射式。菲涅尔透镜的作用有两个：一是聚焦作用，即热释电红外线信号折射在热释电人体红外传感器上；二是将警戒区内分为若干个明区和暗区，使进入警戒区的移动物体能以温度变化的形式在 PIR 上产生变化的热释电红外线信号，这样 PIR 就可产生变化的电信号。

红外传感器常用于无接触温度测量、气体成分分析和无损探伤，在医学、军事、空间技术和环境工程等领域得到了广泛应用。例如，采用红外传感器远距离测量人体表面温度的热像图，可以发现温度异常的部位，及时对疾病进行诊断治疗；利用人造卫星上的红外传感器对地球云层进行监视，可实现大范围的天气预报；采用红外传感器可检测飞机上正在运行的发动机的过热情况等。

19.3.2 热释电人体红外传感器

热释电人体红外传感器是 1980 年之后出现的一种新型传感器。这种传感器具有热电效应，即温度上升或下降时，这些物质的表面会产生电荷的变化，这种现象在钛酸钡等强电介质材料是非常明显的。目前市场上，热释电人体红外传感器主要有 LH1954、LH1958、PH5324、SCA02-1、RS02D、P2288、AS312 等型号，其主要结构形式和技术参数是大致一样的，很多器件可以彼此互换使用。热释电人体红外传感器主要是由敏感单元、阻抗变换器和滤光窗三大部分组成。

热释电人体红外传感器的工作原理主要有三个阶段：第一个阶段是将外部辐射转换成热吸收阶段；第二个阶段是吸收热能阶段，用于提高加热阶段的温度；第三个阶段是将热信号转变为电信号的温度测量阶段。热释电效应示意如图 19.3 所示。

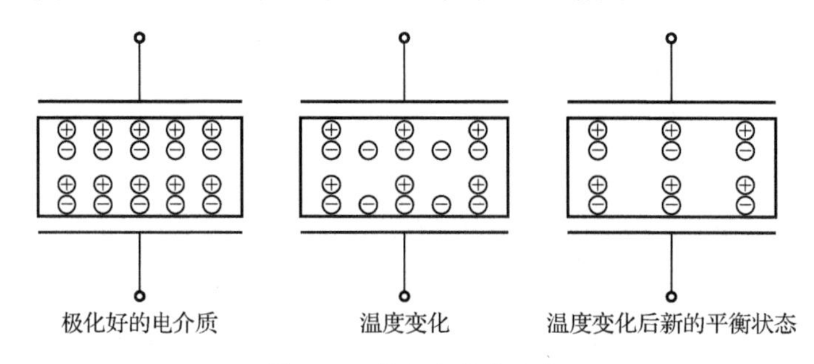

图 19.3 热释电效应示意

物体表面温度越高，辐射的能量就越强。人体的正常体温为 36～37.5 ℃，其辐射的红外线的波长为 9.67～9.64 μm。热释电人体红外传感器是利用热释电材料自发极化强度随温度变化所产生的热释电效应来探测红外线辐射能量的器件，它能以非接触形式检测出来自人体及外界物体辐射出的微弱红外线能量并将其转化成电信号输出，将这个电信号加以放大后便可驱动各种控制电路，从而用于电源开关控制、防盗报警、自动监测等场合。

热释电人体红外传感器由传感器探测头、干涉滤光片和场效应管匹配器三部分组成，其内部的热电元由高热电系数的铁钛酸铅汞陶瓷以及钽酸锂、硫酸三甘铁等组成，其极化产生正、负电荷，电压值随温度的变化而变化。热释电人体红外传感器内部电路如图 19.4 所示。

干涉滤光片是在一块薄玻璃片镀上多层滤光层薄膜制成的，能有效滤除 7.0～14 μm 波长以外的红外线。人体正常体温时，辐射的红外线的中心波长为 9.65 μm，正好在干涉滤光片的响应波长中。故干涉滤光片能最大限度地阻止外界可见光以及灯光中的红外线通过，而让人体辐射的红外线有效地通过，能很好地避免其他光线的干扰。

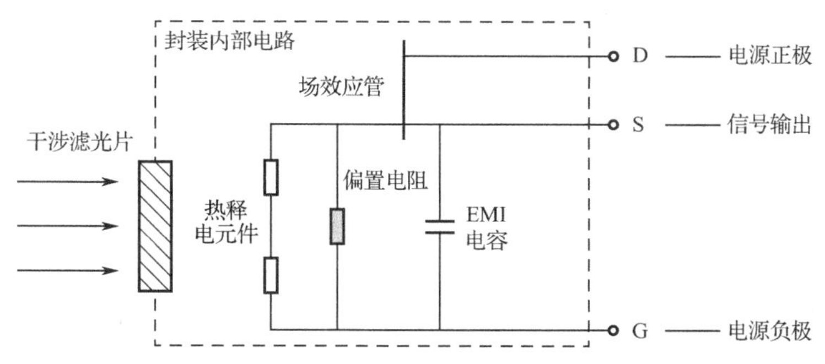

图 19.4　热释电人体红外传感器内部电路图

在实际使用热释电人体红外传感器时，需要配合使用一个重要的器件——菲涅尔透镜，该透镜的作用有两个：一是聚焦作用，即将探测空间的红外线有效地集中到传感器上，不使用菲涅尔透镜时传感器的探测半径不足 2 m，使用菲涅尔透镜后传感器的探测半径可达到 10 m，因此只有使用菲涅尔透镜才能最大限度地发挥热释电人体红外传感器的作用；二是将探测区域分为若干个明区和暗区，进入探测区域的物体辐射出的热量被探测感知后会在 PIR 上产生变化的热释电红外线信号。

由于热释电人体红外传感器输出的信号变化缓慢、幅值小，不能直接作为控制信号，因此输出信号必须经过一个专门的信号处理电路，使得输出信号变成适合微处理器处理的信号。热释电人体红外传感器检测系统如图 19.5 所示。

图 19.5　热释电人体红外传感器检测系统

鉴于热释电人体红外传感器具有响应速度快、探测率高、频率响应范围宽、可在室温下工作的特点，现已广泛应用于红外自动感应门、红外防盗报警器、高速公路车辆车流计数器、自动开关的照明灯等场合。

人体的体温一般都在 37℃左右，所以会发出波长为 10 μm 左右的红外线，被动式红外传感器就是靠人体发出的波长为 10 μm 左右的红外线工作的，这些红外线通过菲涅尔透镜增强后聚集到红外感应源上。红外感应源通常采用热释电元件，该元件接收到人体发出的红外线后就会失去电荷的平衡，向外释放电荷，经电路检测处理后就能产生报警信号。热释电人体红外传感器的工作原理如下：

（1）传感器探测头以探测人体辐射的红外线为目标，所以热释电元件对波长为 10 μm 左右的红外线必须非常敏感。

（2）为了仅仅对人体辐射的红外线敏感，在它辐射照面通常覆盖有特殊的干涉滤光片，使环境的干扰受到明显的抑制作用。

（3）传感器包括两个互相串联或并联的热释电元件，而且这两个元件的极化方向正好相反，环境背景辐射对两个热释电元件几乎具有相同的作用，使其产生的热释电效应相互抵消，传感器无信号输出。

（4）一旦进入探测区域，人体辐射的红外线通过部分菲涅尔透镜聚焦，并被热释电元件接收，但是两个热释电元件接收到的热量不同，热释电效应也不同，不能抵消，传感器输出

信号。

（5）根据性能要求不同，菲涅尔透镜具有不同的焦距，从而产生不同的监控现场，视场越多，控制越严密。

热释电人体红外传感器的优点是本身功耗很小、隐蔽性好、价格低廉。其缺点如下：

- 容易受各种热源、光源的干扰；
- 被动红外线穿透力差，人体辐射的红外线容易被遮挡，不易被传感器接收；
- 易受射频的干扰；
- 环境温度和人体温度相接近时，传感器的灵敏度明显降低，有时会造成短时失灵；
- 热释电人体红外传感器不能正对门窗以及有阳光直射的地方，否则窗外的热气流扰动和人员走动会引起误报。

19.3.3 AS312 型热释电人体红外传感器

AS312 型热释电人体红外传感器如图 19.6 所示，它将数字智能控制电路与人体探测敏感元件集成在电磁屏蔽罩内，人体探测敏感元件将感应到的人体移动信号通过甚高阻抗差分输入电路耦合到数字智能控制电路上，然后经 ADC 将信号转化成 15 位数字信号，当 PIR 信号超过设定的阈值时就会有 LED 动态输出，以及具有定时时间的 REL 电平输出。灵敏度和时间参数通过电阻设置，所有的信号处埋都在芯片上完成。AS312 型热释电人体红外传感器的内部框图如图 19.7 所示。

图 19.6 AS312 型热释电人体红外传感器

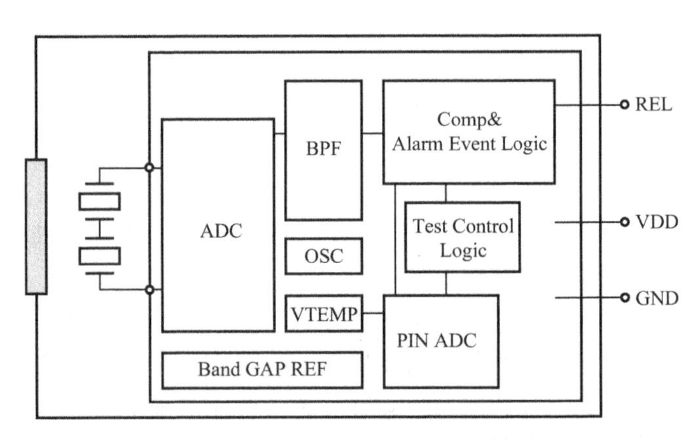

图 19.7 AS312 型热释电人体红外传感器的内部框图

19.4 任务实践：红外自动感应门的软/硬件设计

19.4.1 开发设计

1. 硬件设计

本任务的目的主要是掌握人体红外传感器的应用，硬件部分主要由 STM32、人体红外传感器、LCD 和串口组成。STM32 通过 I/O 接口连接到人体红外传感器，当人体红外传感器检测有人活动时，向 I/O 接口输入高电平，STM32 将 LED 点亮，表示检测到有人活动，并将报警信息发送到 PC 和 LCD 显示。硬件架构设计如图 19.8 所示。

人体红外传感器的接口电路如图 18.9 所示。

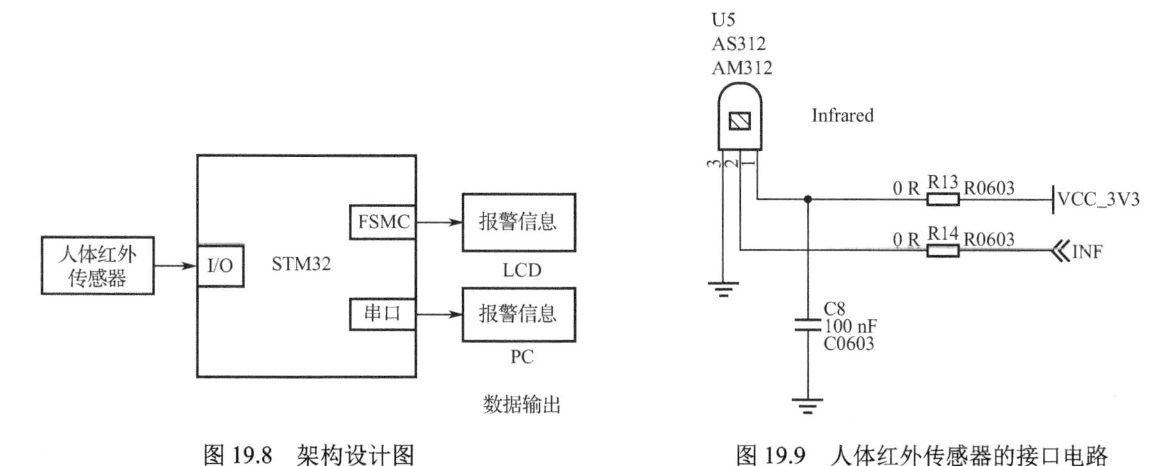

图 19.8　架构设计图　　　　图 19.9　人体红外传感器的接口电路

AS312 型热释电人体红外传感器是一种信号输出型传感器，当检测到人体红外线信号发生变化时，其输出端电平将发生相应变化，INF 的信号引脚连接在 STM32 微处理器的 PB8 引脚。

2. 软件设计

软件设计流程如图 19.10 所示。

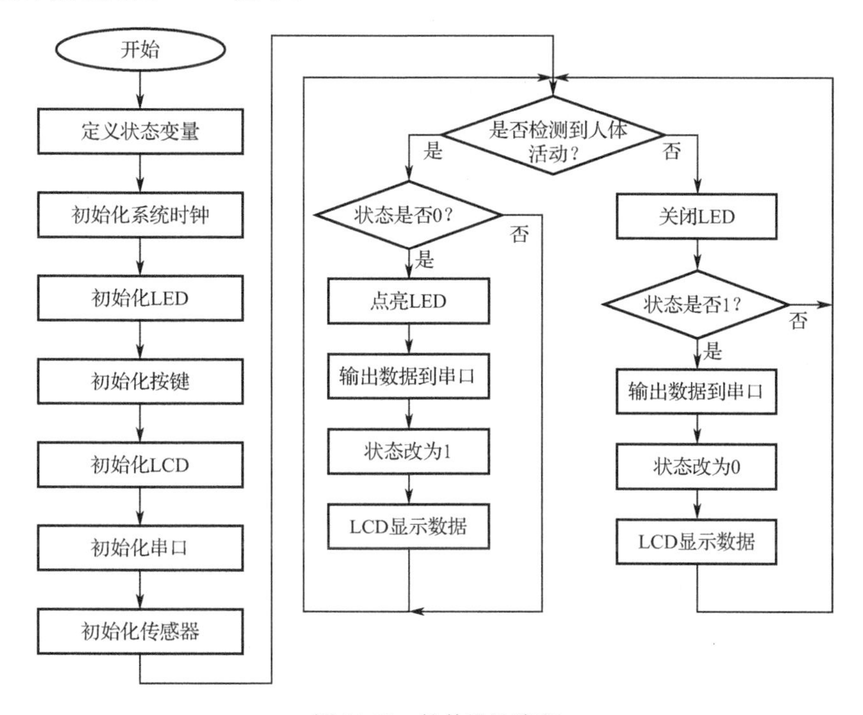

图 19.10　软件设计流程

19.4.2 功能实现

1. 主函数模块

```
void main(void)
{
    unsigned char infrared_status = 0;                    //定义存储人体红外状态的变量
    delay_init(168);                                      //初始化延时
    led_init();                                           //初始化 LED
    key_init();                                           //初始化按键
    lcd_init(INFRARED1);                                  //初始化 LCD
    usart_init(115200);                                   //初始化串口
    infrared_init();                                      //初始化传感器
    while(1){                                             //循环体
        if(get_infrared_status() == 1){                   //判断是否检测到人体活动
            if(infrared_status == 0){                     //判断人体红外传感器状态是否发生改变
                led_control(D3);                          //点亮 LED
                printf("human!\r\n");                     //串口打印提示信息
                infrared_status = 1;                      //更新人体红外传感器的状态
                //LCD 显示人体红外传感器检测到的信息
                LCDDrawFnt16(4+30,30+20*7,4,320,"有人体活动",0x0000,0xffff);
                LCDDrawFnt16(160,30+20*7,4,320,"D3：开",0x0000,0xffff);
            }
        }else{                                            //没有检测到人体活动
            led_control(0);                               //关闭 LED
            if(infrared_status == 1){                     //判断人体红外传感器状态是否发生改变
                printf("no human!\r\n");                  //串口打印提示信息
                infrared_status = 0;                      //更新人体红外传感器的状态
                //LCD 显示人体红外传感器检测到的信息
                LCDDrawFnt16(4+30,30+20*7,4,320,"无人体活动",0x0000,0xffff);
                LCDDrawFnt16(160,30+20*7,4,320,"D3：关",0x0000,0xffff);
            }
        }
    }
}
```

2. 人体红外传感器初始化模块

```
/*********************************************************************************************
* 功能：人体红外传感器初始化
*********************************************************************************************/
void infrared_init(void)
{
    GPIO_InitTypeDef GPIO_InitStructure;                  //定义一个 GPIO_InitTypeDef 类型的结构体
        //开启与人体红外传感器相关的 GPIO 外设时钟
    RCC_AHB1PeriphClockCmd(RCC_AHB1Periph_GPIOB, ENABLE);
    GPIO_InitStructure.GPIO_Pin = GPIO_Pin_8;             //选择要控制的 GPIO 引脚
    GPIO_InitStructure.GPIO_OType = GPIO_OType_PP;        //设置引脚的输出类型为推挽模式
    GPIO_InitStructure.GPIO_Mode = GPIO_Mode_IN;          //设置引脚模式为输入模式
    GPIO_InitStructure.GPIO_PuPd = GPIO_PuPd_DOWN;        //设置引脚为下拉模式
```

```
        GPIO_InitStructure.GPIO_Speed = GPIO_Speed_2MHz;          //设置引脚工作频率为 2 MHz
        GPIO_Init(GPIOB, &GPIO_InitStructure);                     //初始化 GPIO 配置
}
```

3. 人体红外传感器数据获取模块

```
/*********************************************************************************************
* 功能：获取人体红外传感器数据
*********************************************************************************************/
unsigned char get_infrared_status(void)
{
    if(GPIO_ReadInputDataBit(GPIOB,GPIO_Pin_8))                  //判断人体红外传感器的引脚状态
        return 1;
    else
        return 0;
}
```

其中 LED 驱动函数模块、按键驱动函数模块、LCD 驱动函数模块、串口驱动函数模块、I2C 驱动函数模块以及延时函数模块请参考随书资源的项目开发工程源代码。

19.5 任务验证

使用 IAR 集成开发环境打开红外自动感应门设计工程，通过编译后，使用 J-Link 将程序下载到 STM32 开发平台中，暂不执行程序。

使用串口线连接 STM32 开发平台与 PC，打开串口工具并配置波特率为 115200、8 位数据位、无奇偶校验位、1 位停止位，取消十六进制显示，设置完成后运行程序。

程序运行后，当检测到人体活动时，PC 的串口工具会在数据接收窗口显示“human!”，点亮 LED。当没有检测到人体活动时，PC 的串口工具会在数据接收窗口显示“no human!”，关闭 LED。验证效果如图 19.11 所示。

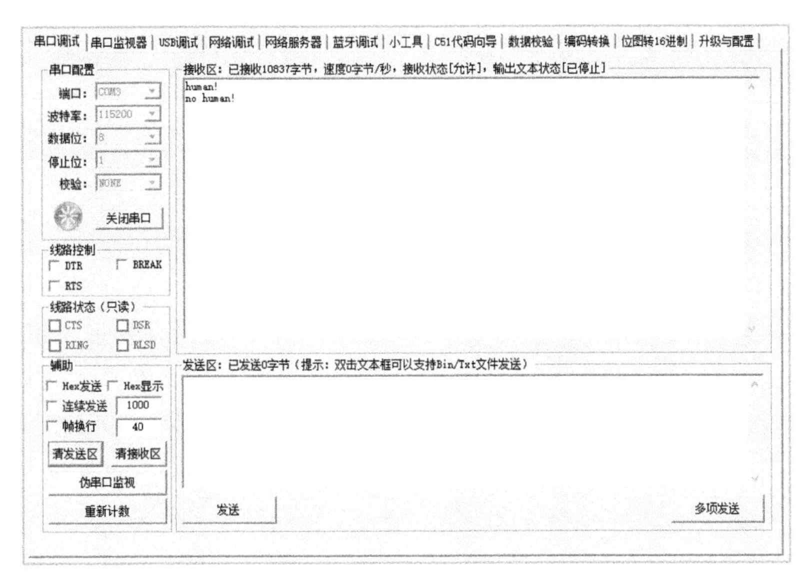

图 19.11　验证效果

19.6 任务小结

通过本任务的学习和开发，读者可以学习人体红外传感器和热释电人体红外传感器的基本原理，并通过 STM32 的 GPIO 驱动人体红外传感器，从而实现红外自动感应门的设计。

19.7 思考与拓展

（1）简述人体红外传感器的工作原理。

（2）简述人体红外传感器在检测中的注意事项。

（3）人体红外传感器可以高精度地检测人体红外线信号的变化，使其在门禁、安防、自动门窗等领域有着广泛的应用。请读者尝试模拟家居安防系统，无人体活动时每 3 s 显示一次安全结果，有人体活动时每秒显示一次结果，同时闪烁 LED。

任务 20 燃气监测仪的设计与实现

本任务重点学习燃气传感器的基本工作原理和功能，通过 STM32 驱动燃气传感器，从而实现燃气监测仪的设计。

20.1 开发场景：如何实现燃气监测仪

随着社会的发展，燃气已进入多数家庭，但是燃气在给我们带来极大便利的同时，也存在巨大隐患。由于管道设备的老化、地理、气候条件等各种因素的影响，以及人为的破坏，经常会造成泄漏事故。燃气一旦泄漏，不仅会带来经济上的损失和环境污染，还可能发生火灾和爆炸，造成财产损失和人员伤亡事故。

为了减少这类事故的发生，就必须对燃气进行现场实时检测，采用可靠的燃气报警装置，严密监测室内环境中燃气的浓度，及早发现事故隐患，采取有效措施，避免事故发生，确保家庭生活安全。

本任务设计的燃气报警器主要用于检测燃气浓度，当空气中燃气的浓度超过设定值时就会报警，并发出声光报警信号。本任务将围绕这个场景展开对 STM32 和气体传感器的学习与开发。燃气监测仪如图 20.1 所示。

图 20.1 燃气监测仪

20.2 开发目标

（1）知识要点：气体传感器的分类和基本原理；MP-4 型燃气传感器。

（2）技能要点：了解气体传感器的原理结构；掌握气体传感器的使用；会用 STM32 的 ADC 驱动气体传感器。

（3）任务目标：某电子产品公司要开发一款家用燃气监测仪，需要使用 MP-4 型燃气传感器，对厨房燃气是否泄漏进行监测。

20.3 原理学习：气体传感器与测量

20.3.1 气体传感器

气体传感器的种类很多，按照检测原理的不同大致可分为：半导体气体传感器、催化燃

烧式气体传感器、电化学式气体传感器、光学式气体传感器。

1. 半导体气体传感器

半导体气体传感器是运用范围最广的一类气体传感器，其基本原理是：采用金属氧化物或金属半导体氧化物材料做成气敏元件，工作时与气体相互作用产生表面吸附或反应，其电学特性会发生变化，通过分析电学特性的变化来检测被测气体的浓度。气敏元件工作时必须加热，其目的是加速被测气体的吸附、脱出；烧去气敏元件的油塘或污物；不同的加热温度对不同的气体有选择性作用，加热温度与气敏元件输出灵敏度有关。半导体气体传感器吸附气体时阻值的变化如图 20.2 所示。

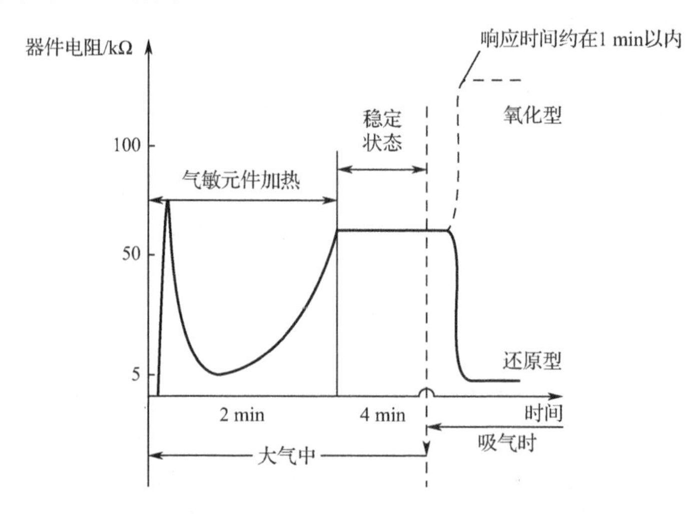

图 20.2　半导体气体传感器吸附气体时阻值的变化

半导体气体传感器的优点是成本低、制造简单、灵敏度高、响应快、对湿度敏感低、电路简单等，其缺点是必须在高温下工作、对气体的选择性差、传感器的参数分散、稳定性不够、要求功率高等。

2. 催化燃烧式气体传感器

在对可燃气体的探测方法中，催化燃烧式探测方法应用得最久，也是最有效的，在石油化工厂、造船厂、矿井、隧道、浴室和厨房等场合都有其应用。催化燃烧式气体传感器的工作原理是：在气敏材料上涂敷活性催化剂，如铀、钮等稀有金属，在通电状态下保持高温，若此时与可燃气体接触，可燃气体在催化层的催化作用下会发生氧化反应进而燃烧，引起气敏材料的温度上升、电阻增大，通过测量电阻的变化就可以得到可燃气体的浓度。催化燃烧式传感器采用惠斯通电桥，如图 20.3 所示。

惠斯通电桥是通过与已知电阻相比来测量未知电阻的，在工作过程中，R_1 是微调电位器，用于保持电桥均衡，电桥均衡时输出信号为 0。电阻 R_B 和微调电位器 R_1 通常选择阻值相对较大的电阻，以确保电路正常运行。当气体在传感器表面发生无焰燃烧时，产生的热量导致温度上升，温度上升反过来又会改变传感器的电阻，从而打破电桥平衡，使之输出稳定的电流信号。信号再经过后续电路的放大、稳压和处理后最终显示可靠的数值。

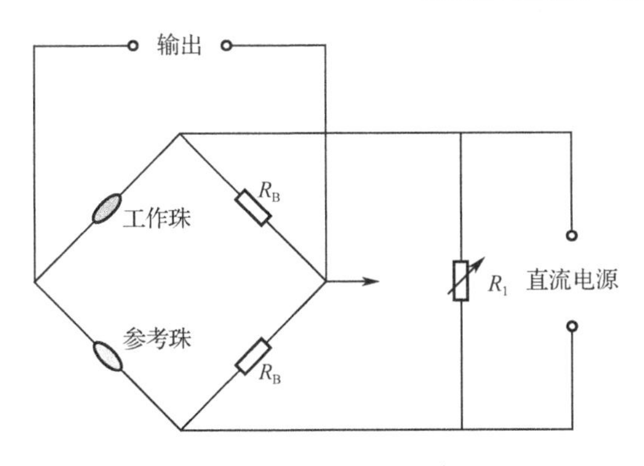

图 20.3　惠斯通电桥

催化燃烧式气体传感器的优点是稳定性高、电路设计简单等，但其寿命短，而且催化燃烧式方法要求将可燃气体采集到传感器内进行化学反应，存在不安全性和不稳定性，必须经常进行校准等操作，需要有专业技术人员，不便于日常使用。

3. 电化学式气体传感器

最早的电化学式气体传感器可以追溯到 20 世纪 50 年代，当时主要用于氧气监测。电化学式气体传感器通过与目标气体发生反应来产生与气体浓度成正比的电信号。典型的电化传感器由传感电极（或工作电极）和反电极组成，两者之间由一个薄电解层隔开，其基本结构如图 2.4 所示。

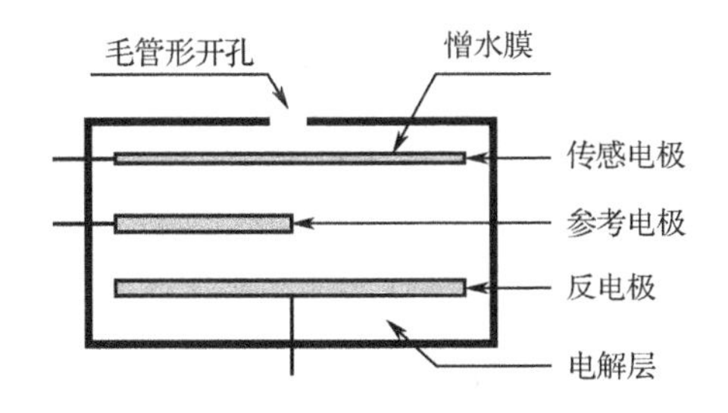

图 20.4　电化学式气体传感器基本结构

气体首先通过微小的毛管形开孔与传感器发生反应，然后是憎水膜，最终到达传感电极表面，并与传感电极发生反应，传感电极可以采用氧化机理或还原机理，这些反应由针对目标气体而设计的电极材料进行催化。通过电极间连接的电阻，与电气浓度成正比的电流会在正极与负极间流动，测量该电流即可确定气体浓度。由于在该过程中会产生电流，电化学式气体传感器又常被称为电流气体传感器或微型燃料电池。参考电极的作用是为了保持传感电极上的固定电压值，为改善传感器性能。

4. 光学式气体传感器

根据检测方法和原理不同，光学式气体传感器可以分为光干涉式、光纤式、红外光谱吸收式等类型，其中以红外光谱吸收式传感器（红外气体传感器）运用得最广。红外气体传感器是近几年发展和采用的传感器，可以有效地分辨气体的种类，准确地测定气体的浓度，已经成功用于二氧化碳、甲烷等的检测。红外气体传感器工作的基本原理是：不同气体的具有不同的特征吸收波长，通过测量和分析红外线通过气体后特征吸收波长的变化可检测气体的浓度。

红外气体传感器的优点是：选择性强、灵敏度高、不损害待测气体、不需要加热、使用寿命长、受环境影响小等，是一种安全、无损、高效的气体传感器，但其制作成本高、制作工艺严格、抗外界光干扰能力弱。

20.3.2 MP-4 型燃气传感器

MP-4 型燃气传感器如图 20.5 所示，主要用于家庭、工厂、商业等场所的燃气泄漏监测，以及防火、安全探测系统，也可作为燃气泄漏报警器、气体检漏仪等。

MP-4 型燃气传感器的内部结构如图 20.6 所示。

图 20.5 MP-4 型燃气传感器

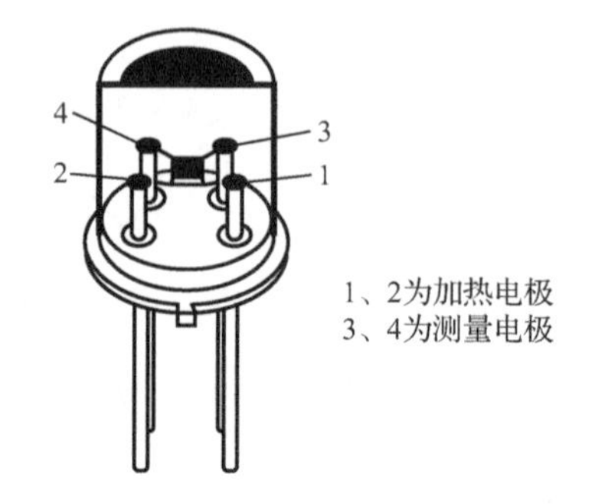

图 20.6 MP-4 型燃气传感器的内部结构

20.4 任务实践：燃气监测仪的软/硬件设计

20.4.1 开发设计

1. 硬件设计

本任务的硬件部分主要由 STM32、MP-4 型燃气传感器、LCD 和串口组成，硬件架构设计如图 20.7 所示，MP-4 型燃气传感器的接口电路如图 20.8 所示。

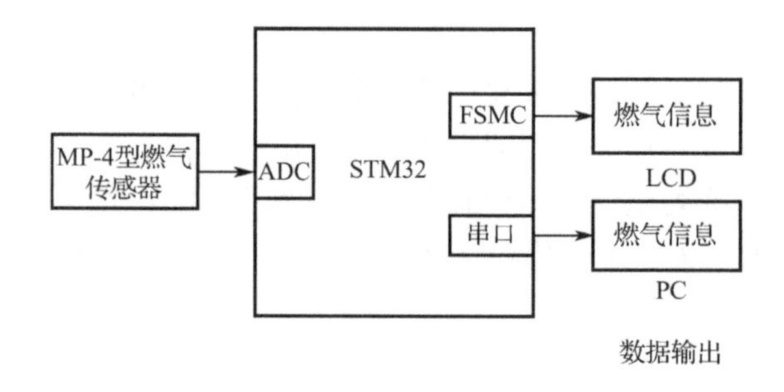

图 20.7 硬件架构设计

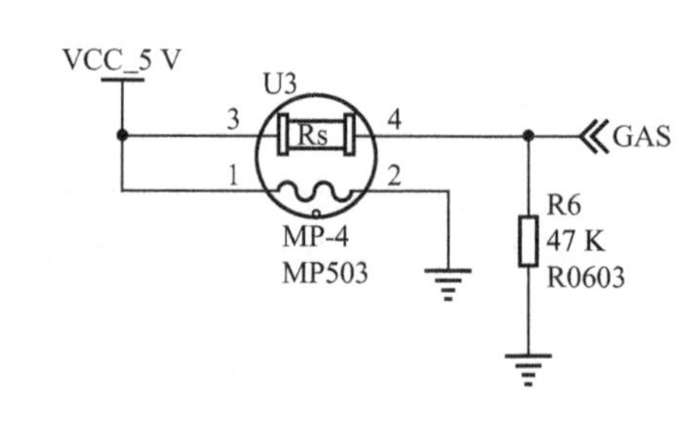

图 20.8 MP-4 型燃气传感器的接口电路

MP-4 型燃气传感器输出的是模拟电压，检测到的燃气浓度越高，传感器输出的电压越大。MP-4 型燃气传感器连接在 STM32 的 PC1 引脚，其中，ADC 接口使用通道 11。

2. 软件设计

软件设计流程如图 20.9 所示。

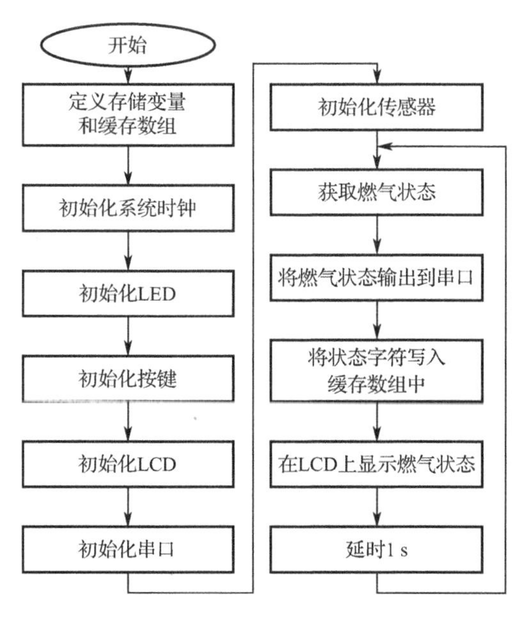

图 20.9　软件设计流程

20.4.2　功能实现

1．主函数模块

```
void main(void)
{
    unsigned int combustiblegas = 0;                    //定义存储燃气状态的变量
    char tx_buff[64];                                   //定义缓存数组
    delay_init(168);                                    //初始化延时
    led_init();                                         //初始化 LED
    key_init();                                         //初始化按键
    lcd_init(COMBUSTIBLEGAS1);                          //初始化 LCD
    usart_init(115200);                                 //初始化串口
    combustiblegas_init();                              //初始化传感器
    while(1){                                           //循环体
        combustiblegas = get_combustiblegas_data();     //获取燃气状态
        printf("combustiblegas:%d\r\n",combustiblegas);          //串口输出提示信息
        sprintf(tx_buff,"可燃气体浓度:%d\r\n",combustiblegas);     //添加燃气状态数据字符到缓存数组
        LCDDrawFnt16(4+30,30+20*7,4,320,tx_buff,0x0000,0xffff);//在 LCD 上显示燃气状态
        delay_ms(1000);                                          //延时 1 s
    }
}
```

2．燃气传感器初始化模块

```
/*********************************************************************************************
* 功能：燃气传感器初始化
*********************************************************************************************/
```

```
void combustiblegas_init(void)
{
    GPIO_InitTypeDef             GPIO_InitStructure;
    ADC_CommonInitTypeDef  ADC_CommonInitStructure;
    ADC_InitTypeDef              ADC_InitStructure;

    RCC_AHB1PeriphClockCmd(RCC_AHB1Periph_GPIOC, ENABLE);              //使能 GPIOC 时钟
    RCC_APB2PeriphClockCmd(RCC_APB2Periph_ADC1, ENABLE);              //使能 ADC1 时钟

    //先初始化 ADC1 通道 11 IO 口
    GPIO_InitStructure.GPIO_Pin = GPIO_Pin_1;                                  //PC1 通道 11
    GPIO_InitStructure.GPIO_Mode = GPIO_Mode_AN;                           //模拟输入
    GPIO_InitStructure.GPIO_PuPd = GPIO_PuPd_NOPULL ;                     //不带上/下拉
    GPIO_Init(GPIOC, &GPIO_InitStructure);                                      //初始化
    RCC_APB2PeriphResetCmd(RCC_APB2Periph_ADC1,ENABLE);              //ADC1 复位
    RCC_APB2PeriphResetCmd(RCC_APB2Periph_ADC1,DISABLE);             //复位结束
    ADC_CommonInitStructure.ADC_Mode = ADC_Mode_Independent;          //独立模式
    //两个采样阶段之间的延迟 5 个时钟
    ADC_CommonInitStructure.ADC_TwoSamplingDelay = ADC_TwoSamplingDelay_5Cycles;
     //DMA 失能
    ADC_CommonInitStructure.ADC_DMAAccessMode = ADC_DMAAccessMode_Disabled;
    //预分频 4 分频，ADCCLK=PCLK2/4=84/4=21 MHz，ADC 时钟最好不要超过 36 MHz
    ADC_CommonInitStructure.ADC_Prescaler = ADC_Prescaler_Div4;
    ADC_CommonInit(&ADC_CommonInitStructure);                                //初始化
    ADC_InitStructure.ADC_Resolution = ADC_Resolution_12b;                  //12 位模式
    ADC_InitStructure.ADC_ScanConvMode = DISABLE;                          //非扫描模式
    ADC_InitStructure.ADC_ContinuousConvMode = DISABLE;                   //关闭连续转换
    //禁止触发检测，使用软件触发
    ADC_InitStructure.ADC_ExternalTrigConvEdge = ADC_ExternalTrigConvEdge_None;
    ADC_InitStructure.ADC_DataAlign = ADC_DataAlign_Right;                   //右对齐
    ADC_InitStructure.ADC_NbrOfConversion = 1;   //1 个转换在规则序列中，也就是只转换规则序列 1
    ADC_Init(ADC1, &ADC_InitStructure);                 //ADC 初始化
    ADC_Cmd(ADC1, ENABLE);                                   //开启 ADC
}
```

3. 燃气传感器数据获取模块

```
/*********************************************************************************
* 功能：获取燃气传感器数据
*********************************************************************************/
unsigned int get_combustiblegas_data(void)
{
  //ADC1，ADC 通道，480 个周期，提高采样时间可以提高精确度
  ADC_RegularChannelConfig(ADC1, ADC_Channel_11, 1, ADC_SampleTime_480Cycles );
  ADC_SoftwareStartConv(ADC1);                                      //使能 ADC1 的软件触发功能
  while(!ADC_GetFlagStatus(ADC1, ADC_FLAG_EOC ));            //等待转换结束
```

```
    return ADC_GetConversionValue(ADC1);                    //返回最近一次 ADC1 规则组的转换结果
}
```

其中 LED 驱动函数模块、按键驱动函数模块、LCD 驱动函数模块、串口驱动函数模块、I2C 驱动函数模块以及延时函数模块请参考随书资源的项目开发工程源代码。

20.5　任务验证

使用 IAR 集成开发环境打开燃气监测仪设计工程，通过编译后，使用 J-Link 将程序下载到 STM32 开发平台中，暂不执行程序。

使用串口线连接 STM32 开发平台与 PC，打开串口工具并配置波特率为 115200、8 位数据位、无奇偶校验位、1 位停止位，取消十六进制显示，设置完成后运行程序。

程序运行后，PC 串口工具的数据接收窗口将会每秒显示一次燃气传感器采集到的燃气浓度数据，当改变燃气传感器周围的燃气浓度值时，在 PC 串口工具的数据接收窗口可以看到燃气浓度数据的变化。验证效果如图 20.11 所示。

图 20.10　验证效果

20.6　任务小结

通过本任务的学习和开发，读者可学习燃气传感器工作原理，并掌握通过 STM32 的 ADC 来驱动燃气传感器，实现燃气监测仪的设计。

20.7 思考与拓展

（1）简述气体传感器的工作原理。

（2）请读者尝试模拟家居燃气安全检测，当燃气浓度达到设定阈值时，系统在 PC 上每秒显示一次危险信息，未超过阈值时每 3 s 显示一次安全信息，并显示燃气的浓度。

任务 21

振动检测仪的设计与实现

本任务重点学习振动传感器的基本工作原理和功能，并通过 STM32 驱动振动传感器，从而实现振动检测仪的设计。

21.1 开发场景：如何实现振动检测仪

振动检测仪是测量物体振动量大小的仪器，在桥梁、建筑、地震等领域有广泛的应用。振动检测仪还可以和加速度传感器组成振动测量系统，对物体加速度、速度和位移进行测量。

本任务通过振动传感器捕获振动信号，当检测到振动时，LED 会不停闪烁，同时屏幕上会显示振动信息。本任务将围绕这个场景展开对 STM32 和振动传感器的学习与开发。振动检测仪如图 21.1 所示。

图 21.1　振动检测仪

21.2 开发目标

（1）知识要点：振动信号的概念；振动传感器的分类和基本工作原理。

（2）技能要点：了解振动传感器的原理结构；掌握振动传感器的应用；会使用 STM32 的 GPIO 驱动振动传感器。

（3）任务目标：某仪器生产企业要设计一款振动检测仪，要求通过振动传感器捕获振动信号，当检测到振动时，LED 会不停闪烁，同时屏幕上会显示振动信息。

21.3 原理学习：振动信号和振动传感器

21.3.1 振动信号

在我们生活的世界中，振动可谓无处不在。不管是有生命的物种（如人、植物、动物），还是没有生命的东西（如火车、汽车、飞机），只要存在运动就必然会产生或强或弱的振动，通过对振动信号进行采集、分析、处理，就可以得到目标物体的运动特征，为判断入侵行为提供依据。

信号是信息的载体和具体表现形式，信息需转化为传输媒质能够接收的信号形式方能传输。广义地说，信号是随着时间变化的某种物理量。

振动信号可分为连续信号和离散信号两大类。如果在某一时间间隔内，对于所有时间值，

除若干不连续点外，该函数都能给出确定的函数值，此信号称为连续信号。与连续信号相对应的是离散信号，表示离散信号的时间函数只在某些不连续的时间值上给定函数值。

21.3.2 振动传感器

随着电子科技的高速发展，越来越多的振动传感器被研制出来了，其种类也随之增多。一般情况下，在现场振动测试时通常采用的传感器有以下几种：电涡流振动传感器、光纤光栅振动传感器、振动加速度传感器、振动速度传感器。每种振动传感器的工作范围都是由它们固定的频率响应特性决定的，传感器只能在其工作范围内正常工作，如果超出了其工作范围，得到的测量结果将会有较大的偏差。

1. 电涡流振动传感器

电涡流振动传感器的头部有一个线圈，此线圈利用高频电流（由前置放大器的高频振荡器提供的）产生交变磁场，如果待测量的物体表面具有一定的铁磁性能，那么此交变磁场将会产生一个电涡流，此电涡流会产生另一个磁场，这个磁场与传感器的磁场在方向上恰好相反，所以对传感器有一定的阻抗性。待测量物体的表面与传感器之间的间隙大小将直接影响电涡流强度，当间隙较小时，电涡流较强，导致最终传感器的输出电压变小；当间隙较大时，电涡流较弱，导致最终传感器的输出电压变大。电涡流振动传感器结构如图 21.2 所示，其工作原理如图 21.3 所示。

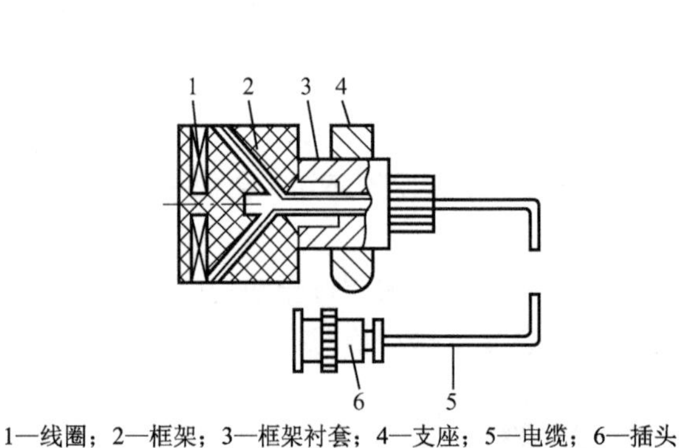

1—线圈；2—框架；3—框架衬套；4—支座；5—电缆；6—插头

图 21.2　电涡流振动传感器结构

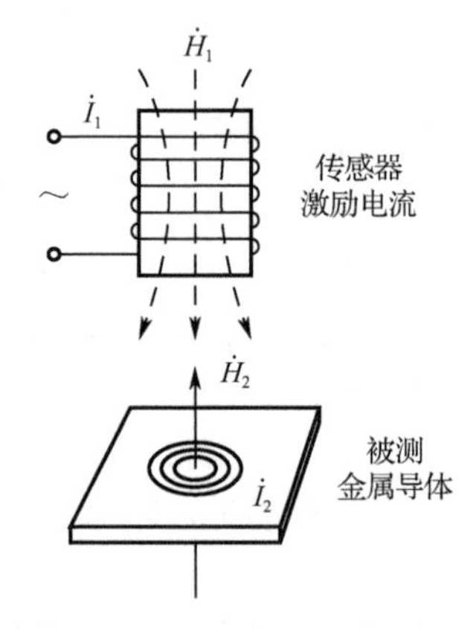

图 21.3　电涡流振动传感器工作原理

2. 振动速度传感器

振动速度传感器的内部有一个被固定的永久性磁铁和一个被弹簧固定的线圈，当存在振动时，永久性磁铁会随着外壳和物体一同振动，但此时的线圈却不能和磁铁一起振动，这样就形成了电磁感应，线圈以一定的速度切割磁体时将产生磁力线，最终输出由此产生的电动势。输出的电动势大小不仅和磁通量的大小有关，还和线圈参数（在此处均为常数）、线圈切割磁力线的速度成正比。永久性磁铁的运动速度和输出的电动势成正比，传感器的输出电压正比于待测量物体的振动速度。振动速度传感器的结构模型如图 21.4 所示。

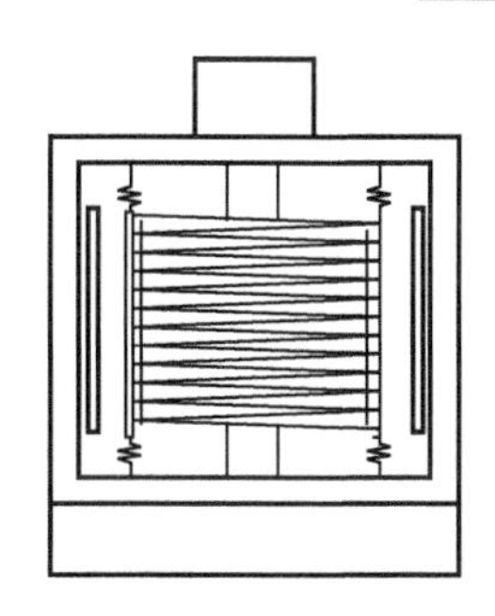

图 21.4　振动速度传感器的结构模型

3. 振动加速度传感器

振动加速度传感器是以某些晶体元件受力后会在其表面产生不同电荷的压电效应为基础来工作的。压电原理如图 21.5 所示，振动加速度传感器的结构模型如图 21.6 所示。

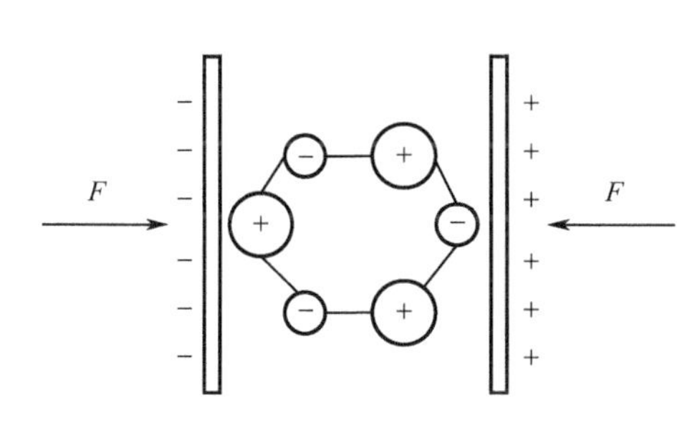

图 21.5　压电原理

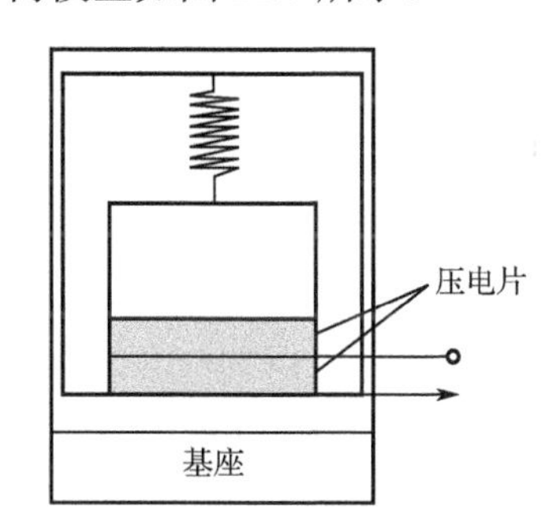

图 21.6　振动加速度传感器的结构模型

当某些晶体元件受外力影响时，其内部会产生一定的变化，在受力方向一定时就会产生极化现象，在晶体元件的两个表面产生电荷，且电荷的极性恰好相反。电荷的极性和受力方向有关，电荷的极性会随着受力方向的改变而改变；电荷量的多少和所受外力的大小有关，当受到的外力较大时，产生的电荷量较多；当受到的外力较小时，产生的电荷量较少。当去掉外力时，晶体元件就会恢复到原来的状态（不带电状态）。上述现象称为正压电效应。当把交变电场作用于晶体元件上时，晶体元件就会产生机械形变，这种现象称为逆压电效应或者电致伸缩效应，经常被用在电声材料上，如喇叭、超声探头等。振动加速度传感器最大的特点就是具有极宽的频率响应范围，最高可以达到几十千赫，也正是因为这一特性使得它的测量范围特别大，最大可达十几万个重力加速度 g，因此被广泛应用于高频振动检测中，如接触式测量齿轮、滚动轴承等。

一般情况下，使用电缆将振动加速度传感器和电荷放大器连接起来共同使用时会不可避免地对电缆造成干扰，为了把外界造成的干扰降低到最低，现在已经将电荷放大器集成到了一些振动加速度传感器内，这样可大大提高传感器的可靠性。

4. 光纤光栅振动传感器

光纤光栅振动传感器是利用光纤光栅的波长温度、应力的反应敏感的特性制成的。光纤光栅是基于掺杂光纤的特殊的光敏特性，通过特殊的加工工艺使得外界激光器（如紫外光激

光器等）写入的光子和光纤纤芯内的掺杂粒子相互作用，使折射率发生轴向周期或非周期变化而形成的空间相位光栅，如图 21.7 所示。

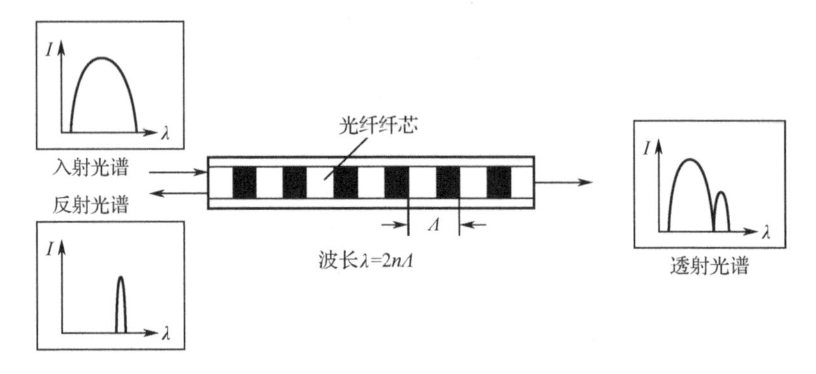

图 21.7　空间相位光栅的形成

光纤光栅振动传感器的核心元件是光纤布拉格光栅，光纤布拉格光栅在外界振动信号的作用下，通过光路传输及折射效应引起光纤布拉格光栅中的波长发生移位，这种移位能够精确地反映外界的振动信息。

21.4　任务实践：振动检测仪的软/硬件设计

21.4.1　开发设计

1．硬件设计

本任务主要使用振动传感器，硬件部分主要由 STM32、振动传感器、LCD 和串口组成。硬件架构设计如图 21.8 所示，振动传感器的接口电路如图 21.9 所示。

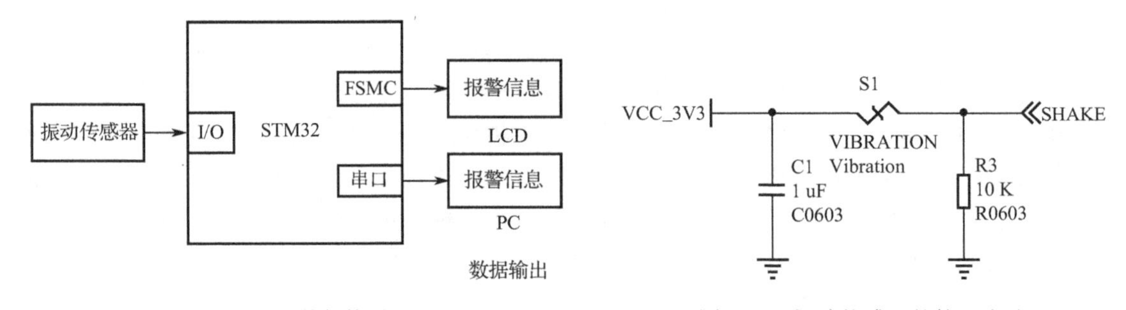

图 21.8　硬件架构设计　　　　图 21.9　振动传感器的接口电路

2．软件设计

软件设计流程如图 21.10 所示。

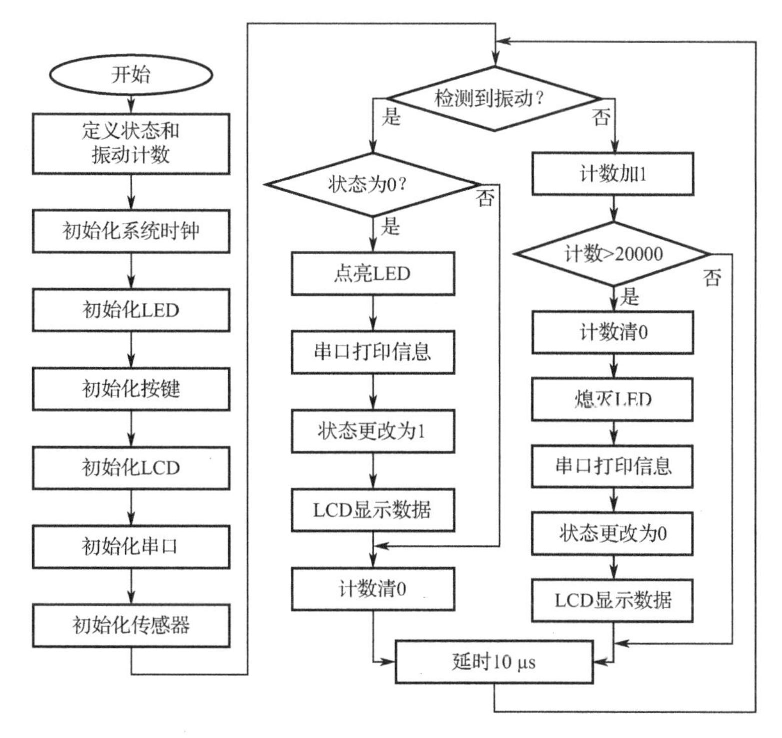

图 21.10　软件设计流程

21.4.2　功能实现

1．主函数模块

```
void main(void)
{
    unsigned char vibration_status = 0;                    //定义存储振动状态的变量
    unsigned int count = 0;                                //无振动计数
    delay_init(168);                                       //初始化延时
    led_init();                                            //初始化 LED
    key_init();                                            //初始化按键
    lcd_init(VIBRATION1);                                  //初始化 LCD
    usart_init(115200);                                    //初始化串口
    vibration_init();                                      //初始化传感器
    while(1){                                              //循环体
        if(get_vibration_status() == 1){                   //检测到振动
            if(vibration_status == 0){                     //传感器状态发生改变
                led_control(D3);                           //点亮 LED
                printf("Vibration!\r\n");                  //串口输出提示信息
                vibration_status = 1;                      //更新振动传感器状态
                //LCD 显示信息
                LCDDrawFnt16(4+30,30+20*7,4,320,"      检测到振动",0x0000,0xffff);
                LCDDrawFnt16(160,30+20*7,4,320,"D3：开",0x0000,0xffff);
            }
```

```
                count = 0;                                  //计数清 0
            } else{                                         //没有检测到振动
                count ++;                                   //计数自增
                if(count > 20000)                           //判断是否停止振动
                {
                    count =       0;                        //计数清 0
                    led_control(0);                         //熄灭 LED
                    printf("no Vibration!\r\n");            //串口输出提示信息
                    vibration_status = 0;                   //更新振动传感器状态
                    //LCD 显示信息
                    LCDDrawFnt16(4+30,30+20*7,4,320,"未检测到振动",0x0000,0xffff);
                    LCDDrawFnt16(160,30+20*7,4,320,"D3：关",0x0000,0xffff);
                }
            }
            delay_us(10);                                   //延时 10 μs
        }
}
```

2．振动传感器初始化模块

```
/*********************************************************************************************
* 功能：初始化振动传感器
*********************************************************************************************/
void vibration_init(void)
{
    GPIO_InitTypeDef GPIO_InitStructure;                        //定义一个 GPIO_InitTypeDef 类型的结构体
    RCC_AHB1PeriphClockCmd(RCC_AHB1Periph_GPIOB, ENABLE);       //开启振动相关的 GPIO 外设时钟
    GPIO_InitStructure.GPIO_Pin = GPIO_Pin_9;                   //选择要控制的 GPIO 引脚
    GPIO_InitStructure.GPIO_OType = GPIO_OType_PP;              //设置引脚的输出类型为推挽模式
    GPIO_InitStructure.GPIO_Mode = GPIO_Mode_IN;                //设置引脚模式为输入模式
    GPIO_InitStructure.GPIO_PuPd = GPIO_PuPd_DOWN;              //设置引脚为下拉模式
    GPIO_InitStructure.GPIO_Speed = GPIO_Speed_2MHz;            //设置引脚速率为 2 MHz
    GPIO_Init(GPIOB, &GPIO_InitStructure);                      //初始化 GPIO 配置
}
```

3．获取振动传感器数据模块

```
/*********************************************************************************************
* 功能：获取振动传感器数据
*********************************************************************************************/
unsigned char get_vibration_status(void)
{
    if(GPIO_ReadInputDataBit(GPIOB,GPIO_Pin_9))                        //获取振动传感器的数据
        return 0;
    else
        return 1;
}
```

其中LED驱动函数模块、按键驱动函数模块、LCD驱动函数模块、串口驱动函数模块、I2C驱动函数模块以及延时函数模块请参考随书资源的项目开发工程源代码。

21.5　任务验证

使用IAR集成开发环境打开振动检测仪设计工程，通过编译后，使用J-Link将程序下载到STM32开发平台中，暂不执行程序。

使用串口线连接STM32开发平台与PC，打开串口工具并配置波特率为115200、8位数据位、无奇偶校验位、1位停止位，取消十六进制显示，设置完成后运行程序。

程序运行后，当振动传感器检测到振动发生时，PC串口工具的数据接收窗口将显示“Vibration!”；若未检测到振动信号，将显示“no Vibration!”。检测变化发生一次，PC串口工具显示一次信息。验证效果如图21.11所示。

图21.11　验证效果

21.6　任务小结

通过本任务的学习和开发，读者可以学习振动传感器工作原理，并通过STM32的GPIO驱动振动传感器，从而实现振动检测仪的设计。

21.7　思考与拓展

（1）如何设置振动传感器的灵敏度？如何控制误报警问题？

（2）振动传感器在生活中还有哪些应用场景？

（3）振动传感器可以检测振动信号，当振动强度达到设定的阈值时振动传感器的电信号将会发生变化，因此振动传感器可应用在车辆防盗方面。如果在大范围内同时使用多个传感器则可实现更强大的功能，例如，可通过振动传感器面阵实现对地震波的监测、监测地震的影响范围等。请读者尝试模拟地震检测，当振动发生时 LED 跟随振动传感器同步闪烁，并每秒在 PC 上显示一次数据，若未检测到振动，则每 3 s 在 PC 上显示一次安全信息。

任务 22

电机转速检测系统的设计与实现

本任务重点学习霍尔传感器的基本工作原理和功能，通过 STM32 驱动霍尔传感器，实现电机转速检测系统的设计。

22.1 开发场景：如何实现电机转速检测系统

霍尔传感器是一种采用霍尔原理的传感器，其感应对象为磁钢，当在被测物体上嵌入磁钢并转动时，传感器将输出与旋转速度相关的脉冲信号，从而达到测速的目的。由于安装使用方便、通用性好，霍尔传感器已被广泛应用于多个领域。在测速系统中采用霍尔传感器作为敏感速率信号，具有响应快、抗干扰能力强等特点。霍尔传感器的输出信号经信号调理后，通过对连续脉冲的计数可实现转速测量，充分利用了单片机的内部资源，具有很高的性价比。

本任务针对该场景展开对 STM32 和霍尔传感器的学习与开发。电机转速检测器如图 22.1 所示。

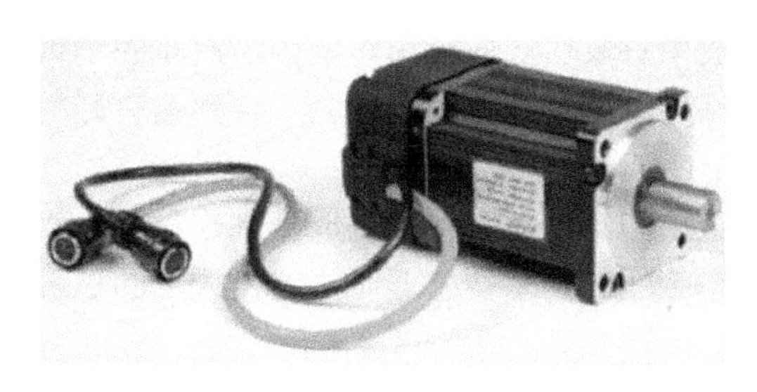

图 22.1　电机转速检测器

22.2 开发目标

（1）知识要点：霍尔传感器的基本概念；霍尔传感器的工作原理与分类。

（2）技能要点：了解霍尔传感器的原理、结构和应用领域；掌握霍尔传感器的工作原理；会使用 STM32 的 GPIO 来驱动霍尔传感器。

（3）任务目标：某电机生产企业需要设计一套转速检测系统，采用霍尔传感器检测脉冲信号，当电机转动时，带动传感器转动，产生与转速相对应的脉冲信号，经过信号处理后输出到上位机进行计数，实现测量转速的目的。

22.3 原理学习：霍尔传感器与测量

22.3.1 霍尔传感器

1. 霍尔传感器的基本概念

霍尔效应是一种磁电效应，这一现象是霍尔于 1879 年在研究金属的导电机制时发现的。当电流垂直于外磁场通过导体时，载流子将发生偏转，在垂直于电流和磁场的方向上会产生一个附加电场，从而在导体的两端产生电势差，这一现象就是霍尔效应。后来发现半导体等也有这种效应，并且半导体的霍尔效应比金属强得多，利用半导体的霍尔效应制成的各种传感器已广泛地应用于工业自动化技术、检测技术及信息处理等方面。通过霍尔效应测定的霍尔系数，能够判断半导体材料的导电类型、载流子浓度及载流子迁移率等重要参数。

按被检测对象的性质可将霍尔传感器的应用分为直接应用和间接应用。前者是直接检测被检测对象本身的磁场或磁特性，后者是检测在被检测对象上人为设置的磁场，用这个磁场来作为被检测的信息的载体，这样就可以将许多非电、非磁的物理量，如力、力矩、压力、应力、位置、位移、速度、加速度、角度、角速度、转数、转速，以及工作状态发生变化的时间等，转换成电量来进行检测和控制。

2. 霍尔传感器的应用

霍尔传感器在汽车工业中有着广泛的应用，例如，汽车的动力、车身控制、牵引力控制和防抱死制动系统。为了满足不同系统的需要，霍尔传感器有开关式、模拟式和数字式三种形式。

霍尔传感器可以采用金属和半导体等材料制成，制作材料会直接影响流过传感器的正离子和电子。制造应用于汽车工业的霍尔传感器时，通常采用的三种半导体材料是砷化镓、锑化铟和砷化铟。

霍尔传感器的形式决定了放大电路的形式，放大电路的输出要适应所控制的装置，可能是模拟式输出，如加速位置传感器或节气门位置传感器，也可能是数字式输出，如曲轴或凸轮轴位置传感器。

当霍尔传感器输出的是模拟信号时，如作为空调系统中的温度表或动力控制系统中的节气门位置传感器，霍尔传感器与微分放大器连接，微分放大器与 NPN 晶体管连接。

当霍尔传感器输出的是数字信号时，如作为曲轴位置传感器、凸轮轴位置传感器或车速传感器，霍尔传感器与微分放大器连接，微分放大器与施密特触发器连接，霍尔传感器输出的是一个开或关的信号。

22.3.2 工作原理与分类

霍尔传感器是基于霍尔效应的一种传感器，霍尔效应最先在金属材料中发现，但因金属材料的霍尔现象太微弱而没有得到发展。由于半导体技术的迅猛发展和半导体显著的霍尔效应现象，霍尔传感器得到了迅速的发展，被广泛用于日常电磁、压力、加速度、振动等方面的测量。霍尔传感器有两种工作方式，即直测式和磁平衡式。

1．直测式

当电流通过一根长导线时，在导线周围将产生一磁场，该磁场的大小与流过导线的电流大小成正比，它可以通过磁芯聚集感应到霍尔传感器上并使其有一信号输出，这一信号经信号放大器放大后直接输出。直测式如图 22.2 所示。

2．磁平衡式

霍尔闭环电流传感器也称为补偿式传感器，即主回路被测电流 I_P 在聚磁环处所产生的磁场通过一个次级线圈对电流所产生的磁场进行补偿，从而使传感器处于检测零磁通的工作状态。磁平衡式如图 22.3 所示。

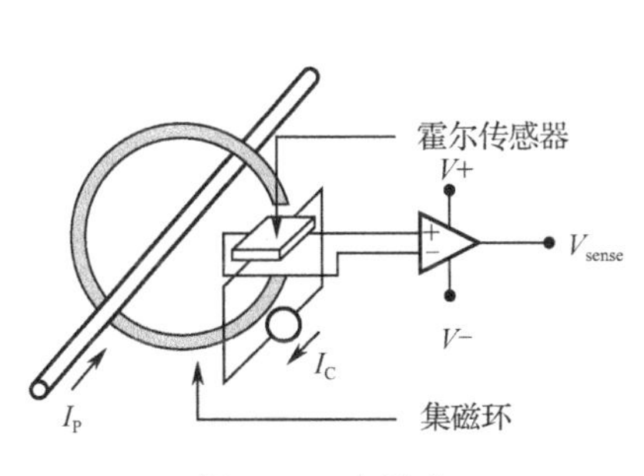

图 22.2　直测式

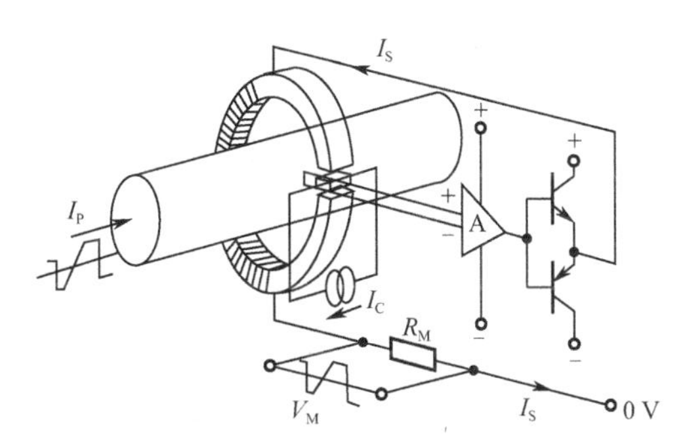

图 22.3　磁平衡式

当主回路有一电流通过时，在导线上产生的磁场被聚磁环聚集并感应到传感器上，所产生的信号输出用于驱动相应的功率管并使其导通，从而获得一个补偿电流 I_s。这一电流再通过多匝绕组产生磁场，该磁场与被测电流产生的磁场正好相反，从而补偿了原来的磁场，使传感器的输出逐渐减小，当 I_p 与匝数相乘所产生的磁场相等时，I_s 不再增加，这时的传感器起指示零磁通的作用，可以通过 I_s 来平衡。被测电流的任何变化都会破坏这一平衡，一旦磁场失去平衡，传感器就有信号输出，经功率放大后，立即就有相应的电流流过次级绕组以对失去平衡的磁场进行补偿。磁场从失去平衡到再次平衡，所需的时间在理论上不到 1 μs，这是一个动态平衡的过程，即原边电流 I_p 的任何变化都会破坏这一磁场平衡，一旦磁场失去平衡，传感器就有信号输出，经放大器放大后，立即有相应的电流流过次级线圈对其补偿。

22.3.3　AH3144 型霍尔传感器

AH3144 型霍尔传感器如图 22.4 所示，广泛应用在无触点开关、位置控制、转速检测、隔离检测、直流无刷电机、电流传感器、汽车点火器、安全报警装置等场合。

图 22.4　AH3144 型霍尔传感器

22.4 任务实践：电机转速检测系统的软/硬件设计

22.4.1 开发设计

1. 硬件设计

本任务的硬件部分主要由 STM32、霍尔传感器、LCD 和串口组成。硬件架构设计如图 22.5 所示，霍尔传感器的接口电路如图 22.6 所示。

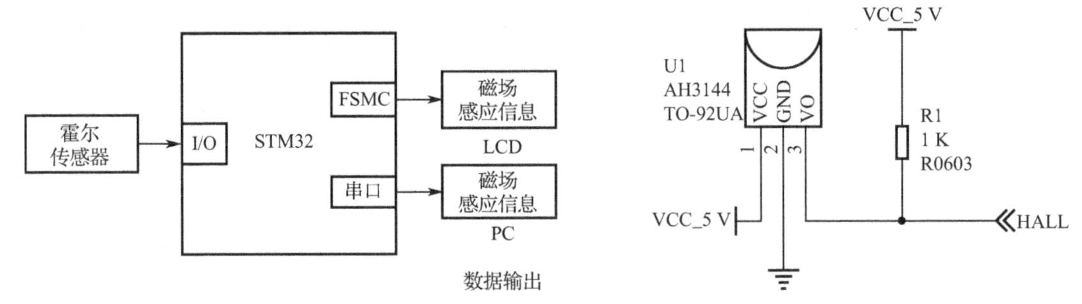

图 22.5 霍尔传感器项目框架图　　图 22.6 霍尔传感器的接口电路

霍尔传感器原理图较为简单，当检测到磁场时，AH3144 型霍尔传感器的 3 引脚输出高电平，反之则为低电平。霍尔传感器信号输出连接在 STM32 的 PB11 引脚。

2. 软件设计

软件设计流程如图 22.7 所示。

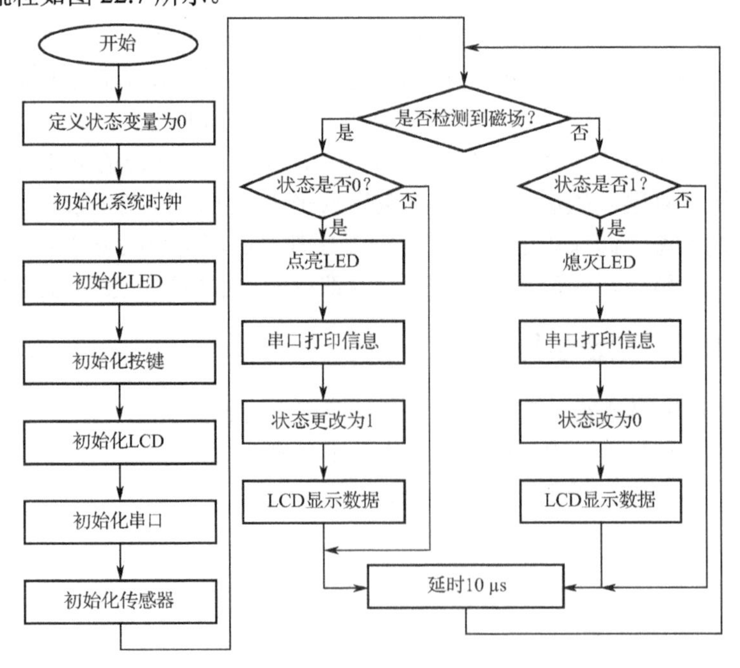

图 22.7 软件设计流程

22.4.2　功能实现

1. 主函数模块

```
void main(void)
{
    unsigned char hall_status = 0;                      //存储霍尔状态变量
    delay_init(168);                                    //初始化延时
    led_init();                                         //初始化 LED
    key_init();                                         //初始化按键
    lcd_init(HALL1);                                    //初始化 LCD
    usart_init(115200);                                 //初始化串口
    hall_init();                                        //初始化传感器
    LCDDrawFnt16(4+30,30+20*7,4,320,"未检测到磁场",0x0000,0xffff);
    LCDDrawFnt16(160,30+20*7,4,320,"D3：关",0x0000,0xffff);
    while(1){                                           //循环体
        if(get_hall_status() == 1){                     //判断是否检测到磁场
            if(hall_status == 0){                       //霍尔传感器状态发生改变
                led_control(D3);                        //点亮 LED
                printf("hall!\r\n");                    //串口打印提示信息
                hall_status = 1;                        //更新霍尔传感器状态
                //LCD 显示信息
                LCDDrawFnt16(4+30,30+20*7,4,320,"    检测到磁场",0x0000,0xffff);
                LCDDrawFnt16(160,30+20*7,4,320,"D3：开",0x0000,0xffff);
            }
        } else{                                         //没有检测到磁场
            if(hall_status == 1){                       //关闭 LED
                led_control(0);                         //熄灭 LED
                printf("no hall!\r\n");                 //串口打印提示信息
                hall_status = 0;                        //更新霍尔传感器状态
                //LCD 显示信息
                LCDDrawFnt16(4+30,30+20*7,4,320,"未检测到磁场",0x0000,0xffff);
                LCDDrawFnt16(160,30+20*7,4,320,"D3：关",0x0000,0xffff);
            }
        }
        delay_us(10);                                   //延时 10 μs
    }
}
```

2. 霍尔传感器初始化模块

```
/*********************************************************************************************
* 功能：霍尔传感器初始化
```

```
*******************************************************************************************/
void hall_init(void)
{
    GPIO_InitTypeDef GPIO_InitStructure;                        //定义一个 GPIO_InitTypeDef 类型的结构体
    RCC_AHB1PeriphClockCmd(RCC_AHB1Periph_GPIOB, ENABLE);   //开启相关的 GPIO 外设时钟
    GPIO_InitStructure.GPIO_Pin = GPIO_Pin_11;                  //选择要控制的 GPIO 引脚
    GPIO_InitStructure.GPIO_OType = GPIO_OType_PP;           //设置引脚的输出类型为推挽模式
    GPIO_InitStructure.GPIO_Mode = GPIO_Mode_IN;             //设置引脚模式为输入模式
    GPIO_InitStructure.GPIO_PuPd = GPIO_PuPd_DOWN;  //设置引脚为下拉模式
    GPIO_InitStructure.GPIO_Speed = GPIO_Speed_2MHz; //设置引脚速率为 2 MHz
    GPIO_Init(GPIOB, &GPIO_InitStructure);                     //初始化 GPIO 配置
}
```

3. 获取霍尔传感器状态模块

```
/*******************************************************************************************
* 功能：获取霍尔传感器状态
*******************************************************************************************/
unsigned char get_hall_status(void)
{
    if(GPIO_ReadInputDataBit(GPIOB,GPIO_Pin_11))
        return 0;
    else
        return 1;
}
```

其中 LED 驱动函数模块、按键驱动函数模块、LCD 驱动函数模块、串口驱动函数模块、I2C 驱动函数模块以及延时函数模块请参考随书资源的项目开发工程源代码。

22.5 任务验证

使用 IAR 集成开发环境打开电机转速检测系统设计工程，通过编译后，使用 J-Link 将程序下载到 STM32 开发平台中，暂不执行程序。

使用串口线连接 STM32 开发平台与 PC，打开串口工具并配置波特率为 115200、8 位数据位、无奇偶校验位、1 位停止位，取消十六进制显示，设置完成后运行程序。

程序运行后，当霍尔传感器检测到有磁场时，点亮 LED，PC 端串口工具的数据接收窗口显示提示信息“hall!”；当没有检测到磁场时，熄灭 LED，PC 端串口工具的数据接收窗口显示提示信息“no hall!”，磁场信息变化发生一次则系统显示一次信息。验证效果如图 22.8 所示。

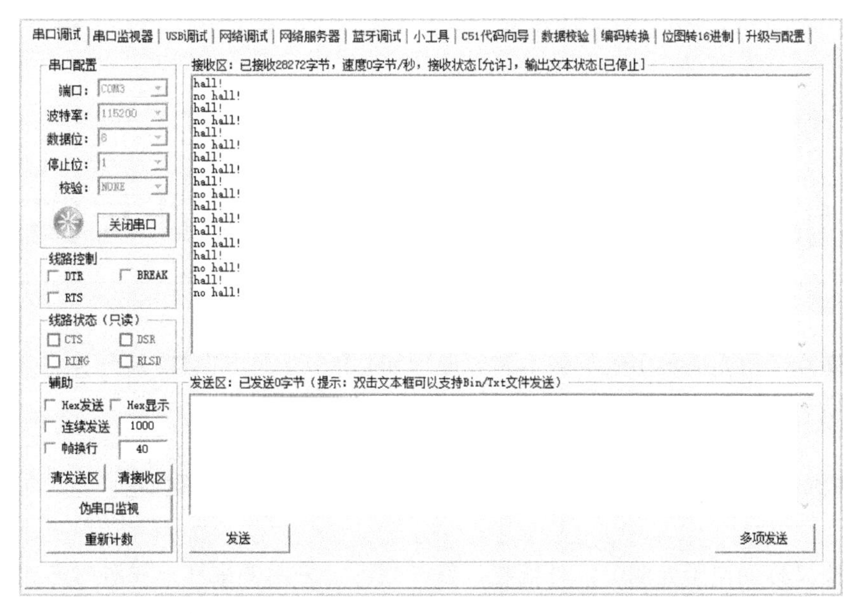

图22.8　验证效果

22.6　任务小结

通过本任务的学习和开发，读者可以学习霍尔传感器的工作原理，并通过STM32的GPIO来驱动霍尔传感器，从而实现电机转速检测设计。

22.7　思考与拓展

（1）霍尔传感器主要应用在哪些领域？

（2）霍尔传感器的基本原理是什么？有哪些分类？

（3）如何使用STM32驱动霍尔传感器？

（4）霍尔传感器具有检测磁场的功能，当磁场强度发生变化时，霍尔传感器的输出电信号也会发生变化，霍尔传感器在工业领域有着广泛的应用。请读者尝试模拟工厂流水线产品计数，PC向嵌入式芯片发送开始计数指令，嵌入式芯片开始记录检测到的磁场变化次数，将次数显示在PC上，当发送总计数指令时，在PC上显示计数数量。

任务 23

智能家居光栅防盗系统的设计与实现

本任务重点学习光电传感器的基本工作原理和功能，通过 STM32 驱动光电传感器，从而实现家居光栅防盗系统的设计。

23.1 开发场景：如何实现智能家居光栅防盗系统

红外光栅又称为电子光栅、红外栅栏、红外栏杆，采用多束红外线对射方式，当发射器向接收器以低频发射、时分检测的方式发出红外线时，一旦有人员或物体挡住了发射器发出的任何相邻两束以上光线超过一定的时间，接收器立即输出报警信号，当有小动物或小物体挡住其中一束光线时，报警器不会输出报警信号。

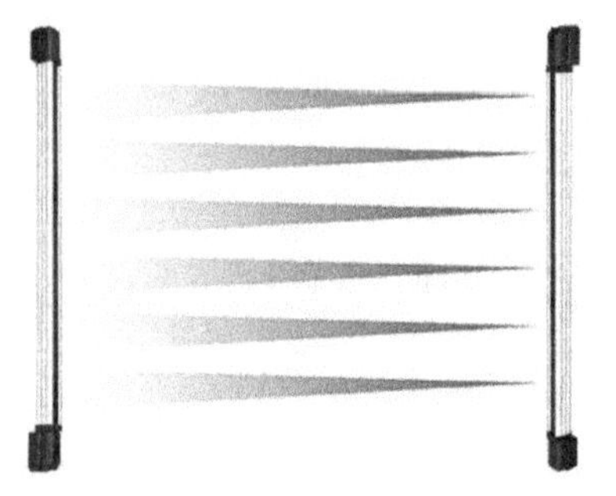

图 23.1 红外光栅防盗监测设备

红外光栅可与各类防盗报警控制器构成功能强大的防盗报警系统，还可以扩展多种用途，如室内停车场出入口车辆探测等。

本任务将围绕这个场景展开对 STM32 和光电传感器的学习与开发。红外光栅防盗监测设备如图 23.1 所示。

23.2 开发目标

（1）知识要点：光电传感器的基本概念、工作原理；槽形光电开关的使用。

（2）技能要点：了解光电传感器的原理结构；会用 STM32 的 GPIO 驱动光电传感器。

（3）任务目标：某安防企业要设计一套红外光栅防盗监测设备，一旦有人员或物体挡住了发射器发出的任何相邻两束以上光线超过 30 ms 时，接收器立即输出报警信号。

23.3 原理学习：光电传感器与应用

23.3.1 光电传感器

光电开关是传感器大家族中的成员之一，它可以把发射端和接收端之间光的强弱变化转化为电流的变化，以达到检测遮挡物体的目的。由于光电开关输出回路和输入回路是光电隔离的（即电绝缘），所以它在工业控制领域得到很广泛的应用。光电开关可分为漫反射式光电开关、镜反射式光电开关、对射式光电开关、槽形光电开关和光纤式光电开关。

漫反射式光电开关是一种集发射器和接收器于一体的传感器，当有被检测物体经过时，物体将光电开关发射器发射的光线反射到接收器，于是光电开关就产生了检测开关信号。当被检测物体的表面光亮或其反光率极高时，漫反射式的光电开关是首选的检测模式。光电检测原理如图 23.2 所示。

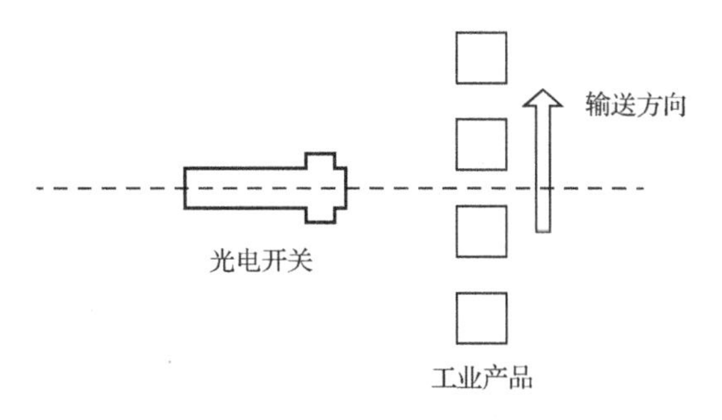

图 23.2　光电检测原理

光电传感器是采用光电元件作为检测元件的传感器，它首先把被测量的变化转换成光信号的变化，然后借助光电元件进一步将光信号转换成电信号。光电传感器一般由光源、光学通路和光电元件三部分组成。

光电传感器因其反应速度快、灵敏度高、分辨率高、可靠性和稳定性好，可实现非接触式检测，并且自身体积小、携带方便、易于安装和集成等，被广泛应用于各行各业。光电传感器可以分为模拟式光电传感器和脉冲式光电传感器两大类。模拟式光电传感器通过光通量的大小来确定光电流的值，光通量由被测的非电量来决定，这样光电流和被测的非电量之间就可以建立一个函数关系，可利用这个函数关系来测定被测的非电量的变化。模拟式光电传感器主要用于测量位移、表面粗超度以及振动参数等。脉冲式光电传感器中的光电器件仅仅输出两个稳定状态——通与断。当光电器件受光照时有光信号输出，无光照射时就没光信号输出，这一类光电传感器通常用于继电器和脉冲发射器，如测量线位移、角位移、角速度等的测量。

23.3.2　光电开关的原理

光电开关是光电传感器的一种，主要由发射器、接收器和检测电路三部分构成。其基本原理是光电效应，即光生电。在光的照射下，某些物质内部的电子会被光子激发出来，从而形成电流，即光生电。光电效应可分为内光电效应、外光电效应和光生伏特效应，内光电效应是指光作用使光电器件的电阻率发生变化，如光敏电阻；光生伏特效应是指光作用使物体产生定方向的电动势，如光敏二极管、光敏三极管、光电池；外光电效应是指发生在物体表面，被光激发产生的电子逸出物质表面形成电子的现象。

光电传感器的发送器用于发射光束，发射的光束一般来源于半导体光源，如发光二极管、激光二极管和红外发光二极管，应根据不同的要求选择光源。接收器一般由光敏二极管或光敏三极管组成，光敏三极管除了具有光敏二极管能将光信号转换成电信号的功能，还有放大电信号的功能。在接收器的前面，通常装有光学元件，如透镜和光圈等，在其后面的是检测电路。当红外发光二极管发出的恒定光源被光电码盘调制后，光线周期性地照射到光敏三极

管上，光敏三极管将光信号转换成电信号并将其放大。光电码盘有遮光孔和通光孔之分，因此接收器接收的电信号就是一系列高、低电平的脉冲。

此外，光电开关中还有发射板和光导纤维。光电开关的结构如图 23.3 所示。

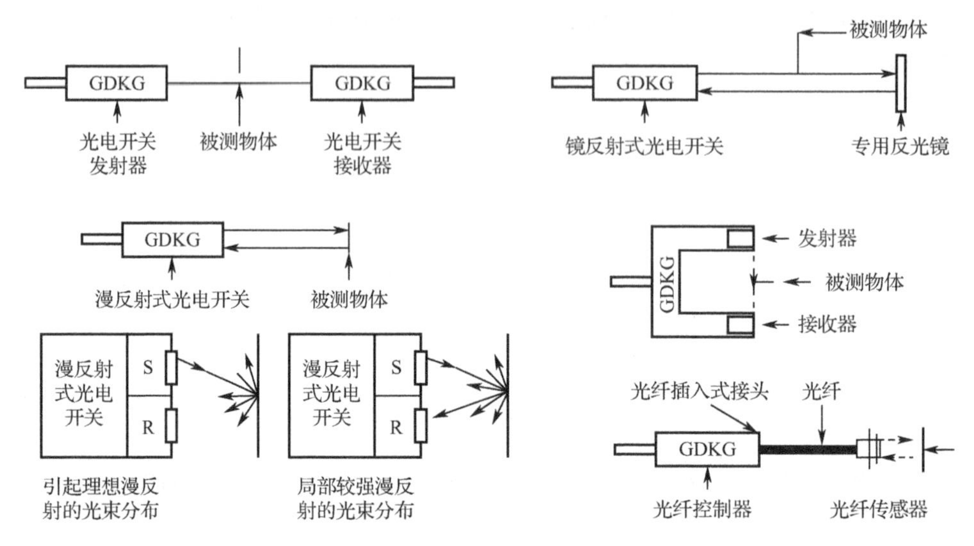

图 23.3　光电开关的结构

23.3.3　光电传感器的应用

用光电元件作为敏感元件的光电传感器，其种类繁多，广泛应用在以下领域。

1．烟尘浊度监测仪

防止工业烟尘污染是环保的重要任务之一。为了消除工业烟尘污染，首先要知道烟尘排放量，因此必须对烟尘源进行监测。烟道里的烟尘浊度是通过光在烟道里传输过程中的变化大小来检测的，如果烟道浊度增加，光源发出的光被烟尘颗粒的吸收和折射将增加，到达光检测器的光就会减少，因此光检测器输出信号的强弱便可反映烟道浊度的变化。

2．条形码扫描笔

当扫描笔在条形码上移动时，若遇到黑色线条，发光二极管发出的光线将被黑线吸收，光敏三极管接收不到反射光，呈高阻抗，处于截止状态；当遇到白色间隔时，发光二极管所发出的光线被反射到光敏三极管的基极，光敏三极管产生光电流而导通。整个条形码被扫描过之后，光敏三极管将条形码变形一个个电脉冲信号，该信号经放大、整形后便形成脉冲序列，再经计算机处理，即可完成对条形码信息的识别。

3．产品计数器

产品在传输带上运行时，不断地遮挡光源到光电传感器的光路，使光电脉冲电路产生一个个电脉冲信号。产品每遮光一次，光电传感器电路便产生一个脉冲信号，因此，输出的脉冲数即代表产品的数目，该脉冲可由计数电路计数并由显示电路显示出来。

4．光电式烟雾报警器

没有烟雾时，发光二极管发出的光线是直线传播的，光电三极管不会接收光线，也没有信号输出；有烟雾时，发光二极管发出的光线被烟雾颗粒折射，使光电三极管接收到光线，有信号输出，发出报警。

5．测量转速

在电机的旋转轴上涂上黑白两种颜色，在轴转动时，反射光与不反射光交替出现，光电传感器间断地接收光的反射信号，并输出间断的电信号，再经放大器和整形电路后便可输出方波信号，即可得到电机的转速。

6．光电池在光电检测和自动控制方面的应用

光电池作为光电探测使用时，其基本原理与光敏二极管相同，但它们的基本结构和制造工艺不完全相同。由于光电池工作时不需要外加电压，光电转换效率高、光谱范围宽、频率特性好、噪声低等，它已广泛地用于光电耦合、光栅测距、紫外线监视器和燃气轮机的熄火保护装置等。工业级光电开关如图 23.4 所示，槽形光电开关的如图 23.5 所示。

图 23.4　工业级光电开关

图 23.5　槽形光电开关

23.4　任务实践：智能家居光栅防盗系统的软/硬件设计

23.4.1　开发设计

1．硬件设计

本任务的硬件部分主要由 STM32、光电传感器、LCD 和串口组成。硬件架构设计如图 23.6 所示。

槽形光电开关的接口电路如图 23.7 所示。

2．软件设计

软件设计流程如图 23.8 所示。

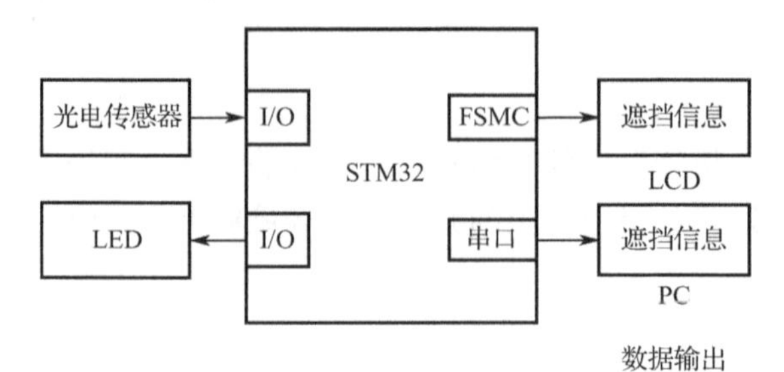

图 23.6　硬件架构设计

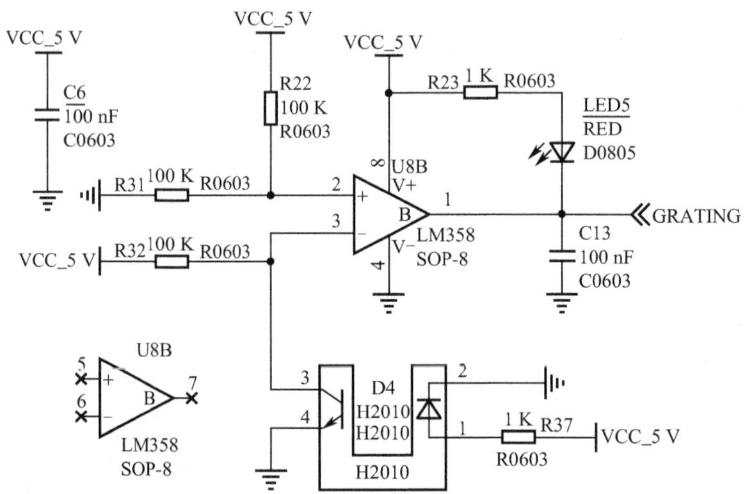

图 23.7　槽形光电开关的接口电路

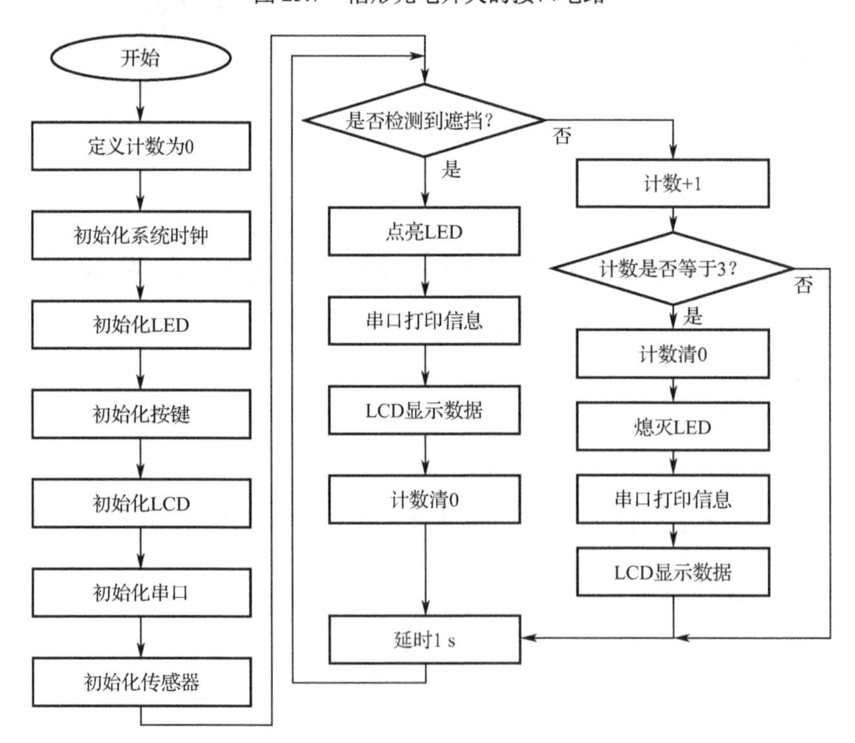

图 23.8　光电计数程序逻辑

23.4.2　功能实现

1．主函数模块

```
void main(void)
{
    unsigned char num = 0;
    delay_init(168);                         //初始化延时
    led_init();                              //初始化 LED
    key_init();                              //初始化按键
    lcd_init(GRATING1);                      //初始化 LCD
    usart_init(115200);                      //初始化串口
    grating_init();                          //初始化光电传感器
    while(1){                                //循环体
        if(get_grating_status() == 1){       //判断是否检测到遮挡
                led_control(D3);             //点亮 LED
                printf("Grating!\r\n");      //串口打印提示信息
                //LCD 显示检测信息
                LCDDrawFnt16(4+30,30+20*7,4,320,"    检测到遮挡",0x0000,0xffff);
                LCDDrawFnt16(160,30+20*7,4,320,"D3：开",0x0000,0xffff);
            num = 0;                         //计数清 0
        } else{                              //没有检测到遮挡
            num ++;                          //计数自增
            if(num ==3)                      //检测遮挡
            {
                num = 0;                     //计数清 0
                led_control(0);              //熄灭 LED
                printf("no Grating!\r\n");   //串口打印提示信息
                //LCD 显示检测信息
                LCDDrawFnt16(4+30,30+20*7,4,320,"未检测到遮挡",0x0000,0xffff);
                LCDDrawFnt16(160,30+20*7,4,320,"D3：关",0x0000,0xffff);
            }
        }
        delay_ms(1000);        //延时 1 s
    }
}
```

2．光电传感器初始化模块

```
/*********************************************************************************************
* 功能：光电传感器初始化
*********************************************************************************************/
```

```
void grating_init(void)
{
    GPIO_InitTypeDef GPIO_InitStructure;                         //定义一个 GPIO_InitTypeDef 类型的结构体
    //开启红外光栅相关的 GPIO 外设时钟
    RCC_AHB1PeriphClockCmd(RCC_AHB1Periph_GPIOC, ENABLE);
    GPIO_InitStructure.GPIO_Pin = GPIO_Pin_2;                    //选择要控制的 GPIO 引脚
    GPIO_InitStructure.GPIO_OType = GPIO_OType_PP;               //设置引脚的输出类型为推挽模式
    GPIO_InitStructure.GPIO_Mode = GPIO_Mode_IN;                 //设置引脚模式为输入模式
    GPIO_InitStructure.GPIO_PuPd = GPIO_PuPd_DOWN;               //设置引脚为下拉模式
    GPIO_InitStructure.GPIO_Speed = GPIO_Speed_2MHz;             //设置引脚速率为 2 MHz
    GPIO_Init(GPIOC, &GPIO_InitStructure);                       //初始化 GPIO 配置
}
```

3．获取光电传感器状态模块

```
/*********************************************************************************************
* 功能：获取光电传感器状态
*********************************************************************************************/
unsigned char get_grating_status(void)
{
    if(GPIO_ReadInputDataBit(GPIOC,GPIO_Pin_2))                  //光电传感器检测引脚
        return 1;                                                //检测到信号返回 1
    else
        return 0;                                                //没有检测到信号返回 0
}
```

其中 LED 驱动函数模块、按键驱动函数模块、LCD 驱动函数模块、串口驱动函数模块、I2C 驱动函数模块以及延时函数模块请参考随书资源的项目开发工程源代码。

23.5 任务验证

使用 IAR 集成开发环境打开智能家居光栅防盗系统设计工程，通过编译后，使用 J-Link 将程序下载到 STM32 开发平台中，暂不执行程序。

使用串口线连接 STM32 开发平台与 PC，打开串口工具并配置波特率为 115200、8 位数据位、无奇偶校验位、1 位停止位，取消十六进制显示，设置完成后运行程序。

程序运行后，当检测到遮挡时，PC 端串口工具的数据接收窗口上会每秒显示一次信息“Grating!”；当没有检测到遮挡时，PC 端串口工具的数据接收窗口上会每 3 s 显示一次信息“no Grating!”。验证效果如图 23.9 所示。

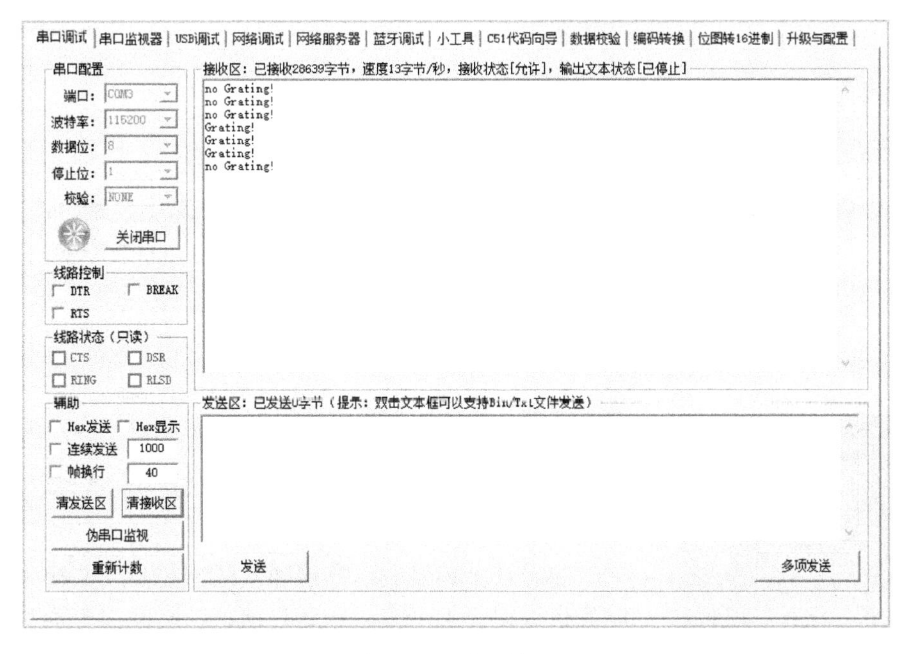

图 23.9　验证效果

23.6　任务小结

通过本任务的学习和开发，读者可以学习光电传感器工作原理，并通过 STM32 的 GPIO 驱动光电传感器，从而实现智能家居光栅防盗系统的设计。

23.7　思考与拓展

（1）光电传感器的工作原理是什么？

（2）如何使用 STM32 驱动光电传感器？

（3）光电传感器因其具有反应速度快、无须接触且不易察觉的特性，在安防领域有着广泛的应用。请读者尝试模拟家居的门窗非法闯入，当没有检测到物体时，系统每 3 s 将安全信息显示在 PC 上；当检测到物体时 LED 闪烁并将危险信息显示在 PC 上。

任务 24

智能建筑消防预警系统的设计与实现

本任务重点学习火焰传感器的基本工作原理和功能，通过 STM32 驱动火焰传感器，从而实现智能建筑消防预警系统的设计。

图 24.1　现代高层建筑

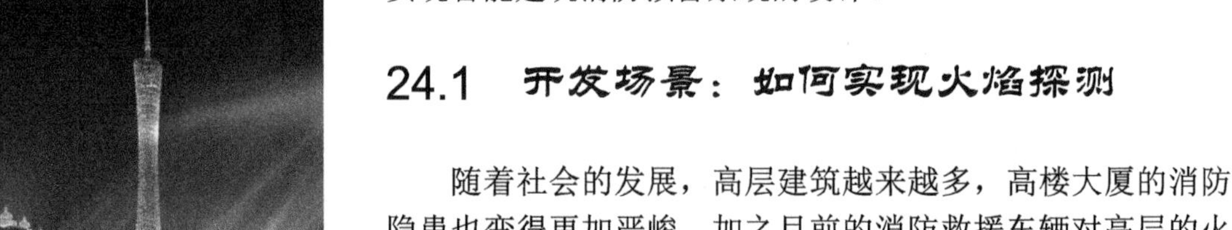

24.1　开发场景：如何实现火焰探测

随着社会的发展，高层建筑越来越多，高楼大厦的消防隐患也变得更加严峻，加之目前的消防救援车辆对高层的火灾救援仍旧没有很好的解决方案，因此大楼在发生火灾后通常只能等待大火燃尽熄灭，造成的经济损失和社会影响都比较严重。为了避免此类问题的发生，消防预警系统就成为现代高楼设计的重中之重。现代高层建筑如图 24.1 所示。

本任务将围绕这个场景展开对 STM32 和火焰传感器的学习与开发。

24.2　开发目标

（1）知识要点：火焰传感器功能、基本原理；火焰传感器的分类。

（2）技能要点：熟悉火焰传感器的结构和功能；掌握火焰传感器的基本原理；会使用 STM32 的 GPIO 驱动火焰传感器。

（3）任务目标：某摩天大楼即将完工，为配合喷淋及大楼报警装置的使用，需要使用火焰传感器对大楼内的明火进行提前预警。请使用火焰传感器对明火信号进行监测，并将监测结果发送至上位机并进一步进行处理。

24.3　原理学习：光电效应和火焰传感器

24.3.1　火焰传感器

火焰是由各种燃烧生成物、中间物、高温气体、碳氢物质以及无机物质为主体的高温固体微粒构成的。火焰的热辐射包括离散光谱的气体辐射和连续光谱的固体辐射。不同燃烧物的火焰辐射强度、波长分布有所差异，但总体来说，其对应火焰温度的波长为 1～2 μm 的近红外线波长区域具有最大的辐射强度。

火焰传感器主要是依靠光谱中的特征波长的光线来检测火焰的，根据不同特征波长的光线可将火焰传感器分为红外火焰传感器和紫外火焰传感器。

传统的火焰传感器主要是感烟、感温和感光型火焰传感器。感烟和感温型火焰传感器虽然漏报率很低，但是易受环境湿气、温度等因素的影响。感光型主要有两种：紫外火焰传感器和红外火焰传感器。传统的感光型火焰传感器主要有单紫外、单红外、双红外和三红外火焰传感器。紫外火焰传感器的响应快速，对人和高温物体不敏感，但有本底噪声存在，且易受雷电、电弧等影响；红外火焰传感器易受高温物体、人、日光等影响。单紫外火焰传感器、单红外火焰传感器易发生误报现象。双红外火焰传感器和三红外火焰传感器的响应时间长，在复杂的情况下难以区分火焰和背景，误报率较高。紫红外火焰传感器结合了紫外火焰传感器和红外火焰传感器优势，互补不足，可以快速识别火焰，且准确率高。

目前，紫红外火焰传感器主要应用在石油、煤矿等防爆场所，这些场合对产品的响应速度要求极高，恶劣的环境使得误报现象严重，而且对包装有很高的防爆要求，成本高，不适用于民用场所。大部分民用场所的相对较好，响应时间要求较低，对传感器的外包装无较高的防爆要求。鉴于此设计的紫红外火焰传感器可快速探测到火焰信息，并有一定时间对其信号做算法处理，在快速响应的同时提高了准确率，适合民用场所的防火应用。

在火焰的红外线辐射光谱范围内，辐射强度最大的波长位于 4.1～4.7 μm。在火灾探测过程中，红外火焰传感器会受到环境辐射干扰（干扰源主要为太阳光）。在红外线光谱分布区，太阳是一种温度为 6000 K 的黑体辐射，这些辐射在穿越大气层时，波长小于 2.7 μm 的辐射大部分被 CO_2 和水蒸气吸收，波大于 4.3 μm 的太阳辐射被 CO_2 吸收。采用具有带通性质的滤光片，可以仅让波长在 4.3 μm 附近的红外线辐射通过，可减小背景辐射对传感器造成的干扰。

24.3.2　火焰传感器的分类

1. 紫外火焰传感器

紫外火焰传感器只对波长在 185～260 nm 范围内的紫外线响应，对其他波长的光线不敏感，利用这一特性可以对火焰中的紫外线进行检测。大气层下的太阳光和非透紫材料作为玻璃壳的光源发出的光的波长均大于 300 nm，故火焰探测的 220～280 nm 中紫外波段属太阳光谱盲区（日盲区）。紫外火焰传感器使系统避开了最强大的自然光源——太阳光造成的复杂背景，使系统中信息处理的负担大为减轻，可靠性较高，由于它采用光子检测手段，因而信噪比高，具有检测极微弱信号的能力，此外，它还具有反应时间极短的特点。

在紫外线波段内能够观察到火焰的光谱是带状谱，由于大气层对短波紫外线的吸收，使太阳光照射到地球表面的紫外线只有波长大于 0.29 μm 的长波紫外线，小于 0.29 μm 的短波紫外线在地球表面极少，故紫外火焰传感器可避开最强大的干扰源——太阳光，从而提高了信噪比，提升了对极微弱信号的检测能力。紫外火焰传感器的检测区域如图 24.2 所示。

2. 红外火焰传感器

红外火焰传感器能够探测到波长为 700 nm～1000 nm 的红外线，探测角度为 60°，其中红外线波长在 880 nm 附近时，其灵敏度达到最大。红外火焰传感器将外界红外线的强弱变化

转化为电流的变化，通过 A/D 转换器转换为 0～255 范围内数值的变化。外界红外线越强，数值越小；红外线越弱，数值越大。

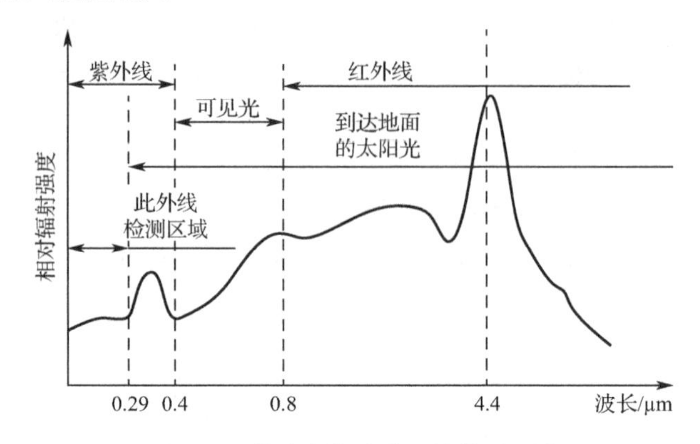

图 24.2　紫外火焰传感器的检测区域

热释电红外火焰传感器基于热电效应原理，其传感元件由高热电系数的钛酸铅陶瓷和硫酸三甘肽等组成。为克服环境温度变化对传感元件造成干扰，在设计时将参数相同的两个热电元件反向串联或接成差动方式。热释电红外火焰传感器原理图如图 24.3 所示，采用非接触的方式检测物体辐射的红外线能量变化并将其转换为电荷信号，在内部用 N 沟道 MOSFET 接成共漏极形式，利用源极跟随器将电荷信号转化为电压信号。

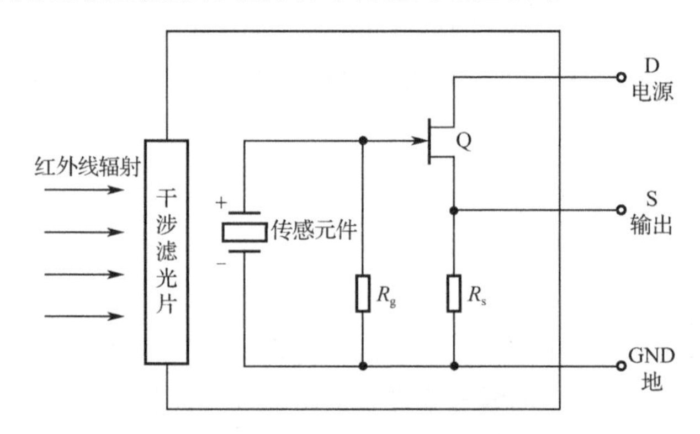

图 24.3　热释电红外火焰传感器原理图

热释电红外火焰传感器中干涉滤光片用于提高传感元件对特定波长范围内红外线辐射的响应灵敏度，干涉滤光片只允许通过特定波长范围的红外线，其余频段的红外线将截止。

24.3.3　接收管和光电效应原理

接收管是将光信号转换成电信号的半导体器件，它的核心部件是一个由特殊材料制成的 PN 结。和普通二极管相比，接收管为了更大面积地接收入射光线，其 PN 结面积尽量做得比较大，电极面积尽量小，而且 PN 结的结深很浅，一般小于 1 μm。红外线接收管是在反向电压作用之下工作的，没有红外线照射时，反向电流很小（一般小于 0.1 μA，称为暗电流）；当有红外线照射时，携带能量的红外线光子进入 PN 结后，把能量传给共价键上的束缚电子，使部分电子挣脱共价键，从而产生电子−空穴对，它们在反向电压作用下参加漂移运动，使反向电流明显变大，红外线的强度越大，反向电流也越大，这种特性称为光电导。接收管在一般照度的光线照射下，所产生的电流称为光电流。如果在外电路上接上负载，负载上就可获得电信号，而且这个电信号随着光照度的变化而变化。

入射光照射在半导体材料上时，半导体材料中处于价带的电子吸收光子能量后从禁带进入导带，使导带内电子数增多，价带内空穴数增多，产生的电子-空穴对使半导体材料产生光电效应。光电效应按其工作原理可分为光电导效应和光生伏特效应。

1．光电导效应

半导体材料受到光照后产生的电子-空穴对使材料阻值变小，导电能力增强，这种光照后使材料电阻率发生变化的现象称为光电导效应。基于光电导效应的光电器件有光敏电阻、光敏二极管与光敏三极管等。

（1）光敏电阻。光敏电阻是电阻型器件，其工作原理如图24.4所示，使用光敏电阻时可外加直流偏压或交流电压。半导体材料的禁带宽度越大，在室温下产生的电子-空穴对越少，无光照时的电阻越大。

（2）光敏二极管。光敏二极管的工作原理如图24.5所示。

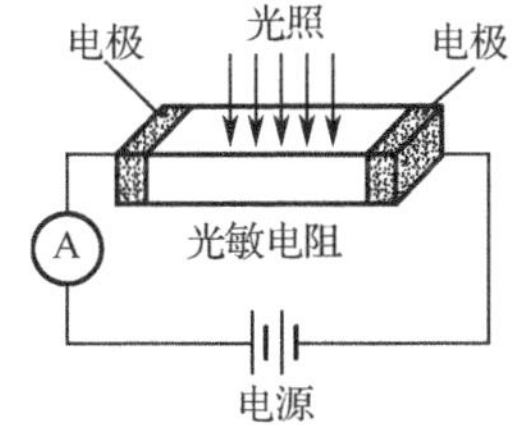

图24.4　光敏电阻的工作原理

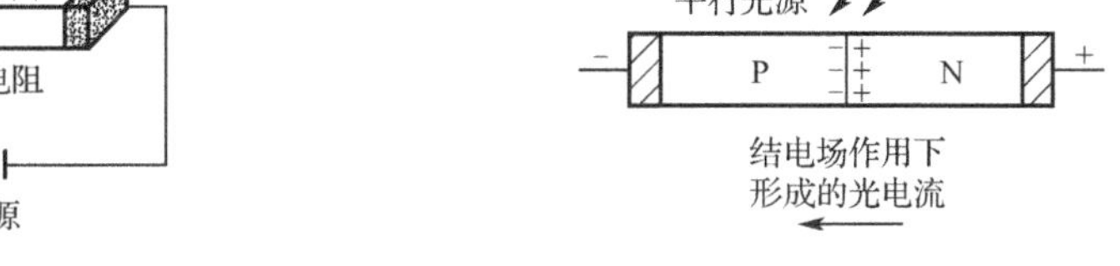

图24.5　光敏二极管的工作原理

（3）光敏三极管。光敏三极管的工作原理如图24.6所示。

2．光生伏特效应

光生伏特效应是指由入射光照引起 PN 结两端产生电动势的效应，其工作原理如图24.7所示。

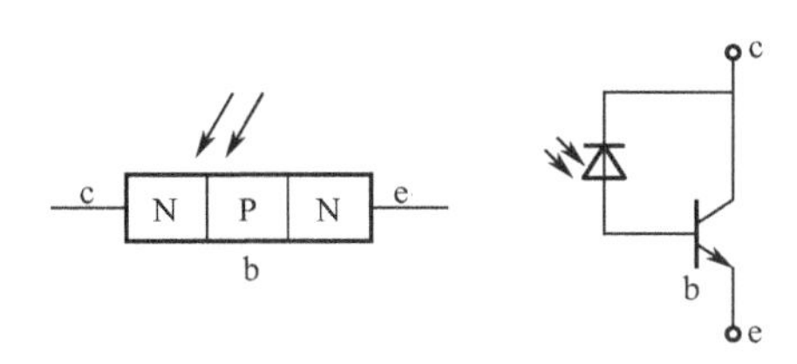

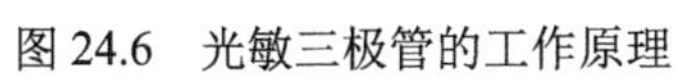

图24.6　光敏三极管的工作原理

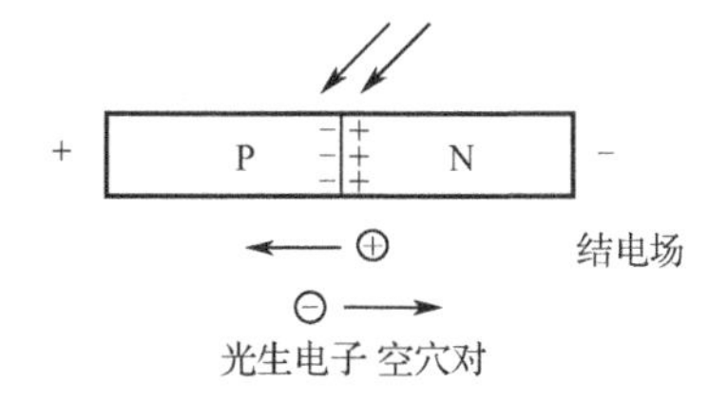

图24.7　光生伏特效应的工作原理

当PN结两端没有外加电场时，在PN结势垒区内建立的结电场方向是从N区指向P区；当光线照射到PN结上时，产生的电子-空穴对在结电场作用下，电子移向N区，空穴移向P区，从而形成光电流。光电池外电路连接方式如图24.8所示。

一种是开路电压输出，如图 23.8（a）所示，开路电压与光照度之间是非线性关系；另一种是把PN结两端直接导线短接，如图23.8（b）所示，形成输出短路电流，其大小与光照度成正比。

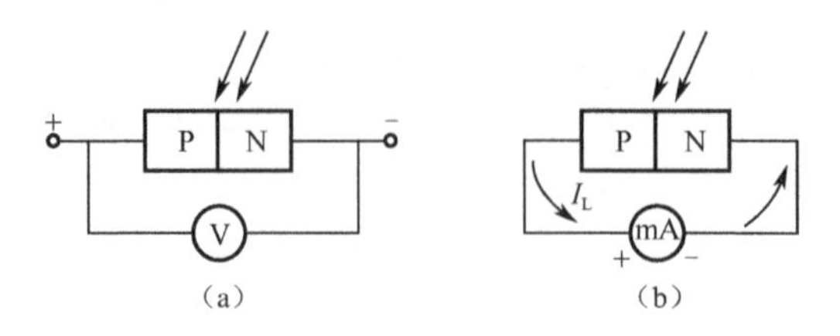

图 24.8 光电池外电路的连接方式

接收管除在火焰检测方面的作用外，还在众多领域都有应用，如利用接收管进行光电转换，在光控、红外线遥控、光探测、光纤通信、光电耦合等方面有广泛的应用。

3. 接收管的技术参数

接收管的技术参数包括最高反向工作电压、暗电流、光电流、灵敏度、结电容、正向压降、响应时间，关于这些参数的说明可参见具体接收管的资料，本书不加以一一介绍了。

24.4 任务实践：智能建筑消防预警系统的软/硬件设计

24.4.1 开发设计

1. 硬件设计

本任务的硬件部分主要由 STM32、火焰传感器、LCD 和串口组成。硬件架构设计如图 24.9 所示。

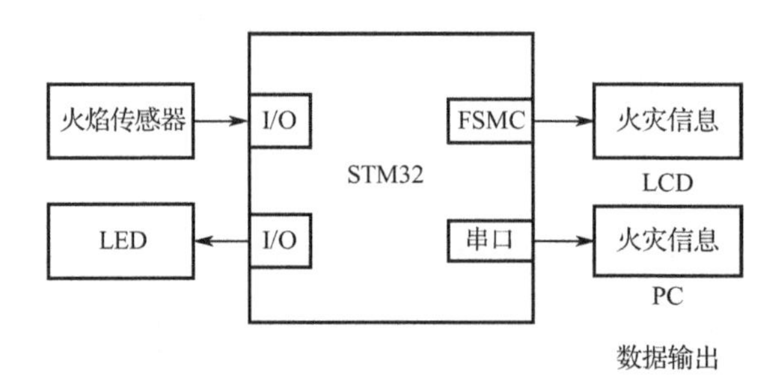

图 24.9 硬件架构设计

火焰传感器的接口电路如图 24.10 所示。

其中，火焰传感器连接在 STM32 的 PB10 引脚。火焰传感器的接口电路看似复杂，其实电路中只是增加了一个电压比较器，当火焰传感器检测到火焰时输出电压小于 1.65 V，这时运算放大器输出引脚电压将被拉高至 3.3 V，此时 LED 将熄灭，STM32 通过判断输出电平是否高电平即可得知是否检测到了火焰。

2. 软件设计

软件设计流程如图 24.11 所示。

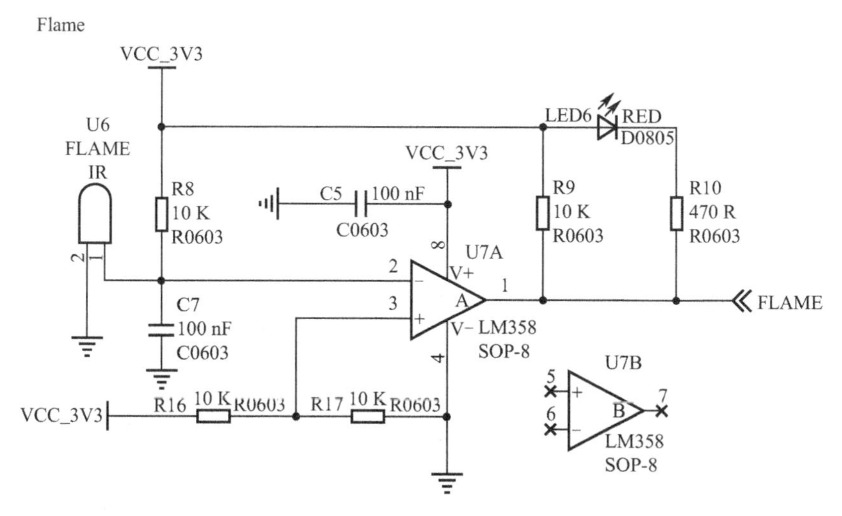

图 24.10　火焰传感器的接口电路

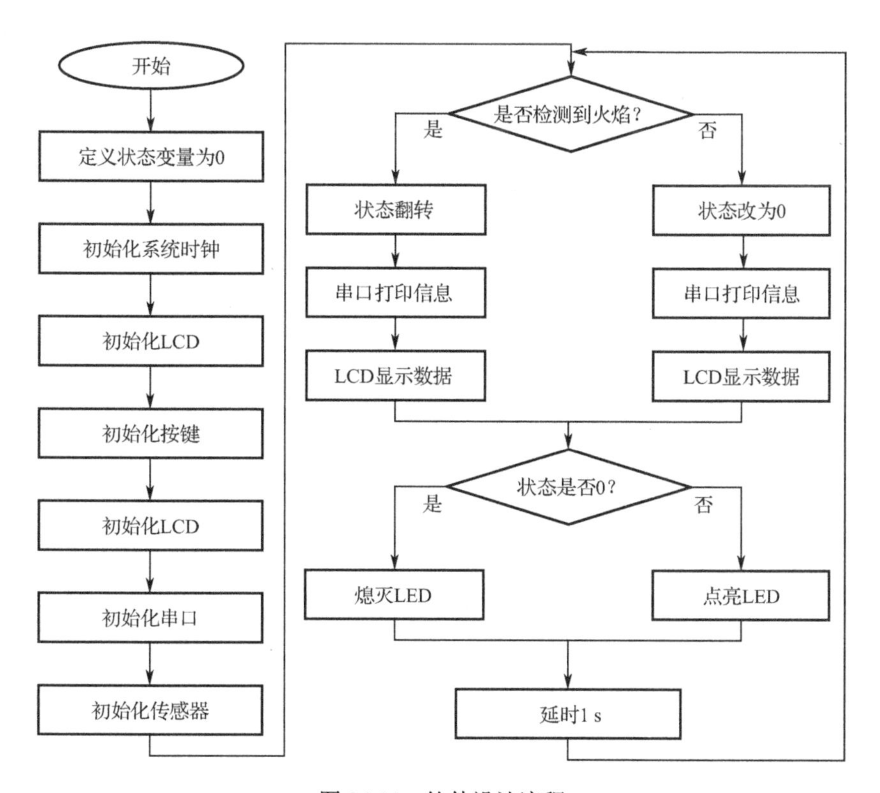

图 24.11　软件设计流程

24.4.2　功能实现

1. 主函数模块

在主函数中，首先初始化系统时钟、LED、按键 LCD 和串口，接着初始化火焰传感器，初始化完成后程序进入主函数，当火焰传感器检测到有火焰信号时 LED1 和 LED2 闪烁，当

没有检测到火焰信号时 LED1 与 LED2 熄灭，主函数程序如下。

```
void main(void)
{
    unsigned char led_status = 0;                           //定义存储火焰状态的变量
    delay_init(168);                                        //初始化延时
    led_init();                                             //初始化 LED
    key_init();                                             //初始化按键
    lcd_init(FLAME1);                                       //初始化 LCD
    usart_init(115200);                                     //初始化串口
    flame_init();                                           //初始化传感器
    while(1){                                               //循环体
        if(get_flame_status() == 1){                        //判断是否检测到火焰
            led_status = ~led_status;                       //LED 的状态反转
            printf("fire!\r\n");                            //串口打印提示信息
            //LCD 更新数据
            LCDDrawFnt16(4+30,30+20*7,4,320,"     检测到火焰",0x0000,0xffff);
        } else{                                             //没有检测到火焰
            led_status = 0; //熄灭 LED 灯
            printf("no fire!\r\n");                         //串口打印提示信息
            //LCD 更新数据
            LCDDrawFnt16(4+30,30+20*7,4,320,"未检测到火焰",0x0000,0xffff);
        }
        if(led_status == 0)                                 //根据 LED 的状态控制 LED 的变化
            led_control(0);                                 //关闭 LED 灯
        else
            led_control(D1|D2);                             //点亮 LED
        delay_ms(1000);                                     //延时 1 s
    }
}
```

2. 火焰传感器初始化模块

```
/*********************************************************************************
* 功能：初始化火焰传感器
*********************************************************************************/
void flame_init(void)
{
    GPIO_InitTypeDef GPIO_InitStructure;                    //定义一个 GPIO_InitTypeDef 类型的结构体
    RCC_AHB1PeriphClockCmd(RCC_AHB1Periph_GPIOB, ENABLE);//开启相关的 GPIO 外设时钟
    GPIO_InitStructure.GPIO_Pin = GPIO_Pin_10;                        //选择要控制的 GPIO 引脚
    GPIO_InitStructure.GPIO_OType = GPIO_OType_PP;                    //设置引脚的输出类型为推挽模式
    GPIO_InitStructure.GPIO_Mode = GPIO_Mode_IN;                      //设置引脚模式为输入模式
    GPIO_InitStructure.GPIO_PuPd = GPIO_PuPd_DOWN;                    //设置引脚为下拉模式
    GPIO_InitStructure.GPIO_Speed = GPIO_Speed_2MHz;                  //设置引脚工作频率为 2 MHz
    GPIO_Init(GPIOB, &GPIO_InitStructure);                            //初始化 GPIO 配置
}
```

3. 获取火焰传感器火焰状态模块

```
/*******************************************************************************
* 功能：获取火焰传感器状态
*******************************************************************************/
unsigned char get_flame_status(void)
{
    if(GPIO_ReadInputDataBit(GPIOB,GPIO_Pin_10))
        return 1;
    else
        return 0;
}
```

其中 LED 驱动函数模块、按键驱动函数模块、LCD 驱动函数模块、串口驱动函数模块、I2C 驱动函数模块以及延时函数模块请参考随书资源的项目开发工程源代码。

24.5 任务验证

使用 IAR 集成开发环境打开智能建筑消防预警系统设计工程，通过编译后，使用 J-Link 将程序下载到 STM32 开发平台中，暂不执行程序。

使用串口线连接 STM32 开发平台与 PC，打开串口工具并配置波特率为 115200、8 位数据位、无奇偶校验位、1 位停止位，取消十六进制显示，设置完成后运行程序。

程序执行后，通过火焰传感器检测火焰，并将检测结果显示在 LCD 和 PC 上，每秒显示一次。验证效果如图 24.12 所示。

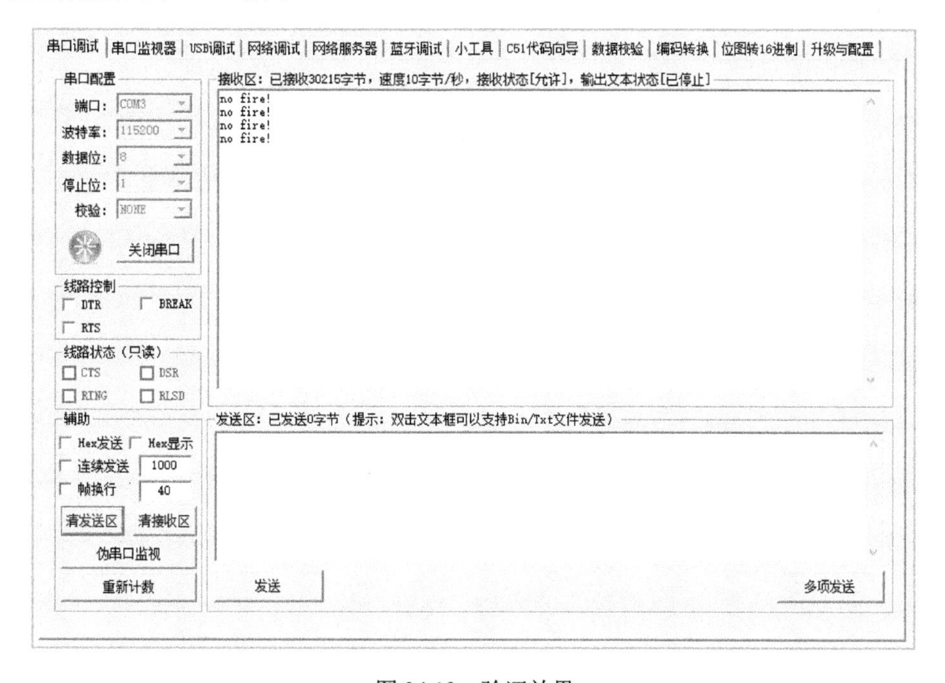

图 24.12　验证效果

24.6 任务小结

通过本任务的学习和开发，读者可学习光电效应和火焰传感器工作原理，并通过 STM32 的 GPIO 驱动火焰传感器，从而实现智能建筑消防预警系统的设计。

24.7 思考与拓展

（1）火焰传感器检测火焰的原理是什么？

（2）火焰传感器在工业上有哪些应用？

（3）如何使用 STM32 驱动火焰传感器？

（4）请读者尝试模拟仓库火焰报警器并采取消防措施，通过火焰传感器检测火焰信号，检测到火焰时 LED1 和 LED2 每秒闪烁一次，通过触摸开关打开两路继电器模拟的灭火装置灭火，当火焰信号消失时，灭火装置自动关闭，LED1、LED2 停止闪烁。

任务 25

洗衣机触控面板控制系统的设计与实现

本任务重点学习触摸传感器的基本工作原理和功能，通过 STM32 驱动触摸传感器，从而实现洗衣机触控面板控制系统的设计。

25.1 开发场景：如何实现触摸开关

传统的洗衣机控制面板采用的是机械式按键，通过薄膜与外界隔绝。这种设计造成了洗衣机控制面板不利于清洁，且薄膜很容易破损。当薄膜破损后洗衣机的防水、防潮性能会进一步下降，不但会影响使用寿命，同时还可能造成短路等现象。通过使用触摸传感器，可以实现隔离式的开关控制，同时使设计更加美观时尚，具有更好的防护效果。

本任务将围绕这个场景展开对 STM32 和触摸传感器的学习与开发。洗衣机触控面板如图 25.1 所示。

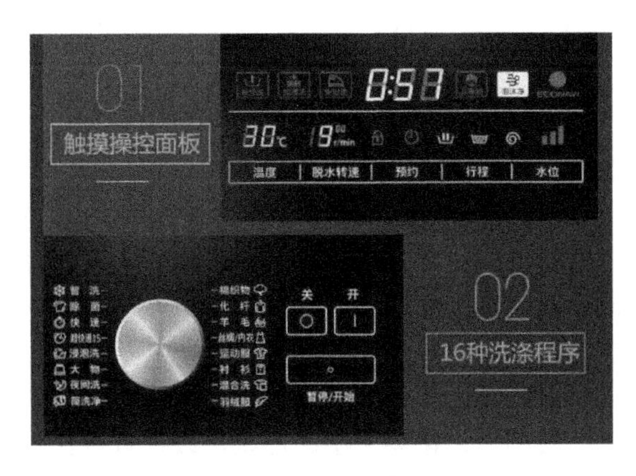

图 25.1　洗衣机触控面板

25.2 开发目标

（1）知识要点：触摸传感器的工作原理；触摸传感器的使用。

（2）技能要点：了解触摸传感器的工作原理；掌握触摸传感器的应用；会使用 STM32 的 GPIO 驱动触摸传感器。

（3）任务目标：某家电企业在研发新款的洗衣机时，要求提高洗衣机的科技感和安全性，同时摒弃传统洗衣机的机械按键方式，优化操作面板的设计。通过使用触摸传感器可满足上

述要求，触摸传感器可对触摸动作进行检测，并将触摸动作的信息发送至上位机，以验证其技术运用的可行性。

25.3 原理学习：触摸开关和触摸传感器

25.3.1 触摸开关

触摸开关是应用触摸感应芯片原理设计的一种开关，是传统机械按键式开关的换代产品，具有传统开关不可比拟的优势，是目前智能家居产品中非常流行的一种装饰性开关。

触摸开关广泛适用于遥控器、灯具调光、各类开关，以及车载、小家电和家用电器控制界面等应用中，芯片内部集成了高分辨率触摸检测模块和专用信号处理电路，以保证芯片对环境变化具有灵敏的自动识别和跟踪功能。酒店触摸开关如图 25.2 所示。

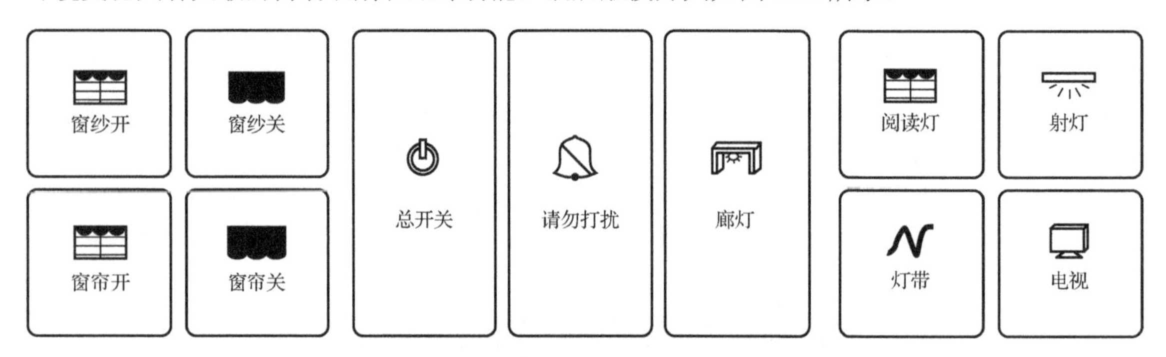

图 25.2 酒店触摸开关

触摸开关与传统开关的区别如下：

（1）触摸开关采用电容式触摸按键，不需要人体直接接触金属，可以彻底消除安全隐患，即使戴手套也可以使用，不受天气、人体电阻变化等影响，使用更加方便。

（2）电容式触摸按键没有任何机械部件，不会磨损，可减少后期维护成本。

（3）电容式触摸按键感测部分可以放置到任何绝缘层（通常为玻璃或塑料材料）的后面，很容易制成密封的键盘。

（4）电容式触摸按键面板图案、按键大小、形状可以任意设计，字符、商标、透视窗、LED 透光等可任意搭配，外形美观、时尚，不褪色、不变形、经久耐用，实现了各种金属面板和各种机械面板无法达到的效果。

25.3.2 触摸屏

触摸屏系统一般包括触摸屏控制器和触摸检测装置两个部分。其中，触控屏控制器的主要作用是从触摸点检测装置上接收触摸信息，并将它转换成触点坐标，它同时能接收和发送命令并加以执行；触摸检测装置一般安装在显示器的前端，主要作用是检测用户的触摸位置，并传输给触控屏控制器。目前的触摸屏技术主要有电阻式触摸屏、电容式触摸屏、红外触摸屏和表面声波触摸屏。

1. 电阻式触摸屏

电阻式触摸屏的屏体部分是一块与显示器表面相匹配的多层复合薄膜，由一层玻璃或有机玻璃作为基层，表面涂有一层透明的导电层，上面再覆盖一层外表面的硬化、光滑、防刮等处理的塑料层，它的内表面也涂有一层透明导电层，在两层导电层之间有许多细小的透明绝缘隔离物，把两层导电层隔开绝缘。

当手指触摸屏幕时，相互绝缘的两层导电层在触摸点位置就有了一个接触，因其中一面导电层接通轴方向的均匀电压场，使得检测层的电压由零变为非零。这种接通状态被触摸屏控制器检测到后进行 A/D 转换，并将得到的电压值与 5 V 相比，即可得到触摸点的 Y 轴坐标，同理可得到 Z 轴的坐标。这就是电阻式触摸屏的基本原理。

电阻式触摸屏对外界完全隔离，不怕灰尘和水汽，它可以用任何物体来触摸，可以用来写字画画，比较适合工业控制领域。电阻式触摸屏的缺点是由于复合薄膜的外层采用塑料材料，太用力或使用尖锐物体触摸时可能会划伤整个触控屏而导致报废。

电阻式触摸屏是市场上最常见的一种触摸屏产品，比较常见的一种为四线电阻式触摸屏。电阻式触摸屏用一块与液晶显示屏紧贴的玻璃作为基层，其外表面涂有一层氧化铟（InO），其水平方向和垂直方向均加 5 V 和 0 V 的直流电压，形成均匀的直流电场。水平方向与垂直方向之间用许多大约千分之一英寸大小的透明绝缘隔离物隔开。电阻式触摸屏的基本结构如图 25.3 所示。

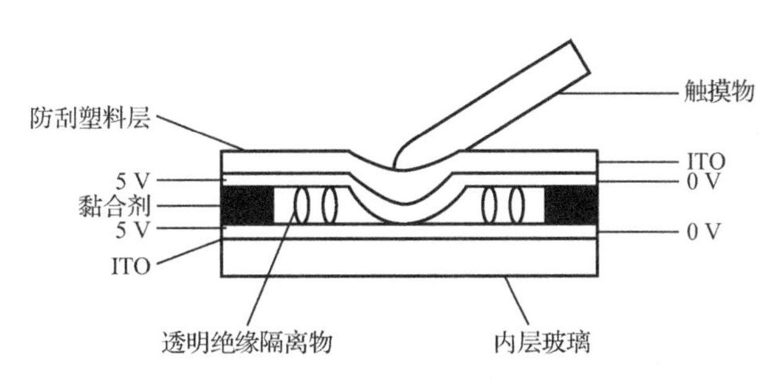

图 25.3　电阻式触摸屏的基本结构

电阻式触摸屏的工作原理为：采用透明绝缘隔离物分开的两层 ITO 均加有 5 V 的电压，当触摸电阻式触摸屏表面时，两层会在触摸点导通。X 轴方向的位置可通过扫描 Y 轴方向的电极得出电压并通过 A/D 转换得出，Y 轴的位置可通过扫描 X 轴的电极得出电压并通过 A/D 转换得出。通过 A/D 转换器之后得到的数据进运算转换后可得到 X 轴与 Y 轴的坐标值。

2. 红外触摸屏

红外触摸屏利用在 X 轴和 Y 轴上密布的红外线矩阵来检测并定位用户的触摸。红外触控屏在显示器的前面安装一个电路板外框，电路板外框在屏幕四边排布红外线发射管和红外线接收管一一对应，形成了横竖交叉的红外线矩阵。用户在触控屏幕时，手指就会挡住经过该位置的横竖两条红外线，因而可以判断出触摸点在屏幕的位置。任何触摸物体都会改变触点上的红外线而实现触控屏操作。红外触控屏不受电流、电压和静电的干扰，适宜恶劣的环境条件，是触控屏产品的发展趋势。采用声学和其他材料学技术的触摸屏都有其难以逾越的屏

障，如单一传感器的受损、老化，触摸屏怕受污染、破坏性使用，维护繁杂等问题。红外触控屏只要真正实现了高稳定性能和高分辨率，必将替代其他产品成为触控屏市场的主流。

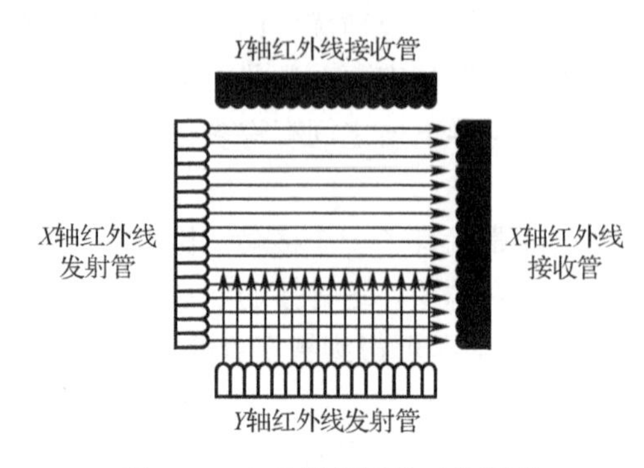

图 25.4　红外触摸屏的工作原理

红外触摸屏是利用红外线发射器与红外线接收器纵横交错形成探测矩阵的，其工作原理如图 25.4 所示。

红外触摸屏的实现比较简单，只要在显示屏的四周边框上安装红外线发射管和红外线接收管，在红外线发射管与红外线接收管施加电压，则可形成红外线矩阵网络。当人触摸显示屏的某点时，手指将挡住该点 X 轴与 Y 轴的红外线，X 轴和 Y 轴的红外线接收器将检测到信号的变化，通过坐标变换即可得到对应点的 X 轴坐标及 Y 轴坐标。

红外触摸屏的安装简单、成本较低，可应用大尺寸设计，支持多点触控。但限于红外线发射器的数量及尺寸限制，其实现的分辨率有限，且红外触摸屏受外界光线影响较大、功耗较高，只能在室内、站台等防护措施比较好的地方使用。

3．表面声波触摸屏

表面声波触摸屏是利用声波来检测并定位用户的触摸的。发射换能器把控制器通过触摸屏电缆送来的电信号转化为声波能量向左方表面传递，然后由玻璃板下边的一组精密反射条纹把声波能量反射成向上的均匀面传递，声波能量经过屏体表面，再由上边的反射条纹聚成向右的线传播给 X 轴接收换能器，接收换能器将返回的表面声波能量变为电信号。当发射换能器发射一个窄脉冲后，声波能量历经不同途径到达接收换能器，走最右边的最早到达，走最左边的最晚到达，早到达的和晚到达的这些声波能量叠加成一个较宽的波形信号，接收信号集合了所有在 X 轴方向历经长短不同路径回归的声波能量，它们在 Y 轴走过的路程是相同的，但在 X 轴上，最远的比最近的多走了两倍 X 轴最大距离，因此这个波形信号的时间轴反映各原始波形叠加前的位置，也就是 X 轴坐标。

在没有触摸时，接收信号的波形与参照波形完全一样。当手指或其他能够吸收、阻挡声波能量的物体触控屏幕时，X 轴途经手指部位向上走的声波能量被部分吸收，反映在接收波形上即某一时刻位置上波形有一个衰减缺口，计算缺口位置即可得到触摸点的坐标。控制器分析到接收信号的衰减并由缺口的位置判定 X 轴坐标，之后轴同样可以判定出触摸点的 Y 轴坐标。

除了一般触摸屏都能响应的 X 轴、Y 轴坐标，表面声波触摸屏还响应 Z 轴坐标，即感知用户触摸压力的大小，这是由接收信号衰减处的衰减量计算得到的。一旦确定三轴坐标，控制器就把它们传给主机。

表面声波触摸屏的工作原理如图 25.5 所示。

玻璃板式表面声波触摸屏可以是平面、球面或柱面。没有任何覆盖物，左上角和右下角为发射换能器，右上角为接收换能器，一起形成声波矩阵。当手指触摸玻璃表面时，人手指将吸收或阻挡部分超声波，接收换能器将接收到变化的超声波信号，通过对接收到的衰减信号进行分析运算可得出触摸点的坐标。

表面声波触摸屏的主要优点是不受温度、湿度等的影响，解析度极高，有极好的防刮性，使用寿命长，透光率高，比较适合公共场合使用；其主要缺点是成本较高、上下游技术不易整合、不支持多点触摸，并且表面容易被灰尘、液体污染等干扰导致误操作。

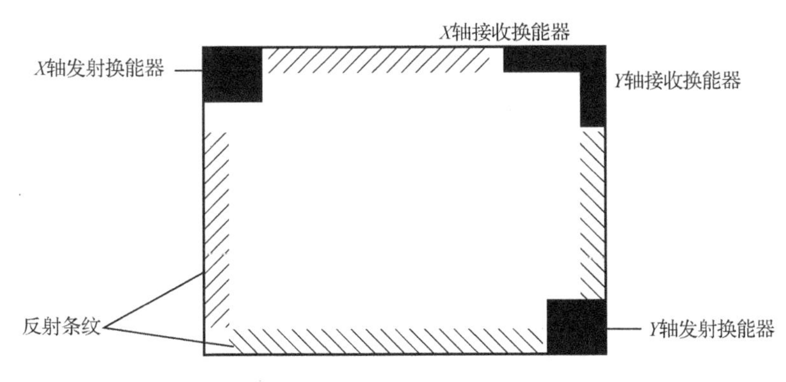

图 25.5　表面声波触摸的工作原理

4．电容式触摸屏

电容式触摸屏是利用人体的电流感应进行工作的。在人体的皮肤组织中充满了一种传导电解质的有损电介质，使得电容式触摸屏成为可能。电容式触摸屏是一块四层复合玻璃屏，玻璃屏的内表面和夹层各涂有一层 ITO，最外层是一薄层矽土玻璃保护层，夹层的涂层作为工作面，在四个角上引出四个电极；内表层为屏蔽层，用于保证良好的工作环境。当手指触摸时，由于人体的电场，手指和触控屏表面形成以一个耦合电容，对于高频电流来说，电容是直接导体，于是手指从接触点吸走一个很小的电流。这个电流分从触控屏的四个角上的电极中流出，并且流经这四个电极的电流与手指到四个角的距离成正比，控制器通过对这四个电流的精确计算，可以得出触摸点的位置。

（1）表面电容式触摸屏。表面电容式触摸屏是一块四层复合的玻璃屏，其基本结构是：一个单层玻璃作为基板，用真空镀膜技术在玻璃层的内表面和夹层均涂上透明的 ITO 涂层，四个电极从涂层的四个角引出，形成一个低电压的交流电场，最外层是 0.005 mm 厚的矽土玻璃保护层。因人体是一个导体，当手指触摸触摸屏表面时，手指与触摸屏表面形成一个耦合电容，该电容对高频信号来说是导体，高频电流会流入手指，且流入手指的电流与电极到手指的距离成正比，通过计算四个电极的电流即可得出触摸点位置。表面电容式触摸屏的工作原理如图 25.6 所示。

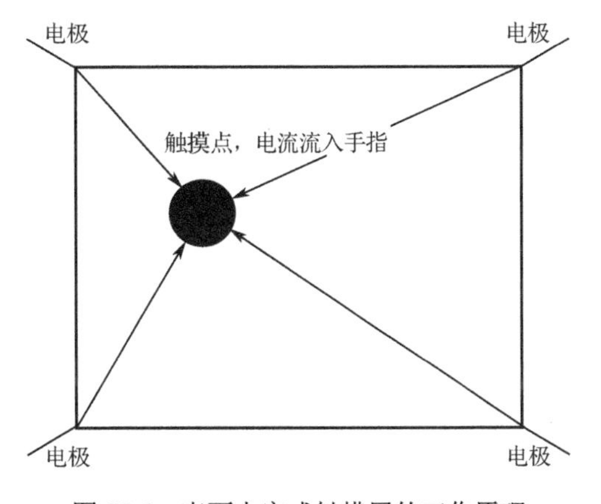

图 25.6　表面电容式触摸屏的工作原理

表面电容式触摸屏的主要优点为感应灵敏度比电阻式触摸屏高，因外面一般使用保护玻璃，使用寿命长；其主要缺点是受外界电场干扰较大。

（2）投射电容式触摸屏。投射电容式触摸屏分为自电容式触摸屏与互电容式触摸屏，其原理为将手指作为一个导体，当手指触摸电容式触摸屏表面时，手指与触摸屏之间会形成耦合电容，触摸点的电容值会发生变化，通过扫描 *X*、*Y* 轴即可得知在触摸点处电容的变化，通过 A/D 转换运算可得出触摸点的坐标值。

25.3.3 电容式触摸开关

电容式触摸开关的优势如下：

- 电容式触摸开关对于各种环境条件均具有出色的免疫性，包括耐受电磁干扰等，同时还具有一系列高附加值的功能特点，如定制背光功能、离散按钮、直线滑块和转轮。
- 电容式触摸开关可良好地结合手套和触笔使用，提供不锈钢、铝和其他金属或非金属材料的覆盖层，并且可以提供压花按键或盲文设计。
- 电容式触摸开关可以识别进入电场的手指之类的导电物体。
- 玻璃、金属和搪瓷涂层的基片，以及钢化玻璃、聚碳酸酯、聚酯或腈纶材料的覆盖层均可以用来实现电容式触摸开关设计，并且方便清理。
- 电容式触摸开关使用一种透明的导电聚合物涂层，在要求高度严格的开关应用中良好地实现了导电性、透光率，以及无限的手指控制次数。

TW301 是单键电容式触摸开关，利用操作者的手指与触摸开关焊盘之间产生电荷电平来确定手指接近或者触摸到感应表面的位置。没有任何机械部件，不会磨损，感测部分可以放置到任何绝缘层的后面，容易制成密封的开关。具有以下特点：

- 输入电压范围较宽：2.0～5.5 V。
- 工作电流极低：2.5 μA。
- 灵敏度可通过外部电容来调整。
- 可实现 ON/OFF 控制输出，以及 LEVEL-HOLD 方式输出。
- 带有自校准的独立触摸按键控制。
- 内置稳压电路 LDO，更稳定可靠。

25.4 任务实践：洗衣机触控面板控制系统的软/硬件设计

25.4.1 开发设计

1．硬件设计

本任务通过 TW301 型触摸开关采集电容的变化信息，硬件部分主要由 STM32、触摸传感器、LCD 与串口组成。硬件架构设计如图 25.7 所示。

TW301 型触摸开关的接口电路如图 24.8 所示。

2．软件设计

软件设计流程如图 25.9 所示。

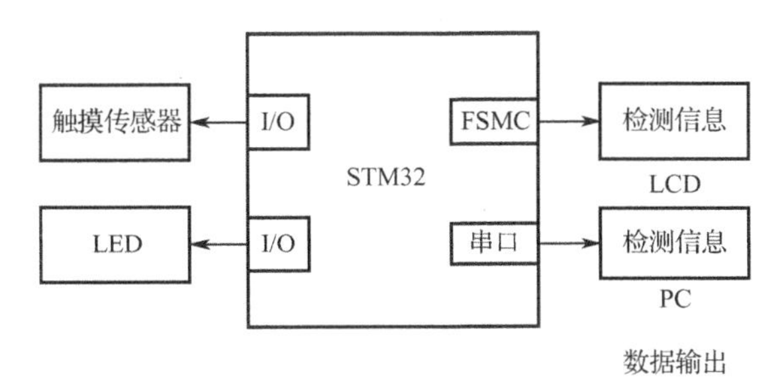

图 25.7　硬件架构设计

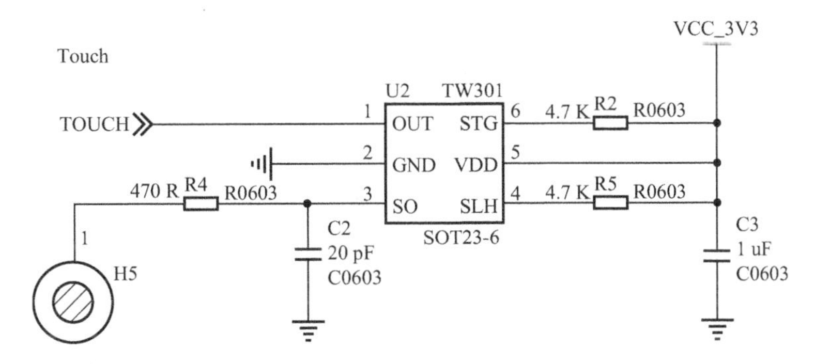

图 25.8　TW301 型触摸开关的接口电路

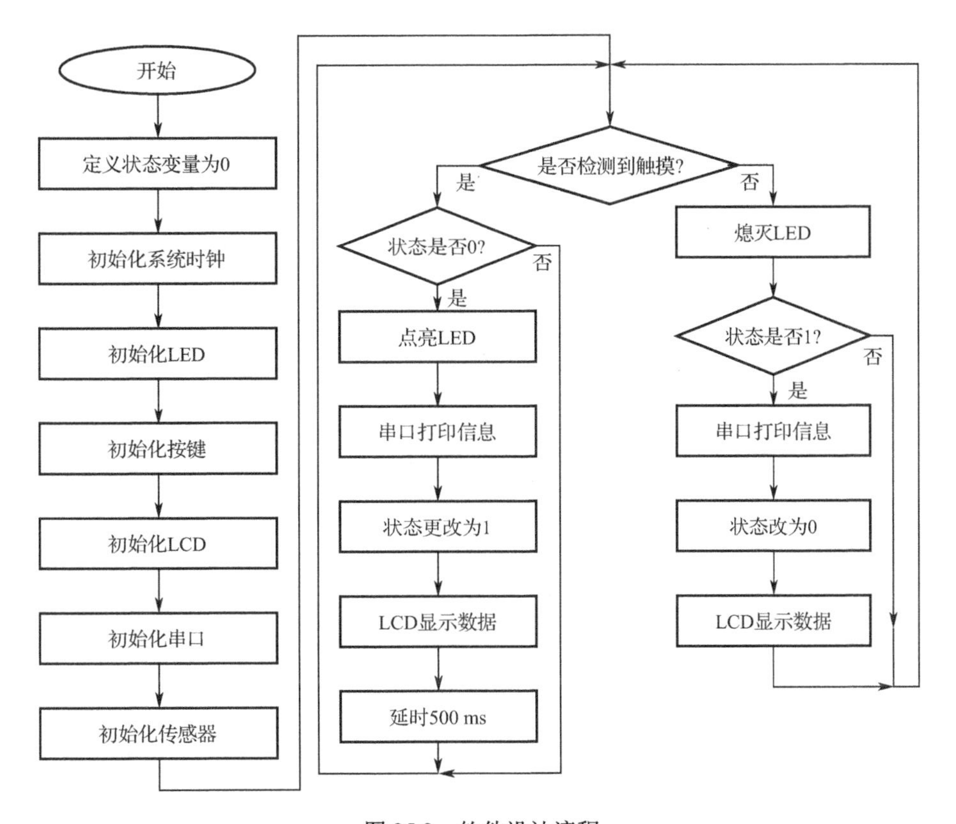

图 25.9　软件设计流程

25.4.2 功能实现

1. 主函数模块

主函数首先初始化系统时钟、LED、按键、LCD、串口和传感器（触摸传感器），然后进入主循环，主循环中对触摸传感器的状态进行检测，当检测到触摸时，点亮 LED 并显示信息，否则熄灭 LED。主函数如下。

```
void main(void)
{
    unsigned char touch_status = 0;                 //定义存储触摸状态的变量
    delay_init(168);                                //初始化延时
    led_init();                                     //初始化 LED
    key_init();                                     //初始化按键
    lcd_init(TOUCH1);                               //初始化 LCD
    usart_init(115200);                             //初始化串口
    touch_init();                                   //初始化传感器
    while(1){                                       //循环体
        if(get_touch_status() == 1){                //判断是否检测到触摸
            if(touch_status == 0){                  //判断传感器的状态是否发生改变
                led_control(D3);                    //点亮 LED
                printf("touch!\r\n");               //串口打印提示信息
                touch_status = 1;                   //更新传感器状态
                //LCD 更新信息
                LCDDrawFnt16(4+30,30+20*7,4,320,"    检测到触摸",0x0000,0xffff);
                LCDDrawFnt16(160,30+20*7,4,320,"D3：开",0x0000,0xffff);
                delay_ms(500);//延时 500ms
            }
        } else{                                             //没有检测到触摸
            led_control(0);                                 //熄灭 LED
            if(touch_status == 1){                          //判断传感器的状态是否发生改变
                printf("no touch!\r\n");                    //串口打印提示信息
                touch_status = 0;                           //更新传感器的状态
                //LCD 更新信息
                LCDDrawFnt16(4+30,30+20*7,4,320,"未检测到触摸",0x0000,0xffff);
                LCDDrawFnt16(160,30+20*7,4,320,"D3：关",0x0000,0xffff);
            }
        }
    }
}
```

2. 触摸传感器模块初始化模块

```
/*********************************************************************************************
* 功能：触摸传感器初始化
*********************************************************************************************/
void touch_init(void)
```

```
{
    GPIO_InitTypeDef GPIO_InitStructure;                    //定义一个 GPIO_InitTypeDef 类型的结构体
    RCC_AHB1PeriphClockCmd(RCC_AHB1Periph_GPIOB, ENABLE);//开启触摸相关的 GPIO 外设时钟

    GPIO_InitStructure.GPIO_Pin = GPIO_Pin_8;               //选择要控制的 GPIO 引脚
    GPIO_InitStructure.GPIO_OType = GPIO_OType_PP;          //设置引脚的输出类型为推挽模式
    GPIO_InitStructure.GPIO_Mode = GPIO_Mode_IN;            //设置引脚模式为输入模式
    GPIO_InitStructure.GPIO_PuPd = GPIO_PuPd_DOWN;          //设置引脚为下拉模式
    GPIO_InitStructure.GPIO_Speed = GPIO_Speed_2MHz;        //设置引脚工作频率为 2 MHz

    GPIO_Init(GPIOB, &GPIO_InitStructure);                  //初始化 GPIO 配置
}
```

3. 获取触摸传感器状态模块

```
/*********************************************************************************************
* 功能：获取触摸传感器的状态
*********************************************************************************************/
unsigned char get_touch_status(void)
{
    static unsigned char touch_status = 0;
    if(GPIO_ReadInputDataBit(GPIOB,GPIO_Pin_8)){
        if(touch_status == 0){
            touch_status = 1;
            return 1;
        } else
            return 0;
    } else{
        if(touch_status == 1){
            touch_status = 0;
            return 1;
        } else
            return 0;
    }
}
```

其中 LED 驱动函数模块、按键驱动函数模块、LCD 驱动函数模块、串口驱动函数模块、I2C 驱动函数模块以及延时函数模块请参考随书资源的项目开发工程源代码。

25.5 任务验证

使用 IAR 集成开发环境打开洗衣机触控面板控制系统设计工程，通过编译后，使用 J-Link 将程序下载到 STM32 开发平台中，暂不执行程序。

使用串口线连接 STM32 开发平台与 PC，打开串口工具并配置波特率为 115200、8 位数据位、无奇偶校验位、1 位停止位，取消十六进制显示，设置完成后运行程序。

程序执行后，通过触摸传感器检测触摸信号，并将触摸传感器的检测结果显示在 LCD 上

和 PC 上，每秒显示一次。验证效果如图 25.10 所示。

图 25.10　验证效果触摸信息检测

25.6　任务小结

通过本任务的学习和开发，读者可以学习触摸传感器工作原理，并通过 STM32 的 GPIO 驱动触摸传感器，从而实现洗衣机触摸面板控制系统的设计。

25.7　思考与拓展

（1）触摸传感器有哪些分类？其基本工作原理是什么？

（2）触摸传感器在日常生活中有哪些应用？

（3）如何使用 STM32 驱动触摸传感器？

（4）请读者尝试模拟智能家居触摸开关，对灯的亮度和开关进行调节，第一次触摸开关时 LED1 亮，第二次触摸开关时 LED1 和 LED2 均亮，第三次触摸开关时 LED1 和 LED2 均灭。

任务 26 微电脑时控开关的设计与实现

本任务重点学习继电器的基本工作原理和功能，通过 STM32 驱动继电器，从而实现微电脑时控开关的设计。

26.1 开发场景：如何实现时控开关

时控开关是一个由微处理器和相关电子电路等组成一个电源开关控制装置，能够以天或星期循环且多时段地控制家电的开闭，适用于各种工业电器和家用电器的自动控制，既安全方便又省电省钱。

时控开关的时间可以自主设定，且有多路控制功能，既可正常控制大功率的电气设备，也可与继电器、接触器等结合控制其他大功率的动力设备。本任务将围绕这个场景展开对 STM32 和继电器的学习与开发。时控开关如图 26.1 所示。

图 26.1 时控开关

26.2 开发目标

（1）知识要点：继电器基本原理和应用。

（2）技能要点：了解继电器的原理结构；熟悉继电器的应用；会使用 STM32 驱动继电器。

（3）任务目标：某办公大楼外有多个景观照明灯，现需要设计一款时控开关设备，能实现在指定时间段或周期内自动控制照明灯，要求通过 STM32 驱动继电器来实现。

26.3 原理学习：继电器原理和应用

继电器是一种自动、远距离操纵用的设备。从电路角度来看，包含输入回路和输出回路两个主要部分。输入回路是继电器的控制部分，如电、磁、光、热、流量、加速度等；输出回路是被控制部分电路，也就是实现外围电路通或断的功能部分。继电器是指控制部分（输入回路）中输入的某信号（输入量）达到某一设定值时，能使输出回路的电参量发生阶跃式变化的设备，广泛应用于各种电力保护系统、自动控制系统、遥控和遥测系统，以及通信系统中，可实现控制、保护和调节等作用。常用的继电器如图 26.2 所示。

图 26.2　常用的继电器

继电器的种类很多，可按不同的原则对其进行分类。按输入回路控制信号的性质，可分为电流继电器、电压继电器、温度继电器、加速度继电器、风速继电器、频率继电器等；按照输出控制回路触点负载的大小，可分为大功率继电器、中功率继电器、弱功率继电器、微功率继电器；按照外形尺寸、体积的大小，可分为微型继电器、超小型继电器、小型继电器。另外还可根据继电器的封装形式、工作原理等进行分类。

26.3.1　电磁继电器原理

电磁继电器就是利用电磁铁控制工作电路通断的一组开关，工作原理如图 26.3 所示。

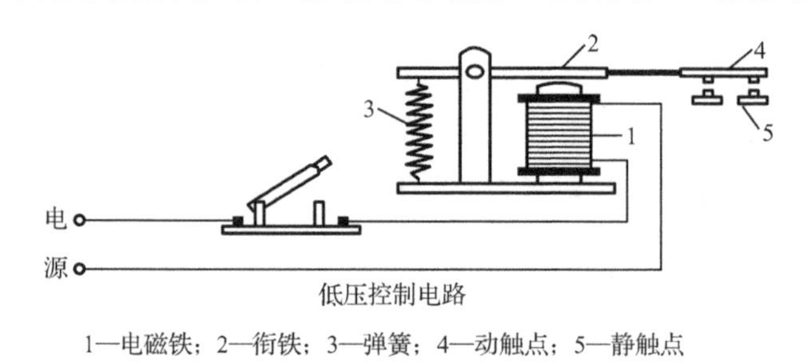

1—电磁铁；2—衔铁；3—弹簧；4—动触点；5—静触点

图 26.3　电磁继电器工作原理

电磁继电器一般由电磁铁、线圈、衔铁、触点和弹簧等组成。只要在线圈两端加上一定的电压，线圈中就会流过一定的电流，从而产生电磁效应，衔铁就会在电磁力吸引的作用下克服返回弹簧的拉力吸向铁芯，从而带动衔铁的动触点与静触点（常开触点）吸合。当线圈断电后，电磁力也随之消失，衔铁就会在弹簧的作用下返回原来的位置，使动触点与原来的静触点（常闭触点）释放。通过这样的吸合、释放，在电路中可以达到导通、切断的目的。

常开触点和常闭触点：继电器线圈未上电时处于断开状态的静触点称为常开触点；处于接通状态的静触点称为常闭触点。

26.3.2　电磁继电器的开关分类

电磁继电器开关可分为常闭开关和常开开关，如图 26.4 所示。

（1）动合型（常开）开关：线圈不通电时两触点是断开的，通电后两个触点就闭合，通常以“合”字的拼音字头“H”表示。

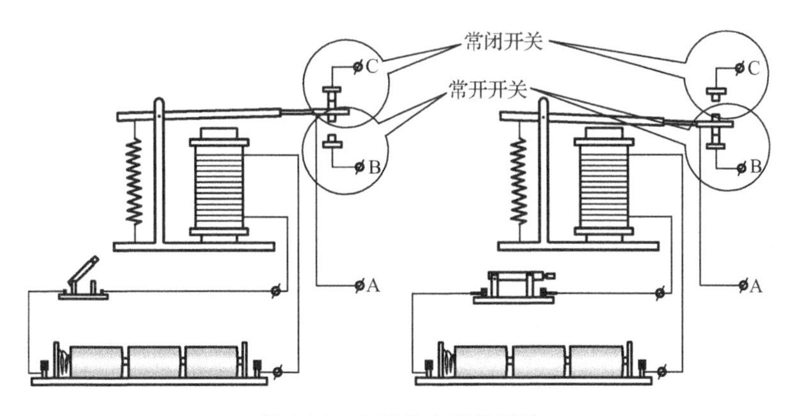

图 26.4　电磁继电器的开关

（2）动断型（常闭）开关：线圈不通电时两触点是闭合的，通电后两个触点就断开，通常以“断”字的拼音字头“D”表示。

26.3.3　电磁继电器的组成

电磁继电器是用于控制电路开断的典型的电子器件，其电路由控制电路（控制电磁铁的工作）和工作电路（可以是高压）两部分组成，如图 26.5 所示。在线圈两端输入电压或电流信号之前，衔铁在弹簧的作用下保持在打开位置；当线圈两端输入电压或电流信号后，线圈内激磁电流产生磁通，从而产生使衔铁闭合的电磁吸力。

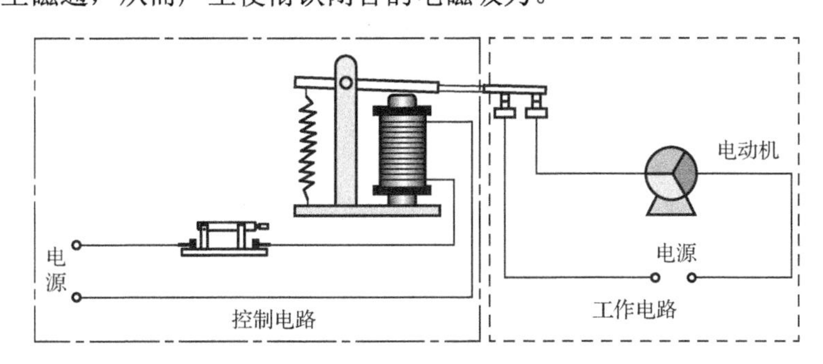

图 26.5　电磁继电器的电路组成

继电器正常的吸合过程如下：在电磁继电器的线圈两端施加电压后，会产生电流，线圈的等效电路为 *RL* 回路，由于电感的存在，所以电流不会发生突变，而是以一定的指数规律逐渐增大的。此时磁路通常不饱和，磁通逐渐增强，电磁力也逐渐增加。当线圈电流继续增大，电磁力大于弹簧弹力时，衔铁就会被铁芯吸引运动，进而带动动触点离开常闭静触点向常开静触点运动。当动触点接触到常开静触点后，动触点会发生弹跳，此时衔铁不会立刻停止运动，而是继续带动动触点继续运动，此时动触点会给予静触点一定的压力。在电磁吸力与弹簧弹力、动/静触点之间的压力达到平衡时，衔铁停止运动，电磁系统逐渐进入稳定状态，吸合过程结束。

继电器正常的释放过程如下：当线圈两端的电压消失后，由于线圈电感内存在储能，线圈回路的电流不会发生突变而是以指数规律逐渐减小的，此时电磁力仍大于弹簧弹力，衔铁不会运动。线圈电流继续减小，当电磁力小于弹簧弹力时，衔铁会带动动触点离开常开静触点直至与常闭静触点接触，动触点发生弹跳。此时弹簧会继续通过动触点给予常闭静触点一定的压力，使动/静触点有效接触。随着线圈电感内的储能被消耗，线圈回路的电流逐渐降为零，释放过程结束。

继电器是一种电控制器件，是当输入量（激励量）的变化达到规定要求时，在电气输出电路中使被控量发生阶跃变化的一种电器，它具有控制系统（输入回路）和被控制系统（输出回路）之间的互动关系。通常应用于自动化的控制电路中，它实际上是一种用小电流去控制大电流的自动开关，在电路中起着自动调节、安全保护、转换电路等作用。

26.3.4　继电器的作用

继电器是具有隔离功能的自动开关元件，广泛应用于遥控、遥测、通信、自动控制、机电一体化及电力电子设备中，是最重要的控制元件之一。

继电器一般都有能反映一定输入变量（如电流、电压、功率、阻抗、频率、温度、压力、速度、光等）的感应机构（输入部分）；有能对被控电路实现“通”“断”控制的执行机构（输出部分）；在继电器的输入部分和输出部分之间，还有对输入量进行耦合隔离、功能处理和对输出部分进行驱动的中间机构（驱动部分）。作为控制元件，继电器有如下几种作用：

（1）扩大控制范围：例如，当多触点继电器控制信号达到某一定值时，可以按触点的不同形式，同时换接、断开、接通多路电路。

（2）放大：例如，灵敏型继电器、中间继电器等，用一个微小的控制量可以控制很大功率的电路。

（3）综合信号：例如，当多个控制信号按规定的形式输入多绕组继电器时，经过比较综合，达到预定的控制效果。

（4）自动、遥控、监测：例如，自动装置上的继电器与其他电器可以组成程序控制线路，从而实现自动化运行。

26.3.5　本任务的继电器

本任务使用的继电器为 5 V 电压驱动，受控引脚为常开开关。继电器如图 26.6 所示。

图 26.6　继电器

26.4 任务实践：时控开关的软/硬件设计

26.4.1 开发设计

1. 硬件设计

本任务硬件部分主要由 STM32、继电器、LCD 和串口组成。硬件构件设计如图 26.7 所示。

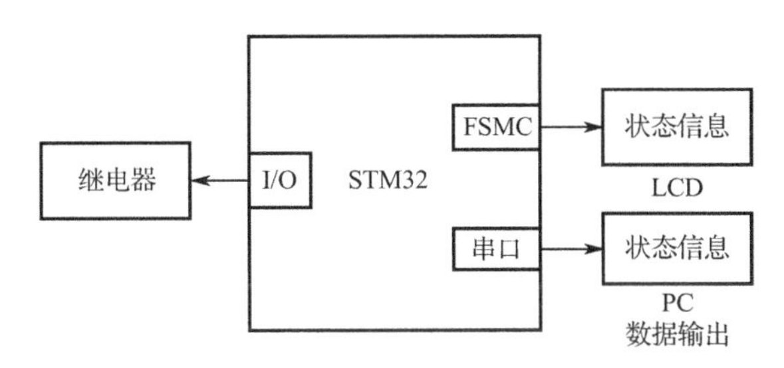

图 26.7 硬件构件设计

继电器的接口电路如图 26.8 所示。

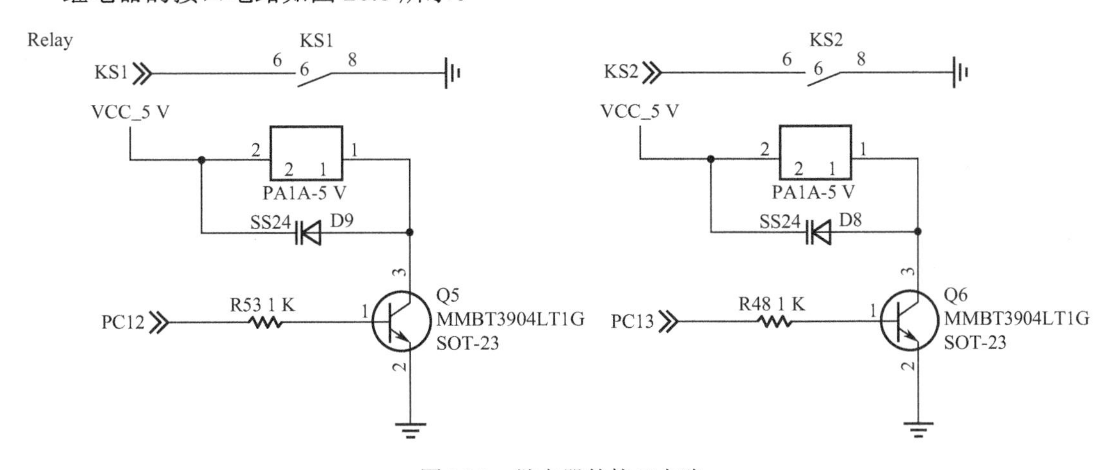

图 26.8 继电器的接口电路

其中，继电器 KS1、KS2 分别连接在 STM32 的 PC12、PC13 引脚。继电器控制较为简单，从原理图中可以看出，继电器是通过 MMBT3904LT1G 三极管驱动的，三极管使用的是 NPN 管，所以当基极输入高电平时，三极管集电极和发射极导通，此时继电器导通，从而控制继电器开关。

2. 软件设计

软件设计流程如图 26.9 所示。

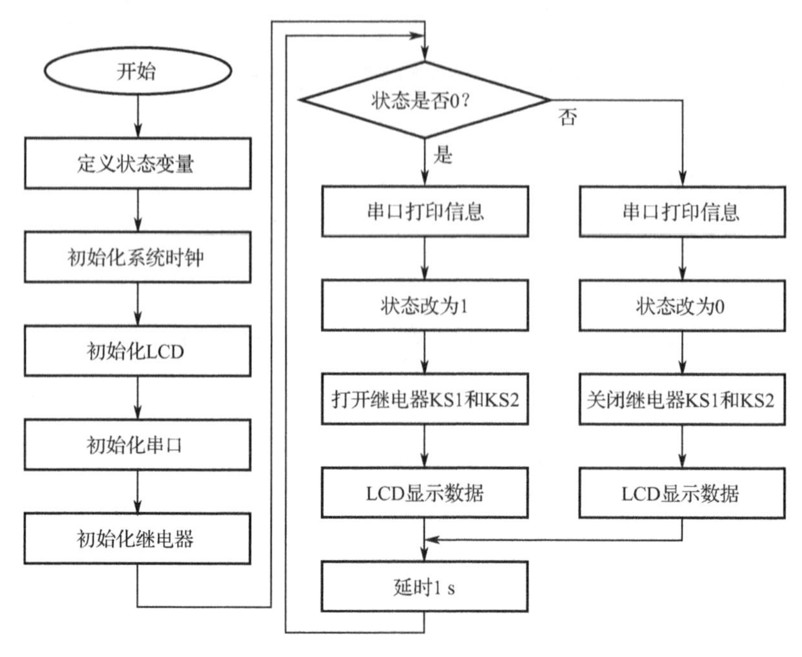

图 26.9　软件设计流程

26.4.2　功能实现

1．主函数模块

```
void main(void)
{
    unsigned char relay_flag = 0;
    delay_init(168);                                    //初始化延时
    lcd_init(RELAY1);                                   //初始化 LCD
    usart_init(115200);                                 //初始化串口
    relay_init();                                       //初始化继电器
    while(1){                                           //循环体
        if(relay_flag == 0){                            //判断继电器的状态是否发生改变
            printf("RELAY ON!\r\n");                    //串口打印提示信息
            relay_flag = 1; //更新继电器状态
            relay_control(0x03);                        //继电器的状态发生改变
            //LCD 显示继电器状态信息
            LCDDrawFnt16(4+30,30+20*7,4,320,"继电器 1 开",0x0000,0xffff);
            LCDDrawFnt16(160,30+20*7,4,320,"继电器 2 开",0x0000,0xffff);
        } else{
            if(relay_flag == 1){                                //继电器的状态发生改变
                printf("RELAY OFF!\r\n");                       //串口打印提示信息
                relay_flag = 0;                                 //更新继电器状态
                relay_control(0x00);                            //继电器的状态发生改变
                //LCD 显示继电器状态信息
                LCDDrawFnt16(4+30,30+20*7,4,320,"继电器 1 关",0x0000,0xffff);
```

```
                LCDDrawFnt16(160,30+20*7,4,320,"继电器 2 关",0x0000,0xffff);
            }
        }
        delay_ms(1000);                                         //延时 1 s
    }
}
```

2．继电器初始化模块

```
/*********************************************************************************************
* 功能：继电器初始化
*********************************************************************************************/
void relay_init(void)
{
    GPIO_InitTypeDef GPIO_InitStructure;                    //定义一个 GPIO_InitTypeDef 类型的结构体
    RCC_AHB1PeriphClockCmd(RCC_AHB1Periph_GPIOC, ENABLE);//开启继电器相关的 GPIO 外设时钟
    GPIO_InitStructure.GPIO_Pin = GPIO_Pin_12 | GPIO_Pin_13;          //选择要控制的 GPIO 引脚
    GPIO_InitStructure.GPIO_OType = GPIO_OType_PP;                    //设置引脚的输出类型为推挽模式
    GPIO_InitStructure.GPIO_Mode = GPIO_Mode_OUT;                     //设置引脚模式为输出模式
    GPIO_InitStructure.GPIO_PuPd = GPIO_PuPd_DOWN;                    //设置引脚为下拉模式
    GPIO_InitStructure.GPIO_Speed = GPIO_Speed_2MHz;                  //设置引脚工作频率为 2 MHz
    GPIO_Init(GPIOC, &GPIO_InitStructure);          //初始化 GPIO 配置
    GPIO_ResetBits(GPIOC,GPIO_Pin_12 | GPIO_Pin_13);
}
```

3．继电器控制模块

```
/*********************************************************************************************
* 功能：继电器控制
* 参数：控制命令
*********************************************************************************************/
void relay_control(unsigned char cmd)
{
    if(cmd & 0x01)
        GPIO_SetBits(GPIOC,GPIO_Pin_12);
    else
        GPIO_ResetBits(GPIOC,GPIO_Pin_12);
    if(cmd & 0x02)
        GPIO_SetBits(GPIOC,GPIO_Pin_13);
    else
        GPIO_ResetBits(GPIOC,GPIO_Pin_13);
}
```

其中 LCD 驱动函数模块、串口驱动函数模块以及延时函数模块请参考随书资源的项目开发工程源代码。

26.5 任务验证

使用 IAR 集成开发环境打开微电脑时控开关设计工程，通过编译后，使用 J-Link 将程序下载到 STM32 开发平台中，暂不执行程序。

使用串口线连接 STM32 开发平台与 PC，打开串口工具并配置波特率为 115200、8 位数据位、无奇偶校验位、1 位停止位，取消十六进制显示，设置完成后运行程序。

程序运行后，两路继电器 KS1 和 KS2 将打开，PC 端串口工具的数据接收窗口会显示“RELAY ON!”，经过 1 s 延时后，两路继电器 KS1 和 KS2 关闭，PC 端串口工具的数据接收窗口会显示“RELAY OFF!”，继电器的开关状态每秒切换一次。验证效果如图 26.10 所示。

图 26.10 验证效果

26.6 任务小结

通过本任务的学习和开发，读者可以学习继电器工作原理，并通过 STM32 驱动驱动继电器，实现微电脑时控开关的设计。

26.7 思考与拓展

（1）继电器的工作原理是什么？

（2）生活中哪些地方都使用到了继电器？

（3）继电器具有隔离强电、弱电控制强电的作用，继电器在工控领域有着十分广泛的应用。请读者尝试模拟工业继电器开关控制，通过两路按键控制两路继电器的开关，并将每个继电器状态显示在 PC 上。

任务 27

工业通风设备的设计与实现

本任务重点学习轴流风机的基本工作原理和功能，通过 STM32 驱动轴流风机，从而实现工业通风设备的设计。

27.1 开发场景：如何实现工业设备通风

在工业生产过程中散发的各种污染物，以及余热和余湿，如果不加控制，会使室内外环境空气受到严重污染和破坏，危害人类的健康，影响生产过程的正常运行，因此，控制工业污染物对室内外空气环境的影响和破坏，是当前亟须解决的问题。工业通风就是研究这方面问题的一门技术。

工业通风是控制车间粉尘、有害气体或蒸汽和改善车间内微小气候的重要技术措施之一，其主要作用在于排出作业区域的污染或潮湿、过热或过冷的空气，送入外界清洁空气，以改善作业场所空气环境。

工业通风按其动力来源可分为自然通风和机械通风，自然通风依靠室内外空气温度差所形成的热压以及室外风力所形成的风压而使空气流动；机械通风则依靠工业通风机所形成的内外压力差而使空气沿一定方向流动。工业通风机如图 27.1 所示。

图 27.1　工业通风机

本任务将围绕这个场景展开对 STM32 和轴流风机学习与开发。

27.2 开发目标

（1）知识要点：轴流风机的基本工作原理和应用。

（2）技能要点：理解轴流风机的基本工作原理；熟悉轴流风机的应用；会使用 STM32 驱动轴流风机。

（3）任务目标：某风机生产企业要生产一款带空气质量检测的室内自动风机，当检测到室内空气质量达到设定的污染限值时，能自动启动风机，要求使用 STM32 对风机进行控制。

27.3 原理学习：轴流风机和应用

27.3.1 轴流风机构成

轴流风机是指气流的方向与风叶的轴同向，如电风扇、空调外机风扇。轴流式风机通常用在流量要求较高而压力要求较低的场合。轴流风机主要由风机叶轮和机壳组成，结构简单但是对风速控制要求较高。轴流风机如图 27.2 所示。

图 27.2 轴流风机

轴流通风机一般由叶轮、机壳、集流器、流线罩、导叶和扩散器等部分组成，叶轮是风机的关键部件，其作用是将机械能传递给所输送的气体。

（1）叶轮。主要由叶片和轮毂组成，叶片截面可以是机翼形，也可以是单板形。

（2）机壳。机壳与轮毂一起形成气体的流动通道，提供电动机传动机构安装部件、与基础的连接部件、与管道的连接法兰等部件。

（3）集流器与流线罩。集流器与流线罩组合形成一个渐缩的光滑通道，有利于气流顺畅地进入轮毂与机壳风筒之间，减少气流的损失。

（4）导叶。导叶对轴流风机的性能有重要影响，它可分前导叶与后导叶。前导叶在叶轮前使气流产生旋转，可以改变气流进入叶片的入口气流角，从而改变叶轮的气动性能；后导叶将叶轮后气流旋转产生的部分动能转变为压力升高。

（5）扩散器。扩散器可将气流的部分动能转化为通风机的静压，从而提高轴流风机的静压效率。

轴流风机通过叶片旋转输送气体，其特点为工作时气流沿轴向流动，低压、大流量，图 27.3 所示为典型轴流风机的结构。其工作原理为：当叶轮旋转时，气流进入集流器，通过叶轮做功获得能量，机械能转换为气流的动能和压力能，之后气流流入导叶，在导叶的作用下偏转气流方向为轴向流，最后由出风筒流出。

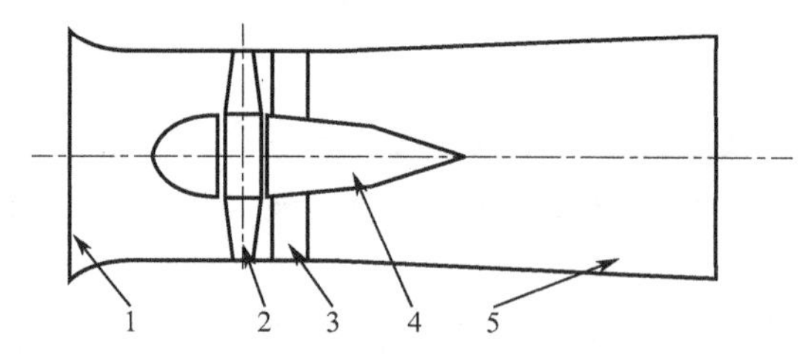

1—集流器；2—叶轮；3—导叶；4—导流体；5—出风筒

图 27.3 典型轴流风机结构示意图

由于轴向流动面内气流在不同半径上所受离心力大小不同，故气流参数为变量。基于此，将动叶片设计为沿叶高方向扭曲状，将半径相同的环形叶栅展开所得到的平面叶栅称为基元级，通常通过分析基元级来研究在不同半径上的流面内的气体流动情况。基元级内速度三角形如图 27.4 所示。

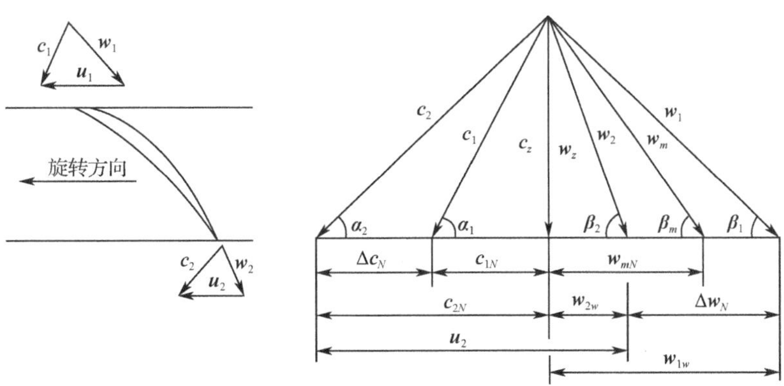

图 27.4 基元内速度三角形

气体在叶轮中做复合运动，在叶轮进口处，气流以相对速度 w_1 进入叶栅，通过叶轮旋转获得牵连速度 u_1、气体绝对速度 c_1 为相对速度与牵连速度矢量和。w_1、u_1、c_1 构成叶栅进口速度三角形。在叶轮出口处，气流获得相对速度 w_2，牵连速度为 u_2，绝对速度 c_2 随之确定。为了便于分析，将叶轮进、出口速度三角形画在同一矢量图中，如图 27.4 所示，c_1、c_2 的轴向分速度分别为 c_{1z}、c_{2z}，α_1、α_2、β_1、β_2 分别为气流绝对速度、相对速度和叶轮旋转方向的夹角。

27.3.2 轴流风机参数

轴流风机的进口标准状态、流量、压力、功率、效率和转速是表示轴流风机性能的主要参数，统称为轴流风机的性能参数。下面分别介绍轴流风机的主要性能参数。

（1）轴流风机进口标准状态。轴流风机进口标准状态指轴流风机进口处的压力为一个标准大气压（温度为 20 ℃，相对湿度为 50%RH）。轴流风机进口标准状态下的空气密度为 1.2 kg/m^3，但在汽车用轴流风机中的进口处的压力往往有特殊的要求。

（2）流量。轴流风机的流量一般指单位时间内流过轴流风机流道某一截面的气体容积，也称为轴流风机的送风量。如无特殊说明，指轴流风机进口标准状态下的容积流量。

（3）压力。压力主要分为气体的压力和轴流风机的压力。

气体的压力：气体在平直流道中流动时，流道某一截面上垂直于壁面的气体压力称为该截面上气体的静压；该截面上气体流动速度所产生的压力称为动压。截面上的气体速度分布是不均匀的，通常所说的截面上气体的动压，是指该截面上所有气体质点的动压平均值。在同一截面上气体的静压和动压之和，称为气体的全压。

轴流风机的压力：轴流风机出口截面上气体的全压与进口截面上气体的全压之差称为轴流风机的全压，它表示单位体积气体轴流风机内获得的能量。轴流风机出口截面上气体的动压定义为轴流风机的动压。轴流风机的全压与轴流风机的动压之差定义为轴流风机的静压。轴流风机性能参数是指轴流风机的全压，因而轴流风机性能中所给出的压力一般是指轴流风机的全压。

（4）功率。轴流风机的功率可分为轴流风机的有效功率、轴功率和内部功率。轴流风机的有效功率是指轴流风机所输送的气体在单位时间内从轴流风机所获得的有效能量；轴流风机的轴功率是指单位时间内原动机传递给轴流风机轴上的能量，也称为风机的输入功率；轴流风机的内部功率是指轴流风机的有效功率加上轴流风机内部的流动损失功率，等于轴流风

机的轴功率减去外部机械损失，如轴承和传动装置等所耗的功率。

（5）效率。轴流风机在把原动机的机械能传递给气体的过程中，要克服各种损失而消耗一部分能量。轴流风机的轴功率不可能全部转变为有效功率，可用效率来反映轴流风机能量损失的大小。轴流风机的全压效率是指轴流风机的有效功率与轴功率之比，也就是在全压下的输出能量与输入能量之比。轴流风机静压有效功率与轴功率之比定义为轴流风机静压效率。轴流风机的全压功率与内部功率之比定义为轴流风机的全压内效率；轴流风机的静压有效功率与内部功率之比定义为轴流风机的静压内效率，它表示轴流风机内部流动过程的好坏，是轴流风机气动力设计的主要指标。

（6）转速。轴流风机的流量、压力、功率等参数都随着轴流风机的转速而改变，所以轴流风机的转速也是一个重要的性能参数。

27.3.3 轴流风机的工作原理与分类

（1）轴流风机的工作原理。当叶轮旋转时，气体从进风口轴向进入叶轮，受到叶轮上叶片的推挤后使气体的能量升高，然后进入导叶。导叶将偏转气流变为轴向流动，同时将气体导入扩压管，进一步将气体动能转换为压力能，最后引入工作管路。

轴流风机叶片的工作方式与飞机的机翼类似，但后者是将升力向上作用于机翼上，并支撑飞机的重量，而轴流风机则固定位置并使空气移动。

轴流风机的横截面一般为翼剖面。叶片可以固定位置，也可以围绕其纵轴旋转，叶片与气流的角度或者叶片间距可以是不可调或可调的。改变叶片角度或间距是轴流式风机的主要优势之一，小叶片间距产生较低的流量，而增加叶片间距则可产生较高的流量。

先进的轴流风机能够在风机运转时改变叶片间距（这与直升机旋翼颇为相似），从而相应地改变流量，这种轴流风机称为动叶可调式轴流风机。工业轴流风机如图 27.5 所示。

图 27.5 工业轴流风机

（2）轴流风机的分类。根据轴流风机的特性可以分为以下几类：

- 按材质可分为：钢制风机、玻璃钢风机、塑料风机、PP 风机、PVC 风机、镁合金风机、铝风机、不锈钢风机等。
- 按用途可分为：防爆风机、防腐风机、防爆防腐风机、专用轴流风机等类型。
- 按使用要求可分为：管道式、壁式、岗位式、固定式、防雨防尘式、移动式、电机外置式等类型。
- 按安装方式可分为：皮带传动式和电机直连式。

27.3.4 GM0501PFB3 型轴流风机

GM0501PFB3 型轴流风机有三根引出线，这三根线分别是电源正极接线、电源负极接线、转速控制线。电源正极接线和电源负极接线是用来为轴流风机供电的，轴流风机的转速控制则是通过转速控制线实现的。控制轴流风机的转速的信号是一种脉冲宽度调制信号（PWM），通过调制 PWM 的脉冲宽度（占空比）可以实现对轴流风机的转速调节。PWM 信号波形如图 27.6 所示。

本任务使用的是小型轴流风机，如图 27.7 所示。

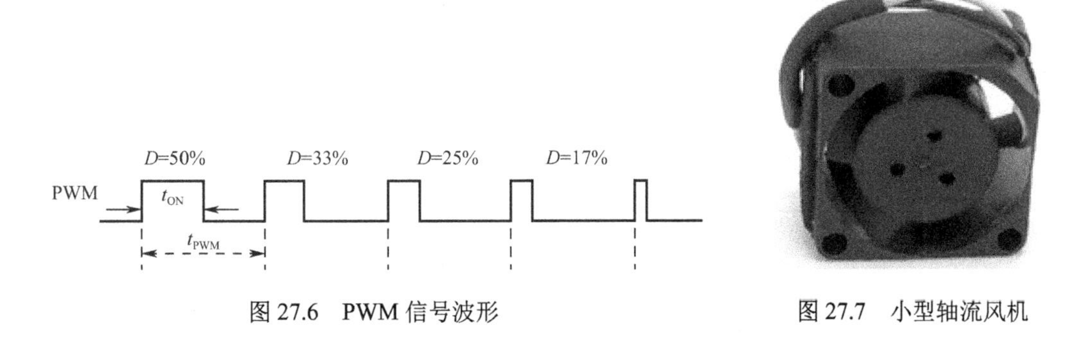

图 27.6　PWM 信号波形　　图 27.7　小型轴流风机

27.4　任务实践：工业通风设备的软/硬件设计

27.4.1　开发设计

1．硬件设计

本任务硬件部分主要由 STM32、轴流风机、LCD 和串口组成。硬件架构设计如图 27.8 所示。

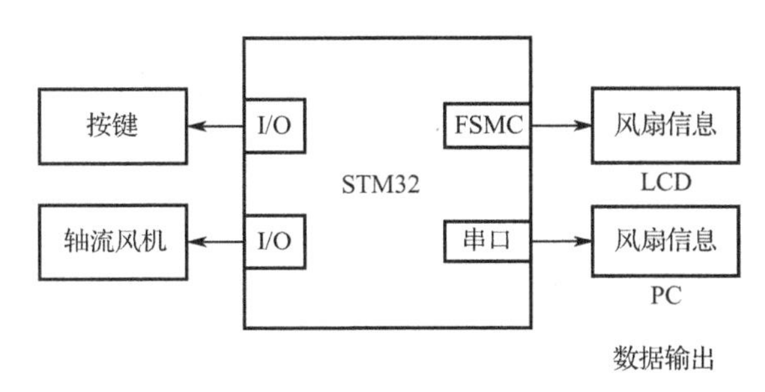

图 27.8　硬件架构设计

轴流风机的接口电路如图 27.9 所示。

轴流风机的电路使用了两级控制电路，图 27.9 中的 Q3 作为风机的一级开关，Q2 作为风机的二级开关，用于对一级开关进行控制。一级开关 Q3 使用的是 NPN 管，当基极为高电平时导通。如果 Q3 需要高电平，那么 Q2 就必须导通，而 Q2 使用的是 PNP 管，当基极为低电平时导通，因此轴流风机的控制信号是低电平有效。

2．软件设计

软件设计流程如图 27.10 所示。

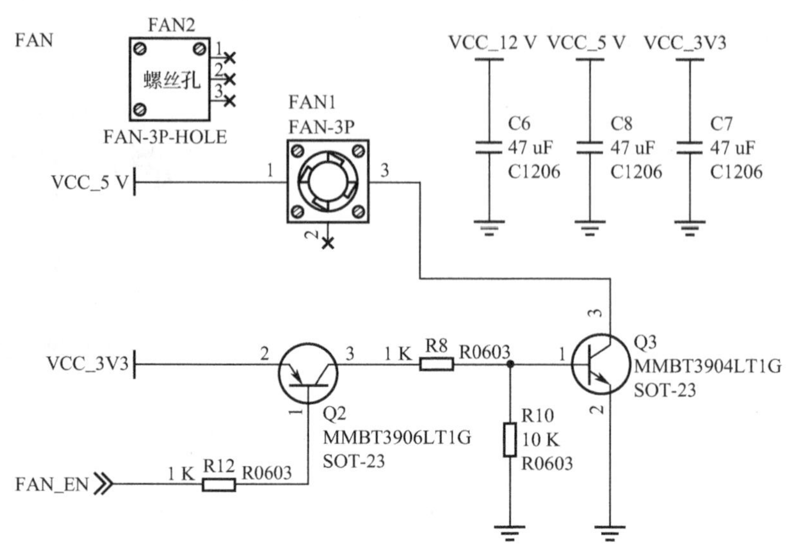

图 27.9　轴流风机的接口电路

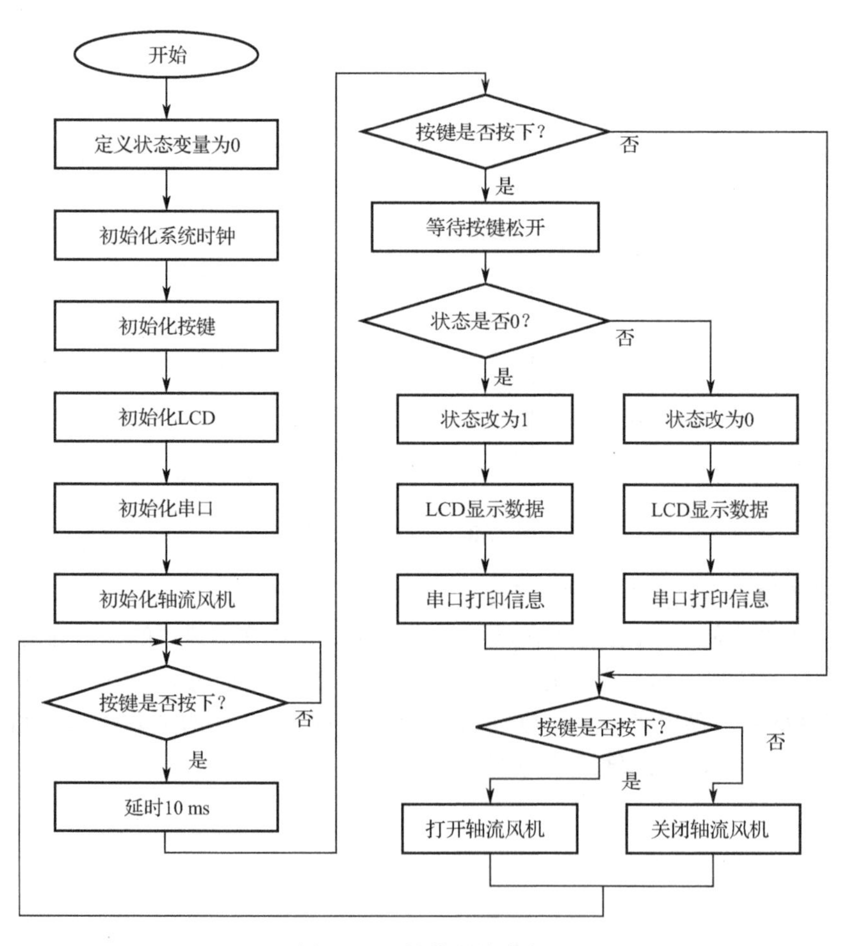

图 27.10　软件设计流程

27.4.2　功能实现

1．主函数模块

```
void main(void)
{
    unsigned char fan_flag = 0;                     //定义存储轴流风机状态的变量
    delay_init(168);                                //初始化延时
    key_init();                                     //初始化按键
    lcd_init(FAN1);                                 //初始化 LCD
    usart_init(115200);                             //初始化串口
    fan_init();                                     //初始化轴流风机
    LCDDrawFnt16(4+30,30+20*7,4,320,"风扇关",0x0000,0xffff);
    while(1){                                       //循环体
        if(key_status(K1) == DOWN){                 //判断按键是否按下
            delay_ms(10);                           //按键防抖
            if(key_status(K1) == DOWN)              //按键按下
            {
                while(key_status(K1) == DOWN);      //松手检测
                if((fan_flag & 0x01) == 0){         //判断轴流风机状态
                    fan_flag |= 0x01;               //更新轴流风机状态
                    //LCD 显示提示信息
                    LCDDrawFnt16(4+30,30+20*7,4,320," 轴流风机开",0x0000,0xffff);
                    printf("FAN ON!\r\n");          //串口打印提示信息
                }
                else{
                    fan_flag &= 0xfe;               //更新轴流风机状态
                    //LCD 显示提示信息
                    LCDDrawFnt16(4+30,30+20*7,4,320," 轴流风机关",0x0000,0xffff);
                    printf("FAN OFF!\r\n");         //串口打印提示信息
                }
            }
        }
        fan_control(fan_flag);                      //根据状态变量控制轴流风机
    }
}
```

2．轴流风机初始化模块

```
/*********************************************************************************************
* 功能：轴流风机初始化
*********************************************************************************************/
void fan_init(void)
{
    GPIO_InitTypeDef GPIO_InitStructure;            //定义一个 GPIO_InitTypeDef 类型的结构体
    RCC_AHB1PeriphClockCmd(RCC_AHB1Periph_GPIOB, ENABLE);//开启轴流风机相关的 GPIO 外
设时钟
    GPIO_InitStructure.GPIO_Pin = GPIO_Pin_10;                  //选择要控制的 GPIO 引脚
    GPIO_InitStructure.GPIO_OType = GPIO_OType_PP;              //设置引脚的输出类型为推挽模式
```

```
    GPIO_InitStructure.GPIO_Mode = GPIO_Mode_OUT;                //设置引脚模式为输出模式
    GPIO_InitStructure.GPIO_PuPd = GPIO_PuPd_DOWN;               //设置引脚为下拉模式
    GPIO_InitStructure.GPIO_Speed = GPIO_Speed_2MHz;             //设置引脚工作频率为 2 MHz
    GPIO_Init(GPIOB, &GPIO_InitStructure);                       //初始化 GPIO 配置
    GPIO_SetBits(GPIOB,GPIO_Pin_10);
}
```

3．轴流风机控制模块

```
/*********************************************************************************************
* 功能：轴流风机控制
* 参数：控制命令
*********************************************************************************************/
void fan_control(unsigned char cmd)
{
    if(cmd & 0x01)
        GPIO_ResetBits(GPIOB,GPIO_Pin_10);
    else
        GPIO_SetBits(GPIOB,GPIO_Pin_10);
}
```

4．按键初始化模块

```
/*********************************************************************************************
* 功能：按键初始化
*********************************************************************************************/
void key_init(void)
{
    GPIO_InitTypeDef GPIO_InitStructure;                  //定义一个 GPIO_InitTypeKef 类型的结构体
    RCC_AHB1PeriphClockCmd(KEY_CLK, ENABLE);              //开启按键相关的 GPIO 外设时钟

    GPIO_InitStructure.GPIO_Pin = K1_PIN | K2_PIN | K3_PIN | K4_PIN; //选择要控制的 GPIO 引脚
    GPIO_InitStructure.GPIO_OType = GPIO_OType_PP;               //设置引脚的输出类型为推挽模式
    GPIO_InitStructure.GPIO_Mode = GPIO_Mode_IN;                 //设置引脚模式为输入模式
    GPIO_InitStructure.GPIO_PuPd = GPIO_PuPd_UP;                 //设置引脚为上拉模式
    GPIO_InitStructure.GPIO_Speed = GPIO_Speed_2MHz;             //设置引脚工作频率为 2 MHz

    GPIO_Init(KEY_PORT, &GPIO_InitStructure);                    //初始化 GPIO 配置
}
```

其中 LED 驱动函数模块、按键驱动函数模块、LCD 驱动函数模块、串口驱动函数模块、I2C 驱动函数模块以及延时函数模块请参考随书资源的项目开发工程源代码。

27.5 任务验证

使用 IAR 集成开发环境打开工业通风设备设计工程，通过编译后，使用 J-Link 将程序下载到 STM32 开发平台中，暂不执行程序。

使用串口线连接 STM32 开发平台与 PC，打开串口工具并配置波特率为 115200、8 位数据位、无奇偶校验位、1 位停止位，取消十六进制显示，设置完成后运行程序。验证效果如图 27.11 所示。

图 27.11　验证效果

27.6　任务小结

通过本任务的学习和开发，读者可以学习轴流风机的工作原理和控制方法，并通过 STM32 驱动轴流风机，从而实现工业通风设备的设计。

27.7　思考与拓展

（1）轴流风机的工作原理是什么？

（2）怎么控制轴流风机的转速？

（3）如何使用 STM32 驱动轴流风机？

（4）轴流风机除了能够通过外接电路控制风扇的正常开关，还可以通过 PWM 信号精确地控制轴流风机的转速，笔记本散热器就是一个很好的例子。请读者尝试模拟工业换气扇的功能，将换气扇的转速分为三个等级，并使用 LED1 和 LED2 来表示，通过按键控制换气扇转速。

任务 28

工业机床控制系统的设计与实现

本任务重点学习步进电机的基本工作原理和功能，通过 STM32 驱动步进电机，从而实现工业机床控制系统的设计。

28.1 开发场景：如何实现工业机床控制系统

机床是指制造机器的机器，亦称工作母机或工具机，习惯上简称为机床，一般可分为金属切削机床、锻压机床和木工机床等。现代机械制造中加工机械零件的方法很多，除切削加工外，还有铸造、锻造、焊接、冲压、挤压等，但精度要求较高和表面粗糙度要求较细的零件，一般都需在机床上用切削的方法进行加工。机床在国民经济现代化的建设中起着重大的作用。

图 28.1　工业机床

随着技术的不断进步，对机床性能的要求也越来越高，从粗加工逐渐向精加工转变，有最初的几何构建逐渐向更加复杂的成品转变，这样的进步离不开高性能的步进电机和精细化的工业计算机控制。

本任务通过输出脉冲控制步进电机的停止、运动、方向，通过一个按键实现步进电机的运动和停止，通过另一个按键控制步进电机的运动方向。

本任务将围绕这个场景展开对 STM32 和步进电机的学习与开发。工业机床如图 28.1 所示。

28.2 开发目标

（1）知识要点：步进电机的工作原理、功能和应用。

（2）技能要点：熟悉步进电机的工作原理和功能；掌握步进电机的应用；会使用 STM32 驱动步进电机。

（3）任务目标：某机床生产企业要生产一款小型数控机床，要求通过 STM32 输出脉冲控制步进电机的停止、运动、方向，通过一个按键实现步进电机的运动和停止，通过另一个按键控制步进电机的运动方向。

28.3　原理学习：步进电机的原理与应用

28.3.1　步进电机基本概念

步进电机又称为脉冲电机，可以自由回转，其动作原理是依靠气隙磁导的变化来产生电磁转矩的。20 世纪初，在电话自动交换机中广泛使用了步进电机，步进电机在缺乏交流电源的船舶和飞机等独立系统中也得到了广泛的使用。20 世纪 50 年代后期，晶体管在发明后逐渐应用到了步进电机上，使得数字化的控制变得更为容易。到了 80 年代后，由于廉价的微型计算机以多功能的姿态出现，步进电机的控制方式变得更加灵活多样。常用的步进电机如图 28.2 所示。

图 28.2　常用的步进电机

相对于其他控制用途的电机，步进电机可将接收到的电脉冲信号转化成与之相对应的角位移或直线位移，本身就是一个完成数/模转换的执行元件，而且它可用于开环控制，输入一个脉冲信号就得到一个规定的位置增量。位置增量控制系统与传统的直流控制系统相比，其成本明显减低，几乎不必进行系统调整。步进电机的角位移与输入的脉冲个数严格成正比，而且在时间上与脉冲同步，只要控制脉冲的数量、频率和电机绕组的相序，即可获得所需的转角、速度和方向。

步进电机从其结构形式上可分为反应式步进电机、永磁式步进电机、混合式步进电机、单相步进电机、平面步进电机等多种类型，我国所采用的步进电机以反应式步进电机为主。

步进电机的运行性能与控制方式有密切的关系，从其控制方式来看，步进电机控制系统可以分为以下三类：开环控制系统、闭环控制系统、半闭环控制系统。目前半闭环控制系统在实际应用中一般归类于开环或闭环控制系统。

28.3.2　步进电机的相关参数

1．静态参数

（1）相数：产生不同对极 N、S 磁场的激磁线圈对数。

（2）拍数：是指完成一个磁场周期性变化所需脉冲数或导电状态，通常用 n 表示，或指步进电机转过一个齿距角所需的脉冲数。以四相步进电机为例，有四相四拍运行方式（即 AB-BC-CD-DA-AB）和四相八拍运行方式（即 A-AB-B-BC-C-CD-D-DA-A）。

（3）步距角：对应一个脉冲信号，步进电机转子转过的角位移用θ表示，即

$$\theta=360° / （转子齿数×运行拍数）$$

以常规的二相/四相转子齿数为 50 的步进电机为例，四拍运行时步距角θ=360° /(50×4)= 1.8°（俗称整步），八拍运行时步距角θ=360° /(50×8)=0.9°（俗称半步）。

（4）定位转矩：是指在不通电状态下，步进电机转子自身的锁定力矩，通常是由磁场齿形的谐波和机械误差造成的。

（5）静转矩：在额定静态电压作用下，步进电机不做旋转运动时，步进电机转子的锁定力矩称为静转矩，此力矩是衡量步进电机体积的标准，与驱动电压和驱动电源等无关。虽然静转矩与电磁激磁安匝数成正比，与定齿转子间的气隙有关，但过分减小气隙、增加激磁安匝数来提高静转矩是不可取的，这样会造成步进电机的发热及机械噪声。

2．动态参数

（1）步距角精度：指步进电机每转过一个步距角的实际值与理论值的误差，用百分比表示，即误差/步距角×100%。不同运行拍数的步距角不同，四拍运行时应在 5%之内，八拍运行时应在 15%以内。

（2）失步：步进电机运转时运转的步数不等于理论上的步数。

（3）失调角：指转子齿轴线偏移定子齿轴线的角度，步进电机运转必须存在失调角，由失调角产生的误差是无法通过差分驱动来解决的。

（4）最大空载起动频率：步进电机在某种驱动形式，以及额定电压和电流下，在不加负载的情况下，能够直接起动的最大频率。

（5）最大空载的运行频率：步进电机在某种驱动形式，以及额定电压和电流下，步进电机不带负载时最高运行频率。

（6）运行矩频特性：步进电机在某种测试条件下，测得的运行中输出力矩与频率关系的曲线称为运行矩频特性，这是步进电机诸多动态曲线中最重要的，也是步进电机选择的根本依据。其他特性还有惯频特性、起动频率特性等。步进电机一旦选定，步进电机的静转矩就确定了，而动态力矩却不然，步进电机的动态力矩取决于步进电机运行时的平均电流（而非静态电流），平均电流越大，步进电机的动态力矩越大，即步进电机的频率特性越强。要使平均电流变大，应尽可能提高驱动电压，采用小电感、大电流的步进电机。

（7）步进电机的共振点：步进电机均有固定的共振区域，二相、四相感应式步进电机的共振区一般为 180～250 pps（步距角为 1.8° ）或在 400 pps 左右（步距角为 0.9° ），步进电机驱动电压越高，步进电机电流越大，负载越轻，电机体积越小，则共振区向上偏移，反之亦然，为使步进电机的动态力矩增大、不失步和整个系统的噪声降低，一般工作点均应偏移共振区。

（8）步进电机正/反转控制：当步进电机绕组通电时序为 AB-BC-CD-DA 时正转，通电时序为 DA-CD-BC-AB 时反转。

28.3.3 步进电机的工作原理及结构

虽然步进电机已被广泛应用，但步进电机并不能像普通的直流电机、交流电机在常规下使用，它必须由双环形脉冲信号、功率驱动电路等组成控制系统。用好步进电机并非易事，它涉及机械、电机、电子及计算机等许多专业知识。步进电机作为执行元件，是机电一体化的关键产品之一，广泛应用在各种自动化控制系统中。随着微电子和计算机技术的发展，步进电机的需求量与日俱增，在国民经济的多个领域都有应用。

1. 步进电机的工作原理

步进电机的转子通常为永磁体，当电流流过定子绕组时，定子绕组将产生一矢量磁场，该磁场会带动转子旋转一角度，使得转子的磁场方向与定子的磁场方向一致。当定子的矢量磁场旋转一个角度，转子也随着该磁场转一个角度。每输入一个电脉冲，步进电机将转动一个角度、前进一步，它输出的角位移与输入的脉冲数成正比，转速与脉冲频率成正比，改变绕组通电的时序，步进电机就会反转，所以可通过控制脉冲数量、频率及电机各相绕组的通电时序来控制步进电机的转动。

2. 步进电机的结构

步进电机主要由两部分构成，分别是定子和转子，它们均是由磁性材料构成的。步进电机内部结构如图 28.3 所示。

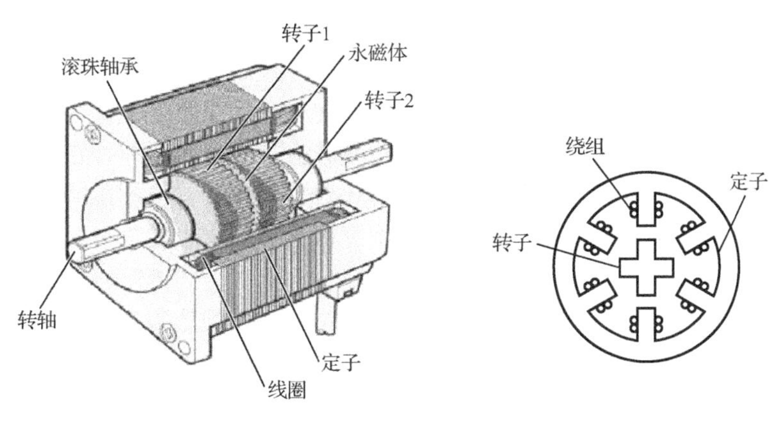

图 28.3　步进电机内部结构

通过将步进电机的结构进行简化，可将步进电机简化为定子、绕组和转子。定子的六个磁极上有控制绕组，两个相对的磁极成为一相。步进电机简化结构如图 28.4 所示。

步进电机的工作时序如图 28.5 所示，A 相通电时，A 方向的磁通经转子形成闭合回路。若转子和磁场轴线方向原有一定角度，在磁场的作用下，转子被磁化后吸引转子，使通电相磁路的磁阻最小，使得转子和定子的齿对齐停止转动。

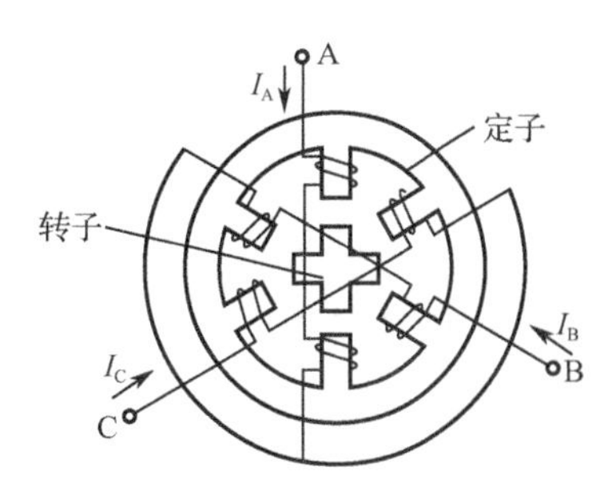

图 28.4　步进电机简化结构

28.3.4　步进电机的控制方法

步进电机最简单的控制方式就是开环控制系统，其原理框图如图 28.6 所示。

A相通电

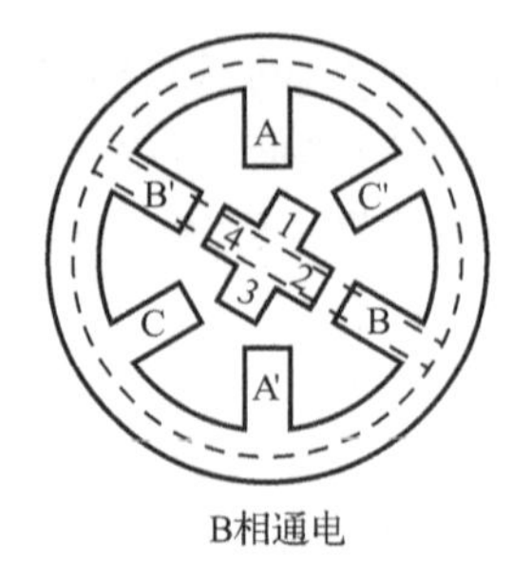

B相通电

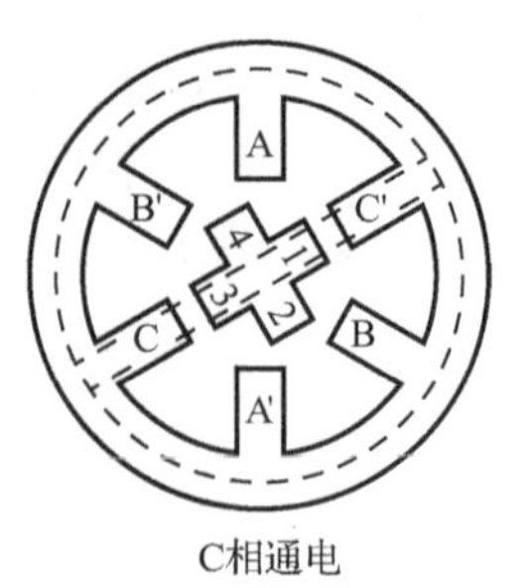

C相通电

图 28.5　步进电机工作时序

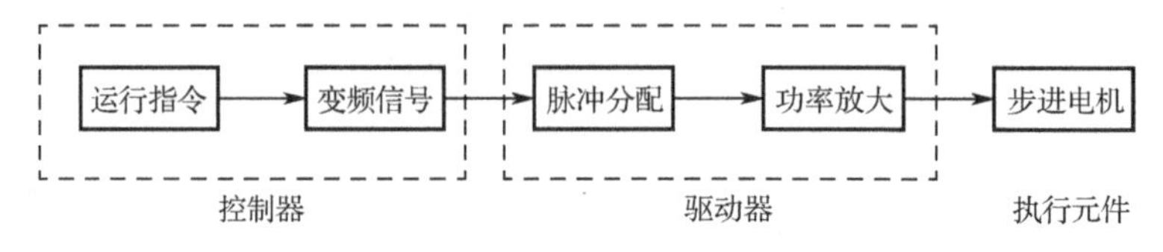

图 28.6　开环控制系统原理框图

在开环控制系统下，步进电机控制脉冲的输入并不依赖于转子的位置，而是按一个固定的规律发出控制脉冲，步进电机仅依靠这一系列既定的脉冲即可工作。

开环控制系统的特点控制简单、实现容易，在开环控制系统中，负载位置对控制电路没有反馈，因此步进电机必须正确地响应每次励磁的变化，如果励磁变化太快，步进电机则不能移动到新的位置，那么实际负载位置与理想位置就会产生一个偏差，在负载基本不变时，控制脉冲序列的产生较为简单，但是在负载的变化较大的场合，控制脉冲序列就有可能出现失步的现象。目前随着微处理器应用的普及，依靠微处理器可以实现一些复杂的控制脉冲序列的产生。

步进电机可将电脉冲信号转变为角位移或直线位移，是现代数字程序控制系统中的主要执行元件，应用极为广泛。在非超载的情况下，步进电机的转速、停止的位置只取决于脉冲信号的频率和数量，而不受负载变化的影响，当步进驱动器接收到一个脉冲信号，它就驱动步进电机按设定的方向转动一个固定的角度（称为步距角），它的旋转是以固定的角度一步一步运行的。可以通过控制脉冲的数量来控制角位移量，从而达到准确定位的目的；同时也可以通过控制脉冲频率来控制电机转动的速度和加速度，从而达到调速的目的。

28.3.5　步进电机驱动

步进电机的驱动是通过向步进电机的控制引脚输入一定规则的节拍来完成的，然而步进电机的种类和驱动电流各有不同，单纯地使用微控制器输出脉冲节拍来控制步进电机时会出现信号驱动能力不足或者电流较大烧毁微处理器的情况；同时由于程序执行中可能出现的中断延迟等因素会导致步进电机的角度控制不准确。为了更加高效和准确地控制步进电机，同时保护微处理器，在步进电机的实际使用过程中通常需要使用步进电机驱动控制芯片。

在步进电机的硬件电路中常用的驱动控制芯片型号为 A3967SLBT，如图 28.7 所示。

A3967SLB 型驱动控制芯片具有全步进、1/2、1/4 和 1/8 模式，输出驱动能力为 30 V 和±750 mA。A3967SLBT 包括一个固定关断时间的电流调节器，具有慢、快或混合电流衰减模式的功能，可以减少电流噪声，增加步进精确度，并减少功耗。A3967SLBT 的驱动转换非常容易实现，通过简单的步进输入一个脉冲，步进电机将产生一个步骤（可以是全步进、1/2 步进、1/4 步进和 1/8 步进，这取决于两个逻辑输入），无须相位顺序表、高频率控制线或复杂的程序。

图 28.7　A3967SLBT 型驱动控制芯片

28.4　任务实践：工业机床控制系统的软/硬件设计

28.4.1　开发设计

1．硬件设计

本任务的硬件部分主要由 STM32、步进电机、LCD 和串口组成。硬件架构设计如图 28.8 所示。

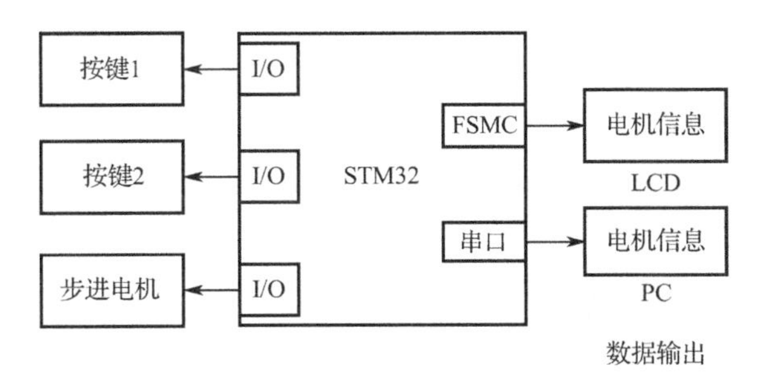

图 28.8　硬件架构设计

步进电机的接口电路如图 28.9 所示。

步进电机是一种脉冲节拍控制的高效可控电机，为了增强步进电机的电流驱动能力，需要使用相应的驱动控制芯片来对步进电机进行控制，因此电路使用了 A3967SLBT 驱动控制芯片来驱动步进电机，步进电机就由节拍控制改为了三线控制，即使能信号线 ENALBE、方向控制线 DIR 和脉冲控制线 STEP，这三条控制线分别连接到 STM32 的 PB11、PB9、PB8 引脚。

2．软件设计

软件设计流程如图 28.10 所示。

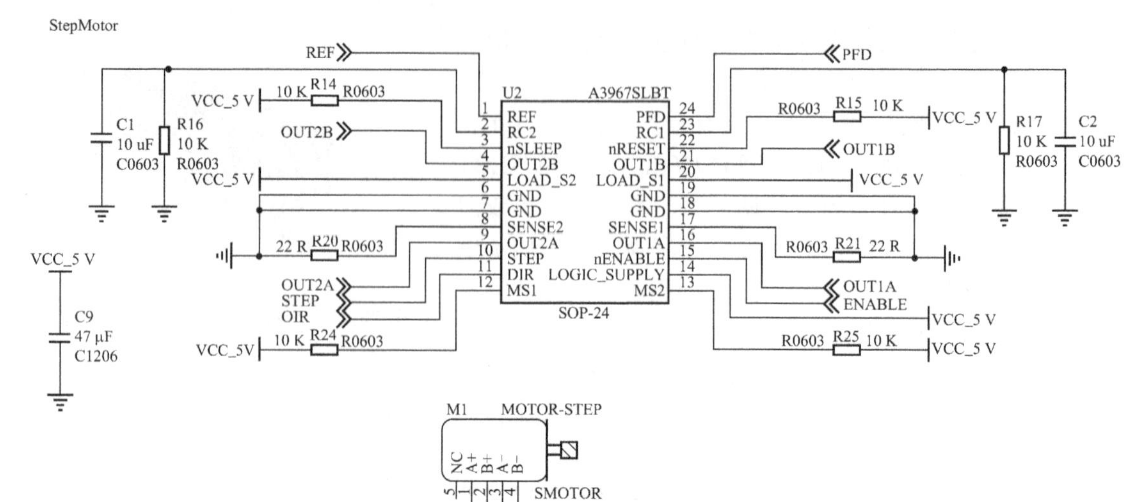

图 28.9　步进电机的接口电路

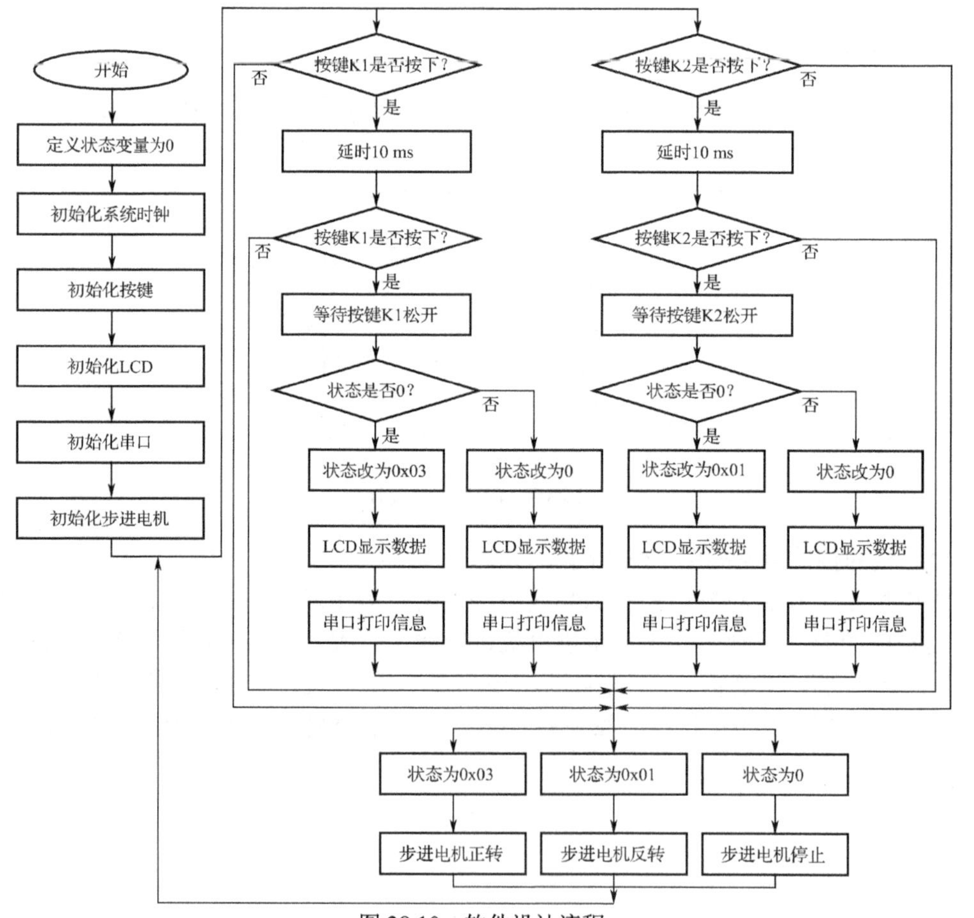

图 28.10　软件设计流程

28.4.2 功能实现

1. 主函数模块

```
void main(void)
{
    unsigned char stepmotor_flag = 0;                    //定义存储步进电机状态的变量
    delay_init(168);                                     //初始化延时
    key_init();                                          //初始化按键
    lcd_init(STEPMOTOR1);                                //初始化 LCD
    usart_init(115200);                                  //初始化串口
    stepmotor_init();                                    //初始化步进电机

    while(1){                                            //循环体
        if(key_status(K1) == DOWN){                      //判断按键 K1 是否按下
            delay_ms(10);                                //按键防抖
            if(key_status(K1) == DOWN)                   //按键按下
            {
                while(key_status(K1) == DOWN);                       //松手检测
                if((stepmotor_flag & 0x03) == 0){                    //判断步进电机是否正转
                    stepmotor_flag |= 0x03;                          //按下正转
                    //LCD 显示提示信息
                    LCDDrawFnt16(4+30,30+20*7,4,320,"步进电机正转",0x0000,0xffff);
                    printf("stepmotor forward!\r\n");                //串口打印提示信息
                } else{
                    stepmotor_flag &= 0xfc;                          //停止
                    //LCD 显示提示信息
                    LCDDrawFnt16(4+30,30+20*7,4,320,"步进电机停止",0x0000,0xffff);
                    printf("stepmotor stop!\r\n");                   //串口打印提示信息
                }
            }
        }
        if(key_status(K2) == DOWN){                                  //判断按键 K2 是否按下
            delay_ms(10);                                            //按键防抖
            if(key_status(K2) == DOWN)                               //按键按下
            {
                while(key_status(K2) == DOWN);                       //松手检测
                if((stepmotor_flag & 0x01) == 0){                    //判断步进电机是否反转
                    stepmotor_flag |= 0x01;                          //按下反转
                    //LCD 显示提示信息
                    LCDDrawFnt16(4+30,30+20*7,4,320,"步进电机反转",0x0000,0xffff);
                    printf("stepmotor reverse!\r\n");                //串口打印提示信息
                }
                else{
                    stepmotor_flag &= 0xfe;                          //停止
                    LCDDrawFnt16(4+30,30+20*7,4,320,"步进电机停止",0x0000,0xffff);
```

```
                        printf("stepmotor stop!\r\n");                    //串口打印提示信息
                    }
                }
            }
            stepmotor_control(stepmotor_flag);                           //根据状态变量控制步进电机
        }
}   }
```

2．步进电机初始化模块

```
/*********************************************************************************
* 功能：步进电机初始化
*********************************************************************************/
void stepmotor_init(void)
{
    GPIO_InitTypeDef GPIO_InitStructure;                    //定义一个 GPIO_InitTypeDef 类型的结构体
    TIM_TimeBaseInitTypeDef      TIM_TimeBaseStructure;               //定时器配置
    TIM_OCInitTypeDef      TIM_OCInitStructure;
    RCC_AHB1PeriphClockCmd(RCC_AHB1Periph_GPIOB, ENABLE); //开启步进电机相关的 GPIO 外设时钟
    RCC_APB1PeriphClockCmd(RCC_APB1Periph_TIM4, ENABLE);
    GPIO_PinAFConfig(GPIOB,GPIO_PinSource8,GPIO_AF_TIM4);     //PB10 复用为定时器 2
    GPIO_InitStructure.GPIO_Pin = GPIO_Pin_9 | GPIO_Pin_11;       //选择要控制的 GPIO 引脚
    GPIO_InitStructure.GPIO_OType = GPIO_OType_PP;               //设置引脚的输出类型为推挽模式
    GPIO_InitStructure.GPIO_Mode = GPIO_Mode_OUT;                //设置引脚模式为输出模式
    GPIO_InitStructure.GPIO_PuPd = GPIO_PuPd_DOWN;               //设置引脚为下拉模式
    GPIO_InitStructure.GPIO_Speed = GPIO_Speed_2MHz;             //设置引脚工作频率为 2 MHz
    GPIO_Init(GPIOB, &GPIO_InitStructure);                       //初始化 GPIO 配置
    GPIO_SetBits(GPIOB,GPIO_Pin_11);
    GPIO_InitStructure.GPIO_Pin = GPIO_Pin_8;                    //PB10
    GPIO_InitStructure.GPIO_Mode = GPIO_Mode_AF;                 //复用功能
    GPIO_InitStructure.GPIO_Speed = GPIO_Speed_100MHz;           //速度 100 MHz
    GPIO_InitStructure.GPIO_OType = GPIO_OType_PP;               //推挽复用输出
    GPIO_InitStructure.GPIO_PuPd = GPIO_PuPd_UP;                 //上拉模式
    GPIO_Init(GPIOB,&GPIO_InitStructure);                        //初始化 PB10
    TIM_TimeBaseStructure.TIM_Period = 999;                      //计数器重装值
    TIM_TimeBaseStructure.TIM_Prescaler = 83;                    //预分频值
    TIM_TimeBaseStructure.TIM_ClockDivision = TIM_CKD_DIV1;      //时钟分割
    TIM_TimeBaseStructure.TIM_CounterMode = TIM_CounterMode_Up;     //计数模式
    TIM_TimeBaseInit(TIM4, &TIM_TimeBaseStructure);                    //按上述配置初始化 TIM4
    //初始化 TIM4 Channel3 为 PWM 模式
    TIM_OCInitStructure.TIM_OCMode = TIM_OCMode_PWM1;//选择定时器模式：TIM 脉冲宽度调制
模式 2
    TIM_OCInitStructure.TIM_OutputState = TIM_OutputState_Enable; //比较输出使能
    TIM_OCInitStructure.TIM_OCPolarity = TIM_OCPolarity_Low;      //输出极性
    TIM_OC3Init(TIM4, &TIM_OCInitStructure);                     //根据指定的参数初始化外设
```

```
    TIM_OC3PreloadConfig(TIM4, TIM_OCPreload_Enable);       //使能 TIM4 在 CCR3 上的预装载寄存器
    TIM_ARRPreloadConfig(TIM4,ENABLE);
    TIM_Cmd(TIM4, ENABLE);                                   //使能 TIM4
    TIM_SetCompare3(TIM4,0);

}
```

3. 步进电机控制模块

```
/*********************************************************************************************
* 功能：步进电机控制驱动
* 参数：控制命令
*********************************************************************************************/
void stepmotor_control(unsigned char cmd)
{
    if(cmd & 0x01){
        GPIO_ResetBits(GPIOB,GPIO_Pin_11);
        if(cmd & 0x02){
            GPIO_SetBits(GPIOB,GPIO_Pin_9);
            TIM_SetCompare3(TIM4,500);
        } else{
            GPIO_ResetBits(GPIOB,GPIO_Pin_9);
            TIM_SetCompare3(TIM4,500);
        }
    }
    else
        GPIO_SetBits(GPIOB,GPIO_Pin_11);
}
```

其中 LED 驱动函数模块、按键驱动函数模块、LCD 驱动函数模块、串口驱动函数模块以及延时函数模块请参考随书资源的项目开发工程源代码。

28.5　任务验证

使用 IAR 集成开发环境打开工业机床控制系统设计工程，通过编译后，使用 J-Link 将程序下载到 STM32 开发平台中，暂不执行程序。

使用串口线连接 STM32 开发平台与 PC，打开串口工具并配置波特率为 115200、8 位数据位、无奇偶校验位、1 位停止位，取消十六进制显示，设置完成后运行程序。

程序运行后，按下按键 K1 时步进电机正转，再次按下 K1 时步进电机停止；按下按键 K2 时步进电机反转，再次按下 K2 时步进电机停止；同时 LCD 和串口显示步进电机状态信息。验证效果如图 28.11 所示。

图 28.11　验证效果

28.6　任务小结

本任务通过输入具有一定节拍的脉冲实现对步进电机的开关控制，通过改变脉冲的频率可以实现对步进电机的转速控制，通过设定脉冲输出的数量可以实现对步进电机角度的控制。

28.7　思考与拓展

（1）步进电机的工作原理是什么？

（2）如何使用 STM32 驱动步进电机？

（3）步进电机除了在民用领域有着广泛的应用，在工业领域也有大量的应用。步进电机不仅可以控制方向、转速，同时还可以控制旋转角度，这使得步机电机大多应用在精细化控制领域，如机床、3D 打印机、机器人等。请读者尝试模拟工业机床，LED1 和 LED2 表示步进电机的旋转方向，通过 PC 向微处理器发指令的方式实现对步进电机旋转的方向和角度的控制，并将控制结果显示在 PC 上。

任务 29

声光报警器的设计与实现

本任务重点学习 RGB 灯等的基本工作原理和功能，通过 STM32 驱动 RGB 灯，从而实现声光报警器的设计。

29.1 开发场景：如何实现声光报警器

声光报警器是为了满足客户对报警响度和安装位置的特殊要求而设置的，可同时发出声、光两种报警信号，广泛应用于钢铁冶金、电信铁塔、起重机械、工程机械、港口码头、交通运输、风力发电、远洋船舶等行业，是工业报警系统中的一个常用产品。

本项目将围绕这个场景展开对 STM32 和 RGB 灯的学习与开发。声光报警器如图 29.1 所示。

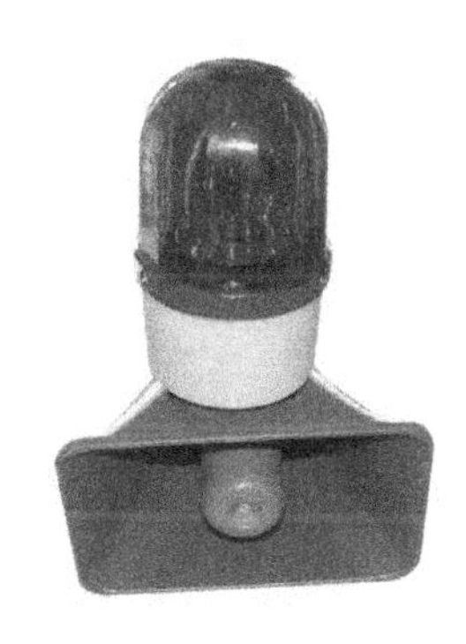

图 29.1 声光报警器

29.2 开发目标

（1）知识要点：声光报警器的基本概念、用途；RGB 灯的工作原理。

（2）技能要点：了解声光报警器的基本概念、应用场合；熟悉 RGB 灯的工作原理；会使用 STM32 驱动 RGB 灯。

（3）任务目标：某公司要生产一款消防声光报警器，该设备使用 RGB 灯与蜂鸣器进行模拟控制，微处理器接收到警示触发信号时，立即触发声光报警器。

29.3 原理学习：声光报警器和 RBG 灯

29.3.1 声光报警器

声光报警器是通过声音和光来向人们发出示警信号的一种报警信号装置，防爆声光报警器适用于爆炸性气体环境场所，还可应用于石油、化工等防爆要求为 1 及 2 的防爆场所，也可以在露天、室外使用。非编码型声光报警器可以和火灾报警器配套使用，当发生事故或火灾等紧急情况时，声光报警器可根据控制信号发出声和光两种报警信号，达到报警目的；也可和手动报警按钮配合使用，实现声光报警。

29.3.2 RGB 灯原理

RGB 灯是以三原色共同交集成像的，此外，也有蓝光 LED 配合黄色荧光粉，以及紫外 LED 配合 RGB 荧光粉，这两种都有其成像原理，但是衰减问题与紫外线对人体的影响，都是短期内难以解决的问题。

RGB 在应用上，明显比白光 LED 多元化，如车灯、交通号志、橱窗等，需要用到某一波段的灯光时，RGB 的混色可以随心所欲，相较之下，白光 LED 就比较单一。从另一方面上来说，如果用在照明方面，RGB 灯又比较吃亏，因为用在照明方面主要还得看白光的光通量、寿命及纯色等方面，目前 RGB 灯主要用在装饰灯方面。

随着 LED 照明技术的不断发展，LED 应用在建筑物的景观照明的商业用途越来越广泛。这一类的 LED 照明常常会根据建筑物的外观进行设计，一般采用由红、绿、蓝三基色 LED 所构成的 RGB 灯作为基本照明单位，用于制造色彩丰富的显示效果。

三基色混光指的是基于红、绿、蓝（RGB）的加性混光原理，三基色加性混光是指利用红光、绿光和蓝光进行混光，产生各种色彩。根据国际照明委员会色度图可知，光的色彩与三基色 R、G 和 B 的光通量比例因子 f_R、f_G 和 f_B 有关，并且满足条件 $f_R+f_G+f_B=1$。调节 f_R、f_G 和 f_B 的值就可以输出各种色彩的光。因此，不仅能够通过脉宽调制方式在某段时间内对 RGB 灯进行通断调节，也可以调节流过某颗 LED 的电流，从而调节亮度，同时调节三颗 LED 的电流即可调节输出光的颜色和亮度。

本任务的声光报警器使用的是蜂鸣器和 RGB 灯，其中蜂鸣器用于模拟喇叭，RGB 灯用于模拟彩灯。蜂鸣器和 RGB 灯如图 29.2 所示。

图 29.2 蜂鸣器和 RGB 灯

29.4 任务实践：声光报警器的软/硬件设计

29.4.1 开发设计

1. 硬件设计

本任务硬件部分主要由 STM32、RGB 灯与蜂鸣器组成。硬件架构设计如图 29.3 所示。

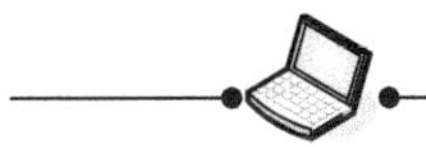

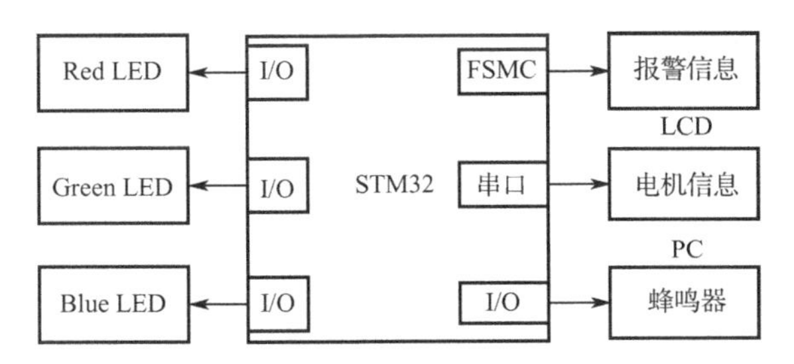

图 29.3　硬件架构设计

RGB 灯和蜂鸣器的接口电路分别如图 29.4 和图 29.5 所示。RGB 灯作为系统的光线指示灯，用于指示系统报警与状态。RGB 灯由三种颜色灯组成，R 是红灯、G 是绿灯、B 是蓝灯，分别由 STM32 的 PB8、PB10、PB11 引脚控制。

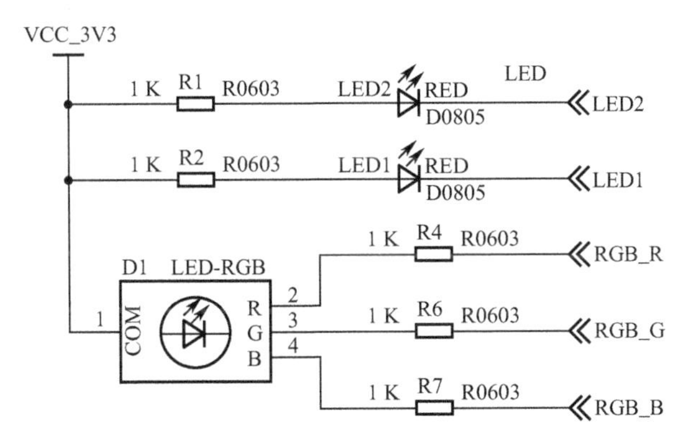

图 29.4　RGB 灯的接口电路

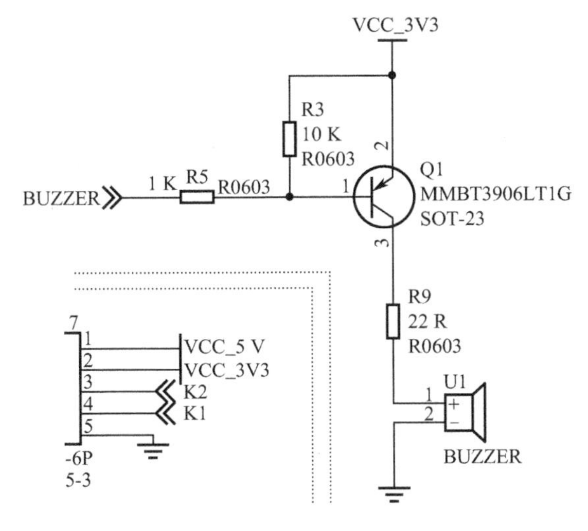

图 29.5　蜂鸣器的接口电路

本任务采用的蜂鸣器是无源蜂鸣器，因此只需要控制电平即可控制蜂鸣器。电路中使用 PNP 三极管，当基极输入低电平时，三极管的集电极和发射极导通，此时蜂鸣器通电后就会鸣响。蜂鸣器电路控制端与 STM32 的 PB9 引脚相连。

2．软件设计

软件设计流程如图 29.6 所示。

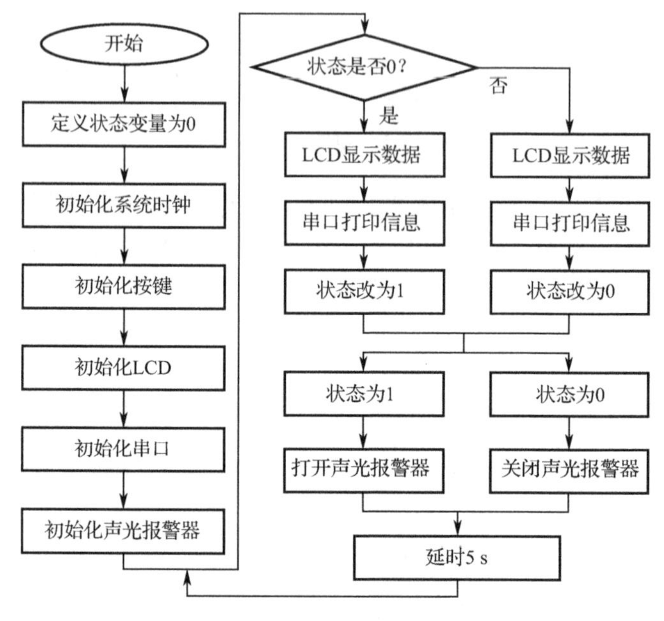

图 29.6　声光报警程序逻辑

29.4.2　功能实现

```
void main(void)
{
    unsigned char alarm_status = 0;                              //定义存储声光报警器状态的变量
    delay_init(168);                                             //初始化延时
    key_init();                                                  //初始化按键
    lcd_init(ALARM1);                                            //初始化 LCD
    usart_init(115200);                                          //初始化串口
    alarm_init();                                                //初始化声光报警器
    LCDDrawFnt16(4+30,30+20*7,4,320,"声光报警器关",0x0000,0xffff);
    while(1){                                                    //循环体
        if(alarm_status == 0){                                   //判断声光报警器的状态是否 0
            //LCD 显示提示信息
            LCDDrawFnt16(4+30,30+20*7,4,320,"声光报警器开",0x0000,0xffff);
            printf("Alarm ON!\r\n");                             //串口打印提示信息
            alarm_status = 1;                                    //改变状态
        } else{
            //LCD 显示提示信息
            LCDDrawFnt16(4+30,30+20*7,4,320,"声光报警器关",0x0000,0xffff);
            printf("Alarm OFF!\r\n");                            //串口打印提示信息
            alarm_status = 0;                                    //改变声光报警器的状态
        }
```

```
        alarm_control(alarm_status);                    //根据状态变量控制声光报警器
        delay_ms(5000);                                 //延时 5 s
    }
}
```

其中 LED 驱动函数模块、按键驱动函数模块、LCD 驱动函数模块、串口驱动函数模块、I2C 驱动函数模块以及延时函数模块请参考随书资源的项目开发工程源代码。

29.5　任务验证

使用 IAR 集成开发环境打开声光报警器设计工程，通过编译后，使用 J-Link 将程序下载到 STM32 开发平台中，暂不执行程序。

使用串口线连接 STM32 开发平台与 PC，打开串口工具并配置波特率为 115200、8 位数据位、无奇偶校验位、1 位停止位，取消十六进制显示，设置完成后运行程序。

程序运行后，首先进入正常状态，RGB 灯的绿色灯亮 5 s，同时 PC 串口工具的数据接收窗口显示“Alarm OFF!”，正常状态结束时关闭 RGB 灯的绿色灯，程序进入报警状态，此时 RGB 灯的红色灯闪烁，蜂鸣器跟随鸣响，同时 PC 串口工具的数据接收窗口打印显示“Alarm ON!”，程序将在正常状态与报警状态循环。验证效果如图 29.7 所示。

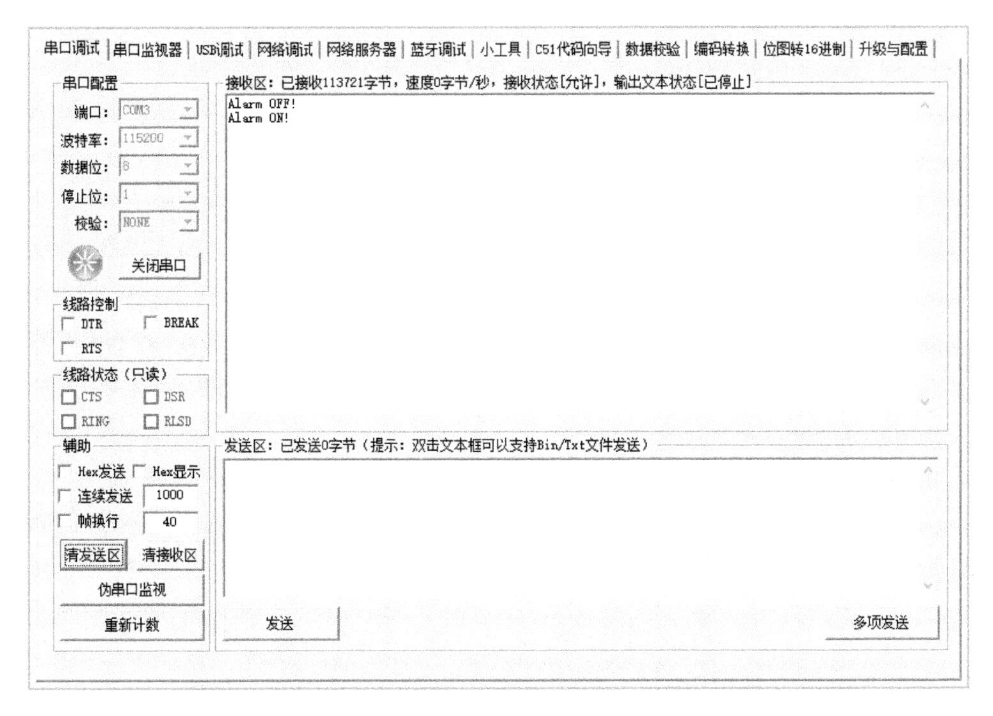

图 29.7　验证效果

29.6　任务小结

通过本任务的学习和开发，读者可以学习 RGB 灯工作原理，并通过 STM32 驱动 RGB

灯，从而实现声光报警器的设计。

29.7 思考与拓展

（1）声光报警器在日常生活的有哪些应用场景？

（2）声光报警器如何模拟不同的特殊声光警示？

（3）如何使用 STM32 驱动声光报警？

（4）声光报警器主要用于对突发情况的预警，例如工厂中并不能将所有设备都信息化，很多时候出现重大事故时仍需人工进行提醒，此时声光报警器的报警作用就变得尤为重要。请读者尝试模拟工业声光报警器，系统初始状态为 RGB 灯的绿色灯闪烁，当按下按键 K1 时 RGB 灯的绿色灯停止工作，蜂鸣器鸣响，RGB 灯的红色灯闪烁，当按下按键 K2 时解除报警，系统恢复初始状态。

第 4 部分

综合应用项目开发

本部分是综合项目，分别是任务 30 到任务 32，共 3 个项目。任务 30 综合应用 STM32、按键、光照度传感器、蜂鸣器、RGB 灯、LCD 和 LED 完成图书馆照明调节系统的设计与实现；任务 31 综合应用 STM32、燃气传感器、火焰传感器、继电器、按键、蜂鸣器、LCD 和 LED 完成集成燃气灶控制系统的设计与实现；任务 32 综合应用 STM32、按键、步进电机、继电器、RGB 灯、LCD 和 LED 完成智能洗衣机控制系统的设计与实现。

这 3 个综合项目始终遵循系统开发原则，即任务设计流程与需求分析、任务实践以及任务验证来组织，首先进行任务设计流程与需求分析，分别是项目解读、项目功能分解、功能技术化三部分；然后进行任务实践，包括开发设计、项目架构（硬件设计和软件设计）、功能实现；最后进行任务验证。通过完整的任务开发过程，实现系统功能，从而提高读者的设计和开发能力。

任务 30

图书馆照明调节系统的设计与实现

本任务综合应用 STM32、光照度传感器、LCD、RGB 灯、按键和 LED 等完成图书馆照明调节系统的软/硬件设计。

30.1 开发场景：如何实现照明调节系统

图书馆是一个阅读和汲取知识的地方，但图书馆的巨大空间并不能保证每个区域都拥有良好的阅读环境。如果阅读环境的光线不佳，不但会降低读者的感受，同时还会对读者的眼睛造成伤害。针对图书馆巨大空间造成的光线分布不均匀带来的阅读体验不好的问题，同时本着为读者提供良好的阅读环境的目的，需要通过智能化系统对图书馆的光照度进行有效的监测，并对光线进行合理调节。当光照度大于某个设定值时，需要关闭部分照明灯以降低光照度；当光照度小于某个设定值时，需要打开一些照明灯补光。

图 30.1　图书馆室内环境

本任务将围绕这个场景展开对 STM32 和相关传感器的学习与开发。图书馆室内环境如图 30.1 所示。

30.2 开发目标

（1）知识要点：自动控制逻辑功能；程序执行流程逻辑功能；屏幕显示控制逻辑功能。

（2）技能要点：掌握自动控制逻辑功能开发；掌握程序执行流程功能开发；掌握屏幕显示控制逻辑功能开发。

（3）任务目标：现需要为某大型图书馆设计一套图书馆照明调节系统，要求系统能够对图书馆内的光线进行调节。当光照度在某个合理范围内波动时，系统开启照明补偿功能以维持区域的合理照明亮度，同时在 LCD 上显示光照度值、控制模式和设备开关状态。

30.3 任务设计流程与需求分析

30.3.1 设计流程

项目的设计和实施通常有三个步骤，分别是项目需求分析、项目设计与实现，以及项目测试与验证。项目需求分析是指分析项目的设计细节，在获得项目的设计细节后制订项目实施方案，根据项目实施方案分步骤实现项目的设计功能。项目程序设计完成后需要根据项目的实际场景进行项目测试，通过测试排除程序设计中的技术漏洞，设备测试稳定后即完成项目设计。

项目需求分析分为三个部分，分别是项目解读、项目功能分解、功能技术化。项目解读是指将项目的内容描述由抽象的生活语言解读为项目实施的技术语言，通过这一过程实现项目的透明化。项目功能分解是指在项目解读完成后需要将解读的项目进行功能分解，不同的功能需要不同的软/硬件来实现，整体的项目组合逻辑又需要项目框架来整合。将项目分解为一个个子功能，再对项目的各个子功能技术化，即从技术功能向技术实现转化，这一转化实现了项目与项目实施的对应。完成这三个步骤就完成了项目需求分析。

项目实施是指按照项目功能点来完成项目子功能程序，然后通过项目架构对项目的各个子功能进行整合，整合完成后项目程序就设计完成了。在项目程序设计完成后，还需要对项目程序进行测试。

项目测试是指将整个系统放置于项目设计的环境中测试程序的功能，找到程序中设计不合理和程序有漏洞的地方，将程序完善，然后从产品的角度验证项目产品的技术参数，为项目产品化提供数据支持。

通过以上三个步骤基本上就可以完成一个项目实例的开发与验证。系统开发步骤如图 30.2 所示。

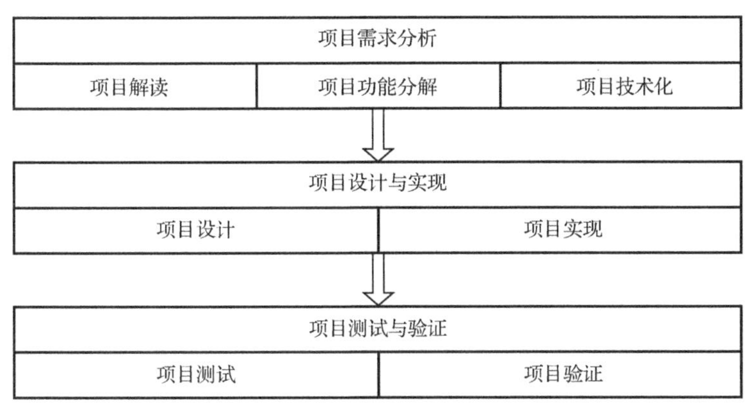

图 30.2 系统开发步骤

30.3.2 项目解读

图书馆照明系统的任务是对图书馆的照明亮度进行调节，在智能模式下通过系统的动态调节实现图书馆照明亮度的稳定，在人工模式下通过人工控制实现照明亮度的控制。

项目任务中需要实现的功能是图书馆照明调节系统，除了人工控制模式，照明调节系统的最主要目的是对室内照明亮度进行调节，要实现对图书馆的照明亮度调节就需要感知图书馆相关区域的照明亮度，其次就是照明亮度调节的设定，最后是图书馆照明亮度调节方式。前两点实现较为容易，要实现照明亮度调节，其方法又有所不同。相比于温度或者湿度等参数的调节，调节光照度参数的方式有所不同。结合图书馆的室内外环境，图书馆室外的自然光是连续变化的，而图书馆内部灯光的调节是通过开关灯来实现的，当开一盏灯或者关一盏灯时，在一定距离上光照度值的变化是固定的，光照度调节只能将照明亮度维持在某个固定区间而不能连续控制，因此光照度调节只能通过梯度调节来完成。为了方便人们对图书馆照明调节系统的使用和配置，还需要在系统中加入人机交互界面以辅助系统的人工控制。项目任务要点解读如图 30.3 所示。

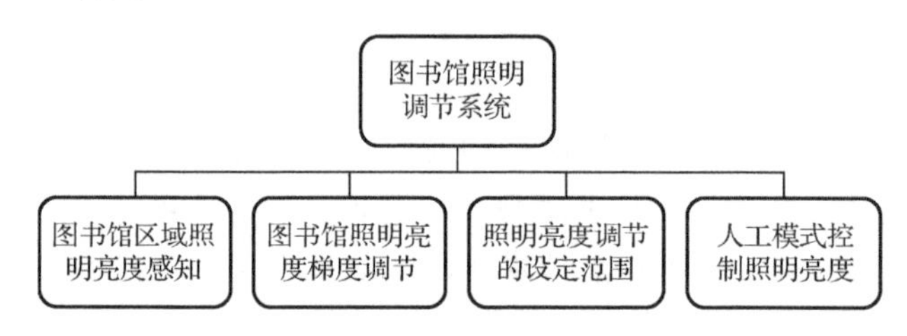

图 30.3　项目任务要点解读

获取了亮度调节细节后需要对细节进行解读。图书馆照明亮度感知需要通过光照度传感器来实现，通过获取图书馆光照度信息可以实现对照明亮度的感知，并判断区域的照明亮度是否在合理的范围内。图书馆的照明亮度调节有几个关键参数，分别是：灯光能够补充的照明亮度、设定合理的亮度范围、根据灯光补光照明亮度范围和照明亮度干预梯度。照明亮度干预梯度对当前图书馆要维持的光强范围进行分割，而补光灯的开启数量则需要根据采集到的当前图书馆区域光照度数据所在的照明亮度梯度区间进行控制，光照度数据所在的区间不同，控制的补光灯数量也有所不同，通过这种调节方式可以将图书馆区域的照明亮度控制在设定的合理亮度范围内，即维持照明亮度在最高梯度，从而实现对图书馆区域照明亮度的调节。项目任务细节解读如图 30.4 所示。

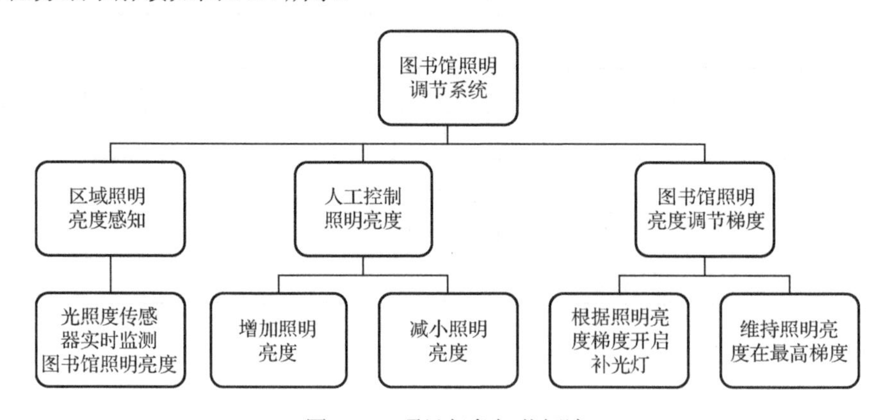

图 30.4　项目任务细节解读

通过以上分析可知，图书馆照明调节系统的目标为：在人工控制模式下增加照明亮度和减小照明亮度，在智能控制模式下设定图书馆的照明亮度，根据补光灯的光照度设置补光灯补光梯度。使用光照度传感器采集当前图书馆光照度数据，判断当前区域光照度数据在补光梯度的哪个梯度值之内，补光调节系统再根据当前光照度数据所在的补光梯度开启相应数量的补光灯，以维持图书馆光照度在设定的范围内。

30.3.3　项目功能分解

通过对图书馆照明调节系统的解读可知，系统控制分为两个方面，分别是人工模式控制和智能模式控制。人工模式控制可以自由地控制照明亮度，智能模式控制则由系统自动控制图书馆的照明亮度，在整个智能模式控制过程中，系统的工作流程就是采集光照度、判断照明亮度梯度、对补光灯进行控制的调节过程。

项目功能分解是对项目本身进行模块的拆分与细化。图书馆照明调节系统的设计要实现人工模式控制和智能模式控制两种控制模式，在人工模式控制下照明亮度的增加或者减小，以及智能模式控制下对光照度的采集、实时亮度的判断、通过设备对图书馆照明进行调节的功能，需要有相关的部件模块来实现。以上的两种模式，以及照明亮度梯度的计算、光照控制等级的获取都属于软件功能范畴；对图书馆环境光照度信息的采集和图书馆照明亮度的干预则属于硬件功能模块，需要硬件的参与。除了上述的硬件部分和软件部分，还有用于提供人机交互界面的显示界面，例如，环境照明亮度、补光灯控制等级、系统的控制模式等都会在人机交互界面上显示。将硬件部分功能和软件部分功能，以及人机交互界面功能进行有机结合就可以实现完整的系统功能。项目模块分解如图 30.5 所示。

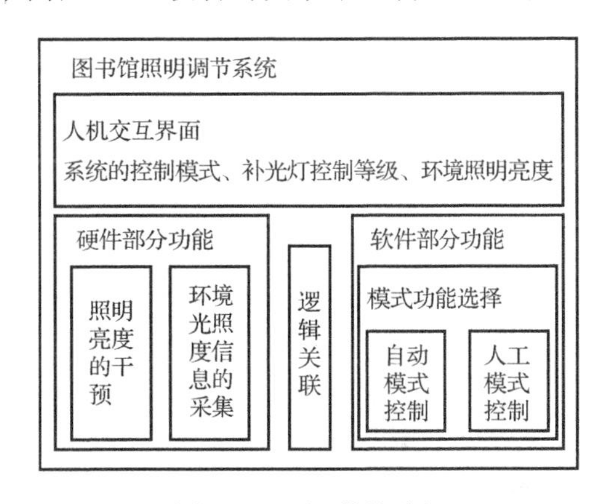

图 30.5　项目模块分解

通过上述分析可知硬件部分、软件部分和人机交互界面的功能。硬件部分的功能与硬件相关，主要包括环境数据采集和环境数据控制；软件部分是对逻辑条件进行判断并给出判断结果；人机交互界面则是对系统的相关参数进行显示。因此系统的模块可以分解为照明亮度采集模块、补光灯控制模块（包含照明亮度梯度的计算）和人机交互界面模块。

30.3.4　项目技术化

通过项目的功能分解，可以了解到图书馆照明调节系统项目的功能模块的划分，实现项目功能需要照明亮度采集模块、补光灯控制模块和人机交互界面模块。但是知道这个模块的划分还无法实现图书馆照明调节系统，这些模块需要搭载在一个微处理器平台上。本任务使用 STM32F407VET6 实现照明调节系统的各个功能模块。

要实现系统的照明亮度采集模块功能，需要使用光照度传感器，本任务选择的光照度传感器的型号为 BH1750，这款传感器采用的是 I2C 总线通信，如果选择的平台上有 I2C 硬件外设，则需要将 BH1750 的通信引脚连接到平台的 I2C 硬件外设接口上；如果没有 I2C 硬件外设则需要通过程序模拟时序。

补光灯控制模块的功能是对照明亮度进行调节，本任务通过控制开发平台上的 4 个 LED 模拟 5 个不同的照明亮度，0 盏灯为 0 级，1 盏灯为 1 级，2 盏灯为 2 级，3 盏灯为 3 级，4 盏灯为 4 级。

人机交互界面模块用于设备与人的交互，设备通过界面上的补光灯控制等级、环境照明亮度、系统的控制模式等信息实现与人的交互。通过人机交互界面可以了解系统当前的工作状态和相关参数并指导下一步操作。人机交互界面的显示使用的是 2.8 英寸的 TFT LCD，通过导入相应的图片可以在 LCD 上实现图像的显示。

本任务使用的 STM32 是最小系统，在真实的项目设计中，STM32 还有一些辅助电路，如 32 MHz 晶振、串口、电源、复位电路、程序下载电路等。项目技术化硬件分解如图 30.6 所示。

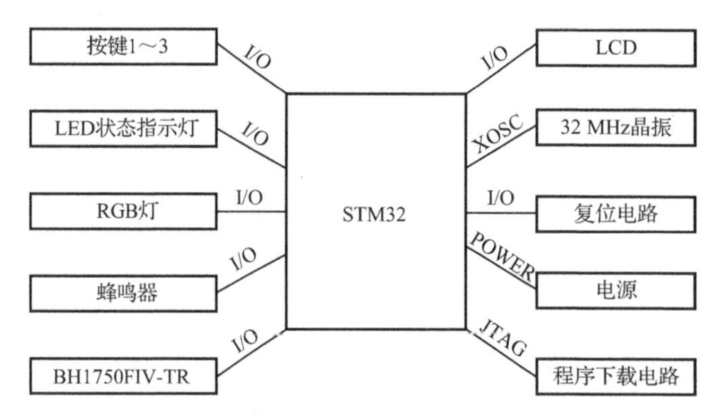

图 30.6　项目技术化硬件分解

30.4 任务实践：图书馆照明调节系统的软/硬件设计

30.4.1 开发设计

图书馆照明调节系统的设计可分为两个部分，分别是系统软件设计和系统人机交互界面设计。

根据项目需求分析可以了解到系统程序逻辑的设计思路，项目的功能是通过光照度传感器采集图书馆室内的光照度，判断当前光照度所在的照明亮度梯度，当照明亮度处于合理范围时，需要保持系统稳定；当检测到照明亮度低于设定的照明亮度时，应根据当前环境光照度所在的照明亮度梯度确认系统的补光设置。上述功能对应的实现平台是 STM32，使用 BH1750 采集图书馆内光照度，STM32 通过 I2C 总线获取 BH1750 采集到的光照度信息，通过 STM32 判断图书馆照明亮度是否处于合理的范围内，然后通过 STM32 的 I/O 引脚来控制 LED 补光，通过 LED 的开关数量来表示对照明亮度的调节。

人机交互界面的主要功能是显示当前的环境照明亮度、补光灯控制等级、系统的控制模式。显示内容可以使用文字，也可以使用具有一定含义的图像，为了使系统操作界面更加友好，通常需要采用两者结合的方式。

项目实施分为两部分，一部分是项目的程序设计，另一部分是系统的人机交互界面设计。

项目的程序设计又可分为编写芯片的初始化程序，编写各个传感器和控制设备的驱动程序，编写逻辑程序。其中，针对传感器和控制设备的驱动程序实际是初始化微处理器的相关接口参数，如 BH1750 的驱动程序实际上是初始化芯片引脚并配置 I2C 协议程序，以及传感器信息的读写程序；对 TFT LCD 的控制使用的是 FSMC 并行控制总线，TFT LCD 的初始化实际上就是 FSMC 的初始化，而补光灯则是初始化微处理器的 LED 控制引脚等。

功能实现的另一方面就是系统的人机交互界面设计，人机交互界面在设计时要显示所有相关的数据，将需要显示的数据通过图像和文字的形式展示出来。在人机交互界面可通过切换不同的图像来实现界面图标的动态变化。

30.4.2　项目架构

本任务使用 STM32 的通用 I/O 模拟 I2C 总线接口，将模拟总线与光照度传感器相连接，使用 I2C 总线协议实现对光照度传感器的数据获取；通用 I/O 对 LED 进行控制；通过按键实现系统控制模式的切换；在人机交互界面上显示获取的信息、控制模式和控制状况。项目框架图如图 30.7 所示。

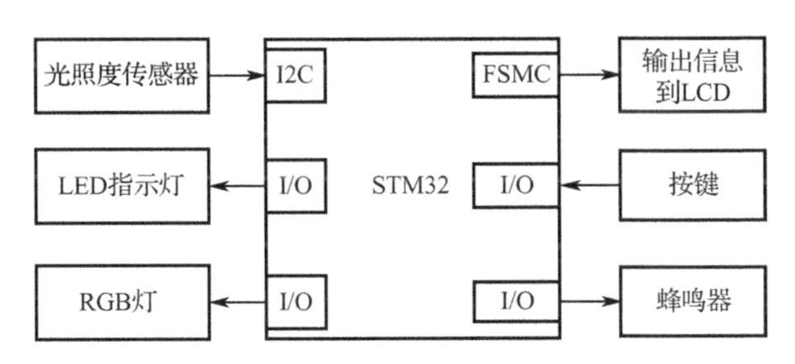

图 30.7　项目框架图

1．硬件设计

（1）光照度传感器的硬件设计。光照度传感器的接口电路如图 30.8 所示，光照度传感器采用的是 I2C 总线，I2C 总线的 SDA 和 SCL 分别连接在 STM32 的 PB8 和 PB9 引脚。

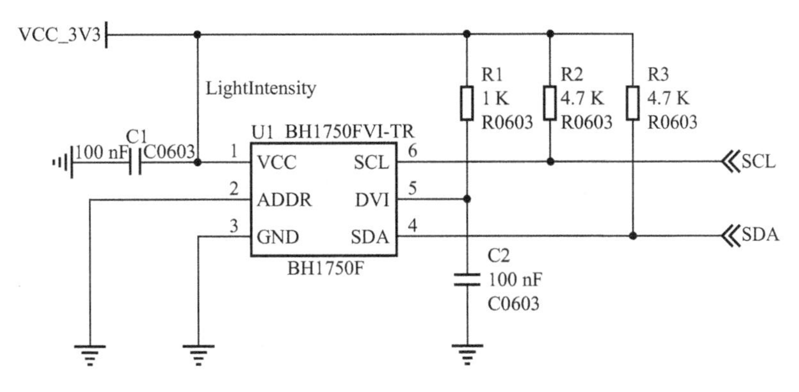

图 30.8　光照度传感器的接口电路

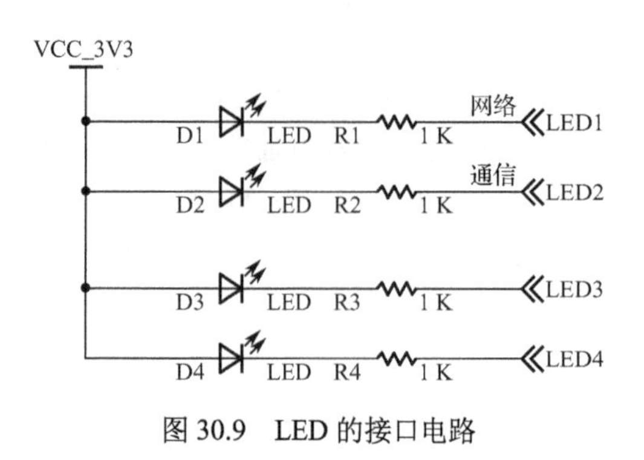

图 30.9 LED 的接口电路

（2）LED 硬件设计。LED 的接口电路如图 30.9 所示，这里需要 4 个 LED 来模拟系统的补光灯，4 个补光灯可以分为 4 个光强级别实现补光控制，LED1、LED2、LED3、LED4 分别与 STM32 的 PE0、PE1、PE2 和 PE3 引脚相连。

（3）按键硬件设计。按键的接口电路如图 30.10 所示，开发平台带有 4 个按键，这里用到了其中的三个，分别是模式选择按键 KEY1、灯光加按键 KEY2、灯光减按键 KEY3，这三个按键分别连接在 STM32 的 PB12、PB13 和 PB14 引脚上，用于对按键动作信号的检测。

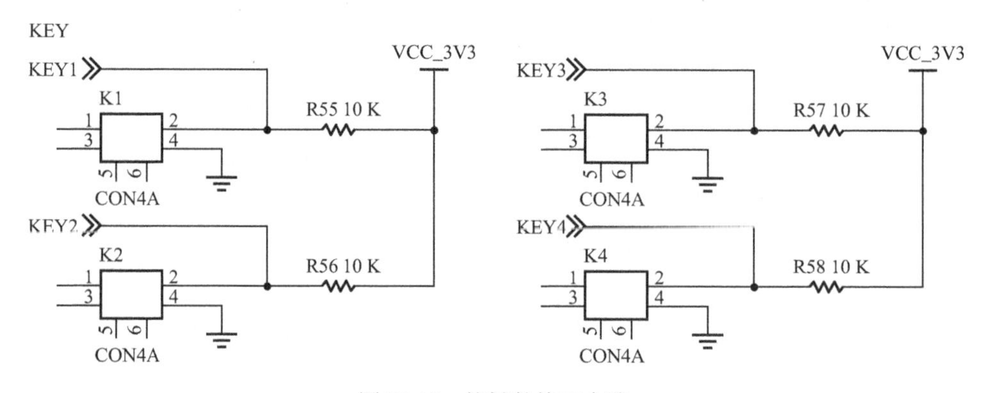

图 30.10 按键的接口电路

（4）蜂鸣器硬件设计。蜂鸣器的接口电路如图 30.11 所示，本任务采用的蜂鸣器是无源蜂鸣器，因此只需要电平控制。电路中使用的是 PNP 管，当基极输入低电平时，三极管的集电极和发射极导通，此时蜂鸣器通电后就会鸣响。蜂鸣器电路控制端连接在 STM32 的 PC5 引脚上。

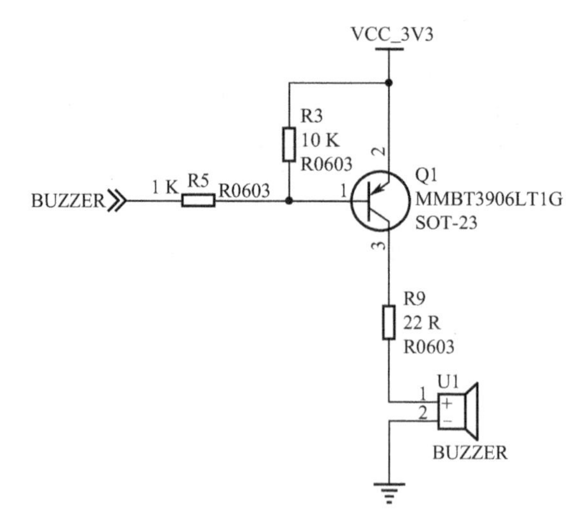

图 30.11 蜂鸣器的接口电路

（5）LCD 硬件设计。TFT LCD 的接口电路如图 30.12 所示，TFT LCD 使用了 8080 并行数据端口，共有 16 条数据线、1 条片选信号线 LCD_CS、1 条数据指令线 LCD_RS、1 条读信号线、1 条写信号线，另外还有 1 条辅助的背光线 LCD_BL 和 1 条复位信号线 RST。

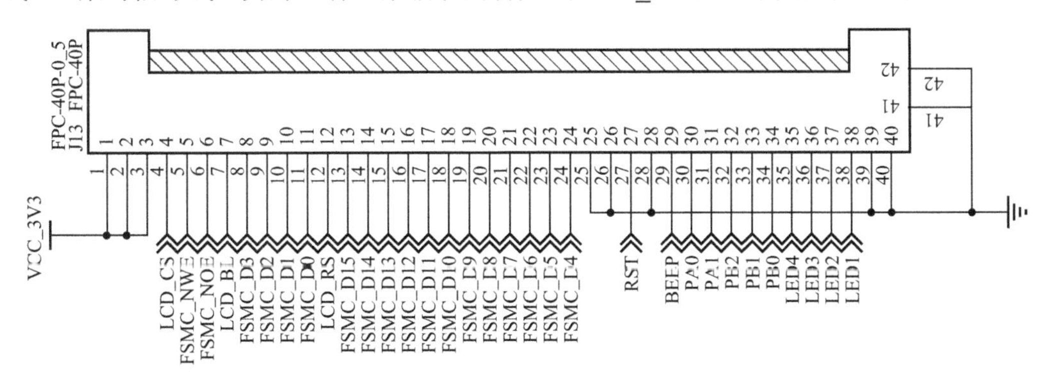

图 30.12　TFT LCD 的接口电路

（6）RGB 灯硬件设计。RGB 灯的接口电路如图 30.13 所示。

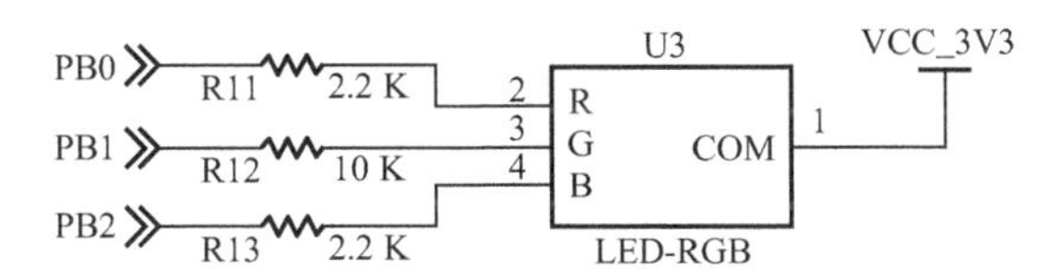

图 30.13　RGB 灯的接口电路

RGB 灯作为系统的工作指示灯，用于指示系统的工作状态。RGB 灯是由三种颜色的灯组成的，R 是红灯、G 是绿灯、B 是蓝灯，分别由 STM32 的 PB0、PB1、PB2 引脚控制。

（7）系统功能。由于灯光补偿的特性，需要将当前的光照度进行梯度划分才能制订照明亮度补偿方案。现对照明补偿原理进行简单的说明，这里不考虑削弱自然光源的情况。在说明前确定以下几个参数：

维持照明亮度为 Lumi_maintain，设置 Lumi_maintain 为 5000；每个 LED 的照明补偿亮度用 Lumi_gradient 表示，并将其设置为 1000，同时系统中有 4 盏灯，如果按照分别开 0 盏灯、开 1 盏灯、开 2 盏灯、开 3 盏灯、开 4 盏灯，那么照明亮度补偿梯度就有 5 个梯度，用 Lumi_level 表示，设置 Lumi_level 为 5；照明亮度的调节范围为 Lumi_range，设置 Lumi_range 为 0～5000；照明亮度补偿梯度与补光灯数量的关系如表 31.1 所示。

表 30.1　照明亮度补偿梯度与补光灯数量的关系

照明亮度补偿梯度	补光灯数量/盏	照明亮度补偿值/Lx
Lumi_level = 1	4	4000
Lumi_level = 2	3	3000
Lumi_level = 3	2	2000
Lumi_level = 4	1	1000
Lumi_level = 5	0	0

程序中用 Lumi_value 表示实时的光照度。取得实时光照度的照明亮度控制梯度较为简单，使用 Lumi_value/Lumi_gradient + 1 的计算方法即可。实时光照度与照明亮度补偿梯度的关系如表 30.2 所示。

表 30.2　实时光照度与照明亮度补偿梯度的关系

实时光照度范围	照明亮度补偿梯度	补光灯数量/盏
0 < Lumi_value <= 1000	Lumi_value / Lumi_gradient + 1 = 1	4
1000 < Lumi_value <= 2000	Lumi_value / Lumi_gradient + 1 = 2	3
2000 < Lumi_value <= 3000	Lumi_value / Lumi_gradient + 1 = 3	2
3000 < Lumi_value <= 4000	Lumi_value / Lumi_gradient + 1 = 4	1
4000 < Lumi_value <= 5000	Lumi_value / Lumi_gradient + 1 = 5	0
5000 < Lumi_value	Lumi_value / Lumi_gradient + 1 > 5	0

整个系统的照明补偿原理可以总结为，实时光照度在什么梯度就配合开启相应数量的补光灯进行补光。

2. 软件设计

（1）人机交互界面设计。人机交互界面的功能是显示执行结果，只需将基本元素全部显示在屏幕上，根据程序中相关参数的变化，变更相应的图像显示即可。要在 LCD 上显示图像，需要使用位图格式。由于 LCD 的分辨率为 320×240，所以所选图像的像素也要小于等于 320×240，并将图像转换为 16 位的 bmp 格式。16 位的 1.bmp 位图信息如图 30.14 所示。

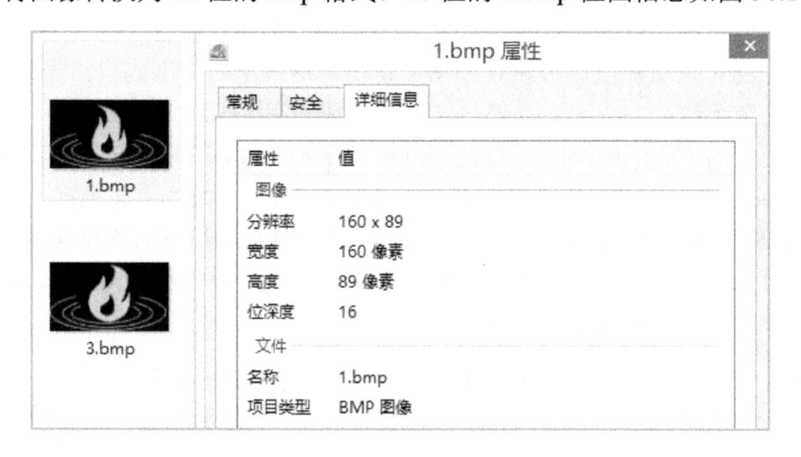

图 30.14　16 位的 1.bmp 位图信息

图片转换成功后使用 PortHelper 工具的“位图转 16 进制”功能将图片转换为像素码。生成的像素码和位图在同一个文件夹下。转换方法如图 30.15 和图 30.16 所示。

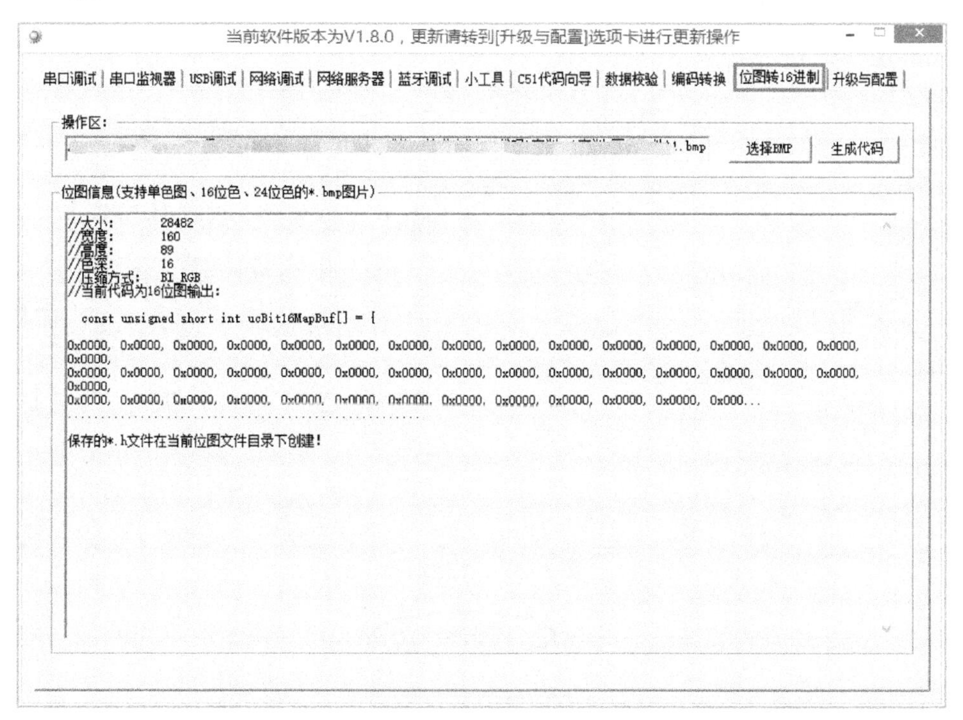

图 30.15 转换方法（1）

```
1   //大小:      28482
2   //宽度:      160
3   //高度:      89
4   //色深:      16
5   //压缩方式:  BI_RGB
6   //当前代码为16位图输出:
7
8     const unsigned short int ucBit16MapBuf[] = {
9
10  0x0000, 0x0000, 0x0000, 0x0000, 0x0000, 0x0000, 0x0000, 0x0000, 0x0000, 0x0000, 0x000C
```

文件(F) 编辑(E) 搜索(S) 视图(V) 编码(N) 语言(L) 设置(T) 工具(O) 宏(M) 运行(R) 插件(P) 窗口(W) ?

C++ length : 115,919 lines : 904 Ln : 1 Col : 1 Sel : 0 | 0 Windows (CR LF) GB2312 (Simplified) INS

图 30.16 转换方法（2）

在工程文件中建立存放图片文件的.c 文件，并在文件中定义数组用于存放像素码，调用 ili93xx.h 头文件下的 LCDShowPicture()函数即可实现图像在 LCD 上的加载，如图 30.17 所示。

（2）软件设计。软件设计流程如图 30.18 所示。

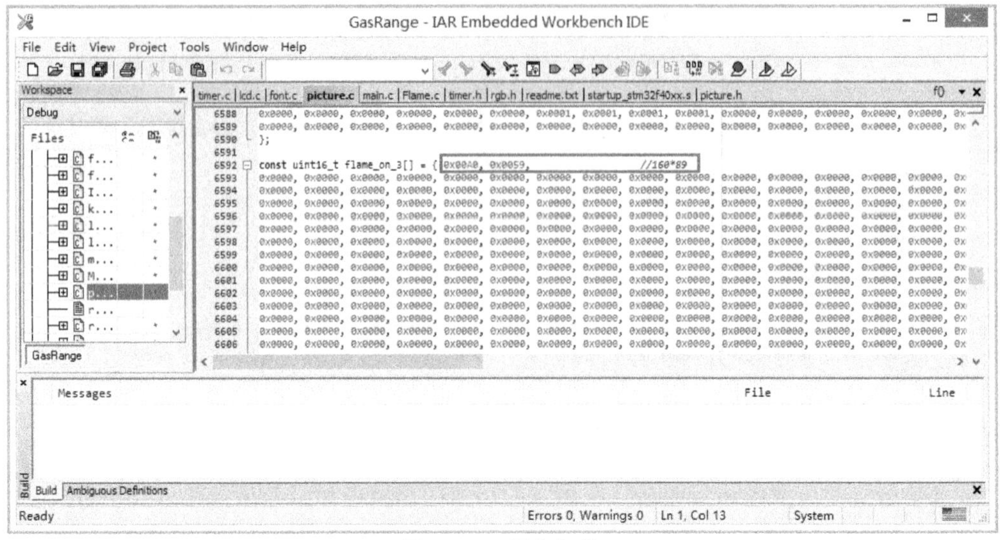

图 30.17　图像加载

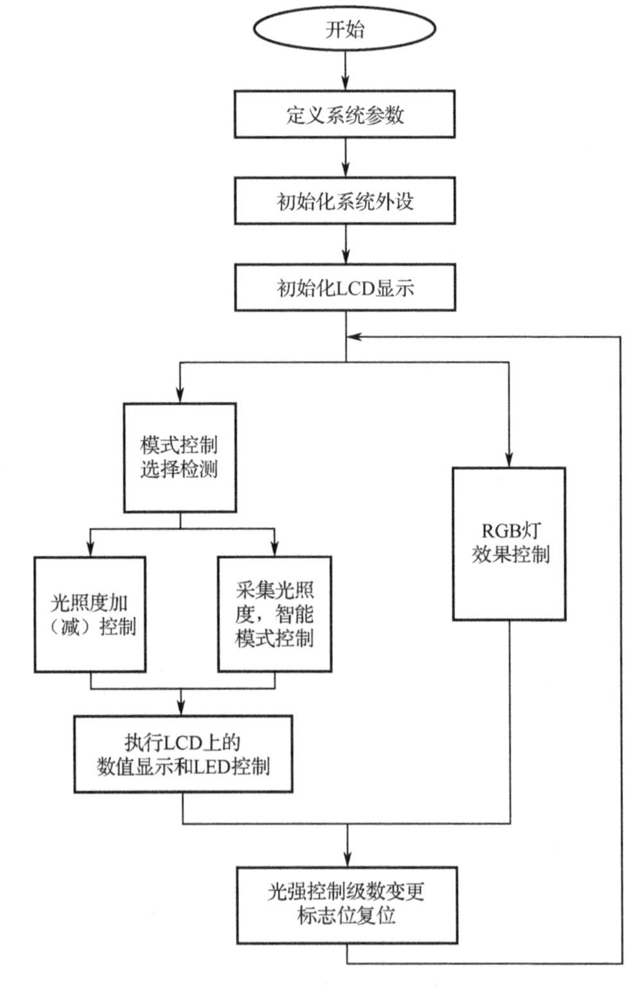

图 30.18　软件设计流程

30.4.3　功能实现

1．相关头文件模块

```
#define EFFECTIVE_NUM                  5000          //照明亮度干预控制上限
#define LUMI_THRESHLOD_MIN             0             //照明亮度干预控制下限
#define LUMI_LEVEL_SET                 4             //补光灯控制等级
//光照度分级控制参数宽度
#define LUMI_PARAGRAPH        ((LUMI_THRESHLOD_MAX - LUMI_THRESHLOD_MIN) / (LUMI_
LEVEL_SET+ 1))
//相对光照度参数
#define LUMI_RELATIVE(a)      (a - LUMI_THRESHLOD_MIN)
//光照度检测参数分级
#define LUMI_COEFFICIENT(a)   (LUMI_RELATIVE(a) / LUMI_PARAGRAPH)
/*********************************************************************************
* 系统标志位
*********************************************************************************/
uint8_t rgb_twinkle;                                         //RGB 灯循环闪烁执行标志位
uint8_t get_lumination;                                      //光照度检测执行标志位

uint8_t led_level[] = {0x00, 0x01, 0x03, 0x07, 0x0f};        //灯光整体控制参数数组
```

2．主函数模块

```
void main(void)
{
    /*定义系统需求参数*/
    uint16_t mode_count = 0;                 //模式选择、按键循环检测参数
    uint8_t mode_select = 0;                 //当前模式状态参数
    uint16_t add_count = 0;                  //光照度加按键循环检测参数
    uint16_t sub_count = 0;                  //光照度减按键循环检测参数
    uint8_t fill_light = 0;                  //补光灯控制等级
    uint8_t set_flag = 0;                    //补光灯控制等级设置变更标志位
    uint8_t rgb_level = 0;                   //RGB 灯闪烁状态控制标志位
    uint16_t lumi_value = 0;                 //光照度检测值临时存储参数
    /*初始化系统相关外设*/
    delay_init(168);                         //初始化系统嘀嗒定时器
    timer_init();                            //初始化定时器
    key_init();                              //初始化按键
    led_init();                              //初始化 LED
    buzzer_init();                           //初始化蜂鸣器
    rgb_init();                              //初始化 RGB 灯
    lcd_init(LCD1);                          //初始化 LCD
    bh1750_init();                           //初始化光照度传感器
    /*LCD 显示内容初始化*/
    show_logo();                             //显示屏幕 logo
```

```
show_file_light(fill_light);                //显示光照度控制图标
show_value(0);                              //显示初始化光照度值
show_mode(mode_select);                     //显示当前控制模式
while(1){//主循环
    /*模式控制、按键检测及相关参数赋值*/
    if(key_status(K1) == 0) mode_count ++;                       //循环记录按键按下次数
    if(key_status(K1) && (mode_count > EFFECTIVE_NUM)){          //如果按键抬起且按下动作有效
        if(mode_select == 0) mode_select = 1;                    //设置为人工模式控制
        else mode_select = 0;                                    //设置为智能模式控制
        mode_count = 0;                                          //循环计数值清 0
        buzzer_tweet();                                          //蜂鸣器鸣响
        show_mode(mode_select);                                  //模式状态图标发生切换
    }
    /*光照度加控制按键检测及相关参数赋值*/
    if(mode_select){                                             //如果当前为人工模式控制
        if(key_status(K2) == 0) add_count ++;                    //循环记录按键按下次数
        if(key_status(K2) && (add_count > EFFECTIVE_NUM)){       //如果按键抬起且按下动作有效
            //如果光强设置值未溢出则置最大值
            if(fill_light >= LUMI_LEVEL_SET) fill_light = LUMI_LEVEL_SET;
            else fill_light ++;                                  //补光级数加 1
            set_flag = 1;                                        //设置变更标志位置位
            add_count = 0;                                       //循环计数值清 0
            buzzer_tweet();                                      //蜂鸣器鸣响
        }
    }
    /*光强减控制按键检测及相关参数赋值*/
    if(mode_select){                                             //如果当前为手动模式
        if(key_status(K3) == 0) sub_count ++;                    //循环记录按键按下次数
        if(key_status(K3) && (sub_count > EFFECTIVE_NUM)){ //如果按键抬起且按下动作有效
            if(fill_light <= 0) fill_light = 0;              //如果光照度设置值未溢出则置最小值
            else fill_light --;                              //补光计数减 1
            set_flag = 1;                                    //设置变更标志位置位
            sub_count = 0;                                   //循环计数值清 0
            buzzer_tweet();                                  //蜂鸣器鸣响
        }
    }
    /*RGB 灯闪烁控制*/
    if(rgb_twinkle){                                         //如果 RGB 灯闪烁执行标志位置位
        rgb_ctrl(rgb_level % 7 + 1);                         //RGB 灯闪烁状态控制标志位
        rgb_level ++;                                        //RGB 灯闪烁控制标志位加 1
        rgb_twinkle = 0;                                     //RGB 灯闪烁执行标志位清 0
    }
    /*采集光强值，计算合理的光强控制级数*/
    if(get_lumination){                                      //如果光照度检测标志位置位
        lumi_value = (uint16_t)(bh1750_get_data());          //获取当前光照度
```

```
                show_value(lumi_value);                          //LCD 显示当前光照度
                if(!mode_select){                                //如果为智能控制模式
                    //如果光照度小于干预光照度的最小值
                    if(LUMI_RELATIVE(lumi_value) < 0) fill_light = LUMI_LEVEL_SET;
                    else if(LUMI_COEFFICIENT(lumi_value) >= LUMI_LEVEL_SET){//如果光照度大于
设定控制级数
                        fill_light = 0;                          //那么设定光照度控制计数为 0
                    }else{
                        //获取光照度控制级数
                        fill_light = LUMI_LEVEL_SET - LUMI_COEFFICIENT(lumi_value);
                    }
                    set_flag = 1;                                //光照度控制级数变更标志位置位
                }
                get_lumination = 0;                              //光照度传感器采集执行标志位复位
            }
            /*执行 LCD 上的数值显示和 LED 控制*/
            if(set_flag){                                        //如果光照度控制级数变更标志位置位
                turn_on(led_level[fill_light]);                  //打开相应 LED 指示灯
                turn_off((~led_level[fill_light]) & 0x0f);       //关闭相应 LED 指示灯
                show_file_light(fill_light);                     //LCD 显示光照度控制级数
            }
            set_flag = 0;                                        //光照度控制级数变更标志位复位
        }
    }
```

3. 蜂鸣器控制模块

```
void buzzer_init(void)
{
    GPIO_InitTypeDef GPIO_InitStructure;
    RCC_AHB1PeriphClockCmd(BUZZER_RCC, ENABLE);
    GPIO_InitStructure.GPIO_Mode = GPIO_Mode_OUT;
    GPIO_InitStructure.GPIO_OType = GPIO_OType_PP;
    GPIO_InitStructure.GPIO_PuPd = GPIO_PuPd_UP;
    GPIO_InitStructure.GPIO_Speed = GPIO_Speed_100MHz;
    GPIO_InitStructure.GPIO_Pin = BUZZER_PIN;
    GPIO_Init(BUZZER_PORT, &GPIO_InitStructure);
    BUZZER_CTRL(OFF);
}

void buzzer_tweet(void)
{
    BUZZER_CTRL(ON);
    delay_ms(30);
    BUZZER_CTRL(OFF);
}
```

4．RBG 模块

```
void rgb_init(void)
{
    RCC_AHB1PeriphClockCmd(RGB_RCC, ENABLE);
    GPIO_InitTypeDef GPIO_InitStructure;
    GPIO_InitStructure.GPIO_Mode = GPIO_Mode_OUT;
    GPIO_InitStructure.GPIO_OType = GPIO_OType_PP;
    GPIO_InitStructure.GPIO_PuPd = GPIO_PuPd_UP;
    GPIO_InitStructure.GPIO_Speed = GPIO_Speed_100MHz;
    GPIO_InitStructure.GPIO_Pin = RGB_R_PIN | RGB_G_PIN | RGB_B_PIN;
    GPIO_Init(RGB_PORT, &GPIO_InitStructure);

    DR(OFF); DG(OFF); DB(OFF);
}

void rgb_ctrl(uint8_t cfg)
{
    uint8_t set1, set2, set3;
    set1 = cfg & 0x01;
    set2 = (cfg & 0x02) >> 1;
    set3 = (cfg & 0x04) >> 2;
    DR(!set1);
    DG(!set2);
    DB(!set3);
}
```

其中 LED 驱动函数模块、按键驱动函数模块、LCD 驱动函数模块、串口驱动函数模块、I2C 驱动函数模块以及延时函数模块请参考随书资源的项目开发工程源代码。

30.5 任务验证

30.5.1 项目测试

项目的测试主要是测试系统的各个功能是否完整。在对项目进行测试时可以采用分总的形式，即先测试程序各个功能模块的功能是否正常，然后整体测试系统功能是否完好。测试流程如图 30.19 所示。

30.5.2 项目验证

项目验证与项目测试有所不同，项目测试是测试项目的整体运行是否完整，功能是否能够正常实现；而项目验证则是验证项目的系统功能是否能够实现项目需求设定的功能。

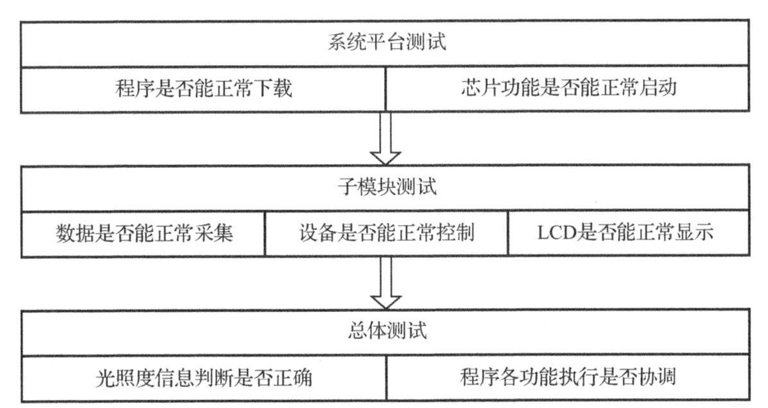

图 30.19　测试流程

就图书馆照明调节系统而言，项目验证是指验证系统能否实现图书馆照明调节，并保证系统在人工模式控制下能够正常控制补光灯的数量，在智能模式控制下系统能够根据实际情况调节环境的照明亮度。照明调节系统在进行项目验证时需要将系统部署在模拟或实际应用环境中，本任务需要将系统放置在图书馆的不同位置或者模拟的环境中进行验证。

在实际的情况中需要考虑系统的实际配置参数，例如不同的补光灯在一定距离上提供的光照度是不同的，光照度不同，照明亮度梯度的划分就有所不同，因此在进行项目验证前首先要将系统的相关参数配置好。

针对图书馆照明调节系统，其重要的一个指标就是有效辐射面积。有效辐射面积是指照明调节系统的有效服务范围。光照度会随着距离的增加而逐渐减弱，因此对系统有效辐射范围的检测也是十分必要的。图书馆的面积较大，照明调节系统设备安装的间隔是多大、有效距离是多少等，这些参数都会为将来系统的产品化提供参数支撑。

30.5.3　验证效果

按照下面的步骤进行验证。

步骤一：下载程序到节点并运行程序，如图 30.20 所示。

步骤二：智能模式控制下的照明调节，如图 30.21 所示。

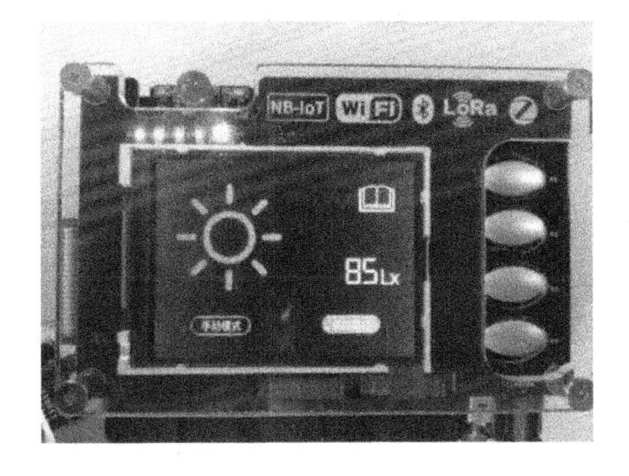

图 30.20　验证效果（一）

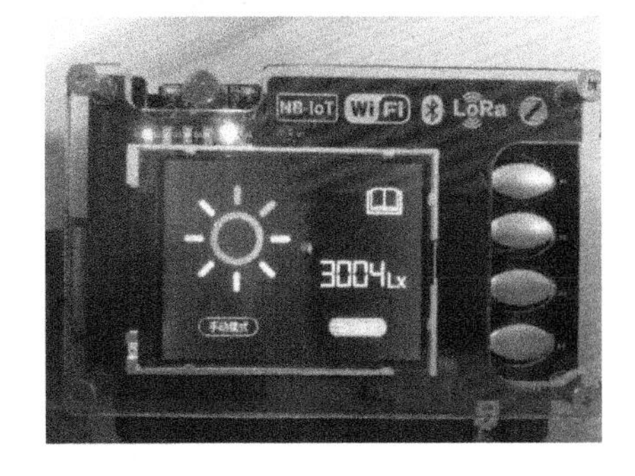

图 30.21　验证效果（二）

步骤三：将系统调节到人工模式控制，如图 30.22 所示。

步骤四：按下按键 KEY3，降低照明亮度，如图 30.23 所示。

图 30.22　验证效果（三）

图 30.23　验证效果（四）

步骤五：按下按键 KEY2，增强照明亮度，如图 30.24 所示。

图 30.24　验证效果（五）

30.6　任务小结

通过本任务的学习和开发，读者可以使用 STM32 驱动光照度传感器、LED、RGB 灯、按键和 LCD，熟悉项目的需求分析，掌握项目从设计到实现的基本流程。

30.7　思考与拓展

（1）如何使用 STM32 驱动光照度传感器、LED、RGB 灯、按键和 LCD？
（2）图书馆照明需求分析有哪些？
（3）项目从设计到实现需要哪些过程？

任务 31

集成燃气灶控制系统的设计与实现

本任务综合应用 STM32、燃气传感器、火焰传感器、LCD、RGB、继电器和 LED 等完成集成燃气灶控制系统的软/硬件设计，实现集成燃气灶控制系统。

31.1 开发场景：如何实现集成燃气灶控制系统

技术在发展，人们的生活方式也在不断地发生变化。随着国家对能源结构的调整，人们使用的能源逐步从具有高污染性的煤炭转为更加清洁的天然气。虽然天然气优点众多，但因为其易燃、易爆的特性，使得人们在使用天然气时也有一定的危险性。而传统的燃气灶多采用机械式开关设计，在防火和防止泄漏方面都存在缺陷。因此人们对具有多功能且更加智能、安全的燃气灶有着迫切的需求，要求燃气灶能够易开易关，拥有酷炫的操作界面，拥有燃气泄漏检测、自动断气和报警功能，拥有火焰监测功能等。通过这些功能能够让燃气的使用更加安全，让厨房生活更加智能。

本任务将围绕这个场景展开对 STM32 和相关传感器的学习与开发。集成燃气灶如图 31.1 所示。

图 31.1　集成燃气灶

31.2 开发目标

（1）知识要点：程序执行逻辑功能；系统业务逻辑功能。

（2）技能要点：掌握程序执行逻辑功能开发；掌握系统业务逻辑功能开发。

（3）任务目标：现需要设计一款集成燃气灶，需要具有火焰监测和燃气泄漏检测功能。该集成燃气灶能够通过按钮触发集成燃气灶开关，打开燃气阀，通过按钮控制火焰大小（分为 4 级，即小火、中火、高火、大火），当集成燃气灶打开但未检测到火焰且产生燃气泄漏报警信号，则关闭燃气阀，另外还需要在屏幕上显示集成燃气灶的开关状态、火焰大小、火焰检测、燃气监测和厂家标志等。

31.3 任务设计流程与需求分析

31.3.1 设计流程

项目的设计和实施通常有三个步骤，分别是项目需求分析、项目设计与实现，以及项目测试与验证。

31.3.2 项目解读

集成燃气灶控制系统的任务是完成燃气灶相关功能的控制，同时通过人机交互界面显示系统的工作状态以及操作。

分析集成燃气灶控制系统的任务可知，集成燃气灶最基本的功能是火焰控制功能，除此之外还包含一些其他的警报功能和显示功能，显示界面用于实现集成燃气灶与人之间的信息交流。因此，集成燃气灶控制系统的功能模块可以分解为燃气泄漏预警功能、火焰监测预警功能、燃气火焰控制功能、人机交互功能等。集成燃气灶控制系统功能项目解读如图 31.2 所示。

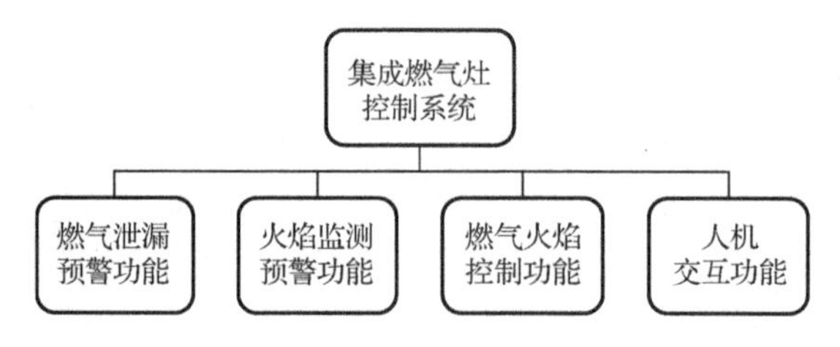

图 31.2 集成燃气灶控制系统功能项目解读

31.3.3 项目功能分解

通过项目解读可知，集成燃气灶控制系统包括图 31.2 所示的 4 个功能，这 4 个功能可以理解为集成燃气灶控制系统的子系统。集成燃气灶控制系统项目功能分解如图 31.3 所示。

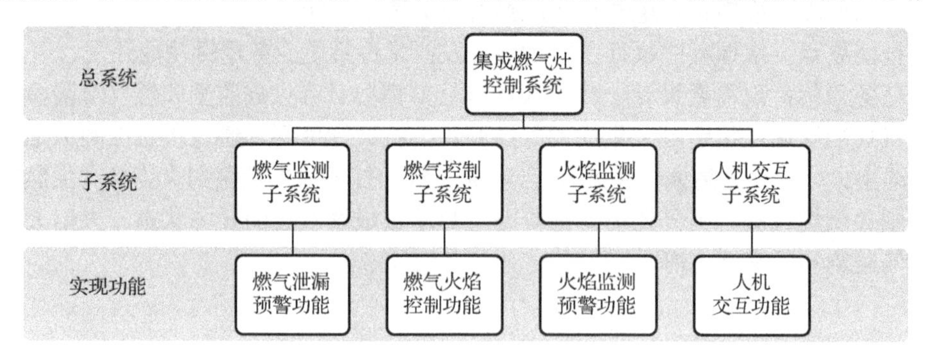

图 31.3 集成燃气灶控制系统项目功能分解

下面对各个子系统的功能及其相互联系进行分析。

燃气监测子系统在整个项目中是一个预警级别比较高的子系统，燃气监测主要有两个场景，分别是集成燃气灶未被使用和正被使用两个场景。当集成燃气灶未被使用时，该子系统主要用于检测是否发生燃气泄漏，如果发生燃气泄漏则发出预警信息，提示用户对燃气设备进行检查。当集成燃气灶正被使用时，如果发生集成燃气灶无法正常点火，同时集成燃气灶还在向外泄漏燃气，那么当燃气监测子系统检测到燃气浓度超过设置的阈值后，将主动关闭燃气阀，同时开启燃气泄漏报警；当燃气散去、浓度小于阈值时，燃气监测子系统的预警将会停止。

火焰监测子系统在整个项目中级别仅次于燃气监测子系统，其使用场景主要是在集成燃气灶的点火过程中。在集成燃气灶点火过程中，如果出现无法点火的情况时，集成燃气灶不能被人为地进行下一次动作，当燃气溢出被燃气传感器监测到时，整个系统将被复位，关闭燃气阀，发出燃气泄漏报警，此时的报警也可理解为集成燃气灶故障。火焰监测子系统可以理解为集成燃气灶正常使用前的功能自检。

燃气控制子系统是集成燃气灶的核心功能，用于控制燃气阀的开关和燃气释放量的大小。在燃气监测子系统没有监测到燃气泄漏，以及火焰监测子系统检测到集成燃气灶正常点火后，将集成燃气灶控制系统的主动权才交由用户，用户在使用过程中可以控制火焰的四个挡位，分别是小火、中火、高火和大火，火焰的大小可以由用户自由控制。

人机交互子系统作为整个集成燃气灶控制系统的信息和状态展示系统，不参与系统的控制，只进行数据显示，与其他三个系统并行工作。人机交互系统展示了 4 个信息，分别是系统总开关信息、集成燃气灶正常使用信息、火焰大小信息、燃气报警信息。集成燃气灶控制系统功能框图如图 31.4 所示。

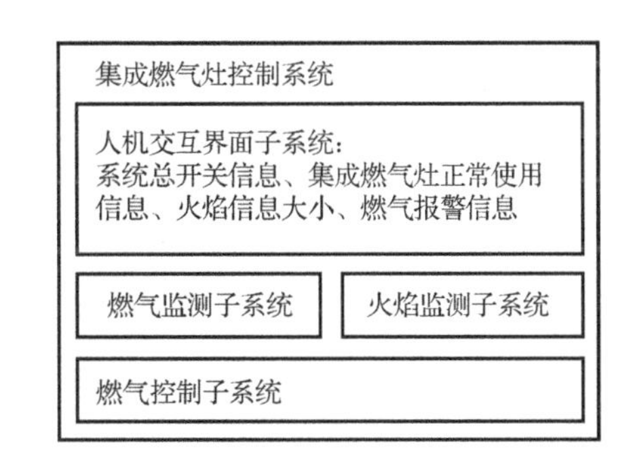

图 31.4　集成燃气灶控制系统功能框图

31.3.4　项目技术化

集成燃气灶控制系统的项目技术化，就是将集成燃气灶控制系统的各个子系统与实际的传感器联系起来，通过传感器实现各个子系统的功能。

燃气监测子系统主要使用两个传感器，分别是燃气传感器和蜂鸣器。本任务使用的是 MP-4 型燃气传感器，通过该传感器可以获得燃气浓度的变化数据，通过将检测的数据与设定的阈值进行对比可以实现燃气泄漏信息的获取。蜂鸣器的主要功能就是报警，蜂鸣器短鸣表示按键操作提示，蜂鸣器长鸣表示报警。

火焰监测子系统传感器只使用一个传感器，即火焰传感器。火焰传感器使用的是一种对火焰产生的红外线信号非常敏感的红外接收管，当检测到火焰发出的红外线信号后，火焰传感器将输出火焰监测信息，此时火焰信息将被系统接收。当集成燃气灶在点火过程中没有成功点火时，那么设备故障的报警将由燃气监测子系统来完成。

燃气控制子系统的传感器功能是控制燃气的大小和燃气阀的开关，燃气阀的开关使用的是继电器，火焰大小的人为控制则是由按键来完成的，当人为地按动火焰加和火焰减的按键时，火焰调节信号被系统检测到后将执行相关操作，同时系统将操作结果在人机交互界面上显示出来。为了更加直观地显示火焰等级的效果，本任务通过 4 个 LED 来表示火焰等级，火焰越大系统点亮的 LED 越多。

人机交互子系统主要完成显示的功能，所涉及的硬件是 TFT LCD，TFT LCD 的控制使用 8080 端口，驱动 8080 端口的芯片硬件外设是 FSMC。通过写入 16 位的位置信息和像素点信息可以在 TFT LCD 上显示图像，通过切换图像可以实现内容的变化和动态效果。

整个系统的运行是各个功能模块协同运行的结果，系统通过 RGB 灯颜色的不断变化表示系统的运行状态，同时使用总开关来控制系统的开启和关闭（这里使用的是触摸传感器）。

虽然每个功能子系统都拥有相关的硬件外设或传感器设备，但整个集成燃气灶控制系统还需要一个总体的执行和控制平台。本任务使用的平台采用基于 ARM Cortex-M4 内核的 STM32，各个子系统的功能都是通过 STM32 来实现的，例如蜂鸣器、RGB 灯、LED、电磁阀等用到了 GPIO，燃气传感器用到了 ADC。

本任务使用的 STM32 是最小系统，实际使用中，STM32 还有一些辅助电路，如 32 MHz 晶振、串口、电源、复位电路、程序下载电路等。项目技术化硬件分解如图 31.5 所示。

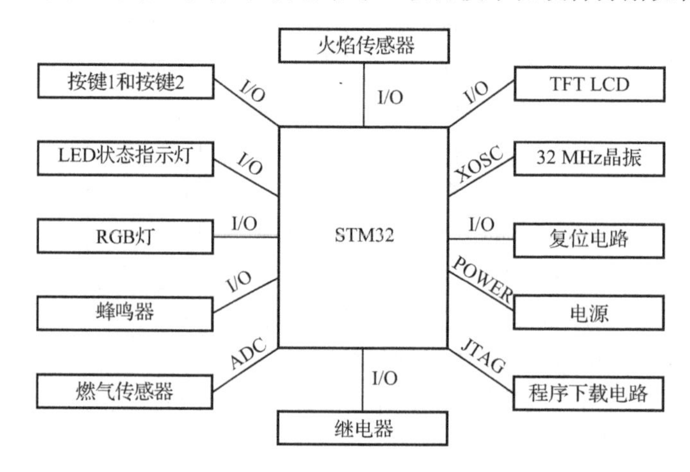

图 31.5 项目技术化硬件分解

31.4 任务实践：集成燃气灶控制系统的软/硬件设计

31.4.1 开发设计

项目的设计其实就是对系统功能的实现方法的设计，集成燃气灶控制系统的项目设计就是对其 4 个子系统及其协同工作的设计，因此项目设计可以分为两部分，分别是子系统设计和系统综合设计。子系统设计针对的是系统的实现，系统综合设计针对的是子系统间的协调工作。

燃气监测子系统的设计可以理解为对燃气传感器和蜂鸣器之间的协同工作，具体的工作流程是：燃气传感器检测到燃气泄漏，此时控制蜂鸣器鸣响，同时将燃气泄漏的信息发送出去，为其他子系统的正常工作提供参考。

火焰监测子系统的设计主要是对火焰传感器的使用，系统在执行过程中，如果燃气未泄漏，且当前系统正处于点火启用阶段，那么火焰监测子系统的功能就是不断检火焰传感器是否采集到火焰信号，如果检测到火焰信号，就表明集成燃气灶正在正常工作，如果没有检测到火焰则表明工作异常，此时就需要将火焰监测结果发送出去，为其他子系统的正常工作提供参考。

燃气控制子系统控制的设备较多，有继电器和4个LED，但逻辑较为简单。如果燃气未泄漏，且点火正常，那么系统就可以正常使用，系统通过检测火焰加或者火焰减的按键值来判断系统的火焰大小，将火焰大小信息通过4个LED表示出来，并将火焰大小等级数据发送出去，为其他子系统的正常工作提供参考。

人机交互子系统只有TFT LCD一个硬件，通过TFT LCD来显示系统的工作状态。所谓系统工作状态，是指各个子系统之间传递的状态信息值，如显示燃气是否泄漏的依据是燃气监测子系统发送的燃气监测信息，显示集成燃气灶点火是否正常的依据是火焰监测子系统发送的火焰监测信息，显示火焰大小的依据是燃气控制子系统提供的火焰大小控制信息。人机交互子系统只需将这些信息在屏幕上显示出来即可。

系统综合设计分为两部分，一部分是系统自身的逻辑设计，例如系统需要能够开启和关闭，只有系统处于开启状态，各个子系统才能够开始运行，使用RGB灯的闪烁来表示系统的正常运行；另一部分就是对各个子系统的输出数据和标志位进行管理。

31.4.2　项目架构

本任务设计采用STM32作为集成燃气灶控制系统的运行平台，使用RGB灯作为系统运行指示灯，使用4个LED作为火焰等级指示灯，使用触摸传感器作为系统总开关，使用按键KEY1和KEY2作为火焰加和火焰减的控制按钮，使用继电器作为燃气阀，使用TFT LCD作为人机交互界面显示屏，燃气传感器用于检测燃气泄漏，火焰传感器用于检测火焰。项目框架图如图31.6所示。

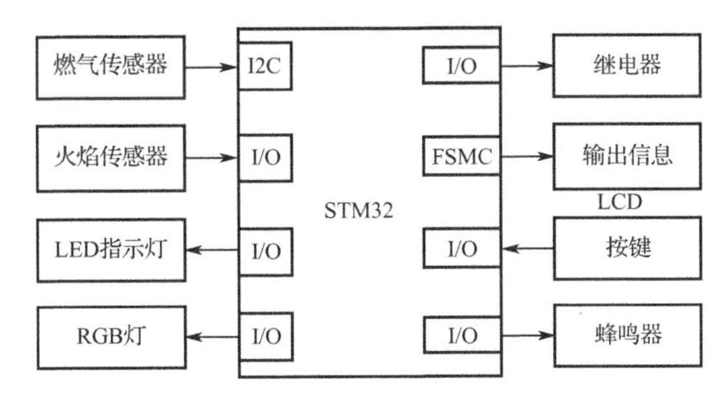

图31.6　项目框架图

1. 硬件设计

（1）RGB灯硬件设计。RGB灯的接口电路如图31.7所示，RGB灯作为系统的工作指示灯，用于指示系统工作状态。RGB灯是由三种颜色的灯组成的，R是红灯、G是绿灯、B是蓝灯，分别由STM32的PB0、PB1、PB2引脚控制。

用于指示火焰大小的LED的接口电路如图31.8所示。

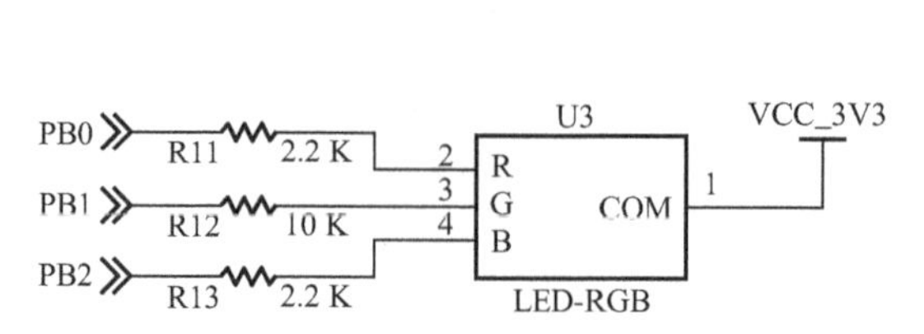

图 31.7 RGB 灯的接口电路

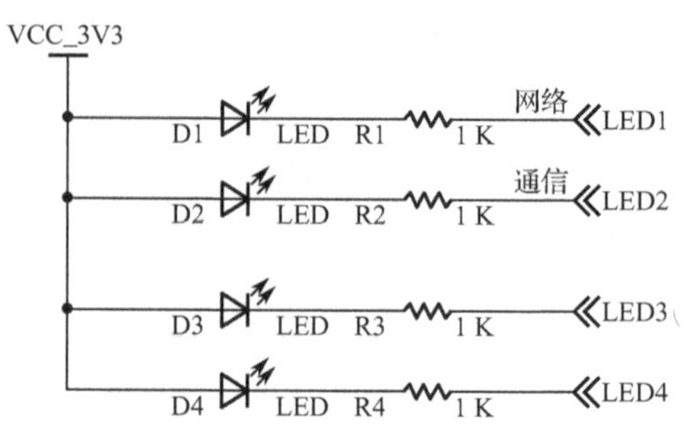

图 31.8 LED 的接口电路

（2）按键硬件设计。按键的接口电路如图 31.9 所示。

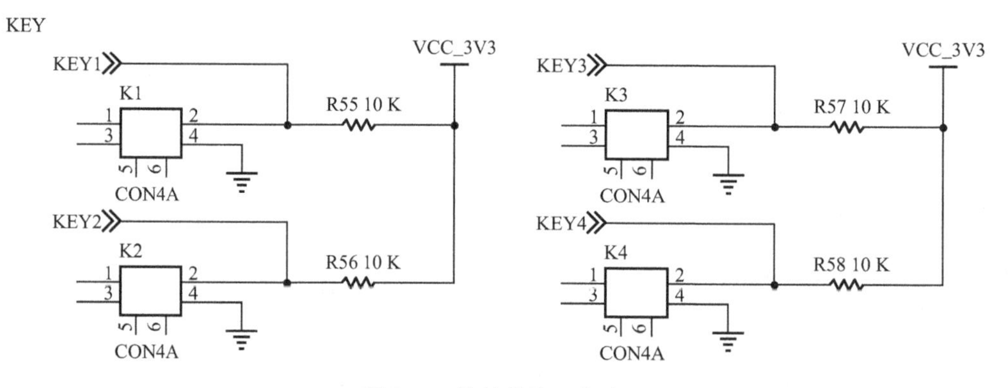

图 31.9 按键的接口电路

开发平台带有 4 个按键，本任务只用到了其中的两个，功能分别是火焰加（按键 KEY1）、火焰减（按键 KEY2），这两个按键分别连接在 STM32 的 PB12 和 PB13 引脚上。

（3）触摸传感器硬件设计。触摸传感器的接口电路如图 31.10 所示。

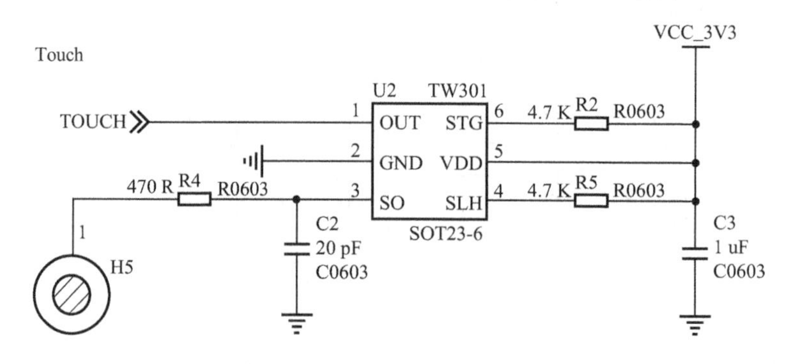

图 31.10 触摸传感器的接口电路

触摸传感器使用的是 TW301 芯片，每次单击触摸按键时，TOUCH 输出电平将会发生反转，触摸传感器连接在 STM32 的 PB8 引脚上，通过识别电平变化检测按键动作。

（4）继电器硬件设计。继电器用于模拟集成燃气灶的燃气阀，开发平台上有两路继电器（KS1 和 KS2），本任务只使用了继电器 KS1，连接在 STM32 的 PC12 引脚上。继电器的接口电路如图 31.11 所示。

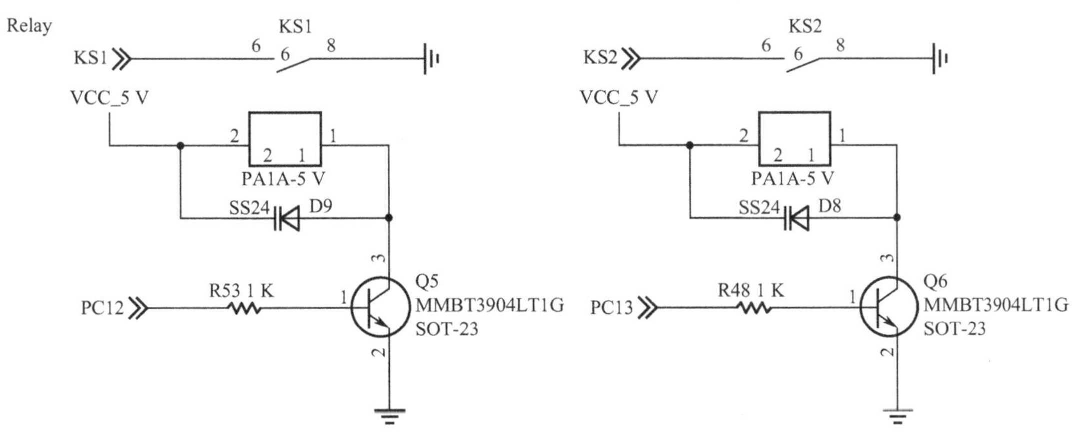

图 31.11　继电器的接口电路

（5）火焰传感器硬件设计。火焰传感器的接口电路如图 31.12 所示，当火焰传感器输出电压小于 1.65 V 时，运算放大器输出脚电压将被拉高至 3.3 V，此时 LED6 将熄灭，STM32 通过判断输出电平是否高电平即可得知是否检测到了火焰。火焰传感器连接在 STM32 的 PB10 引脚上。

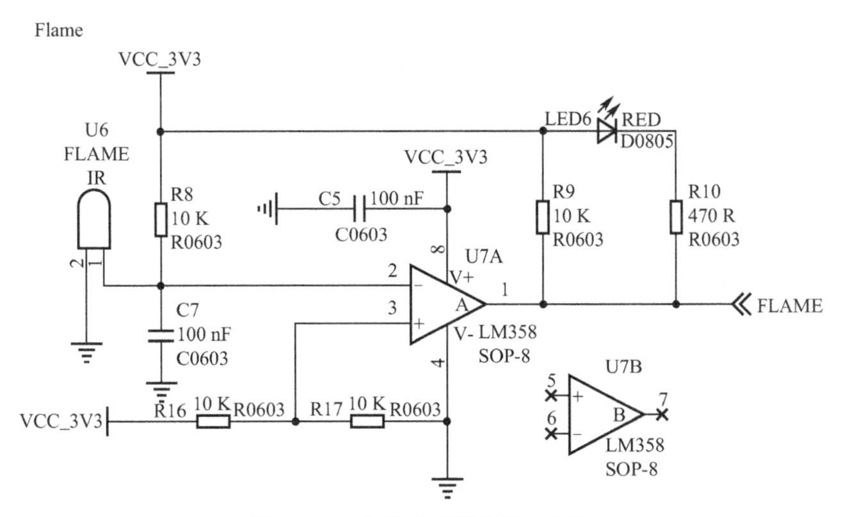

图 31.12　火焰传感器的接口电路

（6）燃气传感器硬件设计。燃气传感器的接口电路如图 31.13 所示，燃气传感器输出的是模拟电压，检测到的燃气浓度越高，传感器输出的电压就越大。燃气传感器连接在 STM32 的 PC1 引脚上。

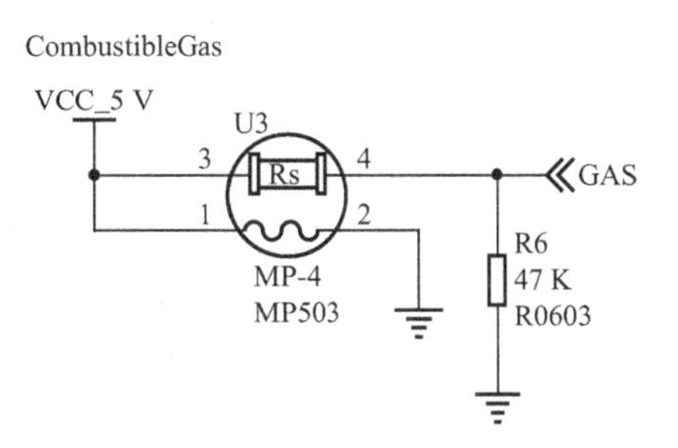

图 31.13　燃气传感器的接口电路

（7）系统功能。集成燃气灶控制系统的操作逻辑比较简单，使用流程如图 31.14 所示。

根据使用流程中的三个步骤，可以保证燃气灶的使用安全。在集成燃气灶的使用过程中，系统只需要根据火焰大小的设置变化，让火焰显示等级的图形发生相应的切换即可。其中蜂鸣器、LCD 硬件设计请参考任务 30 中的相关内容。

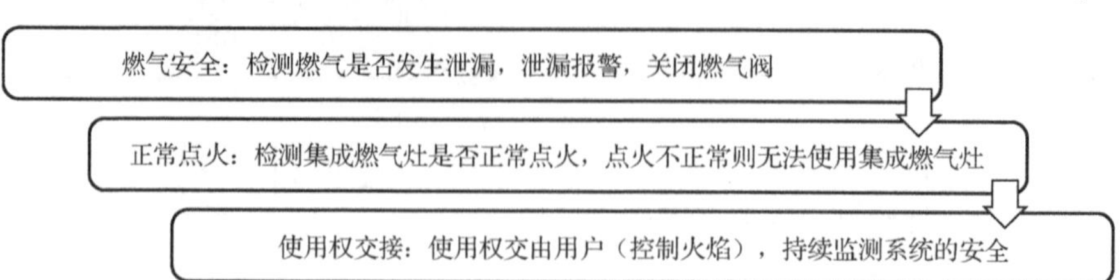

图 31.14　使用流程

2．软件设计

（1）人机交互界面设计。人机交互界面用于显示执行结果，只需将基本元素全部在 TFT LCD 上显示即可，根据程序中相关参数的变化，切换相应的图像即可实现动态效果。

要在 TFT LCD 上显示图像，需要使用位图格式。由于 TFT LCD 的分辨率为 320×240，所以所选图像的像素也要小于或等于 320×240，并将图像转换为 16 位的 bmp 格式，转换方法请参考任务 30。

图片转换成功后使用 PortHelper 工具的“位图转 16 进制”功能将图片转换为像素码，生成的像素码和位图在同一个文件夹下，转换方法请参考任务 30。

在工程文件中建立存放图片文件的.c 文件，并在文件中定义数组用于存放像素码，调用 ili93xx.h 头文件下的 LCDShowPicture()函数即可实现图片在 TFT LCD 上的加载。

（2）软件设计。软件设计流程如图 31.15 所示。

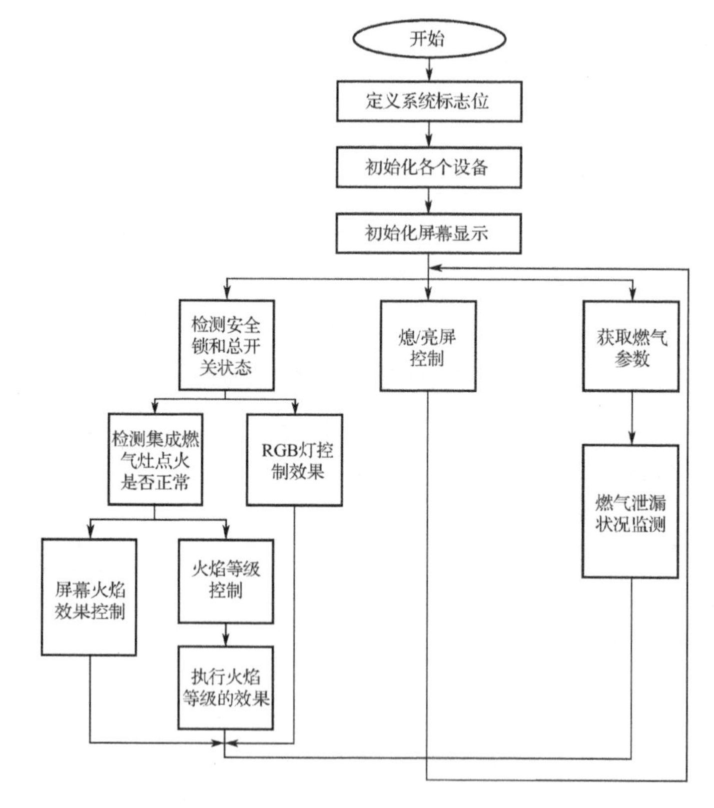

图 31.15　软件设计流程

31.4.3 功能实现

```
void main(void)
{
    //配置系统各参数标志位
    uint8_t total_switch = 0;                          //集成燃气灶总开关标志位
    uint16_t count = 0;                                //熄屏计数参数
    uint8_t fire_level = 0;                            //火焰大小标志位
    uint8_t fire_set_last = 0;                         //定义存储火焰大小标志位的变量
    uint32_t gas_concentration = 0;                    //定义存储燃气浓度的变量
    uint8_t fire_monitor = 0;                          //定义存储火焰监测结果的变量
    uint8_t safety_lock = 0;                           //系统安全锁标志位
    uint8_t fire_film = 0;                             //火焰图案控制标志位
    uint8_t rgb_level = 0;                             //RGB 灯闪烁状态控制标志位
    //初始化系统各个设备
    delay_init(168);                                   //系统嘀嗒定时器初始化
    timer_init();                                      //定时器时间片功能初始化
    led_init();                                        //初始化 LED
    rgb_init();                                        //初始化 RGB 灯
    usart_init(115200);                                //初始化串口
    key_init();                                        //初始化按键
    touch_init();                                      //初始化触摸按钮
    buzzer_init();                                     //初始化蜂鸣器
    relay_init();                                      //初始化继电器
    combustiblegas_init();                             //初始化燃气传感器
    flame_init();                                      //初始化火焰传感器
    lcd_init(LCD1);                                    //初始化屏幕
    //屏幕初始状态加载
    LCDShowPicture(0, 0, background);                  //加载屏幕背景
    LCDShowPicture(82, 41, flame_off);                 //加载火焰关闭效果
    LCDShowPicture(82, 137, flame_small_off);          //加载小火关闭效果
    LCDShowPicture(125, 137, flame_medium_off);        //加载中火关闭效果
    LCDShowPicture(168, 137, flame_high_off);          //加载高火关闭效果
    LCDShowPicture(211, 137, flame_big_off);           //加载大火关闭效果
    //系统主循环后台程序
    while(1){                                          //主循环
        //检测总开关状态并配置相关参数显示总开关效果
        if(safety_lock){                               //检测安全锁是否正常
            if(!TOUCH_STATUS){                         //检测触摸开关传感器是否为开启
                if(total_switch != 1){                 //检测系统总开关是否置位
                    buzzer_tweet();                    //蜂鸣器鸣响
                    total_switch = 1;                  //总开关开
                    RELAY1_CTRL(ON);                   //继电器（燃气阀）打开
                    LCDShowPicture(9, 7, total_switch_on);      //加载总开关开效果
                }
            }else{
                if(total_switch == 1){                 //检测总开关是否关闭
```

```
                rgb_ctrl(0);                              //关闭 RGB 灯
                buzzer_tweet();                           //蜂鸣器鸣响
                total_switch = 0;                         //总开关关闭
                fire_level = 0;                           //火焰控制关闭
                RELAY1_CTRL(OFF);                         //继电器（燃气阀）关闭
                LCDShowPicture(9, 7, total_switch_off);   //加载总开关关闭效果
            }
        }
    }
    //检测总开关打开后集成燃气灶点火是否正常并配置相关参数
    if(total_switch /*&& get_flame_status()*/){     //判断总开关是否打开、点火是否正常
        if(fire_monitor == 0) fire_level = 1;       //判断火焰监测位是否被置位并设置火焰为 1 级
        fire_monitor = 1;                           //设置火焰监测标志位为正常
    }else{
    fire_level = 0;                                           //火焰等级设置为 0
    fire_monitor = 0;                                         //火焰信号监测异常
    LCDShowPicture(82, 41, flame_off);                        //加载火焰关闭效果
    LCDShowPicture(82, 137, flame_small_off);                 //加载小火关闭效果
    LCDShowPicture(125, 137, flame_medium_off);               //加载中火关闭效果
    LCDShowPicture(168, 137, flame_high_off);                 //加载高火关闭效果
    LCDShowPicture(211, 137, flame_big_off);                  //加载大火关闭效果
}
//屏幕火焰效果控制
if(fire_monitor && fire_effect){                    //火焰监测是否正常，火焰帧切换标志位是否置位
    switch(fire_film % 4){                                    //火焰帧标志位取余
        case 0:                                               //当余 0 时
            LCDShowPicture(82, 41, flame_on_1);               //更新火焰标志 1
            break;                                            //跳出
        case 1:                                               //当余 1 时
            LCDShowPicture(82, 41, flame_on_2);               //更新火焰标志 2
            break;                                            //跳出
        case 2:                                               //当余 2 时
            LCDShowPicture(82, 41, flame_on_3);               //更新火焰标志 3
            break;                                            //跳出
        case 3:                                               //当余 3 时
            LCDShowPicture(82, 41, flame_on_4);               //更新火焰标志 4
            break;                                            //跳出
        }
        fire_effect = 0;                                      //清空火焰帧切换标志位
        fire_film ++;                                         //火焰帧标志位加 1
    }
    //RGB 灯闪烁效果控制
    if(total_switch && rgb_twinkle){ //系统总开关是否开启，RGB 灯闪烁控制/执行标志位是否置位
        rgb_ctrl(rgb_level % 7 + 1);                //RGB 灯闪烁状态控制标志位
        rgb_level ++;                               //RGB 灯闪烁控制标志位加 1
```

```
        rgb_twinkle = 0;                         //RGB 灯闪烁执行标志位清 0
    }
    //熄屏亮屏控制
    if(total_switch || !safety_lock){            //总开关是否开启，安全锁是否异常
        BACKLIGHT(ON);                           //屏幕点亮
        count = 0;                               //熄屏延时参数清 0
    }else{
        if(count == PUTOUT_SCREEN_DELAY){        //熄屏延时参数是否与熄屏延时阈值一致
            BACKLIGHT(OFF);                      //屏幕熄灭
        }else count ++;                          //否则熄屏延时参数加 1
    }
    //火焰等级配置及参数配置
    if(total_switch && safety_lock && fire_monitor){  //总开关、安全开关、火焰监测是否均正常
        if(!key_status(K1)){                     //检测按键 1 是否被按下
            buzzer_tweet();                      //蜂鸣器鸣叫
            if(!key_status(K1)){                 //检测按键是否确实被按下
                while(!key_status(K1));          //等待按键抬起
                delay_ms(10);                    //延时 10 ms
                if(!(fire_level & 0x08)){        //检测火焰等级是否设置为最高
                    fire_level = (fire_level << 1) + 1; //火焰等级加 1
                }
            }
        }
        if(!key_status(K2)){                     //检测按键 2 是否被按下
            buzzer_tweet();                      //蜂鸣器鸣响
            if(!key_status(K2)){                 //检测按键 2 是否确实被按下
                while(!key_status(K2));          //等待按键抬起
                delay_ms(10);                    //延时 10 ms
                if(fire_level & 0x02){           //检测火焰等级是否被设置为最低
                    fire_level = (fire_level >> 1);   //火焰等级减 1
                }
            }
        }
    }
    //执行火焰等级的控制效果
    if(fire_level != fire_set_last){             //查看此次火焰设置值是否与前一次相同
        led_control(fire_level);                 //控制火焰等级显示
        if((fire_level & 0x01) && (fire_level == 0x01)){          //判断火焰等级是否为小火
            LCDShowPicture(82, 137, flame_small_on);              //执行小火按钮点亮
        }else LCDShowPicture(82, 137, flame_small_off);           //执行小火按钮熄灭
        if((fire_level & 0x02) && (fire_level == 0x03)){          //判断火焰等级是否为中火
            LCDShowPicture(125, 137, flame_medium_on);            //执行中火按钮点亮
        }else LCDShowPicture(125, 137, flame_medium_off);         //执行中火按钮熄灭
        if((fire_level & 0x04) && (fire_level == 0x07)){          //判断火焰等级是否为高火
            LCDShowPicture(168, 137, flame_high_on);              //执行高火按钮点亮
```

```
            }else LCDShowPicture(168, 137, flame_high_off);          //执行高火按钮熄灭
            if((fire_level & 0x08) && (fire_level == 0x0f)){         //判断火焰等级是否为大火
                LCDShowPicture(211, 137, flame_big_on);               //执行大火按钮点亮
            }else LCDShowPicture(211, 137, flame_big_off);           //执行大火按钮熄灭
            fire_set_last = fire_level;                               //存储此次的火焰控制等级
        }
        //燃气监测和参数获取
        if(gas_check){                                                //燃气监测执行标志位是否被置位
            gas_concentration = get_combustiblegas_data();            //获取燃气浓度检测值
            gas_check = 0;                                            //燃气监测执行标志位清 0
        }
        //执行燃气泄漏状况监测
        if(gas_concentration > GAS_THRESHOLD){                        //燃气浓度值是否超过设定的阈值
            if(safety_lock != 0){                                     //检测安全锁是否复位
                safety_lock = 0;                                      //安全锁复位
                total_switch = 0;                                     //总开关关闭
                fire_level = 0;                                       //火焰等级为 0
                rgb_ctrl(0);                                          //关闭 RGB 灯
                RELAY1_CTRL(OFF);                                     //关闭继电器（燃气阀）
                LCDShowPicture(9, 7, total_switch_off);               //加载总开关关闭效果
            }
            buzzer_tweet();                                           //蜂鸣器鸣响
            LCDShowPicture(105, 200, gas_leakage_t);                  //点亮燃气泄漏指示灯
            delay_ms(50);                                             //延时 50 ms
            LCDShowPicture(105, 200, gas_leakage_f);                  //熄灭燃气泄漏指示灯
        }else{
            if(safety_lock != 1){                                     //检测安全锁是否置位
                safety_lock = 1;                                      //安全锁置位
                LCDShowPicture(105, 200, gas_leakage_f);              //熄灭燃气泄漏指示灯
            }
        }
    }
}
```

其中 LED 驱动函数模块、按键驱动函数模块、LCD 驱动函数模块、串口驱动函数模块、I2C 驱动函数模块以及延时函数模块等请参考随书资源的项目开发工程源代码。

31.5 任务验证

31.5.1 项目测试

项目测试主要是测试系统的各个功能是否完整，在进行项目测试时可以采用分总的形式，即先测试程序各个功能模块的功能是否正常，然后整体测试系统功能是否完好。测试流程如图 31.16 所示。

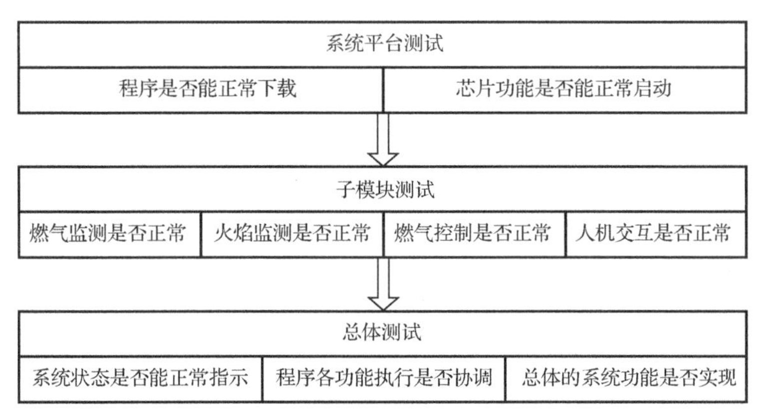

图 31.16　测试流程

31.5.2　项目验证

项目验证有两个目的，一个是验证系统的综合特性是否符合开发的目标，另一个是为项目的产品化做技术参数准备。

根据最初的项目需求分析可以得出以下几点验证内容：

- 系统是否能够通过按键触发集成灶开关；
- 系统是否有燃气泄漏监测的功能；
- 系统是否有火焰监测的功能；
- 系统是否能够控制火焰的大小、控制燃气阀的开关；
- 系统是否能够对燃气泄漏等信号进行预警；
- 人机交互界面是否能够显示集成燃气灶开关、火焰大小、火焰状态、燃气状态、厂家标识。

在系统设计完成后还需要获取系统的相关参数，这时需要将系统置于真实或模拟环境中测试燃气灶的操作和控制效果，获取燃气监测、火焰监测、火焰大小等相关参数，在获取参数时要注意以下几点：

- 燃气浓度达到多少时系统会报警；
- 集成燃气灶的小火、中火、高火、大火分在火焰控制中是什么概念，是否需要对火焰大小进行配置；
- 集成燃气灶的报警信号是否能起到预警的作用，是否需要更换声音更大的蜂鸣器。

还要考虑系统的软/硬件的结合、软件的稳定性、硬件的安全性等因素。

31.5.3　验证效果

验证步骤如下。

步骤一：将程序下载到开发平台中，进入程序初始页面，如图 31.17 所示。

步骤二：单击触摸开关，系统启动，伴随蜂鸣器鸣响，如图 31.18 所示。

图 31.17　验证效果（一）

图 31.18　验证效果（二）

步骤三：按下按键 KEY1 增加火焰等级，伴随蜂鸣器鸣响，如图 31.19 所示。

步骤四：按下按键 KEY2 减少火焰等级，伴随蜂鸣器鸣响，如图 31.20 所示。

图 31.19　验证效果（三）

图 31.20　验证效果（四）

当燃气传感器监测到燃气泄漏时，集成燃气灶控制系统会复位到初始状态，另外蜂鸣器会持续鸣响，直到燃气传感器的监测值回归正常。再次按下触摸开关时，系统会关闭，屏幕会在一段时间后熄灭。

31.6　任务小结

通过本任务的学习和开发，读者可以掌握 STM32 驱动燃气传感器、火焰传感器、继电器、LED、RGB 灯、按键和 LCD 的方法，熟悉项目的需求分析，掌握项目实现的基本流程。

31.7　思考与拓展

（1）如何使用 STM32 驱动燃气传感器、火焰传感器和继电器等设备？

（2）如何分解和完成集成燃气灶控制系统的项目需求分析？

（3）开发大型项目需要哪些过程？

任务 32 智能洗衣机控制系统的设计与实现

本任务综合应用 STM32、步进电机、继电器、LED、RGB 灯、按键和 LCD 等完成智能洗衣机控制系统的软/硬件设计，实现智能洗衣机的控制系统。

32.1 开发场景：如何实现智能洗衣机控制系统

微控制技术不断发展并融入我们的生活，使得我们的生活越来越便捷，例如在家电方面，尤其是洗衣机方面表现得尤为突出。如今洗衣机的功能更加丰富，带给用户更多选择的同时，操作也变得越来越烦琐，并且产品设计上的冗余也造成了资源的极大浪费。因此，简洁时尚、操作方便的洗衣机成为人们选择洗衣产品的潜在需求。

本任务将围绕这个场景展开对 STM32 和相关传感器的学习与开发。洗衣机控制界面如图 32.1 所示。

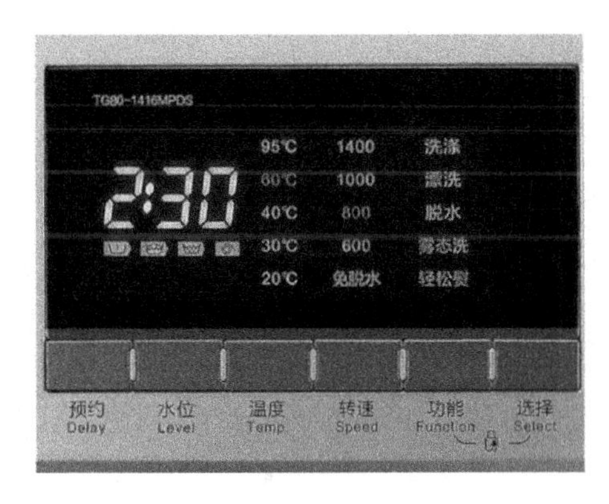

图 32.1 洗衣机控制界面

32.2 开发目标

（1）知识要点：程序设计流程；程序业务逻辑。

（2）技能要点：掌握程序设计流程开发；掌握程序业务逻辑开发。

（3）任务目标：现需要设计一款智能洗衣机，要求具有电子总开关、模式选择按键、水位设置按键和启动按键。模式选择中可以设置浸泡、洗衣、脱水和全功能，在浸泡开启时打开注水电磁阀，注水完成后关闭电磁阀并浸泡。在洗衣模式时，电机以洗衣模式工作，洗衣完成后打开放水电磁阀放水；在脱水模式时，放水电磁阀直接打开，电机全功能运转。全功能模式则按照流程，逐步完成浸泡、洗衣、脱水。在按下按键时蜂鸣器会鸣响提示，屏幕上会显示洗衣机工作模式、计时和当前工作状态。

32.3 任务设计流程与需求分析

项目的设计和实施通常有三个步骤，分别是项目功能分析、项目设计与实现，以及项目测试与验证。

32.3.1 项目解读

智能洗衣机控制系统的任务是实现洗衣机的基本功能，同时还具有人机交互界面，用于显示洗衣机的当前工作状态。

智能洗衣机控制系统可分为两个部分，即洗衣机功能部分和人机交互部分。洗衣机功能部分主要包括 5 个功能，分别是浸泡、洗衣、清洗、脱水、全功能，全功能是将前面 4 个功能整合到一起，通过这 5 个功能即可实现洗衣机功能；另一个功能是人机交互功能，人机交互功能不仅显示设备的工作状态，还需要显示洗衣工作模式和计时。智能洗衣机控制系统项目功能分解如图 32.2 所示。

32.3.2 项目功能分析

智能洗衣机功能系统划分如图 32.3 所示。

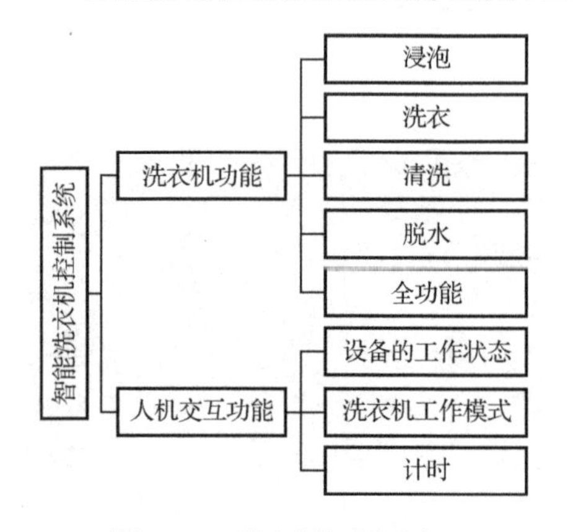

图 32.2 项目功能分解图

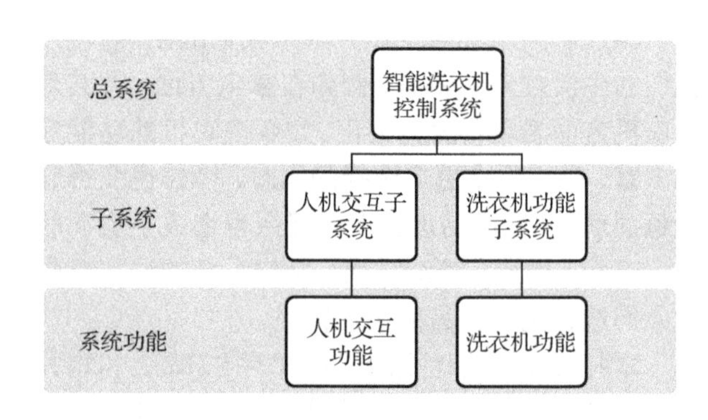

图 32.3 智能洗衣机功能系统划分

总系统作为子系统的集合，需要将各个子系统的功能进行整合，实现智能洗衣机控制系统的协调工作。

人机交互子系统将会显示整个系统的工作状态，同时为了显示系统的更多细节，还需要不断地更新屏幕信息，例如，系统执行倒计时的计时、洗衣机设定的注水值、程序执行时相应图像的闪烁等。要实现更加完善的人机交互界面，就需要对人机显示界面执行更多的操作。

洗衣机功能子系统是整个系统的重要组成部分，基本上所有的系统操作都是由洗衣机功能系统来完成的，洗衣机功能子系统要有一整套的流程操作逻辑，如浸泡、洗衣、清洗、脱水、全功能，这 5 个工作模式都有自己的工作特性。智能洗衣机功能框图如图 32.4 所示。

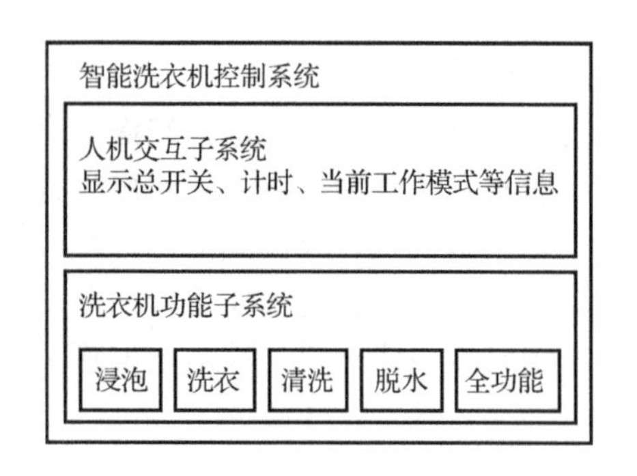

图 32.4 智能洗衣机功能框图

32.3.3 项目技术化

对于智能洗衣机控制系统而言，系统是不断执行的，为了反映系统是不断执行的，就需

要相关设备对系统状态进行指示。智能洗衣机控制系统采用 RGB 灯的闪烁来表示系统的状态，RGB 灯卡住或者熄灭，证明系统运行出现了故障。另外，还需要开关来控制系统的开启与关闭，以及反映按键动作的蜂鸣器。

人机交互子系统的作用是在 LCD 上以图像的方式显示系统的工作状态，除此之外，还需要显示人为操作时对系统相关设定的影响，例如，在洗衣机的工作模式发生切换时，屏幕上的闪烁图像也要发生相应的变化；又如，屏幕显示的系统计时时间的刷新，系统计时每变化一次，LCD 上的时间就要刷新一次，因此 LCD 的刷新与系统数据更新一致。总体而言，人机交互子系统涉及的硬件就是 LCD。

洗衣机功能子系统是智能洗衣机控制系统中的主要部分，涉及的传感器外设较多。洗衣机功能子系统需要向用户提供设置功能，例如，设置系统的洗衣模式、洗衣所使用的水位设定，以及系统洗衣程序的启动与停止等；又如洗衣所涉及的相关操作的外设，如注水阀控制继电器、放水阀控制继电器和步进电机等。

本任务使用的平台采用基于 ARM Cortex-M4 内核的 STM32，各个子系统的功能都是通过 STM32 来实现的。

本任务使用的 STM32 是最小系统，实际使用时，还需要一些辅助电路，如 32 MHz 晶振、串口、电源、复位电路、程序下载电路等。项目技术化硬件分解如图 32.5 所示。

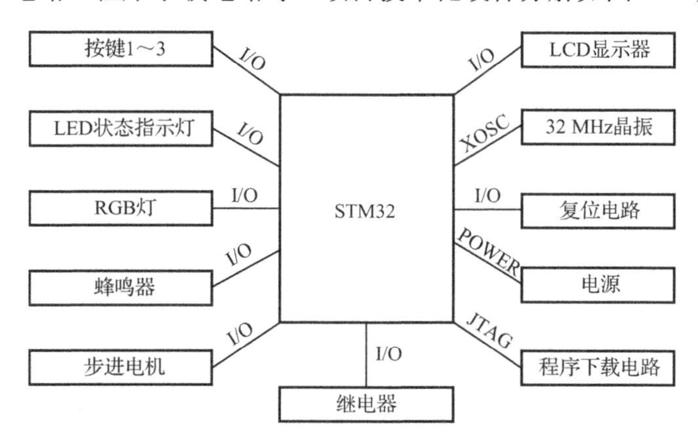

图 32.5　项目技术化硬件分解图

32.3.4　项目设计与实现

项目设计其实就是对智能洗衣机控制系统各个子系统的实现方法，智能洗衣机控制系统的项目设计可以分为三个部分，分别是子系统协调功能设计、洗衣机功能子系统设计和人机交互子系统设计。

洗衣机功能子系统的设计按照整个功能性质可以分为三个部分，分别是洗衣机的设置功能、洗衣机的工作模式、洗衣机的系统计时。洗衣机的设置功能比较好理解，是指用户对洗衣机模式进行配置，对洗衣机水位的设置，设置完成保存洗衣机模式和洗衣机水位两个参数信息。洗衣机的每种工作模式所对应的洗衣机功能是不同的，例如，浸泡时先开启注水阀，然后浸泡，最后放水；洗衣时先开注水阀，然后洗衣，接着放水等。不同的工作模式，其工作流程都要单独配置，但是使用的设备都是固定的。洗衣机的不同工作流程所花费的时间是

不同的，总的洗衣时间需要通过不同的洗衣模式和洗衣机水位的设定来单独计算，这就是洗衣机的系统计时要完成的功能。洗衣机开始工作后随着洗衣时间的推移，时间会逐渐减少，而且每个时间段洗衣机进行的动作和时长都有所不同，所以这时需要将时间与洗衣机的动作进行对应，使洗衣机的工作时长与洗衣机的计时相对应。三个子模块都有相关的参数需要传递，被其他的子模块获取到后程序才能进行下一步操作。

人机交互子系统用于显示洗衣机的工作状态和系统计时，需要设定相关的界面操作业务逻辑。

- 如何判断当前洗衣机所选择的状态；
- 如何实现洗衣机工作时的系统计时；
- 设计人机交互界面的操作逻辑主要是让用户了解对洗衣机功能的设定，以及洗衣机当前处于什么样的功能与运行状态；
- 设计过程中可以用图像的闪亮方式表示当前系统所处的状态，显示时间的中间两点的闪烁表明洗衣程序开始运行等。

子系统协调功能设计主要是对系统中传递的参数进行管理与协调，各个子系统之间就是通过这些参数来衔接的，因此这些参数何时需要被设置、何时需要被清除，这都是需要综合考虑的。除此之外，还有系统总功能的相关设置，例如系统的开关机、系统的复位参数，以及系统运行指示灯（RGB 灯）的状态切换等。

32.4 任务实践：智能洗衣机控制系统的软/硬件设计

32.4.1 项目架构

本任务采用 STM32 作为智能洗衣机控制系统的运行平台，RGB 灯作为系统运行的指示灯，按键 KEY1、KEY2、KEY3、KEY4 作为系统中的系统总开关按键、模式选择按键、水位设置按键、功能启动按键，蜂鸣器用于指示按键的按下动作，继电器 KS1 和 KS2 分别表示注水阀和放水阀，步进电机作为系统的洗衣机的电机，TFT LCD 作为人机交互界面显示屏。项目框架图如图 32.6 所示。

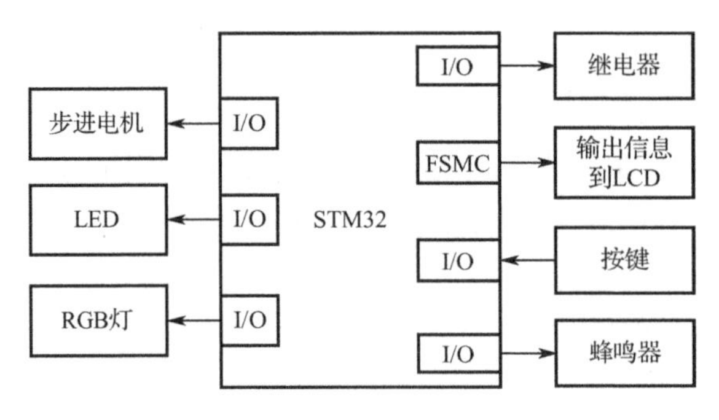

图 32.6　项目框架图

1．硬件设计

（1）步进电机硬件设计。步进电机的接口电路如图 32.7 和图 32.8 所示。步进电机是一种由脉冲节拍控制的高效可控电机，为了增强步进电机的电流驱动能力，需要使用相应的驱动控制芯片来对步进电机进行控制，本任务使用 A3967LSB 驱动控制芯片来驱动步进电机，步进电机就由节拍控制改为了三线控制，即使能信号线 nENALBE、方向控制线 DIR 和脉冲控制线 STEP，这三条控制线分别连接到 STM32 微处理器的 PB11、PB9、PB8 引脚。

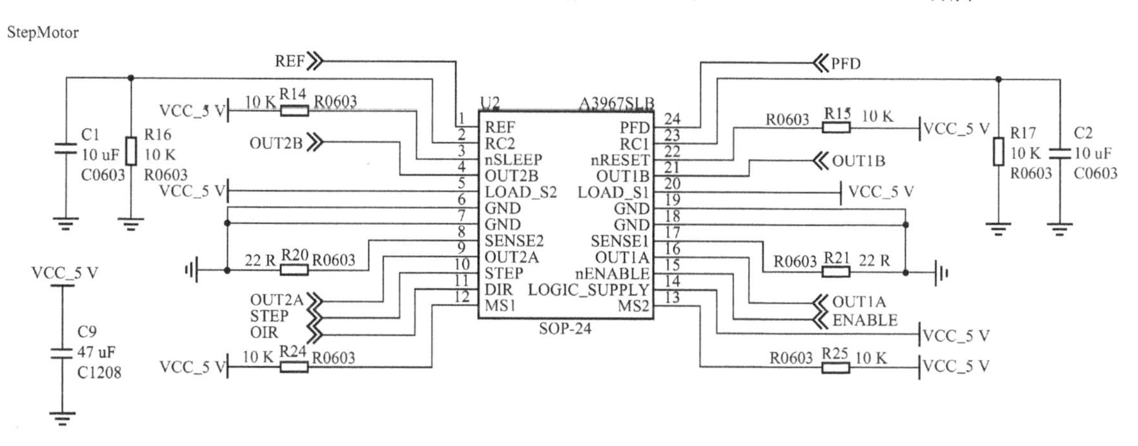

图 32.7　步进电机的接口电路（一）

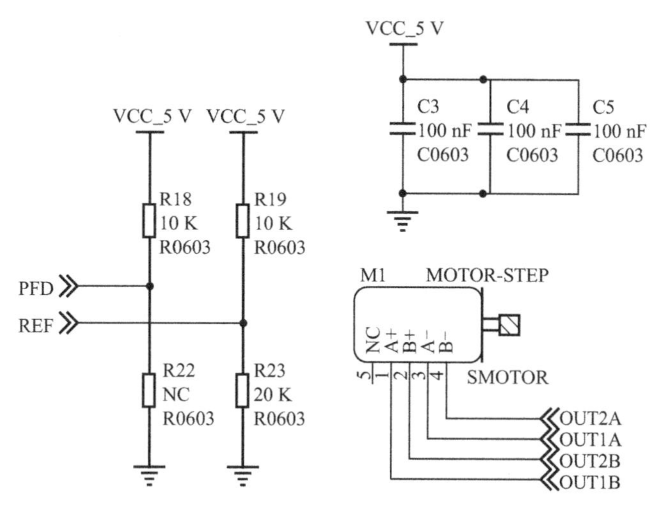

图 32.8　步进电机的接口电路（二）

（2）按键硬件设计。按键的接口电路如图 32.10 所示。开发平台带有 4 个按键，本项目用到了 4 个按键，分别是系统总开关按键 KEY1、模式选择按键 KEY2，水位设置按键 KEY3 和功能启动按键 KEY4，这 4 个按键分别连接在 STM32 的 PB12、PB13、PB14 和 PB15 引脚上。

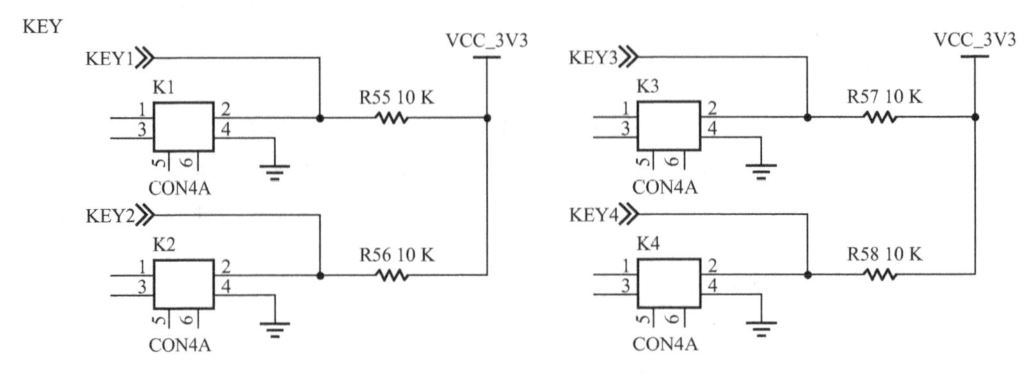

图 32.10　按键的接口电路

（3）继电器硬件设计。继电器的接口电路如图 32.11 所示。继电器用于模拟洗衣机的注水阀和放水阀，开发平台上有两路继电器 KS1 和 KS2，本任务使用继电器 KS1 模拟注水阀，使用继电器 KS2 模拟放水阀。KS1 和 KS2 连接在 STM32 的 PC12 和 PC13 引脚上。

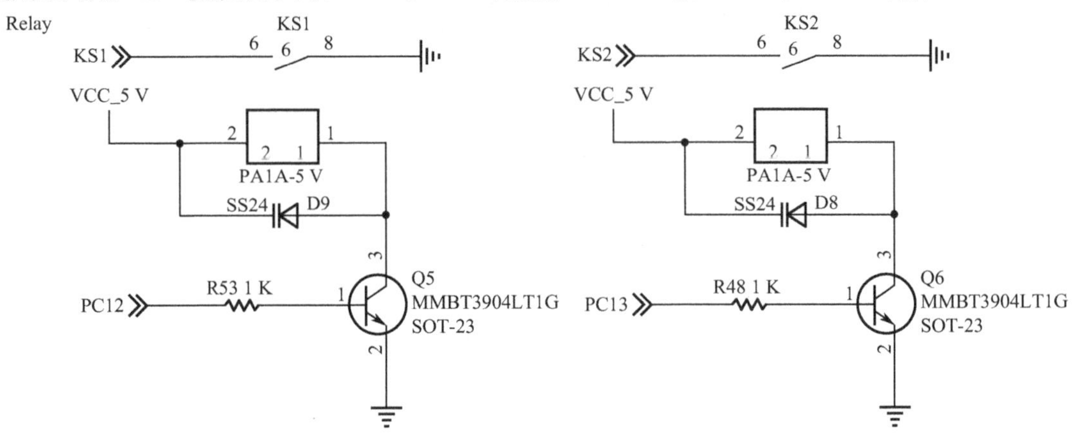

图 32.11　继电器的接口电路

RGB 指示灯、蜂鸣器、LCD 硬件设计请参考任务 30。

（4）系统功能。智能洗衣机控制系统实现的重点在于如何协调洗衣机每种工作模式与控制设备间的协调关系，以及洗衣机洗衣程序运行时各个动作时间与系统计时的关系。

要想弄清楚洗衣机每种工作模式与控制设备之间的协调关系，就必须先了解每种工作模式对应的分解动作，例如，浸泡模式下的执行动作顺序为注水、浸泡、放水等。洗衣机每种工作模式的分解动作如表 32.1 所示。

表 32.1　洗衣机每种工作模式的分解动作

动作步骤	浸泡模式	洗衣模式	清洗模式	脱水模式	全功能模式
步骤 1	注水	注水	注水	放水	注水
步骤 2	浸泡	洗涤	洗涤	脱水	浸泡
步骤 3	放水	洗涤	放水	—	洗涤
步骤 4	—	放水	注水	—	洗涤

续表

动作步骤	浸泡模式	洗衣模式	清洗模式	脱水模式	全功能模式
步骤 5	—	—	洗涤	—	放水
步骤 6	—	—	放水	—	脱水
步骤 7	—	—	注水	—	注水
步骤 8	—	—	洗涤	—	洗涤
步骤 9	—	—	放水	—	放水
步骤 10	—	—	—	—	脱水
步骤 11	—	—	—	—	注水
步骤 12	—	—	—	—	洗涤
步骤 13	—	—	—	—	放水
步骤 14	—	—	—	—	脱水
步骤 15	—	—	—	—	注水
步骤 16	—	—	—	—	洗涤
步骤 17	—	—	—	—	放水
步骤 18	—	—	—	—	脱水

由表 32.1 可知，每种工作模式分解为五种动作，分别是：注水、放水、浸泡、洗涤和脱水。每种工作模式只需要对这五种动作进行组合即可。洗衣机的模式动作与硬件设备间的对应关系如表 32.2 所示。

表 32.2　洗衣机的模式动作与硬件设备间的对应关系

模式动作/设备控制	注水阀	放水阀	步进电机	电机动作模式
注水	NO	OFF	OFF	—
放水	OFF	NO	OFF	—
浸泡	OFF	OFF	OFF	—
洗涤	OFF	OFF	ON	正/反转
脱水	OFF	ON	ON	正转

要确定洗衣机洗衣程序运行时各个动作时间与系统计时的关系，首先需要确定各个动作所花费的时间。

在获得了总时间后，当洗衣程序开始执行时，从总时间开始倒计时，这时系统要做的就是确定每种工作模式需要的工作时间，以及下一个工作动作是什么，那么时间要如何和动作对应起来呢？方法其实较为简单，那就是设定一个计时参数，计时参数的累加与总时间同步进行，不同的是总时间是减小到 0 停止，而计时参数是加到当前动作设定的时间停止，当计时参数加到动作设定时间时，计时参数就可以清 0，同时可以开始进行下一个动作。只要能做到准确的时间切换，就可以实现模式动作的总时间与系统倒计时同步，即总时间倒计时到 0，程序动作正好结束。

2．软件设计

（1）人机交互界面设计。请参考任务 30。

（2）软件设计。软件设计流程如图 32.12 所示。

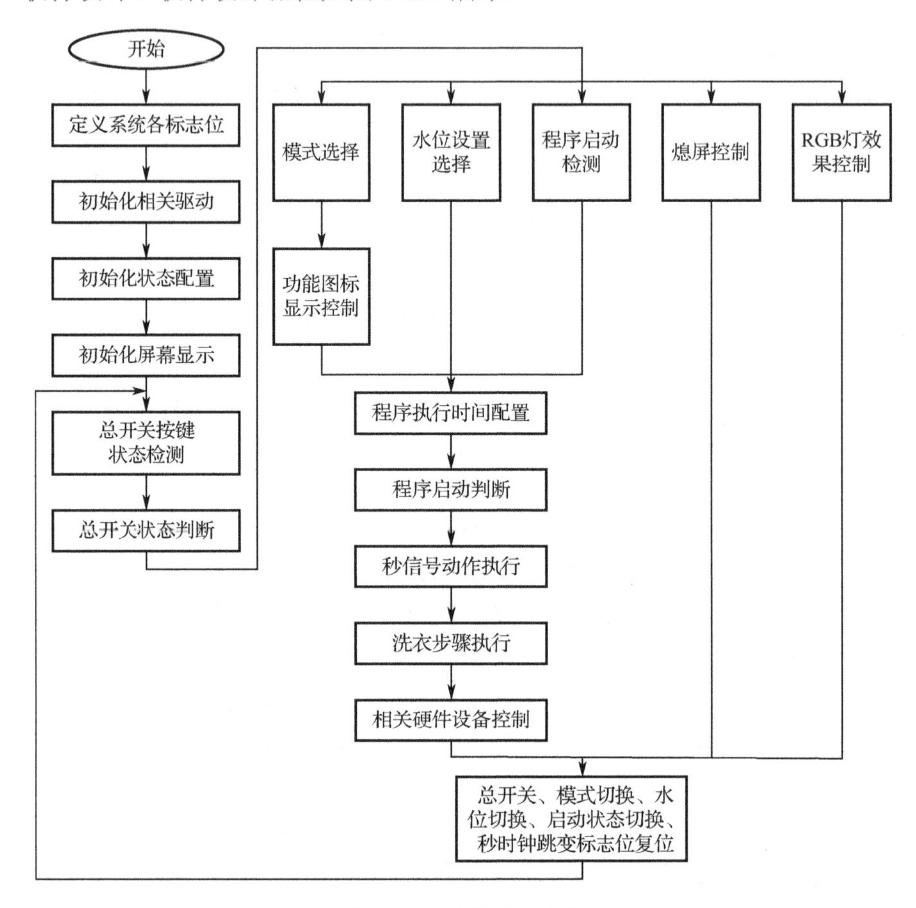

图 32.12　软件设计流程

32.4.2　功能实现

```
void main(void)
{
    uint16_t total_count = 0;                    //总开关循环监测计数参数
    uint8_t total_switch = 0;                    //总开关状态标志位
    uint8_t total_flag = 0;                      //总开关切换标志位
    uint16_t mode_count = 0;                     //模式功能按键循环监测计数参数
    uint8_t mode_select = 0;                     //模式选择标志位
    uint8_t mode_status = 0;                     //模式图标状态标志位
    uint8_t mode_temp = 0;                       //选择模式缓存参数
    uint8_t mode_flag = 0;                       //模式主动配置切换标志位
    uint8_t *mode_confirm;                       //洗衣机功能执行指针
    uint8_t mode_step = 0;                       //洗衣机功能执行动作切换标志位
```

```
uint8_t diffe_step = 0;                    //洗衣机当前执行动作状态指示标志位
uint16_t water_count = 0;                  //水位设置按钮循环监测计数参数
uint8_t water_level = 0;                   //水温设置选择标志位
uint8_t level_flag = 0;                    //水位设置切换标志位
uint16_t startup_count = 0;                //启动按钮循环检测计数参数
uint8_t startup_switch = 0;                //启动按钮状态标志位
uint8_t startup_flag = 0;                  //启动按钮状态切换标志位
uint8_t rgb_level = 0;                     //RGB 灯状态切换标志位
uint8_t sec_twinkle = 0;                   //秒图标标志位
uint16_t total_time = 0;                   //程序总时间参数
uint16_t diffe_time = 0;                   //洗衣机动作时间记录参数
uint16_t timing_flag = 0;                  //洗衣机动作切换标志位
int8_t work_flag = 0;                      //洗衣机工作执行标志位
uint8_t end_flag = 0;                      //洗衣机工作完成标志位
uint8_t add_water_flag = 0;                //洗衣机注水标志位
uint8_t sub_water_flag = 0;                //洗衣机放水标志位
uint8_t soaking_flag = 0;                  //浸泡标志位
uint8_t washing_flag = 0;                  //清洗标志位
uint8_t dehydration_flag = 0;              //脱水标志位
uint8_t motor_dir = 0;                     //电机正/反转控制标志位
uint32_t count = 0;                        //熄屏计数参数
/*设备相关驱动初始化*/
delay_init(168);                           //系统嘀嗒定时器初始化
timer_init();                              //系统时钟节拍初始化
led_init();                                //LED 初始化
rgb_init();                                //RGB 灯初始化
key_init();
buzzer_init();                             //蜂鸣器初始化
relay_init();                              //继电器初始化
lcd_init(LCD1);                            //屏幕初始化
stepmotor_init();                          //步进电机初始化
/*设备初始状态配置*/
RELAY1_CTRL(OFF);                          //关闭注水继电器
RELAY2_CTRL(OFF);                          //关闭放水继电器
stepmotor_control(MOTOR_STOP);             //关闭电机
/*屏显信息初始化*/
show_logo();                               //打印设备标志图标
show_switch(OFF);                          //打印系统总开关图标
show_soak(ON);                             //打印浸泡功能图标
show_wash(ON);                             //打印洗衣功能图标
show_rinse(ON);                            //打印清洗功能图标
show_dehyd(ON);                            //打印脱水功能图标
show_all_mode(ON);                         //打印全功能图标
show_timer(0, 00);                         //打印系统执行时间信息
show_level(0);                             //打印水位值信息
show_point(ON);                            //打印秒点图标
while(1){                                  //主循环
```

```
        /*总开关按键状态检测及开关状态赋值*/
        if(key_status(K1) == 0) total_count ++;                     //循环检测按键按下状态并计数
        if(key_status(K1) && (total_count > EFFECTIVE_NUM)){        //当按键抬起，检测按键按下时长
并检测有效性
            if(total_switch == 0) total_switch = 1;                 //如果总开关为关闭则开启
            else total_switch = 0;                                  //否则总开关打开
            total_count = 0;                                        //总开关按键循环检测参数清 0
            buzzer_tweet();                                         //蜂鸣器鸣叫
            total_flag = 1;                                         //总开关按键状态切换标志位置位
        }
        /*模式选择按键状态检测及模式赋值*/
        if(total_switch && !work_flag){                     //总开关是否打开、洗衣程序是否开始执行
            if(key_status(K2) == 0) mode_count ++;          //循环检测模式选择按键按下状态并计数
            if(key_status(K2) && (mode_count > EFFECTIVE_NUM)){//如果按键抬起，检测按键按下
时长并检测有效性
                //如果模式小于设定模式数或者模式状态为 0，那么模式置 1
                if((mode_select >= MODE_NUM) || (mode_select == 0)) mode_select = 1;
                else mode_select <<= 1;                             //否则模式左移 1 位
                mode_count = 0;                                     //开关循环检测清 0
                buzzer_tweet();                                     //蜂鸣器鸣响
                mode_flag = 1;                                      //模式设置切换标志位置位
            }
        }
        /*水位设置开关状态检测及模式赋值*/
        if(total_switch && !work_flag){                             //总开关是否开启，洗衣程序是否启动
            if(key_status(K3) == 0) water_count ++;                 //循环检测水位设置按键是否按下并计数
            if(key_status(K3) && (water_count > EFFECTIVE_NUM)){//如果按键抬起，检测按键按下
时长并检测有效性
                if(water_level > WATER_LEVEL) water_level = 1;//如果水位标志位大于设定水位，水
位状态标志位置位
                else water_level ++;                        //否则水位值加 1
                water_count = 0;                            //水位设置按键循环检测参数清 0
                buzzer_tweet();                             //蜂鸣器鸣叫
                level_flag = 1;                             //水位状态切换标志位置位
                show_level(water_level * 5);                //屏幕显示水位设置信息
            }
        }
        /*洗衣程序启动开关检测及模式赋值*/
        if(total_switch){                                   //总开关是否打开
            if(key_status(K4) == 0) startup_count ++;               //启动开关是否按下并计数
            if(key_status(K4) && (startup_count > EFFECTIVE_NUM)){//如果按键抬起，检测按键是否
按下并检测有效性
                if(startup_switch == 0) startup_switch = 1;         //如果程序启动状态为 0，则将状态置位
                else startup_switch = 0;                            //否则程序启动状态复位
                startup_count = 0;                                  //计数值清 0
                buzzer_tweet();                                     //蜂鸣器鸣叫
                startup_flag = 1;                                   //程序启动状态切换标志位置位
```

```
            }
        }
        /*熄屏控制*/
        if(total_switch){                                   //如果总开关打开
            if(total_flag){                                 //如果总开关状态切换标志位置位
                BACKLIGHT(ON);                              //则屏幕打开
                count = 0;                                  //计数值清 0
            }
        }else{
            if(count == PUTOUT_SCREEN_DELAY) BACKLIGHT(OFF); //如果计数值达到了设定的
延时时间测熄屏
            else count ++;                                  //否则计数加 1
        }
        /*总开关状态判断及系统控制*/
        if(total_switch && !end_flag){                      //系统总开关是否开启且洗衣结束标志位复位
            if(total_flag){                                 //如果总开关状态切换标志位置位
                mode_select = 0;                            //模式选择复位
                water_level = 0;                            //水位设置复位
                startup_switch = 0;                         //程序启动复位
                show_switch(ON);                            //总开关图标点亮
            }
        }else{
            if(total_flag || end_flag){                     //如果总开关关闭或程序结束标志位置位
                mode_select = 0;                            //模式选择复位
                water_level = 0;                            //水位设置复位
                startup_switch = 0;                         //启动开关复位
                total_time = 0;                             //程序总时间清 0
                work_flag = 0;                              //工作标志位复位
                rgb_ctrl(0);                                //RGB 灯熄灭
                RELAY1_CTRL(OFF);                           //注水电磁阀关闭
                RELAY2_CTRL(OFF);                           //放水电磁阀关闭
                show_timer(0, 00);                          //时间显示清 0
                show_level(0);                              //水位显示清 0
                show_point(ON);                             //秒点显示
                show_soak(ON);                              //浸泡标志常亮
                show_wash(ON);                              //洗衣标志常亮
                show_rinse(ON);                             //清洗标志常亮
                show_dehyd(ON);                             //脱水标志常亮
                show_all_mode(ON);                          //全功能标志常亮
                if(end_flag){                               //如果程序执行结束标志置位
                    for(char i=0; i<8; i++){
        buzzer_tweet();                                     //蜂鸣器鸣响 8 次
        delay_ms(1000);                                     //延时 1 s
                    }
                    end_flag = 0;                           //程序结束标志位复位
                }else show_switch(OFF);                     //否则系统总开关图标显示关闭
            }
```

```
}
/*系统运行 RGB 指示灯控制*/
if(total_switch){                                       //总开关是否开启
    if(rgb_twinkle){                                    //RGB 灯闪烁控执行标志位是否置位
        rgb_ctrl(rgb_level % 7 + 1);                    //RGB 灯闪烁状态控制标志位
        rgb_level ++;                                   //RGB 灯闪烁控制标志位加 1
        rgb_twinkle = 0;                                //RGB 灯闪烁执行标志位清 0
    }
}
/*获取洗衣程序执行时间和获取模式配置标志*/
if(!work_flag){                                         //如果程序没有执行
    if(mode_flag || level_flag){                        //如果模式切换标志位或水位切换标志位置位
        switch(mode_select){                            //判断当前设置的模式
        case 0x01:                                      //如果为浸泡模式
            total_time = water_level * 2 + SOAK_TIME;           //计算浸泡模式执行总时间
            mode_confirm = soak_program;                        //获取浸泡模式动作步骤
            break;
        case 0x02:                                              //如果为模式洗衣
            total_time = water_level * 2 + WASH_TIME;           //计算洗衣模式总时间
            mode_confirm = wash_program;                        //获取洗衣模式执行步骤
            break;
        case 0x04:                                              //如果为清洗模式
            total_time = water_level * 6 + RINS_TIME;           //计算清洗模式总时间
            mode_confirm = rins_program;                        //获取清洗模式步骤
            break;
        case 0x08:                                              //如果为脱水模式
            total_time = water_level + DEHY_TIME;               //计算脱水模式总时间
            mode_confirm = dehy_program;                        //获取脱水模式步骤
            break;
        case 0x10:                                              //如果为全功能模式
            total_time = water_level * 8 + TOTAL_TIME;          //计算全功能模式总时间
            mode_confirm = total_program;                       //获取全功能模式步骤
            break;
        }
    }
}
/*洗衣机功能图标显示控制*/
if(mode_twinkle && mode_select){                    //图标闪烁执行标志位是否置位，模式是否被设置
    mode_twinkle = 0;                               //图标闪烁标志位复位
    if(!mode_status){                               //如果模式及图标状态标志位复位
        mode_temp = mode_select;                    //存储当前洗衣机功能模式
        mode_status = 1;                            //图标状态标志位置位
        show_timer((total_time / 60), (total_time % 60));           //更新显示时间
    }else mode_status = 0;                          //图标状态标志位复位
    switch(mode_temp){                              //模式缓存状态
    case 0x01:                                      //如果为浸泡模式
        show_soak(mode_status);                     //浸泡模式图标执行闪烁
```

```
            break;
        case 0x02:                                  //如果为洗衣模式
            show_wash(mode_status);                 //洗衣模式图标执行闪烁
            break;
        case 0x04:                                  //如果为清洗模式
            show_rinse(mode_status);                //清洗模式图标执行闪烁
            break;
        case 0x08:                                  //如果为脱水模式
            show_dehyd(mode_status);                //脱水模式图标执行闪烁
            break;
        case 0x10:                                  //如果为全功能模式
            show_all_mode(mode_status);             //全功能模式图标执行闪烁
            break;
        }
    }
    /*洗衣程序启动判断和标志位设置*/
    if(startup_switch){                             //启动开关是否打开
        if(startup_flag){                           //启动开关状态标志位是否置位
            if(water_level && mode_select){         //水位和模式选择不为 0
                work_flag = 1;                      //工作执行标志位置位
                timing_flag = 1;                    //时间跳变标志位置位
            }else work_flag = 0;                    //否则工作执行标志位复位
        }
    }else{
        if(startup_flag){                           //如果启动开关状态标志位置位
            work_flag = 0;                          //工作执行标志位复位
            RELAY1_CTRL(OFF);                       //注水继电器关闭
            RELAY1_CTRL(OFF);                       //放水继电器关闭
            stepmotor_control(MOTOR_STOP);          //步进电机控制关闭
        }
    }
    /*洗衣机秒信号动作执行*/
    if(tim_second){                                 //秒信号执行标志位是否置位
        if(work_flag){                              //工作标志位是否置位
            tim_second = 0;                         //秒信号执行标志位复位
            show_point(ON);                         //秒点图标点亮
            sec_twinkle ++;                         //秒闪烁参数加 1
            if((sec_twinkle % 2) == 1){             //是否达到 1 s
                if((sec_twinkle % 120) == 119){     //是否达到 1 min
    if(total_time == 0){                            //执行总时间是否执行完成
        work_flag = 0;                              //工作标志位复位
        end_flag = 1;                               //工作结束标志位置位
    }else{
        total_time -= 1;                            //工作时间减 1
        diffe_time += 1;                            //洗衣动作时间加 1
        timing_flag = 1;                            //时钟跳变标志位置位
    }
```

```
sec_twinkle = 0;                                    //秒闪参数清 0
            }
            show_point(OFF);                        //秒点图标熄灭
        }
    }else show_point(ON);                           //否则秒点图标点亮
}
/*洗衣机洗衣步骤执行操作*/
if(work_flag){                                      //如果工作标志位置位
    if(timing_flag){                                //如果时间跳变标志位置位
        do{
            mode_step = 0;                          //模式步骤标志位复位
            switch(*(mode_confirm + diffe_step)){   //岸段当前洗衣机要执行的动作
            case 1:                  //如果为注水动作
                 if(diffe_time < water_level){      //动作执行时间是否达到设定的动作时间
                     add_water_flag = 1;            //注水标志位置位
                 }else{
                     add_water_flag = 0;            //注水标志位复位
                     diffe_time = 0;                //当前动作计时结束
                     diffe_step += 1;               //模式执行动作加 1
                     mode_step = 1;                 //模式动作置位
                }
                break;
            case 2:                                 //如果为放水动作
                 if(diffe_time < water_level){      //动作执行时间是否达到设定动作时间
                    sub_water_flag = 1;             //放水标志位置位
                }else{
                    sub_water_flag = 0;             //放水标志位复位
                    diffe_time = 0;                 //当前动作计时结束
                    diffe_step += 1;                //模式执行动作加 1
                    mode_step = 1;                  //模式动作置位
                }
                break;
            case 3:                                 //如果为浸泡动作
                if(diffe_time < SOAK_TIM){          //动作执行时间是否达到设定动作时间
                    soaking_flag = 1;               //浸泡标准位置位
                }else{
                    soaking_flag = 0;               //浸泡标志位复位
                    diffe_time = 0;                 //当前动作计时结束
                    diffe_step += 1;                //模式执行动作加 1
                    mode_step = 1;                  //模式动作置位
                }
                break;
            case 4:                                 //如果为洗衣动作
                if(diffe_time < CLEAN_TIM){         //动作执行时间是否达到设定动作时间
                    washing_flag = 1;               //洗衣标志位置位
                }else{
                    washing_flag = 0;               //洗衣标志位复位
```

```
                    diffe_time = 0;                       //当前动作计时结束
                    diffe_step += 1;                      //模式执行动作加 1
                    mode_step = 1;                        //模式动作置位
                }
                break;
            case 5:                                       //如果为脱水动作
                if(diffe_time < DEHYD_TIM){               //动作执行时间是否达到设定动作时间
                    dehydration_flag = 1;                 //脱水动作标志位置位
                }else{
                    dehydration_flag = 0;                 //脱水动作标志位复位
                    diffe_time = 0;                       //当前动作计时结束
                    diffe_step += 1;                      //模式执行动作加 1
                    mode_step = 1;                        //模式动作置位
                }
                break;
            }
        }while(mode_step);                                //模式执行标志位置位
    }
}
/*洗衣机相关硬件设备控制*/
if(work_flag){                                            //如果工作标志位置位
    if(timing_flag){                                      //如果秒跳变标志位置位
        if(diffe_time == 0){                              //如果当前动作执行完成
            RELAY1_CTRL(OFF);                             //关闭注水继电器
            RELAY2_CTRL(OFF);                             //关闭放水继电器
            stepmotor_control(MOTOR_STOP);                //关闭步进电机
        }
        if(add_water_flag) RELAY1_CTRL(ON);               //如果注水，打开注水继电器
        if(sub_water_flag) RELAY2_CTRL(ON);               //如果放水，打开放水继电器
        if(soaking_flag) stepmotor_control(MOTOR_STOP);          //如果浸泡，关闭电机
        if(washing_flag){                                 //如果洗衣
            if(motor_dir){                                //如果标志位置位
                stepmotor_control(FORWARD);               //电机正转
                motor_dir = 0;        //标志位复位
            }else{
                stepmotor_control(RAVERSAL);              //否则反转
                motor_dir = 1;        //标志位置位
            }
        }
        if(dehydration_flag){                             //如果脱水
            stepmotor_control(FORWARD);                   //电机正转
            RELAY2_CTRL(ON);
        }
    }
}
total_flag = 0;                                           //总开关标志位复位
mode_flag = 0;                                            //模式切换标志位复位
```

```
            level_flag = 0;                                        //水位切换标志位复位
            startup_flag = 0;                                      //启动动作标志位复位
            timing_flag = 0;                                       //秒时钟跳变标志位复位
        }
    }
```

其中 LED 驱动函数模块、按键驱动函数模块、LCD 驱动函数模块、串口驱动函数模块、I2C 驱动函数模块以及延时函数模块请参考随书资源的项目开发工程源代码。

32.5 任务验证

32.5.1 项目测试

项目测试主要是测试系统的各个功能是否完整，在对项目测试时可以采用分总的形式，即先测试程序各个功能模块的功能是否正常，然后整体测试系统功能是否完好。测试流程如图 32.13 所示。

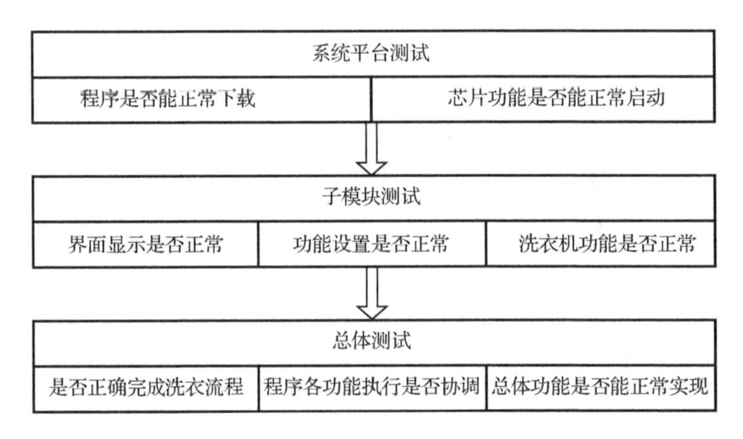

图 32.13　测试流程

32.5.2 功能验证

项目验证有两个目的，一是检测系统的综合特性是否符合开发目标，二是为项目的产品化做技术参数准备。

根据项目需求分析可知以下几点需要验证：

- 整个系统逻辑是否符合智能洗衣机控制系统逻辑；
- 控制系统是否具备总开关、模式选择、水位设置和启动按键；
- 控制系统是否具备浸泡、洗衣、脱水、全功能等设计；
- 控制系统的功能是否与项目操作流程相符；
- 按键按动时是否有声音提示；
- 屏幕是否能够显示洗衣机的工作模式、系统计时和当前工作状态。

在系统设计完成后还需要获取系统的相关参数，这时就需要将系统置于真实或模拟环境中测试其稳定性。在获取参数时要重点考虑以下几点：

● 洗衣机所洗衣物的最大质量；
● 洗衣机的功耗；
● 洗衣机的耗水量；
● 可以洗涤衣物的种类。

除此之外，还要考虑系统的软/硬件的结合、软件的稳定性、硬件的安全性等因素。

32.5.3 验证效果

验证步骤如下：

步骤一：将程序下载到开发平台中，并按下按键 KEY1 启动系统，如图 32.14 所示。

步骤二：按下按键 KEY2 调节洗衣模式，同时人机交互界面的系统总时间会发生变化，模式图标会发生闪烁，如图 32.15 所示。

图 32.14 验证效果（一）

图 32.15 验证效果（二）

步骤三：按下按键 KEY3 设置洗衣机的工作水位，同时人机交互界面下方的水位图标和时间会发生变化，如图 32.16 所示。

步骤四：按下按键 KEY4 启动洗衣程序，此时人机交互界面中总时间中间的两点（即秒点）会闪烁，闪烁频率为 1 s，如图 32.17 所示。

图 32.16 验证效果（三）

图 32.17 验证效果（四）

程序在执行结束后蜂鸣器会鸣响 8 下，接着将所有的数据清 0。

32.6 任务小结

通过本任务的学习和开发，读者可以掌握通过 STM32 驱动步进电机、继电器、LED、RGB 灯、按键和 LCD 的方法，熟悉项目的需求分析，掌握从项目到实现的基本流程，实现智能洗衣机控制系统的设计。

32.7 思考与拓展

（1）如何分解智能洗衣机控制系统项目？
（2）如何对洗衣机的工作模式进行拆分？
（3）如何计算洗衣机各种工作模式的时间？

参 考 文 献

[1] 刘云山．物联网导论．北京：科学出版社，2010．

[2] 郝玉胜．μC/OS-Ⅱ嵌入式操作系统内核移植研究及其实现[D]．兰州交通大学，2014．

[3] 王福刚，杨文君，葛良全．嵌入式系统的发展与展望[J]．计算机测量与控制，2014,22(12):3843-3847+3863．

[4] 何立民．物联网概述第 4 篇：物联网时代嵌入式系统的华丽转身[J]．单片机与嵌入式系统应用，2012,12(01):79-81．

[5] 工业和信息化部．信息化和工业化深度融合专项行动计划（2013—2018）．工信部信[2013]317 号．

[6] 工业和信息化部．工业和信息化部关于印发信息通信行业发展规划（2016—2020 年）的通知．工信部规[2016]424 号．

[7] 国家发展改革委、工业和信息化部等 10 个部门．物联网发展专项行动计划．发改高技[2013]1718 号．

[8] 廖建尚．物联网＆云平台高级应用开发．北京：电子工业出版社，2017．

[9] 廖建尚．物联网平台开发及应用——基于 CC2530 和 ZigBee．北京：电子工业出版社，2016．

[10] 廖建尚．物联网开发与应用——基于 ZigBee、Simplici TI、低功率蓝牙、Wi-Fi 技术．北京：电子工业出版社，2017．

[11] 李法春．C51 单片机应用设计与技能训练[M]．北京：电子工业出版社，2011．

[12] 高伟民．基于 ZigBee 无线传感器的农业灌溉监控系统应用设计[D]．大连理工大学，2015．

[13] 云中华，白天蕊．基于 BH1750FVI 的室内光照强度测量仪[J]．单片机与嵌入式系统应用，2012,12(06):27-29．

[14] 朱磊，聂希圣，牟文成．光敏传感器 AFS 在汽车车灯上的应用[J]．汽车实用技术，2016,(02):78-79．

[15] 黎贞发，王铁，宫志宏，等．基于物联网的日光温室低温灾害监测预警技术及应用[J]．农业工程学报，2013,4:229-236．

[16] 王蕴喆．基于 CC2530 的办公环境监测系统[D]．吉林大学，2012．

[17] 倪天龙．单总线传感器 DHT11 在温湿度测控中的应用[J]．单片机与嵌入式系统应用，2010,6:60-62．

[18] 蔡利婷，陈平华，罗彬，等．基于 CC2530 的 ZigBee 数据采集系统设计[J]．计算机技术与发展，2012,11:197-200．

[19] 张强，管自生．电阻式半导体气体传感器[J]．仪表技术与传感器，2006(07):6-9．

[20] 张清锦．离散半球体电阻式气体传感器的研究[D]．西南交通大学，2010．

[21] 舒莉．Android 系统中 LIS3DH 加速度传感器软硬件系统的研究与实现[D]．国防科技大学，2014．

[22] 李月婷，姜成旭．基于 nRF51 的智能计步器系统设计[J]．微型机与应用，2016,35(21):91-93+97．
[23] 周大鹏．基于 TI CC2540 微处理器的身姿监测可穿戴设备的研究与实现[D]．吉林大学，2016．
[24] 晏勇，雷航，周相兵，等．基于三轴加速度传感器的自适应计步器的实现[J]．东北师大学报（自然科学版），2016,48(03):79-83．
[25] 韩文正，冯迪，李鹏，等．基于加速度传感器 LIS3DH 的计步器设计[J]．传感器与微系统，2012,31(11):97-99．
[26] 刘超．基于红外测距技术的稻田水位传感器研究[D]．黑龙江八一农垦大学，2016．
[27] 刘竟阳．基于红外测距传感器的移动机器人路径规划系统设计[D]．东北大学，2012．
[28] 李等．基于热释电红外传感器的人体定位系统研究[D]．武汉理工大学，2015．
[29] 邵永星．基于热释电红外传感器的停车场智能灯控系统设计[D]．河北科技大学，2013．
[30] 李方敏，姜娜，熊迹，等．融合热释电红外传感器与视频监控器的多目标跟踪算法[J]．电子学报，2014,42(04):672-678．
[31] 闫保双，戴瑜兴．温湿度自补偿的高精度可燃气体探测报警系统的设计[J]．仪表技术，2006(01):20-22．
[32] 杨超．可燃气体报警器传感器失效诱因以及预防措施研究[D]．东北石油大学，2016．
[33] 陈迎春．基于物联网和 NDIR 的可燃气体探测技术研究[D]．中国科学技术大学，2014．
[34] 闫保双．可燃气体探测报警系统的研究与设计[D]．湖南大学，2005．
[35] 王瑞峰，米根锁．霍尔传感器在直流电流检测中的应用[J]．仪器仪表学报，2006(S1):312-313+333．
[36] 张璞汝，张千帆，宋双成，等．一种采用霍尔传感器的永磁电机矢量控制[J]．电源学报，2017,1(1):1-8．
[37] 张潭．开关型集成霍尔传感器的研究与设计[D]．电子科技大学，2013．
[38] 万柯，张海燕．基于单片机和光电开关的通用计数器设计[J]．计算机测量与控制，2015,23(02):608-610．
[39] 石蕊，高楠，梁晔．基于单片机的包装业流水线产品计数器的设计[J/OL]．中国包装工业，2016(02):27-28
[40] 谭晓星．基于光电传感器的船舶轴功率测量仪的研制[D]．武汉理工大学，2012．
[41] 厉卫星．紫外火焰检测器原理、调试及安装故障分析[J]．化工管理，2017(17):16．
[42] 喻兴隆．智能消防炮控制系统设计[D]．西华大学，2011．
[43] 孙杨，张永栋，朱燕林．单层 ITO 多点电容触摸屏的设计[J]．液晶与显示，2010,25(04):551-553．
[44] 张毅君．电容触摸式汽车中控面板的关键技术[D]．上海交通大学，2014．
[45] 李兵兵．电容式多点触摸技术的研究与实现[D]．电子科技大学，2011．
[46] 郭建宁．基于汽车应用的电容式触摸开关[D]．厦门大学，2008．
[47] 黄凯，李志刚，杨屹．电磁式继电器电寿命试验系统的研究[J]．河北工业大学学报，2008(02):1-6．
[48] 郭骥翔．电磁式继电器寿命预测参数检测系统的研究[D]．河北工业大学，2015．

[49] 叶学民，李鹏敏，等．叶顶开槽对轴流风机性能影响的数值研究[J]．中国电机工程学报，2015,35(03):652-659．
[50] 张鹏．轴流风机结构参数优化设计[D]．燕山大学，2016．
[51] 万福．轴流风机扇叶的仿真与分析[D]．电子科技大学，2007．
[52] 李平，李哲愚，文玉梅，等．用于低能量密度换能器的电源管理电路[J]．仪器仪表学报，2017,38(02):378-385．
[53] 李飞．便携式设备电源管理及低功耗设计与实现[D]．湖南工业大学，2015．
[54] 耿凡娜，张富庆．单片机应用系统设计中的看门狗技术探究[J]．科学技术与工程，2007(13):3269-3271．
[55] 张金燕，刘高平，等．基于气压传感器 BMP085 的高度测量系统实现[J]．微型机与应用，2014(06):64-67．
[56] 意法半导体公司．STM32F4xx 中文参考手册．
[57] 意法半导体公司．STM32F3xx/F4xxx Cortex-M4 编程手册．
[58] 意法半导体公司．STM32F40x 和 STM32F41x 数据手册．
[59] 传感器在我们生活中的应用．http://www.sz-wuyanjie.com/serviceinfo_chuangmxn. html．
[60] 秉火 STM32．http://www.cnblogs.com/firege/．
[61] 刘火良，杨森．STM32 库开发实战指南．北京：机械工业出版社，2013．
[62] 火控系统中风传感器应用的需求分析．http://www.salor.cn/case/military-case.html．